U0287388

国家科学技术学术著作出版基金资助出版

农产品加工适宜性评价与风险监控

王 强 主编

科学出版社

北 京

内 容 简 介

本书以我国主要粮油（稻米、小麦、花生、菜籽、大豆和玉米）、果蔬（苹果、桃、荔枝、番茄）、畜产（猪肉、鸡肉、乳品）和水产（鱼肉）等农产品为研究对象，研究了不同农产品品种的原料特性和制品品质，揭示了原料特性与制品品质之间的相关关系，构建了农产品加工适宜性评价模型，并且建立了农产品加工过程中品质调控技术、危害因子风险评估与控制技术。本书的出版将为我国农产品加工过程中品质形成的物质基础、变化机理与调控技术的深入研究提供参考，对推动我国农产品加工业的提质增效与健康发展具有指导意义。

本书可供科研院所与高等院校相关专业的师生，农业和食品加工领域的企业家、技术人员阅读参考。

图书在版编目（CIP）数据

农产品加工适宜性评价与风险监控／王强主编．—北京：科学出版社，2022.8

ISBN 978-7-03-072728-2

Ⅰ．①农… Ⅱ．①王… Ⅲ．①农产品加工-研究 Ⅳ．①S37

中国版本图书馆 CIP 数据核字（2022）第 122989 号

责任编辑：贾　超　孙静惠／责任校对：杜子昂
责任印制：吴兆东／封面设计：东方人华

科 学 出 版 社 出版
北京东黄城根北街 16 号
邮政编码：100717
http://www.sciencep.com

北京中石油彩色印刷有限责任公司 印刷
科学出版社发行　各地新华书店经销

*

2022 年 8 月第 一 版　开本：720×1000　1/16
2022 年 8 月第一次印刷　印张：32 3/4
字数：660 000

定价：198.00 元
（如有印装质量问题，我社负责调换）

本书编委会

主　编：王　强

副主编：刘红芝　沈新春　刘　丽

编　委（按姓氏笔画排序）：

于宏威　马晓杰　马　越　王　丹　王立峰　王　韧

王春青　王　涛　王　锋　王　楠　王静帆　牛丽影

石爱民　冯　伟　邢富国　毕金峰　吕加平　吕　健

朱金锦　刘大志　刘春泉　刘春菊　刘　璇　孙　强

芦　鑫　杜方岭　李大婧　李来好　李　侠　李春梅

李　甜　李敏敏　李　薇　吴继军　岑建伟　余元善

汪　芳　宋江峰　张书文　张金闯　张春晖　张影全

陈正行　陈炳宇　范　蓓　林婉玲　林　羡　易建勇

金　芬　金　诺　金　鑫　赵文婷　赵思梦　胡　晖

郜海燕　姜元荣　徐玉娟　高冠勇　郭　芹　郭波莉

郭　爽　黄纪念　韩　东　焦　博　温　靖　靳　婧

熊文飞

前　言

我国农产品资源丰富，其加工的产品形式多样，不同类型产品的品质对原料特性要求不同，但目前农产品加工未能从根本上摆脱加工经验的束缚，难以满足人们对农产品特别是食品品质功能和营养健康的需求，其主要原因是缺乏农产品加工品质评价技术、方法和标准及加工过程品质调控与危害因子控制技术，严重影响食品品质与质量安全。因此，研究不同农产品的原料特性和制品品质，建立农产品加工适宜性评价技术、方法和标准，构建农产品加工过程品质调控与危害因子控制技术，为进一步加强我国农产品资源的开发利用、促进产业技术升级、提升行业国际竞争力提供技术支撑。

近年来，作者及其研究团队先后主持了"十三五"国家重点研发计划专项（基础研究类）"食品加工过程中组分结构变化及品质调控机制研究"（2016YFD0400200）、"十二五"国家科技支撑计划项目课题"食用农产品加工适宜性评价及风险监控技术研究示范"（2012BAD29B03）、公益性行业（农业）科研专项"大宗农产品加工特性研究与品质评价技术"（200903043）、"十五"国家重大科技专项课题"优势农产品加工特性研究及品质评价指标体系的构建"（2001BA501A32）、科技部科研院所社会公益研究专项"主要农畜产品加工品质评价技术研究"（2005DIA4J035）、"十一五"国家科技支撑计划项目课题"主要杂粮加工品质评价系统及加工适用性研究"（2006BAD02B01-02）等多项国家重大项目和课题，在农产品加工研究领域进行了数十年的深入研究，以第一完成人获得 2014 年国家技术发明奖二等奖、2019 年神农中华农业科技一等奖、2013 年神农中华农业科技奖一等奖、2015 年神农中华农业科技奖"优秀创新团队类"奖、2012 年国际谷物科技协会（ICC）最高学术奖（Harald Perten Prize）、2014 年中国专利优秀奖、中国商业联合会科学技术奖特等奖、中国粮油学会科学技术奖一等奖、中国农业科学院科学技术成果奖一等奖等，获授权专利 90 余项（国际专利 12 项），制（修）订国家、农业行业标准 11 项，出版著作 12 部（其中英文专著 2 部），发表学术论文 330 余篇，在此基础上经过系统整理撰写了本书。

本书包括 4 章：第 1 章为农产品原料特性与制品品质，介绍了 14 种农产品的原料特性及加工制品品质；第 2 章为农产品加工适宜性评价模型，建立了粮油加工适宜性评价模型（豆腐、米饭、面条、花生乳、蛋白）、果蔬加工适宜性评价模型（苹果脆片和汁、桃脆片和汁、荔枝罐头和汁、番茄酱）、畜禽加工适宜性评价模型（猪肉、鸡肉、UHT 乳）和水产加工适宜性评价模型（鱼肉）；第 3 章为农产品加工过程品质调控，包括大米米粉、小麦面条、花生豆腐、菜籽蛋白、玉米制汁等粮油加工过程品质调控技术，苹果、桃制汁和脆片等果蔬加工过程品质调控技术，鲜猪肉、鸡肉肠和 UHT 乳等畜禽加工过程品质调控技术，以及鱼肉等水产加工过程品质调控技术；第 4 章为农产品加工过程风险监控技术，包括稻米中重金属镉、大豆油中反式脂肪酸、玉米中霉菌等控制技术，水果蔬菜贮藏过程中农药残留监测情况，以及水产品中河鲀毒素、生物胺的检测技术与风险评估。本书旨在为农产品加工适宜性评价与风险监控提供有益的参考和指导，进而为我国农产品加工产业提质增效与健康发展提供理论和技术支撑。

第 1 章和第 2 章由王强、沈新春、刘红芝、刘丽、胡晖、石爱民、王立峰、黄纪念、毕金峰、张春晖、林婉玲、吕加平、王锋、徐玉娟、李大婧、汪芳、于宏威、王楠、王丹、陈炳宇、赵思梦编写，第 3 章由王强、刘红芝、刘丽、石爱民、胡晖、毕金峰、张春晖、吕加平、李来好、张影全、王立峰、李大婧、张金闯编写，第 4 章由王强、郭芹、刘丽、胡晖、焦博、邢富国、陈正行、范蓓、李来好、李甜编写。此外，熊文飞、刘璇、芦鑫、孙强、朱金锦、李薇、宋江峰、刘春泉、刘春菊、牛丽影、易建勇、金鑫、吕健、刘大志、赵文婷、马越、郭波莉、韩东、李侠、王春青、王静帆、张书文、王韧、王涛、冯伟、靳婧、金芬、李春梅、金诺、李敏敏、岑建伟、郭爽、马晓杰、温靖、姜元荣、杜方岭、高冠勇、吴继军、余元善、林羡等为本书研究内容、书稿整理做出了贡献；同时本书在编写过程中参考了国内外有关专家学者的论著，在此对相关人员表示衷心的感谢。

受材料、手段、研究方法及作者水平所限，本书不可避免地会存在一些问题和不足，衷心地希望读者在阅读本书的过程中给予批评和指正。

作　者

2022 年 8 月

目　　录

第 1 章　农产品原料特性与制品品质

　　我国具有丰富的农产品原料资源，有稻米种质资源 80000 多份，花生种质资源 8000 余份，苹果种质资源 2200 余份，但缺乏适宜加工的专用品种，缺乏农产品加工适宜性品质评价方法和标准，制约了农产品加工业的健康发展。因此，本章系统梳理了我国主要农产品品种的原料特性与制品品质，包括粮油（稻米、小麦、花生、菜籽、大豆、玉米）、果蔬（苹果、桃、荔枝、番茄）、畜禽（猪肉、鸡肉、乳品）和水产（鱼肉），为农产品加工适宜性品质评价方法的建立、加工精准调控和高效制造奠定物质基础。

1.1　粮油原料特性与制品品质

1.1.1　稻米

　　稻米是世界上食用人口最多、种植范围最广的农作物，也是我国的主要粮食作物之一。不同类型的稻米呈现不同的口感，主要分为籼稻、粳稻和糯稻三种。在我国，籼稻主要种植于江浙、两湖、两广、云贵、四川等地；粳稻主要种植于东北地区，另外，在河北、山西、陕西、甘肃、宁夏、新疆等地广泛种植；我国糯稻分布广泛，各主要稻区均选育了符合当地地理、市场环境需要的品种，北方稻区以粳型糯稻为主，一般为晚稻，较耐寒耐旱；南方糯稻籼粳都有，品种类型繁多，尤其是长江中下游和福建育成的糯稻品种较多。本书分析了我国东北、广西、浙江、江苏等稻米主产区的 30 个稻米品种，具体品名见表 1.1。

表 1.1　30 个稻米品种

编号	稻米品种	编号	稻米品种	编号	稻米品种
1	沈农 265	6	Y 两优 1 号	11	特优 582
2	宁粳 43	7	天丰优 316	12	宁 81
3	武运	8	丰两优四号	13	辽星 1 号
4	吉粳 88	9	天优 998	14	桂育 9 号
5	兆香 1 号	10	南粳 46	15	中嘉早 17

编号	稻米品种	编号	稻米品种	编号	稻米品种
16	吉粳 81	21	吉粳 306	26	吉粳 515
17	吉粳 529	22	长白 9	27	长白 20
18	吉黏 10	23	长白 19	28	吉粳 511
19	吉粳 83	24	吉粳 89	29	吉粳 512
20	吉粳 112	25	吉粳 809	30	吉黏 9

1. 稻米原料特性

1）感官特性

稻米品种的感官特性,包括粒长、长宽比、千粒重三个指标,见表1.2。对不同地区稻米千粒重进行分析发现,千粒重的变化范围最大,最高可达28.23 g,最低达到22.09 g。千粒重最高的为东北地区的稻米,稻米品种分别是'吉粳83'、'长白20'、'吉粳515'、'吉粳88'。千粒重最低的为广西的稻米,稻米品种是('兆香1号')。长宽比的变异系数最大为32.33%,说明各个品种的长宽比差异较大。比较均值和中位数发现,3个指标的变化都非常小,说明各个品种这些指标分布均匀。

表 1.2　稻米感官特性描述性分析

因子	变化范围	均值	变异系数	中位数
粒长	4.47~6.99 mm	（5.44±0.71）mm	13.05%	5.39 mm
长宽比	1.23~3.83	2.32±0.75	32.33%	2.16
千粒重	22.09~28.23 g	（25.2±1.75）g	6.94%	25.02 g

注：均值结果以平均值±标准差来表示。

2）理化特性

稻米主要成分包括淀粉、蛋白质、可溶性膳食纤维和不溶性膳食纤维,以及棕榈酸、油酸、亚油酸等脂质。如表1.3所示,各稻米品种中水分含量都不高于14.00%,说明所有品种的水分含量都在安全水分含量范围之内（GB/T 1354—2018）。粗蛋白含量的变化范围为5.23%~8.98%,含量最高的为'兆香1号'。粗脂肪含量的变化范围是0.21%~1.40%,含量最高的为'宁粳43'。粳稻蛋白质含量为6.90%~13.60%,平均7.43%;籼稻蛋白质含量为6.30%~15.70%,平均8.57%。比较均值和中位数发现,各指标的差异不大,说明各个品种这些指标分布均匀。

表 1.3　稻米部分理化特性分析

因子	变化范围/%	均值/%	变异系数/%	中位数/%
水分	12.30～14.00	13.20±0.43	3.26	13.21
粗蛋白	5.23～8.98	6.93±1.18	17.03	6.50
粗脂肪	0.21～1.40	1.04±0.40	38.46	1.34
总淀粉	57.15～91.13	74.59±8.00	10.72	74.48

注：均值结果以平均值±标准差来表示。

Sitakalin 等（2001）的研究表明，不同品种的大米，其直链淀粉的含量与蒸煮后的黏度呈负相关，而与硬度呈正相关。表 1.4 对稻米的直链淀粉和支链淀粉占淀粉总量的比例进行了描述性分析，直链淀粉的含量为 12.22%～25.92%，'中嘉早 17'、'吉粳 809'、'天优 998'的直链淀粉含量较高，其生产的大米经蒸煮后硬度较大。支链淀粉的含量为 42.27%～76.69%，其中东北地区的稻米品种支链淀粉含量较高，分别为'长白 19'、'长白 9'、'吉粳 515'、'吉黏 9'、'吉粳 809'、'吉粳 512'、'吉粳 306'、'吉粳 511'、'长白 20'，支链淀粉含量高达 60%以上，其生产的大米经蒸煮后黏度较大。

表 1.4　稻米淀粉组分含量描述性分析

因子	变化范围/%	均值/%	变异系数/%	中位数/%
直链淀粉	12.22～25.92	17.76±3.63	20.44	17.00
支链淀粉	42.27～76.69	56.22±8.20	14.58	55.71

注：均值结果以平均值±标准差来表示。

稻米中的脂肪含量较少，一般为 0.21%～1.40%，但是稻米中脂肪含量是影响米饭可口性的主要因素。稻米脂肪含量较其他组分对稻米食味品质有更大的影响，脂肪含量越高的稻米，米饭光泽越好。不同品种稻米中脂肪酸组成几乎没有差别（Xu et al，2016）。稻米脂肪主要沉积在麸皮中，内胚乳中含量较低，在大米贮藏、加工和烹饪品质方面发挥着重要的作用。表 1.5 对稻米各脂肪酸占脂肪总量的含量进行了描述性分析，从表中得知，不同品种的稻米脂肪中亚油酸含量最高，可到 40%以上，其次是油酸，可达到 30%以上，棕榈酸也占脂肪的 20%左右。其中，吉林地区的稻米品种亚油酸含量较高，分别为'吉粳 512'、'吉粳 511'、'吉黏 10号'、'吉粳 83'；油酸含量最高的稻米品种是'兆香 1 号'，'吉粳 306'、'吉粳511'、'中嘉早 17'含有的油酸含量与其相差很小；棕榈酸含量最高的是'辽星 1号'，其次为江苏地区的稻米。比较均值和中位数发现，5 个脂肪含量的变化都非常小，说明各个品种间这些指标分布均匀，基本没有极端值。稻米脂肪中含有丰富的不饱和脂肪酸，如亚油酸、油酸和亚麻酸等，而棕榈酸属于饱和脂肪酸，适量食用有利于脂肪代谢，因此稻米具有很高的营养价值。

表 1.5　稻米脂肪特性描述性分析

因子	变化范围/%	均值/%	变异系数/%	中位数/%
亚油酸	40.14～43.99	42.06±1.27	30.19	41.81
油酸	30.05～35.88	33.11±1.87	5.65	33.25
棕榈酸	19.72～23.05	21.24±1.01	4.76	21.18
硬脂酸	1.52～3.00	2.16±0.44	20.37	2.08
α-亚麻酸	0.91～2.18	1.55±0.39	25.16	1.62

注：均值结果以平均值±标准差来表示。

Shewry 等（2002）根据蛋白质溶解性的不同，将贮藏蛋白分为 4 种，即碱溶性的麦谷蛋白、醇溶性的醇溶蛋白、水溶性的白蛋白（也称清蛋白）和盐溶性的球蛋白（globulin），它们在水稻蛋白质中所占的百分比分别为 80%、5%、5%和10%。表 1.6 对稻米各蛋白质占稻米总成分的含量进行了描述性分析，由表中可知，麦谷蛋白含量最高，占稻米总成分的 4.54%～10.51%，其中含量最高的稻米品种是'中嘉早 17'，其次是东北地区的稻米；球蛋白含量变化范围是 0.32%～0.90%，其中含量最高的是东北地区的稻米，这与它独特的地域优势是分不开的。

表 1.6　稻米蛋白质组成特性描述性分析

因子	变化范围/%	均值/%	变异系数/%	中位数/%
清蛋白	0.16～0.56	0.36±0.12	33.33	0.35
球蛋白	0.32～0.90	0.56±0.14	25.00	0.55
醇溶蛋白	0.16～0.86	0.69±0.10	14.49	0.70
麦谷蛋白	4.54～10.51	7.48±1.68	22.46	7.30

注：均值结果以平均值±标准差来表示。

氨基酸是蛋白质的最小组成单位，30 个品种的大米提取蛋白后水解，用氨基酸分析仪可以测定 17 种氨基酸的含量。分析表 1.7 可知，测定的 30 个稻米蛋白氨基酸中，谷氨酸（Glu）含量最高，半胱氨酸（Cys）含量最低，变异系数也最大，脯氨酸（Pro）变异系数最低，赖氨酸（Lys）是必需氨基酸中变异系数最大的氨基酸，这表明在所有品种中，半胱氨酸的含量差异最大，说明品种的差异直接导致了半胱氨酸的含量差异，而脯氨酸在不同品种的大米中含量相对稳定；比较均值和中位数，发现天冬氨酸（Asp）和谷氨酸存在差异，说明各个品种的天冬氨酸和谷氨酸分布不太均匀。在 30 个稻米品种中，'宁 81' 的天冬氨酸含量最高，'天丰优 316' 的苏氨酸（Thr）、异亮氨酸（Ile）、酪氨酸（Tyr）、苯丙氨酸（Phe）、赖氨酸、组氨酸（His）和脯氨酸含量最高，'丰两优四号' 的丝氨酸（Ser）、谷氨酸、甘氨酸（Gly）、丙氨酸（Ala）、半胱氨酸、缬氨酸（Val）、亮氨酸（Leu）和精氨酸（Arg）含量最高，'Y 两优 1 号' 的甲硫氨酸（Met）含量最高。

表 1.7　稻米蛋白的氨基酸含量描述性分析

因子	变化范围/（g/100 g）	均值/（g/100 g）	变异系数/%	中位数/（g/100 g）
Asp	1.56～3.88	2.48±0.84	33.77	2.07
Thr	0.77～2.98	1.82±0.56	30.67	1.81
Ser	1.22～2.79	2.02±0.47	23.16	1.96
Glu	1.53～6.71	3.59±1.72	47.94	2.99
Gly	1.50～3.56	2.54±0.65	25.45	2.37
Ala	1.42～3.55	2.50±0.58	23.21	2.45
Cys	0.01～0.26	0.11±0.08	66.58	0.11
Val	0.17～2.88	1.86±0.61	32.78	1.85
Met	0.30～2.73	1.66±0.73	44.11	1.93
Ile	0.81～2.27	1.67±0.36	21.72	1.72
Leu	1.53～3.52	2.29±0.60	26.11	2.07
Tyr	0.74～2.27	1.74±0.48	27.73	1.91
Phe	0.92～2.48	1.82±0.39	21.25	1.87
Lys	0.62～2.48	1.75±0.45	25.42	1.80
His	0.46～2.28	1.54±0.50	32.70	1.52
Arg	1.31～2.93	2.10±0.47	22.45	2.07
Pro	1.02～2.30	1.94±0.29	14.91	2.00

注：均值结果以平均值±标准差来表示。

　　将氨基酸按含量不同进行聚类分析，如图 1.1 所示，图中 1～15 号稻米品名见表 1.1。结果显示当聚类距离为 10 时，大米可以分为 3 组，'沈农 265'、'宁粳 43'、'武运'、'兆香 1 号'、'Y 两优 1 号'、'天丰优 316'、'天优 998'、'南粳 46'、'特优 582'、'辽星 1 号' 这 10 个品种为一组，其氨基酸含量组成较为相似，各种氨基酸含量分布较为平均；'吉粳 88'、'桂育 9 号' 为一组，其整体氨基酸含量较低，谷氨酸含量略高于其他氨基酸；'宁 81'、'中嘉早 17' 和 '丰两优四号' 为一组，其氨基酸含量略高于上一组，且谷氨酸含量显著高于其他氨基酸。

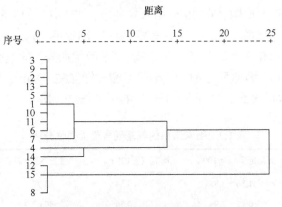

图 1.1　部分稻米氨基酸聚类分析图

3）加工特性

将 30 种稻米的外观品质等指标与大米糊化的峰值黏度之间进行相关性分析（表 1.8），结果表明，粗蛋白和粗脂肪含量与峰值黏度呈极显著正相关，总淀粉和支链淀粉含量与峰值黏度呈显著负相关，而麦谷蛋白与峰值黏度呈显著负相关，氨基酸中只有甘氨酸与峰值黏度呈极显著负相关。因此，粗蛋白、粗脂肪、总淀粉、支链淀粉、麦谷蛋白、甘氨酸可能是影响米饭糊化特性的重要指标。

表 1.8　稻米组分含量和外观品质与大米糊化的峰值黏度之间的相关性

指标	峰值黏度	指标	峰值黏度
粒长	0.157	谷氨酸	−0.264
长宽比	0.049	甘氨酸	−0.577**
千粒重	−0.154	丙氨酸	−0.277
粗蛋白	0.833**	半胱氨酸	−0.339
粗脂肪	0.704**	缬氨酸	−0.117
总淀粉	−0.554**	甲硫氨酸	0.332
支链淀粉	−0.396*	异亮氨酸	0.143
水分	0.108	亮氨酸	−0.056
清蛋白	−0.245	酪氨酸	0.173
球蛋白	−0.266	苯丙氨酸	0.053
醇溶蛋白	0.065	赖氨酸	−0.232
麦谷蛋白	−0.415*	组氨酸	0.213
天冬氨酸	−0.341	精氨酸	−0.119
苏氨酸	−0.068	脯氨酸	0.022
丝氨酸	−0.293		

*表示 $P<0.05$，显著相关；**表示 $P<0.01$，极显著相关。

2. 稻米制品品质

将稻米按照国标蒸煮方法得到的米饭用质构仪进行质构分析（TPA）测试，得到米饭的硬度、弹性、黏聚性、胶着度、咀嚼度和回复性的数据，由于这 6 组数据存在一定的相关性，因此以米饭的硬度作为衡量米饭质构特性的指标，探索米饭的质构特性与其他指标之间的关系，从而得到品质优良的稻米品种。

将 30 种稻米的外观品质等指标与米饭的硬度之间进行相关性分析（表 1.9），结果表明，米饭的硬度与稻米的水分极显著负相关，与粗脂肪显著负相关，因此，水分和粗脂肪可能是影响米饭硬度的重要指标。

表 1.9　稻米组分含量和外观品质与米饭的硬度相关性

指标	硬度	指标	硬度
粒长	0.053	谷氨酸	0.079
长宽比	−0.081	甘氨酸	0.234
千粒重	−0.120	丙氨酸	0.039
粗蛋白	−0.230	半胱氨酸	0.015
粗脂肪	−0.417*	缬氨酸	0.054
总淀粉	0.331	甲硫氨酸	0.096
支链淀粉	0.138	异亮氨酸	0.028
水分	−0.510**	亮氨酸	−0.333
清蛋白	0.201	酪氨酸	−0.010
球蛋白	0.234	苯丙氨酸	0.019
醇溶蛋白	−0.270	赖氨酸	0.326
麦谷蛋白	0.339	组氨酸	0.204
天冬氨酸	−0.020	精氨酸	0.167
苏氨酸	−0.210	脯氨酸	0.162
丝氨酸	−0.029		

*表示 $P<0.05$，显著相关；**表示 $P<0.01$，极显著相关。

将部分不同品种的米饭的硬度进行聚类分析，如图 1.2 所示，图中 1～15 号稻米品名见表 1.1。结果表明聚类距离为 15 时，米饭的硬度可被分为三个亚类，'沈农 265'、'宁粳 43'、'吉粳 88'、'兆香 1 号'、'Y 两优 1 号'、'南粳 46'、'特优 582'、'宁 81'、'辽星 1 号'为一类，'武运'、'丰两优四号'、'天优 998'、

'桂育9号'和'中嘉早17'为一类，'天丰优316'为单独一类。这说明品种间差异性导致了米饭的硬度的差异性，差异性可能由特征组分含量不同导致，分在一类中的米饭品种的特征组分可能对米饭的硬度有相似的影响。

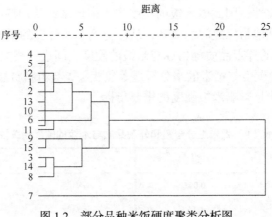

图 1.2　部分品种米饭硬度聚类分析图

3. 稻米原料特性与制品品质关系

将 30 种稻米的组分含量和外观品质等指标与米饭的糊化温度之间进行相关性分析（表 1.10），结果表明，千粒重、支链淀粉含量、甘氨酸含量与糊化温度呈显著负相关，粗蛋白和粗脂肪含量与糊化温度呈极显著正相关。因此，千粒重、粗蛋白、粗脂肪、支链淀粉、甘氨酸可能是影响米饭糊化温度的重要指标。

表 1.10　稻米组分含量和外观品质与米饭糊化温度之间的相关性

指标	糊化温度	指标	糊化温度
粒长	0.208	麦谷蛋白	−0.129
长宽比	0.156	天冬氨酸	−0.129
千粒重	−0.371*	苏氨酸	−0.084
粗蛋白	0.700**	丝氨酸	−0.219
粗脂肪	0.511**	谷氨酸	−0.116
总淀粉	−0.339	甘氨酸	−0.457*
支链淀粉	−0.442*	丙氨酸	−0.158
水分	−0.002	半胱氨酸	−0.236
清蛋白	−0.170	缬氨酸	0.051
球蛋白	−0.247	甲硫氨酸	0.351
醇溶蛋白	−0.150	异亮氨酸	0.242

续表

指标	糊化温度	指标	糊化温度
亮氨酸	−0.117	组氨酸	0.190
酪氨酸	0.048	精氨酸	−0.011
苯丙氨酸	0.18	脯氨酸	0.128
赖氨酸	−0.101		

*表示 $P<0.05$，显著相关；**表示 $P<0.01$，极显著相关。

1.1.2　小麦

中国是世界较早种植小麦的国家之一（李裕，1997），其制品为大多数北方人的主食，其中尤以鲜湿面条为典型代表。鲜湿面条的品质特性不仅与原料小麦的品种、产地有着重要的联系，更与小麦所包含的特征组分之间存在密切的相关性。基于此，本书以我国小麦主产区选取的 30 个小麦品种（表 1.11）为研究对象，依次系统比较分析品种间小麦籽粒、粉体性能、面团及鲜湿面条品质特性的差异性，并结合相关性和主成分分析，揭示了前三者对鲜湿面条食用品质的影响，为小麦加工适宜性的建立奠定一定的基础。

表 1.11　30 个小麦品种

编号	小麦品种	编号	小麦品种	编号	小麦品种
1	陕农 33	11	徐麦 33	21	山农 30 号
2	农麦 88	12	邯 6172	22	泰农 18
3	明麦 133	13	鲁原 502	23	杨辐麦 4 号
4	瑞华麦 520	14	偃展 4410	24	华麦 1028
5	陕农 139	15	济麦 22 号	25	烟农 1212
6	镇麦 12 号	16	保麦 6 号	26	杨麦 16 号
7	郑麦 9023	17	淮麦 26	27	烟农 24 号
8	泰科麦 33	18	苏麦 11	28	杨麦 23
9	江麦 23	19	临麦 4 号	29	农麦 126
10	西农 511	20	山农 22 号	30	宁麦 13

1. 小麦原料特性

1）小麦籽粒感官特性

不同品种小麦籽粒感官品质描述性分析如表 1.12 所示，籽粒硬度变化范围在

57.83～66.30 之间, 硬度平均值为 61.42, 达到《小麦品种品质分类》（ GB/T 17320—2013 ）中筋和中强筋小麦标准, '明麦 133'、'淮麦 26'、'郑麦 9023' 表现出较高的硬度; 而 '山农 22 号'、'杨辐麦 4 号'、'烟农 1212' 的硬度较低。Katyal 等（ 2016 ）表示谷物硬度是指谷物的抗破碎性及生产优质面粉的能力, 与小麦品种的碾磨性能有关。容重变化范围在 859.03～919.35 g/L 之间, 平均值为 898.55 g/L, 达到 GB 1351—2008 小麦一级标准, 变异系数为 1.65%, 其中 '农麦 88'、'镇麦12 号'、'农麦 126' 表现出较高的容重, 而 '鲁原 502' 的容重较低。千粒重变化范围在 38.40～47.33 g 之间, 平均值为 43.33 g, 变异系数为 5.19%。张桂英等（ 2010 ）对陕西关中小麦籽粒品质性状的分析结果表明, 陕西关中小麦平均容重和籽粒平均硬度分别为（ 775.1±18.86 ）g/L 和 59.21±4.24。淮海经济区小麦籽粒容重明显高于陕西关中小麦容重。小麦籽粒硬度、容重和千粒重差异较大, 可能是由小麦品种、种植环境和气候等因素造成的。

表 1.12 小麦籽粒感官品质描述性分析

因子	变化范围	均值	变异系数	中位数
籽粒硬度	57.83～66.30	61.42±2.36	3.85%	61.30
容重	859.03～919.35 g/L	（ 898.55±14.86 ）g/L	1.65%	901.78 g/L
千粒重	38.40～47.33 g	（ 43.33±2.25 ）g	5.19%	42.87 g

注: 均值结果以平均值±标准差来表示。

2）小麦粉理化特性

不同品种小麦粉基本理化指标描述性分析如表 1.13 所示, 小麦粉水分含量变化范围在 10.61%～13.45% 之间, 平均值为 11.80%。蛋白质含量变化范围在12.21%～15.10% 之间, 平均值为 13.66%, 变异系数为 6.77%。灰分含量变化范围在 0.55%～0.72% 之间, 平均值是 0.61%, 变异系数是 7.39%。麸皮会使产品颜色变暗（ Katyal et al., 2016 ）, 灰分含量决定了碾磨过程中麸皮颗粒对面粉的污染程度, 同时提供了碾磨过程中麸皮和胚乳与胚芽分离程度的估计值。除 '农麦 88'（ 0.72% ）灰分含量高于行业面条用粉标准对灰分含量（ ≤0.70% ）的要求外, 其余均达到行业面条标准（ LS/T 3202—1993 ）。蛋白质含量是衡量小麦品质的重要指标, 它受遗传和非遗传因素的影响。赵清宇（ 2012 ）测定了我国 100 种小麦的基本理化特性, 结果表明面粉水分含量变化范围在 10.22%～14.47% 之间, 灰分含量变化范围在 0.32%～1.32% 之间, 蛋白质含量变化范围在 9.17%～15.70% 之间。

表 1.13　小麦粉基本理化指标描述性分析

因子	变化范围	均值	变异系数	中位数
水分	10.61%～13.45%	11.80%±0.79%	6.68%	11.63%
蛋白质	12.21%～15.10%	13.66%±0.92%	6.77%	13.72%
灰分	0.55%～0.72%	0.61%±0.05%	7.39%	0.62%
淀粉	61.70%～69.52%	65.64%±2.17%	3.31%	65.90%
湿面筋	23.67%～36.40%	30.90%±3.47%	11.23%	31.55%
降落数值	201.65～414.95 s	（322.09±51.42）s	15.97%	331.74 s

注：均值结果以平均值±标准差来表示。

　　不同品种小麦粉淀粉含量在 61.70%～69.52%之间，平均值为 65.64%，变异系数为 3.31%。湿面筋含量变化范围在 23.67%～36.40%之间，平均值为 30.9%，变异系数为 11.23%，基本涵盖了《小麦品种品质分类》（GB/T 17320—2013）中筋和强筋小麦的范围。除'苏麦 11'（25.93%）、'杨辐麦 4 号'（25.00%）、'华麦 1028'（25.90%）、'农麦 126'（23.67%）湿面筋含量低于面条小麦用粉行业标准对湿面筋含量（≥26%）的要求外，其他品种小麦粉的湿面筋含量均满足行业标准对湿面筋含量的要求。降落数值反映α-淀粉酶活性，试验品种小麦的降落数值变化范围在 201.65～414.95 s 之间，平均值为 322.09 s，达到我国《小麦品种品质分类》（GB/T 17320—2013）标准要求（≥250 s）。全部小麦样品的降落数值在 200 s以上，达到 LS/T 3202—1993《面条用小麦粉》标准的要求。

　　不同品种小麦粉色泽描述性分析如表 1.14 所示，不同品种小麦粉的 L^*、a^*、b^* 值和黄色素含量变化范围分别在 88.91～94.78、0.31～1.39、7.06～14.23 和 2.35～4.13 mg/kg 之间。陕西关中地区小麦粉色泽的前期测定结果表明，小麦粉的 L^*、a^*、b^* 值分别为 91.99±0.96、−1.39±0.24 和 7.60±1.02（张桂英等，2010），不同地区小麦粉颜色的感官品质存在显著性差异。L^* 值代表面粉的亮度，平均值为 91.59，变异系数为 1.71%。'农麦 88'的 a^* 值最高，而'烟农 24 号'的 a^* 最低，a^* 反映了面粉的红绿值，平均值为 0.77，变异系数为 36.15%。b^* 值平均值为 10.26，变异系数为 17.49%，'淮麦 26'（14.23）、'瑞华麦 520'（13.20）、'陕农 33'（12.02）、'西农 511'（13.60）和'江麦 23'（12.91）表现出较高的 b^* 值（≥12）。'临麦 4号'b^* 值最低（7.06），'淮麦 26'的 b^* 值最高，表明'淮麦 26'面粉表现出更多的黄色，这可能是由于叶黄素的存在。

表 1.14 小麦粉色泽描述性分析

因子	变化范围	均值	变异系数	中位数
面粉 L^*	88.91～94.78	91.59±1.57	1.71%	91.42
面粉 a^*	0.31～1.39	0.77±0.28	36.15%	0.745
面粉 b^*	7.06～14.23	10.26±1.79	17.49%	10.26
黄色素含量	2.35～4.13 mg/kg	（3.11±0.52）mg/kg	16.64%	3.06 mg/kg

注：均值结果以平均值±标准差来表示。

3）加工特性

（1）小麦粉溶剂保持力分析。

小麦粉溶剂保持力（solvent retention capacity，SRC）是评价软质或弱筋小麦品质的重要方法，可以预测面粉烘焙特性。不同品种小麦粉溶剂保持力测定描述性分析结果如表 1.15 所示。不同品种小麦粉水 SRC、乳酸 SRC、蔗糖 SRC、碳酸钠 SRC 变化范围分别在 52.33%～83.11%、87.52%～116.75%、74.70%～102.63%、64.08%～94.86%之间。早期，Duyvejonck 等（2012）对欧洲小麦粉溶剂保持力进行了测定，表示水 SRC、碳酸钠 SRC、蔗糖 SRC 和乳酸 SRC 变化范围分别在56%～66%，74%～88%、90%～102%和 106%～147%之间；Moiraghi 等（2011）报告了阿根廷软小麦品种四种溶剂保持力，碳酸钠 SRC、乳酸 SRC 和蔗糖 SRC 变化范围分别在 62.23%～91.35%、74.35%～139.73%、82.60%～122.29%之间。碳酸钠SRC 值是衡量面粉破损淀粉含量的指标。'郑麦 9023'有较高的碳酸钠 SRC，而'临麦 4 号'的碳酸钠 SRC 值较低，平均值为 82.60%。蔗糖 SRC 平均值为 90.82%，变异系数为 8.52%，'陕农 139'蔗糖 SRC 值最大，而'临麦 4 号'蔗糖 SRC 最小。

表 1.15 小麦粉溶剂保持力描述性分析

因子	变化范围/%	均值/%	变异系数/%	中位数/%
蔗糖 SRC	74.70～102.63	90.82±7.74	8.52	90.37
碳酸钠 SRC	64.08～94.86	82.60±7.15	8.66	82.70
水 SRC	52.33～83.11	63.43±5.97	9.41	62.26
乳酸 SRC	87.52～116.75	103.75±7.80	7.52	104.28

注：均值结果以平均值±标准差来表示。

（2）小麦粉风味品质分析。

由主成分分析结果[图 1.3（a 和 b）]可知，第一主成分贡献率为 89.44%，第二主成分贡献率为 7.12%，总贡献率为 96.56%。判定该结果可以准确地反映 30 种小麦样品主成分间的差异。由于第一主成分的贡献率大，横坐标上样品的数值差异更能代表样品之间的差异；第二主成分的贡献率较小，样品在纵坐标上数值的大小不能清楚地反映样本之间的差异（朱先约等，2008）。根据主成分分析[图 1.3（a 和 b）]中样品在横坐标上的聚集程度，可以将 30 种不同品种小麦分为三类。

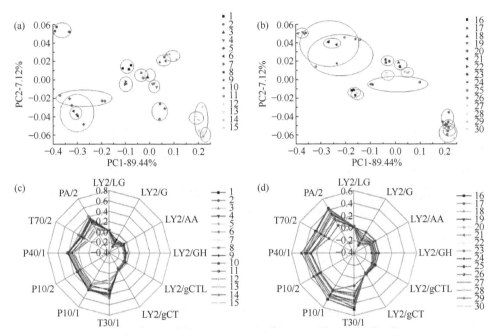

图 1.3　不同品种小麦粉风味品质主成分分析（a 和 b）和雷达指纹图（c 和 d）

电子鼻是通过气体传感器响应曲线对待测气体进行识别和分析（谢同平，2012）。根据各个传感器之间的响应数值，建立不同品种小麦粉风味雷达指纹图，观察不同品种小麦粉风味品质性状。由图 1.3[（c 和 d）]知，不同品种小麦雷达指纹图谱曲线大致相似，说明其挥发性物质相似。T30/1、P10/1、P40/1 和 PA/2 响应值较大，说明小麦粉中酸类物质、酮类物质含量较高，会对小麦粉及最终制品的风味产生影响。T70/2 响应值代表小麦中芳香类物质，'郑麦 9023'、'泰科麦 33'和'保麦 6 号'小麦品种的 T70/2 响应值较大，表明其芳香类物质含量较高，风味较好。

4）原料特性间相关关系

参照方丝云（2017）的方法对小麦品质性状进行主成分分析。由表 1.16 小麦粉基本理化指标特征根及方差贡献率可知，前 5 个主成分的累计方差贡献率已达到 76.603%，包含的信息量可以反映出 17 个基本理化指标参数的大部分信息，各成分的特征根（$\lambda > 1$）分别为 6.845、2.137、1.573、1.391 和 1.075，分别能够解释总体方差的 40.267%、12.572%、9.253%、8.185%、6.326%的信息。

表 1.16 特征根及方差贡献率

成分	1	2	3	4	5
特征根	6.845	2.137	1.573	1.391	1.075
方差贡献率	40.267%	12.572%	9.253%	8.185%	6.326%
累计方差贡献率	40.267%	52.839%	62.092%	70.277%	76.603%

表 1.17 为原始载荷矩阵经正交旋转法转化得到的结果。由表 1.17 可知主成分 1 上载荷值较高的有蛋白质、灰分、籽粒硬度、湿面筋、黄色素和 b^* 值。这 6 个指标主要反映小麦粉黄度和蛋白数量；主成分 2 上载荷值较高的有蔗糖 SRC、碳酸钠 SRC、水 SRC、乳酸 SRC，这四个指标主要反映的是小麦粉溶剂保持力；主成分 3 上载荷值较高的有水分、L^* 值和 a^* 值，反映的是小麦粉的色度；主成分 4 上载荷值较高的有容重、淀粉和降落数值，反映的是小麦粉的淀粉性状；主成分 5 上载荷值较高的有千粒重，反映小麦籽粒品质。由各指标的总贡献率知，各指标对小麦粉基本理化指标均有影响，表明选择测定的小麦粉基本理化指标具有代表性。

表 1.17 方差最大正交旋转后主成分矩阵

项目	主成分					共同度
	1	2	3	4	5	
水分	−0.085	−0.116	−0.888	−0.012	−0.027	0.810
蛋白质	0.667	0.429	0.234	0.057	0.124	0.702
灰分	0.618	0.253	0.530	0.039	−0.275	0.804
籽粒硬度	0.763	0.215	0.189	−0.241	−0.079	0.728
容重	0.061	0.466	0.476	0.510	−0.097	0.718
千粒重	0.064	0.006	−0.067	−0.013	0.940	0.892
淀粉	−0.040	0.178	0.203	−0.692	0.404	0.717
湿面筋	0.506	0.491	−0.115	−0.154	0.139	0.553
降落数值	0.014	−0.040	0.035	0.853	0.119	0.745
蔗糖 SRC	0.153	0.877	0.126	0.126	−0.099	0.834

项目	主成分					共同度
	1	2	3	4	5	
碳酸钠 SRC	0.234	0.696	0.286	−0.150	0.185	0.678
水 SRC	0.254	0.778	0.042	−0.225	−0.061	0.727
乳酸 SRC	0.083	0.749	0.361	0.064	0.042	0.704
黄色素	0.699	0.005	−0.016	0.487	0.160	0.751
面粉 L^*	−0.576	−0.268	−0.684	0.204	0.023	0.913
面粉 a^*	0.490	0.436	0.680	−0.056	−0.090	0.904
面粉 b^*	0.861	0.120	0.211	0.207	0.039	0.844

不同品种小麦基础指标相关性分析如表 1.18 所示，灰分含量和小麦籽粒硬度呈极显著正相关（$r=0.700$，$P<0.01$），与胡瑞波等（2006）的研究结果相一致。湿面筋含量和蛋白质含量呈极显著正相关关系（$r=0.672$，$P<0.01$）。溶剂保持力参数均与灰分含量显著相关，这与伍娟（2016）研究得到的溶剂保持力参数均与灰分含量达不到显著相关的结果不一致，这可能是由实验样品的差异，以及实验方法不同所造成的。乳酸 SRC 测量与面粉的麦谷蛋白特性有关（Gaines，2000），乳酸 SRC 与蛋白质含量呈极显著正相关（$r=0.499$，$P<0.01$），与湿面筋含量呈显著正相关（$r=0.406$，$P<0.05$），这与倪芳妍（2006）的研究结果相一致。Xiao 等（2006）和 Katyal 等（2016）也表示乳酸 SRC 与蛋白质含量有显著相关性。蔗糖 SRC 与蛋白质含量呈显著正相关关系（$r=0.453$，$P<0.05$），这与王晓曦等（2003）的研究结论相一致。本书中，面粉的颜色越深，灰分含量越高，L^* 值越低。L^* 值和面粉的灰分含量呈极显著负相关（$r=-0.723$，$P<0.01$），Katyal 等（2016）也得到相似的结论。面粉的 a^* 值与灰分含量呈极显著正相关（$r=0.815$，$P<0.01$）。L^* 值与蛋白质含量呈极显著负相关（$r=-0.656$，$P<0.01$），a^* 值与蛋白质含量呈极显著正相关（$r=0.634$，$P<0.01$），这表明面粉的深色是由较高的麸皮污染造成的，因为矿物质集中在糠层（Katyal et al.，2016）。面粉 b^* 值和黄色素含量呈极显著正相关（$r=0.696$，$P<0.01$）。不同品种面粉的颜色参数差异可能是由于叶黄素、灰分的变化分布。面粉 b^* 值与籽粒硬度和蛋白质含量呈极显著正相关（$r=0.557$，0.678，$P<0.01$），与胡瑞波和田纪春（2006）的研究结果相一致，该报道指出面粉色泽 b^* 值主要由小麦的蛋白质含量、硬度和出粉率贡献。

表 1.18 不同品种小麦基础指标相关性分析

项目	水分	蛋白质	灰分	籽粒硬度	容重	千粒重	淀粉	湿面筋	降落数值	蔗糖SRC	碳酸钠SRC	水SRC	乳酸SRC	黄色素	面粉L*	面粉a*	面粉b*
水分	1	-0.408*	-0.490**	-0.224	-0.352	0.041	-0.087	-0.032	0.020	-0.277	-0.383*	-0.128	-0.443*	-0.075	0.634**	-0.612**	-0.292
蛋白质	-0.408*	1	0.480**	0.511**	0.382*	0.099	0.007	0.672**	-0.029	0.453**	0.480**	0.401*	0.499**	0.437*	-0.656**	0.634**	0.678**
灰分	-0.490**	0.480**	1	0.700**	0.449**	-0.199	0.075	0.288	0.102	0.440**	0.382*	0.447**	0.399*	0.416*	-0.723**	0.815**	0.614**
籽粒硬度	-0.224	0.511**	0.700**	1	0.208	0.039	0.227	0.424*	-0.116	0.360	0.347	0.476**	0.214	0.375*	-0.650**	0.590**	0.557**
容重	-0.352	0.382*	0.449**	0.208	1	-0.089	-0.170	0.266	0.422*	0.453**	0.265	0.245	0.496**	0.162	-0.413*	0.601**	0.233
千粒重	0.041	0.099	-0.199	0.039	-0.089	1	0.285	0.142	0.073	-0.094	0.110	0.047	0.004	0.148	0.027	-0.070	0.028
淀粉	-0.087	0.007	0.075	0.227	-0.170	0.285	1	0.176	-0.373*	0.085	0.331	0.249	0.141	0.354	-0.276	0.206	-0.105
湿面筋	-0.032	0.672**	0.288	0.424*	0.266	0.142	0.176	1	-0.126	0.308	0.318	0.374*	0.406*	0.097	-0.341	0.430*	0.425*
降落数值	0.020	-0.029	0.102	-0.116	0.422*	0.073	-0.373*	-0.126	1	0.059	-0.138	-0.121	-0.075	0.354	0.168	-0.010	0.184
蔗糖SRC	-0.277	0.453**	0.440**	0.360	0.453**	-0.094	0.085	0.308	0.059	1	0.704**	0.688**	0.678**	0.279	-0.373*	0.485**	0.259
碳酸钠SRC	-0.383*	0.480**	0.382*	0.347	0.265	0.110	0.331	0.318	-0.138	0.704**	1	0.612**	0.540**	0.234	-0.556**	0.568**	0.378*
水SRC	-0.128	0.401*	0.447**	0.476**	0.245	0.047	0.249	0.374*	-0.121	0.688**	0.612**	1	0.492**	0.029	-0.452**	0.548**	0.276
乳酸SRC	-0.443*	0.499**	0.399*	0.214	0.496**	0.004	0.141	0.406*	-0.075	0.678**	0.540**	0.492**	1	0.140	-0.457**	0.563**	0.320
黄色素	-0.075	0.437*	0.416*	0.375*	0.162	0.148	0.354	0.097	0.354	0.279	0.234	0.029	0.140	1	-0.290	0.226	0.696**
面粉L*	0.634**	-0.656**	-0.723**	-0.650**	-0.413*	0.027	-0.276	-0.341	0.168	-0.373*	-0.556**	-0.452**	-0.457**	-0.290	1	-0.894**	-0.636**
面粉a*	-0.612**	0.634**	0.815**	0.590**	0.601**	-0.070	0.206	0.430*	-0.010	0.485**	0.568**	0.548**	0.563**	0.226	-0.894**	1	0.604**
面粉b*	-0.292	0.678**	0.614**	0.557**	0.233	0.028	-0.105	0.425*	0.184	0.259	0.378*	0.276	0.320	0.696**	-0.636**	0.604**	1

*表示显著相关；**表示极显著相关。

5）小麦面团品质

不同品种小麦面团热机械学特性描述性分析结果见表 1.19。吸水率是指谷物和水混合后，达到目标扭矩（1.1±0.05）N·m 的加水量；吸水率决定着粮食加工的经济性（李娟等，2017）。不同品种小麦面粉吸水率变化范围在 51.00%～61.50% 之间，平均值为 57.20%，变异系数为 3.76%，达到了我国《小麦品种品质分类》（GB/T 17320—2013）中筋和中强筋小麦品种的标准（≥56%）。形成时间是指谷物和水混合后，达到目标扭矩（1.1±0.05）N·m 所需要的时间，反映谷物成形快慢。稳定时间是指谷物和水混合后，在揉合过程中达到较高稠度值并保持稳定的时间。形成时间在 1.45～4.15 min 之间，平均值是 2.56 min，变异系数为 26.81%；稳定时间在 1.85～8.93 min 之间，平均值是 4.43 min（≥3 min），已达到了我国《小麦品种品质分类》（GB/T 17320—2013）中筋和中强筋小麦品种的标准，变异系数为 37.33%。Mixolab 检测出不同小麦品种间在形成时间和稳定时间上的差异，反映了不同品种小麦蛋白成分的含量和质量上存在的差距（李娟等，2017）。形成时间与稳定时间呈显著正相关（$r=0.425$，$P<0.05$）（表 1.21），这与朱玉萍等（2018）的研究结果相一致。稠度最小值 $C2$ 代表面粉和水在混合过程中蛋白质弱化的程度，变化范围在 0.21～0.48 N·m 之间，平均值为 0.37 N·m，变异系数为 15.79%，$C1$–$C2$ 代表面粉和水混合过程中的总弱化值，其变化范围为 0.34～0.87 N·m，平均值为 0.72 N·m，变异系数为 12.27%。$C5$（回生终点值）反映面团最终达到的冷黏度，冷黏度越高越易于凝沉；$C5$–$C4$（回生值）的大小可以反映出冷黏度的稳定性，数值越高，随时间变化其冷黏度越大。$C5$–$C4$ 变幅为 0.59～1.93 N·m，平均值为 1.04 N·m，变异系数达 25.84%。图 1.4 为不同品种小麦面团热机械学特性图谱，从图谱看出，不同小麦品种热机械学特性曲线图相似。

表 1.19　小麦面团热机械学特性描述性分析

因子	变化范围	均值	变异系数	中位数
吸水率	51.00%～61.50%	57.20%±2.15%	3.76%	57.25%
$C2$	0.21～0.48 N·m	（0.37±0.06）N·m	15.79%	0.38 N·m
$C3$	0.40～1.91 N·m	（1.27±0.46）N·m	36.16%	1.47 N·m
形成时间	1.45～4.15 min	（2.56±0.69）min	26.81%	2.49 min
稳定时间	1.85～8.93 min	（4.43±1.65）min	37.33%	4.03 min
$C5$–$C4$	0.59～1.93 N·m	（1.04±0.27）N·m	25.84%	0.99 N·m
$C1$–$C2$	0.34～0.87 N·m	（0.72±0.09）N·m	12.27%	0.73 N·m

注：均值结果以平均值±标准差来表示。

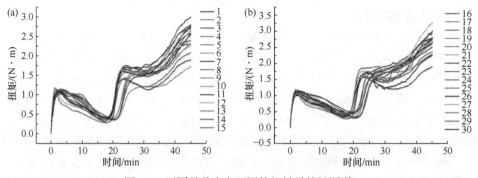

图 1.4　不同品种小麦面团热机械学特性图谱

不同品种小麦面团糊化特性描述性分析如表 1.20 所示。除糊化温度外，快速黏度分析（RVA）参数之间存在显著的正相关关系（表 1.21），与姜艳（2015）的研究结果相一致。峰值黏度范围在 1317.67～2954.67 cP 之间，平均值为 2306.04 cP，变异系数为 18.38%，'苏麦 11'、'华麦 1028' 的峰值黏度较高，而'西农 511' 峰值黏度较低。保持强度范围在 636.33～1916.33 cP 之间，平均值为 1395.71 cP，变异系数为 23.67%，'保麦 6 号' 保持强度最高，而'西农 511' 较低；衰减度变化范围在 578.33～1188.33 cP 之间，平均值为 910.33 cP，变异系数为 18.28%，'苏麦 11' 衰减度较高，说明'苏麦 11'小麦粉淀粉糊的稳定性最差；最终黏度范围在 1409.67～3244.67 cP 之间，平均值为 2553.35 cP，变异系数为 18.78%；回生值在 773.33～1363.33 cP 之间，平均值为 1157.64 cP，变异系数为 13.43%，回生值表示淀粉糊的老化性，'华麦 1028' 小麦回生值最高，表明其制作的面制品易老化；峰值时间变化范围在 5.47～6.29 min 之间，平均值为 5.95 min，变异系数为 3.39%，糊化温度变幅在 67.68～86.10℃，平均值为 77.91℃，变异系数为 9.02%，'江麦 23' 糊化温度最高，说明此小麦不易糊化或糊化需要吸收较高热量（朱玉萍等，2018）。董凯娜（2012）以不同品种的小麦为研究对象，发现小麦淀粉的糊化温度为 61～67℃，峰值黏度为 48～746 cP，低谷黏度为 13～486 cP，最终黏度为 25～893 cP，降落数值为 35～286 cP，回生值为 13～499 cP，可以看出不同小麦品种糊化特性差异显著。图 1.5 表示不同品种小麦面团糊化特性图谱。从图谱看出，来自淮海经济区的 30 个不同品种的整体糊化特性变化相接近，在最低峰值黏度处有差异性，可能是品种之间的差异性造成峰值黏度最低值有所不同。

表 1.20　小麦面团糊化特性描述性分析

因子	变化范围	均值	变异系数	中位数
峰值黏度	1317.67～2954.67 cP	（2306.04±423.80）cP	18.38%	2368.15 cP
保持强度	636.33～1916.33 cP	（1395.71±330.35）cP	23.67%	1497.67 cP
衰减度	578.33～1188.33 cP	（910.33±116.40）cP	18.28%	855.84 cP

续表

因子	变化范围	均值	变异系数	中位数
最终黏度	1409.67～3244.67 cP	(2553.35±479.50) cP	18.78%	2758.73 cP
回生值	773.33～1363.33 cP	(1157.64±155.47) cP	13.43%	1201.34 cP
峰值时间	5.47～6.29 min	(5.95±0.20) min	3.39%	6.01 min
糊化温度	67.68～86.10℃	(77.91±7.02) ℃	9.02%	81.47℃

注：均值结果以平均值±标准差来表示。

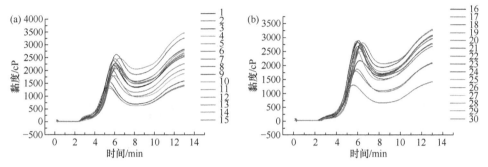

图 1.5　不同品种小麦面团糊化特性图谱

表 1.21　不同品种小麦热机械学特性和糊化特性相关性分析

项目	峰值黏度	保持强度	衰减度	最终黏度	回生值	峰值时间	糊化温度	吸水率	形成时间	稳定时间
峰值黏度	1	0.932**	0.696**	0.939**	0.916**	0.763**	0.239	−0.424*	−0.228	−0.271
保持强度	0.932**	1	0.389*	0.994**	0.941**	0.901**	0.105	−0.433*	−0.097	−0.339
衰减度	0.696**	0.389*	1	0.419*	0.466**	0.153	0.399*	−0.218	−0.388*	−0.017
最终黏度	0.939**	0.994**	0.419*	1	0.972**	0.873**	0.059	−0.398*	−0.099	−0.307
回生值	0.916**	0.941**	0.466**	0.972**	1	0.779**	−0.042	−0.305	−0.101	−0.225
峰值时间	0.763**	0.901**	0.153	0.873**	0.779**	1	0.129	−0.497**	−0.065	−0.413*
糊化温度	0.239	0.105	0.399*	0.059	−0.042	0.129	1	−0.356	−0.165	−0.283
吸水率	−0.424*	−0.433*	−0.218	−0.398*	−0.305	−0.497**	−0.356	1	0.319	0.323
形成时间	−0.228	−0.097	−0.388*	−0.099	−0.101	−0.065	−0.165	0.319	1	0.425*
稳定时间	−0.271	−0.339	−0.017	−0.307	−0.225	−0.413*	−0.283	0.323	0.425*	1

*表示在 0.05 水平上的相关显著性；**表示在 0.01 水平上的相关显著性。

　　面团的动态振荡特性是面团的主要流变特性之一，对面团制品的质量起着重要作用。频率扫描技术常用于测量面团的储能模量（G'）和损耗模量（G''）。这两个指标分别反映了面团的弹性和黏度。它们是频率扫描的两个重要指标。由图 1.6 可知，'鲁原 502'、'济麦 22 号'、'邯 6172'、'杨麦 23'、'苏麦 11' 的储能模量和损耗模量较高，表明这五种小麦面团黏弹性优于其他小麦品种面团，而其他品种小麦面团黏弹性差异不大。Gómez 等（2011）的研究显示，就频率扫描结果而言，不同品种面粉频率扫描结果无显著差异。

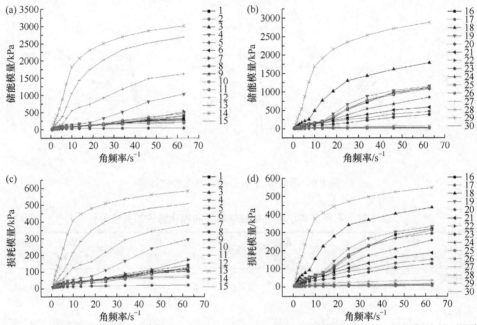

图 1.6　不同品种小麦面团储能模量（G'）[（a）和（b）]和损耗模量（G''）[（c）和（d）]图谱

1～30 号小麦品名见表 1.11

　　由表 1.22 可知，主成分 1、主成分 2 和主成分 3 的特征根均大于 1，且三组分的累积方差贡献率高达 81.516%，因此选取这三个主成分来对小麦面团的糊化和热机械学特性进行表征。

表 1.22　特征根及方差贡献率

成分	1	2	3
特征根	5.297	1.683	1.171
方差贡献率	52.974%	16.833%	11.710%
累计方差贡献率	52.974%	69.806%	81.516%

　　表 1.23 为原始载荷矩阵经正交旋转法转化得到的结果。由表 1.23 可知，主成

分 1 上载荷值较大的有峰值黏度、保持强度、最终黏度、回生值、峰值时间，这五个指标反映的是淀粉糊化特性；主成分 2 上载荷值较大的吸水率、形成时间、稳定时间，反映了面团的热机械学特性；主成分 3 上载荷值较大的是衰减度和糊化温度；经过总贡献率分析可知，影响面团糊化和混合品质的主要因素为峰值黏度、保持强度、衰减度、最终黏度、回生值、峰值时间、稳定时间。

表 1.23　方差最大正交旋转后主成分矩阵

项目	主成分			共同度
	1	2	3	
峰值黏度	0.903	−0.108	0.408	0.993
保持强度	0.971	−0.193	0.074	0.986
衰减度	0.371	0.110	0.892	0.946
最终黏度	0.983	−0.137	0.088	0.993
回生值	0.967	−0.012	0.115	0.949
峰值时间	0.863	−0.373	−0.119	0.898
糊化温度	−0.056	−0.415	0.609	0.546
吸水率	−0.326	0.620	−0.215	0.537
形成时间	0.035	0.536	−0.508	0.547
稳定时间	−0.186	0.849	0.036	0.756

2. 小麦制品品质

1）鲜湿面条色泽分析

鲜湿面条色泽描述性分析结果如表 1.24 所示。不同品种小麦面条色泽 L^* 值在 72.56～81.06 之间，'山农 22 号'的 L^* 值最高为 81.06，'陕农 33'最低为 72.56，平均值为 76.81，变异系数为 2.90%。a^* 值变化范围在 1.34～3.84 之间，'农麦 88'的 a^* 值最大，'山农 22 号'的 a^* 值最小，变异系数为 23.60%。b^* 值变化范围在 15.45～23.78 之间，变异系数为 12.35%，b^* 值最大的为'瑞华麦 520'，面粉色泽 L^*、a^*、b^* 值和面条色泽 L^*、a^*、b^* 值呈极显著正相关（r=0.563，0.770，0.714，$P<0.01$），表明面粉的色泽反映面条的色泽，且面条 b^* 与黄色素呈极显著正相关（r=0.707，$P<0.01$）（表 1.25）。

表 1.24　小麦鲜湿面条色泽描述性分析

因子	变化范围	均值	变异系数	中位数
面条 L^*	72.56～81.06	76.81±2.23	2.90%	76.81
面条 a^*	1.34～3.84	2.54±0.60	23.60%	2.55
面条 b^*	15.45～23.78	19.21±2.37	12.35%	18.48

注：均值结果以平均值±标准差来表示。

表 1.25 不同品种小麦鲜湿面条品质相关性分析

项目	面条 L*	面条 a*	面条 b*	黄色素	吸水率	损失率	TPA硬度	弹性	黏聚性	胶着度	咀嚼度	回复性	剪切硬度	剪切力	拉伸力	拉伸距离
黄色素	-0.205	0.375*	0.707**	1	-0.161	0.306	-0.086	0.345	-0.058	0.013	0.452*	-0.087	-0.120	-0.003	-0.176	-0.167
面粉 L*	0.563**	-0.763**	-0.117	-0.29	0.439*	-0.158	-0.170	-0.062	-0.021	-0.492**	-0.309	-0.001	-0.331	-0.353	-0.377**	0.170
面粉 a*	-0.373*	0.770**	0.147	0.226	-0.508**	0.041	0.290	-0.030	-0.013	0.499**	0.228	0.028	0.418*	0.391*	0.470**	-0.114
面粉 b*	-0.230	0.468**	0.714**	0.696**	-0.403*	0.148	0.205	0.263	-0.274	0.267	0.491**	-0.261	0.293	0.327	0.235	-0.249
吸水率	0.210	-0.353	-0.194	-0.161	1	0.119	-0.538**	-0.154	0.014	-0.436*	-0.323	0.163	-0.593**	-0.602**	-0.529**	-0.120
损失率	-0.059	0.108	0.078	0.306	0.119	1	-0.317	0.100	0.019	-0.039	0.246	-0.079	-0.360	-0.334	-0.252	0.072
TPA硬度	-0.012	0.176	0.204	-0.086	-0.538**	-0.317	1	0.088	-0.196	0.570**	0.231	-0.274	0.826**	0.719**	0.654**	-0.021
弹性	-0.034	0.093	0.390*	0.345	-0.154	0.100	0.088	1	0.015	0.347	0.895**	-0.093	0.127	0.013	-0.020	0.065
黏聚性	-0.306	0.139	0.196	-0.058	0.014	0.019	-0.196	0.015	1	0.011	-0.004	0.909**	0.006	-0.016	0.045	0.543**
胶着度	-0.301	0.535**	0.495**	0.013	-0.436*	-0.039	0.570**	0.347	0.011	1	0.565**	-0.075	0.680**	0.608**	0.557**	0.107
咀嚼度	-0.143	0.295	0.295	0.452*	-0.323	0.246	0.231	0.895**	-0.004	0.565**	1	-0.100	0.275	0.210	0.152	0.068
回复性	-0.148	0.087	0.087	-0.087	0.163	-0.079	-0.274	-0.093	0.909**	-0.075	-0.100	1	-0.058	-0.053	0.035	0.488**
剪切硬度	-0.196	0.337	0.337	-0.120	-0.593**	-0.360	0.826**	0.127	0.006	0.680**	0.275	-0.058	1	0.840**	0.793**	0.161
剪切力	-0.209	0.251	0.251	-0.003	-0.602**	-0.334	0.719**	0.013	-0.016	0.608**	0.210	-0.053	0.840**	1	0.820**	0.269
拉伸力	-0.217	0.254	0.254	-0.176	-0.529**	-0.252	0.654**	-0.020	0.045	0.557**	0.152	0.035	0.793**	0.820**	1	0.396*
拉伸距离	-0.101	-0.126	-0.192	-0.167	-0.120	0.072	-0.021	0.065	0.543**	0.107	0.068	0.488**	0.161	0.269	0.396*	1

*表示在 0.05 水平上的相关显著性; **表示在 0.01 水平上的相关显著性。

2）鲜湿面条蒸煮特性分析

面条的蒸煮品质主要包括蒸煮损失率和吸水率，是评价面条品质的重要指标之一。蒸煮损失主要指煮面的汤中含有的干物质总量（Petitot et al.，2010），如直链淀粉和一些水溶性的蛋白质，由于这些物质的溶出，面条汤变得浑浊而黏稠（骆丽君，2015）。吸水率主要指面条在煮制过程中的膨胀程度（周妍等，2008）。面条的吸水率过高，会使面条黏性增加，嚼劲变差，口感变得松软（岳凤玲，2017；Ajila et al.，2010）。不同品种小麦鲜湿面条蒸煮损失率和吸水率描述性分析如表 1.26 所示，鲜湿面条吸水率变化范围在 88.32%～99.62% 之间，'明麦 133' 鲜湿面条吸水率最高，'农麦 88' 鲜湿面条吸水率最低，面条吸水率与 TPA 硬度和剪切硬度都呈极显著负相关（$r=-0.538$，-0.593，$P<0.01$）（表 1.25），鲜湿面条平均吸水率为 94.77%，变异系数为 2.83%。蒸煮损失率变化范围在 6.16%～18.72% 之间，'杨辐麦 4 号' 鲜湿面条蒸煮损失率最高为 18.72%，'泰科麦 33' 鲜湿面条蒸煮损失率最低为 6.16%，变异系数为 28.92%，表明不同品种鲜湿面条蒸煮品质差异较大。

表 1.26　小麦鲜湿面条蒸煮特性描述性分析

因子	变化范围/%	均值/%	变异系数/%	中位数/%
吸水率	88.32～99.62	94.77±2.68	2.83	94.77
损失率	6.16～18.72	10.51±3.04	28.92	10.06

注：均值结果以平均值±标准差来表示。

3）鲜湿面条质构品质特性分析

面条的质构特性是消费者关注其品质的重要指标之一。采用物性分析仪评价面条的品质，具有较高的灵敏度和客观性，并且全质构的参数与主观感官评定的参数具有一定的相关性（赵延伟等，2011；孙彩玲等，2007）。不同品种小麦鲜湿面条质构品质特性描述性分析如表 1.27 所示，鲜湿面条 TPA 硬度变化范围在 3663.71～5703.03 g 之间，平均值为 4557.82 g，变异系数为 9.85%；鲜湿面条弹性和咀嚼度差异较大，其变异系数分别为 40.56% 和 39.60%，'淮麦 26' 鲜湿面条的咀嚼度（6545.29）最高，而 '华麦 1028' 鲜湿面条的弹性（0.69）和咀嚼度（1558.40）最低。李曼（2014）认为面条的咀嚼性和硬度主要和蛋白质特性相关，黏性和弹性则主要和淀粉糊化特性相关。黏聚性变化范围在 0.56～0.67 之间，平均值为 0.60，变异系数为 5.00%；面条的拉伸距离和拉伸力分布相对集中，在 27.83～34.93 cm，43.30～68.38 N。综上所述，根据变异系数可知不同品种小麦鲜湿面条的弹性和咀嚼性差别较大。

表 1.27　小麦鲜湿面条质构品质特性描述性分析

因子		变化范围	均值	变异系数	中位数
TPA	硬度	3663.71～5703.03 g	(4557.82±449.06) g	9.85 %	4577.25 g
	弹性	0.69～2.48	1.01±0.41	40.56 %	0.89
	黏聚性	0.56～0.67	0.60±0.03	5.00 %	0.60
	胶着度	2184.44～3410.56	2727.12±324.47	11.90 %	2682.23
	咀嚼度	1558.40～6545.29	2775.85±1099.15	39.60 %	2427.93
	回复性	0.20～0.29	0.23±0.02	8.16 %	0.23
剪切品质	面条硬度	153.90～229.18 g	(179.24±15.96) g	8.91 %	178.91 g
	剪切力	663.88～1294.25 g	(863.60±133.74) g	15.49 %	848.32 g
拉伸性能	拉伸力	43.30～68.38 N	(49.56±5.69) N	11.47 %	48.29 N
	拉伸距离	27.83～34.93 cm	(30.34±1.44) cm	4.74 %	30.16 cm
感官评价		78.50～89.17 分	(84.26±2.41) 分	2.86 %	84.67 分

注: 均值结果以平均值±标准差来表示。

3. 小麦原料特性与制品品质关系

由小麦基础理化指标与鲜湿面条品质之间的相关性分析（表 1.28）知，小麦品种性状中对面条的色泽产生主要影响的有灰分含量、黄色素含量、蛋白质含量、籽粒硬度和 SRC 参数等，这与胡瑞波（2004）、张影全等（2012）的研究结果相一致。面粉的灰分含量反映了面粉磨制过程中的污染程度和麦麸与胚芽的分离程度，灰分会影响面条的色泽（刘锐等，2016），主要影响 a^* 值。灰分与面条的色泽 L^* 值呈显著负相关（$r=-0.383$，$P<0.05$），与面条色泽 a^* 值呈极显著正相关（$r=0.682$，$P<0.01$）。研究表明灰分含量的升高对面粉的色泽和面条品质起到负面影响。李志博等（2004）研究发现：灰分含量与面条色泽呈显著负相关，与其他感官指标相关性不显著。

表 1.28 小麦基础理化指标与鲜湿面条品质相关性分析

项目	水分	蛋白质	灰分	籽粒硬度	容重	干粒重	淀粉	湿面筋	降落数值	蔗糖 SRC	碳酸钠 SRC	水 SRC	乳酸 SRC	黄色素
面条 L*	0.474**	-0.246	-0.383*	-0.417*	-0.219	-0.014	-0.412*	-0.014	0.239	-0.162	-0.176	0.007	-0.276	-0.205
面条 a*	-0.655**	0.536**	0.682**	0.464**	0.583**	-0.044	0.160	0.204	0.063	0.507**	0.402*	0.391*	0.549**	0.375*
面条 b*	-0.118	0.462*	0.231	0.154	0.200	0.112	-0.299	0.289	0.395*	0.185	0.060	-0.027	0.291	0.707**
面条吸水率	0.396*	-0.355	-0.496**	-0.094	-0.238	0.239	0.049	-0.206	0.145	-0.136	-0.287	0.002	-0.207	-0.161
损失率	0.062	-0.183	0.074	0.156	-0.006	0.094	-0.108	-0.130	0.053	-0.100	-0.087	-0.045	0.012	0.306
TPA 硬度	-0.278	0.420*	0.052	-0.091	0.297	0.201	0.143	0.508**	0.056	0.158	0.403*	0.055	0.220	-0.086
弹性	-0.196	0.208	0.075	0.089	0.036	0.038	-0.450*	-0.093	0.317	-0.005	0.061	-0.147	-0.094	0.345
黏聚性	-0.198	-0.229	0.039	-0.004	0.134	-0.198	0.059	-0.479**	-0.016	0.032	-0.072	-0.083	-0.082	-0.058
胶着度	-0.627**	0.530**	0.387*	0.219	0.408*	-0.007	0.182	0.362*	-0.019	0.377*	0.475**	0.309	0.494**	0.013
咀嚼度	-0.335	0.385*	0.311	0.262	0.143	0.065	-0.279	0.136	0.288	0.104	0.205	0.009	0.058	0.452*
回复性	-0.070	-0.213	0.103	0.026	0.180	-0.251	0.077	-0.406*	0.128	0.124	-0.033	0.074	-0.063	-0.087
面条硬度	-0.388*	0.499**	0.238	0.035	0.406*	-0.094	0.118	0.363*	0.022	0.261	0.377*	0.172	0.360	-0.120
剪切力	-0.333	0.483**	0.339	0.216	0.242	-0.089	0.267	0.419*	-0.073	0.205	0.417*	0.153	0.257	-0.003
拉伸力	-0.263	0.402*	0.353	0.258	0.453*	-0.090	0.250	0.496**	-0.029	0.339	0.365*	0.299	0.430*	-0.176
拉伸距离	-0.082	-0.311	0.052	0.006	0.197	-0.114	-0.069	-0.304	0.083	-0.010	-0.107	-0.167	0.059	-0.167
感官评价	-0.109	0.139	0.000	-0.084	0.307	-0.409*	-0.369*	0.091	0.060	0.268	0.023	-0.001	0.170	-0.314

*表示在 0.05 水平上的相关显著性；**表示在 0.01 水平上的相关显著性。

黄色素作为小麦籽粒中最主要的天然色素，可以使某些食品呈现特有的黄色，受到消费者青睐（孙建喜，2014）。面粉黄色素含量与面条的 a^* 和 b^* 呈正相关（$r=0.375$，$P<0.05$；$r=0.707$，$P<0.01$），与 L^* 呈负相关但相关性不显著。华为（2005）的研究也表明黄色素含量与面条 a^* 高度相关。籽粒硬度与面条色泽 L^* 呈显著负相关（$r=-0.417$，$P<0.05$），与面条色泽 a^* 呈极显著正相关（$r=0.464$，$P<0.01$）。SRC 参数均与面条色泽 a^* 值呈正相关。

小麦中的蛋白质、湿面筋含量是另外 2 个影响鲜湿面条品质的重要指标。蛋白质含量与面条 a^* 和 b^* 呈正相关（$r=0.536$，$P<0.01$，$r=0.462$，$P<0.05$），与面条 TPA 硬度、拉伸力呈显著正相关（$r=0.420$，0.402，$P<0.05$），与面条硬度、剪切力呈极显著正相关（$r=0.499$，0.483，$P<0.01$）；湿面筋与面条 TPA 硬度和拉伸力呈极显著正相关（$r=0.508$，0.496，$P<0.01$），与面条硬度、峰值力呈显著正相关（$r=0.363$，0.419，$P<0.05$），这与潘治利等（2017）的研究结果一致。碳酸钠 SRC 与面条 TPA 硬度、拉伸力、硬度、剪切力呈显著正相关（$r=0.403$，0.365，0.377，0.417，$P<0.05$），与面条胶着度呈极显著正相关（$r=0.475$，$P<0.01$）。乳酸 SRC 与面条胶着度呈极显著正相关（$r=0.494$，$P<0.01$），与拉伸力呈显著正相关（$r=0.430$，$P<0.05$）。

面团糊化特性与鲜湿面条品质各指标的相关性分析结果见表 1.29，小麦面团糊化特性与鲜湿面条色泽相关性不显著，表明小麦面团糊化特性对鲜湿面条色泽影响较小。除峰值时间和糊化温度外，其他 RVA 参数都与 TPA 硬度呈显著或极显著负相关（$r=-0.509$，-0.394，-0.515，-0.418，-0.451），峰值黏度对鲜湿面条品质影响最大，其与煮后面条胶着度、拉伸力、硬度呈显著负相关（$r=-0.441$，-0.462，-0.378，$P<0.05$），与剪切力呈极显著负相关（$r=-0.546$，$P<0.01$），与潘治利等（2017）、宋亚珍等（2005）、徐荣敏（2006）的研究结果相一致。相关研究表明小麦面团糊化特性显著影响面条评分，宋健民等（2008）的研究表明除糊化温度外，糊化各项指标与面条总分的相关性均达到极显著水平，与绝大多数面条单项评分也达到了显著或极显著相关水平。黏度仪参数峰值黏度、稀释值、反弹值、峰值时间和糊化温度与面条评分呈显著或极显著相关，说明黏度性状可以作为小麦面条预测和筛选的重要评价指标之一（王宪泽等，2004），与本书结果相一致。

表 1.29　面团糊化特性与鲜湿面条品质相关性分析

项目	峰值黏度	保持强度	衰减度	最终黏度	回生值	峰值时间	糊化温度
面条 L^*	0.072	0.066	0.054	0.049	0.012	0.043	0.153
面条 a^*	−0.277	−0.277	−0.154	−0.243	−0.161	−0.301	−0.453[*]
面条 b^*	−0.283	−0.132	−0.460[*]	−0.144	−0.163	0.022	−0.103

续表

项目	峰值黏度	保持强度	衰减度	最终黏度	回生值	峰值时间	糊化温度
面条吸水率	0.233	0.168	0.259	0.173	0.177	0.195	0.224
损失率	−0.245	−0.335	0.041	−0.340	−0.337	−0.283	0.376*
TPA 硬度	−0.509**	−0.394*	−0.515**	−0.418*	−0.451*	−0.265	−0.241
弹性	0.093	0.117	0.003	0.085	0.012	0.164	0.277
黏聚性	0.284	0.090	0.544**	0.111	0.153	−0.003	0.231
胶着度	−0.441*	−0.447*	−0.234	−0.446*	−0.424*	−0.432*	−0.297
咀嚼度	−0.213	−0.180	−0.185	−0.204	−0.247	−0.087	0.169
回复性	0.300	0.112	0.543**	0.152	0.231	−0.001	0.165
面条硬度	−0.378*	−0.298	−0.372*	−0.300	−0.291	−0.234	−0.320
剪切力	−0.546**	−0.517**	−0.364*	−0.511**	−0.476**	−0.458*	−0.248
拉伸力	−0.462*	−0.451*	−0.282	−0.422*	−0.343	−0.459*	−0.323
拉伸距离	0.125	−0.057	0.432*	−0.045	−0.018	−0.213	0.469**
感官评价	0.395*	0.413*	0.186	0.424*	0.0430*	0.303	−0.197

*表示在 0.05 水平上的相关显著性；**表示在 0.01 水平上的相关显著性。

　　不同品种小麦面团热机械学特性与鲜湿面条品质各指标相关性分析结果见表 1.30，吸水率与面条品质相关性不显著，而形成时间和稳定时间则与面条吸水率呈极显著负相关（$r=-0.517$，-0.465，$P<0.01$）。面条的吸水率与面团的稳定时间呈极显著负相关，是因为面团的稳定时间越长，面筋网络结构结合越牢固，导致内部结构越紧密，在蒸煮过程中水分越不易渗透到面条中（岳凤玲，2017）。形成时间与面条的拉伸力和剪切力呈显著正相关（$r=0.400$，0.475，$P<0.01$），稳定时间与面条的拉伸力和剪切力呈显著正相关（$r=0.382$，0.378，$P<0.05$）。李梦琴等（2007）通过研究发现，形成时间、稳定时间和面条的品质呈极显著相关。杨金（2002）则认为面粉的形成时间、稳定时间与面条质地呈显著正相关，与面条色泽、表观状态和光滑性呈显著负相关。张雷等（2014）研究认为小麦粉粉质曲线中稳定时间是所有参数中最主要的。上述结果与本书结果相似。

表 1.30　面团热机械学特性与鲜湿面条品质相关性分析

品种	吸水率	形成时间	稳定时间
面条 L^*	−0.213	−0.447*	−0.223
面条 a^*	0.516**	0.535**	0.436*
面条 b^*	0.019	0.398*	−0.181

品种	吸水率	形成时间	稳定时间
面条吸水率	−0.005	−0.517**	−0.465**
损失率	0.022	−0.242	−0.049
TPA 硬度	0.022	0.394*	0.181
弹性	0.029	0.129	−0.096
黏聚性	−0.069	−0.177	−0.092
胶着度	0.195	0.322	0.316
咀嚼度	0.119	0.284	0.064
回复性	0.031	−0.147	−0.051
面条硬度	0.070	0.525**	0.302
剪切力	0.211	0.475**	0.378*
拉伸力	0.295	0.400**	0.382*
拉伸距离	−0.063	−0.093	−0.124
感官评价	−0.069	0.127	−0.060

*表示在 0.05 水平上的相关显著性；**表示在 0.01 水平上的相关显著性。

1.1.3　花生

花生是我国四大油料作物之一，种植面积仅次于油菜，亩产和出口量一直居油料作物之首。在我国农作物中，花生种植面积居第七位，2019 年我国花生种植面积约为 6930.0 万亩（1 亩约为 666.7 平方米），总产量在 1750.0 万 t 左右，占世界花生总产量的 38.4%，居世界第一位。我国花生生产区域广泛，除西藏、青海、宁夏及香港等省区外都有种植，主要集中在华北平原、渤海湾沿岸地区、华南沿海地区及四川盆地等。其中以河南、山东、河北、广东、辽宁、四川及湖北等七省为主，七省花生种植面积约占全国种植面积的 75%，产量占到全国产量的 80.0%。其中河南和山东为最大种植省份，两省的花生种植面积之和约占全国的 45.0%，产量占到全国总产量的 50.0% 以上。榨油和食用是我国花生加工主要用途，约 53% 用于制油，40% 食用。2010 年后，花生榨油比重稳定在 50% 左右，花生食品加工比重逐年增加，较 10 年前增加约 7%。目前花生食品种类不断丰富，有油炸、烘烤、甜食、涂层、花生酱及花生果等。王强（2013，2014，2018）研究了花生加工适宜性评价技术方法和标准，主要包括制油、制酱、凝胶型蛋白用、溶解型蛋白用、出口用等。本书收集了我国山东、河南、广东等花生主产区的花生品种 49 个，重点阐述花生加工豆腐和花生乳的加工适宜性技术方法和模型构建。

1. 花生原料特性

1）感官特性

花生百粒重与尺寸分布情况见表 1.31，花生的百粒重、长、宽、高均值分别为（79.11±12.26）g、（17.99±2.42）mm、（10.20±1.54）mm、（8.49±0.59）mm。不同品种的花生质量与尺寸差异显著，百粒重最小的品种是'花育 23'（珍珠豆型），百粒重最大的品种是'大麻'。从变异系数上分析，不同品种花生的质量与尺寸差异较大。

表 1.31　花生百粒重与尺寸描述性分析

因子	变化范围	均值	变异系数	中位数
百粒重	50.08～98.52 g	（79.11±12.26）g	15.49%	80.60 g
长	13.46～22.61 mm	（17.99±2.42）mm	13.44%	18.67 mm
宽	7.52～18.81 mm	（10.20±1.54）mm	15.08%	10.10 mm
高	6.94～9.50 mm	（8.49±0.59）mm	6.90%	8.56 mm

注：均值结果以平均值±标准差来表示。

花生红衣色泽方面，L^*、a^*、b^* 总体分布见图 1.7～图 1.9，L^*、a^*、b^* 值分别为 41.64±5.43、20.03±3.13、23.23±5.04。黑花生品种的 L^*、a^*、b^* 值均显著低于普通花生，造成花生红衣色泽分布图并不连续。研究表明花生红衣颜色差异与红衣中黄酮与黄酮醇生物合成途径（山柰酚、槲皮素、杨梅素和芦丁 4 种差异代谢物）表达差异有关。山柰酚在颜色较深的黑花生红衣中代谢旺盛，而杨梅素和槲皮素则在颜色较浅的花生红衣中代谢旺盛，合成量较多（贾聪等，2019）。

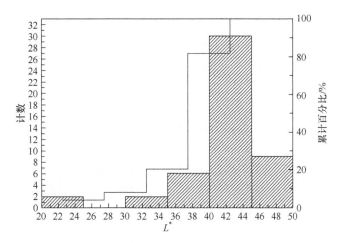

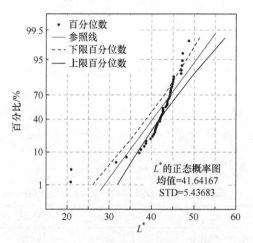

图 1.7　49 种花生红衣 L^* 值分布图

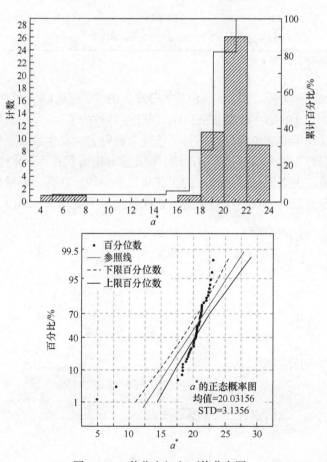

图 1.8　49 种花生红衣 a^* 值分布图

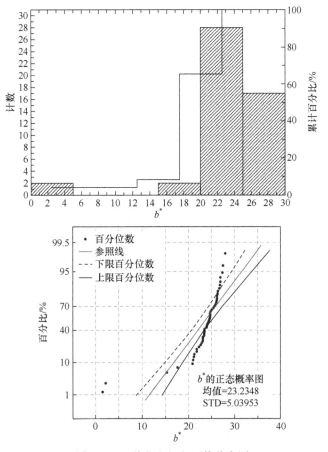

图 1.9　49 种花生红衣 b^* 值分布图

2）理化特性

花生中粗油脂、粗蛋白、总糖三者变化幅度分别为 43.70%～56.05%、19.44%～27.90%、11.22%～25.83%。由表 1.32 变异系数可知，上述组分差异较大，表示不同花生性质差异显著，具有广泛的代表性，从而有利于从中筛选出适宜加工成不同产品的专用品种。

表 1.32　花生主要组分含量描述性分析

因子	变化范围/%	均值/%	变异系数/%	中位数/%
粗油脂	43.70～56.05	49.48±2.66	5.37	49.40
粗蛋白	19.44～27.90	23.60±2.28	9.68	23.80
总糖	11.22～25.83	18.54±3.07	16.58	18.46
水分	4.00～8.91	5.94±1.05	17.59	5.88
灰分	2.01～2.92	2.44±0.20	8.27	2.40

注：均值结果以平均值±标准差来表示。

如图 1.10 所示，收集的花生品种中脂肪和蛋白含量主要集中在 47%～52% 和 23%～26%。分析花生灰分与糖类（图 1.11）发现，多数花生品种灰分含量集中在 2.20%～2.65%，糖类集中在 16%～20%。

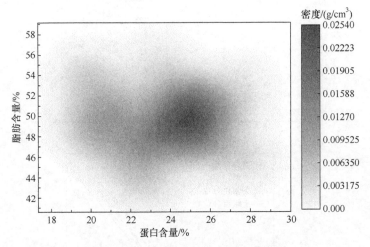

图 1.10　49 种花生中脂肪与蛋白分布图

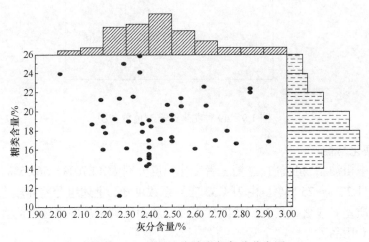

图 1.11　49 种花生中糖类与灰分分布图

花生储藏蛋白中约 10% 为水溶性蛋白，其余 90% 为盐溶性蛋白，主要由花生球蛋白、伴球蛋白 I 和伴球蛋白 II 组成，其中花生球蛋白主要由 4 个亚基组成，分子质量分别是 23.5 kDa、35.5 kDa、37.5 kDa、40.5 kDa；伴球蛋白 I 由 3 个亚基组成，分子质量分别是 15.5 kDa、17 kDa、18 kDa，而伴球蛋白 II 由 61 kDa 的亚基组成（杜寅等，2013；Wang et al.，2014）。49 种花生蛋白的 SDS-PAGE 图见图 1.12～图 1.14，电泳条带分布情况与前人研究基本一致（杜寅等，2013）。

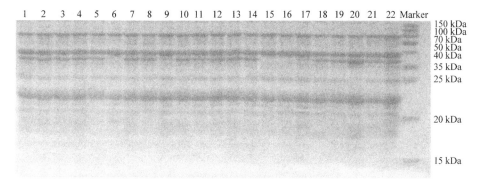

图 1.12　49 种花生蛋白 SDS-PAGE 图（一）

1-花育 23；2-花育 24；3-鲁花 11；4-天府 3 号；5-丰花；6-四粒红；7-冀花 2 号；8-二粒红；9-白沙 1016；
10-冀花 5 号；11-花育 26；12-大白沙；13-拔二罐；14-黑花生；15-白沙；16-花育 25；17-白沙 308；
18-冀花 4 号；19-国育 2016；20-小白沙；21-308；22-鲁花 8 号

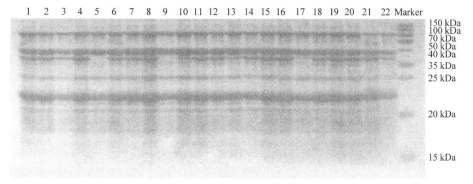

图 1.13　49 种花生蛋白 SDS-PAGE 图（二）

1-大果 101；2-大麻；3-花育 48；4-花育 16；5-鲁花 14；6-商花 5 号；7-豫花 9414；8-花育 19；9-徐花 13；
10-徐花 14；11-青花 6 号；12-漯花 8 号；13-豫花 25；14-丰花 1 号；15-远杂 9307；16-花育 37；17-花育 38；
18-花育 42；19-冀花 20；20-豫花 37；21-豫花 15；22-豫花 22

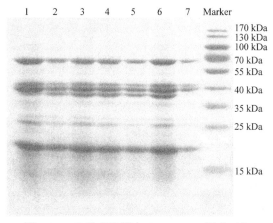

图 1.14　49 种花生蛋白 SDS-PAGE 图（三）

1-远杂 9719；2-远杂 9326；3-远杂 9102；4-秋乐 177；5-豫花 15；6-豫花 40；7-豫花 22

由图 1.15 可知，花生球蛋白、伴球蛋白 I 和伴球蛋白 II 在不同品种间含量与

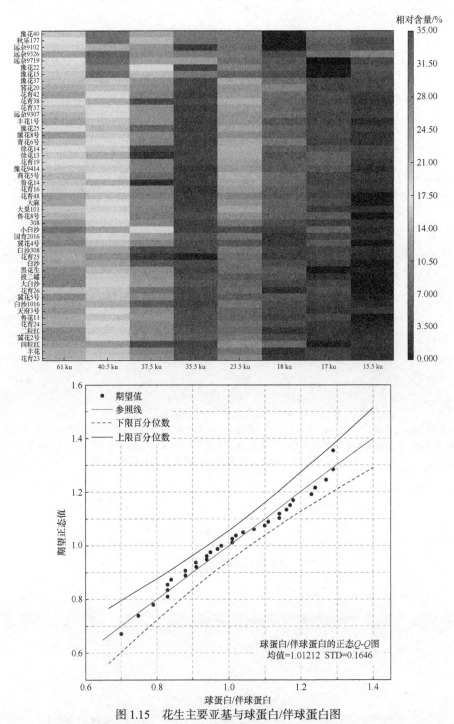

图 1.15 花生主要亚基与球蛋白/伴球蛋白图

组成差异明显，花生球蛋白/伴球蛋白比值差异较大（1.01±0.16），上述 49 种花生蛋白在功能特性上也有较大差别，为筛选出适宜加工不同产品的花生品种奠定了原料基础。

分析 49 种花生蛋白的氨基酸组成发现（图 1.16），谷氨酸、天冬氨酸、精氨酸是花生中含量前三的氨基酸，三者之和约占总氨基酸的 45%，甲硫氨酸、色氨酸、赖氨酸含量是花生中含量后三位的氨基酸，三者之和占总氨基酸的 4% 左右。甲硫氨酸、酪氨酸、色氨酸在不同品种花生间差异较大（变异系数大于 8%），其他氨基酸的变异系数较小，这表明不同品种的花生蛋白的一级结构差异较小，组成花生的蛋白种类基本一致。以品种为控制变量，分析不同氨基酸间的相关系数（表 1.33），发现天冬氨酸与谷氨酸（$r=0.766$，$P<0.01$）、天冬氨酸与组氨酸（$r=-0.690$，$P<0.01$）、缬氨酸与精氨酸（$r=-0.601$，$P<0.01$）、甘氨酸与赖氨酸（$r=0.665$，$P<0.01$）存在极显著相关性。

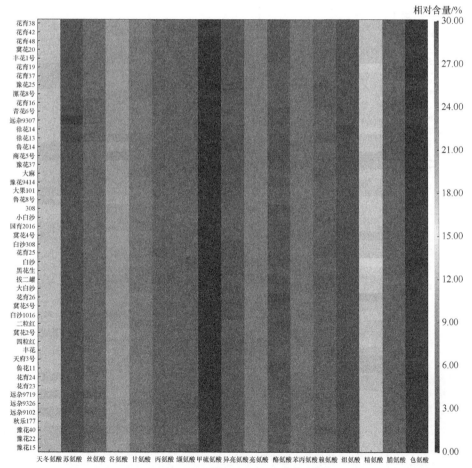

图 1.16　49 种花生氨基酸含量分布图

表 1.33 花生蛋白氨基酸相关性分析

	天冬氨酸	苏氨酸	丝氨酸	谷氨酸	甘氨酸	丙氨酸	缬氨酸	异亮氨酸	亮氨酸	苯丙氨酸	赖氨酸	组氨酸	精氨酸	脯氨酸
天冬氨酸	1	-0.158	0.480**	0.766**	-0.381*	-0.434*	-0.307	-0.269	-0.483**	0.565**	-0.348	-0.690**	-0.052	-0.164
苏氨酸		1	0.489**	-0.165	0.079	0.279	0.199	0.236	0.227	0.176	0.227	-0.064	-0.506**	-0.135
丝氨酸			1	0.327	-0.106	-0.229	-0.383	-0.158	-0.203	0.313	-0.045	-0.555**	-0.239	-0.295
谷氨酸				1	-0.408*	-0.458**	-0.143	-0.201	-0.428*	0.396*	-0.297	-0.534**	-0.114	0.001
甘氨酸					1	0.405*	0.239	0.097	0.191	0.004	0.665**	0.230	-0.362*	-0.344
丙氨酸						1	0.358*	0.296	0.376*	-0.103	0.497**	0.552**	-0.421*	0.002
缬氨酸							1	0.402*	0.381*	0.083	0.044	0.492**	-0.601**	0.299
异亮氨酸								1	0.366*	-0.267	0.042	0.216	-0.190	0.379*
亮氨酸									1	-0.473**	-0.052	0.510**	-0.299	-0.014
苯丙氨酸										1	0.024	-0.448**	-0.440*	-0.187
赖氨酸											1	0.004	-0.216	-0.377*
组氨酸												1	-0.197	0.213
精氨酸													1	0.108
脯氨酸														1

*表示显著（$P<0.05$）；**表示极显著（$P<0.01$）。

花生脂肪酸主要由棕榈酸、硬脂酸、油酸等八种脂肪酸组成，另外还有微量的棕榈油酸、亚麻酸等（刘玉兰等，2012；郑畅等，2014），典型花生脂肪酸的气相色谱图见图 1.17，主要脂肪酸测定结果见表 1.34。油酸与亚油酸之和占到花生脂肪酸总量的 80%以上，两者的分布情况见图 1.18。

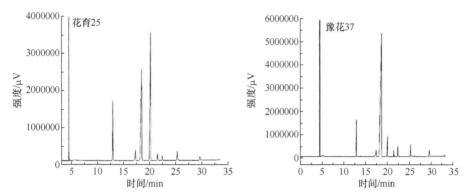

图 1.17　普通花生与高油酸花生的气相色谱图

表 1.34　花生主要脂肪酸组成含量描述性分析

因子	变化范围/%	均值/%	变异系数/%	中位数/%
棕榈酸	5.67～12.77	11.14±1.14	10.27	11.18
硬脂酸	2.67～6.12	3.91±0.80	20.34	3.74
油酸	35.81～84.20	43.02±7.00	16.27	41.38
亚油酸	3.71～42.32	36.14±5.69	15.74	37.37
花生酸	0.00～2.46	1.52±0.58	38.13	1.53
花生烯酸	0.00～1.68	0.77±0.31	40.99	0.74
山嵛酸	0.53～3.31	2.38±0.61	25.83	2.56
二十四烷酸	0.00～2.10	1.11±0.51	46.36	1.11

注：均值结果以平均值±标准差来表示。

由表 1.35 可知，花生中维生素 E（VE）以α-VE 和γ-VE 为主，占花生总维生素 E 的 90%左右。花生维生素 E 的变异系数较大（均在 18%以上），这表明不同品种的花生在维生素 E 组成上存在较大差异。其中，'国育 2016'的维生素 E 含量最高（维生素 E 总和为 17.96 mg/100 g），'冀花 2 号'的维生素 E 含量最低（维生素 E 总和为 9.10 mg/100 g）（图 1.19）。

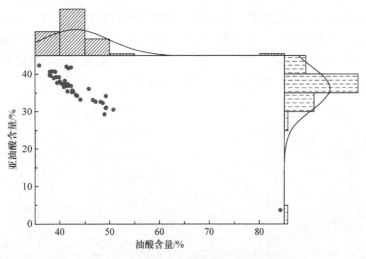

图 1.18　49 种花生中亚油酸与油酸分布图

表 1.35　49 种花生中维生素 E 含量描述性分析

因子	变化范围/（mg/100 g）	均值/（mg/100 g）	变异系数/%	中位数/（mg/100 g）
α -VE	3.96～9.48	6.5±1.35	20.73	6.32
β -VE	0.21～0.78	0.49±0.15	31.79	0.45
γ -VE	3.54～8.26	5.59±1.07	19.05	5.56
δ -VE	0.11～0.92	0.34±0.17	49.05	0.31
总和	9.10～17.96	12.93±2.00	15.47	12.78

注: 均值结果以平均值±标准差来表示。

2. 花生制品品质

花生加工特性是指与制品品质密切相关的原料特性，如蛋白含量、油脂含量、花生球蛋白/伴球蛋白、花生油酸/亚油酸等。目前，花生加工制品主要有花生蛋白、花生油、花生酱、花生乳和花生豆腐。

1）花生蛋白功能特性

评价花生蛋白的功能特性主要包括溶解性、乳化性、起泡性、持水性及持油性，它是指导花生蛋白在食品加工利用中的重要指标（王强，2013）。本书采用碱溶酸沉法对 49 种花生提取蛋白，并评价蛋白功能特性，具体见表 1.36。由表中可知，不同品种花生提取的花生蛋白功能特性存在明显差异，这与花生蛋白组成有关。由参考文献发现，对比大豆分离蛋白，花生蛋白除溶解性（pH7）低于大豆蛋白外，其他性质与大豆蛋白基本相似，因此，花生蛋白可以替代大豆蛋白应用于相关食品领域。

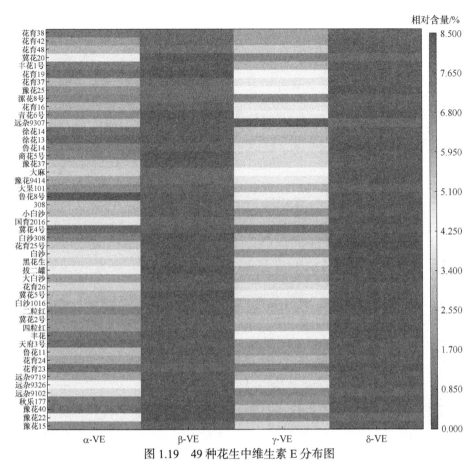

图 1.19　49 种花生中维生素 E 分布图

表 1.36　49 种花生蛋白功能特性统计表

因子	变化范围	均值	变异系数/%	中位数
提取率	69.70%～92.48%	82.34%±5.37%	6.52	82.06%
溶解性	47.74%～74.33%	59.21%±7.64%	12.91	57.68%
乳化活性	34.31～59.87 m²/g	（46.21±5.70）m²/g	12.32	45.83 m²/g
乳化稳定性	13.54～23.76 min	（17.53±2.01）min	11.46	17.51 min
起泡能力	7.29%～13.54%	9.60%±1.47%	15.32	9.17%
泡沫稳定性	62.50%～85.71%	77.45%±5.46%	7.05	78.63%
持水性	155.67%～336.87%	194.82%±36.22%	18.59	187.49%
持油性	114.65%～197.57%	141.05%±16.10%	11.41	138.58%

注：均值结果以平均值±标准差来表示。

2）花生蛋白功能特性与蛋白组成相关性分析

由表 1.37 可知，花生蛋白功能特性与花生蛋白组成密切相关，花生球蛋白含

表 1.37　49 种花生蛋白功能特性与蛋白组成相关系数表

	蛋白提取率	溶解性	乳化活性	乳化稳定性	起泡能力	泡沫稳定性	持水性	持油性	伴球蛋白 I 含量	球蛋白含量	伴球蛋白 II 含量	球蛋白/伴球蛋白
蛋白提取率	1											
溶解性	0.004	1										
乳化活性	0.072	-0.231	1									
乳化稳定性	-0.016	0.298*	-0.345*	1								
起泡能力	-0.077	0.256	-0.114	0.211	1							
泡沫稳定性	-0.133	-0.355*	-0.102	0.062	0.199	1						
持水性	0.111	-0.060	-0.358*	0.156	0.230	0.034	1					
持油性	0.151	-0.102	-0.162	-0.024	0.010	0.111	0.340*	1				
伴球蛋白 I 含量	0.033	0.849**	-0.315*	0.374**	0.167	-0.296*	-0.121	-0.152	1			
球蛋白含量	0.088	-0.097	-0.428**	0.108	0.241	0.120	0.778**	0.262	-0.144	1		
伴球蛋白 II 含量	-0.109	-0.219	0.869**	-0.365*	-0.199	-0.088	-0.417**	-0.282	-0.254	-0.533**	1	
球蛋白/伴球蛋白	0.131	-0.197	-0.656**	0.162	0.185	0.228	0.664**	0.373**	-0.227	0.816**	-0.827**	1

*表示显著（$P<0.05$）；**表示极显著（$P<0.01$）。

量与花生蛋白持水性呈极显著正相关（$r=0.778$，$P<0.01$），伴球蛋白 I 含量与蛋白溶解性呈极显著正相关（$r=0.849$，$P<0.01$），伴球蛋白 II 含量与蛋白乳化活性呈极显著正相关（$r=0.869$，$P<0.01$）。上述结果与前人研究相符，刘岩等（2013）研究发现花生伴球蛋白较花生球蛋白具有更高的乳化活性与起泡能力，徐飞等（2016）报道花生分离蛋白的溶解性与 18 kDa 亚基（花生伴球蛋白 I）呈显著相关性。

3）花生油品质

花生油的评价指标主要包括酸价、过氧化值、不饱和脂肪酸含量等（王强，2013）。本书采用溶剂浸提法提取油脂，评价油脂的脂肪酸组成、酸价、过氧化值、氧化诱导时间、色泽，具体见表 1.38 和表 1.39。

表 1.38　49 种花生油的脂肪酸组成统计表

因子	变化范围	均值	变异系数/%	中位数
棕榈酸	5.67%～12.77%	11.14 ±1.14%	10.27	11.18%
硬脂酸	2.67%～6.12%	3.91 ±0.80%	20.34	3.74%
油酸	35.81%～84.20%	43.02 ±7.00%	16.27	41.38%
亚油酸	3.71%～42.32%	36.14 ±5.69%	15.74	37.37%
花生酸	0.00%～2.46%	1.52 ±0.58%	38.13	1.53%
花生烯酸	0.00%～1.68%	0.77 ±0.31%	40.99	0.74%
山萮酸	0.53%～3.31%	2.38 ±0.61%	25.83	2.56%
二十四烷酸	0.00%～2.10%	1.11 ±0.51%	46.36	1.11%
SFA	11.07%～22.14%	20.06 ±2.09%	10.41	20.69%
UFA	77.86%～88.93%	79.92 ±2.10%	2.62	79.27%
PUFA	3.70%～42.32%	36.14 ±5.69%	15.74	37.37%
MUFA	36.83%～85.23%	43.78 ±7.02%	16.02	41.82%
UFA/SFA	3.52～8.04	4.06 ±0.73	18.09	3.82
O/L	0.85～22.72	1.60 ±3.09	192.71	1.10

注：均值结果以平均值±标准差来表示。SFA 表示饱和脂肪酸；UFA 表示不饱和脂肪酸；PUFA 表示多不饱和脂肪酸；MUFA 表示单不饱和脂肪酸；后同。

表 1.39　49 种花生油加工品质统计表

因子		变化范围	均值	变异系数/%	中位数
酸价		0.24～12.82 mg KOH/g	（3.56±2.46）mg KOH/g	69.09	3.31 mg KOH/g
过氧化值		0.01～0.93 meq/kg[①]	（0.20±0.23）meq/kg	113.79	0.12 meq/kg
氧化诱导时间		0.55～15.06 h	（1.67±1.99）h	119.01	1.34 h
色泽	黄值（Y）	5.00～20.00	9.18±2.17	23.59	9.00
	红值（R）	0.10～0.90	0.42±0.25	58.80	0.30

注：均值结果以平均值±标准差来表示。

① 1 meq/kg=0.5 mmol/kg=0.4 mg/100 g。

不同品种花生油脂肪酸组成及含量如表 1.38 所示，花生油中主要的脂肪酸有 8 种，分别是棕榈酸（C16:0）、硬脂酸（C18:0）、油酸（C18:1）、亚油酸（C18:2）、花生酸（C20:0）、花生烯酸（C20:1）、山萮酸（C22:0）、二十四烷酸（C24:0），其中，油酸与亚油酸是含量最高的两种脂肪酸，因此，这两种脂肪酸对花生油及其他花生产品的品质影响较大。研究表明，在合理膳食条件下，食用中长链脂肪酸可显著降低超重高甘油三酯血症患者血中的低密度脂蛋白胆固醇（LDL）和甘油三酯（TG）浓度，而对血中胆固醇水平无显著影响（张月红等，2010）。花生脂肪酸中，以中、长链脂肪酸为主，对人体具有保健作用。

前人研究发现，O/L 也是衡量花生油加工类型的重要标准，当 O/L 低于 1.4 时，花生油中亚油酸含量较高，营养价值较高，但产品不耐储藏；反之，O/L 高于 1.4 时，油酸含量较高，花生油储藏稳定性好（王强，2013）。由表 1.39 可知，不同品种花生加工产生的花生原油品质差异显著。按照 GB 2716—2018 和 GB/T 1534—2017 规定，花生原油酸价应小于 3 mg KOH/g，过氧化值小于 0.25 g/100 g。

4）不同品种花生加工花生乳的品质分析

表 1.40 为花生乳品质指标描述性分析结果，可以看出乳析指数的变异系数最大，为 73.22%，具有显著的品种间差异；正己醛含量的变异系数次之，为 60.95%；沉淀率的变异系数为 25.17%；变异系数最小的是出品率，为 2.58%。因此，可以推断品种差异会影响花生乳的品质特性。

表 1.40　花生乳品质评价指标描述性分析

因子	变化范围/%	均值/%	变异系数/%	中位数/%
出品率	79.36～87.55	82.95±2.14	2.58	82.91
沉淀率	3.28～9.90	5.84±1.47	25.17	5.68
乳析指数	0.00～90.91	44.44±32.54	73.22	49.09
正己醛含量	0.47～15.90	5.48±3.34	60.95	5.53

注：均值结果以平均值±标准差来表示。

3. 花生原料特性与制品品质关系

1）花生原料特性与豆腐品质相关性分析

将原料的化学性状与花生豆腐的得率、保水性、硬度、弹性进行了相关性分析。根据相关性分析的结果，选择了 6 个相关变量（$P<0.05$）：球蛋白/伴球蛋白、35.5 kDa 亚基、谷氨酸、极性氨基酸、油酸和亚油酸。

在大豆豆腐的研究中，大豆籽粒中的蛋白质含量会影响豆腐的品质（Wang

et al., 2020），但花生豆腐中没有类似现象。这可能是由于花生品种之间蛋白质含量差异较小。有学者研究了 141 个花生品种，发现其中蛋白质的变异系数（C. V.）仅为 7.31%。相似地，在本书中蛋白质含量 C.V.也仅为 7.45%。研究普遍认为花生蛋白分为花生球蛋白（14S）、花生伴球蛋白（8S，2S）（Wang et al., 2018）。SDS-PAGE 分离了花生中的花生球蛋白亚基（40.5 kDa、37.5 kDa、35.5 kDa 和 23.5 kDa）和伴球蛋白亚基（61 kDa、18 kDa、17 kDa 和 15.5 kDa）（Wang et al., 2014）。不同的花生品种中花生球蛋白和伴球蛋白含量差异是由遗传和环境差异造成的。球蛋白含量在 38.37%～62.30%之间，而伴球蛋白的含量在 37.90%～61.63%之间。球蛋白/伴球蛋白的比率范围为 0.62～1.64。35.5 kDa 亚基的范围为 0.00%～16.47%。C.V.大于 10%，表明不同花生品种的蛋白质组成差异大。

球蛋白/伴球蛋白的比值与豆腐得率呈正相关（$r=0.391$，$P<0.05$）。这一发现支持了杜寅（2012）的研究结论，即在最佳凝胶形成条件下，花生球蛋白与水的结合能力显著优于伴球蛋白。蛋白质与水结合能力越强，制备出的豆腐则会显示出越高的豆腐得率。根据相关大豆 11S 和 7S 与豆腐得率之间关系的报道，在大豆蛋白中也发现了类似的结论。研究发现，11S 与豆腐的得率呈正相关（$r=0.863$，$P<0.01$）（Mujoo et al., 2003）；大豆中的 11S/7S 比率与豆腐得率也呈正相关（分别为 $r=0.91$，$P<0.05$）（Stanojevic et al., 2011）。

35.5 kDa 亚基含量与豆腐的弹性呈正相关（$r=0.389$，$P<0.05$）。这一现象可能是由于 35.5 kDa 亚基作为伴球蛋白中的酸性亚基之一，与碱性亚基相比可以更有效地与生物反应。大豆 11S 中的酸性亚基 A_3，分子质量为 40.74 kDa，与 35.5 kDa 接近，Meng 等（2016）也发现了类似的现象，即 11S 中 A_3 亚基含量与硬豆腐和填充豆腐的质构相关，可能是由亚基的分子特征引起的。

谷氨酸含量分布范围是 4.81～9.55 g/100 g，占氨基酸含量的 19.82%～37.33%，C.V.为 18.00%。谷氨酸含量与豆腐的得率和保水性呈正相关（$r=0.481$，0.474，$P<0.05$）。谷氨酸可以提供生物反应位点，促进蛋白质凝胶网络的形成，从而改变蛋白质的功能特性，形成更大粒径的蛋白质聚集体并改善豆腐的质构（Romeih and Walker, 2017）。

极性氨基酸含量范围为 13.56～20.85 g/100 g，C.V.为 11.20%。极性氨基酸与保水性呈正相关（$r=0.410$，$P<0.05$）。极性氨基酸是可溶性氨基酸，蛋白质中高含量的极性氨基酸残基会增加蛋白质的水溶性。研究表明，不同品种的大豆豆浆中可溶性蛋白的浓度越高，加工豆腐的品质越好（徐婧婷等，2018）。但在公司购买原材料时，需要将原料浸泡数小时、磨浆，然后制备成豆浆并测量可溶性蛋白质，步骤烦琐且耗时长。使用近红外作为快速无损检测工具来确定极性氨基酸的含量可以克服这一缺点，快速确定所需指标的数值。目前，本团队已经开发出一种高精度的便携式近红外花生快速测仪，可以快速确定

花生蛋白和氨基酸等化学指标。使用该仪器可以快速无损地确定花生中的化学指标，方便企业快速检测原料，相比测定可溶性蛋白含量的传统方法更加方便快捷。

有报道研究了大豆籽粒中脂肪酸与豆腐品质之间的关系。研究发现，棕榈酸含量较高的大豆品种更容易制备出质地良好的豆腐，但高含量的亚油酸和硬脂酸却不利于豆腐的制备（Wang et al.，2020）。相似地，在花生豆腐中，亚油酸和豆腐的弹性呈负相关（$r=-0.434$，$P<0.05$），而油酸和豆腐的弹性呈正相关（$r=0.440$，$P<0.05$）。这些结果表明，花生籽粒中较高的亚油酸不利于豆腐品质，而较高的油酸含量则有利于豆腐品质。

2）花生原料特性与花生乳品质特性间相关性分析

将不同品种花生品质指标与花生乳品质特性进行相关性分析（表1.41），结果表明，伴球蛋白Ⅰ（$r=-0.329$）、谷氨酸（$r=0.362$）、甲硫氨酸（$r=-0.333$）分别与乳析指数呈显著相关（$P<0.05$）；酪氨酸（$r=-0.439$）、苯丙氨酸（$r=0.422$）、精氨酸（$r=-0.472$）分别与乳析指数呈极显著相关（$P<0.01$）；苏氨酸（$r=-0.324$）、组氨酸（$r=-0.324$）分别与正己醛呈显著相关；精氨酸（$r=0.420$）与正己醛含量呈极显著相关性。

表1.41 花生品质指标与花生乳品质特性间相关性分析

花生指标	花生乳品质特性			
	出品率	沉淀率	乳析指数	正己醛含量（异味主要成分）
粗蛋白	−0.103	0.232	0.036	0.163
粗油脂	0.059	−0.062	0.008	0.158
水分	0.137	0.015	−0.244	−0.071
灰分	0.073	0.143	−0.089	−0.044
总糖	−0.017	−0.135	0.040	−0.235
棕榈酸	0.205	0.117	0.257	0.051
硬脂酸	−0.116	−0.059	−0.143	0.072
油酸	−0.118	−0.097	−0.065	−0.071
亚油酸	0.099	0.100	0.044	0.073
花生酸	0.087	0.029	0.058	−0.094
花生烯酸	−0.027	−0.139	−0.165	0.096
山嵛酸	0.144	0.131	0.160	−0.014
二十四烷酸	0.043	−0.018	−0.056	−0.002
伴球蛋白Ⅰ	−0.284	−0.175	−0.329*	−0.152

续表

花生指标	花生乳品质特性			
	出品率	沉淀率	乳析指数	正己醛含量（异味主要成分）
球蛋白	0.043	0.007	−0.054	−0.177
伴球蛋白Ⅱ	−0.037	0.157	0.090	0.230
球蛋白/伴球蛋白	0.094	−0.050	0.037	−0.216
天冬氨酸	0.039	−0.239	0.176	0.240
苏氨酸	0.008	0.034	0.024	−0.324*
丝氨酸	0.105	0.217	0.286	−0.218
谷氨酸	0.072	0.032	0.362*	0.228
甘氨酸	−0.191	−0.212	−0.071	0.009
丙氨酸	−0.014	−0.040	−0.081	−0.211
缬氨酸	0.201	−0.038	0.211	−0.268
甲硫氨酸	−0.060	0.009	−0.333*	0.216
异亮氨酸	0.267	0.083	0.060	0.020
亮氨酸	−0.104	0.079	0.027	−0.016
酪氨酸	−0.108	0.026	−0.439**	0.275
苯丙氨酸	0.066	−0.038	0.422**	−0.194
赖氨酸	0.131	0.133	0.079	−0.142
组氨酸	−0.115	0.022	−0.193	−0.324*
精氨酸	−0.134	−0.035	−0.472**	0.420**
脯氨酸	0.002	0.026	−0.088	−0.254
色氨酸	0.183	−0.088	0.101	−0.157

*表示显著（$P<0.05$）；**表示极显著（$P<0.01$）。

3）花生原料特性与花生油品质特性间相关性分析

采用相关性分析证实，花生中亚油酸与油酸含量会显著影响花生油的品质（表 1.42）。其中，氧化诱导时间与亚油酸、油酸的相关系数为−0.873 和 0.895，这表明，提高油酸含量，降低亚油酸含量有利于提高花生油的储藏稳定性。同时，花生油黄值与氧化诱导时间的相关系数为 0.765，这可能是花生油黄值与类胡萝卜素有关，而类胡萝卜素也具有抗氧化作用，高黄值有利于增加氧化诱导时间。

表 1.42 花生脂肪酸与花生原油品质相关系数表

	酸价	过氧化值	氧化诱导时间	黄值	红值	棕榈酸	硬脂酸	油酸	亚油酸	花生酸	花生烯酸	山嵛酸	二十四烷酸
酸价	1												
过氧化值	-0.381**	1											
氧化诱导时间	-0.184	-0.146	1										
黄值	-0.238	-0.100	0.765**	1									
红值	-0.056	-0.022	0.279	0.319*	1								
棕榈酸	0.276	-0.091	-0.794**	-0.659**	-0.245	1							
硬脂酸	-0.196	0.371**	-0.160	-0.065	-0.042	-0.169	1						
油酸	-0.052	-0.218	0.895**	0.702**	0.330*	-0.792**	-0.205	1					
亚油酸	0.114	0.178	-0.873**	-0.670**	-0.353*	0.808**	0.050	-0.966**	1				
花生酸	-0.377**	0.387**	-0.268	-0.200	-0.117	-0.025	0.651**	-0.373**	0.188	1			
花生烯酸	-0.279	0.056	0.162	0.052	0.098	-0.158	-0.063	0.054	-0.166	-0.014	1		
山嵛酸	-0.053	-0.003	-0.199	-0.223	0.059	0.032	0.240	-0.279	0.077	0.549**	0.438**	1	
二十四烷酸	-0.281	0.250	-0.328*	-0.286	-0.009	0.160	0.239	-0.428**	0.231	0.587**	0.610**	0.761**	1
SFA													
UFA													
PUFA													
MUFA													
UFA/SFA													
O/L													

续表

	SFA	UFA	PUFA	MUFA	UFA/SFA	O/L
酸价	-0.096	0.102	0.114	-0.063	0.004	-0.194
过氧化值	0.240	-0.243	0.178	-0.215	-0.205	-0.111
氧化诱导时间	-0.661**	0.659**	-0.873**	0.899**	0.813**	0.987**
黄值	-0.536**	0.547**	-0.670**	0.702**	0.649**	0.744**
红值	-0.158	0.161	-0.353*	0.333*	0.196	0.261
棕榈酸	0.488**	-0.485**	0.808**	-0.796**	-0.623**	-0.808**
硬脂酸	0.576**	-0.570**	0.050	-0.207	-0.474**	-0.147
油酸	-0.745**	0.743**	-0.966**	0.999**	0.835**	0.889**
亚油酸	0.552**	-0.548**	1**	-0.970**	-0.676**	-0.873**
花生酸	0.757**	-0.757**	0.188	-0.373**	-0.656**	-0.252
花生烯酸	0.135	-0.143	-0.166	0.092	-0.068	0.183
山嵛酸	0.679**	-0.680**	0.077	-0.261	-0.598**	-0.174
二十四烷酸	0.733**	-0.739**	0.231	-0.403**	-0.666**	-0.287*
SFA	1	-0.998**	0.552**	-0.738**	-0.969**	-0.644**
UFA		1	-0.548**	0.736**	0.968**	0.641**
PUFA			1	-0.97**	-0.676**	-0.873**
MUFA				1	0.830**	0.894**
UFA/SFA					1	0.804**
O/L						1

*表示显著（$P<0.05$）；**表示极显著（$P<0.01$）。

1.1.4 菜籽

油菜籽也称为芸薹子，是十字花科作物油菜的种子，油菜的角果较长，结荚多，颗粒饱满（周清元，2013）。油菜的类型不同，其油脂含量也略有不同，一般油脂含量为37.5%～46.3%。油菜是中国主要油料作物和蜜源作物之一，其籽粒是制备油脂的主要原料之一。从1981年至今，中国油菜籽总产量一直稳居世界首位（朱希刚，2003）。

本书收集了江苏、湖南、新疆等菜籽主产区的15个品种，具体品名见表1.43。

表 1.43　15 个菜籽品种

编号	菜籽品种	编号	菜籽品种	编号	菜籽品种
1	油研 50	6	秦优 10 号	11	秦优 11 号
2	陕油 8 号	7	沪油杂 4 号	12	浔油 8 号
3	沪油 19	8	中油 6766	13	华油杂 8 号
4	中双 9 号	9	沣油 5103	14	中油杂 12
5	中双 11 号	10	德油 8 号	15	沣油 737

1. 菜籽原料特性

1）感官特性

菜籽品种的感官特性包括颜色、形态、气味、千粒重共 4 个指标。不同品种菜籽的形态和气味均正常，各品种之间没有差异，因此本书仅对感官品质其余 1 个指标千粒重进行分析（表 1.44）。感官品质中千粒重的变化范围为 2.94～4.66 g，变异系数为 10.88%，说明不同品种菜籽的千粒重差异较大。对不同品种菜籽千粒重平均含量进行分析发现，含量最高的品种是'陕油 8 号'，含量最低的品种是'德油 8 号'。各个指标的数据变化都非常小，说明各个品种这些指标分布均匀，基本没有极端值。

表 1.44　菜籽感官品质描述性分析

因子	变化范围	均值	变异系数/%	中位数
千粒重	2.94～4.66 g	（3.77±0.41）g	10.88	3.70 g

注：均值结果以平均值±标准差来表示。

2）理化特性

菜籽主要成分包括脂肪、蛋白质，还有 8 种人体必需氨基酸，以及维生素及功能性多糖、甾醇和磷脂等。

（1）菜籽主要成分分析。

如表 1.45 所示，各菜籽品种中水分都小于 7.80%，说明所有品种的水分含量都在安全水分含量范围之内。粗脂肪的含量变化范围为 38.62%～49.04%，最大的为'中双 11 号'。粗蛋白的含量变化范围最大，是 20.41%～23.67%，最大的为'油研 50'。粗纤维的含量变化范围是 1.50%～6.90%，总糖的含量变化范围为 0.14%～0.34%，灰分的含量变化范围为 2.19%～3.46%。本书的数据覆盖面较广，同时本书研究结果表明，菜籽六大基本成分的数据变异系数较大，说明所选菜籽品种数据分布差距较大。

表 1.45　菜籽理化特性描述性分析

因子	变化范围/%	均值/%	变异系数/%
水分	5.70～7.80	7.02±0.41	5.84
粗脂肪	38.62～49.04	42.30±2.54	6.22
粗蛋白	20.41～23.67	22.65±5.70	25.16
总糖	0.14～0.34	2.24±7.03	313.84
灰分	2.19～3.46	2.57±2.56	99.61
粗纤维	1.50～6.90	4.53±2.50	55.19

注：均值结果以平均值±标准差来表示。

（2）不同品种菜籽中主要蛋白质组成及含量差异分析。

部分菜籽样品的 SDS-PAGE 图谱如图 1.20 所示，菜籽中的蛋白质主要包括 12S 球蛋白（cruciferin）和 2S 清蛋白（napin），同时还含有一些较小的蛋白质。12S 的球蛋白平均分子质量约为 300 kDa，在极端 pH 和尿素溶液中可完全离解成

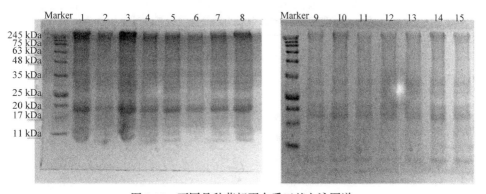

图 1.20　不同品种菜籽蛋白质亚基电泳图谱

6 个亚基，每个亚基由 2 条约 30 kDa 和 20 kDa 的多肽链组成，多肽链间由二硫键连接；2S 清蛋白分子质量在 12.5～14.5 kDa 之间，其中有 2 个多肽链靠 2 个二硫键连接；小的多肽链分子质量为 4.5 kDa，大的为 10 kDa。

采用 SDS-PAGE 分析了 15 个品种菜籽蛋白组分及其亚基相对含量。表 1.46 结果表明，15 份菜籽品种中，菜籽清蛋白含量变化范围为 4.08%～4.73%，平均值为 4.53%，变异系数为 3.75%。菜籽球蛋白含量主要分布于 12.25%～14.20% 之间，平均值为 13.59%，变异系数为 3.67%。菜籽油体蛋白含量变化范围为 1.63%～1.89%，平均值为 1.81%，变异系数为 3.75%。不同菜籽品种之间蛋白含量差异较小，为筛选具有优质功能性质（如凝胶性、溶解性、乳化性等）的菜籽品种提供一定依据。

表 1.46　菜籽蛋白组分相对含量变异性分析

亚基	变化范围/%	平均值/%	变异系数/%
菜籽清蛋白	4.08～4.73	4.53±0.17	3.75
菜籽球蛋白	12.25～14.20	13.59±0.51	3.67
油体蛋白	1.63～1.89	1.81±0.07	3.75

注：均值结果以平均值±标准差来表示。

（3）不同品种菜籽中主要脂肪酸组成含量差异分析。

由表 1.47 可知，不同品种菜籽中脂肪酸组成及含量基本相似，主要由七种脂肪酸组成，分别为棕榈酸（C16:0）、硬脂酸（C18:0）、油酸（C18:1）、亚油酸（C18:2）、二十碳烯酸（C20:1）、α-亚麻酸（C18:3）、芥酸（C22:1）。对上述组分进行统计并分析各组分在不同品种间的差异显著性，对于在不同品种间具有显著差异的组分作图比较。

表 1.47　不同品种菜籽主要脂肪酸组成含量统计分析

因子	变化范围/%	均值/%	变异系数/%
棕榈酸	3.24～4.39	3.68±0.35	9.85
硬脂酸	1.86～2.72	2.08±0.28	13.76
油酸	39.69～63.70	47.85±9.85	21.30
亚油酸	13.26～19.90	15.31±1.91	12.95
二十碳烯酸	1.15～9.33	6.14±3.47	58.48
α-亚麻酸	6.69～8.55	7.69±0.50	6.75
芥酸	0.16～21.84	12.7±8.81	71.32

注：均值结果以平均值±标准差来表示。

在所选菜籽品种范围内，不同品种菜籽上述组分含量的变化范围分别为棕榈酸（3.24%～4.39%）、硬脂酸（1.86%～2.72%）、油酸（39.69%～63.70%）、亚油酸（13.26%～19.90%）、二十碳烯酸（1.15%～9.33%）、α-亚麻酸（6.69%～8.55%）、芥酸（0.16%～21.84%），其中，不同品种间脂肪酸含量差异性较大。

（4）不同品种菜籽中植物甾醇组成含量差异分析。

采用高效液相色谱法检测菜籽中的植物甾醇，15 个品种菜籽的维生素 E、植物甾醇含量变异分析见表 1.48。总维生素 E 含量在 17.47～42.61 mg/100 g 范围内，平均值为 27.87 mg/100 g，含量最高的是'陕油 8 号'，含量最低的是'中双 9 号'。菜籽中主要含有 β-谷甾醇、菜油甾醇、菜籽甾醇三种植物甾醇，含量由高到低排序为 β-谷甾醇＞菜油甾醇＞菜籽甾醇。菜籽甾醇含量范围是 39.45～59.22 mg/100 g，平均值为 50.96 mg/100 g，含量最高的是'陕油 8 号'，含量最低的是'中双 9 号'；菜油甾醇含量范围是 124.98～158.74 mg/100 g，平均值为 142.71 mg/100 g，含量最高的是'油研 50'，含量最低的是'中油杂 12'；β-谷甾醇含量范围是 272.84～345.22 mg/100 g，平均值为 308.31 mg/100 g，含量最高的是'沪油杂 4 号'，含量最低的是'浔油 8 号'，不同菜籽品种中菜籽甾醇、菜油甾醇、β-谷甾醇含量变异系数分别为 9.95%、5.28%、6.82%。显然，不同菜籽品种间维生素 E 和芥子酸的含量变异系数较大，可以为优质菜籽种质资源的筛选提供物质基础。

表 1.48　不同菜籽品种维生素 E 及其植物甾醇含量变异分析

因子	变化范围/（mg/100 g）	均值/（mg/100 g）	变异系数/%
总维生素 E	17.47～42.61	27.87±5.70	20.46
总酚	25.08～31.53	27.98±2.08	7.43
芥子碱	10.52～16.31	14.11±1.82	12.90
芥子酸	0.03～0.23	0.15±0.06	40.00
菜籽甾醇	39.45～59.22	50.96±5.07	9.95
菜油甾醇	124.98～158.74	142.71±7.50	5.28
β-谷甾醇	272.84～345.22	308.31±21.03	6.82

注：均值结果以平均值±标准差来表示。

2. 菜籽制品品质

1）菜籽蛋白质品质分析

菜籽加工特性是指与制品品质密切相关的原料特性，如菜籽油酸/亚油酸（O/L）、菜籽球蛋白/菜籽清蛋白等。对菜籽蛋白质提取率分析发现，不同品种之间差异较大，蛋白质提取率的变化范围是 32.23%～89.47%，说明不同品种蛋白质提取率差异较大（表 1.49）。菜籽蛋白质品质分析见表 1.50。

表 1.49 菜籽蛋白加工品质分析

因子	变化范围/%	均值/%	变异系数/%
蛋白质提取率	32.23～89.47	73.4±4.68	6.38

注：均值结果以平均值±标准差来表示。

表 1.50 菜籽蛋白质品质分析

因子	变化范围	均值	变异系数/%
蛋白质纯度/%	45.86～97.53	78.57±1.90	2.42
持水性/%	0.65～1.47	1.07±0.16	14.95
持油性/%	1.45～2.04	1.65±0.18	10.91
硬度/kg	0.38～4.38	2.6±0.76	29.23
弹性	0.49～0.99	0.61±0.21	34.43
溶解性/%	34.65～87.32	63.33±6.43	10.15

注：均值结果以平均值±标准差来表示。

2）菜籽脂肪酸比例模式

对所试菜籽品种的脂肪酸比例模式进行分析（表 1.51）。所有品种菜籽 O/L 均在 1.4 以上。菜籽加工用途不同，对 O/L 值高低的要求也不同，出口菜籽 O/L 值要求高于 1.4，而鲜食菜籽要求降低 O/L 值，因此以上品种可以作为优质的出口型菜籽。从统计结果中还可以看出，15 个菜籽品种的 O/L 值变化范围为 2.83～3.87，平均值为 3.1，变异系数为 10.32%，变异系数较大，O/L 值分布较广泛。O/L 是衡量菜籽的营养品质和贮存品质好坏的重要指标，发达国家将 O/L 值作为菜籽育种的主要品质指标之一。从耐贮性方面考虑，O/L 值越高，则货架期越长，耐贮性越好，从营养品质方面考虑，O/L 越低，则亚油酸相对含量就越高，营养价值越高，因此可以根据 O/L 值的高低从所试品种中筛选出耐贮型和营养型加工专用品种。UFA/SFA 值的变化范围是 3.34～5.24，平均值为 4.54，UFA/SFA 值最高、最低的菜籽品种分别是'中双 9 号'、'德油 8 号'。

表 1.51 15 个菜籽品种 O/L、UFA/SFA 变异分析

因子	变化范围	均值	变异系数/%
O/L	2.83～3.87	3.1±0.03	10.32
UFA/SFA	3.34～5.24	4.54±0.43	9.47

注：均值结果以平均值±标准差来表示。

3. 菜籽原料特性与制品品质关系

对菜籽脂肪酸组成的 UFA、SFA、UFA/SFA、MUFA、PUFA、O/L 与菜籽油油稳定性指数（OSI）进行相关性分析，结果如表 1.52 所示。

表 1.52　菜籽脂肪酸组成与油稳定性相关关系

	脂肪酸比例模式							OSI
	亚油酸	UFA	SFA	UFA/SFA	MUFA	PUFA	O/L	
油酸	-0.420^{**}	0.400^{**}	-0.160	0.270	0.960^{**}	-0.630^{**}	0.820^{**}	0.210
亚油酸		0.430^{**}	0.220	-0.230	-0.580^{**}	0.930^{**}	-0.800^{**}	-0.520^{**}
UFA			-0.420^{**}	0.500^{**}	0.320^{*}	0.360^{*}	-0.020	-0.210
SFA				-0.940^{**}	-0.350^{*}	0.060	-0.260	-0.230
UFA/SFA					0.410^{**}	-0.010	0.280	0.200
MUFA						-0.720^{**}	0.910^{**}	0.320
PUFA							-0.970^{**}	-0.540^{**}
O/L								0.490^{**}

*表示显著相关（$P<0.05$）；**表示极显著相关（$P<0.01$）。

脂肪酸组成之间的相关关系中，呈极显著（$P<0.01$）相关关系的有 MUFA 与 UFA/SFA（$r=0.410$）、O/L 与 MUFA（$r=0.910$）、O/L 与 PUFA（$r=-0.970$）、油酸与亚油酸（$r=-0.420$）、UFA 与油酸（$r=0.400$）、UFA 与亚油酸（$r=0.430$）、MUFA 与油酸（$r=0.960$）、MUFA 与亚油酸（$r=-0.580$）、PUFA 与油酸（$r=-0.630$）、PUFA 与亚油酸（$r=0.930$）、O/L 与油酸（$r=0.820$）、O/L 与亚油酸（$r=-0.800$）。油酸和亚油酸呈极显著负相关，说明油酸含量高的菜籽，亚油酸含量往往较低，但二者相关系数只有-0.420，说明它们之间的相关关系较弱。

脂肪酸组成与油稳定性指数的相关关系中，亚油酸、PUFA、O/L 与油稳定性指数的相关关系达到极显著水平。其中亚油酸与油稳定性指数呈极显著负相关（$r=-0.520$，$P<0.01$），说明亚油酸含量越高，菜籽油油稳定性指数越短，油氧化稳定性越差；PUFA 与油稳定性指数呈极显著负相关（$r=-0.540$，$P<0.01$），说明 PUFA 含量高的油脂氧化稳定性较差，不耐储藏。另外，菜籽中 PUFA（亚油酸和亚麻酸）的双键均属于隔离双键，隔离双键中的亚甲基被两边双键活化，较活跃，反应中先脱去一个氢，形成自由基后与两边的双键形成共振，因此脱氢所需能量较低，易被氧化生成过氧化物（ROOH）；O/L 与油稳定性指数呈极显著正相关（$r=0.490$，$P<0.01$），说明 O/L 越高，菜籽及其制品的氧化稳定性越好，货架寿命越长。

1.1.5　大豆

大豆（*Glycine max*），一年生草本植物，属于豆科（Leguminosae/Fabaceae）、蝶形花亚科（Papilionoideae）、大豆属（*Hymowitz*），古代称"菽"（郭文韬，2004）。大豆在我国已有 4700 多年的栽培史，品种丰富，国家农作物种质资源库中保存的大豆种质资源已有 43000 余份（韩天富等，2021）。

大豆是传统的种植谷物之一，与油菜、花生、芝麻并称中国四大油料作物（周颐，2018）。大豆具有很高的营养价值，素有"豆中之王"、"田中之肉"、"绿色的牛乳"等美称。大豆富含蛋白质、人体必需氨基酸、脂肪酸、碳水化合物、矿物质、维生素、异黄酮、皂苷等营养成分（程莉君等，2016），可以提高智力、增强体质、促进钙质吸收、提高机体免疫力。

本书选取 48 种大豆，具体品名见表 1.53。

表 1.53　48 个大豆品种

编号	大豆品种	编号	大豆品种	编号	大豆品种
1	东农 64	17	AGH	33	荷豆 22
2	中品 661	18	N7241	34	台湾 75
3	五星 3 号	19	灌豆 2 号	35	83-19
4	D76-1609	20	OT94-47-H	36	荷 95-1
5	B295	21	Larnar×36118	37	南农 39
6	南农 99-6	22	汉川八月爆	38	南农 86-4
7	通豆 7 号	23	Beeson	39	冀豆 7 号
8	NG5545	24	南农 26	40	科丰 1 号
9	DHP	25	NJ90L-1	41	T173
10	邯豆 5 号	26	滁豆 1 号	42	Graham
11	南农 493-1	27	NG4690	43	苏鲜 21
12	南农 1405	28	浙春 3 号	44	南农 99-10
13	黑农 26	29	NG6255	45	新六青
14	Vance	30	山西野/agh-5	46	中黄 13
15	周 92029-2	31	NG94-156	47	汾豆 51
16	吉育 30	32	南雄黄豆	48	NH5

1. 大豆原料特性

大豆主要成分包括粗油脂、粗蛋白、水溶性蛋白、氨基酸、脂肪酸以及丰富的维生素 E。

1）大豆粗蛋白、水溶性蛋白、粗油脂含量

从表 1.54 中可以看出，本书所选取的大豆品种粗蛋白含量在 32.07%～52.73% 之间，其中，'NH5'、'山西野/agh-5'、'Beeson'、'科丰 1 号'、'南农 26' 的粗蛋白含量都在 43% 以上。水溶性蛋白含量在 22.62%～31.72% 之间，'通豆 7 号'、'NG4690'、'黑农 26'、'D76-1609'、'NG5545'、'南农 493-1' 的水溶性蛋白含量均高于 28.50%。大豆粗油脂含量在 15.55%～23.75% 之间，粗油脂含量最高的大豆品种是 'N7241'，最低的是 '浙春 3 号'。水溶性蛋白、粗油脂这两项指标的变异系数均小于 10%，数据离散程度较小，而粗蛋白指标的变异系数为 10.58%，表明本书所选取的大豆品种粗蛋白含量差异显著。本书选用的大豆原料的种植条件和生长环境是一致的，因此，大豆原料中指标的差异性可以充分地反映其品种间的差异。

表 1.54　48 种大豆原料粗蛋白、水溶性蛋白、粗油脂含量差异性分析

因子	变化范围/%	均值/%	变异系数/%
粗蛋白	32.07～52.73	38.4±4.06	10.58
水溶性蛋白	22.62～31.72	26.91±1.70	6.32
粗油脂	15.55～23.75	19.43±1.77	9.11

注：均值结果以平均值±标准差来表示。

2）大豆蛋白质组分及亚基比例

大豆原料中的贮藏蛋白是食用型植物蛋白的重要来源之一，大豆蛋白主要由大豆球蛋白（11S）和β-伴大豆球蛋白（7S）组成。这两种类型的蛋白质组分占总蛋白质的 70% 以上（Liu，1997），11S 为六聚体形式，由通过二硫键连接在一起的酸性亚基组（AS）和碱性亚基组（BS）组成（Nielsen et al.，1986）。7S 的主要成分包括三个通过疏水相互作用和氢键连接的亚基α'、α和β（Liu，1997）。11S 含硫氨基酸比较丰富，而 7S β-伴大豆球蛋白富含赖氨酸，豆乳制品乳化性质较好（李辉尚，2005）。本书选择的 48 种大豆原料的蛋白组分及亚基含量的电泳图见图 1.21。

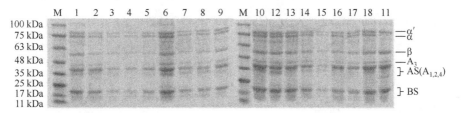

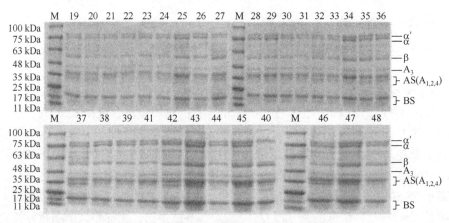

图 1.21　不同大豆蛋白的 SDS-PAGE 图谱

从图 1.21 中可以看出，本书选取的 48 种大豆蛋白的亚基构成种类十分相似，而亚基的含量有所差异。7S 的 α、α′ 和 β 亚基的分子质量大约在 80 kDa、75 kDa 和 50 kDa，酸性亚基（A_3，AS）的分子质量集中在 35～40 kDa，主要包括 A_{1a}、A_{1b}、A_2、A_3、A_4，由于它们的分子质量十分相近，所以只分离出 A_3 亚基和酸性亚基组（AS）。11S 的碱性亚基组（BS）则分布在分子质量为 15 kDa 左右的区域。这与 Fontes 等（1984）和 Thnah 等（1976）的报道一致，表明不同大豆原料中蛋白质主要组成成分都较为相似。

根据光密度吸收原理，利用 Image Lab™ Analysis Software 软件对不同大豆原料蛋白质 SDS-PAGE 图片进行扫描分析，计算并统计不同大豆原料中 11S 亚基、7S 亚基的相对含量和比例，结果见表 1.55。

表 1.55　48 种大豆原料蛋白质组分及其亚基比例差异性分析

因子	变化范围/%	均值/%	变异系数/%
α′	1.63～14.73	8.29±2.11	25.52
α	0.00～17.57	8.27±3.05	36.87
β	3.39～19.33	9.40±3.30	35.12
A_3	0.00～4.68	2.63±0.94	35.70
AS	13.03～35.83	25.92±5.07	19.55
BS	10.03～45.47	26.27±5.60	21.31
11S	35.01～66.92	54.82±6.40	11.67
7S	17.38～44.33	25.93±6.11	23.56
11S/7S	1.08～3.01	2.23±0.51	22.92

注：均值结果以平均值±标准差来表示。

从表 1.55 中可以看出，本书所选取的大豆品种 11S 含量分布在 35.01%～66.92%，其中'Beeson'的含量最高，'南农 39'的含量最低。7S 的含量分布在 17.38%～44.33%，其中'NG4690'的含量最高，'南农 99-10'的含量最低。11S/7S 比例的变化范围为 1.08～3.01，大多数大豆原料的 11S/7S 比例分布在 1.50～2.50，其中'T173'的比值为 3.01，'NG4690'的比值为 1.08。由此可见，不同大豆原料品种间的差异对大豆贮藏蛋白的含量及比例的影响较大。这与黄明伟（2015）及周宇锋（2014）的研究结果一致。

此外，用于描述大豆蛋白组分及其亚基含量的所有指标的变异系数均大于 10%，表明本书所选取的大豆品种间贮藏蛋白的组成含量差异极为显著，11S 的变异系数为 11.67%，7S 的变异系数为 23.56%。相比于 11S 的组成亚基，7S 的组成亚基含量差异更为显著，α'、α、β亚基的变异系数分别为 25.52%、36.87%、35.12%。而 11S 的组成亚基 A_3、AS、BS 的变异系数为 35.70%、19.55%、21.31%。

3）大豆脂肪酸组成

大豆是我国主要的油料作物之一，大豆油脂在工业和食品行业中有着广泛的用途（Panthee et al.，2006）。大豆油脂的主要组成成分是棕榈酸、硬脂酸、油酸、亚油酸和亚麻酸，这五种脂肪酸在大豆油脂中含量高达 99%。其中，亚油酸和亚麻酸是人体不能通过自身合成，必须从食品中摄取的两种必需脂肪酸，它们对人体的健康有重要的意义（Lunn and Theobald，2010；Demaison and Moreau，2002）。因此，大豆油脂中脂肪酸的组成是衡量大豆油脂品质优劣的重要指标。本书所选取的 48 种大豆原料脂肪酸的测定结果见表 1.56，特征图谱见图 1.22。

表 1.56 48 种大豆原料脂肪酸差异性分析

因子	变化范围/（mg/g）	均值/（mg/g）	变异系数/%	中位数/（mg/g）
棕榈酸	15.30～29.03	20.86±2.86	13.84	20.62
硬脂酸	5.10～11.81	7.45±1.34	18.17	7.14
油酸	30.32～82.37	52.70±13.65	26.17	50.04
亚油酸	78.06～177.44	103.98±22.94	22.30	97.37
亚麻酸	10.04～28.04	14.92±3.84	26.04	14.25

注：均值结果以平均值±标准差来表示。

从表 1.56 中可以看出，大豆原料的脂肪酸组成中，亚油酸的含量最高，其次是油酸、棕榈酸和亚麻酸，硬脂酸的含量最少。其中'周 92029-2'的棕榈酸含量最高，'南农 1405'的棕榈酸含量最低；'五星 3 号'拥有最高的硬脂酸含量；在油酸的含量上，'Beeson'的油酸占比最高；而'东农 64'的亚油酸、亚麻酸含量最高，是优质的油料加工品种。

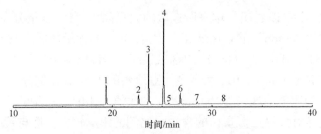

图 1.22　大豆脂肪酸组成特征图谱

峰 1-棕榈酸；峰 2-硬脂酸；峰 3-油酸；峰 4-亚油酸；峰 6-亚麻酸

4）大豆维生素 E

维生素 E 又名生育酚（tocopherol），是一种脂溶性的维生素（Evans and Bishop，1922），主要由α、β、γ、δ型生育酚及其相应的三烯生育酚 8 种同系物组成。大豆富含维生素 E，是天然维生素 E 的主要来源之一（王丽等，2006），维生素 E 对人体健康至关重要，因此研究其在大豆中的含量具有重要意义（李禄慧等，2011）。本书所选取的 48 种大豆原料维生素 E 的测定结果见表 1.57，特征图谱见图 1.23。

表 1.57　48 种大豆原料维生素 E 组分差异性分析

因子	变化范围/（mg/g）	均值/（mg/g）	变异系数/%
α-生育酚	10.07～92.90	23.27±14.45	62.09
γ-生育酚	24.69～88.31	52.41±14.15	27.00
δ-生育酚	15.21～66.16	36.16±12.67	35.03
总维生素 E 含量	63.23～179.37	111.84±31.76	28.40

注：均值结果以平均值±标准差来表示。

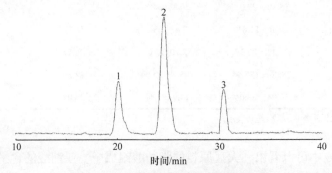

图 1.23　大豆维生素 E 组成特征图谱

峰 1-δ-生育酚；峰 2-γ-生育酚；峰 3-α-生育酚

由表 1.57 可知，不同大豆原料的维生素 E 组成差异十分显著，其中α-生育酚的变异系数最高，达到了 62.09%，这表明不同品种的大豆原料α-生育酚的含量差

别极大。相比于 α-生育酚，γ-生育酚和 δ-生育酚的变异系数较小，这与张红梅等
（2015）的研究结果一致。其中，'黑农 26'、'荷豆 22'、'D76-1609'、'南农 99-6'是高维生素 E 含量的大豆原料，是用于脂溶性维生素 E 加工的理想大豆品种。

图 1.23 为大豆维生素 E 组成的特征图谱。可以看出，在大豆种子的维生素 E 组成中，δ-生育酚和 γ-生育酚的含量较高。因此，δ-生育酚和 γ-生育酚被认为是大豆中的特征维生素 E 成分。

5）大豆氨基酸组成

大豆原料中的氨基酸组成较为均衡，含有人体所需的 8 种必需氨基酸（George et al.，1991）。据报道，不同的品种、种植条件及气候环境都会影响大豆原料中氨基酸的组成含量（吕景良等，1988；田岚，1988）。不同大豆品种间的氨基酸组成含量虽然有差异，但氨基酸的组成基本相同，含量居前几位的一般是谷氨酸、天冬氨酸、亮氨酸、精氨酸、赖氨酸，含量最少的是含硫氨基酸（邱红梅，2014）。本书所选取的 48 种大豆原料氨基酸的特征图谱见图 1.24，差异性分析结果见表 1.58。

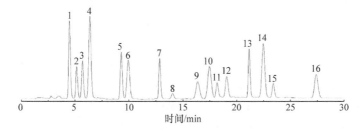

图 1.24　大豆氨基酸组成特征图谱

峰 1-天冬氨酸；峰 2-苏氨酸；峰 3-丝氨酸；峰 4-谷氨酸；峰 5-甘氨酸；峰 6-丙氨酸；峰 7-缬氨酸；峰 8-半胱氨酸；峰 9-甲硫氨酸；峰 10-异亮氨酸；峰 11-亮氨酸；峰 12-酪氨酸；峰 13-苯丙氨酸；峰 14-赖氨酸；峰 15-组氨酸；峰 16-精氨酸；脯氨酸未显示

表 1.58　48 种大豆原料氨基酸组分差异性分析

因子	变化范围/（g/100 g）	均值/（g/100 g）	变异系数/%
天冬氨酸	1.85～4.32	3.05±0.52	17.21
苏氨酸	0.82～1.71	1.18±0.19	16.38
丝氨酸	0.36～1.97	1.00±0.44	44.04
谷氨酸	2.87～7.03	4.31±0.99	22.88
甘氨酸	0.43～2.35	0.94±0.37	39.62
丙氨酸	0.74～1.67	1.16±0.24	20.51
半胱氨酸	0.01～0.14	0.02±0.02	94.33
缬氨酸	0.62～1.68	1.04±0.30	28.51

因子	变化范围/（g/100 g）	均值/（g/100 g）	变异系数/%
甲硫氨酸	0.34～1.07	0.65±0.22	34.46
异亮氨酸	1.11～1.69	1.43±0.14	10.03
亮氨酸	1.09～3.09	1.92±0.52	27.03
酪氨酸	1.04～1.71	1.36±0.19	13.62
苯丙氨酸	1.28～2.11	1.71±0.17	10.11
赖氨酸	1.66～3.22	2.39±0.36	15.02
组氨酸	0.69～1.84	1.29±0.35	27.11
精氨酸	1.10～2.90	1.88±0.46	24.57
脯氨酸	1.23～2.14	1.68±0.20	12.23

注：均值结果以平均值±标准差来表示。

由图 1.24 可以看出，在大豆原料中，天冬氨酸和谷氨酸的含量明显高于其他氨基酸种类，其含量分别达到了（3.05±0.52）g/100 g 大豆、（4.31±0.99）g/100 g 大豆。因此，认为这两种氨基酸是大豆中的特征氨基酸。

从表 1.58 中可以看出，在大豆种子中，谷氨酸的含量最高，其次是天冬氨酸和赖氨酸；半胱氨酸的含量最少，除此之外，甲硫氨酸、甘氨酸的含量也偏少。从变异系数的结果可知，不同大豆原料氨基酸组成含量的差异十分显著，大多数氨基酸含量的变异系数集中在 10%～30%。总体来说，在大豆原料中，含硫氨基酸的含量明显少于其他氨基酸的含量，这与姚振纯（1997）的研究结果一致。

2. 大豆制品品质

长期以来，大豆制品一直是东亚国家的传统食品（Liu，1997）。其中豆腐具有蛋白含量高，富含亚油酸、亚麻酸、花生四烯酸等人体必需脂肪酸等优点，更加受到东亚地区人们的青睐。据报道，好的豆腐只能用优质大豆制作（Meng et al.，2016）。由于不同大豆原料的组成成分不同，豆腐的品质也有所不同，因此，有必要从大豆原料组成成分的层面上研究它与豆腐品质之间的关系，为豆腐加工的原料优化提供理论指导。本书研究了大豆原料组成与豆腐制品各项品质指标间的关系，并通过主成分分析的方法研究了豆腐各项品质指标与大豆原料品质的复合性关系，用于明确豆腐加工过程中，大豆原料的加工适宜性作用机制，为豆腐生产的原料优化提供参考。

1）豆腐质构品质分析

豆腐的质构特性参数包括硬度、弹性、黏聚性、咀嚼度和回复性等，这些参数是衡量豆腐整体品质的重要依据，也是反映豆腐营养价值的重要指标（Bhardwaj et al., 1999）。本书选取的 48 种大豆原料的豆腐制品质构品质差异性分析见表 1.59。

表 1.59　48 种大豆原料豆腐制品质构品质差异性分析

因子	变化范围	均值	变异系数/%
硬度（质构）	2.02～6.06 kg	（3.55±0.87）kg	24.41
弹性	0.58～0.77	0.67±0.04	5.77
黏聚性	0.37～0.47	0.41±0.02	4.60
咀嚼度	0.09～0.35	0.20±0.05	27.14
回复性	0.07～0.15	0.11±0.02	15.27

注：均值结果以平均值±标准差来表示。

从表 1.59 中可以看出，豆腐质构品质特性的变异系数在 4.60%～27.14%之间，豆腐质构品质的差异主要体现在硬度、咀嚼度和回复性 3 个指标上，其变异系数分别为 24.41%、27.14%、15.27%，而在弹性和黏聚性方面，并未发现显著性差异，这与宋莲军等（2016）的研究结果相似。

48 种大豆原料制作的豆腐制品中，质构硬度较高的有‘Beeson’、‘科丰 1 号’、‘AGH’、‘南农 26’；而‘苏鲜 21’、‘Beeson’、‘NG5545’、‘AGH’所制作的豆腐制品弹性较好；‘荷 95-1’、‘DHP’、‘AGH’、‘NG6255’、‘NG5545’所制作的豆腐拥有较好的黏聚性；从咀嚼度指标来看，‘Beeson’、‘科丰 1 号’、‘AGH’所制作的豆腐优于其他的品种；通过对回复性指标的分析发现，‘荷 95-1’、‘AGH’、‘浙春 3 号’所制作的豆腐有着良好的回复性。总体而言，48 种大豆原料中，‘Beeson’、‘AGH’、‘NG5545’、‘科丰 1 号’、‘荷 95-1’等品种所制作的豆腐具有优良的质构品质。

2）豆腐感官品质分析

豆腐的感官品质参数包括硬度、风味、口感、色泽和总体可接受性 5 项指标。本书选取的 48 种大豆原料的豆腐制品感官品质分析见表 1.60。

表 1.60　48 种大豆原料豆腐制品感官品质差异性分析

因子	变化范围	均值	变异系数/%
硬度（感官）	3.33～7.67	5.72±1.05	18.41
风味	4.00～8.00	5.87±0.92	15.71
口感	3.33～7.83	5.86±1.11	18.91
色泽	4.17～8.33	5.75±0.94	16.30
总体可接受性	3.17～7.33	5.95±0.89	14.94

注：均值结果以平均值±标准差来表示。

从表 1.60 中可以看出，通过感官评价的方法评估出豆腐感官属性的变异系数在 14.94%～18.91%之间，口感指标的变异系数最大，总体可接受性指标的变异系数最小。可以观察到，豆腐所有感官品质指标的变异系数均大于 10%，不同品种大豆原料所制作的豆腐在每个感官属性方面都存在着较大的差异，这表明大豆的种质特性对豆腐的感官属性有重要的影响。

48 种大豆原料豆腐制品中，感官硬度较高的有'科丰 1 号'、'南农 1405'、'南农 26'、'冀豆 7 号'；而'Beeson'、'汉川八月爆'、'荷 95-1'、'浙春 3 号'、'通豆 7 号'所制作的豆腐制品风味较好；'T173'、'南农 26'、'B295'、'吉育 30'、'N7241'所制作的豆腐拥有较好的口感；从色泽指标来看，'冀豆 7 号'、'南农 1405'、'Larnar×36118'、'NG4690'所制作的豆腐优于其他的品种；通过对总体可接受性指标的分析发现，'NJ90L-1'、'T173'、'Beeson'、'苏鲜 21'、'汉川八月爆'所制作的豆腐有着良好的总体可接受性。总体而言，48 种大豆原料中'Beeson'、'南农 26'、'南农 1405'、'T173'等品种所制作的豆腐具有优良的感官品质。

3. 大豆原料特性与制品品质关系

1）大豆原料与豆腐质构品质相关性分析
本书统计了大豆原料粗蛋白、水溶性蛋白、粗油脂、蛋白亚基组成、脂肪酸组成、维生素 E 组成、氨基酸组成等 38 项品质指标与豆腐质构特性的关系，相关性分析结果见表 1.61。

表 1.61　豆腐质构品质与大豆品质指标相关性分析

大豆品质指标	硬度（质构）	弹性	黏聚性	咀嚼度	回复性
粗蛋白	0.436**	0.296*	0.258	0.461**	0.321*
水溶性蛋白	−0.467**	−0.046	0.201	−0.383**	−0.020
粗油脂	0.104	0.043	−0.098	0.074	−0.134
α′	−0.160	0.101	0.208	−0.094	−0.045
α	−0.508**	−0.069	0.315*	−0.394**	−0.073
β	0.021	0.035	0.183	0.035	−0.101
A₃	−0.001	0.318*	0.115	0.086	0.110
AS	0.044	0.269	0.044	0.114	0.113
BS	0.262	0.078	0.015	0.216	−0.089
11S	0.264	0.329*	0.065	0.292*	0.027
7S	−0.296*	0.019	0.329*	−0.209	−0.107
11S/7S	0.343*	0.053	−0.260	0.266	0.069

续表

大豆品质指标	硬度（质构）	弹性	黏聚性	咀嚼度	回复性
棕榈酸	0.013	0.080	−0.085	0.008	−0.056
硬脂酸	−0.324*	−0.128	−0.080	−0.321*	−0.244
油酸	−0.062	0.007	−0.128	−0.090	−0.046
亚油酸	−0.205	−0.062	−0.067	−0.206	−0.111
亚麻酸	−0.105	0.029	−0.056	−0.122	−0.043
α-生育酚	0.098	0.068	0.064	0.124	0.063
β-生育酚	0.174	0.106	0.124	0.180	−0.024
δ-生育酚	−0.021	0.148	0.289*	0.077	0.137
总维生素 E 含量	0.114	0.137	0.199	0.167	0.073
天冬氨酸	−0.172	−0.120	0.104	−0.139	0.054
苏氨酸	0.210	−0.027	−0.130	0.146	−0.053
丝氨酸	−0.052	−0.026	0.069	−0.033	0.097
谷氨酸	0.366*	0.252	0.098	0.367*	0.112
甘氨酸	0.032	0.125	0.081	0.069	0.295*
丙氨酸	0.027	0.351*	0.167	0.106	0.304*
半胱氨酸	−0.050	0.149	0.183	0.018	0.235
缬氨酸	−0.043	0.170	0.127	0.009	0.306*
甲硫氨酸	0.099	−0.237	−0.197	0.015	−0.228
异亮氨酸	−0.048	−0.236	−0.133	−0.102	−0.109
亮氨酸	−0.435**	−0.260	−0.093	−0.451**	−0.174
酪氨酸	−0.297*	−0.240	−0.002	−0.284	−0.137
苯丙氨酸	−0.074	−0.136	−0.039	−0.092	0.045
赖氨酸	0.006	−0.275	−0.199	−0.075	−0.262
组氨酸	0.013	−0.300*	−0.215	−0.072	−0.317*
精氨酸	−0.050	0.106	0.137	−0.004	0.263
脯氨酸	−0.079	0.060	0.059	−0.049	0.253

*表示显著（$P<0.05$）；**表示极显著（$P<0.01$）。

由表 1.61 可知，豆腐的硬度与大豆原料的粗蛋白（$r=0.436^{**}$）、11S/7S 比例（$r=0.343^*$）及谷氨酸（$r=0.366^*$）等指标呈显著正相关，与水溶性蛋白（$r=-0.467^{**}$）、α 亚基（$r=-0.508^{**}$）、7S（$r=-0.296^*$）、硬脂酸（$r=-0.324^*$）、亮氨酸（$r=-0.435^{**}$）、

酪氨酸（$r=-0.297^*$）等指标呈显著负相关。豆腐的弹性与大豆原料的粗蛋白（$r=0.296^*$）、A_3亚基（$r=0.318^*$）、11S（$r=0.329^*$）、丙氨酸（$r=0.351^*$）的含量呈显著正相关，与组氨酸（$r=-0.300^*$）含量呈显著负相关。而大豆原料的α亚基（$r=0.315^*$）、7S（$r=0.329^*$）、δ-生育酚（$r=0.289^*$）含量与豆腐的黏聚性呈显著正相关。对于豆腐的咀嚼度，结果显示大豆原料的粗蛋白（$r=0.461^{**}$）、11S（$r=0.292^*$）、谷氨酸（$r=0.367^*$）含量与其呈显著正相关关系，而水溶性蛋白（$r=-0.383^{**}$）、α亚基（$r=-0.394^{**}$）、硬脂酸（$r=-0.321^*$）及亮氨酸（$r=-0.451^{**}$）的含量与其呈显著负相关关系。大豆原料中粗蛋白（$r=0.321^*$）、甘氨酸（$r=0.295^*$）、丙氨酸（$r=0.304^*$）、缬氨酸（$r=0.306^*$）的含量与豆腐的回复性呈现显著正相关关系，而组氨酸（$r=-0.317^*$）含量则与豆腐的回复性呈显著负相关关系。

部分大豆育种学者认为，高蛋白大豆种子制作的豆腐整体品质更好（Bhardwaj，1999），也有学者认为，除总蛋白质含量外，贮藏蛋白的组成和分布也会影响豆腐的品质。有报道指出，不同大豆品种制作豆腐，其质构硬度与11S/7S比值呈正相关（Cai and Chang，1999；Hou and Chang，2004）。结果表明，大豆原料中粗蛋白、11S及谷氨酸的含量对豆腐的整体质构品质有着显著的促进作用，而7S及其组成亚基的含量，尤其是α亚基的含量，不利于豆腐的整体质构品质，这一结论与先前的报道相同。值得注意的是，大豆原料的水溶性蛋白不利于豆腐的整体质构品质，大豆原料的水溶性蛋白含量与豆腐的硬度（$r=-0.467^{**}$）、咀嚼度（$r=-0.383^{**}$）都呈现显著负相关关系。这可能是因为在凝固剂的作用下，蛋白质形成的凝胶网络中包含了更多的水分，从而导致了豆腐质地较软，硬度降低（李辉尚，2005）。

2）豆腐质构品质主成分分析

主成分分析（principal component analysis，PCA）是一种被广泛使用的多变量分析统计方法，它可以基于原始数据的相关模式，将因变量的集合减少到更小的数量（Shin et al.，2012），并保留大部分的方差。此外，通过PCA因子载量图，可以确定特定豆腐品质指标的贡献程度。用PCA得分图，可以直观地区分48种豆腐的品质差异。

首先，将反映豆腐制品质构品质的五项指标——硬度（质构）、弹性、黏聚性、咀嚼度、回复性进行主成分分析，保留特征根大于1的主成分，结果见表1.62。

表1.62　豆腐质构品质主成分分析特征根及方差贡献率

主成分	特征根	贡献率/%	累计贡献率/%
PC1	3.023	60.453	60.453
PC2	1.316	26.311	86.764
PC3	0.424	8.482	95.246
PC4	0.224	4.487	99.733
PC5	0.013	0.267	100.000

　　由表 1.62 可知，原有的五种指标硬度（质构）、弹性、黏聚性、咀嚼度及回复性经过主成分分析后，转换为了 2 个新的主成分 PC1 和 PC2，PC1 和 PC2 的累计方差贡献率为 86.764%，表明经过降维后的新的变量可以良好地反映原本数据的绝大部分信息，新的变量可以代替原有的指标进行后续的分析。主成分与原指标的相关性矩阵见表 1.63。

表 1.63　主成分与质构指标的相关性矩阵

豆腐质构品质指标	主成分	
	PC1	PC2
硬度（质构）	0.767	−0.618
弹性	0.815	0.154
黏聚性	0.509	0.803
咀嚼度	0.909	−0.381
回复性	0.827	0.346

　　从表 1.63 中可以看出，PC1 与豆腐的质构硬度（$r=0.767$）、弹性（$r=0.815$）、咀嚼度（$r=0.909$）及回复性（$r=0.827$）呈较为显著的正相关关系，而 PC2 与豆腐的黏聚性（$r=0.803$）呈较为显著的正相关关系，与豆腐的硬度（$r=-0.618$）呈较为显著的负相关关系。这一结果表明，PC1 更能反映豆腐质构品质中的硬度、弹性、咀嚼度及回复性，而 PC2 侧重于反映豆腐质构品质中的黏聚性及硬度。48 种豆腐制品在每种主成分上的得分见表 1.64。

表 1.64　48 种豆腐制品质构品质主成分得分

编号	PC1	PC2	编号	PC1	PC2	编号	PC1	PC2
1	−0.209	0.179	12	0.258	−0.040	23	3.011	−0.643
2	0.512	0.822	13	−1.326	0.622	24	1.555	−0.997
3	−0.149	−0.048	14	−0.514	0.519	25	−0.428	−0.667
4	0.429	0.795	15	−0.237	0.437	26	−1.115	−1.345
5	−1.450	−1.323	16	−0.246	0.126	27	−1.684	−0.476
6	0.096	−0.460	17	1.624	1.291	28	0.671	0.808
7	−0.484	−0.424	18	−0.284	−0.246	29	−0.467	0.849
8	−0.213	1.420	19	1.320	−0.233	30	0.636	1.032
9	−1.970	1.516	20	−0.025	0.641	31	−0.931	0.509
10	0.711	−0.476	21	−1.328	−0.069	32	−0.290	0.381
11	0.445	−1.646	22	−0.218	−0.841	33	0.416	0.870

续表

编号	PC1	PC2	编号	PC1	PC2	编号	PC1	PC2
34	−0.592	−0.524	39	1.018	−0.920	44	0.314	−0.774
35	−0.848	−0.182	40	2.335	−1.466	45	1.090	−0.781
36	0.019	3.151	41	−1.609	−2.296	46	0.333	−0.353
37	−0.228	−0.429	42	−0.125	0.998	47	−0.879	−1.139
38	−0.057	−0.304	43	0.762	1.467	48	0.351	0.670

根据表 1.62～表 1.64 分别绘制豆腐质构品质的 PCA 因子载荷图及 48 种豆腐制品质构品质的 PCA 得分图。结果分别见图 1.25 和图 1.26。

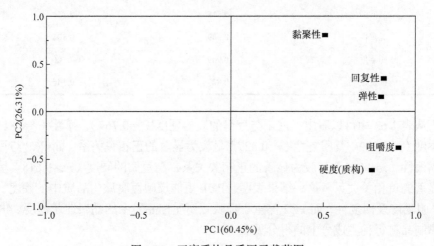

图 1.25　豆腐质构品质因子载荷图

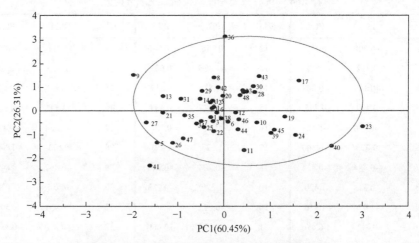

图 1.26　48 种豆腐制品质构品质主成分得分图

图 1.25 显示了 48 种豆腐制品质构指标的因子载荷结果，PC1 解释了总方差的 60.45%，PC2 则反映了 26.31%的方差，PC1 和 PC2 的累计方差贡献率为 86.76%。PC1 主要与豆腐的质构硬度、弹性、咀嚼度及回复性呈正相关，而黏聚性和质构硬度指标分别加载于 PC2 的正负轴上。

由图 1.26 可知，17、19、23、24、40 号样品聚集于 PC1 的正轴上，表明这些制品的质构硬度、弹性、咀嚼度及回复性较其他样品更好。从原料的组成上来看，这些样品的大豆种子含有更高的蛋白质含量、11S 含量、11S/7S 比值、苏氨酸含量、丙氨酸含量以及更低的水溶性蛋白含量、α亚基含量、硬脂酸含量及酪氨酸含量。这一结果表明，拥有这些种质构特征的大豆能生产出质构硬度、弹性、咀嚼度、回复性更好的豆腐制品。在 PC2 的正轴上较高得分的豆腐制品有 8、9、17、36、43 号，由图 1.25 可知，黏聚性在 PC2 的正轴上有较高的因子载荷量，说明这些样品的黏聚性优于其他的品种，从大豆原料的组成上来看，这 5 种原料的大豆种子中含有更多的α亚基和 7S 组分以及较低的脂肪酸含量，这一结果与表 1.61 的分析结果基本一致，值得注意的是，在之前的相关性分析中并没有发现脂肪酸含量对豆腐黏聚性有显著的影响，但在主成分分析中，脂肪酸含量较低的大豆原料制作的豆腐制品都表现出了较高的黏聚性，这表明脂肪酸含量对豆腐黏聚性的影响更为复杂。总体而言，拥有更高的蛋白质含量、11S 含量、11S/7S 比值、苏氨酸含量、丙氨酸含量以及更低的水溶性蛋白含量、脂肪酸含量及酪氨酸含量的大豆种子将更有利于生产质构品质优良的豆腐制品，就本书而言，'AGH'、'灌豆 2 号'、'Beeson'、'南农 26'、'科丰 1 号'等大豆原料更适合加工高质构品质的豆腐产品。

3）大豆原料组分含量与豆腐感官品质相关性分析

本书统计了大豆原料粗蛋白、水溶性蛋白、粗油脂、蛋白亚基组成、脂肪酸组成、维生素 E 组成、氨基酸组成等 38 项品质指标与豆腐感官特性的关系，相关性分析结果见表 1.65。

表 1.65　豆腐感官品质与大豆品质指标相关性分析

大豆品质指标	硬度（感官）	风味	口感	色泽	总体可接受性
粗蛋白	0.329*	0.339*	−0.016	−0.227	0.134
水溶性蛋白	−0.350*	−0.417**	−0.033	0.290*	−0.162
粗油脂	−0.002	−0.052	0.162	−0.207	0.063
α′	−0.216	−0.348*	0.058	0.274	−0.272
α	−0.345*	−0.337*	0.162	0.326*	−0.273
β	0.057	−0.099	0.143	−0.215	−0.036
A_3	0.060	0.097	−0.058	0.198	−0.061

续表

大豆品质指标	硬度（感官）	风味	口感	色泽	总体可接受性
AS	0.097	0.291*	0.290*	−0.274	0.333*
BS	0.072	0.198	0.080	0.060	0.210
11S	0.149	0.418**	0.291*	−0.135	0.439**
7S	−0.212	−0.338*	0.176	0.139	−0.246
11S/7S	0.212	0.510**	−0.011	−0.158	0.440**
棕榈酸	0.101	0.029	0.068	−0.186	0.066
硬脂酸	−0.442**	−0.361*	0.086	0.098	−0.149
油酸	−0.052	−0.022	0.169	0.226	0.100
亚油酸	−0.237	−0.312*	−0.025	0.047	−0.142
亚麻酸	−0.087	−0.112	0.194	0.069	0.028
α-生育酚	0.099	−0.221	−0.249	0.139	−0.235
β-生育酚	0.113	−0.196	0.024	0.109	−0.178
δ-生育酚	−0.028	−0.204	0.036	0.018	−0.140
总维生素E含量	0.084	−0.269	−0.088	0.119	−0.242
天冬氨酸	−0.072	0.244	0.194	−0.211	0.275
苏氨酸	0.090	0.466**	0.219	−0.360*	0.368*
丝氨酸	0.041	0.228	0.171	−0.251	0.231
谷氨酸	0.229	0.411**	0.262	−0.182	0.374**
甘氨酸	0.112	0.325*	0.071	−0.282	0.220
丙氨酸	0.199	0.414**	0.211	−0.299*	0.379**
半胱氨酸	0.080	0.119	0.078	−0.001	0.095
缬氨酸	0.085	0.232	0.156	−0.366*	0.263
甲硫氨酸	−0.050	−0.046	−0.038	0.266	−0.122
异亮氨酸	−0.126	0.266	0.257	−0.137	0.186
亮氨酸	−0.357*	−0.168	0.128	−0.242	−0.030
酪氨酸	−0.268	−0.451**	−0.189	0.227	−0.355*
苯丙氨酸	−0.070	0.289*	0.295*	−0.256	0.254
赖氨酸	−0.094	0.088	0.178	0.055	0.002
组氨酸	−0.129	−0.066	0.038	0.237	−0.137
精氨酸	0.048	0.301	0.209	−0.379**	0.325*
脯氨酸	0.018	0.271	0.247	−0.357*	0.346*

*表示显著（$P < 0.05$）；**表示极显著（$P < 0.01$）。

　　从表 1.65 中可以看出，豆腐的感官硬度与大豆原料的粗蛋白（$r=0.329^*$）含量呈显著正相关，与水溶性蛋白（$r=-0.350^*$）、α亚基（$r=-0.345^*$）、硬脂酸（$r=-0.442^{**}$）、亮氨酸（$r=-0.357^*$）含量呈显著负相关。豆腐的风味与大豆原料的粗蛋白（$r=0.339^*$）、AS（$r=0.291^*$）、11S（$r=0.418^{**}$）、11S/7S 比例（$r=0.510^{**}$）、苏氨酸（$r=0.466^{**}$）、谷氨酸（$r=0.411^{**}$）、甘氨酸（$r=0.325^*$）、丙氨酸（$r=0.414^{**}$）及苯丙氨酸（$r=0.289^*$）的含量呈显著正相关，与水溶性蛋白（$r=-0.417^{**}$）、α'亚基（$r=-0.348^*$）、α亚基（$r=-0.337^*$）、7S（$r=-0.338^*$）、硬脂酸（$r=-0.361^*$）、亚油酸（$r=-0.312^*$）、酪氨酸（$r=-0.451^{**}$）的含量呈显著负相关。而大豆原料的 AS（$r=0.290^*$）、11S（$r=0.291^*$）、苯丙氨酸（$r=0.295^*$）含量与豆腐的口感呈显著正相关。对于豆腐的色泽，结果显示大豆原料中的水溶性蛋白（$r=0.290^*$）及α亚基（$r=0.326^*$）含量与其呈显著正相关关系，而苏氨酸（$r=-0.360^*$）、丙氨酸（$r=-0.299^*$）、缬氨酸（$r=-0.366^*$）、精氨酸（$r=-0.379^{**}$）及脯氨酸（$r=-0.357^*$）的含量与其呈显著负相关关系。大豆原料中 AS（$r=0.333^*$）、11S（$r=0.439^{**}$）、11S/7S 比例（$r=0.440^{**}$）、苏氨酸（$r=0.368^*$）、谷氨酸（$r=0.374^{**}$）、丙氨酸（$r=0.379^{**}$）、精氨酸（$r=0.325^*$）及脯氨酸（$r=0.346^*$）的含量与豆腐的总体可接受性呈现显著正相关关系，而酪氨酸（$r=-0.355^*$）含量则与豆腐的总体可接受性呈显著负相关关系。

　　有学者指出，豆腐的风味特性不仅受加工和环境条件影响，还受到蛋白质组成的影响（Nik et al.，2009；Poysa and Woodrow，2005）。在本书中，大豆原料中的 7S 及其组成亚基均不利于豆腐的感官风味属性，而 11S 及其组成亚基则有利于豆腐的感官风味品质。另外，苏氨酸、谷氨酸、丙氨酸、甘氨酸及苯丙氨酸也与豆腐的风味品质呈显著正相关关系，这可能是由于氨基酸是重要的呈味物质（赵静等，2015；Ardo et al.，2006），如苏氨酸、丙氨酸呈甜味；谷氨酸呈鲜味；酪氨酸呈苦味（Toshihide and Hiromichi，1988；谷镇和杨焱，2013）等，其在大豆种子中含量的高低影响了豆腐的整体风味品质。另外，本书还发现豆腐的口感与 11S 及 11S 酸性亚基组 AS 的含量呈显著正相关关系，这与 Nik 等（2009）的研究结果相似：含有 11S 酸性亚基组（AS）的豆浆比不含酸性亚基组的豆浆具有更多的颗粒，从而会影响豆浆的口感。而对于豆腐的整体可接受性，11S 及其组成亚基，11S/7S 的比例与豆腐的整体可接受性呈现显著正相关关系，这一结果表明，大豆原料中 11S 含量及 11S/7S 比例是影响豆腐整体感官品质的重要因素，这两项指标可以作为豆腐专用加工大豆原料的间接选择标准（Sharma et al.，2014；Tezuka et al.，2000；Tezuka et al.，2004）。

4）豆腐感官品质主成分分析

　　将反映豆腐制品感官品质的五项指标——硬度（感官）、风味、口感、色泽、总体可接受性进行主成分分析，保留特征根大于 1 的主成分，结果见表 1.66。

表 1.66　豆腐感官品质主成分分析特征根及方差贡献率

主成分	特征根	贡献率	累计贡献率
PC1	1.952	39.042	39.042
PC2	1.340	26.793	65.836
PC3	1.010	18.199	84.034
PC4	0.442	10.837	94.872
PC5	0.256	5.128	100.000

由表 1.66 可知，原有的五种指标硬度（感官）、风味、口感、色泽、总体可接受性经过主成分分析后，转换为了 3 个新的主成分 PC1、PC2 和 PC3，PC1 解释了总方差的 39.042%，PC2 反映了总方差的 26.793%，而 PC3 则解释了总变异量的 18.199%。三个主成分的累计方差贡献率为 84.034%，表明经过降维后的主成分可以较为准确地反映原数据的信息，新的主成分可以代替原有的五种感官指标进行后续的分析。主成分与原指标的相关性矩阵见表 1.67。

表 1.67　主成分与感官指标的相关性矩阵

豆腐感官品质指标	主成分		
	PC1	PC2	PC3
硬度（感官）	0.113	−0.718	0.596
风味	0.822	−0.354	0.026
口感	0.640	0.560	−0.036
色泽	−0.197	0.602	0.738
总体可接受性	0.903	0.147	0.088

由表 1.67 可知，第一个主成分 PC1 突出反映了豆腐的整体品质，它主要与豆腐的风味（r=0.822）、口感（r=0.640）和总体可接受性（r=0.903）呈正相关，第二个主成分 PC2 更倾向于反映豆腐的感官硬度（r=−0.718），第三主成分 PC3 侧重于表现豆腐的色泽（r=0.738）品质。48 种豆腐制品在每种主成分上的得分见表 1.68。

表 1.68　48 种豆腐制品感官品质主成分得分

编号	PC1	PC2	PC3	编号	PC1	PC2	PC3
1	−0.463	0.529	−0.910	7	0.815	0.328	0.012
2	−0.106	0.846	0.015	8	−0.232	−0.249	−0.109
3	−0.398	−0.851	0.500	9	0.887	−1.297	0.207
4	0.073	−0.091	0.833	10	−1.016	0.163	−0.304
5	0.469	−1.558	0.172	11	−1.394	0.260	−0.556
6	−0.341	0.219	−0.664	12	−0.467	1.759	2.557

续表

编号	PC1	PC2	PC3	编号	PC1	PC2	PC3
13	−2.661	−2.094	−0.787	31	−0.341	−0.844	0.536
14	0.426	−0.181	0.948	32	0.339	0.129	−1.320
15	−0.684	0.943	0.009	33	−1.069	−0.068	−0.231
16	0.527	−1.088	0.540	34	0.444	0.425	−0.681
17	−1.325	1.091	−0.368	35	−1.486	−1.577	−1.809
18	0.233	−0.449	0.805	36	−0.203	1.156	−1.823
19	−1.302	1.840	−1.042	37	−0.821	0.135	−0.697
20	0.288	−0.081	0.827	38	0.899	−0.397	−0.288
21	0.033	−1.032	1.361	39	−1.003	1.579	2.711
22	1.584	−0.115	−2.022	40	0.003	1.799	−0.643
23	1.877	1.193	−0.688	41	1.895	−1.322	−0.527
24	0.732	0.747	−1.347	42	−0.527	−0.455	−0.647
25	1.321	−1.420	0.407	43	1.129	0.552	−0.631
26	0.402	−1.088	1.060	44	0.200	0.967	0.610
27	−2.107	−1.257	1.234	45	0.167	0.696	−0.330
28	0.733	0.596	0.297	46	1.298	−1.376	0.356
29	1.122	0.379	1.414	47	−1.047	−0.848	−0.144
30	0.121	1.035	1.029	48	0.976	0.369	0.128

根据表 1.66～表 1.68 分别绘制豆腐感官品质的 PCA 因子载荷图及 48 种豆腐制品感官品质的 PCA 得分图。结果分别见图 1.27 和图 1.28。

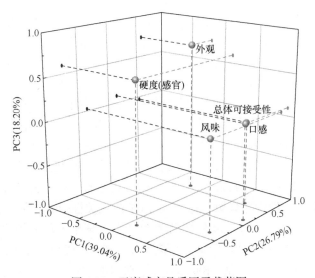

图 1.27　豆腐感官品质因子载荷图

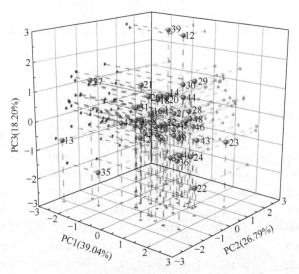

图 1.28　48 种豆腐制品感官品质主成分得分图

图 1.27 显示了 48 种豆腐制品感官指标的因子载荷结果，PC1 解释了总方差的 39.04%，PC2 则反映了 26.79% 的方差，PC3 解释了总变异量的 18.20%。三个主成分的累计方差贡献率为 84.03%。PC1 主要与豆腐的风味、口感、总体可接受性呈正相关；而感官硬度则加载于 PC2 的负轴上；PC3 侧重于反映豆腐的色泽。可以看出，中国消费者对豆腐的感官评价更倾向于豆腐的口感、风味和总体可接受性，这 3 项指标都在 PC1 上表现出了很高的因子载量。

图 1.28 显示了 48 种豆腐制品的感官品质，可以看出，22、23、24、40、43 号样品在 PC1 的正轴上聚集，与其他的大豆原料相比，这五种大豆原料中含有更高的蛋白质含量、11S 球蛋白含量、11S/7S 比值、苏氨酸含量、谷氨酸含量、丙氨酸含量。本书已经证明大豆种子中蛋白质含量、11S 含量、11S/7S 比值、苏氨酸含量、丙氨酸含量对豆腐质地有着重要的影响。而在豆腐的感官品质方面，蛋白质含量、11S 含量、11S/7S 比值、苏氨酸含量、丙氨酸含量对豆腐的风味、口感及总体可接受性仍然起着重要的作用，这一结果表明，蛋白质含量、11S 含量、11S/7S 比值、苏氨酸含量、丙氨酸含量等指标是反映豆腐整体品质的重要参数。除此之外，12、19、23、39 号样品较其他豆腐制品表现出了较差的感官硬度，这些样品在 PC2 上表现出了较高的得分，相比于其他的品种，这些大豆品种中含有更高的 α 亚基含量、硬脂酸含量，这和表 1.65 的相关性分析结果一致。而对于豆腐的色泽，12、21、27、29、39 号样品在 PC3 上呈现出了较大的载重，相比于其他的大豆原料，这些大豆品种中含有更高的水溶性蛋白含量、α 亚基含量、A$_3$ 亚基含量以及更少的蛋白质含量、β 亚基含量、精氨酸含量。值得注意的是，在之前的相关性分析中并没有发现大豆种子的 β 亚基、A$_3$ 亚基对豆腐的色泽有显著性影

响，这表明，对于豆腐的色泽，大豆种子的种质特性对它的影响更为复杂，更趋向于综合性的影响，而不是由几种单个的性状所决定的。总体而言，拥有较高蛋白质含量、11S 含量、11S/7S 比值、苏氨酸含量、丙氨酸含量以及较低α亚基含量、硬脂酸含量的大豆种子能加工出感官品质更为优异的豆腐制品，'汉川八月爆'、'Beeson'、'南农 26'、'科丰 1 号'、'苏鲜 21'等大豆原料更适合加工高感官品质的豆腐产品。

1.1.6　玉米

玉米（*Zea mays* L.）是禾本科的一年生草本植物，又名苞谷、苞米棒子、玉蜀黍、珍珠米等。玉米原产于中美洲和南美洲，是世界重要的粮食作物（杨小倩等，2019）。玉米在世界各洲都有种植，其中以美洲和亚洲的种植面积和产量最大。美洲种植玉米的主要国家有美国、墨西哥、巴西、阿根廷和加拿大；亚洲种植玉米的主要国家是中国，印度也有少量种植（王江等，2007）。在世界范围内，大麦、燕麦、高粱等作物被广泛种植，而玉米产量占世界粗粮产量的 65%以上。国家统计局发布 2017 年我国玉米种植面积达 4.23 亿 hm²，玉米产量为 2.59 亿 t，占我国粗粮产量的 90%。我国现有六大玉米种植区，分别是东北春播玉米区、黄淮海平原夏播玉米区、西北灌溉玉米区、西南山地玉米区、南方丘陵玉米区和青藏高原玉米区。随着玉米加工科技化程度的加深、玉米加工规模的扩大，玉米加工产品越来越多样化。通常来说，玉米加工产品可以分为三大类：饲料加工、工业加工和食品加工（刘瑶，2019），原料的特性也决定了加工产品的品质。

1. 玉米分类

1）按颜色分类

根据国家标准《玉米》（GB 1353—2018）的规定，玉米按颜色分为黄玉米、白玉米和混合玉米。黄玉米的种皮为黄色，或略带红色的籽粒不低于 95%；白玉米的种皮为白色，或略带淡黄色或略带粉红色的籽粒不低于 95%；混合玉米为不符合黄玉米和白玉米要求的黄、白玉米互混的玉米。

玉米的颜色与品种也有关系，由于不同的品种含有的色素不同而造成颜色的差异。目前玉米主要有黄玉米、白玉米、紫玉米、黑玉米、红玉米和彩色玉米。黄玉米富含核黄素和类胡萝卜素，对保护视力有很好的效果；白玉米不含色素；紫玉米和红玉米中含有花青素，具有抗氧化、防衰老的作用；黑玉米中所含的黑色素能有效地清除人体内的自由基，防止可见光和紫外线辐射，黑玉米富含赖氨酸，可以调节人体脂肪代谢，改善消化功能，促进钙吸收；彩色玉米含有红、黄、蓝、粉、白等多种颜色，富有光泽，营养丰富，并且随着今后玉米育种的发展会产生更多不同颜色的玉米品种。

2）按籽粒形态分类

按玉米籽粒形态结构主要分为硬粒型、马齿型、中间型、硬偏马型、马偏硬型（卢晓黎等，2015）。

i）硬粒型，又称角质型，籽粒为圆形或短方形，有黄、白、红等多种颜色，以黄色为主。硬粒型玉米只有内部居中部分为粉质淀粉，其余部分均为角质淀粉。籽粒坚硬有光泽，品质良好，适应性强，可用来制作玉米特强粉。

ii）马齿型，又称大马牙，籽粒较大呈长方形，形似马齿，表皮多为白色或黄色。籽粒中部至顶部为粉质淀粉，两侧为角质淀粉。马齿型玉米食用品质较差，但在我国栽培最多，增产潜力较大，可用来制造淀粉和乙醇。

iii）半马齿型，也称中间型，由硬粒型和马齿型玉米杂交衍生而得来。玉米果穗为锥形或圆柱形，籽粒顶部凹陷不明显，且顶部的粉质比硬粒型玉米多，但比马齿型玉米少。中间型玉米的品质好于马齿型，产量也较高。

iv）硬偏马型，硬粒型与马齿型的结合，但硬粒型占 75%左右。

v）马偏硬型，马齿型和硬粒型的结合，马齿型占 75%左右。

3）按用途分类

按用途分为高蛋白质玉米、高淀粉玉米、高油玉米、甜玉米、糯玉米、爆裂玉米等（张子飚等，2004）。

i）高蛋白质玉米，也称高赖氨酸玉米或优质蛋白玉米。赖氨酸是人体自身不能合成必须从食物中获取的一种必需氨基酸，可促进人体发育，增强免疫力。高赖氨酸玉米与普通玉米相比，赖氨酸含量高、营养丰富、口感好。

ii）高淀粉玉米，是指籽粒中干淀粉含量不低于 75%的玉米（NY/T 523—2020），普通玉米淀粉含量在 65%～70%。根据高淀粉玉米中所含淀粉的种类和含量不同，将其分为三种类型：混合高淀粉玉米、支链淀粉玉米和高直链淀粉玉米。混合高淀粉玉米中直链淀粉和支链淀粉的含量占总淀粉含量比例高。支链淀粉玉米也称糯玉米，其籽粒中的淀粉几乎完全是支链淀粉。高直链淀粉玉米中直链淀粉含量较高，但总的淀粉含量与普通玉米相比较低，仅为 58%～66%（卢晓黎和陈德长，2015；林晶和杨显峰，2008）。

iii）高油玉米，是一种含油量较高的新型特种玉米，籽粒含油量在 6%～10%，而普通玉米的含油量在 4%～5%。玉米胚芽榨出的玉米油也称为玉米胚芽油，玉米油中富含不饱和脂肪酸和脂溶性维生素，能够软化血管，降低血压，不仅营养丰富还具有一定的药用价值。高油玉米作为一种粮、油、饲兼用的新型玉米，具有广阔的应用前景（林必博等，2014）。

iv）甜玉米，又称蔬菜玉米，其籽粒在成熟期含糖量高，大约 10%～24%，甜玉米中的糖主要有葡萄糖、果糖、麦芽糖和蔗糖等，其中蔗糖含量较高。甜玉米籽粒呈淡黄色或乳白色，富含水溶性多糖、维生素 A、维生素 C、脂肪和蛋白质等。根据籽粒含糖量不同可分为普通甜玉米、超甜玉米和加强甜玉米。普通甜玉米的含糖量约为 8%，多用于糊状或整粒加工制罐，也用于速冻。超甜玉米的含糖量在 20% 以上，果皮较厚，多用于整粒加工制罐、速冻。加强甜玉米的含糖量为 12%～16%，多用于整粒或糊状加工制罐、速冻和鲜果穗上市。甜玉米与普通玉米相比，甜玉米的胚乳携带有与含糖量有关的隐形突变基因。

v）糯玉米，又称黏玉米或蜡质型玉米，是指黏性较大的玉米。根据国家标准《糯玉米》（GB/T 22326—2008）的规定，将糯玉米分为白糯玉米、黄糯玉米和其他糯玉米，白糯玉米是种皮为白色或乳白色的籽粒不低于 95% 的糯玉米，黄糯玉米是种皮为黄色的籽粒不低于 95% 的糯玉米，其他糯玉米为不符合白色和黄色糯玉米规定的糯玉米。糯玉米的籽粒不透明，无光泽，外形呈蜡质状，但口感良好，糯性强，种皮薄，甜黏清香，有较高的营养价值和经济价值，深受广大消费者尤其是南方地区的喜爱。糯玉米胚乳中的淀粉几乎都为支链淀粉，遇碘呈紫色，分子量比直链淀粉小，食用消化率高。糯玉米籽粒中营养成分含量高于普通玉米，含 70%～75% 的淀粉，10% 的蛋白质，4%～5% 的脂肪，2% 的多种维生素（张旭等，2010）。糯玉米除作为菜用玉米被人类鲜食外，用作牲畜饲料可提高饲喂效率。

vi）爆裂玉米，又称爆炸玉米或爆花玉米，爆裂玉米属于硬质型玉米，籽粒小而坚硬，可用来爆制玉米花。爆裂玉米籽粒外部含有大量的角质胚乳，中心部位含有少量的粉质胚乳，常压下加热爆裂性强。爆裂玉米籽粒的含水量决定它的膨爆质量，优质爆裂玉米籽粒膨爆率高达 99%，籽粒太湿或者太干都不能充分爆裂。爆裂玉米富含人体所需的蛋白质、淀粉、脂肪、纤维素、维生素和矿物质等营养物质。好的玉米花膨胀性高，香甜酥脆，具有很高的营养价值，已越来越受到人们的欢迎。

2. 理化特性

1）玉米的物理特性

成熟的玉米籽粒由胚乳、胚芽、皮层和根帽四部分组成，其含量分别为 82%、12%、5%、1%（马先红等，2019）。玉米的物理性状由玉米籽粒的大小、形状、容重、粒度、种皮颜色等指标组成。玉米籽粒大小不一，根据粒度可分为细粒、中粒和粗粒。容重是单位容积内玉米籽粒的质量，一般以一升种子的质量来表示，是指定玉米等级的重要指标，也反映了玉米籽粒的饱满程度，容重越大，质量越高。而粒度指颗粒的大小，通常球状颗粒的粒度用直径表示，立方体颗粒的粒度用边长表示，不规则的颗粒可将有相同行为的某一球体的直径作为其有效直径（袁建敏等，2016）。

2）玉米的化学特性

玉米籽粒中富含蛋白质、淀粉、脂肪、维生素、纤维素、矿物质等多种营养物质，以及人体必需的氨基酸、植物甾醇、玉米黄质、叶黄素、谷胱甘肽等生物活性物质。表 1.69 为玉米籽粒的主要化学成分。

表 1.69　玉米籽粒的主要化学成分（干基，%）

成分	水分（湿基）	脂肪	蛋白质	淀粉	粗纤维	灰分
范围	7～23	3.1～5.7	8～14	64～72	1.8～3.5	1.1～3.9
平均值	15	4.6	9.6	71.6	2.9	1.4

数据来源：卢晓黎等（2015）。

根据国家标准，一般地区的玉米安全水分含量为 14%，而东北、内蒙古、新疆地区的玉米水分含量为 18%。水是玉米中非常重要的一种成分，水分在玉米籽粒中主要以自由水和结合水的形式存在。结合水通常是指存在于溶质或其他非水组分附近的、与溶质分子间通过化学键结合的那一部分水，结合水不易结冰、不能作为溶剂。结合水对食品的风味起到重要的作用，当结合水被强行与食品分离时，食品的风味和质量就会发生改变。自由水可结冰、作为溶剂，也可被微生物所利用。

玉米蛋白具有较好的持水性、黏结性、延展性、乳化性等，玉米中粗蛋白的含量为 8%～14%，由白蛋白、球蛋白、醇溶蛋白和麦谷蛋白组成。玉米籽粒中以醇溶蛋白和麦谷蛋白为主，醇溶蛋白存在于胚体中，而玉米麦谷蛋白存在于胚芽中，它们都是水不溶性蛋白。玉米醇溶蛋白具有独特的溶解性，它不溶解于水，也不溶解于无水醇类，但可以溶解于体积分数为 60%～95%的醇类水溶液中。玉米麦谷蛋白不溶于水、乙醇溶液和食盐溶液，但可溶于稀酸稀碱溶液。玉米醇溶蛋白具有独特的保水性、成膜性，适用于食品和药品的包装材料。普通玉米蛋白质中氨基酸含量不均衡，赖氨酸和色氨酸含量较低，所以玉米蛋白并非优质蛋白的来源。通过隐形突变基因与修饰基因的相互作用，改良的优质蛋白玉米中赖氨酸和色氨酸的含量明显提高。罗清尧等（2002）发现不同地区的玉米籽粒粗蛋白含量不同，东北和华南地区玉米的粗蛋白含量分别为 9.23%和 9.86%。

玉米籽粒中淀粉的含量最高，为 64%～72%，主要分布于玉米籽粒的胚乳中，是玉米能量的主要来源。玉米淀粉按照其结构可分为直链淀粉和支链淀粉，直链淀粉是 D-葡萄糖基以 α-1, 4-糖苷键连接的多糖链，分子中有约 200 个葡萄糖基，支链淀粉分子中除了有 α-1, 4-糖苷键连接的糖链外，还有 α-1, 6-糖苷键连接的分支，分子中含 300～400 个葡萄糖基，直链淀粉遇碘呈蓝色，支链淀粉遇碘呈红色。玉米淀粉具有较好的增稠性、胶凝性、持水性，多用于食品和工业方面。淀粉含量较高的玉米为高淀粉玉米,其含量可高达 72%以上,主要品种有'吉单 39'、'吉单 136'、'吉单 137'、'农大 364'、'益丰 10'、'郝育 8'、'郝育 21'、'奥玉 20'、'屯玉 88'、'泽玉 19'、'利民 15'等。'美豫 22'玉米品种籽粒粗淀粉含量高达 75.22%,粗蛋白含量为 9.32%,粗脂肪含量为 3.58%,赖氨酸含量为 0.29%,适宜在松原市、长春市、辽源市、白城市、吉林市等地区种植。

玉米中脂肪含量为 3.1%～5.7%,主要分布于胚芽中。玉米籽粒脂肪中含有丰富的不饱和脂肪酸,极易被氧化,尤其是亚油酸的含量高达 60%以上。亚油酸可以降低血液中胆固醇的浓度,并防止其沉积于血管内壁,从而减少动脉硬化的发生,对预防高血压和心脑血管疾病有积极的作用。油酸是一种单不饱和脂肪酸,人体自身不能合成,需要从食物中获取。油酸能够软化血管,在人的新陈代谢过程中也发挥着重要的作用。

玉米中含有丰富的 B 族维生素,还有维生素 A、维生素 C 和维生素 E 等,玉米中维生素含量为稻米、小麦的 5～10 倍。维生素 E 不仅能够促进细胞分裂、增强机体新陈代谢、降低血清胆固醇,还能减轻动脉硬化和脑功能衰退。B 族维生素不仅可以保护胃功能,预防脚气、心肌炎,还能改善失眠、多梦、抑郁等症状。维生素 C 能够促进胶原组织合成、参与机体造血功能、抗氧化清除自由基,有预防及治疗坏血病、促进细胞间质生长的作用。维生素 A 可预防夜盲症、视力衰退,治疗各种眼疾,以及具有调节表皮及角质层新陈代谢的功效。此外,玉米中所含的胡萝卜素被人体吸收后也能转化为维生素 A,具有防癌的作用。玉米中含有丰富的烟酸,烟酸是葡萄糖耐量因子的组成物,它在蛋白质、脂肪、糖的代谢过程中起着重要作用,能帮助我们维持神经系统、消化系统和皮肤的正常功能。人体内如果缺乏烟酸,可能引起精神上的幻视、幻听、精神错乱等症状,消化上的口角炎、舌炎、腹泻等症状,以及皮肤上的癞皮病。

玉米中粗纤维的含量在 1.8%～3.5%,纤维素属于多糖的一种,虽然不能被人体吸收,但大量的纤维素能刺激胃肠蠕动,缩短食物残渣在肠内的停留时间,加速粪便排泄并把有害物质带出体外,对防治便秘、肠炎、直肠癌具有重要的意义。纤维素能够降低葡萄糖吸收速度,延缓餐后血糖升高,预防糖尿病。纤维素还能抑制脂肪的吸收,预防肥胖,降低胆固醇,防止冠状动脉粥样硬化、高脂血症和胆结石的发展,以及促进大脑发育(刘晓涛,2009b)。

矿物质在玉米籽粒中分布不均匀,胚芽中含量最高。玉米籽粒中含有钙极少,仅 0.02%左右,含磷约 0.25%,其中植酸磷占 50%～60%。铁、铜、锰、硒等微量元素含量也很低。玉米中富含的硒和镁有防癌抗癌的作用,硒能够加速体内过氧化物的分解,使恶性肿瘤得不到分子氧的供应而受到抑制。镁除了抑癌之外,还能促使体内废物排出体外,达到防癌的作用。玉米中的磷含量较高,老年人常吃玉米可预防骨质疏松,使牙齿坚固。

除了以上的营养成分，玉米中还含有人体必需的氨基酸、植物甾醇、玉米黄质、叶黄素、谷胱甘肽等生物活性物质。玉米中含有丰富的谷氨酸和不饱和脂肪酸，对维持正常的大脑发育和神经功能有着重要的作用，能帮助和促进脑细胞呼吸，帮助清除脑组织的代谢物，提高脑细胞的活性，增强思维能力，具有健脑、增强记忆力的作用。黄玉米中含有丰富的胡萝卜素，主要为玉米黄质和叶黄素，具有促进视觉发育、预防老年黄斑性病变、白内障，改善眼部健康的作用，以及预防癌症和心血管疾病的功能。谷胱甘肽是一种抗癌因子，它能够捕获致癌物质，使其失去毒性，通过消化道将其排出体外。谷胱甘肽在硒的参与下生成谷胱甘肽氧化酶，具有抗氧化、清除自由基和延缓衰老的功能。

1.2 果蔬原料特性与制品品质

1.2.1 苹果

苹果属于蔷薇科（Rosaceae）苹果属（*Malus*），多为高大乔木或灌木，多年落叶果树。世界约有苹果属植物 35 种，主要分布在北温带，包括亚洲、欧洲和北美洲。有些种类是作为重要的水果来源，有些种类供作繁殖果树的砧木，还有些种类可供观赏之用。中国现有苹果属植物约 23 种，全国 29 个省、自治区、直辖市有分布。苹果是落叶果树中最重要的果树之一，也是世界上栽培面积最大、产量最多的。由于果实的营养价值高，又适宜加工，贮藏期长，便于远距离运输，可以周年供应，不受季节限制，为世界各国所重视。2020 年全球苹果种植面积为 462.2 万 hm^2，产量为 8644.3 万 t，面积排在前五位的是中国、印度、俄罗斯、土耳其和波兰，产量排在前五位的是中国、美国、土耳其、波兰和印度。2020 年中国苹果种植面积为 191.2 万 hm^2，产量为 4622.4 万 t，分别占世界种植总面积和总产量的 41.36% 和 46.85%，居世界首位。

苹果是世界第二大水果，富含多糖、单糖、有机酸、矿物质、维生素和多酚等物质，具有丰富的营养健康功能。世界上苹果主要生产国在苹果品质与消费模式上存在差异，我国以鲜食为主，以富士为代表的鲜食品种占 65% 以上，苹果鲜食占比 70% 以上。苹果加工多为鲜食兼用的混杂品种，加工产品以浓缩汁为主，平均每年浓缩汁加工用原料约为 400 万 t，占比 10% 左右。少量用于干制等加工方式。而发达国家苹果加工比重约为 30%，远高于我国苹果加工比重（张彪，2018）。随着人们对食物营养品质的重视，鲜榨汁需求不断增加，苹果汁产品结构也逐渐发生转变。本书收集了我国苹果资源圃及苹果主产地的 210 个品种，并对 161 个品种制汁、206 个品种制干品质进行系统分析和评价。

1. 苹果原料特性

1）苹果感官特性

苹果感官品质是指苹果的外观特征,具体包括单果重、单果体积、果实密度、果实形状、果个大小、果形指数、果实硬度、果皮硬度、色泽（果皮、果肉）、香气等指标,其直接影响苹果的鲜食选购消费及商业利用。本书在归纳总结各品质指标国内外检测方法的基础上,采用可信的测定方法对我国 161 个苹果品种的感官品质进行了测定并加以分析,初步明确了我国不同苹果品种的感官品质情况。

对测定的苹果感官指标包括单果重、单果体积、果实密度、果形指数、颜色（果皮和果肉的 L^*、a^*、b^* 值）和果皮硬度进行数据分析,分析结果见表 1.70。

表 1.70　161 个苹果品种感官品质分布

	平均值	变化范围	极差	标准差	变异系数
单果重	123.66 g	38.43～267.97 g	229.54 g	38.02 g	30.75%
单果体积	151.01 mL	46.33～323.67 mL	277.34 mL	46.80 mL	30.99%
果实密度	0.82 g/mL	0.71～0.92 g/mL	0.21 g/mL	0.04 g/mL	4.71%
果形指数	0.83	0.70～1.05	0.34	0.06	7.14%
果皮颜色 L^*	43.18	26.49～57.51	31.02	6.13	14.19%
果皮颜色 a^*	−0.46	−11.12～18.23	29.35	7.82	−1683.80%
果皮颜色 b^*	17.01	4.53～23.61	19.08	4.41	25.93%
果肉颜色 L^*	50.28	28.61～65.65	37.04	7.01	13.94%
果肉颜色 a^*	−1.77	−6.22～8.40	14.62	2.40	−135.86%
果肉颜色 b^*	32.21	13.61～52.72	39.11	7.00	21.74%
果皮硬度/g	908.66	427.73～1522.96	1095.23	204.47	22.50%

鲜食苹果感官品质指标在 161 个品种间表现出不同程度的差异。其中果皮颜色 a^* 和果肉颜色 a^* 的变异系数均为较大的负值,分别为 −1683.80% 和 −135.86%,说明果皮颜色 a^* 和果肉颜色 a^* 在品种间表现出很大的差异性（a^* 值为正值时,绝对值越大颜色越接近纯红色,a^* 为负值时,绝对值越大颜色越接近纯绿色）。单果重、单果体积、果皮颜色 b^* 和果肉颜色 b^* 的变异系数相对较大,分别为 30.75%、30.99%、25.93% 和 21.74%,说明 161 个品种在单果重、单果体积、果皮颜色 b^* 和果肉颜色 b^* 指标间具有一定的差异性。果实密度和果形指数具有较小的变异系数,分别为 4.71% 和 7.14%,说明果实密度和果形指数在不同品种间表现出的差异性不大。

　　由分布图形（图 1.29）可知，161 个苹果品种感官品质中单果重、体积、密度、果形指数的分布均呈现中间多两端少的分布形式。单果重指标大小主要分布在 80～160 g 范围内，平均值为 123.66 g，单果重在 200 g 以上的品种出现的相对较少，频率为 6%。体积指标大小主要分布在 100～200 mL 范围内，平均值为 151.01 mL，除少数分布于 300 mL 以外，其余分布较集中。果实密度指标大小主要分布在 0.79～0.86 g/mL 范围内，平均值为 0.82 g/mL。果形指数指标大小主要分布在 0.75～0.88 范围内，平均值为 0.83，果形指数在 0.90 以上的分布较为分散且频数较少。

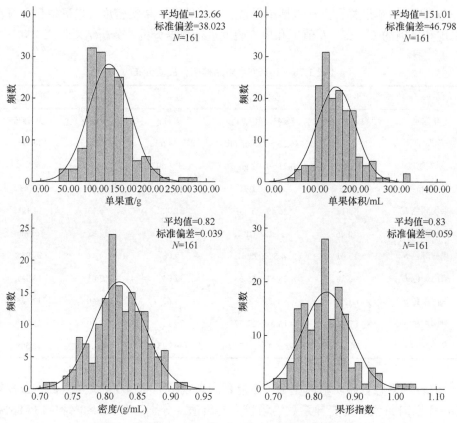

图 1.29　单果重、单果体积、密度、果形指数的分布图

　　果皮颜色（图 1.30）中果皮颜色 L^* 的分布呈现中间多两端少的分布形式，果皮颜色 a^* 和果皮颜色 b^* 的分布呈现递增或递减形式。果皮颜色 L^* 指标大小主要分布在 42～48 范围内，平均值为 43.18，左侧分布较为分散。果皮颜色 a^* 指标大小主要集中在负值范围内，平均值为 –0.45。果皮颜色 b^* 与果皮颜色 a^* 的分布相反，指标大小位于 20 附近出现频率最多，平均值为 17.01。

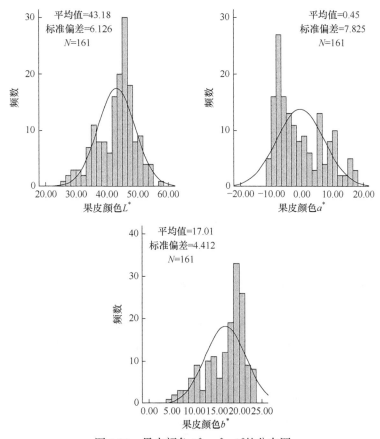

图 1.30　果皮颜色 L^*、a^*、b^*的分布图

果肉颜色（图 1.31）中果肉颜色 L^*、果肉颜色 a^* 和果肉颜色 b^* 均呈现中间多两端少的分布形式。果肉颜色 L^* 分布较为集中，其指标大小主要集中于 42～58 范

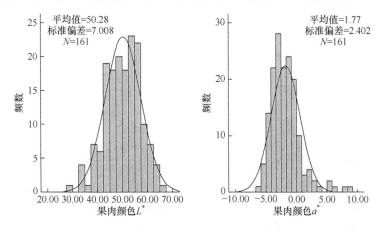

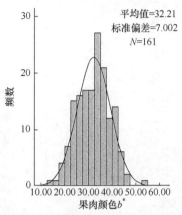

图 1.31　果肉颜色 L^*、a^*、b^* 的分布图

围内，平均值为 50.28。果肉颜色 a^* 指标大小主要集中于 –5～0 范围内，平均值为 –1.77。果肉颜色 b^* 的分布呈现中间多两侧少且对称的分布形式，指标大小主要分布在 22～42 范围内，平均值为 32.21。

　　由分布图 1.32 来看，果皮硬度呈现中间多两端少的分布形式。果皮硬度的分布相对分散，指标大小在 700～1100 g 范围内的概率较大，平均值为 908.66 g。

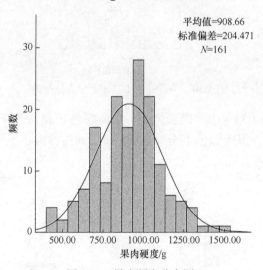

图 1.32　果皮硬度分布图

2）理化特性

　　苹果的理化营养品质是苹果内在的品质，与苹果的滋味、口感、营养功能等品质密切相关，具体包括粗纤维、粗脂肪、蛋白质、淀粉含量、pH、可滴定酸、可溶性固形物、可溶性总糖、钾、钙、镁、苹果酸、维生素 C 和总酚等指标。本

书在归纳总结苹果理化品质国内外检测方法的基础上，采用规范的测定方法对我国 161 个苹果品种的理化营养品质进行测定并加以分析，初步确定我国不同苹果品种的理化营养品质情况。

测定的鲜食苹果理化与营养品质指标有粗纤维、粗脂肪、蛋白质、淀粉含量、pH、可滴定酸、可溶性固形物、可溶性总糖、钾含量、钙含量、镁含量、苹果酸含量、固酸比、维生素 C 含量和总酚含量。选取其中的粗纤维、钾含量、钙含量、镁含量、可溶性固形物、苹果酸含量、固酸比和维生素 C 数据进行分析，分布结果见表 1.71。

表 1.71 161 个品种理化营养品质分布

	平均值	变化范围	极差	标准差	变异系数%
粗纤维	1.07 g/100 g	0.54～2.40 g/100 g	1.86 g/100 g	0.39 g/100 g	36.58
钾	1005.00 mg/kg	375.32～1730.00 mg/kg	1354.68 mg/kg	199.93 mg/kg	19.89
钙	67.92 mg/kg	17.01～132.12 mg/kg	115.11 mg/kg	22.22 mg/kg	32.71
镁	54.15 mg/kg	14.53～138.12 mg/kg	123.59 mg/kg	15.96 mg/kg	29.48
可溶性固形物	10.33%	7.96%～13.67%	5.71%	1.13%	10.90
苹果酸	0.61%	0.20%～1.32%	1.12%	0.23%	37.36
固酸比	19.64	8.19～64.67	56.48	8.84	45.01
维生素 C	3.35 mg/100 g	0.20～18.57 mg/100 g	18.37 mg/100 g	2.28 mg/100 g	68.03

理化与营养品质在 161 个品种间存在不同程度的差异。其中维生素 C 含量、固酸比、苹果酸含量、粗纤维含量、钙含量、镁含量等品质指标变异系数较大，分别为 68.03%、45.01%、37.36%、36.58%、32.71% 和 29.48%，说明这些品质指标在 161 个品种间表现出较大的差异。钾含量和可溶性固形物含量品质指标变异系数相对较小，即说明这 2 个品质指标在 161 个品种间的变化相对较小。

由分布图 1.33 来看，粗纤维含量的分布呈现左侧多右侧少的非对称分布，指标大小主要分布在 0.625～1.25 g/100 g 范围内，平均值为 1.07 g/100 g，指标大小在 1.25 g/100 g 以上的分布相对分散。钾含量的分布呈现中间多两侧少的对称分布，且分布较为集中，指标大小主要集中在 750～1250 mg/kg 范围内，平均值为 1005.00 mg/kg。钙含量的分布呈现尖峰、右偏的特点，指标大小主要集中在 27～85 mg/kg 范围内，平均值为 67.92 mg/kg。镁含量的分布呈现尖峰且集中的形式，除少数几个分布于 125 mg/kg 附近，其余主要集中在 40～64 mg/kg 范围内，平均值为 54.15 mg/kg。

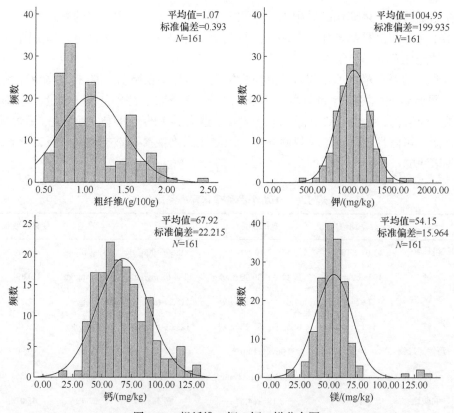

图 1.33　粗纤维、钾、钙、镁分布图

由分布图 1.34 可知,可溶性固形物含量、苹果酸含量和固酸比的分布均不具有典型的中间多两侧少对称分布的形式。可溶性固形物含量的分布相对分散,指标大小在 9.0%～9.6% 和 10.3%～10.6% 范围内出现频率较大,其余范围无显著优

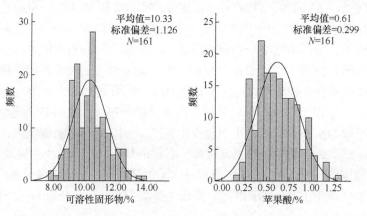

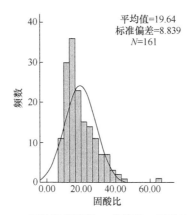

图 1.34 可溶性固形物、苹果酸、固酸比分布

势。苹果酸含量的分布没有明显的尖峰优势，其指标大小主要分布在 0.4%～0.8% 范围内，平均值为 0.61%。固酸比的分布具有明显的尖峰优势，即指标大小在 15 附近分布较多，且右侧分布相对较多、分散。

由分布图 1.35 可知，维生素 C 含量分布相对较为集中，指标大小主要集中在 2～4 mg/100 g 范围内，平均值为 3.35 mg/100 g，维生素 C 在 6 mg/100 g 以上的分布较为分散且频率较小。

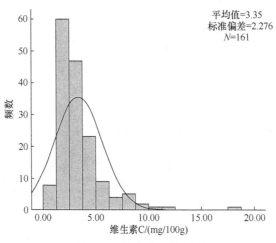

图 1.35 维生素 C 分布图

3）加工特性

苹果原料的加工特性与苹果加工制品的品质密切相关，不同品种或等级原料的品质不同，其加工制品品质不同。品质优良、适宜加工的品种或原料是生产高品质加工制品的重要保证。因此，苹果品种的加工品质直接影响苹果加工制品的

品质。对不同品种苹果的加工品质开展系统研究，研究加工品质检测方法、标准与原料等级分类，对推动我国苹果加工产业发展具有重要意义。本书在归纳国内外检测技术与方法的基础上，采用规范的测定方法，对我国苹果品种的加工品质进行分析，初步统计、描述了我国苹果品种的加工品质特性。苹果干制加工品质主要包括产出比、复水比以及产品微观结构。

（1）苹果汁品质评价分析。

研究分析发现（表1.72），用于制汁的161个苹果品种之间存在明显的出汁率和褐变度差异，苹果汁褐变度的变异系数达到116.68%，说明各个品种制成的苹果汁褐变度差异非常大。出汁率最大的品种是'未希生命'，为84.8%，出汁率最小的品种是'克鲁斯'，为62.6%；褐变度最大的品种是'芳明'，为1.11，最小的品种是'奈罗26号'、'乔纳金'、'新世界'和'寒富'，为0.01。

表 1.72　苹果汁品质评价指标数据

因子	平均值	变化范围	极差	标准差	变异系数/%
出汁率	75.5%	62.6%~84.8%	22.2%	3.7%	4.9
褐变度	0.1	0.01~1.11	1.1	0.15	116.68

（2）苹果脆片品质评价分析。

ⅰ）苹果脆片产出比与复水比数据分析。

本书对于206种苹果脆片的产出比和复水比进行分析，由表1.73发现，产出比和复水比的变异系数分别为14.50%和22.38%，说明不同品种苹果制成脆片后，其产出比和复水比存在差异。苹果脆片产出比最高的品种是'花丰'，为16.74%，产出比最低的品种是'Ⅱ10-15'，为6.70%；复水比最高的品种是'双阳一号'，为4.74，复水比最低的品种是'新红'，为1.14。

表 1.73　苹果脆片品质评价指标数据

因子	平均值	变化范围	极差	标准差	变异系数
产出比	11.94%	6.70%~16.74%	10.04%	1.73%	14.50%
复水比	2.12	1.14~4.74	3.60	0.47	22.38%

ⅱ）苹果脆片微观结构数据分析。

苹果在膨化干燥过程中，不同品种脆片的膨化效果不同，同时也表现出不同的微观结构图像，如图1.36所示。果实硬度越高脆片的膨化度越大，可能是因为果实细胞较为致密的原料在膨化后随着水分的闪蒸，能够形成较为稳定的网状结构，表现为产品体积的增大且口感酥脆；不同品种苹果内部各物质含量有差异，不适合膨化加工的品种原料在抽真空的瞬间无法靠水分闪蒸将体积膨大，而在干燥过程中发生皱缩，其微观结构也未呈现出均匀多孔状。根据苹果脆片品质评价体系，筛选出 20 个适宜于加工苹果脆片的品种，分别为'红玉'、'阳光'、'红富士'、'花丰'、'甜黄魁'、'芳明'、'红露'、'特早红'（柳玉芽变）、'长红'、'百福高'、'19-12'、'澳洲青萍'、'早生 16'、'早捷'、'红之舞'、'友谊'、'约斯基'、'秋香'、'紫香蕉'、'丹顶'。

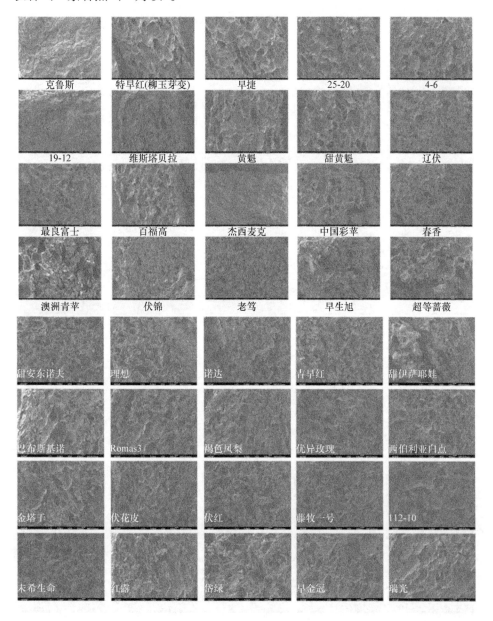

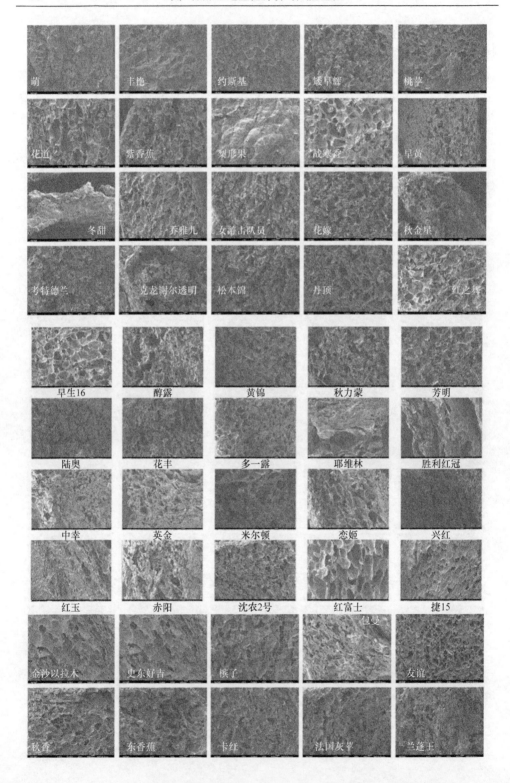

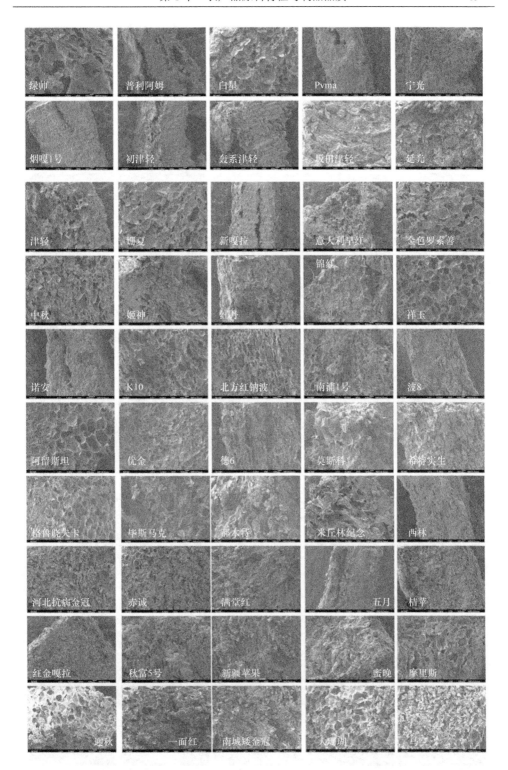

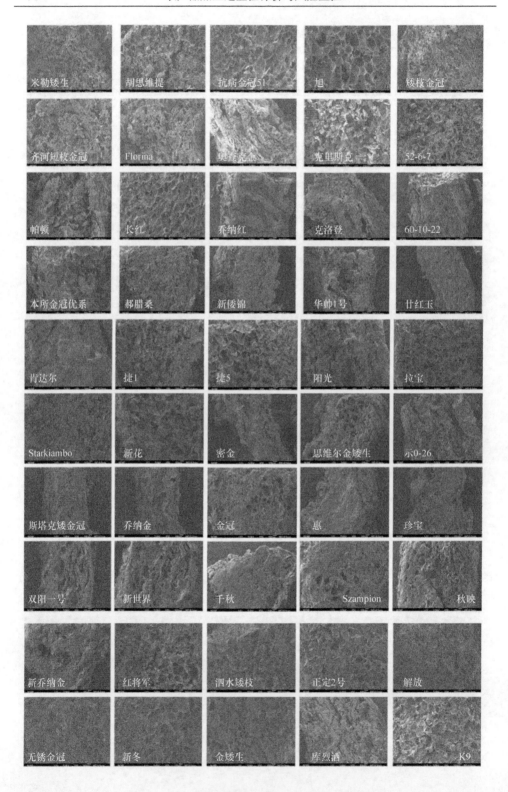

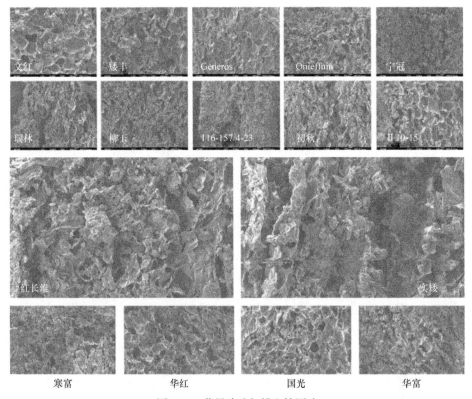

图 1.36　苹果脆片扫描电镜图片

2. 苹果原料特征物质指纹图谱

建立苹果酚类物质高效液相色谱（HPLC）指纹图谱和苹果香气物质气相色谱-质谱联用（GC-MS）指纹图谱，为后续不同品种的苹果加工适宜性进行分类和苹果品种的加工利用提供依据。

1）酚类

酚类物质是决定苹果原料感官品质（色泽）和营养品质（抗氧化性）的重要指标之一。果肉褐变度主要受苹果酚的种类及多酚氧化酶等因素的影响，其氧化、聚合生成新物质，从而影响其鲜食品质。苹果中主要单酚的混标样品及出峰时间见表 1.74，苹果鲜样样品单酚色谱图见图 1.37。

表 1.74　标样中单酚名称及出峰时间

样品序号	名称	保留时间/min	A280nm/mAU	A340nm/mAU	A360nm/mAU	A370nm/mAU
1	儿茶素	8.107	169.3			
2	绿原酸	9.024	93.8	350.8		
3	咖啡酸	9.572	197.9	323		

续表

样品序号	名称	保留时间/min	A280nm/mAU	A340nm/mAU	A360nm/mAU	A370nm/mAU
4	表儿茶素	9.964	157.3			
5	香草醛	12.008	798.1			
6	P-香豆酸	13.136	804			
7	阿魏酸	14.913	243.4			
8	芦丁	15.705			143.4	86.1
9	根皮苷	18.644	416.9	10.8		
10	槲皮素	24.096			264.2	323.7

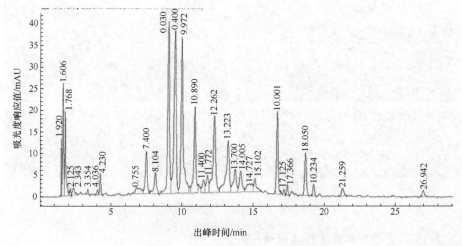

图 1.37　苹果鲜样的单酚 HPLC 谱图

2）香气

香气物质是苹果及其制品典型风味的重要组成部分，苹果原料中主要包括酯类、醇类、醛类，另外还有少量酮类、萜烯类、醚类、烃类、脂肪酸类物质。因影响因素众多，不同苹果品种香气物质的种类存在差异（图 1.38），且同一品种在

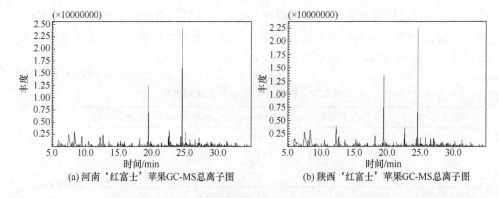

(a) 河南'红富士'苹果GC-MS总离子图　　　(b) 陕西'红富士'苹果GC-MS总离子图

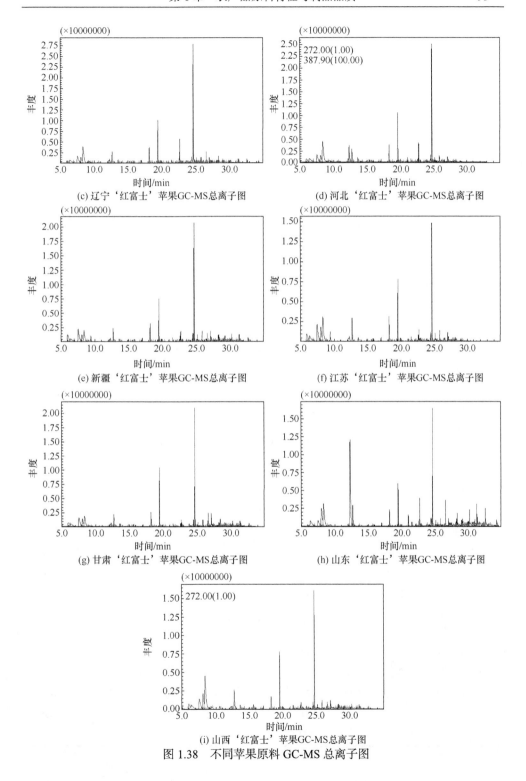

(c) 辽宁'红富士'苹果GC-MS总离子图

(d) 河北'红富士'苹果GC-MS总离子图

(e) 新疆'红富士'苹果GC-MS总离子图

(f) 江苏'红富士'苹果GC-MS总离子图

(g) 甘肃'红富士'苹果GC-MS总离子图

(h) 山东'红富士'苹果GC-MS总离子图

(i) 山西'红富士'苹果GC-MS总离子图

图 1.38　不同苹果原料 GC-MS 总离子图

不同产地的果实也表现出香气物质的差异（表 1.75）。

表 1.75　不同产地‘红富士’苹果 GC-MS 测定结果（%）

香气成分	河南	陕西	辽宁	河北	新疆	江苏	甘肃	山东	山西
甲酸丁酯	2.01	5.6	5.6	1.43	16.36	—	—	—	—
2-甲基乙酸丁酯	10.54	3.75	—	17.16	11.36	17.02	10.42	11.67	23.19
乙酸丁酯	—	—	—	—	—	5.32	—	3.83	
丙酸丁酯	—	—	—	—	4.88	0.38	—	—	—
丁酸丁酯	—	—	—	—	3.87	—	1.61	0.45	—
丁酸丙酯	0.76	11.44	1	0.46	—	—	—	—	0.62
丙酸己酯	—	—	—	—	—	—	0.93	—	—
2-甲基丁酸丙酯	2.77	3.69	3.75	0.52	—	—	—	—	1.27
2-甲基丁酸丁酯	—	—	—	—	4.46	—	—	—	—
正己酸乙酯	2.94	—	—	—	—	—	—	—	—
乙酸己酯	3.89	—	3.69	4.6	—	—	—	4.68	6.56
2-甲基丁酸丁酯	1.58	1.49	2.18	1.46	—	0.88	1.25	0.28	1.2
丁酸异戊酯	—	—	—	0.22	—	—	—	—	0.29
丁酸己酯	—	—	—	—	—	5.2	5.44	2.44	2.53
己酸丙酯	1.54	—	3.69	0.69	4.93	—	0.31	—	—
2-甲基丁酸 2-甲基丁酯	1.14	2.79	1.49	0.72	—	—	—	—	—
2-甲基丁酸戊酯	0.23	3.16	0.37	0.26	3	—	—	—	—
丁酸己酯	2.09	14.18	2.79	3.92	3.3	—	—	—	—
异戊酸己酯	11.56	0.14	14.18	8.76	2.82	11.07	13.12	4.9	9.55
己酸异戊酯	0.98	—	—	—	—	—	—	—	0.42
2-甲基丙酸酯	—	3.16	—	—	4.08	0.21	—	—	0.17
己酸戊酯	0.14	—	—	0.32	—	—	—	—	—
己酸己酯	2.44	0.4	3.16	3.08	2.64	2.01	1.33	3.2	0.9
邻苯二甲酸 二异丁酯	—	0.66	0.66	0.17	3.02	0.38	0.83	0.68	0.37
肉豆蔻酸异丙酯	0.15	—	0.14	—	2.19	—	0.19	0.21	0.13
棕榈酸甲酯	0.15	—	0.13	—	2.11	—	0.18	0.23	0.07
月桂酸异辛酯	0.5	0.13	0.26	—	2.38	—	0.67	0.75	0.33
正己醇	3.17	—	4.77	5.15	—	9.43	7.56	9.57	10.55
6-甲基-2-庚醇	—	—	11.44	—	—	—	—	—	—

续表

香气成分	河南	陕西	辽宁	河北	新疆	江苏	甘肃	山东	山西
2-辛醇	—	—	—	7.07	—	—	2.57	25.55	0.92
己醛	6.71	9.67	9.67	3.34	15.74	7.09	4.22		4.19
2-壬烯-1-醇	—	—	—	—	—	—	—	0.24	—
反式-2-己烯醛丙二醇缩醛	10.95	—	—	—	—	—	—	—	—
2-己烯醛	—	—	—	—	13.11	13.09	9.9	3.23	8.57
癸醛	0.18	0.43	0.26	0.11	2.84	0.27	0.17		0.29
十四烷	0.68	0.7	0.54	5.25	5.6	0.44	0.28	1.34	0.3
2-甲基十七烷	0.32	0.41	0.14	—	—	—	—	—	—
氯代十八烷	—	—	—	—	2.88	—	—	—	—
碘十六烷	—	—	—	—	—	—	0.08		
正十三烷	—	1.2	—		—		0.26		
正十五烷	2.03	—	—	—	—	—	—	—	—
2,6,10-三甲基十五烷	—	—	—	—	—	0.46	—	—	0.25
正十七烷	0.78	—	0.99	—	1.97	1.12	—	—	0.94
十七烷	0.38	—	—	0.62	—	—	—	—	—
2-甲基十七烷	—	—	—	—	—	—	—	—	0.07
3-甲基十七烷	—	—	—	—	—	0.11	—	—	—
3-甲基十八烷	—	—	—	—	—	—	0.08	—	—
姥鲛烷	0.29	1.17	0.51	0.12	5.84	0.84	0.42	0.72	0.71
植烷	0.23	0.14	0.56	0.16	2.5	0.32	0.7	0.71	0.61
正十八烷	—	—	—	0.62	—	0.27	—	—	—
正十九烷	0.52	—	—	—	—	—	—	0.82	1.16
正二十烷	0.46	0.62	0.18	—	8.13	—	0.44	2.98	0.16
正二十一烷	0.74	0.56	0.37	0.19	2.15	0.44	2.84	0.39	0.41
二十二烷	0.75	—	—	—	—	—	—	—	—
正二十三烷	0.34	—	—	—	—	—	—	—	—
正二十四烷	—	—	—	—	—	—	0.09	0.3	—
二十五烷	—	—	0.25	—	—	—	—	—	—
二十八烷	—	—	—	—	2.35	0.11	—	0.14	0.19
正三十烷	—	—	—	0.17	—	—	—	—	—
正三十五烷	—	—	—	—	—	—	—	0.52	—
3-甲基十八烷	—	—	—	—	2.78	—	—	—	—

续表

香气成分	河南	陕西	辽宁	河北	新疆	江苏	甘肃	山东	山西
四十四烷	—	—	—	—	2.06	—	0.27	—	0.61
香叶基丙酮	0.37	22.66	0.48	0.17	2.2	0.27	0.52	0.28	0.27
甲基庚烯酮	—	—	—	—	—	—	0.24		
仲辛酮	—	—	—	—	—	—	—	0.46	
反式-2-己烯醛丙二醇缩醛	10.95	—	—	—	—	—	—		
α-法呢烯	24.46	0.51	22.66	23.98	2.72	17.64	26.07	12.06	16.75
1-十六烯	—	0.14	1.2	0.79	2.05	1.95	0.96	0.65	
十七烯					2.23				
1-甲基萘	0.18								

—表示未检出

1.2.2　桃

桃（*Amygdalus persica* Linn.），桃属，蔷薇科，在中国已有四千年的栽培历史（俞明亮等，2010）。据 FAO 统计，2018 年，世界桃总栽培面积和总产量分别为 171.24 万 hm^2 和 2445.34 万 t，中国分别占了 48.25%和 62.23%。据不完全统计，目前世界栽培的桃品种有 5000 个以上，美国选育及引进的桃品种有 700 余个，中国选育的品种有 1000 余个（陈昌文等，2011）。我国的桃栽培区域分布广泛，品种间的品质特性差异大，品种类型主要是普通白肉鲜食桃、黄肉加工桃、油桃和蟠桃四种，其中以普通白肉鲜食桃居多（姜全，2000）。桃属于呼吸跃变型果实，而且采收期多集中在夏季高温高湿季节，采收后具有双呼吸高峰和乙烯释放高峰，皮薄肉软，后熟迅速，不耐贮运。由于桃的贮藏、运输性能较差，在世界一些产桃大国中，加工桃占有很大的比重，而我国主要以鲜食为主，桃加工量仅占原料总产量的 13%（吕健等，2012），很难满足无桃季节市场的需求。市场上常见的桃加工产品有桃汁、桃罐头、桃干、桃酒、桃果酱等，将桃进行加工利用，可以提高产品附加值，带来更多的经济效益。

目前我国引种栽培的桃品种虽多，但是也存在着品种结构不合理、缺少加工专用品种的问题（王力荣等，2004）。根据桃加工产品的不同要求，选择适宜的优良桃品种，对于桃深加工产品品质起着至关重要的作用。目前我国在加工品质评价方法和评价指标体系方面的研究还处于初级阶段，不断更新的桃加工产品的品质提升需求对桃原料也提出了新的要求。本书以 55 个我国北方地区主栽桃品种为例，对原料、制汁和制干品质进行系统分析和评价。

1）桃感官特性

桃感官品质由桃的外观特征体现，包括果个大小、果形指数、果实色泽和香气等方面。桃感官品质的优劣直接决定了消费者的可接受程度，决定了其是否具有市场竞争力。本书对采自我国北方主要桃产区的 55 个桃品种鲜食桃的感官品质进行了测定与分析，初步探究我国不同桃品种的感官品质情况。

对四大桃种类（白桃、黄桃、油桃、蟠桃）包含的 55 个品种鲜食桃的感官指标包括单果重、果形指数、体积和色泽（果皮和果肉的 L^*、a^*、b^* 值）进行基本统计分析和方差分析，分析结果分别见表 1.76～表 1.79。

表 1.76　白桃果实感官品质指标性状、分布及方差分析结果

	平均值	标准差	极小值	极大值	极差	变异系数%	方差显著性
单果重	269.96 g	46.74 g	167.85 g	398.53 g	230.68 g	17.91	**
果形指数	0.99	0.05	0.86	1.13	0.27	5.52	**
体积	273.94 mL	66.44 mL	104.00 mL	427.00 mL	323.00 mL	24.25	**
果皮 L^*	44.60	4.69	33.63	53.15	19.52	10.51	**
果皮 a^*	13.75	3.70	6.71	23.60	16.89	26.96	**
果皮 b^*	12.43	1.97	7.59	15.77	8.18	15.86	**
果肉 L^*	60.20	4.42	53.64	68.96	16.32	7.34	**
果肉 a^*	3.64	3.64	−4.21	10.05	14.26	100.09	**
果肉 b^*	13.70	2.04	10.16	17.16	7.00	14.90	**

**表示 $P < 0.01$，具有极显著差异。

表 1.77　黄桃果实感官品质指标性状、分布及方差分析结果

	平均值	标准差	极小值	极大值	极差	变异系数%	方差显著性
单果重	194.60 g	39.84 g	115.36 g	290.55 g	175.19 g	20.47	**
果形指数	0.98	0.06	0.80	1.10	0.30	6.22	**
体积	192.68 mL	42.76 mL	105.00 mL	303.00 mL	198.00 mL	22.19	**
果皮 L^*	49.63	2.61	45.52	53.69	8.16	5.26	**
果皮 a^*	4.37	3.25	−1.43	11.20	12.63	74.40	**
果皮 b^*	23.85	1.47	20.21	26.66	6.45	6.17	**
果肉 L^*	56.84	2.81	50.48	60.25	9.77	4.95	**
果肉 a^*	5.47	3.41	0.57	12.19	11.62	62.36	**
果肉 b^*	29.20	1.92	25.28	32.88	7.60	6.59	**

**表示 $P < 0.01$，具有极显著差异。

表 1.78　油桃果实感官品质指标性状、分布及方差分析结果

	平均值	标准差	极小值	极大值	极差	变异系数%	方差显著性
单果重	183.28 g	54.54 g	84.86 g	288.10 g	203.24 g	29.76	**
果形指数	1.03	0.07	0.87	1.17	0.30	6.63	**
体积	170.12 mL	61.84 mL	60.00 mL	294.00 mL	234.00 mL	36.35	**
果皮 L^*	39.06	6.13	32.91	53.19	20.28	15.70	**
果皮 a^*	19.60	5.02	8.11	25.68	17.57	25.63	**
果皮 b^*	13.87	4.47	7.75	22.45	14.7	32.23	**
果肉 L^*	57.61	4.94	49.90	64.90	15.00	8.57	**
果肉 a^*	4.29	5.34	−3.00	13.68	16.68	124.50	**
果肉 b^*	21.66	7.31	11.12	29.25	18.13	33.77	**

**表示 $P < 0.01$，具有极显著差异。

表 1.79　蟠桃果实感官品质指标性状、分布及方差分析结果

	平均值	标准差	极小值	极大值	极差	变异系数%	方差显著性
单果重	170.66 g	46.86 g	104.05 g	268.66 g	164.00 g	27.346	**
果形指数	0.58	0.06	0.47	0.69	0.23	9.58	**
体积	186.77 mL	43.24 mL	115.00 mL	282.00 mL	167.00 mL	23.15	**
果皮 L^*	48.03	9.17	30.01	60.31	30.30	19.09	*
果皮 a^*	9.16	5.52	1.26	21.02	19.76	60.32	**
果皮 b^*	14.39	2.23	10.01	17.10	7.09	15.51	**
果肉 L^*	61.45	7.81	43.87	68.84	24.97	12.70	**
果肉 a^*	0.63	7.74	−3.88	18.96	22.84	1220.66	**
果肉 b^*	13.87	2.28	10.64	16.72	6.08	16.41	**

*表示 $P < 0.05$，具有显著差异；**表示 $P < 0.01$，具有极显著差异。

　　由表 1.76 可知，不同白桃品种果实的感官品质指标间均存在不同程度的变异情况。其中，果肉 a^* 值的变异程度最大，变异系数为 100.09%，表明白桃果肉 a^* 值在品种间具有很大的差异性；果形指数、果肉 L^* 在品种间的变异系数较小，分别为 5.52% 和 7.34%，说明其在品种间的变异性低于其他品质指标的变异性。同时 Fishers-LSD 方差分析结果显示，各品质指标在品种间均具有极显著差异性，表明各指标在品种间的差异大。

　　白桃的单果重指标大小分布在 167.85～398.53 g 范围内,平均值为 269.96 g。果形指数指标大小分布在 0.86～1.13 范围内, 平均值为 0.99。果实体积指标大小分布在 104.00～427.00 mL 范围内, 平均值为 273.94 mL。果皮 L^*指标大小分布在 33.63～53.15 范围内, 平均值为 44.60。果皮 a^*指标大小分布在 6.71～23.60 范围内, 平均值为 13.75。果皮 b^*指标大小分布在 7.59～15.77 范围内, 平均值为 12.43。果肉 L^*指标大小分布在 53.64～68.96 范围内, 平均值为 60.20。果肉 a^*指标大小分布在 –4.21～10.05 范围内, 平均值为 3.64。果肉 b^*指标大小分布在 10.16～17.16 范围内, 平均值为 13.70。

　　由表 1.77 可知, 不同品种黄桃果实中各指标均存在不同程度的变异情况。其中, 果皮 a^*值和果肉 a^*值的变异程度较大, 变异系数分别为 74.40%和 62.36%, 说明果皮 a^*值和果肉 a^*值在品种间的差异性较大;果形指数、果皮 L^*值、果皮 b^*值、果肉 L^*值和果肉 b^*值的变异系数都小于 10%, 说明其在品种间的差异性小于其他品质指标的变异性。Fishers-LSD 方差分析结果显示, 各品质指标在品种间均在 0.01 水平上具有极显著差异性, 表明各指标在品种间的差异大。

　　黄桃的单果重指标大小分布在 115.36～290.55 g 范围内, 平均值为 194.60 g。果形指数指标大小分布在 0.80～1.10 范围内, 平均值为 0.98。果实体积指标大小分布在 105.00～303.00 mL 范围内, 平均值为 192.68 mL。果皮 L^*指标大小分布在 45.52～53.69 范围内, 平均值为 49.63。果皮 a^*指标大小分布在 –1.43～11.20 范围内, 平均值为 4.37。果皮 b^*指标大小分布在 20.21～26.66 范围内, 平均值为 23.85。果肉 L^*指标大小分布在 50.48～60.25 范围内, 平均值为 56.84。果肉 a^*指标大小分布在 0.57～12.19 范围内, 平均值为 5.47。果肉 b^*指标大小分布在 25.28～32.88 范围内, 平均值为 29.20。

　　由表 1.78 可知, 不同品种油桃果实中各指标均存在不同程度的变异情况。其中, 果肉 a^*值的变异程度最大, 变异系数为 124.50%, 表明油桃果实的 a^*值在品种间具有很大的差异性;果形指数、果肉 L^*值的变异系数小于 10%, 说明其在品种间的变异性小于其他品质指标。Fishers-LSD 方差分析结果显示, 各品质指标在品种间均在 0.01 水平上具有极显著差异性, 表明各指标在品种间的差异大。

　　油桃的单果重指标大小分布在 84.86～288.10 g 范围内, 平均值 183.28 g。果形指数指标大小分布在 0.87～1.17 范围内, 平均值为 1.03。果实体积指标大小分布在 60.00～294.00 mL 范围内, 平均值为 170.12 mL。果皮 L^*指标大小分布在 32.91～53.19 范围内, 平均值为 39.06。果皮 a^*指标大小分布在 8.11～25.68 范围内, 平均值为 19.60。果皮 b^*指标大小分布在 7.75～22.45 范围内, 平均值为 13.87。果肉 L^*指标大小分布在 49.90～64.90 范围内, 平均值为 57.61。果肉 a^*指标大小分布在 –3.00～13.68 范围内, 平均值为 4.29。果肉 b^*指标大小分布在 11.12～29.25 范围内, 平均值为 21.66。

由表 1.79 可知，不同品种蟠桃果实中各指标均存在不同程度的变异情况。其中，果肉 a^* 值的变异程度最大，变异系数为 1220.66%，表明蟠桃果实的 a^* 值在品种间具有很大的变异性；而果皮 a^* 值变异系数大于 50%，在品种间的变异系数也较大；果形指数变异系数小于 10%，说明其在品种间的变异性小于其他品质指标。Fishers-LSD 方差分析结果显示，果皮 L^* 值在 0.05 水平上具有显著差异性，其余各品质指标在品种间均在 0.01 水平上具有显著差异性，表明各指标在品种间的差异大。由此可见，不同品种蟠桃的果实品质有显著性差异。

蟠桃的单果重指标大小分布在 104.05~268.66 g 范围内，平均值为 170.66 g。果形指数指标大小分布在 0.47~0.69 范围内，平均值为 0.58。果实体积指标大小分布在 115.00~282.00 mL 范围内，平均值为 186.77 mL。果皮 L^* 指标大小分布在 30.01~60.31 范围内，平均值为 48.03。果皮 a^* 指标大小分布在 1.26~21.02 范围内，平均值为 9.16。果皮 b^* 指标大小分布在 10.01~17.10 范围内，平均值为 14.39。果肉 L^* 指标大小分布在 43.87~68.84 范围内，平均值为 61.45。果肉 a^* 指标大小分布在 -3.88~18.96 范围内，平均值为 0.63。果肉 b^* 指标大小分布在 10.64~16.72 范围内，平均值为 13.87。

2）理化特性

桃的理化营养品质是桃内在品质的反映，与桃的滋味、口感、营养功能等品质密切相关，具体包括可食比、果实硬度、水分含量、pH、糖酸含量、果胶、酚类、膳食纤维和矿物质等指标。本书在归纳总结桃理化品质国内外检测方法的基础上，采用可信的测定方法对采自我国北方主要桃产区的 55 个桃品种鲜食桃的理化营养品质进行了测定并加以分析，初步确定我国不同桃品种的理化营养品质情况。

对四大桃种类（白桃、黄桃、蟠桃、油桃）包含的 55 个品种鲜食桃的理化与营养品质指标进行了测定，包括可食比、果皮硬度、果肉硬度、水分含量、pH、可溶性固形物、固酸比、总糖、总酚、可滴定酸、抗坏血酸、果胶、钾含量、钠含量、钙含量、镁含量、磷含量、粗纤维、葡萄糖、果糖和蔗糖。其中选取水分含量、可溶性固形物（TSS）、总糖、总酚、可滴定酸、抗坏血酸、果胶和粗纤维数据进行基本统计分析和方差分析，不同品种白桃、黄桃、油桃和蟠桃分布结果见表 1.80~表 1.83。

表 1.80　白桃果实理化、营养品质指标性状、分布及方差分析结果

	平均值	标准差	极小值	极大值	极差	变异系数	方差显著性
水分含量	87.45%	2.06%	83.14%	91.93%	8.79%	2.35%	**
TSS	10.87°Brix	1.03°Brix	7.80°Brix	12.80°Brix	5.00°Brix	9.47%	**
总糖	115.53 mg/g	38.66 mg/g	15.51 mg/g	177.05 mg/g	161.54 mg/g	33.46%	**

续表

	平均值	标准差	极小值	极大值	极差	变异系数	方差显著性
总酚	28.72 mg/100 g	9.82 mg/100 g	13.33 mg/100 g	54.34 mg/100 g	41.01 mg/100 g	34.20%	**
可滴定酸	0.30 malic acid%[①]	0.08 malic acid%	0.16 malic acid%	0.52 malic acid%	0.37 malic acid%	28.21%	**
抗坏血酸	2.47 mg/100 g	1.25 mg/100 g	0.68 mg/100 g	9.46 mg/100 g	8.78 mg/100 g	50.37%	**
果胶	3.30 mg/g	1.32 mg/g	1.32 mg/g	6.87 mg/g	5.55 mg/g	39.83%	**
粗纤维	0.54%	0.27%	0.32%	1.60%	1.28%	49.18%	**

注：① malic acid%表示苹果酸当量浓度，后同。

**表示 $P < 0.01$，具有极显著差异。

表 1.81　黄桃果实理化、营养品质指标性状、分布及方差分析结果

	平均值	标准差	极小值	极大值	极差	变异系数	方差显著性
水分含量	88.52%	2.41%	82.75%	92.73%	9.98%	2.73%	**
TSS	10.33°Brix	2.11°Brix	7.18°Brix	15.02°Brix	7.84°Brix	20.44%	**
总糖	68.63 mg/g	27.63 mg/g	26.86 mg/g	112.91 mg/g	86.05 mg/g	40.26%	**
总酚	31.41 mg/100 g	13.05 mg/100 g	14.07 mg/100 g	75.93 mg/100 g	61.86 mg/100 g	41.55%	**
可滴定酸	0.48 malic acid%	0.16 malic acid%	0.21 malic acid%	0.68 malic acid%	0.46 malic acid%	34.00%	**
抗坏血酸	2.81 mg/100 g	1.53 mg/100 g	1.33 mg/100 g	7.41 mg/100 g	6.07 mg/100 g	54.62%	**
果胶	3.10 mg/g	1.11 mg/g	1.88 mg/g	5.88 mg/g	4.00 mg/g	35.92%	**
粗纤维	0.99%	0.39%	0.41%	1.70%	1.29%	39.67%	**

**表示 $P < 0.01$，具有极显著差异。

表 1.82　油桃果实理化、营养品质指标性状、分布及方差分析结果

	平均值	标准差	极小值	极大值	极差	变异系数	方差显著性
水分含量	88.11%	1.58%	84.18%	90.47%	6.29%	1.80%	**
TSS	10.60°Brix	1.00°Brix	8.58°Brix	12.20°Brix	3.62°Brix	9.45%	**
总糖	84.46 mg/g	39.61 mg/g	31.10 mg/g	146.10 mg/g	115.00 mg/g	47.36%	**
总酚	27.66 mg/100 g	16.70 mg/100 g	8.12 mg/100 g	71.36 mg/100 g	63.24 mg/100 g	60.38%	**
可滴定酸	0.38 malic acid%	0.15 malic acid%	0.17 malic acid%	0.72 malic acid%	0.55 malic acid%	39.32%	**

	平均值	标准差	极小值	极大值	极差	变异系数	方差显著性
抗坏血酸	3.57 mg/100 g	2.87 mg/100 g	0.82 mg/100 g	10.18 mg/100 g	9.36 mg/100 g	80.36%	**
果胶	3.47 mg/g	1.11 mg/g	1.62 mg/g	5.54 mg/g	3.92 mg/g	31.92%	**
粗纤维	0.93%	0.51%	0.38%	2.10%	1.72%	54.42%	**

**表示 $P<0.01$，具有极显著差异。

表 1.83　蟠桃果实理化、营养品质指标性状、分布及方差分析结果

	平均值	标准差	极小值	极大值	极差	变异系数	方差显著性
水分含量	88.11%	1.28%	85.67%	89.87%	4.20%	1.45%	**
TSS	10.62°Brix	0.83°Brix	9.76°Brix	12.40°Brix	2.64°Brix	7.77%	**
总糖	90.48 mg/g	40.41 mg/g	17.93 mg/g	153.37 mg/g	135.44 mg/g	44.67%	**
总酚	19.92 mg/100 g	5.43 mg/100 g	10.72 mg/100 g	30.81 mg/100 g	20.09 mg/100 g	27.24%	**
可滴定酸	0.28 malic acid%	0.08 malic acid%	0.17 malic acid%	0.46 malic acid%	0.29 malic acid%	28.82%	**
抗坏血酸	3.34 mg/100 g	2.20 mg/100 g	1.46 mg/100 g	9.67 mg/100 g	8.21 mg/100 g	65.58%	**
果胶	3.79 mg/g	2.31 mg/g	1.57 mg/g	6.72 mg/g	6.72 mg/g	60.98%	*
粗纤维	0.63%	0.35%	0.35%	1.20%	0.85%	55.52%	**

*表示 $P<0.05$，具有显著差异；**表示 $P<0.01$，具有极显著差异。

　　由表 1.80 可知，理化和营养品质在不同白桃品种间存在不同程度的变异。其中，抗坏血酸和粗纤维含量的变异程度最大，分别为 50.37% 和 49.18%，表明这 2 个品质指标在不同品种白桃间存在较大的差异。水分含量和可溶性固形物的变异系数都小于 10%，表明这 2 个品质指标在不同白桃品种间的变化相对较小。Fishers-LSD 方差分析结果显示，各品质指标在品种间均在 0.01 水平上具有极显著差异性，表明各指标在品种间的差异大。

　　从表 1.80 可看出，白桃中水分含量分布在 83.14% ～ 91.93%，平均值为 87.45%。TSS 分布在 7.80 ～ 12.80°Brix，平均值为 10.87°Brix。总糖含量分布在 15.51 ～ 177.05 mg/g，平均值为 115.53 mg/g。可滴定酸含量分布在 0.16 ～ 0.52 malic acid %，平均值为 0.30 malic acid %。抗坏血酸含量分布在 0.68 ～ 9.46 mg/100 g，平均值为 2.47 mg/100 g。果胶含量分布在 1.32 ～ 6.87 mg/g，平均值为 3.30 mg/g。粗纤维含量

分布在 0.32%～1.60%，平均值为 0.54%。

由表 1.81 可知，理化和营养品质在不同黄桃品种间存在不同程度的变异。其中，抗坏血酸含量的变异程度最大，为 54.62%，表明黄桃中抗坏血酸含量在不同品种间存在较大的差异。水分含量的变异程度最小，为 2.73%，表明水分含量在不同白桃品种间的变化相对较小。Fishers-LSD 方差分析结果显示，各品质指标在品种间均在 0.01 水平上具有极显著差异性，表明各指标在品种间的差异大。

从表 1.81 可看出，黄桃中水分含量分布在 82.75%～92.73%，平均值 88.52%。TSS 分布在 7.18～15.02°Brix，平均值为 10.33°Brix。总糖含量分布在 26.86～112.91 mg/g，平均值 68.63 mg/g。可滴定酸含量分布在 0.21～0.68 malic acid %，平均值为 0.48 malic acid %。抗坏血酸含量分布在 1.33～7.41 mg/ 100 g，平均值 2.81 mg/100 g。果胶含量分布在 1.88～5.88 mg/g，平均值为 3.10 mg/g。粗纤维含量分布在 0.41%～1.70%，平均值为 0.99%。

由表 1.82 可知，理化和营养品质在不同油桃品种间存在不同程度的变异。其中，总酚和抗坏血酸含量的变异程度较大，分别为 60.38%和 80.36%，表明黄桃中总酚和抗坏血酸含量在不同品种间存在较大的差异。水分含量的变异程度最小，为 1.80%，表明水分含量在不同白桃品种间的变化相对较小。Fishers-LSD 方差分析结果显示，各品质指标在品种间均在 0.01 水平上具有极显著差异性，表明各指标在品种间的差异大。

从表 1.82 可看出，油桃中水分含量分布在 84.18%～90.47%，平均值为 88.11%。TSS 分布在 8.58～12.20°Brix，平均值为 10.60°Brix。总糖含量分布在 31.10～146.10 mg/g，平均值 84.46 mg/g。可滴定酸含量分布在 0.17～0.72 malic acid%，平均值 0.38 malic acid%。抗坏血酸含量分布在 0.82～10.18 mg/100 g，平均值 3.57 mg/100 g。果胶含量分布在 1.62～5.54 mg/g，平均值 3.47 mg/g。粗纤维含量分布在 0.38%～2.10%，平均值为 0.93%。

由表 1.83 可知，理化和营养品质在不同蟠桃品种间存在不同程度的变异。其中，抗坏血酸、果胶和粗纤维含量的变异程度较大，分别为 65.58%、60.98%和 55.52%，表明黄桃中这 3 个品质指标在不同品种间存在较大的差异。水分含量的变异程度最小，为 1.45%，表明水分含量在不同白桃品种间的变化相对较小。Fishers-LSD 方差分析结果显示，果胶含量在 0.05 水平上具有显著差异性，其余各品质指标在品种间均在 0.01 水平上具有极显著差异性，表明各指标在品种间的差异大。

从表 1.83 可看出，蟠桃中水分含量分布在 85.67%～89.87%，平均值为 88.11%。TSS 分布在 9.76～12.40°Brix，平均值为 10.62°Brix。总糖含量分布在 17.93～153.37 mg/g，平均值为 90.48 mg/g。可滴定酸含量分布在 0.17～0.46

malic acid%，平均值为 0.28 malic acid%。抗坏血酸含量分布在 1.46～9.67 mg/100 g，平均值为 3.34 mg/100 g。果胶含量分布在 1.57～6.72 mg/g，平均值为 3.79 mg/g。粗纤维含量分布在 0.35%～1.20%，平均值为 0.63%。

3）加工特性

我国的桃品种多，品种间的差异大，不同类型的桃果实具有不同的用途。不同的桃加工制品，对原料的需求不同，桃原料的加工特性与桃加工制品的品质密切相关，不同品种或等级原料的品质不同，其加工制品品质不同。品质优良、适宜加工的品种或原料是生产高品质加工制品的重要保证。桃加工品质评价指标的研究，为桃品种加工适宜性研究提供了有效理论依据。

（1）桃汁品质评价分析。

ⅰ）出汁率。

出汁率是反映果实制汁特性的一项重要指标，不仅与桃的品种特性及成熟度有关，也受榨汁方法和榨汁效能的影响。在营养成分、风味等一样的情况下，出汁率越高越好。测定 31 个黄肉桃品种、27 个白肉桃品种和 2 个红肉桃品种的出汁率，结果表明：不同品种桃果实的出汁率变化很大，变化范围为 54.83%～77.81%。软熟期的出浆率比硬熟期高。出汁率通常表示为榨出汁液质量与原料质量的比值。将 2 g 左右的桃肉打碎，离心，使汁液和固体分离，最后通过计算汁液比例得到出汁率。

ⅱ）褐变度。

果肉或果汁的褐变主要是由酶促褐变和非酶褐变引起的。酶促褐变是指多酚类物质在多酚氧化酶（PPO）的催化下生成醌及其聚合物的反应过程，影响酶促褐变的主要因素包括温度、pH、氧气及抑制剂等；非酶褐变主要包括四种：美拉德反应、焦糖化反应、抗坏血酸降解和酚类化合物的氧化聚合。褐变过程是多种褐变类型共同作用的结果。在发生酶促褐变的同时伴随着非酶褐变的发生。在加工的不同阶段，酚类化合物的氧化、美拉德反应及焦糖化反应分别扮演不同的角色。桃汁在加工和贮藏过程中，褐变度也会影响产品的整体色泽和消费者的可接受程度。目前测定褐变度的方法是将浓缩桃汁的糖度调整到 12°Brix，利用分光光度计测定桃汁在 420 nm 的吸光度作为褐变度。

ⅲ）黏度。

研究桃汁的黏度特性，对于控制桃汁品质、提高稳定性方面具有重要意义。有些桃汁具有非牛顿特性，并且具有屈服值，属于塑性流体，但有些桃汁在澄清或浓度比较低的情况下也表现出非牛顿流体的特性。此外，果蔬汁是一种剪切-稀化流体，受到剪切作用时，其黏度下降。目前测定黏度的方法有流变仪法、滚动落球黏度计法和乌氏黏度计法等。

本书对 400 个桃品种的可溶性固形物、可滴定酸、单果重和 59 个品种原浆的质量鉴定分析表明，制汁用桃的基本性状指标（1 级指标）为：出汁率≥60.0%、可滴定酸≥0.3%、可溶性固形物≥10.0%、单果重 75.0 g、单宁＜10.0 mg/100 g、成熟度达到食用成熟度，果实肉质为溶质、红色素少、色泽橙黄或乳白，褐变程度轻。

（2）桃脆片品质评价分析。

i）桃脆片产出比与复水比数据分析。

本书对 49 种桃脆片的产出比和复水比进行分析，由表 1.84 发现，产出比和复水比的变异系数分别为 23.73% 和 11.29%，说明不同品种桃制成脆片后，其产出比和复水比存在差异。桃脆片产出比最高的品种是'巨蟠'，为 32.00%，产出比最低的品种是'24 号'，为 12.00%；复水比最高的品种是'意大利 5 号'，为 232.96%，复水比最低的品种是'红不软'，为 144.35%。

表 1.84　桃脆片品质评价指标数据

因子	平均值/%	变化范围/%	极差/%	标准差/%	变异系数/%
产出比	19.69	12.00～32.00	20.00	4.67	23.73
复水比	181.95	144.35～232.96	88.61	20.54	11.29

ii）桃脆片微观结构数据分析。

桃在膨化干燥过程中，不同品种脆片的膨化效果不同，同时微观结构也存在差异，如图 1.39 所示。果实硬度越高脆片的膨化度越大，可能是因为果实细胞较为致密的原料在膨化后，随着水分的蒸发，能够形成较为稳定的网状结构，表现为产品体积的增大且口感酥脆；不同品种桃内部各物质含量有差异，不适合膨化

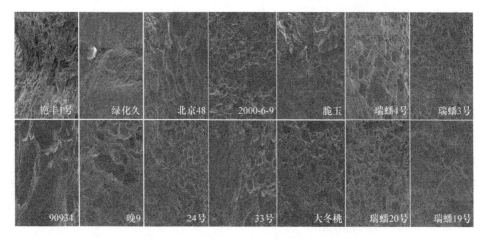

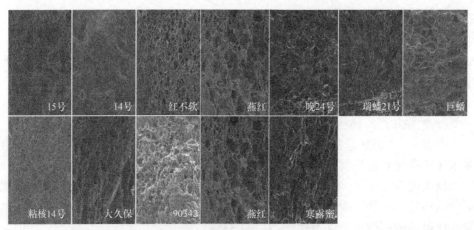

图 1.39　桃脆片扫描电镜图片

加工的品种原料在抽真空的瞬间无法靠水分蒸发将体积膨大，而在干燥过程中发生皱缩，其微观结构也未呈现出均匀多孔状。

1.2.3　荔枝

从荔枝主产区广东、广西、福建、海南、云南和四川等地共收集了 83 个不同品种，加上同一品种不同产地的共有 120 个品种，详见表 1.85。

表 1.85　荔枝品种来源统计

地区	品种数
广东	58
海南	19
广西	18
云南	6
福建	14
四川	5
合计	120

系统分析了 120 个不同荔枝品种的感官、理化营养品质及加工品质指标的均值、变异系数、上四分位数、中位数及下四分位数。变化范围说明数据覆盖面的广泛性；变异系数是衡量数据变化程度的统计量；上四分位数、中位数和下四分位数能反映数据的分布情况。

1）感官特性

固酸比在各个品质之间的变化范围为 16.00～478.47，并且固酸比的变异系数也最大，说明不同品种荔枝的固酸比差异较大（表 1.86）。比较均值和中位数发现，除了固酸比外，各个指标的数据变差都非常小，说明各个品种这些指标分布均匀，基本没有极端值，而固酸比的数据变化最大，说明不同荔枝品种的固酸比差异较大。

表 1.86　荔枝感官品质描述性分析

因子	变化范围	均值	变异系数	上四分位数	中位数	下四分位数
L^*值	80.19～99.86	93.88±5.17	5.51%	89.98	95.61	98.09
pH	3.33～6.96	4.97±0.76	15.37%	4.46	4.95	5.43
电导率/（mS/cm）	1.85～5.62	2.83±0.53	18.70%	2.53	2.67	2.93
TSS/%	11.87～19.83	16.39±1.53	9.33%	15.54	16.39	17.45
酸度/%	0.03～0.71	0.25±0.15	59.28%	0.15	0.22	0.33
固酸比	16.00～478.47	97.77±77.71	79.48%	49.29	73.39	119.57

2）理化与营养品质

还原糖的分布变化范围为 2.44～16.59 g/100 g，总多酚和维生素 C 的变化范围较大，分别为 166.93～1071.31 mg/L 和 49.34～202.83 mg/L（表 1.87）。比较三者的均值和中位数发现，这三者有一定的差异，但是差异不是很大，说明各个品种指标分布均匀，涵盖了从低到高的荔枝品种。

表 1.87　荔枝理化与营养品质描述性分析

因子	变化范围	均值	变异系数	上四分位数	中位数	下四分位数
总多酚	166.93～1071.31 mg/L	（401.24±159.76）mg/L	39.82%	270.24 mg/L	362.07 mg/L	515.90 mg/L
还原糖	2.44～16.59 g/100 g	（9.77±3.10）g/100 g	31.68%	8.20 g/100 g	10.00 g/100 g	11.84 g/100 g
维生素 C	49.34～202.83 mg/L	（157.96±35.74）mg/L	22.63%	135.71 mg/L	173.06 mg/L	186.06 mg/L

3）加工特性

荔枝加工品质指标中变化范围最大的为 PPO（0～2121.31 U/mL），并且其变异系数也最大，说明荔枝品种间 PPO 的差异较大（表 1.88）。比较中位数和均值发现，除了 PPO 外，其他各指标的数据变异较小，说明各个指标分布均匀。

表 1.88 荔枝加工品质分析

因子	变化范围	均值	变异系数	上四分位数	中位数	下四分位数
单果重	11.07~63.02	24.70±8.07	32.65%	19.59	23.62	27.59
出汁率	37.476~72.49	58.04±6.26	10.79%	53.30	57.89	62.86
可食率	59.61~84.77	72.05±4.85	6.73%	68.88	72.36	75.22
果壳	12.28~33.05	19.96±3.11	15.58%	18.14	19.86	21.64
果核	0~20.04	8.04±3.97	49.38%	4.71	8.56	10.81
PPO	0~2121.31 U/mL	102.48±266.17 U/mL	259.72%	1.54 U/mL	9.73 U/mL	66.60 U/mL

4）荔枝果汁品质特性

系统分析了 112 个不同品种荔枝果汁的品质指标的均值、变异系数、上四分位数、中位数及下四分位数，如表 1.89 所示。

表 1.89 荔枝果汁品质特性描述性分析

因子	变化范围	均值	变异系数	上四分位数	中位数	下四分位数
L^*值	75.91~97.30	85.45±6.64	7.77%	71.36	92.50	96.56
总糖度	12.77%~60.12%	17.16%±4.43%	25.93%	15.59%	16.90%	17.95%
pH	3.54~7.12	4.86±0.61	12.29%	4.47	4.78	5.24
总酸度	0.02%~0.91%	0.23%±0.17%	69.87%	0.12%	0.19%	0.27%
固酸比	16.80~644.72	119.07±98.20	81.85%	58.71	92.08	152.69
总酚	242.00~925.80 mg GA/L	454.90±134.27 mg GA/L	29.50%	362.42 mg GA/L	430.02 mg GA/L	526.62 mg GA/L
还原糖	4.16~15.56 g/100 g	10.09±2.66 g/100 g	26.51%	8.37 g/100 g	10.15 g/100 g	11.97 g/100 g
维生素	22.89~189.27 mg/L	133.64±38.65 mg/L	29.06%	115.89 mg/L	143.60 mg/L	161.26 mg/L

荔枝果汁的 8 个指标的基本数据分析表明，仅 L^*值的变异系数＜10%（为 7.77%），变异系数较小，说明其离散程度较小；其他指标的变异系数较大，说明荔枝果汁品质差异较大；比较均值和中位数，只有 L^*值、总糖度、pH、总酸度、还原糖的中位数接近均值，说明这些数据的离群点较少。

5）荔枝罐头品质特性

系统分析了 86 个不同品种荔枝罐头的品质指标的均值、变异系数、上四分位数、中位数及下四分位数，如表 1.90 所示。

表 1.90 荔枝罐头品质特性描述性分析

因子	变化范围	均值	变异系数	上四分位数	中位数	下四分位数
维生素 C/（mg/L）	0～284.95	71.31±63.45	88.98%	18.91	53.06	110.96
还原糖/（g/100 g）	6.40～17.26	12.11±2.37	19.54%	10.25	12.08	13.77
总酚/（mg/L）	230.68～1436.85	537.28±248.37	46.23%	362.08	467.65	649.26
糖度/%	13.59～18.37	16.59±0.88	5.30%	16.03	16.63	17.17
pH	3.50～4.90	4.25±0.29	6.91%	4.07	4.26	4.45
总酸/%	0.07～0.42	0.16±0.05	32.37%	0.13	0.16	0.18
汤汁 pH	3.37～4.76	4.18±0.3	7.08%	4.01	4.21	4.37
汤汁糖度/%	13.32～18.76	16.56±0.96	5.80%	16.04	16.60	17.26
硬度/g	114.28～668.97	313.49±111.29	35.5%	237.54	290.21	371.63
脆度/N	2.81～44.28	11.12±7.68	69.09%	6.47	8.42	11.61
L^*值	56.23～139.10	127.45±10.47	8.21%	124.87	130.70	133.10
汤汁 L^*值	28.78～95.14	82.23±12.79	15.56%	81.63	85.36	88.90
固酸比	41.58～248.80	112.42±32.29	28.72%	93.39	109.24	124.95

荔枝罐头的 13 个指标的基本数据分析表明，糖度、pH、汤汁 pH、汤汁糖度和 L^*值变异系数＜10%（分别为 5.30、6.91、7.08、5.80 和 8.21），变异系数较小，说明其离散程度较小；其他指标的变异系数较大，说明荔枝罐头品质差异较大；比较均值和中位数，只有维生素 C、总酚、硬度和脆度的均值和中位数有点差异，其他 9 个指标的均值都接近中位数，说明这些数据的离群点较少。

1.2.4 番茄

番茄是全球第二大重要的栽培蔬菜作物（Lenucci et al.，2013；Kalogeropoulos et al.，2012），其出色的营养来源和生物活性抗氧化化合物对人类健康非常重要。大量食用番茄能有效减少心血管疾病和癌症（Sharoni et al.，2012）。这种效应主要是由于其内含的抗氧化物质的化学性质不同，并且可以为人体提供各种各样的饮食亲脂性的、亲水的抗氧化物质，如胡萝卜素（番茄红素以及β-胡萝卜素）、抗坏血酸、生育酚和酚类化合物（绿原酸、咖啡酸、阿魏酸和柚皮素）。每年有数百万吨的番茄被生产和加工成多种番茄产品，包括糊状、浓汤、罐装番茄、果汁和酱汁（Cuccolini et al.，2013）。

1. 番茄原料特性

番茄酱是最常见的番茄加工产品，它是由新鲜番茄浓缩而成。由于其有益健康，番茄酱的消费需求越来越大（Burton-Freeman et al.，2012）。番茄酱在欧美国家是人们日常生活中必不可少的食物，并在中国等许多国家得到越来越广泛的接受（Liu et al.，2017）。番茄酱具有一系列特性，包括番茄红素、总糖、总还原糖、果糖、葡萄糖、可滴定酸含量、可溶性固形物含量、Bostwick 稠度、浓缩时间、产量、L^*、a^* 和 b^* 等理化性质和加工性质。在番茄酱中，这些是营养质量、感官特性、经济效益的决定因素。消费者的选择由外部参数（如浓度和颜色）和内部参数（如糖、酸、番茄红素等营养成分、香气和质地参数）决定。一般番茄原料中糖的含量及结构对番茄酱的浓缩时间及甜度有较大的影响；番茄红素含量对番茄酱的色泽有较大的影响，而果胶类物质对番茄酱的流变学性质有较大的影响。原料番茄的加工特性直接影响着终产品的品质和国际贸易价位。明确番茄原料加工特性、番茄原料与加工制品品质的关系对于番茄加工至关重要。本书收集了来自我国新疆等番茄主产区的 44 个主栽加工番茄品种（表 1.91），并对其进行研究，为番茄的加工应用提供理论依据。

表 1.91　44 个番茄品种

编号	番茄品种	编号	番茄品种	编号	番茄品种
PT-1	石番 15 号	PT-16	XH1704	PT-31	NDM843
PT-2	石番 33 号	PT-17	XH1705	PT-32	H9997
PT-3	屯河 8 号	PT-18	新红 54 号	PT-33	H9888
PT-4	金番 1518	PT-19	IVF1301	PT-34	H9780
PT-5	SUN6366	PT-20	87-5	PT-35	H8504
PT-6	NDM2272	PT-21	新番 39 号	PT-36	H2401
PT-7	H2206	PT-22	新番 41 号	PT-37	H3402
PT-8	H1100	PT-23	深红	PT-38	新红 62 号
PT-9	H1015	PT-24	石番 29 号	PT-39	新红 49 号
PT-10	新番 36 号	PT-25	石番 36 号	PT-40	XH1702
PT-11	屯河 33 号	PT-26	金番 7 号	PT-41	XH1706
PT-12	早红	PT-27	金番 15 号	PT-42	IVF5260
PT-13	新番 45 号	PT-28	新番 40 号	PT-43	IVF5256
PT-14	XH1701	PT-29	金番 1605	PT-44	IVF5306
PT-15	XH1703	PT-30	金番 1606		

新鲜番茄加工样品的总糖含量为 1.80～3.54 g/100 g（表 1.92），其浓缩至番茄酱后的总糖含量增加，达到 13.40～19.80 g/100 g，无论新鲜番茄样品还是浓缩成番茄酱后的样品，总糖里大部分均为还原糖，占比达到 90%～99%。PT-1～PT-22 新鲜加工番茄样品的总糖略高于 PT-23～PT-44 品种，制成浓缩酱后各品种总糖差异不大。其中 PT-3 新鲜加工番茄样品总糖和还原糖含量最高，分别为 3.54 g/100 g 和 3.39 g/100 g，PT-32 新鲜加工番茄样品总糖和还原糖含量最低，分别为 1.80 g/100 g 和 1.66 g/100 g。PT-14 番茄酱样品总糖含量最高，为 19.80 g/100 g，PT-44 番茄酱样品总糖含量最低，为 13.40 g/100 g。而 PT-7 番茄酱样品还原糖含量最高，为 19.60 g/100 g，PT-44 番茄酱样品还原糖含量最低，为 13.19 g/100 g。制酱后样品总糖和还原糖含量的变化，可能是由于番茄在浓缩过程中还原糖与非还原糖受热或接触空气，从而导致某些种类的单糖或双糖之间相互进行了转化。

表 1.92　番茄原料及番茄酱的总糖及还原糖含量的描述性分析

因子		变化范围/（g/100 g）	均值/（g/100 g）	变异系数/%	中位数/（g/100 g）
番茄原料	总糖	1.80～3.54	2.60±0.36	13.74	2.54
	还原糖	1.66～3.39	2.46±0.38	15.39	2.45
番茄酱	总糖	13.40～19.80	17.19±1.31	7.64	17.00
	还原糖	13.19～19.60	16.61±1.36	8.16	16.63

注：均值结果以平均值±标准差来表示。

44 个加工番茄浆（酱）主要单糖类物质为果糖和葡萄糖，两者互为同分异构体，均为还原性单糖。新鲜番茄加工样品的果糖含量为 0.75～1.60 g/100 g（表 1.93），其浓缩至番茄酱后的果糖含量增加，达到 6.00～8.94 g/100 g。与制酱后的样品相比，新鲜番茄加工后各样品间的果糖和葡萄糖含量差异明显。其中 PT-13 新鲜番茄加工样品果糖含量最低，为 0.75 g/100 g，PT-2 新鲜加工番茄样品果糖含量最高，为 1.60 g/100 g。而 PT-32 新鲜番茄加工样品葡萄糖含量最低，为 0.71 g/100 g，PT-5 新鲜番茄加工样品葡萄糖含量最高，为 1.73 g/100 g。PT-44 番茄酱样品果糖和葡萄糖含量最低，分别为 6.00 g/100 g 和 6.25 g/100 g，PT-7 样品果糖和葡萄糖含量最高，分别为 8.94 g/100 g 和 9.64 g/100 g。经浓缩加工后，糖类物质得以富集，同时在制酱受热或存放过程中，部分淀粉或纤维素或多糖分解成以果糖和葡萄糖为主的还原性单糖物质。

表 1.93　番茄原料及番茄酱的果糖及葡萄糖含量的描述性分析

因子		变化范围/（g/100 g）	均值/（g/100 g）	变异系数/%	中位数/（g/100 g）
番茄原料	果糖	0.75～1.60	1.07±0.18	17.20	1.03
	葡萄糖	0.71～1.73	1.14±0.23	19.93	1.10
番茄酱	果糖	6.00～8.94	7.52±0.67	8.84	7.49
	葡萄糖	6.25～9.64	7.98±0.72	9.04	7.90

注：均值结果以平均值±标准差来表示。

番茄原料的含糖量与番茄酱制备过程中的浓缩倍数有较大的影响。由图 1.40 可知，含糖量与浓缩倍数呈显著负相关，相关系数为–0.98。

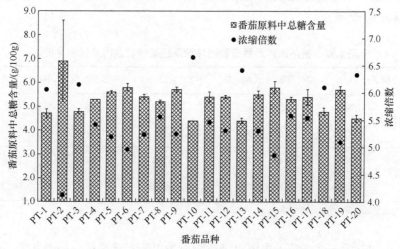

图 1.40　20 个早熟品种中总糖与番茄酱浓缩倍数的相关性分析

番茄红素具有生物活性，且是番茄呈色的主要物质，早熟番茄原料 PT-1～PT-20 品种中番茄红素含量存在一定差异，番茄红素含量最高的是 PT-14、PT-5、PT-2、PT-4、PT-11、PT-12、PT-17 和 PT-19，而含量最低的是 PT-8。晚熟番茄原料 PT-21～PT-44 品种中番茄红素含量相对较高的是 PT-33，而 PT-29 品种中番茄红素含量最低。早熟 20 个品种中有 10 个品种的番茄红素含量在 15 mg/100 g 以上，而晚熟 24 个品种中仅有 4 个品种在此范围内（图 1.41）。

通过模拟工业生产，加工成番茄酱后番茄红素含量存在显著差异（图 1.42），早熟番茄品种加工成番茄酱后番茄红素含量相对较高的是 PT-2、PT-4、PT-6、PT-8 和 PT-9，其含量均高于 15 mg/100 g，其中 PT-2 和 PT-4 加工后，番茄红素含量的保持效果较好。晚熟番茄品种加工成番茄酱后番茄红素含量相比于早熟品种较低，其中品种 PT-28、PT-31、PT-32 和 PT-33 含量相对较高。

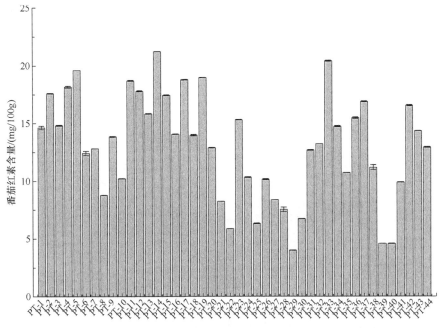

图 1.41　44 种番茄原料的番茄红素含量

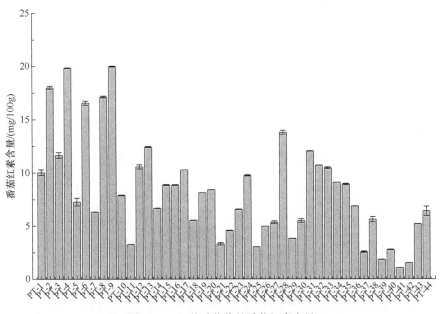

图 1.42　44 种番茄酱的番茄红素含量

番茄红素可以通过加工过程异构化为生物可利用度更高的顺式形式。图 1.43 是 44 个番茄品种的总顺式番茄红素含量对比图,其中总顺式番茄红素含量最高的是 PT-14；含量最低的是 PT-29。晚熟番茄原料中番茄红素含量相对较高的是 PT-33 和 PT-42。图 1.44 是 44 个番茄品种加工成番茄酱后总顺式番茄红素的含量，其

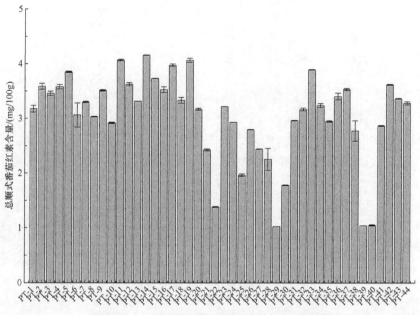

图 1.43　44 种番茄原料总顺式番茄红素的含量

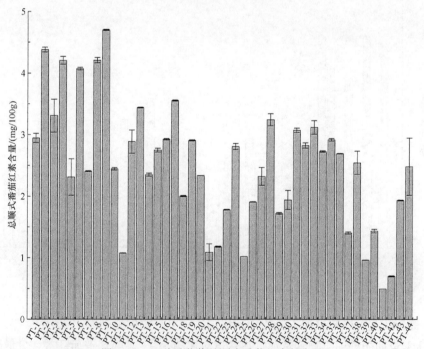

图 1.44　44 种番茄酱总顺式番茄红素的含量

中总顺式番茄红素含量最高的是 PT-9；含量最低的是 PT-41。44 种番茄品种经加工后发生了异构化，使得总顺式番茄红素含量占比增大。与早熟番茄相比，晚熟番茄的总顺式番茄红素占比相对较高。其中 PT-37 的总顺式占比最高，相比于新鲜番茄增加了 2.64 倍。

不同品种番茄的番茄红素含量不同，经制酱后番茄红素的降解率也不同。PT-3 等 8 个品种降解率较小，制酱后番茄红素含量较高。番茄红素含量与产品色泽呈正相关，番茄红素含量高的产品色泽较好（图 1.45）。

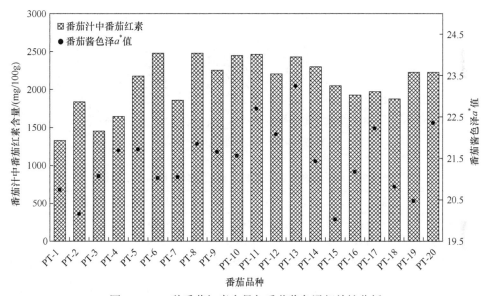

图 1.45　44 种番茄红素含量与番茄酱色泽相关性分析

44 种不同品种加工番茄果实冻干粉的细胞壁物质（CWM）含量如图 1.46 所示。不同品种番茄冻干粉的细胞壁物质含量差异较大。其中 PT-13、PT-21、PT-25、PT-35、PT-36 号加工番茄细胞壁物质含量较高，PT-26、PT-43 号加工番茄细胞壁物质含量较低，结果以 g/g 干重（DW）表示。

不同品种加工番茄中各果胶组分含量如表 1.94 所示，果胶含量表示为每克细胞壁物质中果胶含量。三种果胶组分中，CSP 的含量最高（0.14～0.59 g/gCWM），其次为 WSP（0.09～0.30 g/gCWM），NSP 的含量最低（0.03～0.13 g/gCWM）。PT-31、PT-39 的 CSP 含量较高，PT-43 的 WSP 含量较高，PT-2 的 NSP 含量较高。果胶总含量为 0.41～0.84 g/gCWM，PT-21、PT-5 的细胞壁物质中果胶含量最高，PT-32、PT-42 最低。

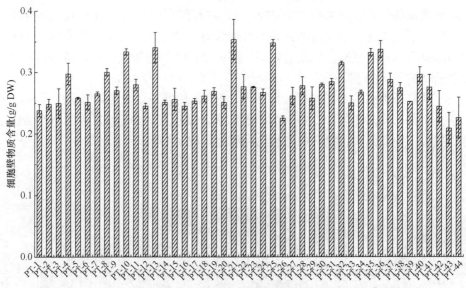

图 1.46　44 种番茄的细胞壁物质含量

表 1.94　不同品种加工番茄的各果胶组分含量描述性分析

因子	变化范围/（g/gCWM）	均值/（g/gCWM）	变异系数/%	中位数/（g/gCWM）
WSP	0.09～0.30	0.19±0.03	18.20	0.19
CSP	0.14～0.59	0.43±0.11	25.58	0.46
NSP	0.03～0.13	0.08±0.02	25.00	0.09
总含量	0.41～0.84	0.70±0.10	14.28	0.74

注：均值结果以平均值±标准差来表示。

　　不同品种加工番茄细胞壁物质和各果胶组分的半乳糖醛酸含量如表 1.95 所示。与其他两种果胶相比，WSP 的半乳糖醛酸含量普遍较高，为 19.35%～54.45%，PT-14 含量最低，PT-32 含量最高；NSP 的半乳糖醛酸含量为 7.29%～27.44%，PT-1 最低，PT-11 最高；CSP 的半乳糖醛酸含量的范围为 5.60%～23.30%，PT-36 最低，PT-21 最高。CWM 的半乳糖醛酸含量为 5.31%～39.41%，PT-1 最低，PT-43 最高。

表 1.95　不同品种加工番茄细胞壁物质和各果胶组分的半乳糖醛酸含量描述性分析

因子	变化范围/%	均值/%	变异系数/%	中位数/%
WSP	19.35～54.45	35.41±7.60	21.46	34.21
NSP	7.29～27.44	16.02±4.46	27.85	17.32
CSP	5.60～23.30	12.84±4.10	31.93	13.30
CWM	5.31～39.41	25.46±11.49	45.13	33.41

注：均值结果以平均值±标准差来表示。

　　加工番茄的细胞壁物质和各果胶组分的傅里叶变换红外光谱图（PT-1~PT-4），
如图 1.47 所示。各果胶样品在 400~4000 cm^{-1} 范围内均含有多糖类化合物的特征

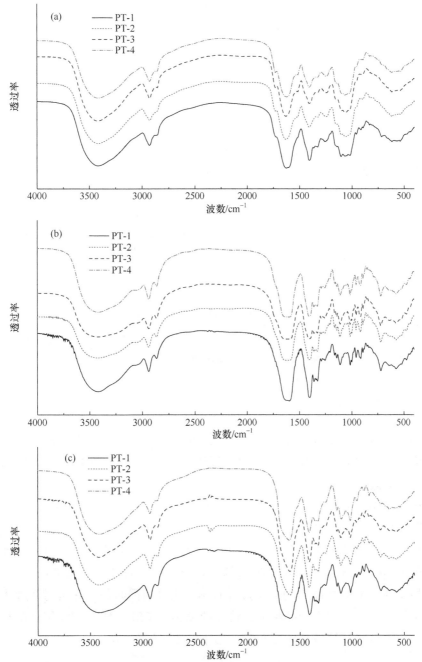

图 1.47　不同品种加工番茄各果胶组分傅里叶变换红外光谱图
（a）WSP；（b）CSP；（c）NSP

吸收峰，3455 cm^{-1} 和 2935 cm^{-1} 对应的峰分别是 O—H 伸缩振动吸收峰和 C—H 伸缩振动吸收峰，这两个峰是多糖的特征吸收峰。C—H 伸缩振动峰（2800～3000 cm^{-1}）与更宽的 O—H 谱带（2500～3600 cm^{-1}）重叠。1740 cm^{-1} 对应酯基（COOCH$_3$）和羧基（COOH）的 C＝O 伸缩振动，1630 cm^{-1} 对应羧酸根离子（COO—）的 C＝O 伸缩振动。400～1500 cm^{-1} 为碳水化合物的特征指纹区。900～1200 cm^{-1} 对应糖苷键和吡喃环的骨架 C—O 和 C—C 振动。

由图 1.47 可以看出，不同品种和不同果胶组分的官能团组成在 1800～4000 cm^{-1} 范围内无显著差异，在 1500～1800 cm^{-1} 范围内差异显著，对于 WSP，在此范围内有两个峰，分别是 1740 cm^{-1} 和 1630 cm^{-1} 处的吸收峰，且这两个峰的峰高比值不同。通常用这两个峰计算果胶酯化度。随酯化度的增大，酯基吸收峰（1740 cm^{-1}）的强度和峰面积逐渐增大，而羧基吸收峰（1630 cm^{-1}）的强度和峰面积逐渐减弱。由于 DE 为酯化的羧基占全部羧基的百分数，计算 1740 cm^{-1}（COO—R）处的峰面积与 1740 cm^{-1}（COO—R）和 1630 cm^{-1}（COO—）的峰面积之和的比值作为 DE。各品种加工番茄的酯化度如表 1.96 所示。对于 CSP 和 NSP 两种果胶组分，仅有 1630 cm^{-1} 处一个峰，可能是由于提取过程中果胶皂化脱除甲酯基。

表 1.96　44 种番茄细胞壁物质和 WSP 的酯化度描述性分析

因子	变化范围/%	均值/%	变异系数/%	中位数/%
CWM	23.34～32.20	27.84±1.90	6.82	27.84
WSP	17.45～27.65	22.93±1.93	8.42	22.57

注：均值结果以平均值±标准差来表示。

不同品种加工番茄 CWM 和 WSP 的酯化度如表 1.96 所示，其中 CWM 的酯化度为 23.34%～32.20%，WSP 的酯化度为 17.45%～27.65%，酯化度均低于 50%，属于低甲氧基果胶。

果胶是结构复杂的多聚糖混合物。根据分子聚合度的不同，不同果胶的分子量间存在着很大的差异，从而对其性质产生较大影响，所以分子量分布是评价果胶理化性质和分子结构的重要指标。根据来源不同，果胶分子由几百单位到大约一千单位的单糖组成，对应分子质量高达 150 kDa。图 1.48 是 PT-1～PT-4 加工番茄的 WSP、CSP、NSP 的分子量分布图，出峰时间越早，保留时间越短，果胶分子量越大。根据不同品种加工番茄的 WSP、CSP、NSP 的峰位保留时间与标准品分子量来计算各峰位分子量，结果如表 1.97 所示。

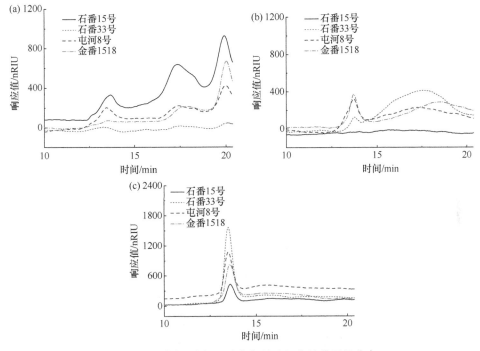

图 1.48　不同品种加工番茄各果胶组分的分子量分布

（a）WSP；（b）CSP；（c）NSP

表 1.97　不同品种加工番茄各果胶组分的峰位分子量描述性分析

因子		变化范围/kDa	均值/kDa	变异系数/%	中位数/kDa
WSP	峰 I	663.28~848.00	701.72±33.38	4.76	696.93
	峰 II	64.76~141.71	100.74±19.40	19.26	99.55
CSP	峰 I	667.07~749.71	698.52±22.59	3.23	691.21
	峰 II	45.48~476.57	144.82±120.85	83.45	75.23
NSP	峰 I	686.90~965.00	723.59±40.60	5.61	718.97
	峰 II	62.46~500.57	306.20±118.56	38.72	343.62

注：均值结果以平均值±标准差来表示。

从图 1.48（a）可以看出，WSP 的分子量分布曲线不规则，且不同品种间差异较大。横坐标为出峰时间（min），纵坐标为响应值（nRIU）CSP 和 NSP 分子量分布曲线形状较规则，均由两个峰组成，不同品种间差异显著。不同品种加工番茄 WSP 均在 12 min 后开始出峰，约在 13.4 min 出现第一个峰，其中'屯河 8 号'

第一个峰的峰值较高。大分子量峰的峰位分子质量为 663.28～848.00 kDa，小分子量峰的峰位分子质量为 64.76～141.71 kDa。

从图 1.48（b）可以看出，不同品种的加工番茄 CSP 的分子量分布基本相似，均由两个峰组成，但响应强度不同。在 13 min 左右开始出峰，相对应的峰位分子质量在 667.07～749.71 kDa 之间。小分子色谱峰在 15 min 左右开始出峰，相对应峰位分子质量在 45.48～476.57 kDa 之间。

从图 1.48（c）可以看出，NSP 的分子量分布也由两个峰组成，第一个色谱峰出现在 13 min 左右，相对应组分的峰位分子质量在 686.90～965.00 kDa 之间。第二个色谱峰出现在 16 min 左右，相对应组分的峰位分子质量在 62.46～500.57 kDa 之间。

果胶主要包括三个结构域：同聚半乳糖醛酸（homogalacturonan，HG）、鼠李糖半乳糖醛酸聚糖Ⅰ型（RG-Ⅰ）、鼠李糖半乳糖醛酸聚糖Ⅱ型（RG-Ⅱ）。HG是果胶的主要结构，由线性半乳糖醛酸链组成。RG-Ⅰ型由鼠李糖和半乳糖醛酸组成的二糖单元重复连接形成，鼠李糖 O-4 位被阿拉伯聚糖或半乳聚糖替代。RG-Ⅱ主要由线性半乳糖醛酸链组成，侧链为由鼠李糖、半乳糖和岩藻糖、木聚糖组成的杂多糖。单糖组成反映果胶结构特征，对果胶性质和生物活性具有重要影响。

不同品种加工番茄的各果胶组分的单糖组成描述性分析如表 1.98～表 1.100 所示。图 1.49 是七种单糖混合标准品的液相色谱图。通过对单糖标准品分别衍生，逐个确定每种单糖的保留时间，进行样品中单糖的定性分析。通过内标（乳糖）确定各单糖化合物的标准曲线线性回归方程，各单糖峰谱见表 1.101。

表 1.98　不同品种加工番茄 WSP 的单糖组成描述性分析

因子	变化范围（摩尔分数）/%	均值（摩尔分数）/%	变异系数/%	中位数（摩尔分数）/%
Man	2.37～11.87	4.71±2.40	50.00	4.03
Rha	4.65～16.66	8.74±3.29	37.63	8.43
GalA	22.92～69.74	53.68±12.65	23.57	56.81
Glc	3.71～11.49	5.98±2.20	36.75	5.16
Gal	7.01～16.54	10.37±2.19	21.10	9.88
Xyl	1.66～12.57	4.55±2.63	57.79	3.69
Ara	5.05～16.34	8.80±2.52	28.66	8.38
Fuc	0.00～5.36	1.71±1.96	114.84	0.00

注：均值结果以平均值±标准差来表示。

表 1.99　不同品种加工番茄 CSP 的单糖组成描述性分析

因子	变化范围（摩尔分数）/%	均值（摩尔分数）/%	变异系数/%	中位数（摩尔分数）/%
Man	0.00～13.31	5.95±2.49	41.87	5.83
Rha	8.70～22.92	14.47±3.83	26.49	14.21
GalA	5.83～55.89	42.30±11.60	27.42	45.04
Glc	0.53～9.58	3.30±1.59	48.06	3.08
Gal	3.80～16.57	7.61±2.77	36.33	6.96
Xyl	1.19～9.58	3.66±1.71	46.77	3.22
Ara	6.55～40.43	14.39±6.72	46.72	13.12
Fuc	0.00～9.57	3.86±4.15	107.61	0.00

注：均值结果以平均值±标准差来表示。

表 1.100　不同品种加工番茄 NSP 的单糖组成描述性分析

因子	变化范围（摩尔分数）/%	均值（摩尔分数）/%	变异系数/%	中位数（摩尔分数）/%
Man	1.78～11.67	7.08±2.47	34.86	6.65
Rha	0.00～31.33	17.18±4.45	25.92	17.74
GalA	0.00～46.10	15.40±12.49	81.11	15.15
Glc	1.92～37.85	9.54±6.65	69.76	7.92
Gal	5.46～41.26	16.20±6.16	38.01	14.77
Xyl	1.52～15.65	7.29±3.16	43.39	7.37
Ara	2.88～53.26	21.75±10.31	47.41	20.41
Fuc	0.00～11.07	2.30±2.79	121.20	0.00

注：均值结果以平均值±标准差来表示。

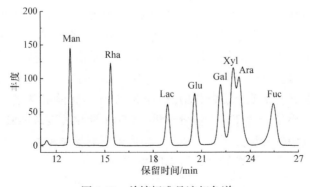

图 1.49　单糖标准品液相色谱

表 1.101　不同品种加工番茄各果胶组分的结构组成

	因子	变化范围	均值	变异系数/%	中位数
WSP	GalA/（Rha+Gal+Xyl+Ara+Fuc）	0.44~2.92	1.71±0.67	39.18	1.73
	GalA/Rha	1.75~14.79	7.45±3.72	49.93	6.96
	（Ara+Gal）/Rha	1.31~4.33	2.39±0.71	29.71	2.38
CSP	GalA/（Rha+Gal+Xyl+Ara+Fuc）	0.08~2.08	1.09±0.47	43.12	1.05
	GalA/Rha	0.27~6.09	3.22±1.30	40.37	3.11
	（Ara+Gal）/Rha	0.62~3.91	1.62±0.71	43.83	1.44
NSP	GalA/（Rha+Gal+Xyl+Ara+Fuc）	0.00~1.16	0.28±0.26	92.86	0.25
	GalA/Rha	0.00~3.34	0.91±0.77	84.62	0.87
	（Ara+Gal）/Rha	1.10~6.30	2.34±1.10	47.01	2.00

注：均值结果以平均值±标准差来表示。

通过各单糖化合物的标准曲线线性回归方程计算出单糖和半乳糖醛酸含量。WSP 中半乳糖醛酸、半乳糖和阿拉伯糖是主要的中性糖，其含量显著高于其他单糖组分。CSP 中主要的中性糖为鼠李糖、半乳糖醛酸和阿拉伯糖，与其他单糖组分相比，含量显著较高。在 NSP 中鼠李糖、半乳糖、半乳糖酸和阿拉伯糖的含量相对较高，为主要的中性糖。三种果胶组分中，岩藻糖的含量均显著低于其他单糖。

GalA/Rha 能够反映 RG 类型果胶在整个果胶中所占的比例。（Ara+Gal）/Rha 可以反映 RG-Ⅰ酯化程度，即中性侧链在 RG-Ⅰ中的比重。PT-1、PT-6、PT-29、PT-30 的 GalA/Rha 比值最高，PT-6、PT-17、PT-36、PT-29 的（Ara+Gal）/Rha 比值最高。细胞壁物质和果胶性质指标共选定了 8 个。所测 44 种加工番茄的细胞壁物质和果胶性质如表 1.102 所示。细胞壁物质酯化度、WSP 酯化度和三种果胶组分的大分子量峰的峰位分子量的变异系数小于 10%，即不同品种番茄的这些性质的离散程度较小，品种间没有显著性差异。其他性质指标的变异系数均较大，CSP 的小分子量峰的峰位分子量和 NSP 的单糖组成结构的变异系数较大，即这些指标在品种间差异显著。比较中位数和均值，WSP 的半乳糖醛酸含量、CSP 含量和半乳糖醛酸含量、小分子量峰的峰位分子量、RG-Ⅰ酯化程度及 NSP 的半乳糖醛酸含量、小分子量峰的峰位分子量、RG-Ⅰ酯化程度变异系数均大于 15%，说明这些指标中位数与平均数差别较大，数据的离群点较多。

表 1.102　不同品种番茄细胞壁物质及果胶性质的描述性分析

	因子	变化范围	均值	变异系数/%	中位数
CWM	含量/（g/gCWM）	0.21～0.35	0.27±0.03	12.38	0.27
	GalA/（g/gCWM）	10.64～76.74	33.13±10.21	30.82	33.45
	DE/%	23.34～32.20	27.84±1.92	6.90	27.84
	果胶含量/（g/gCWM）	10.04～29.58	19.21±3.96	20.59	19.52
WSP	含量/（g/gCWM）	2.31～6.83	5.11±0.96	18.69	5.23
	GalA/（g/gCWM）	19.43～99.59	49.25±22.07	44.81	33.65
	DE/%	17.45～27.65	22.93±1.96	8.55	22.56
	峰 I /nRIU	663.28～848	701.73±33.77	4.81	696.93
	峰 II /nRIU	64.76～141.71	100.74±19.62	19.48	99.54
	线性程度	0.44～2.92	1.71±0.68	39.77	1.73
	1/（RG 比重）	1.75～14.79	7.45±3.77	50.60	6.96
	RG- I 酯化程度/%	1.31～4.33	2.39±0.72	30.13	2.38
CSP	含量/（g/gCWM）	4.31～19.80	11.84±3.62	30.56	12.13
	GalA/（g/gCWM）	5.60～29.76	17.80±5.61	31.52	14.24
	峰 I /nRIU	667.07～749.71	698.52±22.85	3.27	691.21
	峰 II /nRIU	45.48～476.57	144.82±122.25	84.42	75.22
	线性程度	0.08～2.08	1.09±0.48	44.04	1.05
	RG 比重	0.27～6.09	3.22±1.32	40.99	3.10
	RG- I 酯化程度/%	0.62～3.91	1.62±0.72	44.44	1.44
NSP	含量/（g/gCWM）	0.81～3.88	2.26±0.57	25.25	2.35
	GalA/（g/gCWM）	14.59～54.89	22.31±7.27	32.59	17.40
	峰 I /nRIU	686.90～965	723.59±41.07	5.68	718.96
	峰 II /nRIU	62.46～500.57	306.20±119.93	39.17	352.93
	线性程度	0.00～1.16	0.28±0.26	92.86	0.26
	RG 比重	0.00～3.34	0.91±0.78	85.71	0.90
	RG- I 酯化程度/%	1.10～6.30	2.34±1.12	47.86	1.98

注：均值结果以平均值±标准差来表示。

2. 番茄制品品质

44 个参试品种的 21 项品质指标的变化范围、平均值、变异系数列于表 1.103。由表 1.103 可知 21 项品质指标存在不同的变异情况。其中，X1 表示可溶性固形物（%）；X2 表示可滴定酸（%）；X3 表示 L^*；X4 表示 a^*；X5 表示 b^*；X6 表示稠度（cm）；X7 表示离心沉淀率（%）；X8 表示悬浮稳定性（%）；X9 表示表观黏度（Pa·s）；X10 表示总糖（g/100 g）；X11 表示还原糖（g/100 g）；X12 表示果糖（g/100 g）；X13 表示葡萄糖（g/100 g）；X14 表示得率；X15 表示总顺式番茄红素（mg/100 g）；X16 表示浓缩时间（min）；X17 表示果胶含量（g/g 细胞壁物质）；X18 表示 CWM（g/g 细胞壁物质）；X19 表示 WSP（g/g 细胞壁物质）；X20 表示 CSP（g/g 细胞壁物质）；X21 表示 NSP（g/g 细胞壁物质）。

表观黏度的变异系数最大，为 95.25%。稠度、悬浮稳定性、总顺式番茄红素值存在较大的变异系数，分别为 60.69%，46.55%，40.70%。而可溶性固形物，L^*，a^*，b^* 值的变异程度最小，变异系数 <6%。21 项品质指标存在着不同的变异系数，表明这些指标受到了产地与品种不同程度的影响。

表 1.103　番茄酱品质性状及分布

因子	变化范围	平均值	变异系数/%
X1	28.00～33.00	29.44±0.78	2.67
X2	1.64～3.25	2.37±0.36	15.18
X3	31.61～33.52	32.58±0.53	1.61
X4	20.03～23.25	21.31±0.73	3.43
X5	9.63～12.57	10.96±0.63	5.71
X6	1.00～16.80	7.67±4.66	60.69
X7	12.60～35.27	22.89±5.68	24.82
X8	1.54～12.06	4.73±2.20	46.55
X9	0.04～10.81	2.97±2.83	95.25
X10	13.40～19.80	17.19±1.31	7.64
X11	13.19～19.60	16.61±1.36	8.16
X12	6.00～8.94	7.52±0.66	8.84
X13	6.25～9.64	8.01±0.73	9.14
X14	0.08～0.22	0.14±0.03	20.24
X15	0.50～4.70	2.49±1.01	40.70
X16	125.00～210.00	154.77±24.21	15.64
X17	10.04～29.58	19.21±3.96	20.59

续表

因子	变化范围	平均值	变异系数/%
X18	0.21～0.35	0.27±0.03	12.37
X19	2.31～6.83	5.11±0.96	18.69
X20	4.39～19.88	11.84±3.62	30.56
X21	0.89～3.88	2.26±0.57	25.25

注：均值结果以平均值±标准差来表示。

3. 番茄原料特性与制品品质关系

通过查阅文献，选择与番茄酱流动性质密切相关的细胞壁物质和果胶性质指标，共 25 项，选定的指标较多，可能存在共线性的问题，采用相关性分析考察各个指标间的关系。由表 1.104 可以看出，在 α =0.05 水平上存在相关关系的指标有 93 个，在 α =0.01 水平上存在显著相关的指标有 70 个。WSP 和 CSP 的 RG 比重与线性程度呈极显著负相关，WSP 的 RG-Ⅰ酯化程度与峰Ⅱ分子量、1/（RG 比重）线性程度呈极显著正相关。CSP 的含量与 WSP 线性程度呈显著正相关。相关性分析为下一步关联模型的构建提供参考和依据。

经 Pearson 相关性分析发现，果胶总含量、螯合性果胶和细胞壁物质等与表观黏度等多个流动特性相关的指标存在显著相关性（表 1.105）。

1）番茄酱品质指标的相关性分析

番茄酱品质指标的相关性分析结果见表 1.106。从表 1.106 可以看出，可溶性固形物与还原糖，L^* 与 a^*、b^*，离心沉淀率与悬浮稳定性、表观黏度、总顺式番茄红素，悬浮稳定性与表观黏度、浓缩时间，总糖与还原糖、果糖、葡萄糖，还原糖与果糖、葡萄糖，果糖与葡萄糖，葡萄糖与得率、浓缩时间，得率与浓缩时间，总顺式番茄红素与浓缩时间，果胶与 CWM、CSP，CWM 与 WSP、CSP 在 0.01 水平上呈显著正相关。葡萄糖与 b^*，稠度与离心沉淀率、悬浮稳定性、表观黏度、总顺式番茄红素在 0.01 水平上呈显著负相关。

综上所述，番茄酱的 21 项品质指标间均表现出不同程度的相关性，说明这 21 项指标间存在信息重叠。

主成分的载荷矩阵经最大方差法旋转，旋转之后载荷系数更接近 1 或者更接近 0，这样得到的主成分能够更好地解释和命名变量。由表 1.107 和图 1.50 可知，前 6 个主成分的特征根 >1，即前 6 个主成分对解释变量的贡献最大，累计方差贡献率达到 77.474%，可以代表原始数据的大部分信息。

表 1.104　原料果胶指标间相关性

	果胶性质指标	CWM含量	GalA (CWM)	DE (CWM)	果胶含量(冻干粉)	WSP含量	GalA (WSP)	DE (WSP)	峰I分子量 (WSP)	峰II分子量 (WSP)	线性程度 (WSP)	1/(RG比重) (WSP)	RG-I酯化程度 (WSP)
CWM	GalA	0.219	1										
	DE	-0.030	0.577**	1									
冻干粉	果胶含量	0.693**	-0.182	-0.184	1								
WSP	含量	0.440**	0.077	0.070	0.294	1							
	GalA	0.100	-0.245	-0.225	0.156	-0.007	1						
	DE	-0.102	-0.464**	-0.226	0.090	-0.094	0.082	1					
	峰I分子量	-0.214	-0.329*	-0.181	-0.039	-0.217	-0.025	0.356*	1				
	峰II分子量	-0271	-0.453**	-0.096	0.087	-0.085	0.133	0.325*	0.012	1			
	线性程度	0.131	-0.588**	-0.393**	0.384**	-0.025	0.189	0.421**	0.066	0.212	1		
	1/(RG比重)	-0.067	-0.801**	-0.425**	0.307**	0.001	0.206	0.487**	0.241	0.341*	0.875**	1	
	RG-I酯化程度	-0.135	-0.629**	-0.178	0.207	0.090	0.074	0.336*	0.170	0.472**	0.283	0.657**	1
CSP	CSP含量	0.596**	-0.133	-0.173	0.957**	0.040	0.145	0.057	-0.022	0.095	0.366*	0.248	0.116
	GalA	0.251	0.517**	0.501**	0.037	0.072	-0.090	-0.150	0.042	-0.116	-0.335*	-0.466**	-0.438**
	峰I分子量	-0.224	-0.823**	-0.466**	0.116	-0.098	0.173	0.692**	0.370*	0.426**	0.497**	0.746**	0.667**
	峰II分子量	-0.233	-0.737**	-0.422**	0.087	-0.227	0.144	0.674**	0.277	0.422**	0.466**	0.664**	0.610**

续表

果胶性质指标		CWM含量	GalA(CWM)	DE(CWM)	果胶含量(冻干粉)	WSP含量	GalA(WSP)	DE(WSP)	峰I分子量(WSP)	峰II分子量(WSP)	线性程度(WSP)	1/(RG比重)(WSP)	RG-I酯化程度(WSP)
CSP	线性程度	0.260	0.605**	0.142	0.084	-0.121	-0.072	-0.251	-0.212	-0.303*	-0.304*	-0.602**	-0.711**
	1/(RG比重)	0.294	0.665**	0.246	0.017	0.017	-0.157	-0.238	-0.239	-0.265	-0.431**	-0.643**	-0.571**
	RG-I酯化程度	0.141	0.129	0.154	0.022	0.212	-0.146	0.116	0.024	0.122	-0.255	-0.097	0.304*
NSP	含量	0.285	-0.549**	-0.294	0.377*	0.110	0.173	0.420**	0.234	0.139	0.385*	0.554**	0.550**
	GalA	0.170	0.573**	0.231	-0.133	-0.035	-0.384*	-0.350*	-0.147	-0.282	-0.555**	0.719**	-0.514**
	峰I分子量	0.182	-0.257	-0.339*	0.283	0.050	0.123	0.166	-0.017	0.117	0.306*	0.273	0.135
	峰II分子量	-0.037	-0.352*	-0.171	0.178	-0.132	0.189	0.427**	0.238	0.299*	0.460**	0.436**	0.269
	线性程度	0.107	0.573**	0.488**	-0.108	0.067	-0.142	-0.371**	-0.130	-0.294	-0.495**	-0.594**	-0.394**
	1/(RG比重)	0.164	0.605**	0.474**	-0.052	0.102	-0.218	-0.432**	-0.158	-0.363*	-0.510**	-0.624**	-0.429**
	RG-I酯化程度	-0.122	-0.546**	-0.230	0.154	-0.002	-0.075	0.471**	0.211	0.349*	0.331*	0.531**	0.568**

*表示显著相关（$P<0.05$）；**表示极显著相关（$P<0.01$）。

表 1.105　原料果胶质与流动特性相关性分析

		Bostwick 稠度	表观黏度	σ0	k	Ea	G0'	k'	G0″	k″	Ea'	Ea″	Y值
CWM	含量	-0.264	0.498**	0.465**	0.439**	0.220	0.429**	0.343*	0.405**	0.402**	0.023	-0.059	0.457**
	GalA	-0.228	0.236	0.227	0.151	0.047	0.260	0.198	0.234	0.183	-0.193	-0.139	0.255
	DE	-0.153	0.123	0.171	0.030	0.014	0.116	0.013	0.061	0.038	-0.210	-0.316*	0.101
	果胶含量	-0.062	0.348*	0.297*	0.314*	0.267	0.222	0.141	0.207	0.155	0.091	-0.011	0.259
WSP	含量	0.018	0.201	0.099	0.263	0.030	0.124	0.091	0.098	0.213	-0.152	-0.294	0.139
	GalA	-0.168	0.078	0.008	0.150	0.081	0.141	0.077	0.080	0.200	-0.174	-0.126	0.106
	DE	0.034	-0.041	-0.029	-0.080	-0.062	-0.036	0.126	0.058	-0.010	0.031	0.099	-0.001
	峰 I 分子量	-0.003	0.024	0.034	-0.079	-0.035	0.126	0.254	0.170	0.066	0.096	0.116	0.123
	峰 II 分子量	-0.100	-0.095	-0.060	-0.027	0.013	-0.205	-0.208	-0.192	-0.083	-0.209	-0.211	-0.180
	线性程度	0.175	-0.193	-0.160	-0.180	-0.085	-0.385**	-0.324*	-0.336*	-0.345*	0.406**	0.298*	-0.332*
	GalA/Rha	0.145	-0.173	-0.136	-0.116	-0.110	-0.295	-0.232	-0.262	-0.214	0.289	0.098	-0.263
	RG- I 酯化程度	-0.008	0.015	0.096	0.075	-0.064	-0.021	-0.017	-0.048	0.115	0.007	-0.236	-0.024
CSP	含量	-0.026	0.273	0.244	0.221	0.278	0.151	0.066	0.139	0.048	0.113	0.067	0.185
	GalA	-0.292	0.361*	0.289	0.227	0.105	0.370*	0.244	0.334*	0.205	-0.246	-0.138	0.370*
	峰 I 分子量	0.032	-0.120	-0.104	-0.063	0.008	-0.058	0.040	-0.021	0.034	-0.003	0.007	-0.062
	峰 II 分子量	-0.028	-0.111	-0.057	-0.101	0.024	-0.079	-0.041	-0.064	-0.028	0.007	0.056	-0.085
	线性程度	-0.008	0.153	0.100	0.089	0.096	0.134	0.100	0.142	-0.015	-0.184	0.139	0.148

续表

		Bostwick 稠度	表观黏度	$\sigma0$	k	Ea	$G0'$	k'	$G0''$	k''	Ea'	Ea''	Y值
GSP	GalA/Rha	-0.182	0.293	0.273	0.251	0.209	0.240	0.184	0.250	0.100	-0.239	-0.004	0.269
	RG-I 酯化程度	-0.354*	0.310*	0.441**	0.270	0.179	0.310*	0.255	0.275	0.357*	-0.212	-0.398**	0.310*
NSP	含量	-0.297*	0.343*	0.346*	0.333*	0.036	0.370*	0.407**	0.388**	0.416**	0.169	-0.009	0.387**
	GalA	0.034	0.065	0.083	-0.012	0.146	0.036	-0.002	0.009	0.020	-0.021	0.055	0.034
	峰 I 分子量	0.344*	-0.152	-0.154	-0.106	0.120	-0.274	-0.179	-0.239	-0.191	0.030	0.176	-0.240
	峰 II 分子量	0.077	-0.132	-0.004	-0.264	-0.220	-0.250	-0.233	-0.246	-0.279	0.225	0.255	-0.229
	线性程度	-0.224	0.232	0.210	0.166	0.182	0.335*	0.211	0.286	0.184	-0.303*	-0.204	0.303*
	GalA/Rha	-0.169	0.218	0.188	0.165	0.206	0.313*	0.202	0.270	0.163	-0.281	-0.176	0.285
	RG-I 酯化程度	0.087	-0.088	0.059	-0.131	-0.143	-0.123	-0.009	-0.082	0.014	0.129	-0.100	-0.103

*表示相关性在 0.05 水平上显著；**表示相关性在 0.01 水平上显著。

表 1.106　番茄酱 21 项品质指标间的相关性分析

	X2	X3	X4	X5	X6	X7	X8	X9	X10	X11	X12	X13	X14	X15	X16	X17	X18	X19	X20	X21
X1	0.263	-0.024	-0.166	-0.095	-0.148	0.082	0.152	0.135	0.315*	0.392**	0.247	0.271	0.035	0.128	0.234	0.041	-0.012	-0.100	0.071	0.001
X2	1	-0.141	-0.087	-0.141	-0.085	0.031	-0.019	-0.018	-0.173	-0.051	-0.028	-0.047	-0.044	0.118	0.177	0.023	0.024	0.027	0.022	-0.022
X3		1	0.598**	0.774**	-0.114	0.249	0.041	0.214	-0.161	-0.198	-0.140	-0.219	-0.007	-0.130	-0.040	-0.042	0.086	0.123	-0.133	0.344*
X4			1	0.333*	-0.174	0.209	0.105	0.252	-0.058	-0.137	-0.099	-0.096	0.082	0.041	0.150	0.157	0.293	0.172	0.101	0.163
X5				1	0.084	0.131	0.057	0.142	-0.295	-0.334*	-0.207	-0.433*	-0.281	-0.333*	-0.105	0.005	0.148	0.036	-0.034	0.185
X6					1	-0.841**	-0.460**	-0.840**	0.275	0.267	0.283	0.153	0.090	-0.544**	-0.299**	0.070	-0.069	-0.139	0.118	-0.027
X7						1	0.628**	0.878**	-0.286	-0.308*	-0.313*	-0.185	-0.080	0.449**	0.282	-0.061	0.114	0.096	-0.107	0.093
X8							1	0.553**	-0.022	0.034	-0.029	0.112	-0.045	0.306*	0.558**	0.154	0.081	0.021	0.164	-0.010
X9								1	-0.307*	-0.311*	-0.306*	-0.230	-0.161	0.363*	0.214	0.001	0.179	0.140	-0.048	0.076
X10									1	0.944**	0.822**	0.844**	0.186	-0.081	0.194	0.192	-0.143	-0.318*	0.305*	-0.070
X11										1	0.878**	0.908**	0.273	-0.065	0.293	0.226	-0.137	-0.282	0.341*	-0.122
X12											1	0.732**	0.110	-0.293	0.209	0.220	-0.073	-0.167	0.325**	-0.256
X13												1	0.453**	0.136	0.402**	0.174	-0.212	-0.258	0.274	-0.098
X14													1	0.383*	0.417**	0.079	-0.067	-0.022	0.057	0.222
X15														1	0.424**	0.064	-0.062	-0.049	0.038	0.279
X16															1	0.218	-0.041	-0.143	0.280	-0.023
X17																1	0.693**	0.294	0.957**	0.377*

续表

	X2	X3	X4	X5	X6	X7	X8	X9	X10	X11	X12	X13	X14	X15	X16	X17	X18	X19	X20	X21
X18	0.024	0.086	0.293	0.148	-0.069	0.114	0.081	0.179	-0.143	-0.137	-0.073	-0.212	-0.067	-0.062	-0.041	0.693**	1	0.440**	0.596**	0.285
X19	0.027	0.123	0.172	0.036	-0.139	0.096	0.021	0.140	-0.318*	-0.282	-0.167	-0.258	-0.022	-0.049	-0.143	0.294	0.440**	1	0.040	0.110
X20	0.022	-0.133	0.101	-0.034	0.118	-0.107	0.164	-0.048	0.305*	0.341*	0.325*	0.274	0.057	0.038	0.280	0.957**	0.596**	0.040	1	0.225
X21	-0.022	0.344*	0.163	0.185	-0.027	0.093	-0.010	0.076	-0.070	-0.122	-0.256	-0.098	0.222	0.279	-0.023	0.377*	0.285	0.110	0.225	1

*表示显著相关（$P<0.05$）；**表示极显著相关（$P<0.01$）。

表 1.107 主成分分析解释总变量

成分	初始特征根			提取载荷平方和		
	总计	方差百分比	累计/%	总计	方差百分比	累计/%
1	4.998	23.8	23.800	4.998	23.8	23.800
2	3.698	17.609	41.409	3.698	17.609	41.409
3	2.856	13.599	55.008	2.856	13.599	55.008
4	1.95	9.286	64.294	1.95	9.286	64.294
5	1.591	7.577	71.871	1.591	7.577	71.871
6	1.177	5.603	77.474	1.177	5.603	77.474
7	0.971	4.622	82.097			
8	0.954	4.543	86.640			
9	0.681	3.243	89.883			
10	0.509	2.422	92.304			
11	0.394	1.877	94.182			
12	0.339	1.616	95.797			
13	0.239	1.136	96.933			
14	0.197	0.936	97.870			
15	0.125	0.595	98.465			
16	0.118	0.563	99.028			
17	0.094	0.449	99.476			
18	0.052	0.25	99.726			
19	0.042	0.199	99.925			
20	0.016	0.075	100			
21	0.00	0.00	100			

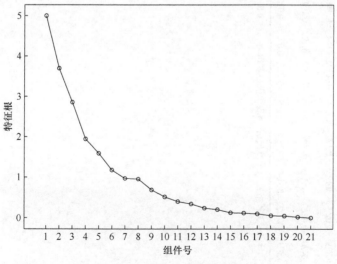

图 1.50 主成分分析碎石图

由表 1.108 和表 1.109 可知，第 1 主成分包含了原来信息量的 23.800%，第 1 主成分与总糖、还原糖、果糖、葡萄糖有很大的正相关，与离心沉淀率、表观黏度有很大的负相关。即在 PC1 坐标正向，PC1 越大，总糖、还原糖、果糖、葡萄糖值越大，离心沉淀率、表观黏度值越小。第 2 主成分包含了原来信息量的 17.609%，第 2 主成分与悬浮稳定性、总顺式番茄红素、浓缩时间呈正相关，与稠度呈负相关。即在 PC2 坐标正向，PC2 越大，悬浮稳定性、总顺式番茄红素、浓缩时间值越大，稠度值越小。第 3 主成分包含了原来信息量的 13.599%，第 3 主成分与果胶含量、CWM、CSP 有很大的正相关。即在 PC3 坐标正向，PC3 越大，果胶含量、CWM、CSP 值越大。第 4 主成分包含了原来信息量的 9.286%，与 L^*、a^*、b^* 有较大的正相关。即在 PC4 坐标正向，PC4 越大，L^*、a^*、b^* 值越大。第 5 主成分包含了原来信息量的 7.577%，与得率、NSP 有很大的正相关。即在 PC5 坐标正向，PC5 越大，得率、NSP 值越大。第 6 主成分包含了原来信息量的 5.603%，与可溶性固形物、可滴定酸有很大的正相关。即在 PC6 坐标正向，PC6 越大，可溶性固形物、可滴定酸值越大。

表 1.108 成分矩阵

| | 成分 | | | | | |
	1	2	3	4	5	6
X1	0.247	0.362	−0.172	0.066	−0.241	0.620
X2	−0.024	0.102	−0.119	−0.357	−0.101	0.747
X3	−0.415	0.025	0.335	0.748	0.197	0.210
X4	−0.303	0.236	0.387	0.462	0.214	−0.083
X5	−0.446	−0.175	0.402	0.615	−0.085	0.217
X6	0.548	−0.623	0.341	0.024	0.140	0.074
X7	−0.614	0.628	−0.256	0.133	−0.152	−0.091
X8	−0.213	0.693	−0.141	0.123	−0.255	−0.139
X9	−0.622	0.598	−0.178	0.112	−0.248	−0.105
X10	0.856	0.239	0.016	0.291	−0.074	−0.078
X11	0.901	0.300	−0.010	0.223	−0.087	0.015
X12	0.818	0.166	0.084	0.265	−0.278	−0.032
X13	0.821	0.403	−0.131	0.162	0.113	−0.090
X14	0.300	0.295	−0.051	−0.038	0.765	−0.031
X15	−0.180	0.610	−0.323	−0.289	0.463	0.005
X16	0.164	0.723	−0.149	0.074	0.153	0.096

	成分					
	1	2	3	4	5	6
X17	0.190	0.456	0.784	−0.297	−0.071	−0.027
X18	−0.200	0.269	0.756	−0.278	−0.178	−0.027
X19	−0.327	0.041	0.393	−0.269	−0.065	−0.111
X20	0.326	0.454	0.685	−0.249	−0.144	−0.036
X21	−0.197	0.210	0.437	−0.027	0.524	0.227

表 1.109　判断矩阵

理化特性	总糖	总顺式番茄红素	果胶	稠度	黏度	可滴定酸	CR
总糖	1	3	5	7	8	9	
总顺式番茄红素	1/3	1	4	5	6	7	
果胶	1/5	1/4	1	3	5	7	0.0604
稠度	1/7	1/5	1/3	1	2	3	
黏度	1/8	1/6	1/5	1/2	1	2	
可滴定酸	1/9	1/7	1/7	1/3	1/2	1	
加工品质	a^*		浓缩时间		得率		
a^*	1		5		7		
浓缩时间	1/5		1		3		0.0121
得率	1/7		1/3		1		

主成分分析表明，可用较少的变量去解释原始数据中的大部分变异，从而更好地解释事物内在的规律。本书依据 21 项品质指标对 44 个品种番茄酱进行系统聚类分析。聚类分析采用组间连接法，依照欧氏距离，根据不同指标间的差异将距离相近的指标聚为一类从而对综合品质进行分类。

在欧氏距离=13 时，可将 21 项品质指标分为 11 类（图 1.51）。第 1 类聚集了 3 个指标：果胶含量、CSP、CWM，而番茄酱的稳定性受番茄中果胶含量的强烈影响，因此可选择果胶含量作为核心指标代表第 1 类。第 2 类聚集了 1 个指标：NSP。第 3 类聚集了 1 个指标：WSP。第 4 类聚集了 3 个指标：L^*、b^*、a^*，由于本书收集的是成熟番茄，红色是反映色泽品质的重要指标，因此选择 a^* 作为核心指标代表第 4 类。第 5 类聚集了 3 个指标：表观黏度、离心沉淀率、悬浮稳定性，番茄酱的表观黏度对其感官品质有着较大影响，因此选择表观黏度作为核心指标

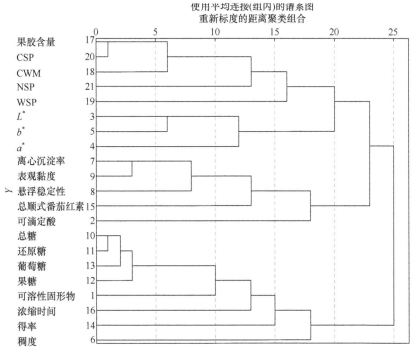

图 1.51　系统聚类树状图

代表第 5 类。第 6 类聚集了 1 个指标：总顺式番茄红素。总顺式番茄红素除了对色泽有着较大影响，还对其营养品质做出贡献，因此选择总顺式番茄红素作为核心指标代表第 6 类。第 7 类聚集了 1 个指标：可滴定酸。由于可滴定酸含量是番茄酱风味的主要因素之一，因此选择可滴定酸作为核心指标代表第 7 类。第 8 类聚集了 5 个指标：总糖、还原糖、葡萄糖、果糖、可溶性固形物。由于总糖决定着产品的口感与风味，因此选择总糖作为核心指标代表第 8 类。第 9 类聚集了 1 个指标：浓缩时间。浓缩时间越短，能耗越低。有效缩短浓缩时间是实现番茄酱浓缩工艺的关键，因此选择浓缩时间作为核心指标代表第 9 类。第 10 类聚集了 1 个指标：得率。较高的番茄酱得率意味着更高的经济价值，因此选择得率作为核心指标代表第 10 类。第 11 类聚集了 1 个指标：稠度。稠度代表着番茄酱产品的主要感官特性与品质指标，因此选择稠度作为核心指标代表第 11 类。综上所述，共筛选出 9 个核心品质评价指标，分别为：果胶含量、a^*、表观黏度、总顺式番茄红素、可滴定酸、总糖、浓缩时间、得率、稠度。

利用层次分析法中的 1～9 标度法，对筛选出的 9 个核心指标赋予不同的权重。根据 9 个指标对果汁品质影响的重要程度，通过 5 名专家对每组指标重要性的评分进行商议和修改，得到最终的判断矩阵，为了保证计算结果的可靠性，对判断矩阵进行一致性检验，即用 CI=（$\lambda_{max}-n$）（$n-1$），式中：λ_{max} 为判断矩阵最大特征根；

n 为判断矩阵阶数。一致性比率 CR=CI/RI，式中：RI 为与 n 对应的平均随机一致性取值。判断矩阵、最大特征根和一致性比率结果见表 1.110，CR 分别为 0.0604 和 0.0121，CR 值均小于 0.1，认为判断矩阵具有良好的一致性。得到各指标的权重值，总糖、总顺式番茄红素、果胶、稠度、黏度、可滴定酸、a^*、浓缩时间、得率的权重分别为 0.3957、0.2284、0.1177、0.0554、0.0358、0.0240、0.1067、0.0191、0.0171。

表 1.110　番茄酱品质指标权重

一级指标	一级指标组内权重	二级指标	二级指标组内权重	二级指标权重
理化特性	0.8571	总糖	0.4616	0.3957
		总顺式番茄红素	0.2665	0.2284
		果胶	0.1374	0.1177
		稠度	0.0647	0.0554
		黏度	0.0418	0.0358
		可滴定酸	0.0280	0.0240
加工品质	0.1429	a^*	0.7471	0.1067
		浓缩时间	0.1336	0.0191
		得率	0.1194	0.0171

2）各试验品种的加权关联度

从表 1.111 可以看出，加权关联度最大的为 PT-13，即制酱品质最好的品种。此外，PT-8、PT-6、PT-4、PT-1 具有较好制酱品质，适于番茄加工；PT-34、PT-12、PT-5、PT-26 具有中等制酱品质；PT-41、PT-42、PT-37、PT-44 具有较差制酱品质，不适于番茄加工。

表 1.111　各试验品种的加权关联度

品种	X2	X4	X9	X10	X14	X15	X16	X17	加权关联度	排序
PT-1	0.010	0.090	0.020	0.390	0.010	0.130	0.010	0.070	0.750	5
PT-2	0.020	0.080	0.010	0.310	0.010	0.200	0.010	0.060	0.730	10
PT-3	0.020	0.090	0.010	0.340	0.010	0.140	0.010	0.070	0.715	11
PT-4	0.020	0.090	0.010	0.310	0.010	0.190	0.010	0.090	0.754	4
PT-5	0.010	0.090	0.010	0.330	0.020	0.110	0.010	0.060	0.673	22
PT-6	0.020	0.090	0.010	0.320	0.010	0.180	0.010	0.070	0.766	3
PT-7	0.020	0.090	0.010	0.390	0.010	0.120	0.010	0.070	0.743	8
PT-8	0.020	0.100	0.010	0.330	0.010	0.190	0.010	0.080	0.774	2
PT-9	0.020	0.090	0.010	0.280	0.010	0.230	0.010	0.070	0.749	6

续表

品种	X2	X4	X9	X10	X14	X15	X16	X17	加权关联度	排序
PT-10	0.020	0.090	0.010	0.31	0.010	0.120	0.010	0.090	0.684	19
PT-11	0.020	0.100	0.010	0.330	0.010	0.090	0.010	0.080	0.665	29
PT-12	0.020	0.100	0.020	0.300	0.010	0.130	0.010	0.060	0.677	21
PT-13	0.020	0.110	0.040	0.320	0.010	0.150	0.010	0.090	0.790	1
PT-14	0.020	0.090	0.010	0.400	0.010	0.110	0.010	0.070	0.748	7
PT-15	0.020	0.080	0.010	0.370	0.010	0.120	0.010	0.070	0.714	12
PT-16	0.020	0.090	0.010	0.350	0.010	0.130	0.020	0.070	0.710	13
PT-17	0.020	0.100	0.010	0.300	0.010	0.150	0.020	0.070	0.704	15
PT-18	0.020	0.090	0.010	0.350	0.010	0.110	0.010	0.070	0.689	17
PT-19	0.020	0.090	0.010	0.300	0.010	0.130	0.010	0.070	0.665	28
PT-20	0.020	0.100	0.010	0.290	0.010	0.110	0.010	0.070	0.640	34
PT-21	0.020	0.100	0.020	0.290	0.010	0.090	0.010	0.120	0.668	26
PT-22	0.010	0.090	0.010	0.370	0.010	0.090	0.020	0.080	0.693	16
PT-23	0.010	0.100	0.020	0.300	0.010	0.100	0.010	0.070	0.6489	33
PT-24	0.010	0.100	0.020	0.310	0.010	0.130	0.020	0.060	0.669	25
PT-25	0.010	0.090	0.010	0.360	0.010	0.090	0.020	0.090	0.708	14
PT-26	0.010	0.090	0.010	0.340	0.010	0.100	0.020	0.060	0.672	23
PT-27	0.010	0.090	0.010	0.330	0.010	0.110	0.020	0.070	0.686	18
PT-28	0.020	0.080	0.010	0.290	0.010	0.140	0.020	0.070	0.657	31
PT-29	0.020	0.100	0.010	0.290	0.010	0.100	0.020	0.070	0.637	36
PT-30	0.020	0.090	0.010	0.290	0.010	0.110	0.010	0.080	0.634	38
PT-31	0.010	0.090	0.010	0.360	0.010	0.130	0.020	0.080	0.739	9
PT-32	0.020	0.100	0.010	0.280	0.010	0.130	0.020	0.060	0.640	35
PT-33	0.010	0.090	0.020	0.280	0.010	0.140	0.010	0.060	0.6523	32
PT-34	0.010	0.090	0.030	0.300	0.010	0.120	0.010	0.070	0.680	20
PT-35	0.010	0.100	0.030	0.280	0.010	0.130	0.020	0.070	0.671	24
PT-36	0.020	0.090	0.020	0.270	0.010	0.120	0.010	0.080	0.660	30
PT-37	0.020	0.090	0.010	0.290	0.010	0.100	0.020	0.060	0.608	43
PT-38	0.020	0.090	0.020	0.310	0.010	0.120	0.010	0.070	0.667	27
PT-39	0.010	0.090	0.010	0.320	0.010	0.090	0.010	0.070	0.637	37
PT-40	0.020	0.090	0.010	0.290	0.010	0.100	0.020	0.070	0.622	40
PT-41	0.010	0.090	0.010	0.310	0.010	0.080	0.020	0.070	0.619	41
PT-42	0.020	0.090	0.010	0.310	0.010	0.080	0.020	0.050	0.614	42
PT-43	0.020	0.090	0.020	0.300	0.010	0.100	0.020	0.050	0.623	39
PT-44	0.020	0.090	0.020	0.240	0.010	0.120	0.020	0.050	0.590	44

1.3　畜禽原料特性与制品品质

1.3.1　猪肉

1. 不同品种和部位的猪肉营养品质特性分析

我国是占全球猪肉市场份额最大的国家，占全球猪肉总产量的 48.7%（5500 万 t）。我国各地猪种遗传资源丰富，2011 年版《中国畜禽遗传资源志·猪志》统计结果显示：猪品种数量为 100，分布在我国的 21 个省和 3 个直辖市，其中地方猪种有 76 个，培育品种有 18 个，引进国外品种有 6 个。不同品种的猪肉品质不同且各有特点，‘藏香猪’和‘三门峡黑猪’作为地方猪种，以其良好的感官品质和丰富的营养成分而闻名，其肉质鲜美、蛋白高、脂肪含量低、含有对健康有益的不饱和脂肪酸和必需氨基酸；‘三门峡黑猪’肉肌纤维细、口感较好；‘杜长大白猪’是一种典型的杂交猪，瘦肉率高，目前已广泛应用于商品化生产，其肉质和风味与中国地方猪品种有显著差异。

猪肉的营养品质主要包括水分、蛋白质、脂肪、灰分、矿物质等。它们不仅表征了猪肉营养价值的基本状况，而且对其食用品质和加工性能均有显著影响。水分含量直接影响肉的组织结构、品质以及风味；蛋白质影响肉的持水力及凝胶等特性，直接影响肉的风味品质；脂肪含量的多少直接影响肌肉的嫩度和多汁性；而矿物质是人体自身不能合成的，需要从食物中摄取，动物源矿物质利于人体的消化吸收，维持人体机能的正常运转。

不同品种和部位，都会使猪肉营养品质方面产生差异。将三个品种猪的基本营养组分进行对比，比较品种间的基本指标差异。通过表 1.112 知，同一部位不同品种之间水分、蛋白质、肌肉脂肪及粗灰分含量均呈现显著差异（$P<0.05$），其中前腿肉一般是瘦肉稍少肥肉较多，存在肥瘦相间的情况，经检测，前腿肉的脂肪含量高于后腿肉，且品种之间会呈现显著差异（$P<0.05$），其中，‘藏香猪’和‘三门峡黑猪’的蛋白质含量显著高于‘杜长大白猪’。猪的后腿肉部位整块都是瘦肉，脂肪含量极少，因此属于高蛋白、低脂肪且高维生素的猪肉，经检测，三个品种此部位的脂肪含量均低于 1%，且无显著性差异（$P>0.05$），而‘藏香猪’的蛋白质含量最高（22.22%）。‘三门峡黑猪’里脊部位的粗蛋白含量、粗脂肪含量以及粗灰分含量均最高，其中蛋白质含量和灰分含量显著高于‘藏香猪’里脊中的含量（$P<0.05$）。

表 1.112　不同品种猪肉营养组分分析（%）

部位	品种	水分含量	蛋白质含量	肌内脂肪含量	粗灰分含量
前腿肉	藏香猪	73.81±0.16[b]	20.88±0.05[a]	1.84±0.14[b]	1.10±0.04[a]
	三门峡黑猪	74.30±0.11[a]	19.67±0.09[a]	1.73±0.30[b]	1.20±0.09[a]
	杜长大白猪	71.34±0.55[c]	18.33±1.13[b]	3.79±0.18[a]	1.20±0.05[a]

续表

部位	品种	水分含量	蛋白质含量	肌内脂肪含量	粗灰分含量
后腿肉	藏香猪	74.90±0.15[a]	22.22±0.11a	0.73±0.33[a]	1.18±0.06[b]
	三门峡黑猪	74.53±0.08[b]	21.39±0.27[b]	0.98±0.12[a]	1.44±0.16[a]
	杜长大白猪	73.05±0.62[c]	20.87±0.50[b]	0.83±0.38[a]	1.43±0.12[a]
里脊	藏香猪	75.09±0.20[a]	20.23±0.74[b]	1.26±0.60[ab]	1.10±0.06[b]
	三门峡黑猪	74.98±0.21[a]	22.26±0.99[a]	1.68±0.22[a]	1.59±0.29[a]
	杜长大白猪	75.16±0.09[a]	21.96±0.48[a]	0.67±0.09[b]	1.42±0.02[ab]

注：同列部位不同品种小字母表示品种间差异性达到显著水平（$P<0.05$）。

矿物质是指一些无机盐类和微量元素。肉中矿物质成分有钠、钾、镁、钙、铁、锌、铜、铝等。这些无机盐在肉中有的以游离状态存在，如镁、钙离子；有的以螯合状态存在，如肌红蛋白中含铁，核蛋白中含磷。猪肉中矿物质约为1.5%，变动较小，但因动物的种类、品种、肌肉部位等不同，有一定差别。不同品种猪肉及部位中主要矿物质含量详见表1.113。

表 1.113　不同品种猪肉不同部位矿物质组成及其含量

	单位	藏香猪			三门峡黑猪			杜长大白猪		
		前腿肉	后腿肉	里脊	前腿肉	后腿肉	里脊	前腿肉	后腿肉	里脊
Na	ppm	839.19	881.04	715.51	602.93	542.73	537.96	655.56	555.39	474.09
Mg	ppm	198.07	207.77	337.33	210.30	222.05	230.91	175.92	226.98	248.51
P	ppm	2269.51	2451.18	2256.50	2313.46	2445.53	2524.65	2028.45	2509.98	2631.25
K	ppm	3251.87	3235.52	2893.95	3629.60	3749.77	3808.71	3100.12	3812.93	4187.95
Ca	ppm	61.16	58.20	184.40	36.29	43.28	48.37	46.54	38.58	71.65
Fe	ppm	18.38	25.40	41.79	8.82	12.36	8.42	28.13	9.68	23.04
Zn	ppm	34.14	47.82	22.47	20.42	27.73	22.45	20.61	25.69	11.86
Cr	ppb	231.44	300.32	314.26	224.91	191.65	190.09	909.73	189.63	1789.91
Co	ppb	2.83	4.01	16.68	1.42	1.58	2.01	6.01	1.66	8.79
Cu	ppb	1743.68	1615.53	1316.62	609.96	789.82	547.16	567.63	728.11	529.54
Se	ppb	156.89	224.53	195.06	105.44	102.20	102.54	148.40	157.75	153.67
Mo	ppb	21.97	25.43	28.62	7.22	8.07	6.06	10.19	13.40	8.18

2. 不同品种和部位的猪肉加工品质特性分析

食用品质是猪肉重要的质量指标，主要包括颜色、风味、多汁和质地等方面。肌肉的颜色是重要的食用品质之一。事实上，猪肉的颜色本身对肉的营养价值和风味并无多大影响。而颜色的重要意义在于它是肌肉的生理学、生物化学和微生物学变化的外部表现，因此可以直接通过感官给消费者以好或坏的印象，是最直观的判断猪肉食用品质的依据。根据猪肉的颜色状况，可将猪肉分为灰白肉（PSE）、正常肉（RFN）和黑干肉（DFD）。正常肉是品质最好的肉，而灰白肉和黑干肉都是品质较差的肉。灰白肉的肉质、味道差，失重率高，贮藏时间短；黑干肉表面干燥、质地粗硬。影响猪肉呈色的因素很多，一般概括为内在因素和环境因素两个方面，内在因素包括品种、基因型、营养等，环境因素包括温度、微生物、氧分压等。有研究认为不同品种（'杜洛克'、'长白'、'大白'、'皮特兰'、'汉普夏'及'杜洛克与汉普夏杂交型猪'）的猪肉亮度（L^*值）和红度（a^*值）有显著差异。

　　肉的风味指的是生鲜肉的气味和加热后肉制品的香气和滋味。它是肉中固有成分经过复杂的生物化学变化，产生各种有机化合物所致。呈味物质均具有各种发香基因，如羟基（—OH）、羧基（—COOH）、醛基（—CHO）、羰基（—CO）、巯基（—SH）、酯基（—COOR）、氨基（—NH$_2$）、酰胺基（—CONH）、亚硝基（—NO）、苯基（—C$_6$H$_5$）。肉的鲜味成分，来源于核苷酸、氨基酸、酰胺、肽、有机酸、糖类、脂肪等前体物质。这些肉的风味是通过人的高度灵敏的嗅觉和味觉器官反映出来的。不同猪种的猪肉具有明显不同的风味，'藏香猪'、'三门峡黑猪'和'杜长大白猪'的前腿肉和后腿肉中共鉴定出 61 种挥发性成分，这些化合物可分为醛类、醇类、酮类、酯类、芳香族、烃类、呋喃类、含氮化合物和含硫化合物。其中，在煮猪肉中发现的醛类最多，占总挥发性成分的 50.0% 以上，其次是碳氢化合物和芳香化合物。水煮的'藏香猪'、'三门峡黑猪'和'杜长大白猪'中分别含有 54 种、44 种和 52 种挥发性化合物，'藏香猪'肉中的醛类和酮类的比例最高，醚类、呋喃类和含硫化合物的比例在'三门峡黑猪'中最高，相比之下，'杜长大白猪'中芳香族化合物的含量最高。由于猪肉的主要风味来源于醛类、呋喃类和含硫化合物，'藏香猪'和'三门峡黑猪'对猪肉的整体风味有重要贡献。而 2-己基癸醇仅存在于'杜长大白猪'中。蒸煮后的三种猪后腿肉中，'三门峡黑猪'肉的游离谷氨酸含量最高，'藏香猪'肉的肌苷酸含量最高，二者的鲜味较强。5′-磷酸腺苷（5′-AMP）和 5′-肌苷酸（5′-IMP）的含量在蒸煮后的'藏香猪'肉中含量最高，'三门峡黑猪'次之，'杜长大白猪'最低，因此，'藏香猪'鲜味增强作用较强。虽然蒸煮后的'藏香猪'、'三门峡黑猪'和'杜长大白猪'中的鲜味物质差异较大，但它们的滋味相似。

　　多汁性是影响肉食用品质的一个重要因素，尤其对肉的质地影响较大，据测算，10%～40% 肉的质地差异由多汁性决定。对多汁性较为可靠的评测仍然是人的主观感觉，首先是开始咀嚼时肉中释放出的肉汁的多少；其次是咀嚼过程中肉汁释放的持续性；然后是在咀嚼时刺激唾液分泌的多少；最后是肉中的脂肪在牙齿、舌头及口腔其他部位的附着给人以多汁性的感觉。影响肉制品多汁性的因素有很多，如肉中的脂肪种类和含量、烹调方法、加热速度、肉制品的可榨出水分，另外多汁性还受鉴定人本身生理特点的状况影响较大。其中，脂肪种类和含量直接与猪肉的品种和部位有关。

食品质地是食品的组织结构及其对外力反映方式的感官表现，如软硬、黏弹、酥脆、耐咀嚼等，属于食品的感官性质，是食品的重要属性。猪肉的嫩度指肉在食用时口感的老嫩，反映了肉的质地，由肌肉中各种蛋白质结构特性决定。影响嫩度的因素包括宰前因素（品种、性别、年龄、肌肉部位）和宰后因素（肌肉收缩、解冻僵直、成熟、烹调加热）。

猪肉的加工品质主要包括质构、风味、保水性、pH 等，不同部位肉中肌纤维类型组成以及肌纤维的大小和数量是影响加工品质的重要因素。猪里脊、前腿、后腿三个部位肌肉的肌纤维类型组成和品质特性存在差异。里脊中水分含量最高，但滴水损失和蒸煮损失高，持水力差；而前腿肉中水分含量低，持水力好。猪肉的嫩度是消费者最重视的食用品质之一，它决定了肉在食用时口感的老嫩，是反映肉质地的指标。猪肉的保水性对肉的品质如色、香、味、营养成分、多汁性、嫩度等感官品质有很大的影响，是评定肉质的重要指标之一。畜禽的种类、肌肉部位及屠宰前后的处理等都是影响肉的保水性的重要因素。实验表明，猪的冈上肌保水性最好，其次依次是腰大肌＞半膜肌＞股二头肌＞臀中肌＞半腱肌＞里脊，骨骼肌较平滑肌佳，颈肉、头肉比腹部肉、舌肉保水性好。

猪肉风味的形成不能归因于某一种化合物，它是挥发性和非挥发性化合物相互作用形成的。生肉的组成、影响风味前体数量的因素（动物品种、饲料、饲养条件等）或者影响风味形成反应过程的各种因素（屠宰方式、温度、pH、成熟方式、烹调方法等）都对猪肉风味有不同程度的影响。研究人员发现猪肉中有 23 种挥发性化合物受品种的显著影响，与我国品种相比，'杜长大白猪'的背最长肌具有最低的猪肉风味强度和风味喜好，'莱芜猪'和'大花白猪'则有最高的猪肉风味强度和风味喜好。他们还比较了 4 种杂交猪猪肉的风味物质，发现野猪-八眉猪杂交猪的猪肉中风味物质种类最多，而野猪-野猪、八眉猪-大白猪杂交猪的猪肉中风味物质最少，只有 64 种风味物质以不同的相对含量存在于 4 种猪肉中。地方猪肉与瘦肉型猪肉间的游离氨基酸和肌苷酸含量有明显差异。'姜曲海猪'肉与'杜长大杂种猪'肉相比，肌内脂肪、亚麻酸、肌苷酸、谷氨酸、脯氨酸以及部分风味物质的含量较为丰富。'峡黑猪'肉中的主要挥发物是脂肪醛、脂肪酸、醇、酯，而有效芳香化合物是 2-甲基-3-呋喃硫醇、3-甲硫基丙醛、γ-癸内酯和 2-糠基硫醇等。同时，由于同种猪肉中不同部位的脂肪组成不同，猪肉制品在加工过程中，风味物质的形成也不尽相同。

猪后腿肉质嫩，有肥有瘦，肥瘦相连，皮薄，适宜做白肉（凉拌）、卤、腌、做汤，或做回锅肉等；而前腿肉半肥半瘦、肉质较老，适宜凉拌、卤、烧、腌、酱腊、咸烧白（芽菜扣肉）等。猪前腿和后腿肌肉具有相似的香气成分。从煮猪肉部位来看，'杜长大白猪'前、后腿肌肉中的主要挥发性成分为醛类、乙醇类和芳香类。'三门峡黑猪'前、后腿肌肉中富含醛类、醚类和含硫化合物，并且醛类＞醚类＞含硫类化合物。'藏香猪'前腿和后腿肌肉中主要挥发性成分为醛类和含硫化合物。吡啶和 2-乙酰基吡嗪作为两种含氮化合物，在猪前腿肌煮肉中的含量显著高于猪后腿肉。此外，3-甲基噻吩和苯并噻唑在猪后腿肉中含量非常丰富，且'藏香猪'中二甲基二硫醚和 2-乙酰噻唑的含量高于'杜长大白猪'和'三门峡黑猪'，而这四种含硫化合物是形成熟白菜和烤肉风味的主要原因。

3. 猪肉与其卤制产品品质之间关联性指标分析

猪肉及其制品是人类膳食中不可缺少的优质蛋白质来源。在肉品加工中原料肉品质对肉制品品质影响最大，尤其是对于消费者来说是最重要的食用品质和营养品质。然而品种、性别、年龄、部位、营养水平、饲养方式和屠宰等都会造成原料肉品质的差异。一般而言，猪肉制品品质是指与鲜肉或加工肉的外观、适口性和营养价值等有关理化性质的综合品质，主要包括 4 个方面：营养品质、食用品质、加工品质和安全品质。风味是肉类食用品质的重要组成，主要由滋味和气味构成。滋味主要来自于肉中的呈味物质，如无机盐、氨基酸、多肽、核苷酸和糖类等，这些物质被舌上的味蕾感受后，经神经传导到大脑，从而呈现出甜、咸、酸、苦、鲜等味道。气味是在肉类加工过程中由特定前体产生的挥发性风味物质。

游离氨基酸不仅是食品中重要的营养成分，也是重要的滋味成分和气味前体物质，同时还能与食品体系中的其他成分协同，影响其整体风味。煮制猪肉中游离氨基酸含量见表 1.114。不同品种和部位猪肉中游离氨基酸的含量范围为 $1277.9 \sim 2485.6$ mg/100 g。D3 样品中游离氨基酸是 Z1 样品中的 1.9 倍。鲜味、甜味、苦味氨基酸所占的比例分别为 2.7%，13.4% 和 83.9%。煮制猪肉中主要游离氨基酸为精氨酸、谷氨酸、丙氨酸、组氨酸、甘氨酸、苏氨酸和赖氨酸，其中，谷氨酸和丙氨酸是主要的鲜味和甜味氨基酸，可能对猪肉的滋味有重要贡献。S1～S3 猪肉样品中鲜味氨基酸和甜味氨基酸的含量显著高于 Z1～Z3 样品，也可以证明 Z1～Z3 样品中大部分氨基酸参与生成挥发性化合物。

表1.114 不同品种蒸煮猪肉游离氨基酸含量（mg/100g）

游离氨基酸	Z1	Z2	Z3	D1	D2	D3	S1	S2	S3
天冬氨酸	N.D.	N.D.	N.D.	N.D.	N.D.	14.1±4.9[b]	26.5±3.5[a]	N.D.	N.D.
谷氨酸	34.5±0.7[ef]	33.4±6.5[f]	31.0±4.9[f]	28.1±1.6[f]	40.4±1.3[e]	75.2±5.8[b]	86.1±4.8[a]	52.3±2.0[d]	60.0±2.1[c]
鲜味氨基酸	34.5±0.7[d]	29.7±1.5[f]	31.0±4.9[d]	28.1±1.6[d]	40.4±1.3[d]	84.6±13.8[b]	114.5±8.3[a]	52.3±2.0[c]	60.0±2.1[c]
丝氨酸	29.9±1.4[de]	19.3±0.7[f]	26.5±1.7[e]	17.4±0.9[f]	32.1±1.4[d]	53.1±2.9[b]	70.9±3.9[a]	31.1±1.3[d]	48.4±2.2[c]
甘氨酸	35.0±1.2[d]	20.9±1[g]	40.5±2.5[c]	31.0±0.4[e]	27.1±1.9[f]	45.9±0.8[b]	56.9±2.7[a]	31.4±1.1[de]	31.7±3.0[de]
苏氨酸	58.1±2.2[ef]	63.0±0.7[de]	60.6±2.1[ef]	54.8±1.2[f]	74.2±0.3[bc]	91.1±4.1[a]	80.6±6.2[b]	67.9±1.7[cd]	92.5±6.4[a]
丙氨酸	122.4±3.1[b]	78.8±2.6[d]	107.2±2.8[c]	71.9±4.3[d]	82.6±1.7[d]	103.8±1.5[c]	145.7±5.7[a]	80.2±3.6[d]	84.5±5.0[d]
脯氨酸	21.8±0.8[b]	16.6±0.2[c]	23.2±0.3[b]	10.4±4.6[d]	16.7±1.3[c]	34.7±2.7[a]	34.7±1.8[a]	17±1.4[c]	24.5±2.5[b]
甜味氨基酸	272.6±5.2[c]	197.0±1.8[e]	244.7±24.9[d]	185.5±0.4[e]	232.8±1.9[d]	328.5±4.2[b]	377.4±4.8[a]	227.6±5.1[d]	281.5±18.4[c]
组氨酸	67.1±3.2[a]	38.0±2.8[d]	42.3±2.0[c]	31.3±0.8[d]	25.6±0.5[e]	39.3±1.4[d]	71.5±2.1[a]	39.2±2.0[c]	31.8±2.5[d]
精氨酸	786.5±13.1[f]	926.6±11.7[e]	951.8±22.4[e]	1434.3±48[d]	2000.4±41.2[a]	1810.6±39.3[b]	1475.7±79.6[d]	1646.7±67.5[c]	1770.7±113.8[b]
酪氨酸	21.7±0.4[f]	18.2±1.4[f]	26.9±0.4[f]	9.9±1.1[g]	23.9±1[c]	31.2±1.0[b]	42.1±1.2[a]	28.6±1.4[b]	35.6±2.1[b]
丙氨酸	15.7±0.4[de]	15.1±1.1[de]	17.9±0.9[d]	11.8±1.1[f]	16.5±0.9[de]	32.7±4.2[b]	43.5±1.8[a]	22.7±0.5[c]	32.3±4.8[c]
甲硫氨酸	2.8±0.6[e]	2.1±1.0[e]	6.6±0.8[d]	3.7±1.4[bc]	4.7±1.6[bc]	11.8±2.7[a]	12.1±1[a]	5.1±0.7[bc]	12.7±2.6[a]
赖氨酸	35.3±1.3[c]	25.7±1[f]	34.7±0.4[c]	17.2±0.3[g]	36.5±0.6[de]	57.5±0.7[b]	81.6±2.7[a]	39.1±2.2[d]	50.5±3.1[c]
异亮氨酸	17.9±0.2[e]	14.3±1.6[f]	20.6±1.4[e]	8.7±0.9[g]	16.8±1.3[e]	23.6±1.4[c]	35.2±1.1[a]	21.4±1.6[d]	26.3±0.7[b]

续表

游离氨基酸	Z1	Z2	Z3	D1	D2	D3	S1	S2	S3
亮氨酸	36.9±0.8e	26.9±0.8g	41.1±1.7d	16.0±0.9h	34.1±1.2f	43.4±1.0c	59.5±1.3a	38.2±0.4e	47.0±1.6b
苯丙氨酸	13.5±2ef	12.3±0.7f	19.7±1.8cd	3.5±0.9g	16.5±1.3de	22.3±3.7bc	29.1±1.5a	17.5±2.2d	24.5±1.6b
苦味氨基酸	997.6±18e	1062.6±5.9e	1133.5±2.4c	1536.4±45.8d	2201.0±5.1a	2072.5±44.8ab	1799.2±16.1c	1858.6±76.3c	2028.4±186.2b
总氨基酸	1277.9±21.5e	1289.3±5.6e	1408.7±15.6e	1750.1±47.8d	2439.4±61.4a	2485.6±45.3a	2272.1±2.1bc	2140.9±85.6c	2377.6±144.4ab

注：1. 同列不同字母表示品种间差异性达到显著水平（$P<0.05$）；2. D1 表示'杜长大白猪'前腿，D2 表示'杜长大白猪'后腿，D3 表示'杜长大白猪'后臀尖，S1 表示'三门峡黑猪'前腿，S2 表示'三门峡黑猪'后腿，S3 表示'三门峡黑猪'后臀尖，Z1 表示'藏香猪'前腿，Z2 表示'藏香猪'后腿，Z3 表示'藏香猪'后臀尖。后同。

不同煮制猪肉中呈味核苷酸含量见表 1.115。煮制猪肉中 5′-IMP 含量最高（12.4～82.5 mg/100 g），5′-AMP 含量次之（20.0～29.5 mg/100 g），5′-GMP 含量最低，仅为 1.6～4.3 mg/100 g。样品 S1～S3 和 Z1～Z3 中的呈味核苷酸 5′-AMP 和 5′-IMP 含量小于 D1～D3 煮制猪肉样品，而 5′-IMP 和 5′-GMP 具有鲜味增强作用，其与游离氨基酸中 Glu 和 Asp 的协同作用在鲜味方面甚至高于味精的作用。因此，为了更好地比较不同品种的猪肉样品，使用味精当量（EUC）比较两种煮制产品中呈味核苷酸和游离氨基酸的协同效应。

表 1.115　不同品种煮制猪肉呈味核苷酸和味精当量

核苷酸	5′-AMP/（mg/100g）	5′-GMP/（mg/100g）	5′-IMP/（mg/100g）	风味核苷酸/（mg/100 g）	味精当量/（g MSG/100 g）
D1	23.3±0.4^{cd}	2.8±0^d	46.0±0.4^d	70.0±3.5^e	2.0±0.1^c
D2	26.8±0.8^b	4.3±0^a	82.5±1.9^a	113.3±2.5^a	4.8±0.2^a
D3	20.0±0.4^e	1.6±0^f	28.6±1.3^f	78.8±1.2^c	3.4±0.4^b
S1	23.8±3.6^c	2.4±0.2^e	12.4±0.2^g	38.5±4.0^h	2.5±0.2^c
S2	22.5±1.6^{cde}	2.4±0.3^e	45.3±2.9^d	72.1±0.8^{de}	3.5±0.3^b
S3	29.5±0.2^a	3.5±0^b	54.0±0.3^b	59.8±1.8^f	5.0±0.2^a
Z1	21.2±0.7^{de}	2.9±0.1^d	35.7±1.1^e	87.2±0.5^b	2.0±0.1^c
Z2	26.6±0.3^b	3.4±0.1^{bc}	49.0±0.7^c	50.3±1.6^g	2.3±0.1^c
Z3	21.1±0.5^{de}	3.2±0.1^c	51.3±1.1^c	75.7±1.5^{cd}	2.4±0.4^c

味精当量表示呈味核苷酸和鲜味氨基酸混合物协同作用所产生的鲜味强度。D1～D3、S1～S3 和 Z1～Z3 猪肉样品的 EUC 值分别为 2.0～4.8 gMSG/100 g，2.5～5.0 gMSG/100 g 和 2.0～2.4 gMSG/100 g。味精的鲜味阈值为 0.03 g/100 mL，因此可以看出，不同煮制猪肉样品的 EUC 值均高于味精的鲜味阈值，具有很强的鲜味。但是，比较不同品种猪肉可以发现，S1～S3 猪肉样品的 EUC 值大于传统卤制猪肉，说明 S1～S3 猪肉样品在鲜味呈现方面具有优势。

对样品进行电子鼻检测后得到传感器电导率比值的响应曲线图，通过 PEN3 型电子鼻软件 WinMuster 得到煮制猪肉的主成分分析图。

从图 1.52 中可以看出，第一主成分的贡献率为 92.83%，第二主成分的贡献率为 6.49%，总的贡献率为 99.32%，能够较好地说明煮制猪肉的风味特点，且在 PC1 和 PC2 构建的平面上区分度较好。其中，S1、S2 和 S3 样品在第一主成分上较为集中，且有部分重叠，说明不同部位原料肉煮制后，其风味差别不显著（$P>0.05$）；同理可得到 D1、D2、D3 和 Z3 样品煮制后风味差别不显著（$P>0.05$）；'藏香猪'肉样、'杜长大白猪'肉样和'三门峡黑猪'肉样在图 1.52 中可以明显地区分开来，说明不同品种猪肉煮制后，其风味差别显著（$P<0.05$）。

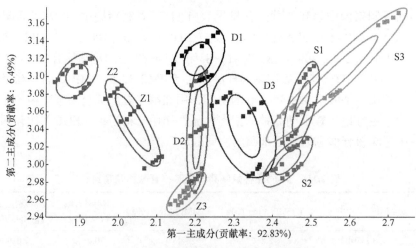

图 1.52   不同煮制猪肉的主成分分析图

1.3.2   鸡肉

鸡肉在中国是主要肉类品种之一，其具有高蛋白、低脂肪、低胆固醇、低热量的特点，广受消费者欢迎。中国是鸡肉生产大国和消费大国，目前中国鸡肉加工主要集中在整鸡加工、整鸡销售，深加工产品少，所用品种主要集中在白羽肉鸡等快大型肉鸡，缺乏加工专用的原料肉，并且标准化程度不高。因此，进行不同品种的原料肉的食用品质的相关性分析以及建立鸡肉加工适宜性评价模型，对于鸡肉肉制品的规范化生产具有重要意义。

1. 不同原料鸡肉卤制产品品质评价

鸡肉卤制产品的原料肉来源十分丰富，以全鸡为例，中国本土鸡肉品种就有'北京油鸡'、'大骨鸡（庄河鸡）'、'边鸡'、'峨眉黑鸡'、'武定鸡'、'中原鸡'、'九斤黄鸡'、'狼山鸡'、'惠阳鸡'、'清远麻鸡'等。

目前，市场上用于酱卤肉制品加工的肉鸡一般分为三类：快大型白羽肉鸡、黄羽肉鸡及淘汰蛋鸡。其中，快大型白羽肉鸡是主要的饲喂时间短、生长速度快、屠宰率较高的商业肉鸡品种。目前，这类鸡的肉质细嫩，更适合加工炸、烤类及乳化火腿肠类西式肉制品，不适合加工成中式酱卤肉制品。黄羽肉鸡是我国主要地方品种鸡，具有肉质鲜美及特殊的药用滋补的特点，但是其生长速度慢、繁殖能力差等缺点限制了其规模化养殖、消费和食用。淘汰蛋鸡主要是产蛋专用品种鸡，但当达到饲喂周期（500 d 左右）时就要被淘汰掉，淘汰蛋鸡水分含量偏低，肉质比较老，适合加工成中式酱卤肉制品。

除全鸡外，鸡胸肉、鸡前腿肉、鸡后腿肉也是酱卤肉制品的重要原料，下面将以鸡胸肉、鸡前腿肉、鸡后腿肉为例，讨论不同品种的鸡原料肉的食用品质以及其与卤制产品品质的相关性，建立鸡肉卤制产品加工适宜性评价模型并进行验证，为鸡肉卤制产品评价提供参考，评价方法参考《肉的食用品质客观评价方法》（NY/T 2793—2015），鲜肉的食用品质指标主要包括肉的 pH、颜色、剪切力、保水性和蒸煮损失率等。

1）不同部位鸡胸肉食用品质特性分析

鸡胸肉是在胸部里侧的肉，形状像斗笠，是鸡身上最大的两块肉，又称胸脯肉。鸡胸肉肉质细嫩，滋味鲜美，营养丰富，能滋补养身。鸡胸肉蛋白质含量较高，且易被人体吸收利用，有增强体力，强壮身体的作用，含有对人体生长发育有重要作用的磷脂类，是中国人膳食结构中脂肪和磷脂的重要来源之一。

鸡肉营养成分丰富，肉质细嫩，研究测定了鸡翅、鸡腿等不同部位的营养成分。鸡胸肉蛋白质含量高达 19.40 g，而脂肪含量却仅为 5.0 g，因此，鸡胸肉是人类优质的蛋白质摄入来源（表 1.116）。

表 1.116　不同部位的鸡肉主要营养成分

营养成分	鸡	鸡翅	鸡腿	鸡胸脯	鸡胗	鸡爪	鸡心	鸡肝
蛋白质/g	19.30	17.40	16.40	19.40	19.20	23.90	15.90	16.60
碳水化合物/g	1.30	4.60	ND	2.50	4.0	2.70	0.60	2.80
脂肪/g	9.40	11.80	13.0	5.0	2.80	16.40	11.80	4.80
水分/g	69.0	65.40	70.20	72.0	73.10	56.40	70.80	74.40
灰分/g	1.0	0.80	0.80	1.10	0.90	0.60	0.90	1.0
维生素 A/μg	48.0	68.0	44.0	16.0	36.0	37.0	910.0	10414.0
维生素 B$_1$/mg	0.05	0.01	0.02	0.07	0.04	0.01	0.46	0.33
维生素 B$_2$/mg	0.09	0.11	0.14	0.13	0.09	0.13	0.26	1.10
酸/mg	5.60	5.30	6.0	10.80	3.40	2.40	11.50	11.90
维生素 E/mg	0.67	0.25	0.03	0.22	0.87	0.32	ND	1.88
钙/mg	9.0	8.0	6.0	3.0	7.0	36.0	54.0	7.0
铁/mg	1.40	1.30	1.50	0.60	4.40	1.40	4.70	12.0
锌/mg	1.09	1.12	1.12	0.51	2.76	0.90	1.94	2.40
磷/mg	156.0	161.0	172.0	214.0	135.0	76.0	176.0	263.0
硒/μg	11.75	10.98	12.40	10.50	10.54	9.95	4.10	38.55

注：ND 表示未检出。后同。

王春青等选取'清远鸡'、'北京油鸡'、'柴母鸡'、'乌鸡'、'贵妃鸡'、'三黄鸡'、'矮脚鸡'和'童子鸡'等八种不同品种的鸡胸肉进行处理，测定 pH、颜色、剪切力、蒸煮损失率等，结果如下。

（1）肉色与 pH。

肉的颜色对肉的风味和营养品质影响不大，但可以反映肉的新鲜度，是肉类感官品质的重要指标。肉色是肉质的重要外观条件，它反映了肌肉生理、生化和微生物学的变化，肉色的深浅取决于肌肉中的色素物质肌红蛋白和血红蛋白的含量，肌红蛋白的含量越高，肉色就越深。肉的 pH 可以反映肉的颜色、嫩度、烹饪损失等食用品质，而且会影响肉的保藏期。由表 1.117 中可以看出，不同品种鸡胸肉的颜色存在显著差异，因此在原料肉加工的过程中需要注意肉色的保持。不同品种鸡胸肉之间 pH 不同，会对其原料肉的加工品质产生显著影响。不同品种鸡肉 pH 变化差异不大，大都集中在 5.4～6.3 之间，在原料肉加工中要注意选择合适的 pH 范围，使原料肉保持良好的品质。

表 1.117　不同品种鸡胸肉色泽 pH 比较

品种	亮度值（L^*）	红度值（a^*）	黄度值（b^*）	pH
清远鸡	52.95±0.44^{de}	4.96±0.76^{b}	16.44±1.09^{a}	6.26±0.02^{b}
北京油鸡	46.93±0.40^{f}	5.55±0.45^{ab}	10.67±0.32^{d}	6.0±0.05^{d}
柴母鸡	51.04±1.48^{e}	3.51±1.16^{c}	7.52±0.36^{f}	6.16±0.02^{c}
乌鸡	35.78±3.32^{g}	1.92±0.73^{d}	4.32±0.14^{g}	6.31±0.01^{a}
矮脚鸡	59.11±0.72^{a}	6.30±0.55^{a}	14.26±0.48^{b}	5.46±0.02^{e}
三黄鸡	57.58±0.55^{ab}	5.27±0.55^{ab}	12.44±0.13^{c}	5.48±0.01^{e}
童子鸡	56.17±2.79^{bc}	6.14±0.69^{ab}	9.03±0.62^{e}	6.0±0.04^{d}
贵妃鸡	54.55±0.47^{cd}	2.66±0.31^{cd}	8.07±0.13^{f}	5.48±0.02^{e}

（2）系水力。

系水力是肉品品质重要指标，对肉的多汁性和加工特性都有重要影响，蒸煮损失率是表征肌肉系水力品质的指标之一。8 个品种鸡胸肉的蒸煮损失率详见图 1.53。品种对肉的品质有重要影响。其中，'矮脚鸡'的胸肉持水能力较低，'乌鸡'的持水能力较高。

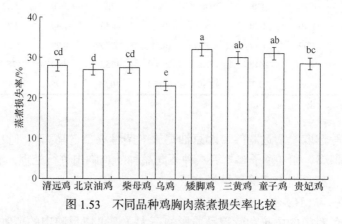

图 1.53　不同品种鸡胸肉蒸煮损失率比较

（3）嫩度。

嫩度是指肉在食用时口感的老嫩，是用以反映肉的质地、评价肉以及肉制品食用物理特性的重要指标，剪切力值是反映肉的嫩度最常用的指标之一。8 个品种鸡胸肉剪切力值由大到小的顺序为'柴母鸡'＞'北京油鸡'＞'矮脚鸡'＞'清远鸡'＞'三黄鸡'＞'童子鸡'＞'乌鸡'＞'贵妃鸡'（图 1.54）。

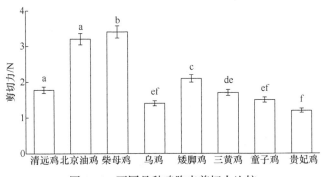

图 1.54　不同品种鸡胸肉剪切力比较

（4）挥发性风味成分。

将鸡胸肉去皮、去除可见脂肪，清洗干净，料水比为 1∶1.5，加盐 1%（添加量为质量分数，以肉重计），置于聚乙烯塑料袋，在 100℃下煮制 30 min，取出。经固相微萃取、气相质谱联用技术及电子鼻分析，共鉴定出 72 种物质，主要包括醛类、酮类、醇类及烷烃类等化合物，其中 10 种鸡共有物质有 18 种，分别为己醛、庚醛、辛醛、（E）-2-辛烯醛、壬醛、（E）-2-壬烯醛、4-乙基苯甲醛、2-庚酮、2-癸酮、6,10-二甲基-5,9-十一双烯-2-酮、庚醇、1-辛烯-3-醇、（E）-2-辛烯醇、辛醇、2,5-二甲基十一烷、4-甲基十二烷、十四烷及二十一烷。

不同品种鸡肉中各类挥发性风味物质的种类数和总含量不同（表 1.118），挥发性物质总含量变幅为 2936.57～59547.04 ng/g，其中，'白羽肉鸡'含量最低，'北京油鸡'含量最高。从整体挥发性风味成分种类和含量比较，中国地方品种鸡的挥发性风味成分种类和含量高于'白羽肉鸡'。

表 1.118　不同品种鸡肉主要挥发性风味成分种类总数和总含量对比

化合物		醛类	酮类	醇类	醚类	酸和酯类	烷烃类	总计
清远鸡	种类	17	3	6	ND	3	14	43
	含量/（ng/g）	11785.47	100.1	1624.29	ND	131.07	701.55	14342.48
北京油鸡	种类	12	3	7	ND	3	17	42
	含量/（ng/g）	11050.57	113.67	3393.83	ND	263.49	44725.51	59547.04
柴母鸡	种类	17	3	9	ND	3	17	49
	含量/（ng/g）	8990.08	114.48	2325.6	ND	122.79	1332.99	12885.94

续表

化合物		醛类	酮类	醇类	醚类	酸和酯类	烷烃类	总计
乌鸡	种类	18	3	6	1	3	15	46
	含量/（ng/g）	7616.44	120.77	1890.19	56.24	313.49	909.26	10906.39
三黄鸡	种类	17	4	5	1	3	13	43
	含量/（ng/g）	8527.84	170.25	1365.53	43.49	119.27	713.03	10939.41
矮脚鸡	种类	15	4	7	1	3	13	43
	含量/（ng/g）	1775.39	140.3	2453.22	58.12	187.76	1006.11	5620.9
童子鸡	种类	9	4	7	ND	3	13	36
	含量/（ng/g）	730.1	132.78	3086.54	ND	140.97	1023.97	5114.36
贵妃鸡	种类	10	4	5	ND	ND	11	30
	含量/（ng/g）	3188.85	364.69	3137.66	ND	ND	31668.62	38359.82
青海麻鸡	种类	15	6	9	1	3	11	45
	含量/（ng/g）	2651.96	439.18	7834.27	112.07	98.03	554.07	11689.58
白羽肉鸡	种类	10	6	6	1	3	11	37
	含量/（ng/g）	812.97	278.45	1195.19	9.02	126.96	513.98	2936.57

注：ND 表示未检测到。

2）不同品种鸡腿肉食用品质特性分析

鸡腿是从脚到腿的部位，及腿根一带的肉，其肉质坚硬，连皮一起摄取时，脂肪的含量较多，也是在整只鸡中铁含量最多的一部分。鸡肉肉质细嫩，滋味鲜美。蛋白质的含量颇多，在肉之中，可以说是蛋白质最高的肉类之一，属于高蛋白低脂肪食品。钾硫氨基酸的含量颇多，与鸡肉和牛肉、猪肉相比，其维生素 A 的含量也高出许多。实验处理时，通常将鸡腿皮、脂肪部分剔除，便于实验操作和品质评价。

一直以来酱卤肉制品是深受人们喜爱的传统美食，白斩鸡、盐水鸭、酱肘子这些传统菜肴早已是我们餐桌上的常客，更有德州扒鸡、道口烧鸡、卓资山熏鸡等经典名菜享誉全国。但是随着人们健康理念的不断加强，传统酱卤制品的安全性受到广泛关注，曾经以百年老卤为金字招牌的传统酱卤制品不得不面对这一新时代的巨大挑战。

在传统卤制过程中，鸡腿卤煮时通常不加盖，采用老汤卤制，造成一些风味物质在不断加热的过程中易流失、风味口感不一致等现象，导致工业化生产受到限制。由于卤汤反复使用，有害物质不断富集，老卤的安全隐患就此产生。

为了加快酱卤肉制品工业化生产进程，又为了满足人们对口感以及安全性的双重要求，本书提出了一种新型的定量卤制的加工方法。该法克服了传统卤制工艺的缺陷，利用滚揉技术使提前煮制好的一定配比的调料液最大限度地进入鸡肉组织内部，避免了卤汤的反复蒸煮，大大减少了有害物质的富集，又因调料液被鸡肉组织完全吸收，其利用率大大提高，定量卤制法是一种高出品率、高安全性的新型加工方法。唐春红、陈旭华等以'白羽肉鸡'鸡腿为原料，研究了白煮、定量卤制及传统老汤卤制 3 种卤制方法对鸡腿肉挥发性风味化合物的影响。结果表明，定量卤制法制作的鸡腿肉具有较明显的感官特性优势。

（1）肌肉剪切力。

有研究人员选取'白羽鸡'6 周龄，'萨索鸡'10 周龄，'涟水草鸡'12 周龄时的胸肌、腿肌，雌雄各 6 个样，检测剪切力以及肉色等食用品质，辨析不同品种鸡腿肉食用品质之间的差异，结果见图 1.55。

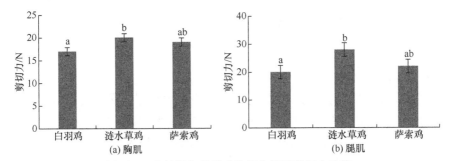

图 1.55　生长期各品种鸡胸肌和腿肌剪切力比较

'白羽鸡'6 周龄，'涟水草鸡'12 周龄，'萨索鸡'10 周龄；相同字母表示差异不显著（$P>0.05$），不同字母表示差异性显著（$P<0.05$）

结果表明：'涟水草鸡'胸肌剪切力显著高于'白羽鸡'（$P<0.05$），'萨索鸡'的胸肌剪切力介于'涟水草鸡'与'白羽鸡'之间，与二者差异都不显著；腿肌剪切力趋势与胸肌相似，'涟水草鸡'腿肌剪切力高于'萨索鸡'和'白羽鸡'；腿肌剪切力均高于胸肌（$P<0.05$）。

（2）肌肉肉色。

由表 1.119 可知：'萨索鸡'肌肉亮度显著高于'涟水草鸡'（$P<0.05$），'白羽鸡'亮度居于'涟水草鸡'与'萨索鸡'之间，与两者差异都不显著，'萨索鸡'与'涟水草鸡'红度显著高于'白羽鸡'（$P<0.05$）。'涟水草鸡'的黄度值显著高于'白羽鸡'，'萨索鸡'黄度值居于'涟水草鸡'与'白羽鸡'之间，与两者差异都不显著。肉色不仅可评定肌肉外观，也可估计肌肉功能特性，有文献表明，'火鸡'肉中 L^* 和 b^* 与系水力和 pH 呈负相关，a^* 则与 pH 呈正相关；肉色还可影响肌肉的保质期，据报道，暗色肉相较于正常肉，有较低 L^* 和 b^* 值，较高 a^* 值和 pH，因此在正常肉中被低 pH 抑制的破坏性微生物可在暗色肉中繁殖，导致肉以较快的速度腐败变质。本书中'萨索鸡'和'涟水草鸡'红度值显著高于'白羽鸡'（$P<0.05$），说明两个地方品种与'白羽鸡'肌纤维类型和肌红蛋白含量有差异；'萨索鸡'肌肉亮度显著高于'涟水草鸡'。因此从肉色方面来讲，

'萨索鸡'当剪切力在45N以内时,剪切力值越大,嫩度越低,肌肉咀嚼感、口感越好。而当剪切力在45～50N时,剪切力值越大,随着肌肉嫩度降低,口感越柴。

表 1.119 '白羽鸡'、'涟水草鸡'、'萨索鸡'肉色比较

	涟水草鸡	白羽鸡	萨索鸡
亮度值(L^*)	45.85±1.53[a]	50.80±1.70[ab]	55.02±1.63[b]
红度值(a^*)	2.21±0.58[b]	0.46±0.65[a]	3.07±0.63[b]
黄度值(b^*)	11.69±1.25[b]	6.42±1.38[a]	8.48±1.33[ab]

注:'白羽鸡'6周龄,'涟水草鸡'12周龄,'萨索鸡'10周龄;同行数据标相同字母表示差异不显著($P>0.05$),不同字母表示差异性显著($P<0.05$)。

(3)挥发性风味。

研究学者以'白羽肉鸡'鸡腿为原料,采用顶空固相微萃取/气相色谱-质谱(HS-SPME/GC-MS)联用技术,定性定量测定鸡腿原料肉、定量卤制过程中4个阶段(滚揉、烤制、蒸制、烤制)与传统卤制的挥发性风味物质组分及含量,通过挥发性风味物质在水中的气味阈值计算其气味活性值(odor activity value,OAV),确定定量卤制过程中的特征风味物质、主体风味物质和修饰风味物质。定量卤制鸡腿过程中特征性风味物质主要为己醛、正辛醛、壬醛、反-2-壬烯醛、反,反-2,4-癸二烯醛、反,反-2,4-壬二烯醛、苯乙醛、桉叶油醇和月桂烯等。在定量卤制加工过程4个阶段中分别鉴定出54种、60种、60种、60种挥发性风味物质,主要为醛类、酮类、醇类、酯类和烃类,均高于原料肉的9种和传统卤制的44种。

3)鸡胸肉和鸡腿肉食用品质特性分析

(1)不同品种鸡肉色泽和pH比较。

由表1.120看出,不同品种鸡胸肉与鸡腿肉的颜色存在显著差异($P<0.05$),其胸肉和腿肉的L^*值、a^*值及b^*值变幅均较大。其中,'矮脚鸡'肉的L^*值较高。由于鸡肉属于白肉,所以鸡胸肉的a^*值都较低,'矮脚鸡'胸肉的a^*值为6.30,显著高于其他品种($P<0.05$);而由于鸡腿运动量较大,a^*值高于胸肉,其中'贵妃鸡'的a^*值显著高于其他品种($P<0.05$)。'清远鸡'胸肉的b^*值为16.44,显著高于其他品种($P<0.05$)。'乌鸡'肉色为黑色,其L^*值、a^*值及b^*值均较低。'矮脚鸡'胸肉的pH最低,为5.46,'乌鸡'胸肉的pH为6.31,显著高于其他品种($P<0.05$);腿肉的pH高于胸肉。

表 1.120　不同品种鸡肉色泽、pH 比较

品种	L^* 胸肉	L^* 腿肉	a^* 胸肉	a^* 腿肉	b^* 胸肉	b^* 腿肉	pH 胸肉	pH 腿肉
清远鸡	52.95±0.44[de]	38.19±1.47[d]	4.96±0.76[b]	13.62±1.22[cd]	16.44±1.09[a]	12.62±2.54[ab]	6.26±0.02[b]	6.72±0.06[a]
北京油鸡	46.93±0.40[f]	44.19±2.71[c]	5.55±0.45[ab]	15.45±0.93[bc]	10.67±0.32[d]	13.30±2.25[ab]	6.0±0.05[d]	6.71±0.08[a]
柴母鸡	51.04±1.48[e]	48.99±1.03[b]	3.51±1.16[de]	12.33±0.61[de]	7.52±0.36[f]	9.28±0.15[c]	6.16±0.02[c]	6.45±0.10[b]
乌鸡	35.78±3.32[g]	33.85±1.63[e]	1.92±0.73[f]	2.96±1.02[g]	4.32±0.14[g]	3.05±0.98[d]	6.31±0.01[a]	6.81±0.07[a]
矮脚鸡	59.11±0.72[a]	50.01±1.45[ab]	6.30±0.55[a]	16.07±0.64[b]	14.26±0.48[b]	14.31±0.85[a]	5.46±0.02[g]	5.99±0.08[d]
三黄鸡	57.58±0.55[ab]	53.43±3.95[a]	5.27±0.55[ab]	12.08±2.35[de]	12.44±0.13[c]	11.19±2.46	5.48±0.01[g]	6.28±0.06[c]
童子鸡	56.17±2.79[abc]	49.68±1.48[b]	6.14±0.69[a]	11.13±0.75[e]	9.03±0.62[e]	8.17±0.55[c]	6.0±0.04[d]	6.28±0.05[c]
贵妃鸡	54.55±0.47[cd]	45.36±2.28[c]	2.66±0.31[ef]	18.32±1.26[a]	8.07±0.13[ef]	10.41±1.10[bc]	5.48±0.02[g]	5.73±0.04[e]
青海麻鸡	55.36±1.78[bcd]	43.87±1.03[c]	4.83±0.13[bc]	17.20±0.47[ab]	12.87±1.98[bc]	10.70±2.33[bc]	5.62±0.01[f]	6.37±0.03[bc]
白羽肉鸡	47.42±2.13[f]	49.80±1.05[b]	3.85±0.28[cd]	5.54±0.11[f]	12.57±1.20[c]	12.90±2.37[ab]	5.89±0.01[e]	6.42±0.03[b]

注：同列不同小写字母表示品种间差异性达到显著水平（$P<0.05$），下同。

（2）不同品种鸡肉嫩度比较。

嫩度是指肉在食用时口感的老嫩。剪切力值是反映肉的嫩度最常用的指标之一，在一定范围内剪切力值越小肉嫩度值越高。由图1.56可知，品种间肉的嫩度差异较大。腿肉的剪切力均高于胸肉，这可能是由于腿部的运动量较大。其中'北京油鸡'的腿肉剪切力值显著高于其他品种。

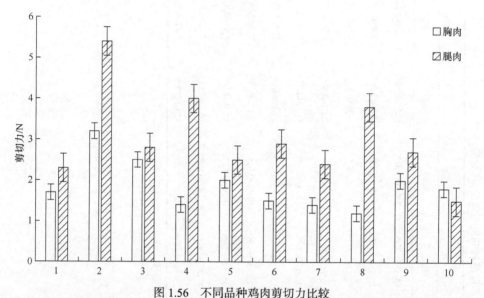

图1.56　不同品种鸡肉剪切力比较

1. 清远鸡；2.北京油鸡；3.柴母鸡；4.乌鸡；5.矮脚鸡；6.三黄鸡；
7.童子鸡；8.贵妃鸡；9.青海麻鸡；10.白羽肉鸡

（3）不同品种鸡肉蒸煮损失率比较。

系水力对肉的多汁性和加工特性有重要影响，蒸煮损失率是表征肌肉系水力品质的指标之一，流失的汁液中含有部分可溶性蛋白质，从而造成部分营养成分的流失，同时，汁液流失会降低加工过程中的出品率。10个品种鸡肉的蒸煮损失率详见图1.57。

10个品种鸡胸肉、腿肉的蒸煮损失率变幅较大，分别为22.87%～32.41%和25.29%～39.98%，这表明品种对肉的品质有重要影响。其中，除'三黄鸡'、'童子鸡'外，其余五个品种的鸡腿肉蒸煮损失率均高于鸡胸肉，这表明部位对肉的品质也有重要影响。

2. 原料鸡肉与卤制产品品质间相关性分析

1）原料肉及煮制肉样品质指标水平分析

水分含量、蛋白质含量和脂肪含量等是肌肉的主要化学组成成分，对鸡肉的

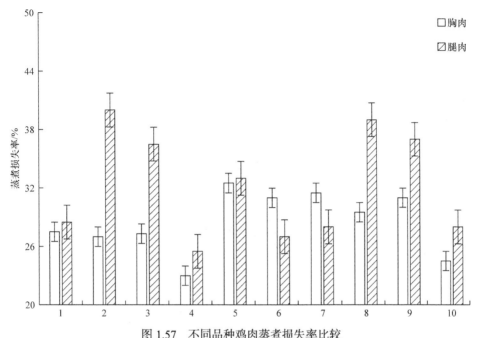

图 1.57　不同品种鸡肉蒸煮损失率比较

1.清远鸡；2.北京油鸡；3.柴母鸡；4.乌鸡；5.矮脚鸡；6.三黄鸡；
7.童子鸡；8.贵妃鸡；9.青海麻鸡；10.白羽肉鸡

组织结构、品质及风味等影响较大；色泽是重要的感官评价指标，直接影响消费者的喜好；剪切力、硬度、弹性、黏聚性和咀嚼性是肌肉中重要的食用物理特性的指标，反映肉的嫩度和口感；肌纤维直径、密度和肌节长度是肌肉的微观结构，与肌肉的嫩度、保水性等原料肉品质指标显著相关；蒸煮损失率、肌节收缩率和体积收缩率是生产中重要的经济指标，与生产者经济利益息息相关。

对 10 个品种肉鸡（'清远鸡'、'北京油鸡'、'柴母鸡'、'乌鸡'、'贵妃鸡'、'三黄鸡'、'矮脚鸡'、'童子鸡'、'青海麻鸡'和'白羽肉鸡'）原料肉及其煮制肉样品质指标进行差异分析，结果见表 1.121。由表 1.121 可以看出每个品种鸡的品质特性及不同品种鸡之间的品质差异，'青海麻鸡'的蛋白质含量显著高于其他 9 个品种（$P<0.05$），'乌鸡'的保水能力较高。经过煮制加工鸡肉的剪切力值增加，质构发生变化，肌节发生收缩。

结合表 1.122 可知，原料肉品质指标中，脂肪含量和肌原纤维密度变异系数较大；红度值（a^*）、黄度值（b^*）、剪切力、硬度和咀嚼性的变异系数均在 33% 左右；10 个品种鸡的水分含量相差较小，煮制肉样品质指标中，肌节收缩率、剪切力和咀嚼性的变异系数均达到 20% 以上，离散程度较大。

表 1.121 不同品种鸡肉及其煮制样品基本指标比较

指标	清远鸡	北京油鸡	柴母鸡	乌鸡	绿脚鸡	三黄鸡	童子鸡	贵妃鸡	青海藏鸡	白羽肉鸡
水分含量/%	74.47±0.20[b]	73.66±0.42[cd]	70.59±0.48[e]	75.44±0.48[a]	74.30±0.56[bc]	74.98±0.43[ab]	74.30±0.25[bc]	74.65±0.29[b]	72.99±0.67[a]	78.28±0.48[bc]
蛋白质含量/%	22.88±0.05[e]	23.91±0.29[b]	24.19±0.58[b]	23.97±1.17[b]	24.34±0.16[d]	24.53±0.31[a]	22.61±0.05[cd]	22.03±0.18[a]	25.49±0.23[a]	22.77±1.13[cd]
脂肪含量/%	0.82±0.11[de]	1.67±0.09[b]	1.54±0.25[bc]	0.85±0.23[de]	1.12±0.18[cd]	1.41±0.05[bc]	0.61±0.31[ef]	3.11±0.28[a]	0.26±0.15[f]	1.65±0.01[b]
亮度值 L^*	52.95±1.44[de]	46.93±0.40[f]	51.04±1.48[e]	35.78±3.32[g]	59.11±0.72[a]	57.58±0.55[ab]	56.17±2.79[bcd]	54.55±0.47[cd]	55.36±1.78[bcd]	47.42±2.13[f]
红度值 a^*	4.96±0.76[e]	5.55±0.45[ab]	3.51±1.16[de]	11.92±0.73[f]	6.30±0.55[a]	5.27±0.55[e]	6.14±0.69[a]	2.66±0.31[ef]	4.83±0.13[bc]	3.85±0.28[cd]
黄度值 b^*	16.44±1.09[a]	10.67±0.32[d]	7.52±0.36[f]	4.32±0.14[g]	14.26±0.48[b]	12.44±0.13[c]	9.03±0.62[e]	8.07±0.13[f]	12.87±1.98[bc]	12.57±1.20[cd]
pH	6.26±0.02[c]	6.0±0.05[d]	6.16±0.02[b]	6.31±0.01[a]	5.446±0.02[g]	5.48±0.01[g]	6.0±0.04[d]	5.48±0.02[g]	5.62±0.01[f]	5.89±0.01[e]
剪切力/N	16.44±0.81[d]	31.63±1.79[a]	24.26±0.51[b]	13.63±1.26[ef]	20.17±0.31[c]	15.53±1.26[de]	13.64±2.04[ef]	11.58±1.36[f]	19.18±1.58[c]	12.51±1.90[f]
蒸煮损失率%	27.41±2.02[d]	26.78±0.91[d]	27.20±0.91[cd]	22.87±0.84[e]	32.41±0.23[a]	30.75±3.05[ab]	31.75±0.15[ab]	29.44±1.68[bc]	31.28±1.36[ab]	24.18±1.60[e]
硬度/N	23.27±2.06[de]	28.06±0.89[cd]	27.60±1.64[cd]	20.13±0.37[e]	42.98±3.33[b]	3023±4.63	40.80±4.61[b]	24.39±1.95[de]	55.54±6.45[a]	40.84±2.0[de]
弹性	0.69±0.07[bcd]	0.65±0.02[d]	0.67±0.02[bcd]	0.67±0.07[bcd]	0.66±0.06[cd]	0.77±0.02[a]	0.74±0.03[ab]	0.73±0.03[abc]	0.63±0.05[d]	0.79±0.02[a]
黏聚性	0.58±0.01[ab]	0.56±0.03[bc]	0.54±0.04[bc]	0.52±0.05[c]	0.56±0.02[bc]	0.58±0.01[ab]	0.56±0.003[bc]	0.54±0.05[bc]	0.55±0.02[bc]	0.59±0.02[a]
咀嚼性/N	9.44±0.57[d]	10.13±0.83[d]	10.07±1.03[d]	7.02±0.70[e]	16.09±1.08[bc]	13.47±1.50[c]	16.99±2.41[ab]	9.74±1.79[de]	19.30±3.55[a]	19.10±2.22[ab]
肌纤维直径/μm	24.91±0.82[ef]	33.85±2.45[c]	28.02±2.70[d]	26.67±1.08[de]	35.80±4.68[c]	38.65±3.67[b]	24.91±2.55[ef]	23.70±1.59[f]	42.61±6.05[a]	44.49±3.97[a]
肌纤维密度/mm²	1320.50±160.93[a]	445.78±74.47[d]	802.25±99.74[c]	742.58±128.55[c]	354.02±69.31[d]	408.26±101.82[d]	1062.37±173.35[b]	1066.27±89.26[b]	454.23±71.72[d]	425.96±81.37[d]
肌节长度/μm	1.84±0.10[b]	1.59±0.07[d]	1.65±0.03[c]	1.50±0.05[e]	1.36±0.01[g]	1.40±0.01[fg]	1.46±0.01[e]	1.47±0.08[e]	1.90±0.11[a]	1.80±0.40[b]

注：左侧"原料肉"标注对应硬度至咀嚼性等行。

续表

指标	清远鸡	北京油鸡	柴母鸡	乌鸡	矮脚鸡	三黄鸡	童子鸡	贵妃鸡	青海麻鸡	白羽肉鸡
蒸煮损失率/%	31.84±1.44[cd]	36.41±0.39[abc]	37.53±1.26[a]	32.45±1.46[c]	35.33±0.33[bc]	34.69±0.53[cd]	31.74±1.77[c]	36.82±1.56[ab]	31.94±0.81[c]	11.10±1.19[de]
剪切力/N	21.50±0.88[e]	44.92±1.36[a]	29.39±1.03[c]	21.40±0.94[e]	25.0±0.32[d]	20.04±0.60[ef]	17.18±2.43[fg]	36.09±1.45[b]	26.97±5.34[cd]	16.24±0.23[g]
硬度/N	51.95±3.67[a]	41.30±4.26[cd]	44.39±9.67[bcd]	40.72±4.28[d]	50.12±5.42[bc]	49.11±3.71[bcd]	50.81±3.54[b]	47.05±7.50[bcd]	67.75±5.20[a]	46.26±2.08[bcd]
弹性	0.72±0.01[cd]	0.79±0.01[ab]	0.71±0.05[cd]	0.63±0.03[e]	0.65±0.01[e]	0.72±0.04[cd]	0.77±0.04[bc]	0.82±0.03[a]	0.73±0.02[cd]	0.74±0.04[cd]
黏聚性	0.59±0.01[b]	0.59±0.02[ab]	0.69±0.02[ab]	0.54±0.03[c]	0.53±0.01[c]	0.58±0.01[b]	0.60±0.01[ab]	0.62±0.03[a]	0.60±0.01[ab]	0.60±0.02[ab]
咀嚼性/N	21.93±1.44[cd]	19.25±2.56[cd]	18.54±2.25[cd]	13.88±1.35[e]	17.45±1.60[de]	20.47±0.52[b]	23.59±2.87[b]	24.05±5.07[b]	29.75±2.77[a]	20.59±1.65[bcd]
肌节长度/μm	1.57±0.06[a]	1.36±0.07[b]	1.15±0.03[e]	1.39±0.06[b]	1.29±0.02[c]	1.18±0.02[de]	1.27±0.06[c]	1.21±0.02[d]	1.38±0.02[b]	1.37±0.02[b]
肌节收缩率/%	14.63±2.37[ef]	14.37±3.85[ef]	30.41±1.91[a]	7.26±1.71[g]	4.99±0.80[g]	16.31±1.16[de]	12.51±3.55[f]	17.37±3.42[d]	26.91±4.14[c]	23.93±2.10[c]
体积收缩率/%	22.25±2.54[e]	34.77±6.55[bcd]	32.75±1.01[cd]	40.04±1.61[abc]	44.58±8.29[ab]	41.53±4.06[a]	32.08±2.60[d]	38.99±6.54[abcd]	37.21±2.97[abcd]	31.36±2.09[d]

煮制肉

表 1.122　不同品种鸡原料肉及其煮制肉样品质指标

	指标	最小值	最大值	平均值	变异系数
原料肉	水分含量/%	70.59	75.44	73.97	1.84
	蛋白质含量/%	22.03	25.49	23.67	4.49
	脂肪含量/%	0.26	3.11	1.31	60.51
	亮度值 L^*	35.78	59.11	51.69	13.34
	红度值 a^*	1.92	6.30	4.50	32.62
	黄度值 b^*	4.32	16.44	10.82	33.36
	pH	5.46	6.31	5.87	5.71
	剪切力/N	11.58	31.63	17.86	34.86
	蒸煮损失率/%	22.87	32.41	28.41	11.48
	硬度/N	20.13	55.54	33.38	33.48
	弹性	0.63	0.79	0.70	8.02
	黏聚性	0.52	0.59	0.56	3.67
	咀嚼性/N	7.01	19.30	13.13	33.88
	肌纤维直径/μm	23.70	44.49	32.36	24.00
	肌纤维密度/mm²	354.02	1320.50	708.22	48.62
	肌节长度/μm	1.36	1.90	1.59	12.01
蒸煮肉	蒸煮损失率/%	31.74	37.53	34.18	6.57
	剪切力/N	16.24	44.92	25.87	34.64
	硬度/N	40.72	67.74	48.93	15.62
	弹性	0.63	0.82	0.73	7.93
	黏聚性	0.53	0.61	0.58	4.57
	咀嚼性/N	13.88	29.75	20.95	20.51
	肌节长度/μm	1.15	1.56	1.32	9.37
	肌节收缩率/%	4.99	30.41	16.87	48.33
	体积收缩率/%	22.25	44.58	35.56	17.96

2）原料肉及煮制肉样品质指标之间相关分析

筛选煮制加工适宜性评价指标，将原料肉品质指标与煮制后肉样的品质指标进行相关分析。相关性分析结果表明，原料肉指标与其煮制后肉样的品质指标之间存在显著的相关性。原料肉脂肪含量与煮制肉样蒸煮损失率、剪切力、弹性极显著相关，但是与硬度呈显著的负相关关系。L^*值与硬度和咀嚼性呈极显著的正相关关系；原料肉的剪切力与产品剪切力，原料的硬度和咀嚼性与产品硬度之间呈显著的正相关。结果表明，原料肉的嫩度较差，经过煮制加工后其嫩度较差；原料肉的口感较差，其煮制样品的口感也较差。原料肉的肌节长度与蒸煮损失呈负相关。

1.3.3　乳品

本书收集了我国牛奶主要产区内蒙古、吉林、黑龙江、辽宁、广西、甘肃、新疆、北京等省份的荷斯坦牛奶、水牛奶、牦牛奶、娟姗牛奶、西门塔尔牛奶等原料奶 20 种。部分奶牛品种见图 1.58。

图 1.58　部分奶牛品种

1. 原料乳品质分析

1）常规理化组分

由表 1.123 可知, 4 种水牛乳的脂肪含量分别为 6.86%、7.99%、8.34%、8.69%,

与文献报道的水牛乳的脂肪含量 6%～12%相符，均显著高于其他 16 种牛乳。'杂交水牛'乳中脂肪含量高于纯种尼里-拉菲水牛乳和摩拉水牛乳；娟姗牛乳脂率为 5.02%，显著高于荷斯坦牛乳的脂肪含量，牦牛乳脂肪含量略高于荷斯坦牛乳；西门塔尔牛乳的蛋白质、脂肪和总固形物含量都显著高于荷斯坦牛乳（$P<0.05$），是一种高营养价值的优秀原料乳，分别可达到 3.5%、4%、13.5%左右；脂肪在各乳肉兼用型牛乳中差异不显著（$P>0.05$），与荷斯坦牛乳比较差异显著（$P<0.05$）。利木赞牛、夏洛莱牛、草原红牛乳中乳糖含量较高。

表 1.123　不同品种牛乳常规营养成分含量

品种	脂肪含量/%	蛋白质含量/%	乳糖含量/%	干物质含量/%
荷斯坦牛	3.70±0.05[d]	3.15±0.02[f]	4.59±0.05[ab]	12.24±0.26[e]
牦牛	4.01±0.16[cd]	3.64±0.08[e]	5.09±0.02[a]	13.54±0.14[d]
娟姗牛	5.02±0.10[c]	4.24±0.06[d]	5.17±0.02[a]	15.21±0.05[c]
摩拉水牛	6.86±0.33[b]	4.75±0.09[c]	4.6±0.15[b]	17.07±0.36[ab]
尼里-拉菲水牛	7.99±0.66[a]	5.14±0.21[bc]	4.74±0.24[ab]	18.79±0.64[ab]
Ⅰ代杂交水牛	8.34±0.54[a]	5.78±0.23[a]	4.59±0.24[b]	19.73±0.54[a]
高代杂交水牛	8.69±0.48[a]	5.58±0.14[ab]	4.45±0.28[b]	19.88±0.74[a]
黄牛	4.10±0.45	3.95±0.13	4.5±0.13	
澳系荷斯坦	3.12±0.05	2.8±0.31	3.97±0.07	
加系荷斯坦	2.84±0.12	3.01±0.15	3.98±0.07	
加系西门塔尔	4.79±0.63	3.89±0.60	4.87±0.75	13.85±0.83
蒙贝利亚牛	3.49±0.37	3.28±0.24	4.92±0.37	12.28±1.69
弗莱维赫牛	4.37±0.46	4.17±0.39	4.76±0.21	13.52±1.25
延边牛	3.65±0.45	3.28±0.59	4.97±0.58	12.36±0.98
利木赞牛	4.18±0.24	3.49±0.17	5.20±0.56	12.97±1.35
夏洛莱牛	4.07±0.48	3.73±0.56	5.16±0.25	13.17±1.01
草原红牛	4.39±0.36	3.95±0.27	5.15±0.36	13.79±0.54
三河牛	4.05±0.19	3.88±0.18	4.88±0.56	13.27±1.58
新疆褐牛	3.93±0.39	3.97±0.10	4.77±0.48	13.36±0.62
西门塔尔牛	4.27±0.56	4.02±0.14	4.51±0.98	13.81±0.38

注：同列不同字母表示差异显著（$P<0.05$），下同。

研究表明，Ⅰ代杂交水牛、高代杂交水牛、尼里-拉菲水牛和摩拉水牛的乳中脂肪含量依次降低，与本书结果略有不同，这是因为牛乳脂肪含量会受到奶牛胎次、季节、饲料、地域等多因素影响。水牛乳脂肪含量高，适于奶油、奶酪、配方奶粉等乳制品的加工，但在加工时应适当调整脂肪含量，使产品的感官和风味更佳；胎次、泌乳期、饲养方式等因素对西门塔尔牛原料乳多项理化指标均有显著的影响。

由表 1.123 可知，Ⅰ代杂交水牛、高代杂交水牛和尼里-拉菲水牛乳的蛋白质含量均在 5.0%之上，显著高于荷斯坦牛、牦牛、娟姗牛、摩拉水牛牛乳；摩拉水牛乳蛋白质含量为 4.75%，显著高于荷斯坦牛、牦牛、娟姗牛非水牛乳；娟姗牛乳蛋白质含量显著高于牦牛乳；荷斯坦牛乳蛋白质含量最低。高蛋白质含量能提高干酪产量。添加乳蛋白浓缩物（MPC）及超滤浓缩的方法提高原料乳中蛋白质含量，并用其制作切达干酪，结果显示用高蛋白质含量乳制作出的干酪产量显著高于正常乳制作的干酪。添加 MPC 的牛乳制作莫扎里拉干酪，使干酪产量提高了 2.9%。

由表 1.123 可知，娟姗牛乳的乳糖含量最高，牦牛乳次之，澳系荷斯坦牛乳中的含量最低。总的来说，几种牛乳的乳糖含量差别不大。结果显示原料乳中乳糖含量与蛋白质含量呈负相关，二者具有协同调节乳腺渗透压的作用。

据报道，水牛乳中干物质含量在 16%～23%之间，与本书结果一致。由表 1.123 可知，4 种水牛乳干物质含量由高到低为高代杂交水牛、Ⅰ代杂交水牛、尼里-拉菲水牛及摩拉水牛。干物质含量与脂肪及蛋白质含量均呈正相关，娟姗牛乳和牦牛乳较荷斯坦牛乳含较高的蛋白质和脂肪，所以干物质含量也显著高于荷斯坦牛乳。

2）不同品种牛乳矿物元素分析

由表 1.124 可知，4 种水牛乳的总钙、总镁、总磷含量均显著高于（$P <$ 0.05）其他 3 种非水牛牛乳。其中，娟姗牛、牦牛和荷斯坦牛乳的钙含量依次降低，且差异显著；高代杂交水牛乳的钙含量高于摩拉水牛乳和尼里-拉菲水牛乳。娟姗牛乳的镁含量较牦牛乳和荷斯坦牛乳高，牦牛乳的磷含量较娟姗牛乳和荷斯坦牛乳高。

充足的钙对骨健康有重要意义，而膳食中钙磷比与骨密度呈正相关。钙磷比为 1∶1～2∶1 最有利于机体对钙磷的吸收，防止骨质疏松症状的发生；机体镁含量降低会引起血钙降低，从而导致人体骨质疏松症。而水牛乳不仅含有丰富的钙、磷、镁，且钙磷比在 1.3～1.7 间，有利于人体利用，是一种很好的钙补充剂。

表 1.124　不同品种牛乳的矿物质含量

品种	总镁含量/（mg/100 mL）	总钙含量/（mg/100 mL）	总磷含量/（mg/100 mL）	钙/磷
荷斯坦牛	13.36±0.37[d]	91.02±1.32[e]	93.05±4.11[d]	0.98
牦牛	10.43±0.18[e]	115.78±1.71[d]	100.88±3.38[d]	1.15
娟姗牛	16.68±0.17[c]	137.47±0.63[c]	92.64±0.59[d]	1.48
摩拉水牛	17.74±0.34[ab]	198.61±5.47[a]	116.93±4.69[c]	1.70
尼里-拉菲水牛	18.28±0.27[a]	182.18±8.02[b]	132.83±2.84[ab]	1.37
Ⅰ代杂交水牛	17.72±0.27[b]	195.05±3.37[a]	121.13±7.32[c]	1.61
高代杂交水牛	18.54±0.41[a]	200.72±5.47[a]	140.74±4.14[a]	1.43
加系西门塔尔	86.35±2.36	98.78±4.64	79.77±3.81	1.24
蒙贝利亚牛	89.75±2.45	91.69±2.13	100.28±2.98	0.91
弗莱维赫牛	89.56±2.41	94.23±2.78	99.56±3.74	0.95
延边牛	72.6±2.73	86.59±3.09	97.47±3.25	0.89
利木赞牛	86.12±2.17	100.03±3.59	95.92±3.21	1.04
夏洛莱牛	88.62±2.75	95±3.17	109.8±3.26	0.87
草原红牛	89.47±3.25	102.5±4.32	101.2±5.27	1.01
三河牛	54.8±2.58	92.21±3.25	81.34±3.21	1.13
新疆褐牛	86.21±3.59	90.95±5.63	87.77±3.2	1.04
西门塔尔牛	73.06±4.07	96.59±5.21	85.59±3.23	1.13

3）不同品种牛乳缓冲能力分析

由图 1.59 可知，当 pH 下降至 4.0 时，水牛乳所用硝酸体积为 0.7 mL 左右，牦牛和娟姗牛乳需要 0.5 mL 硝酸，而荷斯坦牛乳仅需要 0.4 mL 硝酸。这说明，7 种牛乳对酸的缓冲能力不同，荷斯坦牛乳的缓冲能力在 7 种牛乳样品中是最低的；牦牛和娟姗牛原料乳次之，水牛乳的缓冲能力最大。其中，Ⅰ代杂交水牛和高代杂交水牛乳的缓冲能力比摩拉水牛和尼里-拉菲水牛乳略高。

缓冲能力的大小与营养成分含量成正比，尤其是蛋白质含量；磷含量对缓冲能力有影响，表现为高磷含量的牛乳缓冲能力强。缓冲能力控制着牛乳加工过程中的 pH。由于水牛乳的缓冲能力较好，可以推测用水牛乳加工酸乳时，所用的发酵时间要长于其他牛乳。

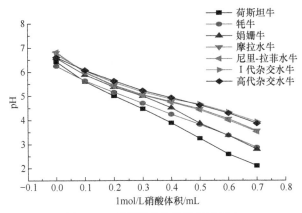

图 1.59　不同品种牛乳的缓冲能力

4）不同品种牛乳的指纹图谱分析

对不同品种牛乳蛋白质进行 SDS-PAGE 测定。由图 1.60 可知，7 种牛乳中均含有牛乳血清白蛋白（BSA）、α-酪蛋白（α-CN）、β-酪蛋白（β-CN）、κ-酪蛋白（κ-CN）、β-乳球蛋白（β-Lg）和α-乳白蛋白（α-La）6 种主要蛋白质。荷斯坦牛乳、牦牛乳及娟姗牛乳中含有的蛋白种类较一致，水牛乳的蛋白种类较复杂。11 号样品在 63～79 kDa 处出现复杂的条带，13 号、14 号样品在分子质量 61 kDa 附近出现未知蛋白质条带，未知蛋白质条带反映了本地牛与水牛杂交后的蛋白遗传多态性。在水牛乳 SDS-PAGE 中，α-La 条带下方及β-Lg 和α-La 之间存在一些未知蛋白条带（图 1.60 中 9～15 号样品）。曾庆坤等也有类似的研究报道，水牛乳α-La与荷斯坦牛乳间存在一定差异，即在水牛乳的α-La 中发现了变异体（称为变异 A），因此，其中一条未知条带可能为变异 A。

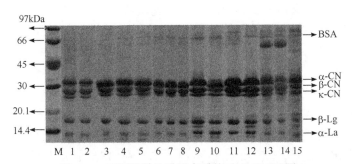

图 1.60　不同品种牛乳蛋白质的 SDS-PAGE 图

M 表示 Marker；1，2 表示荷斯坦牛乳蛋白质 SDS-PAGE；3～5 代表娟姗牛乳蛋白质 SDS-PAGE；
6～8 代表牦牛乳蛋白质 SDS-PAGE；9～15 代表水牛乳蛋白质 SDS-PAGE

不同品种牛乳蛋白质组分含量分析如下。用 AlphaEaseFC 软件分析 SDS-PAGE 图，得到 7 种牛乳中主要蛋白质的相对含量。尼里-拉菲水牛、娟姗牛和牦牛乳中含有较高的α-CN；4 种水牛乳及牦牛乳的β-CN 含量显著低于荷斯坦牛和娟姗牛乳。几种牛乳的总酪蛋白率由大到小排列为：娟姗牛乳、尼里-拉菲水牛乳、荷斯坦牛乳、牦牛乳、摩拉水牛乳、高代杂交水牛乳和Ⅰ代杂交水牛乳。推测水牛乳蛋白质更利于人体消化吸收。水牛乳的β-Lg/α-La 在 1.39～1.58，显著低于其他 3 种非水牛牛乳，而高α-La 含量有利于提高水牛乳的营养价值。

不同品种牛乳蛋白氨基酸分析表明，谷氨酸、脯氨酸、天冬氨酸、缬氨酸和丝氨酸在荷斯坦牛乳、牦牛乳、娟姗牛乳、摩拉水牛乳、尼里-拉菲水牛乳、高代杂交水牛乳和Ⅰ代杂交水牛乳 7 种原料乳中普遍有较高的含量，其中谷氨酸含量在 7 种牛乳中均为最高。亮氨酸和酪氨酸在不同牛乳中含量差异显著，主要表现为：亮氨酸在牦牛、摩拉水牛、尼里-拉菲水牛和高代杂交水牛乳中所占比例均为 9%以上，娟姗牛乳中占 6%左右，Ⅰ代杂交水牛和荷斯坦牛乳中含量为 2%左右；酪氨酸在牦牛乳等 4 种牛乳中含量均为 5%左右，在娟姗牛乳中占 9.15%，在Ⅰ代杂交水牛和荷斯坦牛乳中占 13%以上。亮氨酸含量与酪氨酸含量间呈负相关性。除此之外，各种牛乳中必需氨基酸含量所占比例有显著差异。FAO/ WHO 规定理想蛋白质中 EAA/TAA 为 40%，而在本书中高代杂交水牛、摩拉水牛、尼里-拉菲水牛和牦牛乳的 EAA/TAA 值在 40%左右，符合理想模式；相对地，Ⅰ代杂交水牛、荷斯坦牛和娟姗牛乳的 EAA/TAA 值较低。

不同品种牛乳脂肪酸图谱分析结果表明，C8、C10、C20:1 在荷斯坦牛乳、牦牛乳、娟姗牛乳、摩拉水牛乳、尼里-拉菲水牛乳、高代杂交水牛乳和Ⅰ代杂交水牛乳 7 种牛乳中无显著差异，C14、C16、C18、C18:1c9 是主要脂肪酸，水牛乳中 C16 高、C18 低，且品种越纯变化越显著，并且 C4:0 显著高于其他牛乳；牦牛和娟姗牛乳中 C18:0 显著高，C16:0 显著低。故认为高 C16、C4，低 C18 是水牛乳脂肪酸特征指纹之一，而高 C18，低 C16 为牦牛和娟姗牛的特征指纹之一。

不同品种乳清蛋白特征指纹如下。牛乳血清蛋白（BSA）、α-乳白蛋白（α-La）、β-乳球蛋白 B（β-LgB）、β-乳球蛋白 A（β-LgA）标准品的迁移率分别为 0.407、0.525、0.625 和 0.650，对比样品中蛋白质的迁移率与标准品的迁移率，从而确定 7 种牛乳中乳清蛋白质种类。荷斯坦牛乳乳清蛋白中含有 BSA、α-La、β-LgB 和β-LgA 4 种蛋白；牦牛乳乳清蛋白中含有 BSA、α-La、β-LgA、β-LgB 及一种新蛋白质 A（迁移率为 0.580）；娟姗牛乳乳清蛋白中同样含有蛋白质 A，并含有 4 种主要乳清蛋白；水牛乳乳清蛋白中含有β-LgB、蛋白质 A，并在蛋白质 A 上方出现迁移率为 0.555 的蛋白质 B，在 BSA 上方出现迁移率为 0.387 的蛋白质 C。非变性聚丙烯酰胺凝胶电泳说明，水牛乳乳清蛋白的迁移率与其他牛乳显著不同，牦牛乳和娟姗牛乳乳清蛋白的非变性聚丙烯酰胺凝胶电泳图谱与荷斯坦牛乳略有不同（图 1.61、图 1.62），这种情况发生或许是因为蛋白质基因型不同。

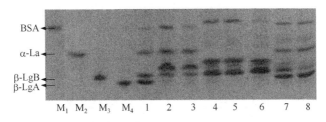

图 1.61　不同品种牛乳乳清蛋白非变性聚丙烯酰胺凝胶电泳 1

M 为 Marker；1 代表荷斯坦牛乳乳清蛋白样品；2、3 代表牦牛乳乳清蛋白样品；
4～6 代表水牛乳乳清蛋白样品；7、8 代表娟姗牛乳乳清蛋白样品

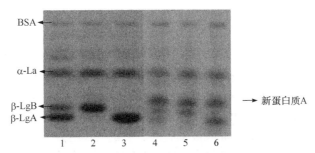

图 1.62　不同品种牛乳乳清蛋白非变性聚丙烯酰胺凝胶电泳 2

1～3 代表荷斯坦牛乳乳清蛋白；4～6 代表牦牛乳乳清蛋白

2. 超高温瞬时杀菌乳品质分析

针对我国消费量最大的乳制品，超高温瞬时杀菌（UHT）乳在货架期内发生的主要质量缺陷如蛋白水解、陈化凝胶、脂肪上浮、风味劣化等问题展开研究，查找引起品质劣化的主要因素，并对引起产品品质变化的主要因素进行了分析，提出改善 UHT 乳质量的控制方法，构建基于原料乳品质的 UHT 货架期预测模型。研究表明，来源于原料乳本身及污染微生物的耐热酶是引起 UHT 在货架期内变质的主要原因之一。因此，研究耐热酶特性、建立耐热酶的检测方法、了解其在加工过程中的变化规律对合理制定其控制办法、科学筛选适合 UHT 加工用原料乳在生产实践中具有重要的指导意义。

该研究技术通过开展 UHT 乳品质评价技术研究，构建了 UHT 乳加工品质评价指标体系，根据原料奶的质量指标来预测其 UHT 乳产品的货架期，从而指导产品的市场销售及保证产品质量安全，减少了因原料不当而造成的产品变质。

1）耐热酶活性检测方法的建立

Azocasein 法检测嗜冷菌胞外蛋白酶。确定偶氮化合物最大吸收波长为 345 nm。蛋白酶在 1.25～7.5 U/mL 活性范围内与吸光度值有良好的线性关系，检测限为 1.00 U/mL。L9（3）4 正交试验确定酶活检测方法最佳参数为反应温度 40℃，反应时间 3 h，TCA 浓度 12%，静止时间 20 min。极差分析表结果表明各因素

影响程度的顺序依次为反应温度＞反应时间＞TCA 浓度＞静止时间，即温度影响最大，其次是反应时间和 TCA 浓度，而静止时间影响较小。精密度测定结果表明，该测定方法稳定，变异性小。

纤溶酶活性检测方法的建立如下。通过紫外分光光度法与荧光分光光度法测定牛乳样品 PL 活性的比较研究，确定香豆素肽-荧光分光光度法作为牛乳体系中 PL/PG 活性的检测方法。该方法灵敏度高，能够检测到高温灭菌后乳中 PL 的活性；在一定浓度范围内，线性关系良好（R^2 在 0.9768～0.9986 范围）；变异系数小（0.26%～0.35%），具有良好的准确性和重现性；用本方法检测所得的结果是可靠的。

2）牛乳中嗜冷菌蛋白酶及脂肪酶特性研究

（1）嗜冷菌的分离鉴定。根据 API20NE 非肠道革兰氏阴性杆菌鉴定系统鉴定菌株得到四株不同的菌，分别是荧光假单胞菌（*Pseudomonas fluorescens*）、恶臭假单胞菌（*Pseudomonas putida*）、嗜水气单胞菌（*Aeromonas hydrophila*）、浅黄金色单胞菌（*Chryseomonas luteola*）。其中荧光假单胞菌的鉴定百分率（ID 为 99.8%）、模式频率最高（T 为 0.94）。荧光假单胞菌、嗜水气单胞菌、浅黄金色单胞菌均可以测到蛋白酶活性。荧光假单胞菌胞外蛋白酶高温处理后仍存在活性，选择荧光假单胞菌为本课题的目标嗜冷菌（图 1.63）。

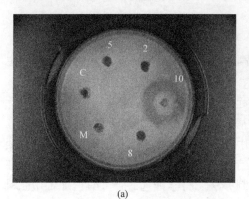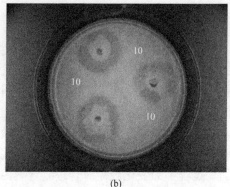

(a)　　　　　　　　　　　　(b)

图 1.63　筛选产蛋白酶的嗜冷菌菌株：荧光假单胞菌

（2）嗜冷菌胞外蛋白酶的纯化及特性研究。采用硫酸铵沉淀、DEAE-Sepharose FF 离子交换层析、Sephacryl S-100 HR 凝胶过滤层析方法对从原料乳中分离出的一株荧光假单胞菌 *Pseudomonas fluorescens* BJ-10 胞外耐热蛋白酶进行纯化及特性研究，将纯化后的单一蛋白酶进行 SDS-PAGE 分子量测定及最适温度、最适 pH、热稳定性、金属离子对其的影响及氨基酸种类分析。纯化后蛋白酶的分子质量为 47 kDa，经纯化后蛋白酶比活提高了近 61.38 倍；最适温度和 pH 分别为 30℃和 7.0；二硫苏糖醇（dithiothreitol）对蛋白酶活性具有一定的抑制作用，Fe^{2+} 可以促进蛋白酶活性的提高；该酶具有较强耐热性，原酶液经 130℃热处理 3 min 后，残留酶活性仍超过原酶液的 47.67%；该蛋白酶氨基酸组成中甘氨酸、丙氨酸和谷氨酸的含量占明显优势，其中甘氨酸含量最高，摩尔分数高达 42%。该蛋白酶活力具有恢复现象，经热处理后，在放置过程中其活力又出现了提高。

（3）嗜冷菌与耐热性胞外蛋白酶活性的相关性。单一嗜冷菌数与蛋白酶活性呈一定正相关，回归方程为 $Y=0.4548\ln x+0.4178$，决定系数 $R^2=0.8172$，相关系数 $R=0.9039$，差异极显著（$P<0.01$）。原料乳在不同温度、时间条件下贮存，嗜冷菌数生长有明显的增加趋势，且增加趋势相似；原料奶中嗜冷菌数和蛋白酶活性之间没有相关性。为减少风险，加工之前原料乳贮藏时间越短越好。

（4）嗜冷菌的生长特性及产酶规律。嗜冷菌在冷藏条件下（6℃）仍然可以大量生长繁殖，并分泌一些胞外耐热蛋白酶。如图 1.64 所示，最适温度下的生长速率和产酶活性明显高于冷藏温度下生长速率和产酶活性。*Pseudomonas fluorescens* BJ-10 在牛乳中的生长速度及产酶活性明显超过营养肉汤培养基；6℃贮藏，当嗜冷菌数超过 10^9、酶活性超过 0.775 U/mL 时，蛋白开始水解；28℃培养，当嗜冷菌数超过 10^8、酶活性达到 6.49 U/mL 时，κ-casein 被完全水解，β-casein 明显水解。

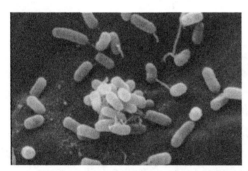

图 1.64　嗜冷菌及其耐热蛋白酶：荧光假单胞菌 BJ-10

3）原料乳中纤溶酶特性研究

原料乳体细胞数（SCC）与 PL 活性存在一定正相关，并且随着原料奶中 SCC 的逐渐增加，其与 PL 活性的相关系数增大，$Y=1.0055X-3.4473$（$R^2=0.9996$）。SCC 自溶后释放 PL 和 PA，使牛乳中 PL 活性增加（图 1.65、图 1.66）。

（1）牛乳 PL 热稳定性及热变性动力学研究。牛乳体系中纤溶酶的热变性动力学方程反应级数 $n=1$。原料乳中纤溶酶活性随着热处理温度的升高而逐渐下降，巴氏杀菌（75℃、15s）可以使原料乳中纤溶酶活性下降 25%左右。HSCC 中的纤溶酶活性比 LSCC 中的更稳定些；超高温灭菌后，HSCC 与 LSCC 中的 PL 活性都明显下降，通过 D、Z 值及活化能 E_a 能较好地比较二者的热稳定性。

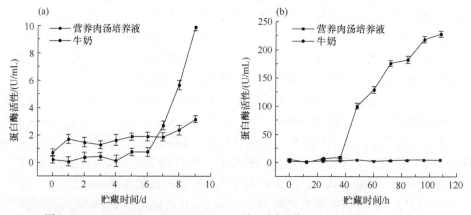

图 1.65　*Pseudomonas fluorescens* BJ-10 在不同培养基中的产酶活性（6℃）

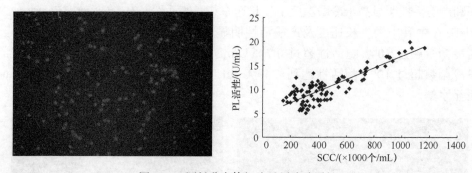

图 1.66　原料乳中体细胞及纤溶酶活性

（2）牛乳中纤溶酶及热处理对其活性的影响。纤溶酶活性水平与奶牛品种、胎次、挤奶时间、饲养环境等因素紧密相关。荷斯坦牛乳中纤溶酶活性最高，为 7.81 U/mL；水牛乳中，摩拉水牛、尼里-拉菲水牛、Ⅰ代杂交水牛、高代杂交水牛乳中纤溶酶活性分别为 6.49 U/mL、5.9 U/mL、6.46 U/mL、6.07 U/mL；牦牛乳中纤溶酶活性为 5.7 U/mL；娟姗牛乳中纤溶酶活性在所测量品种中最低，为 4.6 U/mL。2、3 胎原料乳中纤溶酶活性高于 1、4 胎，这可能与 2、3 胎奶牛的产奶量高有关，但不同胎次原料乳中纤溶酶活性差异不显著（$P > 0.05$）。牧场养殖的牛（7.4～12.4 U/mL）的原料乳中纤溶酶活性要低于养殖小区（10.3～18.6 U/mL）。

4）耐热蛋白酶对 UHT 乳品质的影响

（1）耐热蛋白酶对 UHT 乳蛋白水解、陈化凝胶的作用。荧光假单胞菌蛋白酶优先水解乳中的 κ-CN，生成副 κ-CN，导致酪蛋白微团凝聚，发生凝乳。PL 对 α-CN、β-CN 具有较强的水解作用，且 β-CN 比 α-CN 更容易被攻击，生成 γ-酪蛋白及胨、肽等小片段，对 κ-CN 与乳清蛋白作用很小。超离心悬浮部分中的 κ-CN 的水平在 37℃整个酶解过程中增加，PL 水解 CN 后，将 κ-CN/β-Lg 复合体释放到乳清中。

两种酶的水解产物在 pH 4.6 和 12%TCA 滤液中呈现不同的 RP-HPLC 图谱。由细菌蛋白酶水解蛋白质产生的肽疏水性小，在 RP-HPLC 中洗脱出来早，PL 水解物是更疏水的，在后面洗脱出来。细菌蛋白酶形成的凝胶强度大于 PL。

嗜冷菌会引起 PL 及 PG 从 CN 上释放到乳清部分，即产生 PL 的转移。嗜冷菌蛋白酶对纤溶酶原（PG）具有一定的激活作用。

（2）耐热蛋白酶对 UHT 乳脂肪水解的研究。通过三因素二次正交旋转组合设计，得到 UHT 乳货架期（Y）与 SCC（X_1）、脂肪酶活性（X_2）以及温度（X_3）三因素在编码空间的回归方程为 $Y=53.94-3.46X_1-6.56X_2-3.52X_3+0.89X_{12}+2.67X_{22}+0.19X_{32}-2.75X_1X_2+1.50X_1X_3+2.0X_2X_3$。三因素对货架期的影响显著，$X_2$ 对货架期的影响最大（$P=0.0002$），其次为 X_3（$P=0.0160$），最后是 X_1（$P=0.0173$）。UHT 乳在货架期内蛋白水解度、酸败值、样品上层脂肪球颗粒大小都有上升趋势，pH 呈下降趋势。通过气相色谱法（GC）测定 UHT 乳中的 5 种游离脂肪酸，结果表明：豆蔻酸、棕榈酸、硬脂酸、油酸、亚油酸含量均有不同程度的增加。以货架期的酸败值作为目标函数，二次正交旋转组合设计方差分析表明 SCC 对 UHT 乳脂肪分解的影响显著（$P<0.05$），嗜冷菌数对脂肪水解影响极显著（$P<0.01$）。

（3）凝胶机理。纤溶酶通常会引起蛋白凝胶的发生。用高纤溶酶活性原料乳加工的 UHT 乳在货架期内通常会引起乳蛋白沉淀，表面上看上去不明显，上层有脂肪上浮，形成的蛋白凝胶软，而细菌蛋白酶引起蛋白水解的发生。用高细菌蛋白酶活性的原料乳加工的 UHT 乳货架期通常发生蛋白水解。

陈化凝胶和蛋白水解具有一定的区别，凝胶一般是水解发生的前奏。陈化凝胶发生最快的温度为 27℃左右，而蛋白水解速度随温度的升高而加快，直到 40℃时达到最大。

保藏温度和时间对 UHT 乳的蛋白质、乳脂肪、乳糖、滴定酸度及感官指标均有显著影响。具体而言，随保存时间延长，蛋白质、乳脂肪、乳糖含量及感官品质降低，而滴定酸度升高。保藏温度越高，以上变化越明显。

1.4　水产（鱼肉）原料特性与制品品质

我国海域辽阔，海水资源丰富，拥有渤海、黄海、东海、南海四大海域，总面积达 473 万 km²，海水鱼种类繁多，捕捞量大，我国海洋生物约有 3000 多种，其中，可捕捞、养殖的鱼类就有 1600 多种，经济价值较大的达 150 多种。自 20世纪 60 年代以来，我国的海水养殖产量呈逐年递增态势。从 80 年代开始，传统的水产养殖业已由小范围、分散经营向规模化、集约化方向发展。1985 年产量达到 125 万 t，1995 年增加到 722 万 t，2019 年达到 5079.07 万 t，2019 年产量是 1985 年的 40.6 倍，目前，我国已成为世界第一水产养殖大国。50 余年间，我国海水养殖业的发展经历了三次热潮。第一次热潮以藻类养殖为代表，第二次热潮以对虾养殖为代表，第三次热潮以扇贝养殖为代表，近年来以海水鱼类养殖为代表的第四次热潮正在兴起。另外，我国也拥有丰富的淡水资源，随着淡水鱼产量的不断增加，淡水鱼已经成为淡水养殖的主体。

不论是海水鱼还是淡水鱼，都具有高蛋白、低脂肪的特点。与其他畜肉相比，鱼肉结缔组织较少，口感细嫩柔软。另外，鱼肉中的脂类物质对人体内的营养和生理方面起着非常重要的作用。脂类可为人体提供某些营养成分，如必需脂肪酸，其作为脂溶性维生素的载体，能通过氧化分解作用为机体供给能量。而磷脂和胆固醇与细胞的识别、品种特异性和组织免疫功能等有着密不可分的联系。研究表明，不饱和脂肪酸具有抗氧化、降血脂、预防动脉粥样硬化和心血管疾病的作用。此外，磷脂在调节内分泌、改善记忆力、延续衰老、增强免疫力等方面都起着重要作用（曹栋等，2004a）。脂类还是食品工业的重要原料，可使食品具有酥脆感和特有的风味（夏春丽等，2008）。因此，淡水鱼类作为一种餐桌上必不可少，且对人体健康有着重大意义的理想食物，其进一步的开发利用显得尤为重要。冷冻鱼糜起源于日本，它的出现极大地减少了原料的浪费，平衡了市场的分布，并使得水产品的存在形式更加多样化。自 1904 年日本鱼糜制品开始兴起，到 70 年代中期，日本已率先研发出各种鱼糜制品，以鱼糜为基础的产品主要有鱼丸、模拟蟹棒、鱼面和鱼香肠等；中国自 1984 年引进冷冻鱼糜制品生产线后，鱼糜加工进入大规模工厂化生产时期，即实现加工自动化。鱼糜制品作为高蛋白、低胆固醇、低脂肪、低热、低盐食品，深受广大消费者喜爱。

1. 鱼肉原料特性

鱼肉主要成分包括脂肪、蛋白质以及 8 种人体必需氨基酸，还含有丰富的维生素 E 及矿物质。

1）鱼肉主要营养成分分析

如表 1.125 所示，对 5 个目 30 种淡水鱼的蛋白质、水分、灰分、脂肪的测定数据先进行方差齐性检验，然后再进行方差分析，得出 5 个不同目淡水鱼之间的蛋白质含量、灰分含量的差异显著，5 个不同目淡水鱼之间的水分含量与脂肪含量的差异不显著，其中鲈形目、鳗鲡目的蛋白质含量要高于鲟形目、鲇形目、鲤形目，鲤形目的灰分含量要高于鲈形目、鲇形目、鳗鲡目，鲤形目与鲟形目的灰分含量差异不显著。不同目淡水鱼之间基本营养成分的差异与相似性可能是物种和环境等后天因素共同作用的结果。同一个体、某一物种、某一种属、某一科或者相同来源的个体随着生活环境或者其他因素的改变，个体或者物种均在发生着同质的进化和突变的进化，进化伴随着基因型和（或）表现形的改变。当同质的改变大于突变的改变时，物种或者个体之间的进化则表现为协同进化，当物种或者个体之间突变的改变大于同质的改变时，则表现为非协同的改变（胡芬等，2011）。物种之间的差异是由基因与后天环境共同作用的结果。本书不同目之间的差异亦是基因与后天养殖环境协同作用的结果。许星鸿和刘翔（2013）研究了 3 种淡水养殖鱼、2 种海水养殖鱼和 3 种海洋野生鱼的肌肉营养成分，发现乌鱼中蛋白质含量最低，鲈鱼和带鱼中蛋白质含量较高，3 种海水野生鱼的脂肪含量比海水养殖鱼、淡水养殖鱼要高；王志芳等（2018）的研究显示淡水石斑鱼的粗蛋白含量显著高于红罗非鱼，淡水石斑鱼粗脂肪含量显著高于 3 种罗非鱼，且不饱和脂肪酸也较高；邹舟等（2014）通过对鲢鱼不同部位脂肪酸进行测定，发现鱼头部分单不饱和脂肪酸高于背肌、鱼眼、腹肌及鱼尾部位；胡芬等（2011）对七种淡水鱼在不同季节下基本营养成分进行测定，结果显示不同季节同一种鱼基本营养成分存在差异。另外养殖鱼和野生鱼在成分、颜色，特别是在结构、脂肪酸和游离氨基酸（FAAs）上有所不同。野生鱼类的肉较硬，这可能是由于它们的脂肪含量在较低或较高的活动水平。养殖鱼的单不饱和脂肪酸含量较高，饱和脂肪酸和多不饱和脂肪酸（PUFAs）含量较低（王志芳等，2018）。

表 1.125　不同目淡水鱼蛋白质、水分、灰分、脂肪含量

目	蛋白质	水分	灰分	脂肪
鲤形目/（g/100 g）	18.45±1.07[b]	76.02±2.03[a]	1.68±0.80[a]	3.55±1.80[a]
鲈形目/（g/100 g）	19.13±1.04[a]	74.71±1.22[a]	1.27±0.25[ab]	4.51±0.88[a]
鲶形目/（g/100 g）	17.68±1.45[c]	74.63±4.39[a]	1.18±0.10[ab]	3.94±1.86[a]
鲟形目/（g/100 g）	17.79±0.49[b]	72.20±5.14[a]	1.23±0.19[a]	3.69±0.15[a]
鳗鲡目/（g/100 g）	19.49±0.05[a]	73.16±0.10[a]	0.98±0.00[ab]	6.37±0.53[a]

注：同列字母完全不同则该项指标的差异显著。（$P<0.05$）

鲤形目中，12 种淡水鱼中肌肉蛋白质的含量在 16.65～20.26 g/100 g 之间，其中鲤形目中脆肉鲩蛋白质含量显著高于其他 11 种鲤形目淡水鱼，鲤鱼、鲫鱼、鲢鱼蛋白质含量低于其他 9 种鲤形目的淡水鱼；鲤形目的淡水鱼肌肉水分含量在 73.29～78.67 g/100 g 之间，其中鲢鱼、鲮鱼、缩骨鳙鱼水分含量要显著高于鲤鱼、鲫鱼、武昌鱼、草鱼、青鱼、胭脂鱼、脆肉鲩、翘嘴鲌，鲢鱼、鲮鱼、缩骨鳙鱼、鳙鱼的水分含量在 78%以上，青鱼、翘嘴鲌的水分含量较其他鲤形目淡水鱼低；鲤形目中的 12 种淡水鱼肌肉的灰分含量在 0.08～3.597 g/100 g 之间，胭脂鱼的灰分含量最高，显著高于翘嘴鲌和其他 10 种鲤形目淡水鱼，脆肉鲩肌肉灰分含量最低；

鲤形目中的 12 种淡水鱼肌肉的脂肪含量在 1.19~6.08 g/100 g 之间，其中草鱼肌肉脂肪要高于鲫鱼、武昌鱼、鳊鱼、鲢鱼、鲮鱼、青鱼、胭脂鱼、脆肉鲩、翘嘴鲌、缩骨鳊鱼，且草鱼、青鱼、鲫鱼肌肉脂肪含量较高，缩骨鳊鱼的脂肪含量最低。

研究鲈形目中 11 种淡水鱼肌肉的基本营养成分，结果显示，其肌肉蛋白质含量在 17.25~20.31 g/100 g 之间，其中斑鳢、鳜鱼肌肉蛋白质含量显著高于鲈鱼、太阳鱼、乌鳢、罗非鱼、宝石鲈、河鲈、梭鲈，但斑鳢、澳洲银鳕、花斑鱼肌肉之间蛋白质含量的差异不显著，鲈形目中 11 种淡水鱼肌肉蛋白质含量最低的为梭鲈；其水分含量在 65.47~75.95 g/100 g 之间，乌鳢水分含量显著高于其他 10 种鲈形目淡水鱼，其中澳洲银鳕水分含量最低；鲈形目中 11 种淡水鱼肌肉灰分含量在 0.77~1.65 g/100 g 之间，脂肪含量在 0.10~13.02 g/100 g 之间，其由大到小的顺序为：澳洲淡水银鳕＞宝石鲈＞花斑鱼＞斑鳢＞罗非鱼＞梭鲈＞鲈鱼＞太阳鱼＞河鲈＞鳜鱼＞乌鳢，差异显著。鲶形目中 4 种淡水鱼肌肉蛋白质、水分、灰分、脂肪含量分别为 15.80~19.39 g/100 g、67.60~77.89 g/100 g、1.06~1.329 g/100 g、1.66~5.94 g/100 g。鲶形目中 4 种淡水鱼肌肉蛋白质、水分、灰分、脂肪含量差异显著。

由聚类分析树状图（图 1.67）可以看出，30 种淡水鱼聚为三类，其中第一类

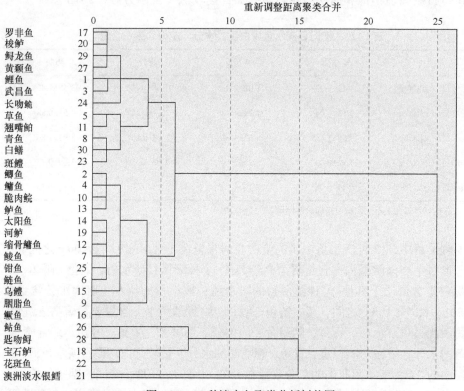

图 1.67　30 种淡水鱼聚类分析树状图

为罗非鱼、梭鲈、鲟龙鱼、黄颡鱼、鲤鱼、武昌鱼、长吻鮠、草鱼、翘嘴鲌、青鱼、白鳝、斑鳢、鲫鱼、鳙鱼、脆肉鲩、鲈鱼、太阳鱼、河鲈、缩骨鳙鱼、鲮鱼、钳鱼、鲢鱼、乌鳢、胭脂鱼、鳜鱼；第二类为鲇鱼、匙吻鲟、宝石鲈、花斑鱼；第三类为澳洲淡水银鳕。其中每一类淡水鱼肌肉蛋白质、水分、灰分及脂肪的含量与比例相接近，不同类淡水鱼肌肉蛋白质、水分、灰分及脂肪的含量与比例差异较大。不同淡水鱼因为本身物种的差异、养殖环境不同、喂养的饲料不同，其基本营养成分存在差异。本书中聚类结果显示，第一类包括 30 种淡水鱼中全部的鲤形目、大部分的鲈形目等，本书中淡水鱼采样地点的不同以及物种本身的差异均对物种本身的基本营养成分具有一定的影响。养殖环境的不同对淡水鱼的基本营养成分也可能存在一定影响。饲料的不同也可能对其营养成分造成一定的影响。

2）粗脂肪组成分析

选择常温的氯仿-甲醇分析淡水鱼中的粗脂肪含量，对 30 种淡水鱼肌肉的粗脂肪含量进行了测定。粗脂肪含量因鱼种不同而有所差异。由表 1.126 可知，30 种淡水鱼每千克肌肉中粗脂肪的含量为 50.24～174.96 g，其中鲇鱼、鲟龙鱼、鳗鲡、鲢鱼、长吻鮠和脆肉鲩粗脂肪含量较高，每千克肌肉粗脂肪含量均在 100 g 以上。斑鳢、斑点叉尾鮰、裸盖鱼、武昌鱼、黄颡鱼和大口黑鲈粗脂肪含量次之，每千克肌肉粗脂肪含量也均在 80～100 g。而花斑鱼、太阳鱼、美国匙吻鲟、翘嘴红鲌、青鱼、草鱼、鲫鱼、罗非鱼、赤鲈、胭脂鱼、南方大口鲇和缩骨鳙鱼粗脂肪含量相对较低，每千克肌肉粗脂肪含量在 60～80 g。桂花鱼、鲮鱼、鲤鱼、梭鲈和鳙鱼粗脂肪含量最少，每千克肌肉粗脂肪含量在 50～55 g。

表 1.126　30 种淡水鱼肌肉粗脂肪的含量描述性分析

因子	变化范围/（g/kg）	均值/（g/kg）	变异系数/%	中位数/（g/kg）
脂肪含量	50.24～174.96	84.10±30.00	35.66	76.78

注：均值结果以平均值±标准差来表示。

草鱼、武昌鱼、鲫鱼、鲮鱼、鲤鱼、胭脂鱼、鳙鱼、缩骨鳙鱼、翘嘴红鲌、鲢鱼、青鱼和脆肉鲩同属于鲤形目；桂花鱼、花斑鱼、罗非鱼、太阳鱼、斑鳢、大口黑鲈、高体革鯻、赤鲈和梭鲈同属于鲈形目；黄颡鱼、鲇鱼、斑点叉尾鮰、南方大口鲇和长吻鮠同属于鲇形目；鲟龙鱼和美国匙吻鲟同属于鲟形目；鳗鲡属于鳗鲡目；裸盖鱼属于鲉形目。它们的粗脂肪含量在目间和种属间表现出差异性。鲇鱼和其余 29 种淡水鱼粗脂肪含量在目间、科间和种属间均有显著差异性（$P<0.05$）；鳙鱼与 16 种淡水鱼（武昌鱼、桂花鱼、花斑鱼、黄颡鱼、鲇鱼、太阳鱼、斑鳢、鲟龙鱼、大口黑鲈、斑点叉尾鮰、鳗鲡、裸盖鱼、高体革鯻、鲢鱼、长吻鮠和脆肉鲩）粗脂肪含量在目间、科间和种属间表现出显著差异性（$P<0.05$）；15 种淡水鱼

（草鱼、桂花鱼、鲫鱼、鲮鱼、罗非鱼、鲤鱼、赤鲈、梭鲈、胭脂鱼、美国匙吻鲟、南方大口鲶、鳙鱼、缩骨鳙鱼、翘嘴红鲌和青鱼）粗脂肪含量在目间、科间和种属间差异性都不显著。这种粗脂肪含量的差异，可能与鱼类的生活习性和运动习性有关，还可能与季节变化有关。这些鱼种的购买季节存在差异，其中洄游性鱼类的一个显著的生物学特征就是脂肪含量的季节变化，鱼类越冬前要进行索饵，夏、秋季进行摄食，积累脂肪，以便为越冬以及来年生殖活动提供能量。脂肪含量一般在夏季最高，产卵后达到全年的最低值。季节变化对脂肪含量的影响在鱼类不同洄游阶段也存在差异，生殖洄游期脂肪含量变化很大，而越冬期则变化很小（张衡等，2013）。总之，这些鱼的摄食、运动和季节变化等都可能对脂肪含量造成一定的影响。

3）脂肪酸组成分析

利用气相色谱-质谱对其脂肪酸组成进行分析，结果见表 1.127 和表 1.128。从分析结果可以看出，不同鱼种所含的脂肪酸种类和含量都有差异。30 种淡水鱼共检出 25 种脂肪酸，其中包括 8 种饱和脂肪酸（SFA），5 种单不饱和脂肪酸（MUFA）和 12 种多不饱和脂肪酸（PUFA）。SFA 含量范围为 20.87%～36.33%，MUFA 含量在 22.79%～53.00%之间，PUFA 含量范围为 22.22%～47.28%。相对于其他肉蛋类食品，其具有较高比例的不饱和脂肪酸。30 种淡水鱼共有 9 种脂肪酸，分别为 C14:0，C16:0，C16:1，C18:0，C18:1，C18:2，C20:4，C20:5 和 C22:6。另外，有些脂肪酸在其他鱼类中存在差异。

表 1.127　30 种淡水鱼肌肉的饱和脂肪酸组成和含量描述性分析

因子	变化范围/%	均值/%	变异系数/%	中位数/%
C12:0	0.00～0.32	0.08±0.09	119.76	0.04
C13:0	0.00～0.14	0.02±0.04	231.70	0.00
C14:0	0.30～3.28	1.52±0.90	58.86	1.35
C15:0	0.00～1.95	0.45±0.55	122.84	0.25
C16:0	12.44～25.92	18.4±3.57	19.40	17.73
C17:0	0.00～6.63	0.85±1.31	153.56	0.38
C18:0	3.83～10.39	7.72±1.30	16.83	8.02
C20:0	0.00～0.33	0.03±0.08	263.24	0.00
ΣSFA	20.87～36.33	29.08±3.70	12.71	29.23

注：均值结果以平均值±标准差来表示。

表 1.128　30 种淡水鱼肌肉的不饱和脂肪酸组成和含量描述性分析

因子	变化范围/%	均值/%	变异系数/%	中位数/%
C14:1	0.00～0.11	0.00±0.02	—	0.00
C16:1	1.14～9.47	4.79±1.94	40.59	4.78
C17:1	0.00～1.66	0.49±0.45	92.52	0.37
C18:1	17.37～49.28	28.44±8.89	31.25	25.49
C20:1	0.00～4.30	0.55±0.98	179.20	0.00
∑MUFA	22.79～53.00	34.30±8.15	23.77	31.68
C16:2	0.00～0.14	0.01±0.03	377.04	0.00
C18:2	2.51～20.48	12.53±5.23	41.70	12.48
C18:3	0.00～3.34	0.76±0.89	117.13	0.50
C20:2	0.00～2.07	0.68±0.68	100.33	0.62
C20:3	0.00～3.72	1.05±0.91	86.60	0.97
C20:4	0.68～10.41	4.22±2.76	65.56	3.62
C20:5	0.38～13.26	5.02±3.61	71.87	3.88
C21:3	0.00～0.74	0.05±0.16	316.75	0.00
C21:4	0.00～7.31	1.62±1.96	121.01	0.99
C21:5	0.00～2.30	0.10±0.43	416.04	0.00
C22:3	0.00～1.87	0.10±0.37	372.43	0.00
C22:6	2.89～23.81	10.59±5.77	54.52	10.69
∑PUFA	22.22～47.28	36.68±6.66	18.15	39.72
EPA+DHA	3.99～30.00	15.56±7.38	47.42	15.33

注：均值结果以平均值±标准差来表示。EPA 为 C20:5；DHA 为 C22:6。

从表 1.127 和表 1.128 可以看出：C14:0，C16:0，C16:1，C18:0，C18:1，C18:2，C20:4（AA），C20:5（EPA）和 C22:6（DHA）是鱼主要的脂肪酸。饱和脂肪酸（SFA）组成中 C16:0 相对含量最高，梭鲈、高体革鯻、赤鲈和鳗鲡肌肉中相对含量在 25%以上。单不饱和脂肪酸组成中 C18:1 相对含量最高，裸盖鱼、美国匙吻鲟、青鱼和斑点叉尾鮰肌肉中相对含量均在 40%以上。多不饱和脂肪酸组成中 C22:6 相对含量较高，大口黑鲈、赤鲈、梭鲈和胭脂鱼肌肉中相对含量均超过 20%。在淡水鱼的粗脂肪中检测出的脂肪酸存在差异，这可能与它们的生存环境和食饵情况有关（童铃等，2014）。

EPA 和 DHA 被称为"脑黄金"，可预防心脑血管疾病（陈丽花等，2010）。

DHA 及 EPA 具有抗氧化、抗血栓和降血糖等作用，并具有明显降胆固醇作用，可用于防治脑血栓和动脉硬化等疾病（吴凌涛等，2017），对人的生命健康起着十分重要的作用。由于人体不能自身合成，需长期从饮食中不断摄取和累积 DHA 和 EPA，因此含有高比例 EPA 和 DHA 的鱼类是人类饮食所需。30 种淡水鱼肌肉粗脂肪中 EPA 和 DHA 总相对含量见图 1.68。从图 1.68 中可以看出，草鱼、裸盖鱼、美国匙吻鲟、缩骨鳙鱼、翘嘴红鲌、青鱼、脆肉鲩和斑点叉尾鮰中 EPA 和 DHA 总相对含量较低，小于 10%，其中脆肉鲩的 EPA 和 DHA 总相对含量仅为 3.99%，而鳙鱼、鲫鱼、鲮鱼、大口黑鲈、赤鲈、梭鲈、胭脂鱼和长吻鮠中 EPA 和 DHA 总相对含量较高，均在 20% 以上，是生产鱼油的最佳选择。

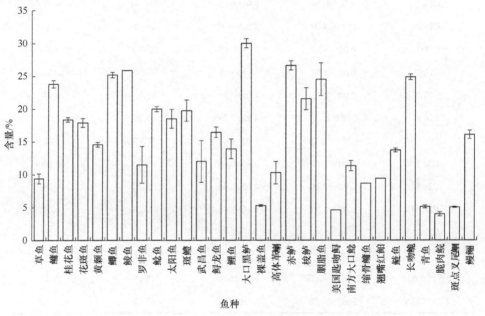

图 1.68　30 种淡水鱼肌肉粗脂肪中的 EPA 和 DHA 的总相对含量

4）磷脂组成及含量

利用高效液相色谱-蒸发光散射检测器（HPLC-ELSD）对 30 种淡水鱼的磷脂组成进行测定，计算出各磷脂组分的含量，描述性分析结果见表 1.129。

表 1.129　30 种淡水鱼磷脂组成及含量描述性分析

因子	变化范围/（mg/g）	均值/（mg/g）	变异系数/%	中位数/（mg/g）
PE	0.45～2.42	1.18±0.46	38.61	1.19
LPE	0.00～0.04	0.01±0.02	118.36	0.00
PI	0.07～0.74	0.43±0.18	41.07	0.44

续表

因子	变化范围/（mg/g）	均值/（mg/g）	变异系数/%	中位数/（mg/g）
PS	0.00～0.18	0.08±0.04	50.11	0.08
PC	0.07～0.72	0.32±0.16	49.05	0.31
SM	0.02～0.15	0.05±0.03	49.41	0.05
LPC	0.00～0.08	0.01±0.02	198.27	0.00

注：均值结果以平均值±标准差来表示。

对于磷脂含量来说，每克淡水鱼肌肉中 PE 含量为 0.45～2.42 mg，其中胭脂鱼含量最高，太阳鱼含量最低；每克淡水鱼肌肉中 PI 含量为 0.07～0.74 mg，其中赤鲈含量最高，鲢鱼含量最低；每克淡水鱼肌肉中 PC 含量为 0.07～0.72 mg，其中斑点叉尾鮰含量最高，太阳鱼含量最低；每克淡水鱼肌肉中 SM 含量为 0.02～0.15 mg，其中武昌鱼含量最高，鳙鱼含量最低；PS 除鲢鱼和花斑鱼外，每克淡水鱼肌肉中含量为 0.03～0.18 mg，其中鲤鱼含量最高，桂花鱼含量最低；在鲢鱼、大口黑鲈、胭脂鱼、裸盖鱼、武昌鱼、缩骨鳙鱼、青鱼、罗非鱼、南方大口鲶、脆肉鲩、长吻鮠、草鱼和鳙鱼中，每克淡水鱼肌肉中 LPE 含量为 0.02～0.04 mg，其中大口黑鲈含量最高，长吻鮠含量最低；在鲢鱼、大口黑鲈、武昌鱼、缩骨鳙鱼、罗非鱼、脆肉鲩、草鱼和鳙鱼中，每克淡水鱼肌肉中 LPC 含量为 0.02～0.08 mg，其中罗非鱼含量最高，缩骨鳙鱼含量最低。

对于磷脂种类来说，大口黑鲈、武昌鱼、缩骨鳙鱼、罗非鱼、脆肉鲩、草鱼和鳙鱼中检测到 PE、LPE、PI、PS、PC、SM、LPC 7 种磷脂成分，是 30 种淡水鱼中磷脂种类最多的；鲢鱼只检测到 6 种磷脂成分，未检测到 PS；胭脂鱼、裸盖鱼、青鱼、南方大口鲶和长吻鮠同样只检测到 6 种磷脂成分，未检测到 LPC；鲶鱼、鲅鱼、鲫鱼、鲟龙鱼、美国匙吻鲟、斑鳢、太阳鱼、梭鲈、翘嘴红鲌、斑点叉尾鮰、鲤鱼、黄颡鱼、赤鲈、桂花鱼、高体革鯻和鳗鲡只检测到 5 种磷脂成分，未检测到 LPE、LPC；而花斑鱼含磷脂种类最少，只检测到 4 种，未测到 LPE、PI、LPC。因此可以推测大口黑鲈、武昌鱼、缩骨鳙鱼、罗非鱼、脆肉鲩、草鱼和鳙鱼是淡水鱼磷脂的较好来源，具有开发磷脂保健食品的潜能。

2. 鱼肉制品品质

鱼糜是将鲜活原料鱼预处理后，经采肉、漂洗、脱水、精滤、分装、冻结而成具有一定保藏期的中间产品，是鱼糜产业中不可缺少的原料，目前已经成为我国重要的水产加工品种之一。鱼糜制品是将鱼糜添加辅料再经擂溃、成型、加热等工艺而成，鱼糜制品营养好，风味好，并且食用及携带方便，已经越来越受欢迎。

1）不同鱼种鱼糜的磷脂组成及含量

利用高效液相色谱-蒸发光散射检测器对不同种类淡水鱼糜凝胶的磷脂组成

进行测定，计算出各磷脂组分的含量，结果见表 1.130。

表 1.130　不同种类淡水鱼糜凝胶的磷脂组成描述性分析

因子	变化范围/（mg/g）	均值/（mg/g）	变异系数/%	中位数/（mg/g）
PE	0.682～3.183	1.31±0.59	45.23	1.1495
PI	0.21～1.12	0.50±0.18	36.91	0.4905
PS	0.05～0.17	0.10±0.03	30.59	0.1005
PC	0.12～1.49	0.49±0.35	70.81	0.4215
SM	0.02～0.12	0.05±0.02	47.60	0.046

注：均值结果以平均值±标准差来表示。

2）不同鱼种鱼糜品质特性

凝胶强度是表征凝胶特性的重要指标之一，凝胶强度越大说明鱼糜凝胶的品质越好，具有令人愉悦的弹性口感的凝胶强度在 300 g·cm 以上。不同鱼种鱼糜凝胶强度存在一定差异。大多数淡水鱼糜凝胶强度能达到 300 g·cm 以上，只有武昌鱼、鲢鱼、太阳鱼和黄颡鱼鱼糜凝胶强度在 300 g·cm 以下。相比淡水鱼，海水鱼鱼糜凝胶性能更好，鱼糜凝胶强度在 183.31～1132.09 g·cm 范围之间，最低和最高鱼糜凝胶强度均大于淡水鱼（表 1.131）。

表 1.131　鱼糜凝胶特性数据表

	项目	范围
海水鱼	凝胶强度/（g·cm）	183.31～1132.09
	硬度/g	97.00～425.33
	内聚性	0.60～0.88
	弹性/mm	2.52～2.98
	白度	65.47～88.23
	持水性/%	66.02～90.42
淡水鱼	凝胶强度/（g·cm）	109.83～884.88
	硬度/g	121.83～972.90
	内聚性	0.03～2.35
	弹性/mm	1.35～2.95

续表

项目	范围
淡水鱼　白度	66.02～80.80
持水性/%	71.50～91.83

质构特性是鱼糜品质的重要鲜度指标之一，主要包括硬度、弹性、内聚性等。硬度是指第一次压缩样品时的压力峰值，弹性反应是试样在第一次压缩变形后能够再恢复的程度，内聚性反映了在经过了第一次压缩之后对第二次压缩的相对抵抗能力。海水鱼硬度范围在 97.00～425.33 g 之间，而淡水鱼硬度范围在 121.83～972.90 g，最高硬度显著大于海水鱼，不同种类淡水鱼糜凝胶的硬度、内聚性、弹性都具有一定差异。相比淡水鱼，海水鱼鱼糜凝胶内聚性和弹性变化范围较小，分别为 0.60～0.88 mm、2.52～2.98 mm，其中金鲳鱼鱼糜弹性最大，双齿鲷内聚性最好。

白度反映鱼糜凝胶外观的颜色，白度高的鱼糜制品受到消费者的喜爱。淡水鱼和海水鱼鱼糜凝胶的白度范围差异相对较小，在淡水鱼中，赤鲈鱼鱼糜凝胶的亮度和白度值最高，在海水鱼中，约氏笛鲷、黄花鱼、匀斑裸胸鳝、双齿鲷、紫红笛鲷、长体金线鱼、无齿鲹、海鲈、长体蛇鲻鱼糜凝胶白度值较大，达到 80 以上，而泥猛、长吻钻嘴鱼、斑鱵、断斑石鲈鱼糜凝胶白度均未达到 70。这种鱼糜凝胶白度值的差异，有可能是由不同种类的鱼种的肌红蛋白和血红蛋白含量不同所致（贾丹，2016）。

持水性是鱼糜将水保留在凝胶组织中的能力，与产品的质地、嫩度、弹性、口感等密切相关（唐淑玮等，2019）。持水性高的鱼糜制品失水率低，制品保有更多的水分，这样会使鱼糜制品更加鲜嫩爽滑；持水性低的鱼糜制品失水率高，鱼糜大量失水会导致鱼糜凝胶结构崩溃离析，影响鱼糜制品的品质。不同鱼种鱼糜凝胶的持水性存在着一定的差异。淡水鱼中，鲮鱼、罗非鱼、鲤鱼和高体革鯻鱼糜凝胶的持水性相对较高，而海水鱼中，仅有匀斑裸胸鳝持水性达到 90%以上。

鱼糜形成凝胶的过程中，蛋白质是凝胶化开始的关键物质，尤其是肌球蛋白和肌原纤维蛋白（陈艳，2004）。这种凝胶强度的差异，可能是因为不同的鱼种具有不同含量、不同热稳定性的肌球蛋白，直接影响着鱼糜凝胶化过程中形成的网状结构的稳定程度（王玉凤，2014），再者就是不同种类淡水鱼鱼肉中内源性蛋白酶的受热活化程度及有效活性也不同。

3）不同种类淡水鱼鱼糜品质特性与磷脂相关性

综合所测淡水鱼糜凝胶的质构、凝胶强度、白度、持水性等指标，结合表 1.129和表 1.130 的鱼肉及鱼糜凝胶各磷脂组分的含量，用 IBM SPSS Statistics 22.0 统计分析软件对其数据进行相关性分析，结果见表 1.132 和表 1.133。

表 1.132　鱼肉磷脂与鱼糜品质特性的相关性

	PE	LPE	PI	PS	PC	SM	LPC	凝胶强度	硬度	内聚性	弹性	咀嚼性	白度	持水性
PE	1.000	-0.391	0.802**	0.399*	0.421*	0.368*	0.005	0.099	0.265	-0.066	-0.041	-0.219	0.153	-0.155
LPE	-0.391	1.000	-0.105	0.212	-0.413	-0.222	-0.262	-0.061	0.242	-0.101	-0.108	0.016	-0.127	0.468
PI	0.802**	-0.105	1.000	0.468*	0.152	0.192	-0.228	0.316	0.262	-0.187	-0.078	-0.267	0.268	0.081
PS	0.399*	0.212	0.468*	1.000	0.363	0.335	0.581	0.105	-0.155	0.167	-0.195	-0.175	-0.207	0.248
PC	0.421*	-0.413	0.152	0.363	1.000	0.206	0.794*	0.101	-0.136	0.515**	0.121	0.190	-0.278	-0.098
SM	0.368*	-0.222	0.192	0.335	0.206	1.000	-0.261	-0.154	-0.070	0.013	-0.149	0.034	-0.186	-0.354
LPC	0.005	-0.262	-0.228	0.581	0.794*	-0.261	1.000	0.314	-0.294	0.150	-0.132	0.031	0.304	0.742*
凝胶强度	0.099	-0.061	0.316	0.105	0.101	-0.154	0.314	1.000	0.456*	0.010	0.023	0.089	0.048	0.167
硬度	0.265	0.242	0.262	-0.155	-0.136	-0.070	-0.294	0.456*	1.000	-0.446*	-0.285	-0.284	0.454*	-0.157
内聚性	-0.066	-0.101	-0.187	0.167	0.515**	0.013	0.150	0.010	-0.446*	1.000	0.425*	0.669**	-0.587**	0.026
弹性	-0.041	-0.108	-0.078	-0.195	0.121	-0.149	-0.132	0.023	-0.285	0.425*	1.000	0.539**	-0.281	0.202
咀嚼性	-0.219	0.016	-0.267	-0.175	0.190	0.034	0.031	0.089	-0.284	0.669**	0.539**	1.000	-0.626**	-0.062
白度	0.153	-0.127	0.268	-0.207	-0.278	-0.186	0.304	0.048	0.454*	-0.587**	-0.281	-0.626**	1.000	0.054
持水性	-0.155	0.468	0.081	0.248	-0.098	-0.354	0.742*	0.167	-0.157	0.026	0.202	-0.062	0.054	1.000

*表示显著相关（$P<0.05$）；**表示极显著相关（$P<0.01$）。

表 1.133　鱼糜凝胶磷脂与鱼糜品质特性的相关性

	PE	PI	PS	PC	SM	凝胶强度	硬度	内聚性	弹性	咀嚼性	白度	持水性
PE	1.000	0.730**	0.624**	0.918**	0.770**	0.228	-0.152	0.242	-0.077	0.106	-0.476*	0.185
PI	0.730**	1.000	0.739**	0.709**	0.503**	0.391*	0.110	0.092	-0.170	0.048	-0.221	0.146
PS	0.624**	0.739**	1.000	0.658**	0.519**	0.151	-0.028	0.091	-0.030	-0.157	-0.110	0.395*
PC	0.918**	0.709**	0.658**	1.000	0.753**	0.264	-0.134	0.147	-0.064	0.026	-0.310	0.269
SM	0.770**	0.503**	0.519**	0.753**	1.000	0.106	-0.250	0.350	-0.001	0.193	-0.593**	0.167
凝胶强度	0.228	0.391*	0.151	0.264	0.106	1.000	0.456*	0.010	0.023	0.089	0.048	0.167
硬度	-0.152	0.110	-0.028	-0.134	-0.250	0.456*	1.000	-0.446*	-0.285	-0.284	0.454*	-0.157
内聚性	0.242	0.092	0.091	0.147	0.350	0.010	-0.446*	1.000	0.425*	0.669**	-0.587**	0.026
弹性	-0.077	-0.170	-0.030	-0.064	-0.001	0.023	-0.285	0.425*	1.000	0.539**	-0.281	0.202
咀嚼性	0.106	0.048	-0.157	0.026	0.193	0.089	-0.284	0.669**	0.539**	1.000	-0.626**	-0.062
白度	-0.476*	-0.221	-0.110	-0.310	-0.593**	0.048	0.454*	-0.587**	-0.281	-0.626**	1.000	0.054
持水性	0.185	0.146	0.395*	0.269	0.167	0.167	-0.157	0.026	0.202	-0.062	0.054	1.000

*表示显著相关（$P<0.05$）；**表示极显著相关（$P<0.01$）。

从鱼肉磷脂与鱼糜品质特性的相关性来看，各磷脂组分间有一定的相关性，PE 和 PI 呈极显著正相关，PE 与 PS、PC、SM 呈显著正相关；PI 与 PS 呈显著正相关；PC 与 LPC 呈显著正相关。鱼糜品质特性指标之间也存在一定联系，凝胶强度与硬度呈显著正相关；硬度与内聚性呈显著负相关，硬度与白度呈显著负相关；内聚性与弹性呈显著正相关，内聚性与咀嚼性呈极显著正相关，内聚性与白度呈极显著负相关；弹性与咀嚼性呈极显著正相关；咀嚼性与白度呈极显著负相关。鱼肉磷脂与鱼糜品质指标也有一定的相关性，鱼肉中 PC 与质构中内聚性呈极显著正相关；LPC 与持水性呈显著正相关。

从鱼糜磷脂与鱼糜品质特性的相关性来看，各磷脂组分间均有相关性，PE 与 PI、PS、PC、SM 均呈极显著正相关；PI 与 PS、PC、SM 呈极显著正相关；PS 与 PC、SM 呈极显著正相关；PC 与 SM 也呈极显著正相关。与鱼肉中磷脂各组分间的关系相比，鱼糜的加工过程增加了磷脂组分间的相关性。鱼糜凝胶中的磷脂组分与鱼糜凝胶品质指标间的相关性也发生了改变，PE 与白度呈显著负相关；PI 与凝胶强度呈显著正相关；PS 与持水性呈显著正相关；SM 与白度呈极显著负相关。

从凝胶强度考虑，除太阳鱼和黄颡鱼外，其余淡水鱼均适合制作鱼糜；从白度考虑，鳙鱼、鲢鱼、裸盖鱼、美国匙吻鲟、武昌鱼、斑鳢、太阳鱼、缩骨鳙鱼、青鱼、翘嘴红鲌、罗非鱼、花斑鱼、赤鲈、脆肉鲩、草鱼、高体革鯻、鲟鱼和大口黑鲈这 18 种淡水鱼适合制作鱼糜；从持水性考虑，鲮鱼、鲫鱼、鲢鱼、武昌鱼、斑鳢、太阳鱼、罗非鱼、鲤鱼、黄颡鱼、花斑鱼、脆肉鲩、草鱼、高体革鯻、鲟鱼和大口黑鲈这 15 种淡水鱼适合制作鱼糜。综合磷脂组成及含量、质构、凝胶强度、白度和持水性这些指标考虑，鲮鱼、鲢鱼、武昌鱼、斑鳢、罗非鱼、花斑鱼、脆肉鲩、草鱼、高体革鯻、鲟鱼和大口黑鲈这 11 种淡水鱼最适合制作鱼糜。鱼糜加工所需要的原料多，所以必须要考虑淡水鱼产量、受季节影响、价格以及机械加工性能等因素。花斑鱼和高体革鯻价格昂贵，制作鱼糜成本较高；脆肉鲩原产于广东省中山市长江水库，对水质和饲料要求较高；斑鳢和武昌鱼虽然生长速度很快，但受地域和环境的影响；大口黑鲈虽然是国内重要的淡水养殖品种之一，但主要养殖地还是在广东省；草鱼和鲮鱼饲料来源广泛，产量高；鲟鱼分布范围广，在我国南方到北方的淡水流域中几乎都能见到，是中国特有的鱼种；鲢鱼价格便宜且产量高，分布在全国的各大水系；罗非鱼具有强大的适应能力，繁殖快。综合考虑各因素的影响，草鱼、鲟鱼、罗非鱼、鲢鱼和鲮鱼是最适合作为生产鱼糜的鱼种。

4）凝胶化鱼糜和鱼糜凝胶的凝胶性能对比研究

结合凝胶强度、采样量以及经济价值等因素进行考量，选取 7 种淡水鱼和 2 种海水鱼进行凝胶过程中的凝胶特性的研究，鱼糜凝胶过程中低温凝胶以及高温凝胶的凝胶强度和质构特性数据如表 1.134 所示。

表 1.134　鱼糜凝胶形成过程中凝胶强度和质构特性的变化

凝胶过程	因子	变化范围	均值	变异系数/%	中位数
凝胶化鱼糜 （40℃/30 min）	凝胶强度	42.90～154.24 g · cm	（100.47±35.82） g · cm	35.65	100.47 g · cm
	硬度	28.67～153.40 g	（77.94±44.21）g	56.72	74.29 g
	弹性	2.93～4.88	4.20±0.69	16.33	4.44
	内聚性	0.54～0.73	0.61±0.07	10.77	0.57
鱼糜凝胶 （先 40℃/30 min， 然后 90℃/30 min）	凝胶强度	130.15～403.13 g · cm	（248.19±92.21） g · cm	37.15	232.26 g · cm
	硬度	123.00～336.75 g	（180.90±62.73）g	34.68	165.88 g
	弹性	2.95～4.86	4.36±0.75	17.14	4.73
	内聚性	0.51～0.75	0.61±0.08	13.34	0.56

注：均值结果以平均值±标准差来表示。

由表 1.134 分析可得，先经低温凝胶再经高温凝胶与只经过低温凝胶相比，鱼糜的凝胶强度、硬度显著升高。先经低温凝胶再经高温凝胶的 7 种淡水鱼鱼糜弹性、内聚性差异不显著。低温凝胶阶段，7 种淡水鱼凝胶强度在 42.90～154.24 g · cm 之间，7 种淡水鱼凝胶强度差异显著，其中黄颡鱼鱼糜的凝胶强度显著低于鲮鱼、罗非鱼、鳙鱼、鲈鱼；鲮鱼、罗非鱼、鳙鱼鱼糜的凝胶强度在低温凝胶阶段较其他 4 种淡水鱼鱼糜好。7 种淡水鱼鱼糜硬度在 28.67～153.40 g 之间，不同淡水鱼鱼糜低温凝胶后硬度差异显著，低温凝胶后罗非鱼、鲢鱼鱼糜硬度显著高于草鱼、鲮鱼、鳙鱼、黄颡鱼、鲈鱼，其中草鱼硬度最差。7 种淡水鱼低温凝胶后弹性在 2.93～4.88 之间，差异不显著。7 种淡水鱼低温凝胶后罗非鱼的内聚性要显著高于其他 6 种淡水鱼，草鱼、鲮鱼、鳙鱼、黄颡鱼、鲢鱼鱼糜低温凝胶后内聚性的差异不显著。海水鱼鱼糜凝胶和淡水鱼鱼糜凝胶研究结果相似，鱼糜凝胶相比于凝胶化鱼糜，凝胶强度和硬度显著增加，弹性和内聚性差异不显著。

白度反映鱼糜凝胶外观的颜色，白度高的鱼糜制品受到消费者的喜爱。L^* 值从 0 到 100 变化，0 表示黑色，100 表示白色；a^* 表示从红到绿的值，正值表示偏红，负值表示偏绿；b^* 表示从黄到蓝的值，正值表示偏黄，负值表示偏蓝（Barrera et al., 2002）。通常用亮度（L^*）、红绿度（a^*）及黄蓝度（b^*）来判定鱼糜凝胶颜色的深浅。一般情况下，好的鱼糜凝胶制品要求具有高 L^*、低 b^* 值，整体白度高（卢彦宇，2016）。白度值主要取决于亮度值，白度值随着亮度值增加而增加。由表 1.135 知，相比凝胶化鱼糜，鱼糜凝胶亮度值和白度值显著增加。其中鲮鱼、罗非鱼、鳙鱼、黄颡鱼、鲢鱼、鲈鱼鱼糜黄度值经过高温凝胶后显著增高，而草鱼鱼糜经过高温凝胶后黄度值稍有下降，而海鲈和金鲳变化不明显。然而经过高温加热形成鱼糜凝胶后，7 种淡水鱼凝胶化鱼糜以及鱼糜凝胶均呈现偏绿状态，而金鲳鱼鱼糜呈现偏红状态，经过高温加热后，红度值减小。

表 1.135　凝胶化鱼糜和鱼糜凝胶白度值变化

凝胶过程	因子	变化范围	均值	变异系数/%	中位数
凝胶化鱼糜 （40℃/30 min）	L^*（亮度）	70.23～85.78	77.55±5.38	6.93%	76.38
	a^*（红度）	−6.68～1.12	−4.38±2.51	−57.28%	−5.66
	b^*（黄度）	3.87～15.59	10.23±3.15	30.79%	10.80
	白度	68.31～80.53	74.36±4.16	5.59%	73.81
鱼糜凝胶 （先 40℃/30 min， 然后 90℃/30 min）	L^*（亮度）	80.40～92.10	87.01±3.77	4.33%	88.10
	a^*（红度）	−6.91～0.16	−5.10±2.15	−42.04%	−5.65
	b^*（黄度）	6.09～16.54	11.32±2.50	22.10%	11.32
	白度	77.75～84.82	81.48±2.29	2.81%	82.69

注：均值结果以平均值±标准差来表示。

3. 鱼肉原料与制品品质关系

凝胶特性是水产品加工鱼糜制品品质最重要的功能特性，鱼糜制品的凝胶强度是所形成鱼糜凝胶制品伸缩性、硬度、弹性以及黏度的综合体现，是决定鱼糜品质的最主要指标。目前，评价鱼糜及其制品品质的指标和方法较多。长期以来，评价鱼糜及制品的质量指标通常包括：微生物指标、感官指标和理化指标（GB 10136—2015，GB/T 36187—2018），见表 1.136～表 1.138。

表 1.136　鱼糜及其制品品质指标

项目	微生物指标	感官指标	理化指标
检测项目	菌落总数/（CFU/g）	形态（形状、大小、组织形态）	弹性
	大肠菌群/（MPN/100 g）	色泽	成分组成
	致病菌	风味	风味

表 1.137　鱼糜的感官指标

项目	要求
色泽	白色、类白色
形态	冻块完整，解冻后呈均匀柔滑的糜状
气味	具有鱼类特有的气味，无异味
杂质	无外来夹杂物

表 1.138 鱼糜的理化指标

项目	指标								
	TA 级	SSA 级	SA 级	FA 级	AAA 级	AA 级	A 级	AB 级	B 级
凝胶强度/（g·cm）	≥900	≥700	≥600	≥500	≥400	≥300	≥200	≥100	<100
杂点/（点/5 g）	≤8	≤10		≤12			≤15		≤20
水分/%	≤75.0			≤76.0			≤78.0		≤80
pH				6.5～7.4					
产品中心温度/℃				≤−18℃					
白度				符合规定					
淀粉				不得检出					

除了以上提到的常用指标以外，能够反映鱼糜品质的指标主要还包括磷脂种类、含量和质构指标等几个方面。

以罗非鱼和加州鲈鱼两种淡水鱼为代表，研究鱼肉经漂洗和加热阶段到鱼糜凝胶各指标的变化。原料经过漂洗阶段，$\sum$SFA 和$\sum$MUFA 均减少，而$\sum$PUFA 增加，总脂肪含量减少，磷脂含量增加（表 1.139）。漂洗阶段大部分脂质被去除，富含多不饱和脂肪酸的磷脂部分不易去除，所以鱼糜中的多不饱和脂肪酸的比例高于原料中多不饱和脂肪酸的比例。经过加热阶段，$\sum$MUFA 减少，$\sum$SFA 和$\sum$PUFA 含量增加，这是因为加热使一部分单不饱和脂肪酸转化为饱和脂肪酸；在鱼糜加工过程中，脂肪和磷脂含量呈增加趋势，说明磷脂在加工中一直存在，可作为评价模型的评价指标。

表 1.139 罗非鱼和加州鲈鱼制备过程中脂肪酸、脂肪和磷脂的变化

	罗非鱼			加州鲈鱼		
	原料	漂洗后	加热后	原料	漂洗后	加热后
$\sum$SFA/%	37.3±0.14	36.65±0.4	38.58±1.19	33.29±0.03	32.12±0.98	34.18±1.4
$\sum$MUFA/%	32.38±0.5	31.65±1.03	29.06±2.87	29.25±0.22	28.61±0.32	26.96±1.83
$\sum$PUFA/%	30.32±0.64	31.7±0.63	32.36±1.68	37.46±0.25	38.26±0.66	38.87±0.42
脂肪/（g/kg）	83.99±14.02	49.27±2.34	58.13±2.91	82.35±3.05	69.42±6.09	76.62±5.04
磷脂/（mg/g）	1.791	2.744	3.235	2.25	3.21	3.578

注：$\sum$SFA 表示饱和脂肪酸总量；$\sum$MUFA 表示单不饱和脂肪酸总量；$\sum$PUFA 表示多不饱和脂肪酸总量。

由表 1.132 和表 1.133 鱼肉和鱼糜磷脂与鱼糜品质特性的相关性分析表中摘取凝胶强度相关性数据得表 1.140，由表中可知鱼肉和鱼糜凝胶中的各种磷脂组分与凝胶强度有一定的相关性，两者中的 PI 均与凝胶强度呈极显著正相关，而鱼糜凝胶中的 PE 和 PC 与凝胶强度呈显著正相关，其他磷脂均与凝胶强度无明显的相关性。因此，PI 是影响鱼糜凝胶强度的主要成分。

表 1.140 　鱼肉和鱼糜凝胶中的磷脂与其凝胶强度的相关性

	PE	PI	PS	PC	SM	SM
鱼肉凝胶强度	0.099	0.316**	0.105	0.101	−0.154	−0.154
鱼糜凝胶强度	0.228*	0.391**	0.151	0.264*	0.106	0.106

*表示显著相关（$P<0.05$）；**表示极显著相关（$P<0.01$）。

第 2 章　农产品加工适宜性评价模型

适宜的原料是加工出上乘产品的先决条件；加工品质评价技术方法、指标体系与等级标准同样是保障优质产品的必要手段。农产品加工适宜性模型的建立就是通过主成分分析、聚类分析和回归分析等相关方法理论来完善产品加工评价体系，从而科学全面地掌握不同原料的加工适宜性。本章介绍了加工适宜性评价模型构建的主要方法理论，以大豆为例，详细介绍了大豆加工适宜性评价模型建立方法，简略列举了粮油（稻米、小麦、花生、菜籽和玉米）、果蔬（苹果、桃、荔枝和番茄）、畜禽（猪肉、鸡肉和乳品）、水产品（鱼肉）的加工适宜性评价模型。

2.1　模型构建的方法理论

2.1.1　描述性统计

描述性统计（descriptive statistics）是指采用表格、图形以及计算概括性描述变量的数据特性。主要包括数据的频数分析、集中趋势分析、离散程度分析等。数据的频数分析是指在数据预处理阶段，利用频数分析检测异常值，如采用箱式图进行异常值判断。数据的集中趋势分析用来反映数据的一般水平，常用的指标有平均值和中位数等。数据的离散程度分析主要是用来反映数据之间的差异程度，常用的指标有方差和标准差等。

2.1.2　主成分分析

主成分分析（principal component analysis，PCA）是一种多元数据统计方法，它利用正交变换来对一系列可能相关的变量的观测值进行线性变换，从而投影出一些线性不相关变量的值，进而实现对多个指标信息降维处理、变换数据，并对特征向量进行线性分类（Dutta et al.，2003）。采用 SPSS 等软件，使用主成分分析对去除离群点后的指标进行降维，以特征根大于 1 作为筛选条件，得出新的主成分，并根据每个主成分上不同的载荷量及对应的特征根计算不同主成分的线性组合系数。

2.1.3　有监督主成分分析

有监督主成分分析（supervised principal component analysis，SPCA）是对常规

主成分分析的一种改进，这种方法在降维时考虑了因变量，其核心思想是只将与因变量密切相关的自变量进行主成分分析。SPCA 可以看作一个识别有关预报因子的聚类的最简单方法：①根据单变量筛选选择与因变量密切相关的自变量，以去除变异的无关来源；②应用主成分来识别共同表达自变量的分组。

有监督主成分分析的分析步骤：假设有 N 个因变量，测量了 p 个自变量，令 X 为 $n×p$ 的自变量表达矩阵，Y 为 n 维的结果向量。令 X_{ij} 表示第 j 个品种的第 i 个品质。对此类数据进行因变量预测，有监督主成分分析的分析步骤概括如下。

（1）计算每一个品质与因变量的关系；

（2）根据单品质的似然比检验挑选自变量，组成简化矩阵；

（3）对简化矩阵进行主成分分析，提取一个（或前几个）主成分；

（4）将提取出来的主成分作为拟合模型的自变量；

（5）根据拟合好的模型对新得到的品质数据集进行因变量预测。

2.1.4　K-均值聚类分析

K-均值聚类分析是一种无监督式的算法，其中 K 表示的是最终分类个数。它是根据分类个数 K 随机选取 K 个初始的聚类中心，不断迭代。在每一次迭代中，通过每一个点计算和各聚类中心的距离，并将距离最近的类作为该点所属的类，即当目标函数达到最小值时，得到聚类为最终聚类结果，并将数据分为 K 类。K-均值算法目的是将一个集合进行等价类划分，即对数据结构相同的记录按照某种分类规则，将其划分为几个同类型的记录集（薛敬桃等，2010）。目标函数采用平方误差准则，即

$$E \equiv \sum\sum |P - m_i|^2 \tag{2.1}$$

其中，E 为各个聚类对象的平方误差之和；P 为聚类对象；m_i 为类 C_i 的各聚类对象的平值，即

$$m_i = \frac{\sum P \in C_i P}{|C_i|} \tag{2.2}$$

式中，$|C_i|$ 为类 C_i 聚类对象的数目。K-均值聚类法的计算复杂度为 $O(knt)$，其中 k 表示聚类数，n 表示聚类对象样本数目，t 表示迭代次数。

2.1.5　层次聚类算法

层次聚类（hierarchical clustering）是聚类算法的一种，通过计算不同类别数据点间的相似度来创建一棵有层次的嵌套聚类树，在聚类树中，不同类别的原始数据点是树的最左侧（或最底层），树的最右侧（或顶层）是一个聚类的根节点。层次聚类一般通过假设每个样品点都是单独的簇类，然后在算法运行的每一次迭代

中找到相似度较高的簇类进行合并，该过程不断重复，直到达到预设的簇类个数
K 或只有一个簇类。基本思想为：①计算数据集的相似矩阵；②假设每个样品点为
一个簇类；③循环合并相似度最高的两个簇类，然后更新相似矩阵；④当簇类个数
为 1 时，循环终止。簇间相似度的判断通常用距离来评价，即聚类越小相似度越
高，聚类越大相似度越低。常用的簇间相似度计算方法有：最小距离法、最大距离
法、平均距离法、中心距离法和最小方差法。而常用的距离计算方法有：欧拉距离
法、曼哈顿距离法、切比雪夫距离法和马氏距离法等。

2.1.6　多元线性回归

多元线性回归（multiple linear regression）是描述因变量 Y 如何随着一组自变
量 X_1，X_2，$\cdots$，X_p 变化而变化。把目标变量 X_1，X_2，$\cdots$，X_p 联系起来的公式就是
多元线性方程。在多元线性回归方程中，因变量 Y 与一组自变量之间的线性函数
关系，可以用如下公式表示：

$$Y = \beta_0 + \beta_1 X_1 + \beta_2 X_2 + \cdots + \beta_p X_p + \varepsilon \tag{2.3}$$

其中，Y 为因变量；X_1，X_2，$\cdots$，X_p 为自变量；β_0 为常数（截距）；β_1，β_2，$\cdots$，β_p
为每个自变量的系数（权重）；ε 为随机误差。常用来估算多元线性回归方程中自
变量系数的方法就是最小平方法，即找出一组参数（与 β_1，β_2，$\cdots$，β_p 相对应），
使得目标变量 Y 的实际观察值与回归方程的预测值之间总的方差最小。

对于多元线性回归方程的检验，一般从模型的解释程度、回归方程的总体显
著性和回归系数的显著性等方面进行检验。模型的解释程度，又称回归方程的拟
合度检验。R-Square（coefficient of multiple determination）表示拟合度的优劣，
其取值范围为[0，1]。回归方程的总体显著性检验主要是检验因变量与自变量之
间的线性关系是否显著，也就是自变量的系数是否不全为 0，其原假设为 H_0：
$\beta_1 = \beta_2 = \cdots = \beta_p = 0$；而其备选假设为 H_1：β_p 不全为 0。该检验利用 F 检验完成。
回归方程系数的显著性检验要求对所有的回归系数分别进行检验。如果某个系数
对应的 P 值小于理论显著性水平 α 值，则可认为在显著性水平 α 条件下，该回归
系数是显著的。

多元线性逐步回归（stepwise regression）是将变量逐步引入模型，每引入一个
解释变量后都要进行 F 检验，并对已经选入的解释变量逐个进行 T 检验，当原来
引入的解释变量由于后面解释变量的引入变得不再显著时，则将其删除，以确保
每次引入新的变量之前回归方程中只包含显著性变量。这是一个反复的过程，直
到既没有显著的解释变量选入回归方程，也没有不显著的解释变量从回归方程中
剔除为止，以保证最后所得到的解释变量是最优、最简单的。

2.1.7　逻辑回归

逻辑回归（logistics regression）是一种广泛应用的统计模型，在其基本形式中，使用逻辑函数来模拟二进制因变量。在回归分析中，逻辑回归是估计逻辑模型的参数，它是二项式回归的一种形式。与线性回归相比，逻辑回归要求因变量是离散的变量，不要求自变量和因变量呈线性关系。因此逻辑回归具有实现简单、速度快、容易解决多重共线性问题等优势，同时也存在欠拟合、只能处理二分类等缺点。

2.1.8　TOPSIS 算法

优劣解距离（technique for order preference by similarity to ideal solution，TOPSIS）法是根据有限评价对象与理想化目标的接近成功度进行排序的方法，对现有的对象进行相对优劣的评价。理想化目标有两个，一个是肯定的理想目标或者称为最优目标，一个是否定的理想目标或者称为最劣目标，评价最高的对象应该是与最优目标的距离最近，而距最劣目标最远的目标。距离常用的就是欧氏距离。TOPSIS 法是一种理想目标相似性的顺序选优技术，在多目标决策分析中是一种非常有效的方法。通过归一化后的数据规范化矩阵，找出多个目标中最优目标和最劣目标，分别计算各评价目标与理想解和反理想解的距离，获得各目标与理想解的贴近度，按理想解贴近度的大小排序，以此作为评价目标优劣的依据。贴近度取值在 0～1 之间，该值越接近 1，表示相应的评价目标越接近最优水平；反之，越接近 0，表示评价目标越接近最劣水平。

2.2　粮油加工适宜性评价模型建立

2.2.1　大豆加工豆腐适宜性评价模型

1. 大豆豆腐整体品质评价模型

本书选取表 1.53 中列举的 48 种大豆原料，构建豆腐整体品质的评价模型及预测模型。

1）离群点分析

本书通过箱型图法检测了 48 种豆腐制品质构品质及感官品质指标的异常值，将编号为 1、3、10、12、16、46 的大豆原料作为离群点去除，将剩余的 42 个大豆品种用于进一步的统计分析。

2）豆腐整体品质评价模型构建

本书将剔除了离群点后的 42 种豆腐制品的五种质构指标及五种感官指标进

行了主成分分析，并根据对应主成分的特征根，计算了不同主成分的线性组合系数，结果见表 2.1。

表 2.1　豆腐品质指标线性组合系数矩阵

豆腐品质指标		主成分			
		PC1	PC2	PC3	PC4
载荷量	硬度（质构）	0.869	0.129	−0.401	0.135
	弹性	0.738	−0.070	0.408	0.200
	黏聚性	0.343	−0.476	0.717	−0.205
	咀嚼度	0.951	−0.002	−0.173	0.108
	回复性	0.751	−0.350	0.355	−0.119
	硬度（感官）	0.839	0.080	−0.246	0.223
	口感	0.395	0.725	0.049	−0.269
	风味	−0.204	0.650	0.446	0.132
	色泽	−0.308	−0.099	0.205	0.865
	总体可接受性	0.136	0.853	0.305	0.041
主成分特征根		3.901	2.064	1.394	1.015
线性组合系数	硬度（质构）	0.440	0.090	−0.340	0.134
	弹性	0.374	−0.049	0.346	0.199
	黏聚性	0.174	−0.331	0.607	−0.203
	咀嚼度	0.481	−0.001	−0.147	0.107
	回复性	0.380	−0.244	0.301	−0.118
	硬度（感官）	0.425	0.056	−0.208	0.221
	口感	0.200	0.505	0.042	−0.267
	风味	−0.103	0.452	0.378	0.131
	色泽	−0.156	−0.069	0.174	0.859
	总体可接受性	0.069	0.594	0.258	0.041

由表 2.1 可知，经过主成分分析后，用于反映豆腐制品品质的五种质构指标及五种感官指标被 4 个新的主成分代替，PC1 侧重于反映豆腐制品的质构硬度（r=0.869）、弹性（r=0.738）、咀嚼度（r=0.951）、回复性（r=0.751）及感官硬度（r=0.839）；PC2 倾向于映射豆腐制品的口感（r=0.725）、风味（r=0.650）及总体可接受性（r=0.853）；在 PC3 上，豆腐的黏聚性表现出了较高的载重（r=0.717）；而豆腐的色泽

（$r=0.865$）则在 PC4 上体现出了高因子载荷量。根据每项指标在每种主成分上的因子载荷量及每个主成分对应的特征根，计算出十种豆腐品质指标在每个主成分上的线性组合系数，对十种豆腐品质指标进行权重分配，建立豆腐整体品质评价模型，具体见表 2.2。

表 2.2 豆腐整体品质评价模型构建参数

豆腐品质指标	指标权重系数	模型系数
硬度（质构）	0.187	0.111
弹性	0.244	0.145
黏聚性	0.076	0.045
咀嚼度	0.213	0.127
回复性	0.153	0.091
硬度（感官）	0.204	0.121
口感	0.192	0.114
风味	0.142	0.085
色泽	0.043	0.026
总体可接受性	0.226	0.135
豆腐整体品质评价模型	Y（整体品质得分）=0.111×质构硬度+0.145×弹性+0.045×黏聚性+0.127×咀嚼度+0.091×回复性+0.121×感官硬度+0.114×口感+0.085×风味+0.026×色泽+0.135×总体可接受性	

由表 2.2 可知，豆腐制品的整体品质评价模型为：

Y（整体品质得分）=0.111×质构硬度+0.145×弹性+0.045×黏聚性+0.127×咀嚼度+0.091×回复性+0.121×感官硬度+0.114×口感+0.085×风味+0.026×色泽+0.135×总体可接受性

豆腐制品的整体品质更侧重于质构指标中的弹性、咀嚼度以及感官指标中的总体可接受性，这三种指标分别占据了总比重的 14.5%，12.7%，13.5%，共占据了总权重的 40.7%。这表明对于中国的消费者而言，理想的豆腐产品应具有较好的弹性、咀嚼度及整体可接受性。

2. 豆腐品质评价体系

1）豆腐整体品质得分聚类分析

根据豆腐整体品质评价模型，计算出 42 种用于构建评价模型的豆腐制品整体品质得分 Y，其描述性分析结果见表 2.3。

表 2.3　42 种豆腐制品整体品质得分 Y 描述性分析

得分	变化范围	均值	变异系数/%	中位数
Y	2.25～4.02	3.35±0.36	10.75	3.41

注：均值结果以平均值±标准差来表示。

由表 2.3 可知，42 种豆腐制品的整体品质得分变化区间为 2.25～4.02，其中得分最高的品种是 'Beeson'，得分最低的品种是 '黑农 26'。对 42 种豆腐制品整体品质得分进行系统聚类分析，并将 42 种豆腐制品划分为五类，谱系图如图 2.1 所示。

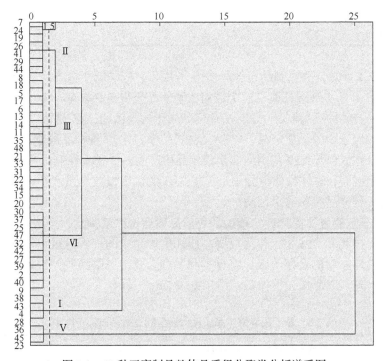

图 2.1　42 种豆腐制品整体品质得分聚类分析谱系图

由图 2.1 可知，42 种豆腐制品经过系统聚类后，按照其品质得分被划分为了五类，其中 I 类为极高品质，分布在此类的豆腐样品编号为 4、28、38、43；II 类为高品质，分布在此类的豆腐样品编号为 7、19、24、26、29、41、44；III 类为中等品质，分布在此类的豆腐样品编号为 5、6、8、11、13、14、15、17、18、21、22、30、31、33、34、35、48；IV 类为较差品质，分布在此类的豆腐样品编号为 2、9、20、25、27、32、37、39、40、42、47；V 类为极差品质，分布在此类的豆腐样品编号为 23、36、45。以上一类品质的最低分值为划分界限，确定五类品质的得分范围，并统计每种品质的样品个数，结果见表 2.4。

表 2.4　豆腐制品整体品质等级划分标准

豆腐品质分类	豆腐品质等级	划分标准	样品个数	样品编号
极高品质	Ⅰ级	$Y>3.76$	4	4、28、38、43
高品质	Ⅱ级	$3.60<Y\leqslant3.76$	7	7、19、24、26、29、41、44
中等品质	Ⅲ级	$3.29<Y\leqslant3.60$	17	5、6、8、11、13、14、15、17、18、21、22、30、31、33、34、35、48
较差品质	Ⅳ级	$3.01<Y\leqslant3.29$	11	2、9、20、25、27、32、37、39、40、42、47
极差品质	Ⅴ级	$Y\leqslant3.01$	3	23、36、45

由表 2.4 可知，豆腐制品整体品质得分大于 3.76 的属于极高品质产品，42 种豆腐制品中，有 4 种样品属于这个区间；整体品质得分在 3.60～3.76 范围的属于高品质产品，42 种豆腐制品中，有 7 种样品属于这个区间；整体品质得分在 3.29～3.60 范围的属于中等品质产品，42 种豆腐制品中，有 17 种样品属于这个区间；整体品质得分在 3.01～3.29 范围的属于较差品质产品，42 种豆腐制品中，有 11 种样品属于这个区间；整体品质得分小于等于 3.01 的属于极差品质产品，42 种豆腐制品中，有 3 种样品属于这个区间。

2）基于豆腐整体品质评价模型的豆腐品质评价体系构建

合并Ⅰ类和Ⅱ类品质，作为豆腐品质评价体系中的优秀等级，将Ⅲ类作为豆腐品质评价体系中的合格等级，将Ⅳ类和Ⅴ类合并为豆腐品质评价体系中的不合格等级，构建豆腐品质评价体系，结果见表 2.5。

表 2.5　基于豆腐整体品质评价模型的豆腐品质评价体系

评价等级	豆腐品质等级	划分标准	样品个数	样品编号
优秀	Ⅰ级、Ⅱ级	$Y>3.60$	11	4、7、19、24、26、28、29、38、41、43、44
合格	Ⅲ级	$3.29<Y\leqslant3.60$	17	5、6、8、11、13、14、15、17、18、21、22、30、31、33、34、35、48
不合格	Ⅳ级、Ⅴ级	$Y\leqslant3.29$	14	2、9、20、23、25、27、32、36、37、39、40、42、45、47

由表 2.5 可知，在豆腐品质评价体系中，整体品质得分大于 3.60 的豆腐制品属于优秀等级的豆腐制品，42 个豆腐制品中，有 11 种豆腐制品的等级为优秀；整

体品质得分范围在 3.29～3.60 的豆腐制品，属于合格等级的豆腐制品，42 个豆腐制品中，有 17 种豆腐制品的等级为合格；整体品质得分小于等于 3.29 的豆腐制品，属于不合格等级的豆腐制品，42 个豆腐制品中，有 14 种豆腐制品的等级为不合格。

3. 豆腐整体品质预测模型

1) 特征指标的筛选

本书统计了大豆原料蛋白质、水溶性蛋白、粗油脂、蛋白亚基组成、脂肪酸组成、维生素 E 组成、氨基酸组成等 38 项品质指标与豆腐整体品质得分 Y 的关系，相关性分析结果见表 2.6。

表 2.6　豆腐整体品质与大豆品质指标相关性分析

大豆品质指标	豆腐整体品质得分 Y	大豆品质指标	豆腐整体品质得分 Y
蛋白质	0.369*	δ-生育酚	−0.128
水溶性蛋白	−0.466**	总维生素 E 含量	−0.128
粗油脂	0.063	天冬氨酸	0.139
α′	−0.296	苏氨酸	0.376*
α	−0.380*	丝氨酸	0.212
β	0.013	谷氨酸	0.489**
A₃	0.013	甘氨酸	0.262
AS	0.291	丙氨酸	0.400**
BS	0.267	半胱氨酸	0.132
11 S	0.469**	缬氨酸	0.222
7 S	−0.281	甲硫氨酸	−0.084
11 S/7 S	0.453**	异亮氨酸	0.095
棕榈酸	0.121	亮氨酸	−0.317*
硬脂酸	−0.455**	酪氨酸	−0.508**
油酸	0.032	苯丙氨酸	0.159
亚油酸	−0.361*	赖氨酸	0.005
亚麻酸	0.056	组氨酸	−0.133
α-生育酚	−0.146	精氨酸	0.247
β-生育酚	−0.023	脯氨酸	0.225

*表示显著（$P<0.05$）；**表示极显著（$P<0.01$）。

从表 2.6 中可以看出，以 $P<0.05$ 为筛选标准，与豆腐整体品质相关的大豆品质指标共有 12 个，分别是蛋白质（$r=0.369^*$）、水溶性蛋白（$r=-0.466^{**}$）、α亚基（$r=-0.380^*$）、11 S（$r=0.469^{**}$）、11 S/7 S 比例（$r=0.453^{**}$）、硬脂酸（$r=-0.455^{**}$）、亚油酸（$r=-0.361^*$）、苏氨酸（$r=0.376^*$）、谷氨酸（$r=0.489^{**}$）、丙氨酸（$r=0.400^{**}$）、亮氨酸（$r=-0.317^*$）、酪氨酸（$r=-0.508^{**}$）。将这 12 个指标作为评价豆腐整体品质的特征指标，用于进一步的统计分析。

2）豆腐整体品质预测模型的构建

逐步回归是统计学上一种经典的多元线性回归方法，它可以在给定的自变量组合中选择具有最优拟合度的自变量组合来进行对于因变量的预测。首先，逐步回归的过程根据给定的自变量组合与对应的因变量定义了整体回归模型，之后向此模型中添加或删除自变量，然后通过临界 p 值来验证已添加或删除的自变量的合格性，从而达到最佳的预测效果（Wang et al.，2017a）。

本书将 12 个特征指标作为自变量组合，将豆腐整体品质得分 Y 作为因变量，通过逐步回归的方法，构建了基于大豆品质指标的豆腐整体品质预测模型，预测模型参数见表 2.7。

表 2.7　大豆品质指标与豆腐整体品质回归显著性分析

模型参数	模型系数	标准误差	T 值	显著性
模型常数	4.320	0.686	6.301	0.000
酪氨酸	−0.356	0.190	−1.676	0.049
水溶性蛋白	−0.047	0.020	−2.372	0.024
谷氨酸	0.078	0.034	2.325	0.026
硬脂酸	−0.043	0.034	−1.983	0.048
11 S	0.012	0.005	2.456	0.031
亮氨酸	−0.242	0.071	−3.397	0.002
丙氨酸	0.471	0.163	2.982	0.007
模型决定系数	$R=0.858$		$R^2=0.736$	

由表 2.7 可知，最终的豆腐整体品质预测模型为：

F（预测品质得分）$=-0.047×$水溶性蛋白$+0.012×11$ S$-0.043×$硬脂酸$+0.078×$谷氨酸$+0.471×$丙氨酸$-0.242×$亮氨酸$-0.356×$酪氨酸$+4.320$

用于构建豆腐品质预测模型的 12 个特征指标经过逐步回归分析后，蛋白质、α亚基、11 S/7 S 比例、亚油酸、苏氨酸等 5 个指标被剔除，剩余 7 个指标被用于构建豆腐品质预测模型，最终的模型决定系数 $R^2=0.736$。根据豆腐品质预测模型，计算出 42 种豆腐制品的品质预测得分 F，并将豆腐预测品质得分 F 与豆腐的整体品质得分 Y 相比较，结果见表 2.8。

表 2.8 42 种豆腐制品整体品质得分 Y 与预测品质得分 F 描述性分析

因子	变化范围	均值	变异系数	中位数
Y	2.25～4.02	3.35±0.36	10.75%	3.41
F	2.65～3.91	3.34±0.30	8.98%	3.30
相对误差	0.30%～23.36%	4.47%±4.39%	98.21%	3.61%

注：均值结果以平均值±标准差来表示。

由表 2.8 可知，42 种豆腐制品的预测品质得分 F 的变化区间为 2.65～3.91，整体品质得分 Y 的变化区间为 2.25～4.02。42 种豆腐制品中，预测模型对大豆品种 'AGH'、'黑农 26'、'83-19' 的预测结果相对误差大于 10%，而对剩余的 39 个样品预测较好，相对误差均小于 10%。预测品质得分 F 对整体品质的得分 Y 的总体预测效果较好，表明该预测模型具有较好的稳定性。

4. 豆腐整体品质预测模型的验证

另外选取 12 种大豆原料作为预测模型的验证品种，用于验证豆腐品质预测模型的精确性和可靠性，具体品名见表 2.9。

表 2.9 12 种大豆品种

编号	大豆品种	编号	大豆品种
V1	山宁 16	V7	油 96-4
V2	南农 30	V8	六丰 USP-4
V3	南农 1138-2	V9	南农大黄豆
V4	邯郸里外青	V10	冀豆 17
V5	南农 87-17	V11	中豆 35
V6	诱处 4 号	V12	中豆 32

1）模型验证组特征指示分析

实验测定了模型验证组中 12 种大豆原料的水溶性蛋白含量、11S 含量、硬脂酸含量、谷氨酸含量、丙氨酸含量、亮氨酸含量、酪氨酸含量以及其加工成豆腐制品的质构硬度、弹性、黏聚性、咀嚼度、回复性、感官硬度、口感、风味、色泽、总体可接受性。结果见图 2.2，表 2.10 和表 2.11。

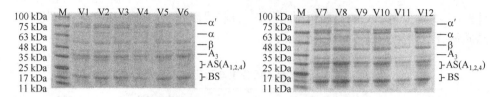

图 2.2　12 种验证大豆品种的 SDS-PAGE 图谱

表 2.10　12 种验证大豆原料特征指标描述性分析

因子	变化范围	均值	变异系数	中位数
水溶性蛋白	24.95%～29.00%	26.99%±1.29%	4.78%	26.91%
11 S	38.18%～63.50%	52.18%±6.77%	12.97%	51.95%
硬脂酸	5.26～10.99（mg/g）	（7.09±1.6）（mg/g）	22.57%	6.92（mg/g）
谷氨酸	2.78～7.09（g/100 g）	（4.42±1.26）（g/100 g）	28.50%	4.11（g/100 g）
丙氨酸	0.81～1.85（g/100 g）	（1.27±0.35）（g/100 g）	27.56%	1.19（g/100 g）
亮氨酸	1.37～3.21（g/100 g）	（2.10±0.65）（g/100 g）	30.95%	1.94（g/100）
酪氨酸	0.84～1.93（g/100 g）	（1.35±0.30）（g/100 g）	22.22%	1.41（g/100 g）

注：均值结果以平均值±标准差来表示。

表 2.11　12 种验证大豆原料豆腐品质指标描述性分析

因子	变化范围	均值	变异系数	中位数
质构硬度	2.01～4.36 kg	（3.34±0.73）kg	21.86%	3.12 kg
弹性	0.65～0.73	0.68±0.03	4.41%	0.67
黏聚性	0.40～0.44	0.42±0.01	2.38%	0.42
咀嚼度	0.12～0.28	0.19±0.05	26.32%	0.18
回复性	0.09～0.15	0.11±0.02	18.18%	0.11
感官硬度	4.17～7.17	5.78±1.01	17.47%	5.67
风味	4.83～7.17	6.08±0.66	10.86%	6.17
口感	4.83～6.83	5.53±0.58	10.49%	5.25
色泽	4.17～7.17	5.61±0.87	15.51%	5.67
总体可接受性	5.00～7.00	6.01±0.55	9.15%	6.17

注：均值结果以平均值±标准差来表示。

由表 2.10 可知，模型验证组的 12 种大豆原料的水溶性蛋白含量分布在

24.95%～29.00%；11 S 含量分布在 38.18%～63.50%；硬脂酸含量分布在 5.26～
10.99 mg/g；谷氨酸含量分布在 2.78～7.09 g/100 g；丙氨酸含量分布在 0.81～
1.85 g/100 g；亮氨酸含量分布在 1.37～3.21 g/100 g；酪氨酸含量分布在 0.84～
1.93 g/100 g。以上分析结果表明，模型验证组所选的 12 种大豆原料与用于构建模
型的 42 种原料相比，各个特征指标的测定值均在正常范围内，数据整体分布情况
较好，可以用于进一步的统计分析。

　　由表 2.11 可知，模型验证组的 12 种豆腐制品的质构硬度指标分布在 2.01～
4.36 kg；弹性指标分布在 0.65～0.73；黏聚性指标分布在 0.40～0.44；咀嚼度指标
分布在 0.12～0.28；回复性指标分布在 0.09～0.15；感官硬度指标分布在 4.17～
7.17；风味指标分布在 4.83～7.17；口感指标分布在 4.83～6.83；色泽指标分布在
4.17～7.17；总体可接受性指标分布在 5.00～7.00。以上分析结果表明，模型验证
组所选的 12 种大豆原料与用于构建模型的 42 种原料相比，其豆腐品质的各项指
标的测定值均在正常范围内，数据整体分布情况较好，可以用于进一步的统计
分析。

2）模型验证组误差分析

　　将模型验证组 12 种大豆原料的特征指标测定值代入豆腐品质预测模型中，计
算出豆腐品质预测得分 F，同时将其加工成豆腐制品的豆腐品质指标测定值代入
豆腐整体品质评价模型中，计算出豆腐整体品质得分 Y，结果见表 2.12。

表 2.12　模型验证组豆腐整体品质得分 Y 与预测品质得分 F 误差描述性分析

因子	变化范围	均值	变异系数	中位数
Y	2.91～3.74	3.30±0.27	8.18%	3.29
F	3.04～3.65	3.32±0.17	5.12%	3.33
相对误差	0.88%～12.78%	5.56%±4.31%	77.52%	4.48%

注：均值结果以平均值±标准差来表示。

　　从表 2.12 中可以看出，通过逐步回归构建的豆腐品质预测模型，可以较为准
确地预测未知大豆品种所加工成豆腐的品质，通过豆腐品质预测模型计算出的模
型验证组中 12 种样品的豆腐品质预测得分 F，与通过豆腐品质评价模型计算出的
豆腐整体品质得分 Y 的平均相对误差为 5.56%。其中，预测模型对 V2、V6、V8 的
预测的得分 F 与实际得分 Y 相比，相对误差略高于 10%，而预测模型对剩余的 9
个验证品种的预测得分 F 与实际得分 Y 相比，相对误差均小于 10%，以上结果说
明了本书构建的基于大豆原料品质指标的豆腐品质预测模型对豆腐的实际品质有
较好的预测功能，可以作为豆腐品质预测的一种有效方法。

5. 豆腐加工适宜性指导标准构建

1）豆腐品质预测得分聚类分析

将 42 种豆腐品质预测得分 F 进行系统聚类分析，并将聚类的结果划分为五类，谱系图如图 2.3 所示。

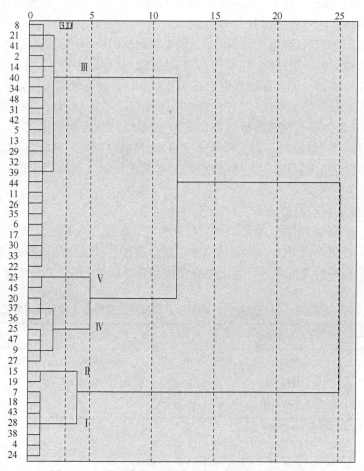

图 2.3　42 种豆腐制品预测品质得分聚类分析谱系图

由图 2.3 可知，42 种豆腐制品经过系统聚类后，按照其预测得分被划分为了五类，其中 I 类为极高品质，分布在此类的豆腐样品编号为 4、7、18、24、28、38、43；II 类为高品质，分布在此类的豆腐样品编号为 15、19；III 类为中等品质，分布在此类的豆腐样品编号为 2、5、6、8、11、13、14、17、21、22、26、29、30、31、32、33、34、35、39、40、41、42、44、48；IV 类为较差品质，分布在此类的豆腐样品编号为 9、20、25、27、36、37、47；V 类为极差品质，分布在此类的豆腐样品编号为 23、45。以上一类品质的最低分值为划分界限，确定五类品质的得分范围，并统计每种品质的样品个数，结果见表 2.13。

表 2.13　豆腐制品预测品质等级划分标准

豆腐品质分类	豆腐品质等级	划分标准	样品个数	样品编号
极高品质	Ⅰ级	$F>3.78$	7	4、7、18、24、28、38、43
高品质	Ⅱ级	$3.57<F\leqslant3.78$	2	15、19
中等品质	Ⅲ级	$3.16<F\leqslant3.57$	24	2、5、6、8、11、13、14、17、21、22、26、29、30、31、32、33、34、35、39、40、41、42、44、48
较差品质	Ⅳ级	$2.87<F\leqslant3.16$	7	9、20、25、27、36、37、47
极差品质	Ⅴ级	$F\leqslant2.87$	2	23、45

由表 2.13 可知，豆腐制品品质预测得分大于 3.78 的属于极高品质产品，42 种豆腐制品中，有 7 种样品属于这个区间；品质预测得分在 3.57～3.78 范围的属于高品质产品，42 种豆腐制品中，有 2 种样品属于这个区间；品质预测得分在 3.16～3.57 范围的属于中等品质产品，42 种豆腐制品中，有 24 种样品属于这个区间；品质预测得分在 2.87～3.16 范围的属于较差品质产品，42 种豆腐制品中，有 7 种样品属于这个区间；品质预测得分小于等于 2.87 的属于极差品质产品，42 种豆腐制品中，有 2 种样品属于这个区间。

2）基于豆腐整体品质评价模型的加工适宜性指导标准构建

合并Ⅰ类和Ⅱ类品质，作为非常适宜加工豆腐制品的评价体系，将Ⅲ类作为基本适宜豆腐加工的评价体系，将Ⅳ类和Ⅴ类合并为不适宜加工豆腐制品的评价体系，构建基于豆腐品质预测模型的加工适宜性指导标准，结果见表 2.14。

表 2.14　基于豆腐品质预测模型的加工适宜性指导标准

加工适宜性分类标准	豆腐品质预测等级	划分标准	样品个数	样品编号
非常适宜	Ⅰ级、Ⅱ级	$F>3.57$	9	4、7、15、18、19、24、28、38、43
基本适宜	Ⅲ级	$3.16<F\leqslant3.57$	24	2、5、6、8、11、13、14、17、21、22、26、29、30、31、32、33、34、35、39、40、41、42、44、48
不适宜	Ⅳ级、Ⅴ级	$F\leqslant3.16$	9	9、20、23、25、27、36、37、45、47

由表 2.14 可知，在基于豆腐品质预测模型的加工适宜性指导标准中，豆腐制

品品质预测得分大于 3.57 的大豆品种,属于非常适宜加工为豆腐制品的大豆原料,42 个大豆原料中,有 9 种原料的加工适宜性为非常适宜;豆腐制品品质预测得分范围在 3.16~3.57 的大豆品种,属于基本适宜加工为豆腐制品的大豆原料,42 个大豆原料中,有 24 种原料的加工适宜性为基本适宜;豆腐制品品质预测得分小于等于 3.16 的大豆品种,属于不适宜加工为豆腐制品的大豆原料,42 个大豆原料中,有 9 种原料的加工适宜性为不适宜。

6. 豆腐加工适宜性指导标准与豆腐品质评价体系匹配分析

本书通过豆腐整体品质评价模型构建了豆腐品质评价体系,用于衡量豆腐制品的实际品质;同时,本书还通过豆腐品质预测模型,构建了豆腐加工适宜性指导标准,对于豆腐加工适宜性指导标准与豆腐品质评价体系的匹配分析尤为重要,匹配的结果将直接影响豆腐加工适宜性指导标准的精确性和实用性。本书构建的豆腐加工适宜性指导标准和豆腐品质评价体系的匹配分析结果见表 2.15。

表 2.15　豆腐加工适宜性指导标准和豆腐品质评价体系的匹配分析

豆腐品质评价体系	豆腐整体品质评价模型		加工适宜性分类标准	豆腐整体品质预测模型		加工适宜性标准与豆腐品质评价体系匹配度		
	划分标准	样品个数		划分标准	样品个数	匹配样本数	匹配比率	总匹配度
优秀	$Y>3.60$	11	非常适宜	$F>3.57$	9	7/9	77.78%	
合格	$3.29<Y\leqslant3.60$	17	基本适宜	$3.16<F\leqslant3.57$	24	15/24	62.50%	76.39%
不合格	$Y\leqslant3.29$	14	不适宜	$F\leqslant3.16$	9	8/9	88.89%	

从表 2.15 可以看出,基于豆腐品质预测模型构建的豆腐加工适宜性指导标准与基于豆腐整体品质评价模型构建的豆腐品质评价体系有着良好的匹配度,豆腐品质评价体系中的"优秀"等级对应于豆腐加工适宜性指导标准中的"非常适宜"分类;豆腐品质评价体系中的"合格"等级对应于豆腐加工适宜性指导标准中的"基本适宜"分类;豆腐品质评价体系中的"不合格"等级对应于豆腐加工适宜性指导标准中的"不适宜"分类。这表明根据该加工适宜性指导标准,属于"非常适宜"分类的大豆原料将生产出"优秀"品质的豆腐制品;属于"基本适宜"分类的大豆原料将生产出"合格"品质的豆腐制品;属于"不适宜"分类的大豆原料将生产出"不合格"品质的豆腐制品。两者的总匹配度达到了 76.39%,表明本书构建的基于豆腐品质预测模型的加工适宜性指导标准具有良好的可靠性。从两者的匹配度来看,三类品质等级与三类加工适宜性的匹配度分别是:"优秀-非常适宜"为 77.78%,"合格-基本适宜"为 62.50%,"不合格-不适宜"为 88.89%,其中,"优秀-非

常适宜"及"不合格-不适宜"这两项的匹配度较高，而对于加工适宜性指导标准中"基本适宜"这一分类标准，预测模型所预测的 24 个结果中，有 15 个结果与豆腐品质评价体系中"合格"等级所衡量的结果相同（样品编号分别是 5、6、8、11、13、14、17、21、22、30、31、33、34、35、48），准确度达到了 15/17（88.24%），而"合格-基本适宜"的匹配比率略低的原因是用于构建加工适宜性标准的样本数较少，"基本适宜"这一分类标准的划分区间与"合格"这一等级的划分标准略有差异，导致了过多的样本数分布在"基本适宜"这一区间，从而使得"合格-基本适宜"这一分类的匹配度由原先的 15/17（88.24%）降低到了 15/24（62.50%）。总体而言，基于豆腐品质预测模型所构建的豆腐加工适宜性指导标准具有良好的可靠性，总体的精确度达到了 76.39%。该指导标准可以广泛应用于豆腐加工行业中，具有较高的实际应用价值。

2.2.2　稻米加工米饭适宜性评价模型

采用主成分回归分析建立适宜米饭糊化特性的稻米品质评价模型。通过该模型可以预测未知品种淀粉的糊化特性，找到糊化特性好的稻米品种，不仅可以增加稻米的附加值，同时为开发优质米饭的稻米专用品种提供依据。

1. 峰值黏度模型的建立

由第 1 章大米组分含量和外观品质与大米糊化的峰值黏度之间的相关性可知，粗蛋白、粗脂肪、总淀粉、支链淀粉、麦谷蛋白、甘氨酸是影响米饭糊化特性的重要指标。通过主成分分析和 SAS 计算得出：

糊化峰值黏度=0.695×总淀粉−0.320×粗蛋白−0.384×粗脂肪+0.671×支链淀粉+0.306×麦谷蛋白+0.031×甘氨酸

2. 糊化温度模型的建立

由第 1 章大米组分含量和外观品质与大米糊化温度之间的相关性可知，千粒重、粗蛋白、粗脂肪、支链淀粉、甘氨酸是影响米饭糊化温度的重要指标。通过主成分分析和 SAS 计算得：

糊化温度=0.273×千粒重+1.203×粗蛋白+1.170×粗脂肪−1.531×支链淀粉−0.116×甘氨酸

3. 糊化模型的建立

通过主成分分析和 SAS 计算得出：

糊化特性=0.075×峰值黏度+0.121×谷值黏度+0.028×崩解值+0.155×最终黏度+0.181×回复值+0.229×峰值时间+0.210×糊化温度

由上述模型可知糊化黏度和糊化温度的相关数据，得出：

糊化特性=0.075×（0.695×总淀粉–0.320×粗蛋白–0.384×粗脂肪+0.671×支链淀粉+0.306×麦谷蛋白+0.031×甘氨酸）+0.121×谷值黏度+0.028×崩解值+0.155×最终黏度+0.181×回复值+0.229×峰值时间+0.210×（0.273×千粒重+1.203×粗蛋白+1.170×粗脂肪–1.531×支链淀粉–0.116×甘氨酸）

最终计算结果为：

糊化特性=0.057×千粒重+0.229×粗蛋白+0.217×粗脂肪+0.052×总淀粉–0.271×支链淀粉+0.023×麦谷蛋白–0.022×甘氨酸+0.121×谷值黏度+0.028×崩解值+0.155×最终黏度+0.181×回复值+0.229×峰值时间

通过上述糊化模型得到的糊化总参数，根据相关数据，得出米饭糊化特性的评价，将米饭分为 4 个等级，糊化总参数>1200，为优质，750<糊化总参数<1200，为二级，500<糊化总参数<750，为三级，糊化总参数<500，为质量差。

2.2.3　小麦加工面条适宜性评价模型

采用主成分回归分析建立鲜湿面条加工适宜性评价模型。利用统计学方法分析鲜湿面条品质与小麦基本理化指标及面团流变学性质的相关性。探讨了小麦面粉质量与鲜湿面条质量的关系，采用主成分分析法对鲜湿面条质量进行综合评价，为面粉企业采购小麦原料、小麦育种和实际生产提供了参考。将不同品种小麦鲜湿面条品质指标面条色泽 L^*、a^*、b^*、面条吸水率、TPA 硬度、弹性、黏聚性、胶着度、咀嚼度、回复性、拉伸力、拉伸距离、剪切硬度、剪切力共 14 个品质性状进行主成分分析。根据主成分贡献率，将小麦鲜湿面条 14 个质构指标压缩为 4 个主成分。第一主成分主要反映面条的硬度，第二主成分主要反映面条的黏着性，第三主成分主要反映面条弹性，第四主成分主要反映面条的色泽。主成分特征向量与标准化的数据（X_1、X_2、X_3、X_4、X_5、X_6、X_7、X_8、X_9、X_{10}、X_{11}、X_{12}、X_{13}、X_{14}）相乘，得出主成分的线性组合：

$$Y_1=-0.168X_1+0.239X_2+0.165X_3-0.324X_4+0.350X_5+0.147X_6-0.005X_7+0.370X_8+0.243X_9-0.037X_{10}+0.357X_{11}+0.086X_{12}+0.403X_{13}+0.380X_{14}$$

$$Y_2=-0.183X_1+0.052X_2-0.296X_3+0.015X_4-0.112X_5-0.146X_6+0.542X_7-0.004X_8-0.141X_9+0.559X_{10}+0.148X_{11}+0.434X_{12}+0.032X_{13}+0.070X_{14}$$

$$Y_3=-0.179X_1+0.188X_2+0.207X_3+0.047X_4-0.177X_5+0.332X_6+0.153X_7+0.069X_8+0.319X_9+0.095X_{10}-0.177X_{11}-0.005X_{12}-0.124X_{13}-0.172X_{14}$$

$$Y_4=0.536X_1-0.542X_2-0.092X_3+0.019X_4+0.081X_5+0.421X_6+0.025X_7+0.003X_8+0.316X_9+0.076X_{10}+0.050X_{11}+0.339X_{12}+0.032X_{13}+0.039X_{14}$$

$$Y=0.353Y_1+0.188Y_2+0.152Y_3+0.106Y_4$$

Y_1、Y_2、Y_3、Y_4、Y 分别是主成分 1 得分、主成分 2 得分、主成分 3 得分、主成分 4 得分、总得分。

根据相关模型和数据，得出面条品质的评价，将面条分为 4 个等级，面条品质＞1800，为优质，1500＜面条品质＜1800，为二级，1200＜面条品质＜1500，为三级，面条品质＜1200，为质量差。

2.2.4　花生加工豆腐和花生乳适宜性评价模型

1. 花生豆腐加工适宜性评价模型

利用逻辑回归模型，根据花生品种的化学性状，预测不同花生品种的豆腐品质。重新排列响应变量和解释变量，描述如下。

响应变量（Z）：基于组间距离-皮尔斯系数的分类，在聚类分析中，将其中品质为差的第一类豆腐和第三类豆腐表示为 1，品质为优的第二类豆腐表示为 2。

首先挑选变量，变量是在 1.1.3 "花生原料特性与豆腐品质相关性分析"中与豆腐品质特性具有显著相关性的 6 个变量：x_1 表示 35.5 kDa 蛋白亚基（%）；x_2 表示花生球蛋白/伴花生球蛋白；x_3 表示油酸（g/100 g）；x_4 表示亚油酸（g/100 g）；x_5 表示谷氨酸（g/100 g）；x_6 表示极性氨基酸（g/100 g）。

对 6 个变量进行扩充，记为

$$A = (x_1, x_2, x_3, x_4, x_5, x_6, x_1^2, x_1x_2, x_1x_3, x_1x_4, x_1x_5, x_1x_6, x_2^2, x_2x_3, x_2x_4,$$
$$x_2x_5, x_2x_6, x_3^2, x_3x_4, x_3x_5, x_3x_6, x_4^2, x_4x_5, x_4x_6, x_5^2, x_5x_6, x_6^2)$$

对扩充变量 A 进行筛选，针对 A 中的每个变量，分别建立 Z 关于它们的逻辑回归模型，将 p 值从小到大排序，选出前 6 个 p 值较小的变量，分别为

$$x_1x_5, x_1^2, x_1, x_1x_6, x_5, x_5^2$$

针对上面筛选的 5 个变量，建立逻辑回归模型为

$$P = \frac{\exp\left(\beta_0 + \beta_1 x_1 x_5 + \beta_2 x_1^2 + \beta_3 x_1 + \beta_4 x_1 x_6 + \beta_5 x_5 + \beta_6 1.03 x_5^2\right)}{1 + \exp\left(\beta_0 + \beta_1 x_1 x_5 + \beta_2 x_1^2 + \beta_3 x_1 + \beta_4 x_1 x_6 + \beta_5 x_5 + \beta_6 1.03 x_5^2\right)}$$

其中，

$\beta_0 = -107.051$，$\beta_1 = -0.532$，$\beta_2 = -0.015$，$\beta_3 = 5.331$，$\beta_4 = -0.102$，$\beta_5 = 23.661$，
$\beta_6 = -1.031$

这项研究验证了拟合精度，将拟合概率＞0.4 分为 2 类，其余分类为 1 类。在 26 个样本中有 5 个被错误分类（CN08，CN09，CN15，CN18，CN24 错误）。内部检验正确的分类率为：80.77%。如果样本数量增加，则分类率准确性可以进一步提高。

随机选择 5 个不同的花生品种（V1～V5），以测试花生加工豆腐适宜性评价模型的外部准确性和适用性。在对模型进行外部验证的过程中，这 5 个品种的预测结果与所制备的豆腐实际品质评价结果一致。

2. 花生乳加工适宜性评价模型

本节以花生乳出品率、沉淀率、乳析指数和正己醛含量为评价指标，采用TOPSIS算法对不同品种加工而成的花生乳进行排序，针对排名前15的花生品种，采用 SPSS 软件建立花生乳品质特性对花生原料组成、氨基酸组成、蛋白亚基组成、脂肪酸组成的多元回归方程式，归纳适宜加工花生乳的原料品质特性。

1）花生乳品质评价理论分析模型建立

以花生乳品质特性为因变量，花生品质指标为自变量进行整体回归分析，应用多元统计分析软件 SPSS，输入数据，变量入选和剔除显著水平均为 0.05，最后分别得到具有统计意义的花生乳出品率、沉淀率、乳析指数和正己醛的预测方程。

（1）花生乳品质特性与花生原料组成的回归方程。

出品率=−0.407×粗蛋白−0.242×水分+2.914×灰分−0.101×总糖+88.369

沉淀率=0.377×粗蛋白+0.167×水分+1.498×灰分+0.029×总糖−8.702

乳析指数=1.331×粗蛋白−9.736×水分−7.182×灰分−1.137×总糖+146.287

正己醛=0.153×粗蛋白+1.582×水分−2.707×灰分−0.160×总糖−0.892

（2）花生乳品质与蛋白亚基组成的回归方程。

出品率=−0.398×伴球蛋白Ⅰ−0.144×球蛋白−0.198×伴球蛋白Ⅱ+101.325

沉淀率=−0.271×伴球蛋白Ⅰ+0.051×球蛋白+0.092×伴球蛋白Ⅱ+5.599

乳析指数=−2.581×伴球蛋白Ⅰ−0.615×球蛋白+0.794×伴球蛋白Ⅱ+89.266

正己醛=−0.263×伴球蛋白Ⅰ−0.097×球蛋白−0.240×伴球蛋白Ⅱ+17.916

（3）花生乳品质与脂肪酸组成的回归方程。

出品率=2.221×棕榈酸+0.285×硬脂酸−0.309×亚油酸−1.603×花生酸+5.031
×花生烯酸+0.354×山萮酸+1.670×二十四烷酸+64.986

沉淀率=−1.201×棕榈酸−0.360×硬脂酸+0.205×亚油酸+0.880×花生酸−2.190
×花生烯酸−1.105×山萮酸−0.607×二十四烷酸+15.688

乳析指数=1.169×棕榈酸−47.418×硬脂酸−0.895×亚油酸+154.216×花生酸−76.947
×花生烯酸−8.865×山萮酸−98.736×二十四烷酸+174.052

正己醛=−0.457×棕榈酸+2.258×硬脂酸−0.075×亚油酸−3.896×花生酸−5.026
×花生烯酸+1.076×山萮酸+3.031×二十四烷酸+6.524

（4）花生乳品质与氨基酸组成的回归方程。

出品率=−8.147×天冬氨酸+12.092×苏氨酸+18.099×丝氨酸+0.733×谷氨酸+22.069×甘氨酸+48.110×丙氨酸+11.459×缬氨酸+15.002×甲硫氨酸−25.347×异亮氨酸−0.953×苯丙氨酸−43.322×赖氨酸+15.164×精氨酸−2.823×脯氨酸+26.975×色氨酸−282.693

沉淀率=−25.577×天冬氨酸−4.682×苏氨酸−12.805×丝氨酸+8.780×谷氨酸−0.394×甘氨酸−113.483×丙氨酸−19.454×缬氨酸−37.604×甲硫氨酸+101.929×异亮氨酸+5.609×苯丙氨酸+0.110×赖氨酸−12.980×精氨酸+1.877×脯氨酸−35.833×色氨酸+588.053

乳析指数=−68.787×天冬氨酸+2.283×苏氨酸−101.905×丝氨酸+40.419×谷氨酸+37.850×甘氨酸−516.858×丙氨酸−179.082×缬氨酸−319.393×甲硫氨酸+686.619×异亮氨酸+31.829×苯丙氨酸−145.986×赖氨酸−86.468×精氨酸+19.749×脯氨酸−174.858×色氨酸+2612.113

正己醛=−13.307×天冬氨酸+6.862×苏氨酸−16.737×丝氨酸+3.671×谷氨酸+5.864×甘氨酸−105.873×丙氨酸−14.374×缬氨酸−46.993×甲硫氨酸+77.928×异亮氨酸−5.579×苯丙氨酸−12.022×赖氨酸−6.622×精氨酸−6.798×脯氨酸−32.635×色氨酸+602.774

2）适宜加工花生乳的原料品质特性

对排名前 15 的适宜加工花生乳的花生品种特性进行归纳。

（1）在花生原料组成方面，15 个花生品种的基本成分含量的变异系数均不超过 16%，粗蛋白平均含量为（22.88±2.08）%，粗油脂平均含量为（49.32±3.10）%，水分平均含量为（6.07±0.92）%，灰分平均含量为（2.49±0.22）%，总糖平均含量为（19.24±3.07）%。

（2）在蛋白亚基组成方面，伴球蛋白 I 和球蛋白的变异系数不超过 10%，而伴球蛋白 II 的变异系数约 30%，品种间存在较大差异；球蛋白的平均含量为（61.04±4.33）%，伴球蛋白 I 的平均含量为（17.61±1.70）%，花生中伴球蛋白 I 含量越高，则花生乳制品的稳定性越高。

（3）在花生油脂的脂肪酸组成方面，除棕榈酸之外，其余脂肪酸的变异系数均在 20%以上，棕榈酸的平均含量为（10.63±1.59）%；脂肪酸组成对花生乳品质的影响不明显。

（4）在氨基酸组成方面，14 种氨基酸的变异系数均不超过 20%，表明适宜加工花生乳的花生品种的氨基酸组成差异较小；相比于其他氨基酸，天冬氨酸、谷氨酸和精氨酸的含量较多，其中谷氨酸含量较高，为（21.34±0.34）%，精氨酸和天冬氨酸的含量分别为（12.68±0.39）%和（11.98±0.16）%；谷氨酸和苯丙氨酸的含量越低，越有利于提高花生乳的稳定性，而蛋氨酸、丙氨酸和精氨酸的含量越高，越有利于提高花生乳的稳定性；苏氨酸、谷氨酸和甘氨酸含量越低，越有利于改善花生乳的风味。

由不同品种花生加工的花生乳性质各异，仅侧重于考量某个指标，不能全面客观地评价适宜加工花生乳的花生品种。因此，采用 TOPSIS 算法，根据花生乳品质评价指标进行排序。适宜加工花生乳的花生品种排名前 15 的分别是'花育 25'、

'豫花 9719'、'豫花 22'、'远杂 9102'、'豫花 37'、'花育 37'、'花育 26'、'花育 42'、'白沙 308'、'白沙'、'豫花 25'、'大白沙'、'豫花 40'、'鲁花 8 号'和'远杂 9326'。

2.2.5 菜籽加工蛋白适宜性评价模型

采用有监督主成分回归分析，建立适宜加工凝胶型蛋白质的菜籽品质评价模型。通过该模型可以预测未知品种蛋白质的凝胶性，找到凝胶性好的菜籽品种，不仅可以增加菜籽的附加值，同时为开发适宜加工凝胶型蛋白质的菜籽专用品种提供依据。

将 15 个品种菜籽品质指标与凝胶性综合值进行相关性分析，发现粗蛋白、甘氨酸、半胱氨酸、精氨酸、亮氨酸、酪氨酸、球蛋白、清蛋白是影响菜籽蛋白质凝胶性的重要指标。通过主成分分析降维，将菜籽 8 个品质指标压缩至 4 个新指标。经 SAS 分析计算得：

凝胶性=0.297162×粗蛋白+0.146385×甘氨酸+0.063703×半胱氨酸+0.299091×亮氨酸+0.146069×酪氨酸+0.147446×精氨酸−0.064541×球蛋白−0.035316×清蛋白

2.2.6 玉米制汁适宜性评价模型

1. 甜糯玉米加工品质对玉米汁的适宜性评价

甜糯玉米的营养成分十分丰富，含糖量最高可达 20%，超过西瓜 1 倍，是普通玉米的 5~6 倍，同时含有丰富的维生素 B_1、维生素 B_2、维生素 C、维生素 A 以及氨基酸、麦芽糖、果糖、植物蜜糖等，营养价值很高，且容易被人体消化吸收，经常食用甜糯玉米能促进儿童智力的提高和身体发育，使老年人延年益寿（刘晓涛，2009a；李艳茹等，2003）。

不同的甜糯玉米品种，品质有所不同，加工而成的制品品质也会有所不同。研究甜糯玉米品种的加工特性，筛选适合加工玉米汁用的品种，将有助于促进甜糯玉米加工业的发展，对建立优质原料生产示范基地具有重要意义。陈智毅等（2006）分析了 5 个甜玉米品种的可食率、出汁率、汁中可溶性固形物含量以及籽粒中的水分含量、还原糖、总糖、蔗糖含量等 7 个加工性状，结果表明：'鉴 65'和'鉴 164'两个新组合综合加工特性优于推广品种'粤甜 13 号'，可以作为甜玉米汁饮料加工候选品种。陈耀兵和覃大吉（2004）对甜玉米'超甜 28'、'超甜金银栗 1 号'、'田宝超甜'、'华甜玉 8 号'、'种苗 2 号'、'蜂蜜哈尼 236'、'三福'、'华甜玉 1 号'、'绿霸超甜'、'鄂甜玉 2 号'共 10 个品种进行了品比试验，对其产量、乳熟期含糖量、淀粉含量进行了测定，对生物学性状、感官品质、加工品质进行了观察比较，筛选出了目前国内鲜食、加工两用的可推广甜玉米品种'华甜玉 1 号'、'超甜 28'、'绿霸超甜' 3 个品种，为甜玉米加工企业在品种选择上提供了依据。

以江苏省农业科学院粮食作物研究所示范推广的 18 个不同的甜糯玉米新品种为原料，分析研究甜糯玉米的蛋白质含量、可溶性糖含量、类胡萝卜素含量、可溶性固形物含量及出汁率等 5 项主要加工品质指标，进行主成分分析，并计算其综合主成分值。依据综合主成分值建立甜糯玉米加工品质评价标准，对不同品种甜糯玉米的加工适宜性进行分类，筛选出甜糯玉米汁加工专用品种。

对 18 个甜糯玉米品种的 5 项品质指标进行测定，并对样品进行分析，原始数据及主成分分析结果见表 2.16～表 2.19。甜糯玉米的加工品质主要指与加工产品产出率有关的一些品质特征，包括可溶性糖、可溶性固形物含量和出汁率等。由表 2.16 和表 2.17 可知，不同品种甜糯玉米的品质具有较大差异。其中，类胡萝卜素的变异系数最大，为 126.28%。可溶性固形物、可溶性糖和蛋白质含量的变异系数较大，依次分别为 34.20%、14.31%和 8.42%，出汁率变异系数最小，为 1.57%。

表 2.16　不同品种甜糯玉米加工品质

编号	品种	蛋白质/%	可溶性糖/%	类胡萝卜素/（μg/g）	可溶性固形物/%	出汁率/%
1	京科糯 218	1.07	14.06	1.1581	10.00	85.59
2	鲜玉 2 号	0.97	13.61	1.8652	10.00	85.49
3	苏科糯 2 号	0.92	11.75	1.2007	6.75	83.56
4	苏科糯 3 号	0.84	16.05	2.4753	10.00	85.83
5	苏科花糯 2008	0.93	13.23	2.4525	7.50	84.23
6	苏试 80618	1.05	12.66	1.4197	5.50	84.60
7	苏玉糯 638	0.97	13.49	1.3376	5.00	84.75
8	苏玉糯 14	0.93	12.25	1.0503	6.50	86.80
9	苏玉糯 5	0.83	12.68	0.9021	5.00	85.62
10	苏试 80668	0.95	13.11	0.9674	5.00	87.14
11	苏玉糯 11	0.94	17.37	1.1256	6.50	87.75
12	南农紫玉糯	0.94	17.37	1.1256	6.50	85.70
13	江南花糯	0.88	13.73	1.0018	6.00	84.67
14	美玉 3 号	1.13	11.22	1.1176	7.50	85.51
15	苏试 80701	0.91	14.15	1.6678	10.00	86.85
16	晶甜 3 号	0.89	9.90	10.4406	13.50	88.24
17	晶甜 5 号	0.86	10.18	10.7171	12.50	88.19
18	京甜紫花糯 2 号	0.89	11.82	1.1596	7.00	86.22

表 2.17　5 项甜糯玉米品质检测平均值及标准差

项目	蛋白质	可溶性糖	类胡萝卜素	可溶性固形物	出汁率
平均值	0.938%	12.938%	2.3889 μg/g	7.736%	85.930%
标准差	0.079%	1.8520%	3.0169 μg/g	2.646%	1.346%
变异系数	8.42%	14.31%	126.28 μg/g	34.20%	1.57%

表 2.18　5 项甜糯玉米品质的总方差解释

主成分	特征根	差数	方差贡献率/%	累计贡献率/%
1	2.574	1.546	51.481	51.481
2	1.028	0.376	20.565	72.046
3	0.752	0.231	15.048	87.094

表 2.19　5 项甜糯玉米品质所有载荷

甜糯玉米加工品质	主成分 1	主成分 2	主成分 3
蛋白质	−0.378	0.832	0.342
可溶性糖	−0.582	−0.576	0.515
类胡萝卜素	0.937	0.027	0.121
可溶性固形物	0.792	−0.002	0.570
出汁率	0.766	−0.057	−0.177

由表 2.18 可以看出，前 3 个主成分的累计贡献率就已经达到了 87.094%，尤其是第一主成分的贡献率就已达到了 51.481%。按照累计贡献率 85% 以上的原则，在此次分析中只选用前 3 个主成分进行分析，并以此为基础计算综合主成分值。由表 2.19 可以看出，第一主成分主要以类胡萝卜素含量影响为主，可溶性固形物和出汁率的影响为辅；第二主成分中以蛋白质含量的影响为主；第三主成分以可溶性固形物和可溶性糖含量的影响为主。根据各主成分的贡献率，对玉米汁品质影响最大的是类胡萝卜素含量、可溶性固形物和出汁率。

在主成分分析的基础上，根据综合主成分值的得分公式，求得 18 个品种甜糯玉米的主成分得分和综合主成分值。综合得分越高，说明该品种的综合品质越好。由表 2.20 可以看出，各品种的综合主成分值各不相同。'晶甜 3 号'的主成分综合值 Y_1 分值最高，达到了 4.193，由表 2.19 知道第一主成分中以类胡萝卜素含量的影响最为显著，而'晶甜 3 号'的类胡萝卜素含量在 18 个甜糯玉米品种当中也是最高的，说明用综合主成分值能较客观地反映各品种间的品质比较。同时'晶甜 3 号'玉米的综合主成分值达到了 2.613，为 18 个甜糯玉米品种中综合主成分最高值，说明在这 18 个品种当中，'晶甜 3 号'最适宜于加工玉米汁。

甜糯玉米籽粒中积累的营养物质对其加工特性和特有品质有重大影响。由于甜糯玉米粒中所积累的营养成分不同，甜糯玉米品种间的加工性状存在显著差异，这种特性可应用于加工品种的筛选。试验结果表明，参试的 18 个甜糯玉米品种中，'晶甜 3 号'在蛋白质含量、可溶性糖含量、类胡萝卜素含量及可溶性固形物、出汁率等加工性状中综合表现出较高的加工价值，'晶甜 5 号'次之，这 2 个品种均可用于加工玉米汁。主成分分析是一种将多个变量化为少数几个综合新变量的多元统计分析方法，中心思想是将数据降维，以排除众多化学信息共存中相互重叠的信息。它是将原变量进行转换，新变量是原变量的线性组合，同时，这些变量要尽可能多地表征原变量的数据结构特征而不丢失信息。本书主成分分析的结果说明，多因素分析在甜糯玉米品种加工品质评价中是一种可行的研究方法（贾庄德和徐关印，2004）。

表 2.20　18 个品种甜糯玉米的综合主成分值

编号	品种	Y_1	Y_2	Y_3	$Y_{综}$	排序
1	京科糯 218	−0.550	1.029	1.574	0.189	5
2	鲜玉 2 号	−0.062	0.136	0.978	0.165	6
3	苏科糯 2 号	−0.967	0.262	−0.414	−0.581	14
4	苏科糯 3 号	0.088	−1.974	1.087	−0.226	10
5	苏科花糯 2008	−0.667	−0.105	0.253	−0.375	11
6	苏试 80618	−1.356	1.297	0.070	−0.483	13
7	苏玉糯 638	−1.335	0.203	−0.214	−0.778	15
8	苏玉糯 14	−0.021	0.077	−0.762	−0.126	8
9	苏玉糯 5	−0.533	−1.047	−1.325	−0.791	16
10	苏试 80668	−0.425	0.008	−0.814	−0.390	12
11	苏玉糯 11	0.136	0.228	−1.482	−0.122	7
12	南农紫玉糯	−1.429	−1.341	1.098	−0.972	18
13	江南花糯	−1.020	−0.808	−0.342	−0.853	17
14	美玉 3 号	−0.676	2.529	0.353	0.258	3
15	苏试 80701	0.456	−0.713	0.636	0.211	4
16	晶甜 3 号	4.193	0.398	0.238	2.613	1
17	晶甜 5 号	4.077	0.005	−0.050	2.402	2
18	京甜紫花糯 2 号	0.091	−0.183	−0.883	−0.142	9

2. 即食玉米加工用品种筛选

甜糯玉米乳熟期鲜食，鲜甜脆嫩。但新鲜甜糯玉米极不耐贮存，常温 30℃ 存放 24 h 其鲜甜风味丧失。即食玉米系采用现代食品加工及真空软包装技术研制而成，不仅保质期长，而且最大限度保持了新鲜甜糯玉米的口感和风味。即食玉米具有鲜、香、软、黏、甜等特点，富含人体所必需的糖类、脂肪、蛋白质、氨基酸、维生素、矿物质和纤维素，是一种食用方便、纯天然的营养保健食品（贾庄德和徐关印，2004；董文明等，2004；李惠生等，2007；刘世献等，2000）。

不同的甜糯玉米品种，其品质有所不同，加工而成的即食玉米品质也会有所不同。研究甜糯玉米品种的加工特性，筛选适合即食玉米加工用的品种，将有助于促进甜糯玉米加工业的发展，对建立优质原料生产示范基地具有重要意义。以江苏省农业科学院粮食作物研究所新品种示范推广的 11 个不同的甜糯玉米品种为原料，分析研究甜糯玉米的还原糖含量、总糖含量、支链淀粉含量、总淀粉含量及水分等加工指标，对其进行主成分分析，并计算其综合主成分值，筛选即食玉米加工专用品种。

不同品种甜糯玉米加工品质见表 2.21。11 个甜糯玉米品种的 5 项甜糯玉米品质原始数据的主成分分析结果见表 2.22 和表 2.23。

表 2.21　不同品种甜糯玉米加工品质

编号	品种	质量分数/%				
		还原糖	总糖	支链淀粉	总淀粉	水分
1	京科糯 218	2.23	14.06	14.44	17.26	70.96
2	鲜玉 2 号	1.99	13.61	15.43	19.41	67.69
3	苏科糯 2 号	2.19	11.75	13.11	16.44	60.21
4	苏试 80618	2.10	12.66	22.74	27.95	60.59
5	苏玉糯 14	1.90	12.25	17.14	20.37	62.44
6	苏玉糯 5	1.78	12.68	16.15	18.33	61.46
7	苏试 80668	2.63	13.11	18.52	22.76	63.02
8	苏玉糯 11	3.10	11.63	17.10	20.66	65.78
9	美玉 3 号	2.80	11.22	18.06	21.05	53.75
10	苏试 80701	2.36	14.15	15.79	18.82	60.28
11	京甜紫花糯 2 号	2.74	17.57	18.81	19.79	62.41

表 2.22　5 项甜糯玉米品质的总方差解释

主成分	特征根	差数	方差贡献率/%	累计贡献率/%
1	2.162	0.940	43.232	43.232
2	1.222	0.250	24.431	67.663
3	0.972	0.249	19.446	87.108

表 2.23　5 项甜糯玉米品质所有载荷

甜糯玉米加工品质	主成分 1	主成分 2	主成分 3
还原糖	0.320	0.177	0.898
总糖	−0.140	0.883	0.067
支链淀粉	0.944	0.269	−0.163
总淀粉	0.928	0.126	−0.275
水分	−0.536	0.568	−0.245

由表 2.22 可以看出，前 3 个主成分的累计贡献率就已经达到了 87.108%，尤其第一主成分的贡献率就已达到了 43.232%。按照累计贡献率 85%以上的原则，在此次分析中只选用前 3 个主成分进行分析，并以此为基础计算综合主成分值。由表 2.22 和表 2.23 可以看出，第一主成分的特征根为 2.162，其贡献率为 43.232%，第一主成分主要以支链淀粉含量影响为主，总淀粉含量的影响为辅；第二主成分的特征根为 1.222，其贡献率为 24.431%，第二主成分中以可溶性糖含量的影响为主；第三主成分的特征根为 0.972，其贡献率为 19.446%，第三主成分以还原糖含量的影响为主。根据各主成分的贡献率，对即食玉米品质影响最大的是支链淀粉含量、可溶性糖含量。

在主成分分析的基础上，根据综合主成分值的得分公式，求得 11 个品种甜糯玉米的主成分得分和综合主成分值。综合得分越高，说明该品种的综合品质越好。计算结果见表 2.24。

表 2.24　11 个品种甜糯玉米的综合主成分值

编号	品种	Y_1	Y_2	Y_3	$Y_综$	排序
1	京科糯 218	−1.199	0.255	−0.029	−0.972	10
2	鲜玉 2 号	−0.700	0.124	−0.100	−0.676	8
3	苏科糯 2 号	−0.918	−0.390	0.0384	−1.269	11
4	苏试 80618	1.789	0.072	−0.174	1.687	1
5	苏玉糯 14	−0.070	−0.154	−0.118	−0.341	7

编号	品种	Y_1	Y_2	Y_3	$Y_综$	排序
6	苏玉糯 5	−0.461	−0.188	−0.111	−0.761	9
7	苏试 80668	0.584	0.097	0.031	0.712	3
8	苏玉糯 11	0.184	−0.005	0.158	0.337	5
9	美玉 3 号	0.867	−0.419	0.146	0.594	4
10	苏试 80701	−0.269	0.006	0.047	−0.217	6
11	京甜紫花糯 2 号	0.194	0.601	0.111	0.906	2

由表 2.24 可以看出，各品种的综合主成分值各不相同。在第一主成分综合值 Y_1 中，发现'苏试 80618'的分值最高，达到了 1.789。由表 2.23 知道第一主成分中以支链淀粉含量的影响最为显著，而'苏试 80618'的类胡萝卜素含量在 11 个甜糯玉米品种当中也是最高的，说明用综合主成分值能较客观地反映各品种间的品质比较。同时也导致了'苏试 80618'的综合主成分值达到了 1.687，为 11 个甜糯玉米品种中综合主成分最高值，说明在这 11 个品种当中，'苏试 80618'最适于加工成即食玉米。

主成分分析的结果说明，多因素分析在甜糯玉米品种加工品质评价中是一种可行的研究方法。但是，甜糯玉米的品质与生产地区的地质条件也有很大关系，不同地区、不同品种、不同播种条件以及成熟度对甜糯玉米的品质都有影响，分析结果也会存在差异。应扩大采样范围，加强研究的系统性和深入性，使研究结果更具有实用价值（刘玉花等，2010）。

3. 甜糯玉米软罐头主要挥发性物质主成分分析和聚类分析

甜糯玉米软罐头特有的风味成分是构成和影响果穗鲜食、加工质量的主要因子。甜糯玉米软罐头由于品种不同，口感与风味也不尽一致，研究不同品种甜糯玉米软罐头的风味物质：①有助于促进甜糯玉米软罐头的消费；②可以作为适宜甜糯玉米加工品种原料筛选的一项关键指标；③可以有效抑制贮藏后期甜糯玉米软罐头风味散失。因此对甜糯玉米软罐头风味物质的研究具有极其广泛的意义。

固相微萃取（SPME）技术作为一种新方法在食品风味方面被广泛应用，由于其萃取时温度较为温和，故风味成分分析的稳定性和准确性较高。主成分分析是一种多元统计分析技术，它是一种降维或者把多个指标转化为少数几个综合指标的一种方法，主成分分析的目的是简化数据和揭示变量间的关系，当原始变量被换算成新变量后，其结果还可以进一步用于回归、聚类分析等。

假设有来自某个总体的 N 个样本，而每个样本测得 P 个指标数。这 P 个指标之间往往互有影响，需要从 P 个指标中寻找少数几个综合性的指标，而这几个综合性的指标既能反映原来 P 个指标的信息，又能彼此互不相关。由于各指标具有不同的量纲，在数量级上也有很大差异，在应用主成分分析研究时，不同的量纲和数量级会产生新的问题。数据标准化主要功能就是消除变量间的量纲关系，从而使数据具有可比性，标准化处理公式为

$$X_{ij} = \frac{y_{ij} - \overline{y}_j}{S_j}$$

其中，$\overline{y}_j$ 和 S_j 分别为第 j 个指标数据的平均值和标准差。为了方便，经标准化后的数据仍然用 $X_1 \sim X_{36}$ 表示。各指标原始数据见表 2.25，经标准化的数据见表 2.26。

表 2.25 甜糯玉米软罐头主要风味物质的相对含量（%）

编号	化合物	京甜紫花糯 1 号	龙黏 2 号	江南花糯	改良花糯	紫糯	黑糯
1	2-乙酰基噻唑	0.39	0.63	0.53	0.55	0.42	0.45
2	3-甲基-2-噻吩甲醛	0.89	0.45	0	0.45	0	0
3	苯并[b]噻吩	0.35	0.35	0.54	0.42	0.43	0.56
4	2-噻吩甲醇	0.26	0.27	0	0.27	0.22	0
5	异戊醛	1.17	10.05	0	0	5.21	5.30
6	己醛	9.37	4.77	2.82	8.36	3.25	12.94
7	(Z)-2-庚烯醛	0	0.42	0.58	0.35	0	1.19
8	香草醛	0.35	0.30	0.30	0.27	0.29	0.31
9	壬醛	0.79	0.82	0.39	0.38	0.30	0.28
10	1-戊烯-3-醇	0.48	0	0.26	1.02	0.53	0.46
11	戊醇	1.53	1.52	1.00	1.79	1.48	2.30
12	4-乙炔基-4-甲基-1, 5-己二烯-3-醇	0	1.13	0.81	0.81	0.48	0
13	1-羟基-2-乙酮	2.02	2.00	2.06	1.30	7.41	1.17
14	3-羟基-2-丁酮	2.61	3.89	7.89	2.19	1.96	3.03
15	3, 5-辛二烯-2-酮	0.37	0	0.43	0	0	0.64
16	β-芹子烯	0.40	2.82	0.47	0.92	0	0
17	甲基苯	0	0.59	0	2.32	2.48	1.72
18	苯甲醛	1.86	2.16	1.75	2.77	1.45	3.20
19	1, 2-二甲基苯	0	0	0.37	1.06	1.69	0.23
20	1, 4-二甲基苯	0.25	0.33	0	0	0	0.89
21	2-乙烯基-1, 3, 5-三甲基苯	0	0	0.33	0	0.27	0.50

续表

编号	化合物	京甜紫花糯 1 号	龙黏 2 号	江南花糯	改良花糯	紫糯	黑糯
22	1，2，3，4-四甲基苯	3.04	0.43	0.56	0.74	0.27	0.40
23	1-甲基-2-（2-丙烯基）苯	0.40	0	0	0.44	0	1.04
24	1，2，4，5-四甲基苯	1.17	0	0	1.03	0.57	0.26
25	4-乙烯基-2-甲氧基-苯酚	0	0.25	0.45	0	0.35	0
26	乙酸	8.24	13.01	13.37	8.75	9.02	10.38
27	3-甲基丁酸	0.53	0.88	0.83	0.60	0	0
28	2-戊基呋喃	1.39	0	0	0.47	0	0.40
29	呋喃甲醛	1.60	2.34	2.72	1.77	2.31	1.38
30	2-呋喃甲醇	0.75	0.72	1.12	0.76	0.85	0.22
31	2，3-二氢化苯并呋喃	0.22	0.44	0.57	0.27	0.32	0
32	吡啶	5.24	6.05	4.37	4.94	10.75	3.62
33	吡嗪	1.00	0.82	1.24	1.06	0.43	0.96
34	甲基吡嗪	1.87	1.53	1.34	1.78	0.53	0.82
35	2，5-二甲基吡嗪	4.25	2.95	3.04	3.62	1.63	2.48
36	2，6-二甲基吡嗪	2.41	1.20	1.53	1.85	0.55	0.74

表 2.26　甜糯玉米软罐头挥发性风味物质的相对含量标准化数据处理结果（%）

编号	化合物	京甜紫花糯 1 号	龙黏 2 号	江南花糯	改良花糯	紫糯	黑糯
1	2-乙酰基噻唑	−1.15742	1.48811	0.38581	0.60627	−0.82673	−0.49604
2	3-甲基-2-噻吩甲醛	1.62472	0.41648	−0.81922	0.41648	−0.81922	−0.81922
3	苯并[b]噻吩	−1.01126	−1.01126	1.08481	−0.23903	−0.12871	1.30545
4	2-噻吩甲醇	0.67686	0.75207	−1.27852	0.75207	0.37604	−1.27852
5	异戊醛	−0.61715	1.61818	−0.91167	−0.91167	0.39982	0.42248
6	己醛	0.61593	−0.53973	−1.02963	0.36219	−0.92160	1.51283
7	(Z)-2-庚烯醛	−0.95810	−0.00754	0.35457	−016597	−0.95810	1.73515

续表

编号	化合物	京甜紫花糯1号	龙黏2号	江南花糯	改良花糯	紫糯	黑糯
8	香草醛	1.75549	−0.12539	−0.12539	−1.25392	−0.50157	0.25078
9	壬醛	1.20886	1.33110	−0.42106	−0.46181	0.21217	0.00493
10	1-戊烯-3-醇	0.06414	−1.35689	−0.58716	1.66281	0.21217	0.00493
11	戊醇	−0.17173	−0.19515	−1.41289	0.43714	−0.28882	1.63146
12	4-乙炔基-4-甲基-1，5-己二烯-3-醇	−1.15794	1.28266	0.58435	0.58435	−0.12547	−1.15794
13	1-羟基-2-乙酮	−0.27124	−0.27971	−0.25429	−0.57638	2.01310	−0.63148
14	3-羟基-2-丁酮	−0.44524	0.13335	1.94144	−0.63509	−0.73906	−0.25539
15	3，5-辛二烯-2-酮	0.46800	−0.86400	0.68400	−0.86400	−0.86400	1.44000
16	β-芹子烯	−0.34688	1.93215	−0.28095	0.14283	−0.72358	−0.72358
17	甲基苯	−1.04626	−0.52534	−1.04626	1.00212	1.14338	0.47236
18	苯甲醛	−0.50924	−0.05770	−0.67480	0.86044	−1.12634	1.50764
19	1，2-二甲基苯	−0.82338	−0.82338	−0.27774	0.73981	1.66888	−0.48420
20	1，4-二甲基苯	0.01439	0.24469	−070529	−0.70529	−0.70529	1.85678
21	2-乙烯基-1，3，5-三甲基苯	−0.85455	−0.85455	0.68364	−0.85455	0.40397	1.47604
22	1，2，3，4-四甲基苯	2.01791	−0.45088	−0.32791	−0.15765	−0.60222	−0.47925
23	1-甲基-2-（2-丙烯基）苯	0.21068	−0.76168	−0.76168	0.30791	−0.76168	1.76645
24	1，2，4，5-四甲基苯	1.30813	−0.99339	−0.99339	1.03273	0.12786	−0.48194
25	4-乙烯基-2-甲氧基-苯酚	−0.86691	0.37153	1.36229	−0.86691	0.86691	−0.86691
26	乙酸	−0.99549	1.14186	1.30317	−0.76697	−0.64599	−0.03659
27	3-甲基丁酸	0.14535	1.04312	0.91487	0.32491	−1.21413	−1.21413
28	2-戊基呋喃	1.87415	−0.69664	−0.69664	0.17262	−0.69664	0.04315
29	呋喃甲醛	0.04313	0.95495	1.42318	−0.54833	−0.99192	−0.88102
30	2-呋喃甲醇	0.04559	−0.05698	1.31061	0.07978	0.38749	−1.76648
31	2，3-二氢化苯并呋喃	−0.42734	0.70084	1.36749	−0.17094	0.08547	1.55552

续表

编号	化合物	京甜紫花糯1号	龙黏2号	江南花糯	改良花糯	紫糯	黑糯
32	吡啶	−0.23108	0.08706	−0.57279	0.34891	1.93309	−0.86737
33	吡嗪	0.29620	−0.35665	1.16668	0.51382	−1.77118	0.15112
34	甲基吡嗪	1.04319	0.40793	0.05294	0.87504	−1.46047	−0.91863
35	2，5-二甲基吡嗪	1.38623	−0.04971	0.04971	0.69035	−1.50773	−0.56885
36	2，6-二甲基吡嗪	1.47589	−0.25792	0.21494	0.67347	−1.18931	−0.91706

由表 2.27 可看出，第一主成分的贡献率为 30.036%，第二主成分的贡献率为 27.103%，第三主成分的贡献率为 21.438%，第四主成分的贡献率为 11.940%，前 4 个主成分的累计贡献率已经达到 90.518%，可见前 4 个主成分足以说明该数据的变化趋势，完全符合主成分分析的要求，故取前 4 个主成分作为数据分析的有效成分。

表 2.27　4 个主成分的特征根以及贡献率

主成分	特征根	贡献率/%	累计贡献率/%
1	10.813	30.036	30.036
2	9.757	27.103	57.139
3	7.718	21.438	78.578
4	4.298	11.940	90.518

从表 2.28 可看到，第一主成分和己醛、戊醇、1-甲基-2-（2-丙烯基）苯高度负相关，和 4-乙炔基-4-甲基-1，5-己二烯-3-醇、2-呋喃甲醇、2，3-二氢化苯并呋喃高度正相关。第二主成分表现出和 3-甲基-2-噻吩甲醛、1，2，3，4-四甲基苯、2-戊基呋喃、甲基吡嗪、2，5-二甲基吡嗪、2，6-二甲基吡嗪高度正相关。而总方差 50%以上的贡献来自第一和第二主成分，所以可以认为己醛、戊醇、1-甲基-2-（2-丙烯基）苯、4-乙炔基-4-甲基-1，5-己二烯-3-醇、2-呋喃甲醇、2，3-二氢化苯并呋喃、3-甲基-2-噻吩甲醛、1，2，3，4-四甲基苯、2-戊基呋喃、甲基吡嗪、2，5-二甲基吡嗪、2，6-二甲基吡嗪是甜糯玉米软罐头的主要风味物质。从表 2.28 可以看出引起风味变化的主要化合物。对第一主成分贡献最大的是 2，3-二氢化苯并呋喃，负荷量为 0.970，其次是 2-呋喃甲醇、呋喃甲醛、3-甲基丁酸和 4-乙烯基-2-甲氧基-苯酚，负荷量分别为 0.845、0.783、0.772、0.726，可以认为，第一主成分基本代表的是 2，3-二氢化苯并呋喃、2-呋喃甲醇、呋喃甲醛、3-甲基丁酸和 4-乙烯

基-2-甲氧基-苯酚。对第二主成分贡献较大的依次是 2，5-二甲基吡嗪、3-甲基-2-噻吩甲醛、2，6-二甲基吡嗪、甲基吡嗪，其负荷量分别为 0.963、0.935、0.926、0.898，因而第二主成分代表了以 2，5-二甲基吡嗪、3-甲基-2-噻吩甲醛、2，6-二甲基吡嗪、甲基吡嗪为组合的风味化合物。对第三主成分贡献较大的分别是（Z）-2-庚烯醛、乙酸、3-羟基-2-丁酮、吡嗪，其负荷量分别为 0.803、0.741、0.727、0.694，对第四主成分贡献较大的分别是 β-芹子烯、异戊醛、2-乙酰基噻唑，其负荷量分别 0.757、0.736、0.628。

表 2.28　主成分载荷矩阵

编号	指标	主成分			
		1	2	3	4
1	2-乙酰基噻唑	0.573	−0.060	0.383	0.628
2	3-甲基-2-噻吩甲醛	0.096	0.935	−0.276	0.161
3	苯并[b]噻吩	−0.378	−0.549	0.582	−0.394
4	2-噻吩甲醇	0.277	0.428	−0.739	0.441
5	异戊醛	0.080	−0.333	0.042	0.736
6	己醛	−0.882	0.393	0.188	0.179
7	(Z)-2-庚烯醛	−0.477	−0.277	0.803	0.187
8	香草醛	−0.178	0.576	0.133	−0.328
9	壬醛	0.434	0.703	0.002	0.321
10	1-戊烯-3-醇	−0.462	0.134	−0.489	−0.147
11	戊醇	−0.884	−0.001	0.033	0.465
12	4-乙炔基-4-甲基-1，5-己二烯-3-醇	0.801	−0.199	0.082	0.424
13	1-羟基-2-乙酮	0.166	−0.592	−0.694	−0.216
14	3-羟基-2-丁酮	0.535	−0.127	0.727	−0.404
15	3，5-辛二烯-2-酮	−0.529	0.091	0.673	−0.458
16	β-芹子烯	0.589	0.218	0.167	0.757
17	甲基苯	−0.449	−0.530	−0.530	0.285
18	苯甲醛	−0.678	0.106	0.413	0.464
19	1，2-二甲基苯	−0.029	−0.586	−0.708	−0.146
20	1，4-二甲基苯	−0.699	−0.001	0.502	0.332
21	2-乙烯基-1，3，5-三甲基苯	−0.460	−0.677	0.437	−0.353

续表

编号	指标	主成分			
		1	2	3	4
22	1，2，3，4-四甲基苯	−0.095	0.869	−0.199	−0.344
23	1-甲基-2-（2-丙烯基）苯	−0.937	0.164	0.279	0.096
24	1，2，4，5-四甲基苯	−0.340	0.592	−0.670	−0.186
25	4-乙烯基-2-甲氧基-苯酚	0.726	−0.599	0.096	−0.290
26	乙酸	0.576	−0.299	0.741	0.146
27	3-甲基丁酸	0.772	0.466	0.351	0.132
28	2-戊基呋喃	−0.402	0.847	−0.195	−0.244
29	呋喃甲醛	0.783	0.223	0.568	−0.090
30	2-呋喃甲醇	0.845	−0.003	−0.176	−0.466
31	2，3-二氢化苯并呋喃	0.970	−0.113	0.095	−0.165
32	吡啶	0.246	−0.483	−0.790	−0.010
33	吡嗪	0.051	0.498	0.694	−0.267
34	甲基吡嗪	0.303	0.898	0.090	0.106
35	2，5-二甲基吡嗪	0.080	0.963	0.126	−0.083
36	2，6-二甲基吡嗪	0.188	0.926	−0.019	−0.245

将各特征向量数据中心化和标准化后，各主成分得分见图 2.4 和表 2.29。

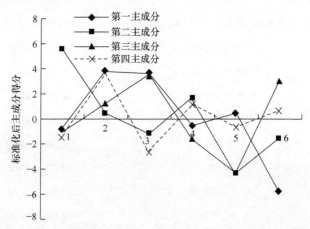

图 2.4　不同品种糯玉米软罐头的第一、第二、第三、第四主成分的排序坐标图
1-京甜紫花糯 1 号；2-龙黏 2 号；3-江南花糯；4-改良花糯；5-紫糯；6-黑糯

表 2.29　标准化后主成分得分

编号	样品	第一主成分	第二主成分	第三主成分	第四主成分
1	京甜紫花糯 1 号	−0.8448	5.6057	−1.4280	−1.6125
2	龙黏 2 号	3.7362	0.3163	1.1444	3.5905
3	江南花糯	3.5944	−1.2839	3.4466	−2.8532
4	改良花糯	−0.6689	1.5448	−1.7147	1.0802
5	紫糯	0.2475	−4.4825	−4.4045	−0.7989
6	黑糯	−6.0644	−1.7003	2.9562	0.5938

　　第一主成分得分最高的为'龙黏 2 号'玉米软罐头，第二主成分得分最高的为'京甜紫花糯 1 号'玉米软罐头，第三主成分得分最高的为'江南花糯'玉米软罐头，第四主成分得分最高为'龙黏 2 号'玉米软罐头。因此，可以说第一至第四主成分分别代表了'龙黏 2 号'玉米软罐头、'京甜紫花糯 1 号'玉米软罐头、'江南花糯'玉米软罐头、'龙黏 2 号'玉米软罐头。

　　邀请 10 位感官评定官，对 6 种甜糯玉米软罐头产品分别进行气味（香气纯正性和香气浓郁性）、外观（色泽、光泽和籽粒完整性）、适口性（黏性、弹性和软硬度）和滋味（香味纯正性和香味持久性）4 个方面的测试，评定结果如表 2.30 所示，可以看出'京甜紫花糯 1 号'、'改良花糯'玉米软罐头的口感综合指标评分较高，'紫糯'和'黑糯'玉米软罐头风味综合评价基本一致。

表 2.30　不同品种甜糯玉米软罐头感官评定的比较

评定项目	京甜紫花糯 1 号	龙黏 2 号	江南花糯	改良花糯	紫糯	黑糯
气味	4.4	3.3	3.9	4.2	3.6	3.5
外观	4.6	4.3	4.1	4.3	4.2	4.5
适口性	4.8	3.8	4.2	4.6	4.5	4.3
滋味	4.9	4.2	4.3	4.7	3.9	3.7

注：每个评定项目的总分为 5 分。

　　加工过程中 6 种甜糯玉米软罐头风味的感官评价与甜糯玉米软罐头主成分分析中主要风味物质成分含量的变化趋势基本一致。感官分析表明，六个品种加工成的软罐头产品具有明显的风格特征。由此可见，甜糯玉米软罐头的主要风味物质含量是其风味特征的基础。

　　挥发性风味成分是甜糯玉米软罐头品质比较重要的指标，对甜糯玉米软罐头风味的评价不仅与挥发性成分的种类有关，还与各成分的比例、感官阈值以及各成分之间的相互作用有关。采用综合分析方法对不同品种的甜糯玉米软罐头产品在挥发性风味物质方面进行定性研究，可为原料品种的筛选提供一定的理论依据（宋江峰等，2010）。

2.3 果蔬加工适宜性评价模型建立

2.3.1 苹果制汁和脆片加工适宜性评价模型

1. 苹果原料品质与苹果汁品质间关系

1）苹果制汁品质与苹果原料品质关联评价模型的建立

（1）品质指标筛选。

将可滴定酸含量（TA）、可溶性固形物含量（TSS）、可溶性糖含量（SS）、固酸比（RTT）、糖酸比（RST）、单宁含量（Tn）、出汁率（JR）7项指标纳入苹果品种制汁适宜性评价指标考察范围，利用因子分析进行简化。因子分析结果显示，前4个因子的特征根均超过了1，为主因子，所包含的信息量占总信息量的95.18%（表2.31）。其中，第1主因子的代表性指标（因子权重较大的指标）为可滴定酸含量、固酸比和糖酸比，定义为风味因子；第2主因子的代表性指标为可溶性固形物含量和可溶性糖含量，定义为营养因子；第3主因子的代表性指标为单宁含量，定义为加工因子Ⅰ（与鲜榨汁褐变和后浑浊有关）；第4主因子的代表性指标为出汁率，定义为加工因子Ⅱ（与鲜榨汁产量有关）。在风味因子的3项代表性指标中，保留固酸比，其因子权重最大。在营养因子的2项代表性指标中，保留可溶性固形物含量，该指标不仅测定远较可溶性糖含量简单，其因子权重也大于可溶性糖含量。最终确定果实可溶性固形物含量、固酸比、单宁含量、出汁率4项指标为苹果品种制汁适宜性评价指标。

表 2.31 4 个主因子的权重

指标	因子 1	因子 2	因子 3	因子 4
TA	−0.924	0.036	−0.177	−0.020
RTT	0.954	0.247	0.119	0.002
RST	0.932	0.284	0.131	0.015
TSS	0.177	0.948	0.028	0.029
SS	0.182	0.922	0.073	0.087
Tn	−0.213	−0.062	−0.972	−0.074

续表

指标	因子 1	因子 2	因子 3	因子 4
JR	0.011	0.070	0.069	0.995
特征根	2.740	1.900	1.019	1.005
方差贡献率/%	39.140	27.140	14.550	14.350

（2）品质指标评分标准。

苹果品种鲜榨汁加工适宜性从营养品质（可溶性固形物含量）、风味品质（固酸比）和加工品质（出汁率和单宁含量）三个方面加以评价，三者重要性相同。对于加工品质，出汁率比单宁含量更重要。据此，采用 1~9 标度法，构造层次结构关系，进行层次分析，确定可溶性固形物含量和固酸比的权重均为 0.3333，出汁率的权重为 0.2500，单宁含量的权重为 0.0833。

以确定的各指标的权重乘以 100 为该指标的满分值，4 项指标的满分之和为 100 分。以该指标满分值的 10% 为级差，确定各级的得分。正向指标（可溶性固形物含量和出汁率）以最高等级为满分，各等级得分依次递减。负向指标（单宁含量）以最低等级为满分，其后各等级得分依次递减。中性指标（固酸比），以中等为满分，两边各等级依次递减；鉴于中国人喜甜，固酸比由中向极低，得分以满分值的 20% 为级差。4 项指标的评分标准详见表 2.32。

表 2.32　苹果品种鲜榨汁加工适宜性评价指标评分标准

指标	TSS/%	RTT	JR/%	Tn/（mg/kg）
指标值	<8.4	<11.5	<68.0	<560
指标得分	20.00	20.00	15.00	8.33
指标值	8.4~9.2	11.5~15.4	68.0~71.9	560~789
指标得分	23.33	26.66	17.50	7.50
指标值	9.3~10.6	15.5~21.9	72.0~75.9	790~1059
指标得分	26.66	33.33	20.00	6.66
指标值	10.7~11.5	22.0~25.9	76.0~79.9	1060~1289
指标得分	30.00	30.00	22.50	5.83
指标值	≥11.6	≥26.0	≥80.0	≥1300
指标得分	33.33	26.66	25.00	5.00

（3）苹果制汁适宜性评价模型。

用各制汁适宜性评价指标得分经标准化转换后的数值乘以各加工适宜性评价指标的权重，计算出每个品种的综合得分，用 K 均值聚类法将 86 个品种依综合得分高低划分为 5 类，5 类品种的鲜榨汁加工适宜性依次为极不适宜、不适宜、较适宜、适宜和极适宜。从 5 类品种中抽取 57 个品种（约占 2/3）作为建模样本用于建立判别函数，余下 29 个品种（约占 1/3）作为检验样本用于检验所建判别函数的判别准确性。采用多类判别分析得到 5 个判别函数：

$$y_1 = -897.41 + 28.19x_1 + 21.33x_2 + 28.31x_3 + 22.88x_4$$

$$y_2 = -1085.31 + 30.84x_1 + 23.72x_2 + 31.47x_3 + 23.84x_4$$

$$y_3 = -1247.35 + 33.18x_1 + 25.45x_2 + 33.39x_3 + 26.08x_4$$

$$y_4 = -1391.64 + 35.06x_1 + 26.95x_2 + 35.35x_3 + 26.99x_4$$

$$y_5 = -1642.16 + 38.57x_1 + 29.25x_2 + 38.05x_3 + 28.52x_4$$

其中，$x_1 \sim x_4$ 分别为可溶性固形物含量、固酸比、出汁率、单宁含量 4 项苹果品种鲜榨汁加工适宜性评价指标的得分。

2）苹果制汁品质与原料关联评价模型的验证

用上述判别函数对建模样本进行判别，由第 1 类判为第 2 类、由第 2 类判为第 3 类和由第 3 类判为第 4 类的品种各有 1 个，判对的概率为 94.74%。用上述判别函数对检验样本进行判别，有 1 个品种由第 5 类判为了第 4 类，判对的概率为 96.55%。

以各品种第一特征向量的得分（F_1）为横坐标，以各品种第二特征向量的得分（F_2）为纵坐标，绘制品种分布图（图 2.5）。从图 2.5 可直观地看出，除

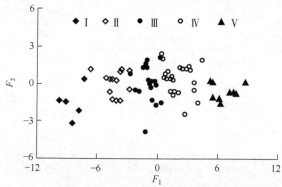

Ⅰ.极不适宜　Ⅱ.不适宜　Ⅲ.较适宜　Ⅳ.适宜　Ⅴ.极适宜

图 2.5　5 类苹果品种在两判别函数的空间散点图

极少部分重叠外，鲜榨汁加工适宜性不同的 5 类苹果品种能很好地被分开。可见，所建立的判别函数正确判别率极高，可用于苹果品种鲜榨汁加工适宜性的综合判别。

3）适宜制汁加工苹果品质理论分析评价标准

（1）核心品质评价指标筛选。

评价指标经过统计分析，得到不同品种苹果汁评价指标的统计分布和差别情况；通过相关性分析，说明同类指标间的高度性是筛选核心指标的理论依据。进一步采用因子分析方法，确定 a^* 值、b^* 值、625 nm 透光率、浊度、可溶性固形物含量、固酸比、香气等 7 项指标为苹果鲜榨汁品质评价指标，其中，可溶性固形物含量为营养指标，固酸比为味觉感官指标，香气为嗅觉感官指标，其余 4 项均为视觉感官指标。

（2）评价指标评分标准。

基于筛选出的核心评价指标，结合专家经验，采用 1～9 标度法，构造层次结构关系，得到各核心评价指标的权重值，以确定的指标权重乘以 100，保留两位小数，作为该指标的满分值，7 项品质评价指标满分之和为 100 分。以该指标满分值的 10% 为级差，确定各级的得分。根据各评价指标的实际应用情况，确定其评价标准。

（3）苹果汁品质评价模型建立标准。

核心指标权重乘以苹果汁核心评价指标的标准化得分，即为每个样品的综合得分，运用 K 均值聚类和判别分析法，建立苹果汁品质评价模型，可进一步筛选出适宜制汁用苹果品种。

（4）苹果品种制汁适宜性实际应用评价标准。

由苹果汁品质综合评价模型可知，苹果汁综合得分越高，苹果越适宜制汁加工，将各苹果品种划分为最不适宜、不适宜、次适宜、适宜、最适宜五类，作为适宜制汁的苹果品质评价标准的依据。后三类苹果品种见表 2.33。

表 2.33　苹果制汁适宜性

分类	苹果品种
次适宜	春香、大珊瑚、甜安东诺夫卡、祥玉、卡红、甜伊萨耶娃、发现、萌、紫云、意大利早红、早黄、早金冠、早生旭、伏锦、华红、花嫁、考特兰德、新嘎拉、伏红、红金嘎拉、丰艳、宁冠、藤牧 1 号、藤牧 1 号、秋力蒙、中秋、伦巴瑞、迎秋、矮早辉、早捷、战寒香、红卡维、南城矮金冠、陆奥、耍红、包曼、丹顶、文红、女游击队员、K10、新倭锦、斯塔克金矮生、Starkiambo、普利阿姆、松本锦、K9、Florina、Szampion、红之舞、新冬、初秋、无锈金冠、杰普提斯卡、杰普提斯卡、库列洒、斯库普、宝斯库普、东光、早生 16 号、柳玉、瑞林、拉宝、蜜、正定 2 号、烟嘎 1 号、翠玉、胡思维提、格鲁晓夫卡、花道、姬神、捷 1、满堂红、华帅 1 号、秋富 5 号、辽伏、春霞、寒富、肯达尔、Ⅰ 12～10、维斯塔贝拉、赤诚、齐河短金冠、乙女、延光、芳明、大陆 52 号、南浦 1 号、兴红

续表

分类	苹果品种
适宜	4-23、奥查克金、坂田津轻、宝斯库普、赤龙、春香、翠玉、寒富、红富士、红夏、胡思维提、华富、杰普提斯卡、解放、轰系津轻、金矮生、津轻、克洛登、库列洒、辽伏、柳玉、柳玉、绿帅、陆奥、伦巴瑞、马空、美尔巴、萌、南浦 1 号、帕顿、乔纳红、乔纳金、斯塔克金矮生、松本锦、藤牧 1 号、维斯塔贝拉、新冬、新世界、旭、烟嘎 1 号、阳光、早生 16 号、早生旭、珍宝
最适宜	澳洲青苹、长红、国光、赫腊桑、红玉、惠、金冠、宁秋、千秋、秋香、秋映、珊夏、甜红玉、未希、新乔纳金

2. 苹果原料品质与制干品质间关系

1）苹果制干品质与原料品质关联评价模型的建立

（1）品质指标筛选。

选定用于苹果脆片加工适宜性评价的原料品质指标为：感官品质包括单果重（SFW）、体积（V）、密度（D）、果形指数（FSI）、果实硬度（FF）共计 5 项指标，理化营养品质包括粗纤维（CF）、钾（K）、钙（Ca）、镁（Mg）、可溶性固形物（TSS）、水分含量（WC）、维生素 C（VC）、苹果酸（MA）共计 8 项指标，加工品质包括果心大小（SC）、可食比（ER）、固酸比（RTT）、褐变度（OD420）、果肉细胞大小（PC）共计 5 项指标，共 18 项品质指标。

对 207 种苹果脆片核心指标与对应的原料指标的相关性分析（表 2.34）结果表明：苹果脆片的产出比与苹果原料的可溶性固形物含量及钾的含量呈极显著正相关关系，与镁含量、果实硬度、果形指数呈显著正相关关系，与水分含量和果肉褐变度呈显著负相关关系。由此推断，可溶性固形物及矿物元素含量较高的苹果原料加工脆片的产出比可能较高，而且水分含量和果肉褐变度越低，越有利于脆片产品产出比的增加。

表 2.34　苹果脆片核心指标与苹果原料指标相关关系

指标	产出比	膨化度	L^*	b^*	硬度	脆度	固酸比
果汁褐变率	−0.169*	−0.211**	0.122	0.139*	−0.142*	−0.181**	−0.147*
果肉褐变度	0.062	0.186**	−0.109	0.003	0.100	0.114	−0.155*
果心大小	0.005	0.161*	0.023	0.095	0.067	0.212**	−0.140*
粗纤维	0.129	0.106	0.179*	0.265**	−0.125	0.022	−0.173*
钾	0.244**	0.068	−0.131	−0.126	0.061	−0.040	0.047
钙	0.025	−0.041	0.052	0.072	0.005	0.147*	−0.044
镁	0.187*	0.066	−0.097	−0.040	0.027	0.022	0.033

续表

指标	产出比	膨化度	L^*	b^*	硬度	脆度	固酸比
水分含量	−0.448**	−0.209**	−0.092	−0.072	−0.148*	0.111	−0.189**
可溶性固形物	0.421**	0.034	0.076	0.048	0.074	−0.193**	0.355**
维生素 C	0.103	0.033	0.122	0.153*	−0.075	0.050	−0.236**
果皮硬度	−0.006	0.163*	−0.109	−0.189**	0.134	−0.099	0.061
果实硬度	0.145*	0.251**	−0.087	−0.158*	0.222**	0.063	0.066
单果重	−0.114	−0.121	0.004	−0.023	−0.071	−0.305**	0.103
体积	−0.103	−0.109	0.013	−0.011	−0.074	−0.303**	0.073
密度	−0.032	−0.035	−0.110	−0.152*	0.028	0.068	0.228**
可食比	−0.166*	−0.180**	0.003	−0.041	−0.027	−0.278**	0.071
果形指数	0.160*	0.068	−0.017	0.021	−0.071	0.034	0.225**
果皮颜色	−0.081	−0.040	0.112	0.094	0.066	0.213**	−0.099
果肉细胞大小	0.114	0.011	−0.120	−0.130	−0.100	−0.124	0.148*
果皮厚度	0.085	−0.098	0.026	0.051	−0.123	−0.077	−0.081

*表示显著（$P<0.05$）；**表示极显著（$P<0.01$）。

对苹果脆片膨化度影响较为显著的因素主要有果实硬度和果肉褐变度等，果实硬度越高脆片的膨化度越大，可能是因为果实细胞较为致密的原料在膨化后随着水分的闪蒸，能够形成较为稳定的网状结构，表现为产品体积的增大；果肉褐变度主要受苹果内酚的种类及多酚氧化酶等因素的影响，导致果肉褐变的某些酚类或者酶类从新物质生成、水分迁移等方面影响了膨化干燥的过程。在今后对原料品种进行预测时，可以通过测定其果实硬度和果肉褐变度来初步判断其是否适宜加工成苹果脆片。

苹果的果汁褐变率与除脆片 L^* 值以外的其他核心指标都呈现出显著或者极显著的负相关关系，原料中粗纤维的含量能够显著影响苹果脆片的亮黄色，能够通过测定原料的粗纤维含量，以及榨汁后的褐变度推断适合加工苹果脆片的品种。

（2）相关分析。

由表 2.35 品质指标相关性分析可知，苹果原料的品质之间存在着独立的线性相关性，这种独立的相关性为品质指标分类和筛选提供有力依据。单果重与体积、可食比存在极显著相关性，相关性系数分别为 0.981 和 0.872，三个指标都反映了果个大小的信息，可用一个指标代替其他两个指标，避免相同性质对苹果品质的贡献重复计算，并达到缩减指标的目的。因为单果重测定简便易行，选定单果重替代其他两个指标来反映不同品种苹果果个大小的情况。

表 2.35　原料品质指标的相关性分析

	SFW	V	D	FSI	FF	CF	K	Ca	Mg	TSS	WC	Vc	MA	SC	ER	RTT	OD420
SFW	1																
V	0.981**	1															
D	-0.020	-0.169	1														
FSI	-0.0199	-0.014	-0.006	1													
FF	-0.096	-0.15	0.375**	0.039	1												
CF	-0.147	-0.12	-0.138	0.095	-0.04	1											
K	-0.120	-0.089	-0.022	-0.044	-0.043	-0.079	1										
Ca	-0.397**	-0.414**	-0.043	-0.015	0.061	0.073	-0.023	1									
Mg	-0.183*	-0.161	-0.086	-0.142	-0.027	-0.064	0.455**	0.474**	1								
TSS	0.115	0.098	0.191*	0.058	0.109	-0.134	0.294**	-0.154	0.156	1							
WC	0.101	0.067	0.060	-0.037	-0.092	-0.021	-0.298**	0.094	-0.190*	-0.636**	1						
VC	-0.086	-0.033	-0.222*	0.050	0.046	0.319**	-0.059	0.063	-0.013	0.003	-0.090	1					
MA	0.119	0.140	-0.172	-0.096	-0.036	0.084	0.132	0.029	0.295**	-0.075	-0.007	0.283**	1				
SC	-0.304**	-0.289**	-0.085	0.171	-0.044	0.095	0.100	0.287**	0.084	-0.163	0.019	0.191*	-0.050	1			
ER	0.872**	0.865**	-0.051	-0.208*	-0.114	-0.188*	-0.097	-0.401**	-0.168	0.016	0.145	-0.062	0.022	-0.298**	1		
RTT	-0.084	-0.103	0.155	0.137	0.094	-0.102	-0.039	-0.070	-0.186*	0.344**	-0.153	-0.223*	-0.842**	-0.011	-0.047	1	
OD420	-0.158	-0.143	-0.129	0.110	0.040	0.274**	-0.048	0.128	0.045	-0.052	-0.145	0.026	-0.146	0.113	-0.169	0.135	1
PC	0.198*	0.195*	0.048	0.154	-0.018	-0.087	0.015	-0.025	-0.043	0.179*	0.053	-0.176	0.002	-0.172	0.136	0.045	-0.034

*表示在 0.05 水平（双侧）上显著相关；**表示在 0.01 水平（双侧）上显著相关。

（3）主成分分析。

由主成分分析得出各主成分的特征根、方差贡献率和相应的特征向量。由表 2.36 可知，以特征根 $\lambda > 1$ 为标准，提取了前 7 个主成分，其方差累积贡献率为 72.514%，苹果原料各个指标的公因子方差提取效果较好，即提取了苹果原料各个指标的大部分信息（见表 2.36、表 2.37 和表 2.38）。

表 2.36　解释的总方差

成分	初始特征根			提取平方和载入			旋转平方和载入		
	合计	方差/%	累积%	合计	方差/%	累积%	合计	方差/%	累积%
1	2.46	15.374	15.374	2.46	15.374	15.374	2.143	13.394	13.394
2	2.145	13.407	28.781	2.145	13.407	28.781	2.037	12.731	26.124
3	1.99	12.437	41.218	1.99	12.437	41.218	1.924	12.026	38.15
4	1.54	9.627	50.846	1.54	9.627	50.846	1.488	9.297	47.447
5	1.3	8.124	58.969	1.3	8.124	58.969	1.424	8.901	56.349
6	1.148	7.176	66.145	1.148	7.176	66.145	1.343	8.397	64.746
7	1.019	6.369	72.514	1.019	6.369	72.514	1.243	7.768	72.514
8	0.799	4.993	77.506						
⋮	⋮	⋮	⋮	⋮	⋮	⋮	⋮	⋮	⋮
16	0.101	0.632	100						

表 2.37　公因子方差

指标	初始	提取	指标	初始	提取
SFW	1	0.589	TSS	1	0.812
D	1	0.689	WC	1	0.774
FSI	1	0.755	VC	1	0.644
FF	1	0.741	MA	1	0.895
CF	1	0.589	SC	1	0.704
K	1	0.605	RTT	1	0.867
Ca	1	0.727	OD420	1	0.672
Mg	1	0.792	PC	1	0.747

注：提取方法为主成分分析。

表 2.38　旋转成分矩阵

	成分						
	1	2	3	4	5	6	7
SFW	0.165	−0.006	−0.605	−0.160	−0.110	0.365	−0.160
D	−0.165	−0.012	−0.009	−0.262	0.766	0.068	−0.037
FSI	−0.087	0.039	−0.085	0.126	0.037	0.303	0.793

	成分						
	1	2	3	4	5	6	7
FF	0.028	0.076	0.058	0.108	0.847	−0.040	0.006
CF	0.160	−0.058	−0.013	0.721	−0.042	−0.139	0.138
K	0.103	0.605	0.322	−0.314	−0.157	−0.019	0.043
Ca	0.045	−0.171	0.818	0.134	0.069	0.040	0.058
Mg	0.269	0.362	0.724	−0.106	−0.101	0.090	−0.189
TSS	−0.139	0.844	−0.142	−0.060	0.173	0.167	−0.004
WC	0.053	−0.850	0.022	−0.192	−0.021	0.105	0.010
VC	0.449	0.112	−0.122	0.367	0.010	−0.417	0.325
MA	0.939	0.056	0.045	−0.018	−0.049	0.047	−0.061
SC	−0.041	−0.078	0.392	−0.051	−0.132	−0.363	0.625
RTT	−0.898	0.204	−0.073	0.033	0.087	0.011	0.073
OD420	−0.239	0.045	0.231	0.734	−0.084	0.102	−0.057
PC	0.014	0.035	−0.045	−0.022	0.020	0.851	0.136

由上述分析可得以下的结果：

第一主成分综合了苹果原料的苹果酸含量和固酸比的信息，PC1 即为口感因子；第二主成分综合了可溶性固形物、水分含量及钾含量的信息，PC2 即为内在品质因子；第三主成分综合了钙含量、镁含量和单果重部分信息，PC3 即为营养品质因子；第四主成分综合了粗纤维（0.721）和褐变度（0.734）的信息，PC4 即为加工品质因子；第五主成分综合了果实硬度和果实密度的信息，PC5 即为质构因子；第六主成分综合了果肉细胞大小和维生素 C 及单果重的部分信息，PC6 即为加工内在因子；第七主成分综合了果形指数和果心大小的信息，PC7 即为加工外在形态因子；综合所述，每个主成分中权重较高的品质指标即为加工脆片用苹果原料核心指标，但是加工品质因子因其重要程度及粗纤维与褐变度的权重接近（分别为 0.721 和 0.734）保留为两者。苹果酸含量、可溶性固形物、单果重、粗纤维、褐变度、果实硬度、果肉细胞大小和果形指数 8 个指标即为加工脆片用苹果原料核心指标。

（4）苹果制干品质评价模型。

在不同品种苹果制备苹果脆片综合得分的基础上，以苹果脆片的综合得分为 Y 值，苹果原料核心指标为 X 值，建立脆片品质与原料品质关联的回归模型。

$$Y_c = -0.1928 + 0.208 \times TSS + 0.003 \times SFW + 0.515 \times CF - 0.001 \times FF$$

其中，TSS 为可溶性固形物；SFW 为单果重；CF 为粗纤维；FF 为果实硬度。

2）苹果制干品质与原料品质关联评价模型的验证

以较为常见的'红金嘎啦'、'华红'、'国光'、'红玉'、'红富士'苹果为例，测得原料的可溶性固形物、单果重、粗纤维和果实硬度指标，如表 2.39 所示。

表 2.39　应用实例的 5 个品种苹果核心指标

品种编号	品种名称	可溶性固形物/%	单果重/g	粗纤维/（g/100 g）	果实硬度/g
JG-141	红金嘎啦	10.26	133.55	0.70	268.73
JG-216	华红	11.56	171.66	1.20	226.96
JG-217	国光	11.96	101.98	1.40	312.92
JG-220	红玉	12.46	105.72	0.90	170.33
JG-222	红富士	12.76	267.97	0.60	235.98

根据制干适宜性评价模型：$Y=-0.1928+0.208\times TSS+0.003\times SFW+0.515\times CF-0.001\times FF$，将数据代入模型公式中，计算得到 5 种苹果原料脆片综合得分分别为 -0.7303、0.160359、0.487722、-0.08615 和 -0.41968。由制干适宜性判别标准可以得出：'华红'和'国光'适宜制干；'红玉'、'红富士'较适宜制干、'红金嘎啦'不适宜制干，模型预测结果与实验结果一致。原料品质指标的模型预测结果可以很好地预测原料品种的制干适宜性，形成基于原料品质核心指标的制干适宜性评价的标准方法可行。

3）适宜脆片（制干）加工苹果品质理论分析评价标准

（1）评价指标标准化。

对所有苹果脆片指标进行相关性分析发现，多数指标之间具备极显著或显著的相关关系，表示有些指标可以用与之（极）显著相关的指标代替。因此，在筛选核心评价指标时一方面需要考虑指标之间的相关性，另一方面在（极）显著相关的基础上，从加工特性角度考虑，筛选得到 7 项苹果脆片品质评价核心指标，即 L^*、b^*、产出比、脆度、硬度、固酸比、膨化度。之后对品质指标进行无量纲化处理，消除量纲和数量级的影响。

（2）评价指标权重确定及模型建立。

本书中评价指标权重的确定方法首先运用 1～9 比例标度法建立判断矩阵，根据判断矩阵计算各指标权重 W_i，得到苹果脆片品质的综合评价模型。

（3）苹果品种脆片（制干）加工适宜性实际应用评价标准。

根据苹果脆片（制干）品质综合评价模型可知，综合得分越高，苹果越适宜脆片（制干）加工，将各苹果品种划分为最适宜、适宜、较适宜、不适宜四类，作为适宜鲜食的苹果品质评价标准的依据。前三类信息见表 2.40。

表 2.40　苹果脆片（制干）加工适宜性

分类	标准	样本数	品种名
最适宜	≥0.9	10	红玉、阳光、红富士、花丰、甜黄魁、芳明、红露、特早红、长红、百福高
适宜	0.2～0.9	59	19-12、澳洲青萍、早生 16、早捷、红之舞、友谊、约斯基、秋香、紫香蕉、丹顶、肯达尔、早黄、德 6、花嫁、维斯塔贝拉、女游击队员、沈农 2 号、齐河短枝金冠、金沙以拉木、华红、矮早辉、秋映、凤凰卵、英金、赤阳、文红、捷 5、乔纳红、多一露、南蒲 1 号、Florina、战寒香、正定 2 号、库烈酒、瑞林、梨形果、姬神、金矮生、柳玉、克里斯克、Ⅰ12-10、南城矮金冠、拉宝、陆奥、中国彩苹、包曼、胡思维提、华帅 1 号、萌、岱绿、寒富、藤牧一号、新冬、巴布斯基诺、未希生命、Szampion、克鲁斯、杰西麦克、中秋
较适宜	−0.5～0.2	107	金冠、花道、矮枝金冠、K10、双阳一号、坂田津轻、恋姬、瑞光、早金冠、金塔干、Romas3、优金、帕顿、K9、史东好吉、褐色凤梨、初秋、早生旭、无锈金冠、示 0～26、捷 1、本所金冠优系、赤城、千秋、Onieffnin、捷 15、伏红、津轻、兰蓬王、祥玉、黄魁、优异玫瑰、松本锦、华富、姗夏、抗病金冠 51、米尔顿、宁冠、卡红、兴红、甜安东诺卡夫、矮丰、奥查克金、黄锦、考特德兰、密金、辽伏、中幸、东香蕉、一面红、红金嘎啦、旭、珍宝、红长维、新乔纳金、国光、马空、桔苹、迎秋、乔雅尔、Starkiambo、泗水矮枝、克龙谢尔透明、绿帅、4～6、格鲁晓夫卡、桃苹、解放、秋宣 5 号、新世界、丰艳、新疆苹果、惠、新花、52-6-7、理想、甘红玉、满堂红、克洛登、法国灰苹、Generos、醇露、轰系津轻、胜利红冠、摩里斯、甜伊萨耶娃、毕斯马克、伏锦、乔纳金、希特实生、60-10-22、大珊瑚、秋力蒙、吉早红、实矮、新倭锦、意大利早红、新红皇、米丘林纪念、秋金星、116-157/4-23、米勒矮生、阿留斯坦、伏花皮、西林、斯塔克矮金冠、初津轻

4）不同产地'红富士'苹果适宜脆片（制干）加工品质理论分析评价标准

（1）'红富士'苹果脆片品质指标分析。

利用 LSD 法在 0.05 水平下对各指标进行方差分析，结果见表 2.41。总体来看，16 个品质指标在不同产地间的差异表现不同，其中蛋白质（X_1）、粗脂肪（X_2）、粗纤维（X_3）、脆片色泽（L^*、a^*、b^*值）（X_6、X_7、X_8）在各产地间的差异最为明显，还原糖（X_4）、维生素 C（X_5）、可滴定酸（X_9）、膨化度（X_{10}）、水分含量（X_{12}）、复水比（X_{13}）、脆度（X_{15}）、出品率（X_{16}）在产地间差异也较明显，不同产地间'红富士'苹果脆片的可溶性固形物（X_{11}）和硬度（X_{14}）无显著性差异。由于苹果脆片是同一品种，这些指标差异可能与当地的气候、海拔地势等气象因子有关。由此可以看出，若用单一性状，很难对不同产地的苹果脆片品质做出正确的评价。

表 2.41　不同产地苹果脆片 16 项品质指标分析结果

Y	X_1	X_2	X_3	X_4	X_5	X_6	X_7	X_8	X_9	X_{10}
1	2.79a	0.16f	2.79f	59.68b	0.045bc	41.81h	6.70d	17.14f	2.79bc	1.08ab
2	1.95b	0.28d	3.59b	58.78c	0.038c	49.86a	6.82b	20.12a	3.94ab	0.97ab
3	1.88c	0.24e	3.12d	57.66d	0.045bc	40.13i	6.25g	14.97i	2.49bc	1.05ab
4	1.81d	0.35bc	3.09d	53.63e	0.061ab	44.35e	6.75c	17.30e	4.72a	1.14a
5	1.62e	0.37b	2.94e	53.58e	0.045bc	43.14g	6.64f	16.81g	2.69bc	1.10ab
6	1.49f	0.44a	2.68f	57.58d	0.061ab	46.86c	6.90a	19.20b	2.09c	0.94b
7	1.47f	0.37b	3.38c	53.28f	0.053abc	43.50f	6.23h	16.81g	2.29bc	1.06ab
8	1.44fg	0.32cd	3.86a	61.62a	0.038c	45.28d	5.83i	18.62c	1.99bc	0.97ab
9	1.39g	0.34bc	3.51bc	59.92b	0.038c	48.87b	6.68e	18.48d	2.79bc	1.05ab

Y	X_{11}	X_{12}	X_{13}	X_{14}	X_{15}	X_{16}
1	0.95a	0.89c	1.69c	381.30a	0.22b	16.17a
2	0.75a	1.25bc	1.99bc	417.97a	0.23ac	14.52abc
3	0.63a	1.29b	1.68c	373.18a	0.33bc	14.26abc
4	0.62a	1.59b	2.02bc	512.43a	0.35ac	15.08ab
5	0.93a	1.40bc	2.86a	500.66a	0.80a	15.17ab
6	0.68a	1.69ab	1.85bc	682.11a	1.05a	15.98a
7	0.85a	2.33a	2.27b	512.61a	0.56ac	12.62cd
8	0.90a	1.34bc	1.95bc	718.10a	0.36abc	11.14d
9	0.55a	1.59bc	2.30ab	561.07a	0.56abc	13.87bc

注：同一数列后不同字母表示 $P < 0.05$ 水平上差异显著。

$Y_1 \sim Y_9$ 为产地编号，分别表示新疆、山西、陕西、河北、河南、甘肃、山东、江苏、辽宁。

$X_1 \sim X_{16}$ 为测定指标，分别表示蛋白质（g/100 g）、粗脂肪（g/100 g）、粗纤维（g/100 g）、还原糖（g/100 g）、维生素 C（mg/100 g）、脆片 L^* 值、脆片 a^* 值、脆片 b^* 值、可滴定酸（%）、膨化度、可溶性固形物（%）、水分含量（%）、复水比、硬度（g）、脆度（s）、出品率（%）。

（2）'红富士'苹果脆片品质指标数据分布。

由表 2.42 可以看出，16 个品质指标均存在不同程度的变异情况。其中，脆度（X_{15}）变异程度最大，变异系数为 56.26%，维生素 C（X_5）的变异程度较大，含量最高达到 0.068 mg/100 g，最低只有 0.038 mg/100 g，脆片色泽 a^* 值（X_7）的变异程度最小，变异系数仅为 5.39%。此分析也对后续的指标筛选提供了有效的依据。

表 2.42　苹果品质指标性状及分布

品质指标	平均值	变幅	极差	标准差	变异系数/%
X_1	1.76	1.39~2.79	1.40	0.44	24.84
X_2	0.16	0.16~0.44	0.28	0.08	26.19
X_3	3.22	2.68~3.86	1.18	0.39	12.27
X_4	57.30	53.28~61.62	8.34	3.10	5.41
X_5	0.05	0.038~0.068	0.03	0.01	21.31
X_6	44.87	40.13~49.86	9.73	3.20	7.14
X_7	6.53	5.83~6.90	1.07	0.35	5.39
X_8	17.65	14.97~20.12	5.15	1.59	9.06
X_9	2.88	1.99~4.72	2.72	0.91	31.49
X_{10}	44.87	0.90~1.10	0.20	0.07	6.41
X_{11}	76.56	0.55~0.95	0.40	14.66	19.15
X_{12}	1.49	0.90~2.30	1.40	0.39	31.49
X_{13}	2.07	1.68~2.86	1.18	0.37	17.81
X_{14}	517.71	373.18~718.10	344.92	121.89	23.54
X_{15}	0.49	0.22~1.05	0.83	0.28	56.26
X_{16}	14.31	11.14~16.17	5.03	1.61	11.25

注: X_1~X_{16} 为测定指标, 分别表示蛋白质 (g/100 g)、粗脂肪 (g/100 g)、粗纤维 (g/100 g)、还原糖 (g/100 g)、维生素 C (mg/ 100 g)、脆片 L^* 值、脆片 a^* 值、脆片 b^* 值、可滴定酸 (%)、膨化度、可溶性固形物 (%)、水分含量 (%)、复水比、硬度 (g)、脆度 (s)、出品率 (%)。

用 SPSS12.0 软件对苹果脆片各品质指标间进行相关性分析, 结果见表 2.43。从表中可以看出, 蛋白质含量 (X_1) 和粗脂肪含量 (X_2) 呈极显著负相关, 与可溶性固形物 (X_{11})、硬度 (X_{14}) 呈显著负相关; 粗脂肪含量 (X_2) 与脆度 (X_{15}) 呈极显著正相关, 与硬度 (X_{14})、水分含量 (X_{11}) 呈显著正相关; 粗纤维 (X_3) 与出品率 (X_{16}) 呈极显著负相关; 脆片色泽 L^* 值 (X_6) 与脆片色泽 b^* 值 (X_8) 呈极显著正相关; 脆片色泽 a^* 值 (X_7) 与出品率 (X_{16}) 呈极显著正相关; 脆片色泽 b^* 值 (X_8) 与膨化度 (X_9) 呈显著负相关; 综上所述, 各指标间均表现不同程度的相关性, 说明测定指标所反映的信息存在重叠现象, 这也表明有必要对相关性指标进行归类和简化, 以提高苹果脆片评价效率及准确性。

表 2.43　16 个品质指标相关性

	X_1	X_2	X_3	X_4	X_5	X_6	X_7	X_8	X_9	X_{10}	X_{11}	X_{12}	X_{13}	X_{14}	X_{15}	X_{16}
X_1	1															
X_2	-0.834**	1														
X_3	-0.418	-0.022	1													
X_4	0.169	-0.435	0.384	1												
X_5	-0.343	0.475	-0.291	-0.248	1											
X_6	-0.384	0.395	0.433	0.315	0.225	1										
X_7	0.286	0.130	-0.583	-0.206	0.431	0.378	1									
X_8	-0.175	0.266	0.350	0.460	0.033	0.908**	0.315	1								
X_9	0.279	-0.210	-0.282	-0.592	0.253	-0.521	0.105	-0.671*	1							
X_{10}	0.346	-0.237	-0.045	-0.046	-0.654	-0.351	-0.305	-0.115	0.052	1						
X_{11}	-0.692*	0.713*	0.129	-0.569	0.484	0.125	-0.144	-0.025	0.020	-0.208	1					
X_{12}	0.279	-0.124	0.015	-0.296	0.107	0.240	0.507	0.155	0.445	-0.290	-0.159	1				
X_{13}	0.474	0.514	0.084	-0.514	0.132	0.152	0.072	-0.107	0.334	0.208	0.354	-0.001	1			
X_{14}	-0.696*	0.698*	0.245	0.200	0.248	0.393	-0.251	0.466	-0.486	-0.022	0.358	-0.404	0.144	1		
X_{15}	-0.561	0.815**	-0.439	-0.322	0.466	0.150	0.273	0.076	-0.231	-0.096	0.465	-0.440	0.439	0.552	1	
X_{16}	0.553	-0.116	-0.865**	-0.222	0.264	-0.090	0.868**	-0.060	0.238	-0.115	-0.355	0.332	-0.103	-0.419	0.225	1

注：X_1~X_{16} 为测定指标分别表示蛋白质（g/100 g）、粗脂肪（g/100 g）、粗纤维（g/100 g）、还原糖（g/100 g）、维生素 C（mg/100 g）、脆片 L^*值、脆片 a^*值、脆片 b^*值、膨化度、可溶性固形物（%）、水分含量（%）、复水比（%）、硬度（g）、脆度（s）、出品率（%）。*表示显著（$P<0.05$）；**表示极显著（$P<0.01$）。

（3）主成分分析。

对苹果脆片品质指标进行主成分分析，结果见表 2.44，选取特征根 $\lambda > 1$ 的前 5 个主成分，其累计方差贡献率达到 91.055%。由表中信息可知，第一主成分的方差贡献率为 29.898%，决定第一主成分的主要是粗脂肪含量、复水比、水分含量及脆度信息；第二主成分的方差贡献率为 23.295%，决定第二主成分的主要是脆片色泽 L^* 值、b^* 值等色泽信息；第三主成分的方差贡献率为 17.984%，决定第三主成分的主要是出品率和脆片色泽 a^* 值；第四主成分的方差贡献率为 11.550%，决定第四主成分的主要是可滴定酸和膨化度；第五主成分的方差贡献率为 8.329%，决定第五主成分的主要信息是维生素 C 含量。

表 2.44　5 个主成分的特征向量、特征根、贡献率及累计贡献率

品质指标	PC1	PC2	PC3	PC4	PC5
蛋白质（X_1）	−0.691	−0.230	0.439	0.322	−0.347
粗脂肪（X_2）	0.845	0.275	0.045	−0.294	0.278
粗纤维（X_3）	−0.014	0.387	−0.901	0.159	−0.041
还原糖（X_4）	−0.703	0.484	−0.234	−0.320	−0.034
维生素 C（X_5）	0.351	−0.008	0.289	−0.013	0.801
脆片 L^* 值（X_6）	0.180	0.940	−0.049	0.132	0.200
脆片 a^* 值（X_7）	0.076	0.323	0.847	0.346	0.204
脆片 b^* 值（X_8）	−0.020	0.976	0.010	−0.025	0.021
可滴定酸（X_9）	−0.025	0.160	0.168	0.901	0.167
膨化度（X_{10}）	0.193	−0.677	0.127	0.597	0.037
可溶性固形物（X_{11}）	0.046	−0.164	−0.019	−0.128	−0.927
水分含量（X_{12}）	0.724	−0.099	−0.256	−0.140	0.389
复水比（X_{13}）	0.840	−0.014	−0.019	0.186	−0.273
硬度（X_{14}）	0.402	0.439	−0.234	−0.603	0.126
脆度（X_{15}）	0.664	0.097	0.421	−0.578	0.152
出品率（X_{16}）	−0.132	−0.058	0.969	0.182	0.063
特征根	4.787	3.727	2.877	1.848	1.333
贡献率%	29.898	23.295	17.984	11.550	8.329
累计贡献率%	29.898	53.193	71.177	82.727	91.055

由此可知，前 5 个主成分已经包含了全部测定指标的主要信息，同时表明通过系统聚类分析将 16 个品质评价指标分成 5 类是可行的、合理的，即筛选 5 个代表性指标即可。

根据主成分分析结果将所有指标分为 5 类，形成的评价指标树状聚类图如图 2.6 所示。由聚类距离看，脆片色泽 L^*、b^* 值、粗纤维和还原糖聚为一类；粗脂肪含量、脆度、硬度、水分含量、维生素 C 含量和复水比聚为一类；膨化度和可滴定酸聚为一类；脆片色泽 a^* 值、出品率和蛋白质聚为一类；可溶性固形物含量单独聚为一类。其中，同聚为一类的脆片品质指标之间具有密切的相关性，可选用 1 个指标代表其他指标。

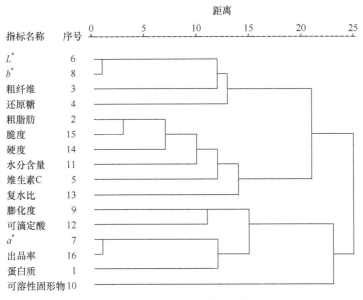

图 2.6　评价指标树状聚类图

在第一类指标中，脆片色泽 L^*（X_6）、b^* 值（X_8）、还原糖含量（X_4）的变异系数均小于 10%，而粗纤维（X_3）的变异系数大于 10%，且根据专家的意见，粗纤维（X_3）对脆片品质的影响更大，故在第一类中选择粗纤维含量（X_2）代表其他评价指标；在第二类指标中，根据方差分析的结果知，硬度（X_{14}）在不同产地间差异不显著，因此不能选择该指标，而脆度（X_{15}）的变异系数在所有指标中最大，为 56.26%，并且脆度指标相对其他指标而言更能体现脆片品质，因此在第二类中选择脆度（X_{15}）更为合适；在第三类指标中，膨化度（X_9）的变异系数只有 6.41%，小于可滴定酸含量（X_{12}）的变异系数，就脆片风味而言，可滴定酸（X_{12}）更具有代表性，故选择可滴定酸（X_{12}）作为第三类指标代表；在第四类指标中，脆片色

泽 a^* 值（X_7）变异系数小于 10%，蛋白质含量（X_1）检测相对于出品率较复杂，综合考虑到加工品质等因素，故选择出品率为该类评价指标代表。可溶性固形物含量单独为一类，该指标可作为第 5 个评价指标，但是通过方差分析知，不同产地间苹果脆片的可溶性固形物含量无显著性差异，因此将该指标删去。

综上所述，不同产地的苹果脆片的评价因子为：粗纤维含量（X_3）、脆度（X_{15}）、可滴定酸含量（X_9）、出品率（X_{16}）。

（4）'红富士'苹果脆片品质评价模型的建立。

ⅰ）苹果脆片品质性状及感官得分。

不同产地'红富士'苹果脆片各品质性状平均值及感官得分见表 2.45。

表 2.45 不同产地苹果脆片性状及感官得分

Y	C_1	C_2	C_3	C_4	感官得分
1	2.60	0.56	2.100	17.00	3.75
2	2.94	0.80	2.695	15.17	3.80
3	3.86	0.36	1.996	11.14	4.10
4	3.51	0.56	2.797	13.87	3.56
5	3.12	0.33	2.495	14.26	2.94
6	3.59	0.23	3.994	14.52	4.12
7	2.68	1.05	2.099	15.98	4.11
8	3.38	0.56	2.295	12.62	3.93
9	2.79	0.22	2.795	16.17	3.22

注：C_1～C_4 分别代表粗纤维（g/100 g）、脆度（s）、可滴定酸（%）、出品率（%）；Y_1～Y_9 为产地编号，分别表示新疆、山西、陕西、河北、河南、甘肃、山东、江苏、辽宁。

ⅱ）判断矩阵和一致性检验。

参考相关专家意见对影响苹果脆片品质各因素之间重要性进行定性评价，运用 1～9 比例标度法建立判断矩阵（表 2.46），根据判断矩阵计算各指标权重 w_i。检验判断矩阵一致性，CR=CI/RI=0.078<0.1，说明判断矩阵具有满意的一致性。

表 2.46 判断矩阵 O-C 及一致性检验

O	C_1	C_2	C_3	C_4	w_i
C_1	1	1/5	1/4	1/3	0.077
C_2	5	1	2	3	0.38
C_3	4	1/2	1	1	0.308
C_4	3	1/3	1	1	0.231

λ_{max}=4.21, CI=0.0704, RI=0.9, CR=0.078<0.1

注：C_1～C_4 分别代表粗纤维（g/100 g）、脆度（s）、可滴定酸（%）、出品率（%）。

iii）"理想品种"构造。

供试品种和理想品种主要性状指标的平均值见表 2.47，其中理想品种的品质指标值根据相关专家意见及实际情况制定。

表 2.47 供试品种与"理想品种"主要性状指标平均值

Y	C_1	C_2	C_3	C_4
Y_0	2.60	0.56	2.100	17.00
Y_1	2.94	0.80	2.695	15.17
Y_2	3.86	0.36	1.996	11.14
Y_3	3.51	0.56	2.797	13.87
Y_4	3.12	0.33	2.495	14.26
Y_5	3.59	0.23	3.994	14.52
Y_6	2.68	1.05	2.099	15.98
Y_7	3.38	0.56	2.295	12.62
Y_8	2.79	0.22	2.795	16.17
Y_9	3.09	0.35	4.722	15.08

注：$C_1 \sim C_4$ 分别代表粗纤维（g/100 g）、脆度（s）、可滴定酸（%）、出品率；$Y_1 \sim Y_9$ 为产地编号，分别表示新疆、山西、陕西、河北、河南、甘肃、山东、江苏、辽宁。

对数据集进行无量纲化处理后的结果见表 2.48。

表 2.48 无量纲化处理结果

Y	C_1	C_2	C_3	C_4
Y_0	1	1	1	1
Y_1	0.7341	0.5102	0.7731	0.6877
Y_2	0	0.5918	0.9603	0
Y_3	0.2778	1	0.7342	0.4659
Y_4	0.5912	0.5306	0.8494	0.5324
Y_5	0.2142	0.3265	0.2777	0.5768
Y_6	0.9365	0	0.9996	0.8259
Y_7	0.3849	1	0.9256	0.2526
Y_8	0.8532	0.3061	0.7349	0.8584
Y_9	0.6111	0.5714	0	0.6724

注：$C_1 \sim C_4$ 分别代表粗纤维（g/100 g）、脆度（s）、可滴定酸（%）、出品率（%）；$Y_1 \sim Y_9$ 为产地编号，分别表示新疆、山西、陕西、河北、河南、甘肃、山东、江苏、辽宁。

iv）求关联系数。

首先求出 Y_0 对 $Y_1 \sim Y_9$ 各对应点的绝对差值，然后求出两个层次差。关联系数基于公式 $\zeta_i(k)=0.5/(\Delta i(k)+0.5)$，将 $\Delta i(k)$ 数值代入，即可求出 Y_0 对 Y_i 各性状的关联系数 $\zeta_i(k)$，结果见表 2.49。

表 2.49　两极差值

Y	C_1	C_2	C_3	C_4
Y_0	1	1	1	1
Y_1	0.2659	0.4898	0.2269	0.3123
Y_2	1	0.4082	0.0397	1
Y_3	0.7222	0	0.2658	0.5341
Y_4	0.4087	0.4694	0.1506	0.4676
Y_5	0.7857	0.6735	0.7224	0.4232
Y_6	0.0635	1	0.0003	0.1741
Y_7	0.6151	0	0.0744	0.7474
Y_8	0.1468	0.6939	0.2651	0.1416
Y_9	0.3889	0.4286	1	0.3276

注：$C_1 \sim C_4$ 分别代表粗纤维（g/100 g）、脆度（s）、可滴定酸（%）、出品率（%）；$Y_1 \sim Y_9$ 为产地编号，分别表示新疆、山西、陕西、河北、河南、甘肃、山东、江苏、辽宁。

v）关联分析。

根据关联分析原则，某个数列的关联度越大则表示该数列与参考数列越接近，即该品种越接近"理想品种"，关联度排序结果见表 2.50，其中，山东苹果脆片与"理想品种"最为接近（$r_7^* = 0.7795$），综合品质最好，其次是陕西苹果脆片（$r_3^* = 0.7285$），河南苹果脆片的关联度与"理想品种"相差最大（$r_5^* = 0.4446$），综合品质最差，其余产地苹果脆片综合品质居中。

表 2.50　供试品种与"理想品种"的关联系数

ζ	C_1	C_2	C_3	C_4	r_i	r_i^*
ζ_1	0.6529	0.5052	0.6878	0.6155	0.6153	0.5982
ζ_2	0.3333	0.5506	0.9265	03333	0.5359	0.5994
ζ_3	0.4091	1	0.6529	0.4834	0.6364	0.7285
ζ_4	0.5502	0.5158	0.7685	0.5168	0.5878	0.5964
ζ_5	0.3889	0.4261	0.4090	0.5416	0.4414	0.4446
ζ_6	0.8873	0.3333	0.9992	0.7417	0.7404	0.6751
ζ_7	0.4484	1	0.8705	0.4008	0.6799	0.7795
ζ_8	0.7730	0.4188	0.6535	0.7793	0.6562	0.6015
ζ_9	0.5625	0.5385	0.3333	0.6041	0.5096	0.4923
w_i	0.077	0.38	0.308	0.231		

注：$C_1 \sim C_4$ 分别代表粗纤维（g/100 g）、脆度（s）、可滴定酸（%）、出品率（%）。$\zeta_1 \sim \zeta_9$ 为产地编号，分别表示新疆、山西、陕西、河北、河南、甘肃、山东、江苏、辽宁。

由表 2.51 看出,苹果脆片品质的加权关联度排序和等权关联度排序基本一致,二者排序的秩相关系数达 $r(1, 2)=0.867$（$P<0.01$），但是部分略有不同,主要是由于各品质指标的重要程度不同。

5）不同产地 '红富士' 苹果脆片（制干）加工适宜性实际应用评价标准

采用 SPSS12.0 将 '红富士' 苹果脆片品质灰色关联度排序与感官评价排序进行秩相关系数检验,结果见表 2.51。加权关联度与感官评价排序、等权关联度与感官评价排序的秩相关系数均达到极显著相关,分别是 $r(1, 3)=0.933$（$P<0.01$），$r(2, 3)=0.950$（$P<0.01$）。

表 2.51　关联度排序

关联度	河北	山西	山东	河南	陕西	甘肃	江苏	新疆	辽宁
等权关联度（1）	1	2	4	3	7	5	6	8	9
加权关联度（2）	3	1	2	4	5	6	7	8	9
感官评价（3）	1	2	3	4	5	6	7	8	9
秩相关系数			$r(1, 2)=0.867^{**}$; $r(1, 3)=0.933^{**}$; $r(2, 3)=0.950^{**}$						

**表示 0.01 水平上显著相关。

由上述对不同产地 '红富士' 脆片品质评价标准可知:

ⅰ）对我国 9 个产地 '红富士' 苹果脆片的综合品质进行了感官评价,最终排序如下:

河北＞山西＞山东＞河南＞陕西＞甘肃＞江苏＞新疆＞辽宁

ⅱ）利用方差分析、变异系数、相关性分析、主成分分析及聚类分析相结合的方法,筛选出 4 项核心品质评价指标,分别是粗纤维、脆度、可滴定酸和出品率。

ⅲ）采用层次分析法对 4 个核心品质评价指标进行权重赋予,并用灰色关联度分析法对 9 个产地的 '红富士' 苹果脆片品质进行评价,评价模型和品质排序分别如下:

$$Y = 0.077 \times \zeta_{粗纤维} + 0.38 \times \zeta_{脆度} + 0.308 \times \zeta_{可滴定酸} + 0.231 \times \zeta_{出品率}$$

山西＞山东＞河北＞河南＞陕西＞甘肃＞江苏＞新疆＞辽宁

ⅳ）对所建模型与感官评价结果进行秩相关系数检验,$r=0.95$（$P<0.01$），达到极显著相关,表示所建立的模型可以较合理地反映不同产地 '红富士' 苹果脆片

品质及制干适宜性的优劣。

2.3.2　桃制汁和脆片加工适宜性评价模型

1. 桃制汁适宜性评价模型

1）桃果汁品质综合评价

（1）桃果汁品质指标相关性分析。

以白桃果汁为例，品质指标的相关性分析结果见表 2.52。可以看出，可滴定酸与还原糖、总酚和 TSS 极显著正相关；与固酸比、pH 和黏度极显著负相关。抗坏血酸含量与褐变度极显著负相关。还原糖含量与总酚含量和 TSS 极显著正相关；与固酸比和 b^* 值极显著负相关。总酚含量与 TSS 和 a^* 值极显著正相关；与固酸比极显著负相关。总糖含量与 TSS 和 pH 极显著正相关；与褐变度极显著负相关。TSS 与 a^* 值极显著正相关；与黏度和褐变度极显著负相关。固酸比与 pH 和 b^* 值极显著正相关。pH 与黏度和 b^* 值极显著正相关。黏度与褐变度和 L^* 值极显著正相关。褐变度和出汁率极显著负相关。L^* 值和 a^* 值极显著负相关。综上所述，白桃果汁的 15 项品质指标间均表现出不同程度的相关性，说明这 15 项指标间存在着信息重叠现象，所以，有必要对所有指标进行分类和简化，以此来提高品质评价的效率和准确性。

使用同种方法对黄桃、油桃、蟠桃果汁品质指标相关性进行分析，相关性矩阵如表 2.53～表 2.55 所示。

（2）桃果汁品质指标的主成分分析。

利用 SPSS 软件对桃果汁的各项品质指标进行主成分分析，可以得到相关系数矩阵的特征根、方差贡献率和累计方差贡献率。以白桃果汁为例，由表 2.56 可知，前 6 个主成分的特征根>1，累计方差贡献率达到 81.54%，可以代表原始数据的大部分信息。

可以看出，第一主成分与可滴定酸、总酚和还原糖含量有很大的负相关，与固酸比和 b^* 值有很大的正相关，代表果汁的理化与营养和感官指标；第二主成分与褐变度有很大的负相关，与出汁率和 TSS 有很大的正相关，代表果汁的感官、加工和理化指标；第三主成分与 pH、黏度和总糖含量有很大的正相关，与抗坏血酸含量有很大的负相关，代表果汁的理化、加工和营养指标；第四主成分与 a^* 值有很大的正相关，与 L^* 值和总糖含量有很大的负相关，代表果汁的感官指标；第五主成分与 TSS 有很大的正相关，代表果汁的理化指标；第六主成分与 b^* 值有很大的正相关，代表果汁的感官指标。由此可见，前 6 个主成分基本涵盖了白桃果汁的感官品质、理化与营养品质和加工品质，所以，在系统聚类时，将 15 个品质指标分为 6 类是可行的，即简化为 6 个代表性指标，达到了数据降维的目的。

表 2.52　白桃果汁品质评价指标相关性矩阵

	可滴定酸	抗坏血酸	还原糖	总酚	蛋白质	总糖	TSS	固酸比	pH	黏度	褐变度	L^*	a^*	b^*	出汁率
可滴定酸	1														
抗坏血酸	0.21	1													
还原糖	0.489**	-0.011	1												
总酚	0.579**	-0.147	0.560**	1											
蛋白质	-0.028	-0.183	-0.238*	-0.121	1										
总糖	0.305*	0.020	0.141	0.187	-0.213	1									
TSS	0.350**	-0.086	0.334**	0.502**	0.024	0.319**	1								
固酸比	-0.850**	-0.264*	-0.365**	-0.339**	0.195	-0.301*	0.118	1							
pH	-0.398**	-0.220	-0.199	-0.004	-0.179	0.367**	0.138	0.413**	1						
黏度	-0.310**	-0.243*	-0.153	0.024	-0.124	0.012	-0.394**	0.159	0.549**	1					
褐变度	-0.110	-0.315**	0.140	0.157	0.213	-0.403**	-0.374**	-0.022	-0.005	0.425**	1				
L^*	-0.071	-0.071	-0.202	-0.109	0.281*	0.014	-0.043	0.146	0.188	0.350**	-0.056	1			
a^*	-0.040	-0.004	0.038	0.383**	-0.130	-0.175	0.438**	0.304*	0.281*	0.040	-0.040	-0.429**	1		
b^*	-0.275*	0.062	-0.334**	-0.207	-0.034	-0.015	0.088	0.391**	0.467**	0.245*	-0.225	0.122	0.275**	1	
出汁率	-0.175	0.063	-0.246	-0.173	-0.163	0.277	0.323	0.238	0.086	-0.466**	-0.618**	-0.103	0.172	-0.172	1

*表示 $P<0.05$；**表示 $P<0.01$。

表 2.53 黄桃果汁品质评价指标相关性矩阵

	可滴定酸	抗坏血酸	还原糖	总酚	蛋白质	总糖	TSS	固酸比	pH	黏度	褐变度	L^*	a^*	b^*	出汁率
可滴定酸	1														
抗坏血酸	-0.251	1													
还原糖	0.381**	0.135	1												
总酚	-0.321*	0.124	-0.157	1											
蛋白质	-0.396**	0.185	-0.143	0.268	1										
总糖	-0.316*	0.042	-0.465**	-0.304*	-0.307*	1									
TSS	0.003	0.247	0.494**	-0.321*	-0.076	-0.027	1								
固酸比	-0.889**	0.182	-0.188	0.150	0.303*	0.235	0.351*	1							
pH	-0.698**	-0.195	-0.256	0.108	0.223	0.141	-0.057	0.708**	1						
黏度	-0.166	0.200	0.624**	0.190	0.135	-0.355*	0.711**	0.425**	0.090	1					
褐变度	-0.310*	0.369*	0.388**	0.263	0.371*	-0.147	0.336*	0.343*	0.074	0.663**	1				
L^*	0.159	-0.168	-0.124	-0.429**	-0.165	0.244	0.053	-0.144	0.060	-0.208	-0.233	1			
a^*	0.214	-0.492**	-0.173	-0.147	-0.417**	0.274	-0.280	-0.350*	-0.177	-0.225	-0.047	0.194	1		
b^*	-0.043	-0.070	-0.172	-0.697**	-0.115	0.332*	0.049	0.012	0.207	-0.263	-0.165	0.561**	0.370*	1	
出汁率	0.503	-0.104	-0.217	0.012	-0.526*	0.154	-0.049	-0.442	-0.574*	-0.242	-0.509	-0.053	0.138	-0.233	1

*表示 $P < 0.05$；**表示 $P < 0.01$。

表 2.54　油桃果汁品质评价指标相关性矩阵

	可滴定酸	抗坏血酸	还原糖	总酚	蛋白质	总糖	TSS	固酸比	pH	黏度	褐变度	L^*	a^*	b^*	出汁率
可滴定酸	1														
抗坏血酸	-0.051	1													
还原糖	0.122	-0.012	1												
总酚	0.350	-0.143	0.670**	1											
蛋白质	-0.195	0.145	-0.706**	-0.728**	1										
总糖	-0.032	-0.127	0.529**	0.657**	-0.726**	1									
TSS	-0.062	-0.322	0.505*	0.435*	-0.556**	0.616**	1								
固酸比	-0.845**	-0.181	-0.187	-0.298	0.073	0.173	0.188	1							
pH	-0.848**	-0.024	-0.440*	-0.415*	0.450*	-0.146	-0.078	0.653**	1						
黏度	-0.379*	0.154	0.146	-0.068	-0.284	0.359	-0.031	0.347	0.036	1					
褐变度	0.252	0.263	-0.010	-0.159	0.270	-0.051	-0.141	-0.350	-0.336	0.314	1				
L^*	-0.019	-0.067	-0.023	0.054	0.417*	-0.377*	0.179	-0.200	0.202	-0.492**	0.145	1			
a^*	0.098	-0.205	-0.473**	-0.258	0.230	0.036	-0.245	0.062	-0.002	0.245	0.527**	-0.26	1		
b^*	0.003	0.150	-0.166	-0.003	0.586**	-0.458**	-0.302	-0.251	0.290	-0.627**	-0.108	0.698**	-0.400*	1	
出汁率	0.289	-0.068	0.435	0.059	-0.184	0.295	0.400	-0.465	-0.188	-0.269	0.167	-0.012	-0.079	-0.044	1

*表示 P<0.05；**表示 P<0.01。

表 2.55　蟠桃果汁品质评价指标相关性矩阵

	可滴定酸	抗坏血酸	还原糖	总酚	蛋白质	总糖	TSS	固酸比	pH	黏度	褐变度	L^*	a^*	b^*	出汁率
可滴定酸	1														
抗坏血酸	0.424	1													
还原糖	0.379	0.894**	1												
总酚	0.597**	0.927**	0.862**	1											
蛋白质	-0.549**	-0.316	-0.477**	-0.398	1										
总糖	-0.256	0.011	0.111	-0.062	0.046	1									
TSS	0.330	0.694**	0.619**	0.600**	-0.134	0.590**	1								
固酸比	-0.709**	0.133	0.110	-0.126	0.445*	0.639**	0.422	1							
pH	-0.526*	-0.194	-0.422	-0.471*	0.424	-0.009	-0.068	0.482*	1						
黏度	-0.706**	-0.267	-0.011	-0.268	0.010	0.305	-0.328	0.392	-0.126	1					
褐变度	-0.574**	-0.134	-0.307	-0.183	0.757**	-0.363	-0.439*	0.242	0.373	0.218	1				
L^*	-0.589**	-0.124	-0.336	-0.409	0.764**	0.163	0.101	0.684**	0.834**	-0.104	0.523*	1			
a^*	0.108	-0.567**	-0.393	-0.463*	-0.574**	-0.063	-0.439*	-0.467*	-0.055	0.132	-0.531*	-0.470*	1		
b^*	-0.270	-0.385	-0.503*	-0.584**	-0.029	0.038	-0.141	0.166	0.803**	-0.149	-0.109	0.457*	0.477**	1	
出汁率	0.632	0.201	0.204	0.144	-0.657	-0.330	0.048	-0.513	-0.404	-0.322	-0.686	-0.473	0.405	0.033	1

*表示 $P<0.05$；**表示 $P<0.01$。

表 2.56　白桃果汁 6 个主成分的特征向量、特征根、贡献率和累计贡献率

指标	主成分					
	1	2	3	4	5	6
可滴定酸	−0.866	−0.016	0.264	−0.117	0.044	0.328
固酸比	0.794	0.240	−0.160	0.217	0.355	−0.118
总酚	−0.660	−0.086	0.408	0.191	0.177	0.144
还原糖	−0.644	−0.103	0.167	0.186	0.036	−0.215
b^*	0.593	0.195	0.279	0.151	−0.115	0.541
褐变度	0.032	−0.806	0.125	0.305	0.169	−0.240
出汁率	0.055	0.786	−0.211	−0.185	0.059	−0.324
TSS	−0.256	0.655	0.357	0.065	0.496	0.118
pH	0.586	0.184	0.697	−0.116	−0.109	−0.097
黏度	0.447	−0.532	0.585	0.009	−0.230	0.030
a^*	0.091	0.412	0.324	0.761	0.152	0.103
L^*	0.272	−0.250	0.120	−0.613	0.244	0.363
总糖	−0.183	0.417	0.467	−0.575	−0.175	−0.182
蛋白质	0.112	−0.260	−0.265	−0.226	0.724	0.260
抗坏血酸	−0.111	0.246	−0.447	0.167	−0.490	0.521
特征根	3.338	2.661	1.991	1.664	1.395	1.182
贡献率/%	22.250	17.741	13.276	11.096	9.300	7.877
累计贡献率/%	22.250	39.992	53.267	64.364	73.664	81.541

此外，黄桃、油桃、蟠桃果汁主成分的特征向量、特征根、贡献率和累计贡献率如表 2.57～表 2.59 所示。

表 2.57　黄桃果汁 6 个主成分的特征向量、特征根、贡献率和累计贡献率

指标	主成分					
	1	2	3	4	5	6
固酸比	0.731	0.548	0.009	0.242	0.132	−0.247
褐变度	0.728	−0.135	0.207	−0.046	0.288	0.506
黏度	0.683	−0.361	0.455	0.074	0.332	−0.148
可滴定酸	−0.664	−0.636	0.272	−0.168	−0.072	−0.019
出汁率	−0.605	−0.366	−0.195	0.522	0.019	−0.217
蛋白质	0.549	0.185	−0.132	−0.425	−0.425	0.201

续表

指标	主成分					
	1	2	3	4	5	6
b^*	−0.360	0.682	0.512	−0.167	−0.006	0.195
pH	0.435	0.678	−0.152	−0.259	0.122	−0.362
总糖	−0.260	0.629	0.009	0.611	0.128	0.215
还原糖	0.197	−0.627	0.621	−0.267	0.012	−0.018
L^*	−0.421	0.569	0.545	−0.152	−0.189	−0.076
TSS	0.362	−0.114	0.739	0.361	0.126	−0.261
总酚	0.477	−0.355	−0.703	0.013	0.154	0.015
抗坏血酸	0.412	−0.102	0.165	0.534	−0.454	0.442
a^*	−0.509	0.143	−0.054	−0.170	0.730	0.355
特征根	4.030	3.231	2.418	1.554	1.243	1.038
贡献率/%	26.866	21.538	16.120	10.360	8.287	6.920
累计贡献率/%	26.866	48.404	64.524	74.884	83.171	90.092

表 2.58　油桃果汁 6 个主成分的特征向量、特征根、贡献率和累计贡献率

指标	主成分					
	1	2	3	4	5	6
蛋白质	−0.890	−0.164	0.290	−0.006	0.230	−0.032
还原糖	0.772	0.022	−0.055	0.338	0.220	−0.247
总糖	0.766	0.201	−0.233	−0.154	0.193	0.275
总酚	0.704	−0.285	−0.271	0.155	−0.086	0.527
pH	−0.653	0.393	−0.456	0.028	0.272	−0.045
黏度	0.193	0.783	0.395	0.274	0.167	0.138
固酸比	−0.270	0.766	−0.502	−0.135	0.036	0.100
可滴定酸	0.380	−0.696	0.463	−0.214	−0.300	0.056
b^*	−0.521	−0.626	−0.181	0.431	0.114	0.151
L^*	−0.357	−0.598	−0.223	0.194	0.472	0.348
褐变度	0.074	−0.033	0.771	−0.058	0.579	0.190
TSS	0.556	−0.028	−0.611	−0.250	0.383	0.018
a^*	−0.106	0.254	0.546	−0.672	0.142	0.253
抗坏血酸	0.292	0.420	0.518	0.661	0.033	−0.030

续表

指标	主成分					
	1	2	3	4	5	6
出汁率	0.422	−0.373	0.001	−0.175	0.458	−0.606
特征根	4.140	3.119	2.661	1.511	1.287	1.062
贡献率/%	27.597	20.791	17.737	10.071	8.583	7.082
累计贡献率/%	27.597	48.388	66.125	76.196	84.779	91.861

表 2.59　蟠桃果汁 4 个主成分的特征向量、特征根、贡献率和累计贡献率

指标	主成分			
	1	2	3	4
可滴定酸	−0.884	−0.173	−0.082	0.355
L^*	0.792	0.373	0.118	0.429
蛋白质	0.754	0.359	−0.365	0.145
pH	0.750	0.019	0.263	0.537
总酚	−0.739	0.596	−0.152	0.082
出汁率	−0.669	−0.391	0.222	0.169
a^*	−0.113	−0.909	0.336	−0.161
还原糖	−0.635	0.714	0.092	−0.173
TSS	−0.362	0.713	0.532	0.166
抗坏血酸	−0.614	0.689	0.057	0.221
固酸比	0.604	0.648	0.407	−0.150
褐变度	0.625	0.262	−0.709	0.040
总糖	0.304	0.332	0.675	−0.440
b^*	0.441	−0.417	0.567	0.452
黏度	0.342	0.016	0.041	−0.865
特征根	5.618	3.897	2.150	1.957
贡献率/%	37.451	25.983	14.333	13.050
累计贡献率/%	37.451	63.434	77.766	90.816

（3）桃果汁品质指标的聚类分析。

各项指标数据经标准化转换后,采用欧氏距离进行系统聚类,结果见图 2.7。

以白桃果汁为例，根据主成分分析的结果，前 6 个主成分的累计方差贡献率达到
81.54%，所以在聚类时可将指标聚为 6 类。以 15 左右为指标类别划分距离，可将
15 项指标聚为 6 类，即可滴定酸、总酚、还原糖和总糖聚为一类，为一个相似水
平类；TSS、a^*值和出汁率聚为一类，为一个相似水平类；抗坏血酸自成一类，没
有相似项；蛋白质和 L^*值聚为一类，为一个相似水平类；pH、黏度、b^*值和固酸
比聚为一类，这四个指标为一个相似水平类；褐变度自成一类，没有相似项。

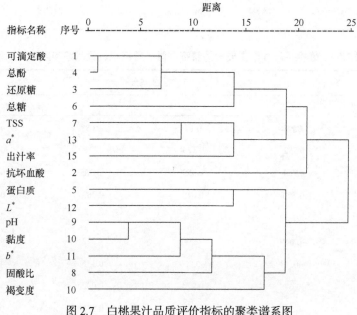

图 2.7　白桃果汁品质评价指标的聚类谱系图

　　综合相关性分析的结果，聚为一个相似水平类的指标相关性高，信息重叠程
度高，所以可以对指标进行简化，用一个指标代表其他指标，以此将白桃果汁 15
项品质指标进行简化。综合主成分分析和聚类分析的结果，按照指标测定简便易
行的原则，可将白桃果汁的品质评价指标简化为：固酸比、出汁率、L^*值、褐变度、
总酚和抗坏血酸。

　　同理，黄桃、油桃、蟠桃果汁品质评价指标聚类谱系图如图 2.8～图 2.10 所示。
（4）桃果汁品质核心指标的权重确定。

　　选择筛选出的核心指标对桃果汁进行综合评价。以白桃果汁为例，根据各指
标对果汁品质的影响程度，依据 1～9 标度法构造判断矩阵，见表 2.60，计算判断
矩阵的最大特征根 λ_{max} 为 6.177，对判断矩阵进行一致性检验，当 n 等于 6 时，
RI=1.24，一致性比率 CR=CI/RI=0.028，CR＜0.1，表明该判断矩阵具有满意的一
致性，说明所构造的判断矩阵中各影响因子的相互关系比较一致。

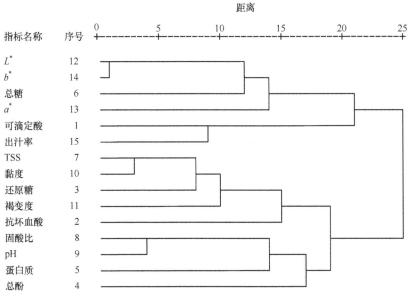

图 2.8 黄桃果汁品质品种的聚类谱系图

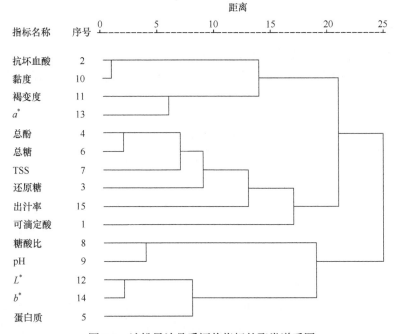

图 2.9 油桃果汁品质评价指标的聚类谱系图

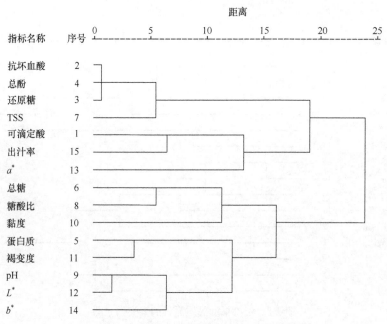

图 2.10　蟠桃果汁品质评价指标的聚类谱系图

利用 Excel 软件计算各指标的权重，得到各评价因子相对于果汁综合品质的权重，表 2.60 结果表明固酸比和出汁率对果汁品质的影响最大，权重均为 0.316，其次为 L^* 值和褐变度，权重分别为 0.198 和 0.095，总酚和抗坏血酸对果汁品质的影响较小，权重分别为 0.048 和 0.025。

表 2.60　白桃果汁品质评价指标判断矩阵

	固酸比	出汁率	L^*值	褐变度	总酚	抗坏血酸	权重
固酸比	1	1	2	4	6	9	0.316
出汁率	1	1	2	4	6	9	0.316
L^*值	1/2	1/2	1	3	5	7	0.198
褐变度	1/4	1/4	1/3	1	3	5	0.095
总酚	1/6	1/6	1/5	1/3	1	3	0.048
抗坏血酸	1/9	1/9	1/7	1/5	1/3	1	0.025
			$\lambda_{max}=6.177$				

黄桃、油桃、蟠桃果汁品质评价指标判断矩阵见表 2.61～表 2.63。

表 2.61　黄桃果汁品质评价指标判断矩阵

	固酸比	出汁率	b^*值	褐变度	总酚	权重
固酸比	1	1	2	5	8	0.356
出汁率	1	1	2	5	8	0.331
b^*值	1/2	1/2	1	3	5	0.193
褐变度	1/5	1/4	1/3	1	3	0.081
总酚	1/8	1/7	1/5	1/3	1	0.039

$$\lambda_{max}=5.131$$

表 2.62　油桃果汁品质评价指标判断矩阵

	固酸比	出汁率	L^*值	褐变度	抗坏血酸	可滴定酸	权重
固酸比	1	1	2	4	6	8	0.315
出汁率	1	1	2	4	6	8	0.315
L^*值	1/2	1/2	1	3	5	7	0.201
褐变度	1/4	1/4	1/3	1	3	4	0.093
抗坏血酸	1/6	1/6	1/5	1/3	1	2	0.046
可滴定酸	1/8	1/8	1/7	1/4	1/2	1	0.030

$$\lambda_{max}=6.13$$

表 2.63　蟠桃果汁品质评价指标判断矩阵

	固酸比	出汁率	褐变度	总酚	权重
固酸比	1	1	2	7	0.377
出汁率	1	1	2	7	0.377
褐变度	1/2	1/2	1	4	0.195
总酚	1/7	1/7	1/4	1	0.052

$$\lambda_{max}=4.02$$

（5）桃果汁品质合理满意度综合评价。

桃果汁的综合评价采用"合理-满意度"和多维价值理论分析法。"合理-满意度"是指品种所表现出来的特性满足人们需要的合理或满意的程度，合理度用0～1之间的数值表示，"1"表示品种的某一特性完全符合"规律"；"0"表示其特性完全不合乎"规律"。若某一性状的满意度为 $M(b_i)$，最大值为 $Max(b_i)$，最小值为 $Min(b_i)$。

对于越大越好的指标，其单因素"合理-满意度"的计算式为

$$M(b_i) = [b_i - \text{Min}(b_i)] / [\text{Max}(b_i) - \text{Min}(b_i)] \tag{2.4}$$

对于越小越好的指标，其单因素"合理-满意度"的计算式为

$$M(b_i) = [\text{Max}(b_i) - b_i] / [\text{Max}(b_i) - \text{Min}(b_i)] \tag{2.5}$$

由于各指标对品质的贡献不同，所以具有不同的权重 W_i，各品种的合成"合理-满意度"的计算公式为：

$$V = \sum W_i \times M_i \tag{2.6}$$

其中，W_i 为指标权重。

合成"合理-满意度"越高，证明此品种越符合人们对其品质的要求，是适宜鲜食的桃品种。

以白桃果汁为例，L^*值、总酚和抗坏血酸含量属于在适宜范围内，值越大越好的指标，所以其单因素"合理-满意度"用式（2.4）计算。褐变度属于值越小越好的指标，所以其单因素"合理-满意度"采用式（2.5）进行计算。白桃果汁品质特性的单因素"合理-满意度"见表 2.64。

表 2.64　白桃果汁品质评价得分及排名

名称	固酸比	出汁率	L^*值	褐变度	总酚	抗坏血酸	总分	排名
京玉	1.000	0.383	0.688	0.484	0.000	0.167	0.623	1
庆丰	0.462	0.587	0.972	0.581	0.198	0.243	0.594	2
罐桃 14 号	0.409	1.000	0.308	0.887	0.023	0.000	0.592	3
华玉	0.133	0.561	0.876	0.855	0.172	0.301	0.490	4
翠玉	0.324	0.734	0.356	0.645	0.051	0.293	0.476	5
艳红	0.297	0.629	0.412	0.823	0.249	0.283	0.471	6
晚 24 号	0.130	0.645	0.405	1.000	0.498	0.605	0.459	7
寒露蜜	0.436	0.542	0.312	0.597	0.083	0.293	0.439	8
八月脆	0.107	0.513	0.576	0.839	0.190	1.000	0.424	9
红不软	0.090	0.626	0.374	0.484	0.240	0.308	0.365	10
晚 9 号	0.250	0.448	0.427	0.403	0.243	0.301	0.363	11
晚蜜	0.325	0.307	0.511	0.371	0.310	0.283	0.358	12
绿化 9 号	0.314	0.331	0.385	0.371	0.122	0.000	0.321	13
大冬桃	0.151	0.542	0.078	0.613	0.046	0.605	0.310	14
艳丰 1 号	0.287	0.367	0.117	0.581	0.232	0.301	0.304	15
京蜜	0.006	0.136	1.000	0.210	0.674	0.109	0.298	16
2000-6-9 东	0.027	0.583	0.000	0.500	1.000	0.283	0.295	17

续表

名称	固酸比	出汁率	L^*值	褐变度	总酚	抗坏血酸	总分	排名
京艳	0.286	0.264	0.201	0.677	0.152	0.239	0.291	18
秦王	0.209	0.474	0.102	0.194	0.082	0.293	0.266	19
中华寿	0.146	0.282	0.243	0.387	0.470	0.120	0.245	20
北京 48 号	0.013	0.121	0.407	0.774	0.181	0.330	0.214	21
早玉	0.000	0.146	0.542	0.387	0.240	0.301	0.209	22
大久保	0.216	0.000	0.278	0.000	0.120	0.370	0.138	23

根据层次分析法计算出的核心指标的不同权重，利用式（2.6）合成"合理-满意度"的计算，得到公式 $Y_e = 0.316 \times M$（固酸比）$+0.316 \times M$（出汁率）$+0.198 \times M$（L^*值）$+0.095 \times M$（褐变度）$+0.048 \times M$（总酚）$+0.025 \times M$（抗坏血酸），由此计算白桃果汁的综合品质得分，并根据总得分对其进行排名。由表 2.64 可知，'京玉'和'庆丰'的综合制汁品质较好，而'大久保'的制汁品质最差。

根据同种分析手段，黄桃、油桃、蟠桃果汁品质评价得分及排名见表 2.65～表 2.67。

表 2.65　黄桃果汁品质评价得分及排名

名称	固酸比	出汁率	b^*值	褐变度	总酚	总分	排名
黄金秀	1.000	0.411	0.198	1.000	0.539	0.606	1
黄桃	0.275	0.757	0.410	0.585	0.519	0.487	2
金童 8 号	0.041	0.969	0.165	0.642	0.714	0.447	3
秋露	0.425	0.564	0.214	0.358	1.000	0.437	4
弗莱德莱卡	0.417	0.027	1.000	0.887	0.287	0.436	5
金童 6 号	0.000	1.000	0.335	0.264	0.197	0.417	6
金童	0.610	0.095	0.522	0.623	0.283	0.399	7
森格林	0.003	0.858	0.406	0.170	0.453	0.390	8
罐桃 5 号	0.528	0.491	0.069	0.283	0.513	0.387	9
金童 7 号	0.016	0.750	0.136	0.849	0.500	0.374	10
金露	0.015	0.630	0.449	0.679	0.232	0.368	11
菊黄	0.013	0.586	0.860	0.000	0.000	0.360	12
NJC19	0.343	0.140	0.357	0.887	0.539	0.330	13
金童 5 号	0.053	0.443	0.000	0.660	0.768	0.256	14
黄冠王	0.016	0.000	0.120	0.830	0.601	0.136	15

表 2.66   油桃果汁品质评价得分及排名

名称	固酸比	出汁率	L^*值	褐变度	抗坏血酸	可滴定酸	总分	排名
黄油桃	0.481	1.000	0.053	0.966	0.000	0.200	0.573	1
瑞光 51 号	0.418	0.858	0.794	0.000	0.031	0.275	0.571	2
瑞光 20 号	0.219	0.597	1.000	0.379	0.792	0.388	0.541	3
瑞光 28 号	0.285	0.365	0.848	1.000	0.073	0.388	0.483	4
瑞光 39 号	0.470	0.631	0.000	0.638	0.688	0.163	0.443	5
瑞光 27 号	0.332	0.402	0.702	0.483	0.156	0.275	0.433	6
瑞光 29 号	1.000	0.155	0.000	0.793	0.052	0.000	0.422	7
瑞光 18 号	0.676	0.028	0.475	0.603	0.156	0.000	0.381	8
澳油	0.280	0.407	0.122	0.172	1.000	0.288	0.311	9
意大利 5 号	0.000	0.533	0.070	0.397	0.052	1.000	0.251	10

表 2.67   蟠桃果汁品质评价得分及排名

名称	固酸比	出汁率	褐变度	总酚	总分	排名
瑞蟠 21 号	0.251	1.000	1.000	0.157	0.675	1
瑞蟠 20 号	0.383	0.437	0.579	1.000	0.474	2
瑞蟠 19 号	1.000	0.088	0.000	0.089	0.415	3
巨蟠	0.474	0.245	0.368	0.162	0.351	4
瑞蟠 4 号	0.499	0.105	0.579	0.000	0.341	5
瑞蟠 3 号	0.000	0.469	0.127	0.127	0.183	6
瑞蟠 2 号	0.369	0.000	0.105	0.239	0.172	7

（6）感官综合评价。

i）剔除异常值。

以白桃果汁为例，按照拉依达准则法，剔除异常值后各个描述性状的平均值见表 2.68，可知在果汁色泽评价上，'京玉'的果汁色泽最好，得分为 3.615，其次为'罐桃 14 号'，两个品种的果汁鲜亮，褐变程度较低，果汁很好地保持了原果肉的色泽，而'大久保'和'京艳'褐变严重，果汁变为深褐色，感官评价的可接受程度低；在组织状态评价上，'庆丰'、'京玉'和'罐桃 14 号'的得分最高，果汁组织状态均匀，沉淀少，'晚 24 号'、'秦王'、'中华寿'和'艳丰 1 号'的组织状态较其他品种较差；'秦王'的果汁气味得分最高，'八月脆'和'晚蜜'的得分最低；在气味评价上，满分为 5 分，而 23 个品种的得分都低于 4 分，可能原因是榨汁后桃香气成分损失较多，导致桃汁香气不浓郁。在风味评价上，'京玉'和'艳丰 1 号'的桃汁风味较好，果汁甜度较高，感官评价的可接受程度高。'晚蜜'和'大久保'的果汁风味较差，果汁酸度大，消费者可接受程度低。

表 2.68　白桃果汁感官评价平均值

品种	色泽	组织状态	气味	风味
京玉	3.615	3.538	3.692	5.385
京蜜	2.389	3.278	3.556	4.500
2000-6-9 东	3.500	2.917	3.583	3.917
京艳	1.700	3.050	3.550	4.400
庆丰	3.222	3.556	3.222	4.722
八月脆	2.667	3.067	3.067	4.200
早玉	2.667	3.133	3.533	4.133
华玉	2.625	3.188	3.688	5.188
北京 48 号	2.000	2.722	3.611	5.111
翠玉	3.056	3.167	3.500	4.556
大冬桃	2.786	3.286	3.500	5.071
寒露蜜	2.313	3.438	3.563	5.063
红不软	3.000	3.462	3.308	3.077
大久保	1.900	3.100	3.300	2.800
绿化 9 号	2.526	3.105	3.158	4.579
秦王	2.143	2.714	3.786	4.643
晚 24 号	2.643	2.571	3.643	4.786
晚 9 号	2.125	2.750	3.375	4.625
晚蜜	2.846	3.308	3.077	2.923
艳丰 1 号	1.933	2.733	3.667	5.267
艳红	2.857	3.143	3.571	5.214
罐桃 14 号	3.538	3.538	3.538	5.077
中华寿	2.071	2.714	3.643	4.500

根据相同原则，黄桃、油桃、蟠桃果汁感官评价平均值见表 2.69～表 2.71。

表 2.69 黄桃果汁感官评价平均值

品种	色泽	组织状态	气味	风味
NJC19	2.357	3.000	3.143	2.643
弗莱德莱卡	2.063	3.125	3.688	4.000
罐桃 5 号	2.313	3.000	3.688	3.375
黄冠王	1.846	2.538	2.923	3.000
黄金秀	4.000	3.500	3.813	4.188
黄桃	3.438	3.438	3.250	2.750
金露	2.267	2.933	2.933	2.733
金童	2.000	3.071	3.786	4.143
金童 5 号	2.188	2.563	2.813	2.000
金童 6 号	3.833	3.722	3.556	2.667
金童 7 号	2.400	2.600	3.467	2.667
金童 8 号	3.071	3.286	3.179	3.000
菊黄	4.000	4.000	4.000	3.000
秋露	2.600	3.333	3.000	5.200
森格林	2.467	2.867	3.067	2.800

表 2.70 油桃果汁感官评价平均值

品种	色泽	组织状态	气味	风味
澳油	2.100	3.150	3.500	3.950
黄油桃	3.800	3.750	4.550	5.400
瑞光 18 号	2.938	3.313	3.000	4.188
瑞光 28 号	3.316	3.368	3.737	5.000
瑞光 29 号	3.450	3.550	3.250	2.900
瑞光 51 号	3.900	3.650	3.700	4.850
瑞光 20 号	3.750	3.700	3.750	3.800
瑞光 27 号	3.000	3.450	3.450	3.750
瑞光 39 号	2.000	3.000	3.476	5.381
意大利 5 号	1.667	2.400	2.867	4.600

表 2.71　蟠桃果汁感官评价平均值

品种	色泽	组织状态	气味	风味
巨蟠	1.588	3.118	3.294	3.353
瑞蟠 19 号	3.750	3.583	3.500	4.083
瑞蟠 2 号	2.286	1.929	3.643	4.071
瑞蟠 3 号	1.813	3.188	3.375	2.063
瑞蟠 4 号	3.139	3.250	3.333	3.583
瑞蟠 20 号	2.800	3.267	3.400	4.800
瑞蟠 21 号	3.875	3.438	3.875	5.938

ii）感官评价得分。

按照"合理-满意度"和多维价值理论对感官得分进行处理，计算桃果汁感官评价的综合得分。以白桃为例，由表 2.72 可知，'京玉'和'罐桃 14 号'的果汁感官得分最高，分别为 0.785 和 0.754，说明果汁品质较好，能保持原果肉的色泽，褐变程度低，组织均匀，沉淀少，相对于其他品种果汁，桃香气较浓，酸甜可口，感官可接受程度高。而'大久保'的感官得分最低，果汁褐变严重，颜色为深褐色，桃香气较淡，果汁酸度过大，感官评价的可接受程度低。

表 2.72　白桃果汁"合理-满意度"感官评价分析结果

品种	色泽	组织状态	气味	风味	总分	排名
京玉	0.873	0.847	0.673	0.730	0.785	1
罐桃 14 号	0.847	0.847	0.635	0.680	0.754	2
庆丰	0.740	0.853	0.555	0.620	0.690	3
艳红	0.620	0.713	0.643	0.702	0.668	4
大冬桃	0.597	0.763	0.625	0.678	0.660	5
翠玉	0.687	0.723	0.625	0.593	0.654	6
2000-6-9 东	0.833	0.640	0.645	0.487	0.653	7
华玉	0.543	0.730	0.673	0.698	0.653	8
寒露蜜	0.437	0.813	0.640	0.677	0.625	9
京蜜	0.463	0.760	0.640	0.583	0.594	10
早玉	0.557	0.710	0.633	0.522	0.592	11
晚 24 号	0.547	0.523	0.660	0.632	0.590	12

续表

品种	色泽	组织状态	气味	风味	总分	排名
红不软	0.667	0.820	0.578	0.347	0.584	13
绿化 9 号	0.510	0.703	0.540	0.597	0.581	14
八月脆	0.557	0.690	0.518	0.533	0.569	15
艳丰 1 号	0.310	0.577	0.668	0.712	0.555	16
北京 48 号	0.333	0.573	0.653	0.685	0.551	17
秦王	0.380	0.570	0.698	0.607	0.550	18
晚蜜	0.617	0.770	0.520	0.322	0.540	19
晚 9 号	0.377	0.583	0.595	0.605	0.530	20
中华寿	0.357	0.570	0.660	0.583	0.528	21
京艳	0.233	0.683	0.638	0.567	0.504	22
大久保	0.300	0.700	0.575	0.300	0.435	23

黄桃、油桃、蟠桃果汁具体"合理-满意度"感官评价分析结果见表 2.73～表 2.75。

表 2.73　黄桃果汁"合理-满意度"感官评价分析结果

品种	色泽	组织状态	气味	风味	总分	排名
黄金秀	1.000	0.833	0.703	0.531	0.767	1
金童 8 号	1.000	1.000	0.750	0.333	0.750	2
金童 6 号	0.944	0.907	0.639	0.278	0.676	3
秋露	0.533	0.778	0.500	0.700	0.626	4
黄桃	0.813	0.813	0.563	0.292	0.606	5
菊黄	0.690	0.762	0.545	0.333	0.568	6
金童	0.333	0.690	0.696	0.524	0.535	7
弗莱德莱卡	0.354	0.708	0.672	0.500	0.532	8
罐桃 5 号	0.438	0.667	0.672	0.396	0.518	9
森格林	0.489	0.622	0.517	0.300	0.464	10
NJC19	0.452	0.667	0.536	0.274	0.458	11
金童 7 号	0.467	0.533	0.617	0.278	0.453	12
金露	0.422	0.644	0.483	0.289	0.439	13

续表

品种	色泽	组织状态	气味	风味	总分	排名
黄冠王	0.282	0.513	0.481	0.333	0.383	14
金童 5 号	0.396	0.521	0.453	0.167	0.364	15

表 2.74　油桃果汁"合理-满意度"感官评价分析结果

品种	色泽	组织状态	气味	风味	总分	排名
黄油桃	0.933	0.917	0.888	0.733	0.861	1
瑞光 51 号	0.967	0.883	0.675	0.642	0.794	2
瑞光 20 号	0.917	0.900	0.688	0.467	0.733	3
瑞光 28 号	0.772	0.789	0.684	0.667	0.726	4
瑞光 27 号	0.667	0.817	0.613	0.458	0.623	5
瑞光 29 号	0.817	0.850	0.563	0.317	0.623	6
瑞光 18 号	0.646	0.771	0.500	0.531	0.607	7
瑞光 39 号	0.333	0.667	0.619	0.730	0.576	8
澳油	0.367	0.717	0.625	0.492	0.526	9
意大利 5 号	0.222	0.467	0.467	0.600	0.433	10

表 2.75　蟠桃果汁"合理-满意度"感官评价分析结果

品种	色泽	组织状态	气味	风味	总分	排名
瑞蟠 21 号	0.958	0.609	0.479	0.823	0.752	1
瑞蟠 19 号	0.917	0.646	0.417	0.514	0.642	2
瑞蟠 20 号	0.600	0.567	0.400	0.633	0.563	3
瑞蟠 4 号	0.713	0.563	0.389	0.431	0.533	4
巨蟠	0.196	0.706	0.574	0.392	0.432	5
瑞蟠 2 号	0.429	0.232	0.440	0.512	0.417	6
瑞蟠 3 号	0.271	0.547	0.396	0.177	0.323	7

（7）评价模型验证。

以综合评价得分为横坐标（X），感官评价得分为纵坐标（Y），采用线性回归模型法对桃果汁品质评价模型进行验证。以白桃果汁为例，依据图 2.11 得到公式 $y=0.573x+0.371$（$R^2=0.829$），其拟合系数大于 0.8，说明白桃果汁综合评价模型的结果与人体感官评价结果非常接近。由于感官评价中并不包括出汁率和营养成分的判断，所以，综合评价模型的结果和感官评价结果之间存在着差异性。白桃果汁综合评价模型包含的内容比感官评价丰富，在制汁适宜性评价上具有更大的准确性。

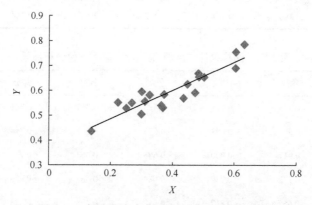

图 2.11　白桃果汁感官评价-综合分析模型验证

　　同理，黄桃、油桃、蟠桃果汁感官评价-综合分析模型验证拟合模型见图 2.12～图 2.14。

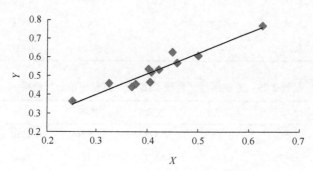

图 2.12　黄桃果汁感官评价-综合分析模型验证

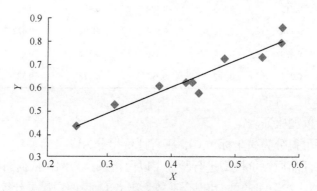

图 2.13　油桃果汁感官评价-综合分析模型验证

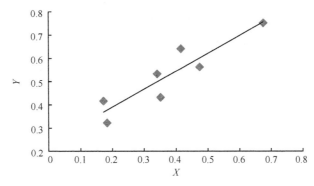

图 2.14　蟠桃果汁感官评价-综合分析模型验证

（8）桃果汁品质品种等级分类。

以白桃为例，根据 23 个白桃品种果汁的综合评价得分，经标准化转换后，采用欧式距离进行系统聚类，结果见图 2.15。根据聚类结果，可将 23 个桃品种的果汁品质分为 3 等，即Ⅰ等、Ⅱ等、Ⅲ等。根据各品种的综合得分和图 2.15 可以看出，'罐桃 14 号'、'庆丰'、'京玉'、'寒露蜜'、'八月脆'、'翠玉'、'艳红'、'晚24 号'和'华玉'的果汁品质得分明显高于其他品种，为Ⅰ等；'北京 48 号'、'早玉'、'秦王'、'中华寿'、'红不软'、'晚 9 号'、'晚蜜'、'京蜜'、'京艳'、'2000-

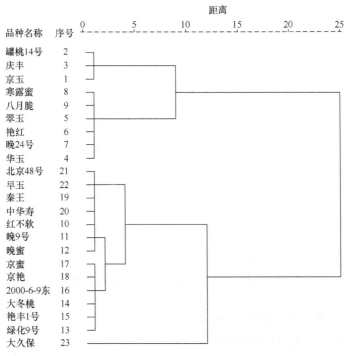

图 2.15　白桃果汁品质品种的聚类谱系图

6-9 东'、'大冬桃'、'艳丰 1 号'和'绿化 9 号'的果汁品质较次，为Ⅱ等；'大久保'的果汁品质最差，为Ⅲ等。

同理，黄桃、油桃、蟠桃果汁品质品种聚类谱系图见图 2.16～图 2.18。

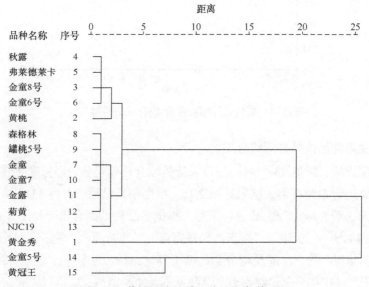

图 2.16　黄桃果汁品质品种的聚类谱系图

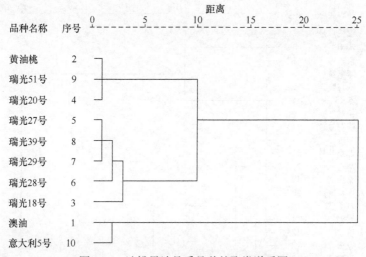

图 2.17　油桃果汁品质品种的聚类谱系图

2）不同桃品种制汁适宜性评价

（1）不同桃品种制汁品质核心指标。

利用方差分析、变异系数、相关性分析、主成分分析及聚类分析相结合的方法，从 15 项品质指标中分别筛选出适合不同桃品种制汁的核心品质评价指标。

ⅰ）白桃果汁品质评价的核心指标为：固酸比、出汁率、L^*值、褐变度、总酚和抗坏血酸；

ⅱ）黄桃果汁品质评价的核心指标为：固酸比、出汁率、b^*值、褐变度和总酚；

ⅲ）油桃果汁品质评价的核心指标为：固酸比、出汁率、L^*值、褐变度、抗坏血酸和可滴定酸；

ⅳ）蟠桃果汁品质评价的核心指标为：固酸比、出汁率、褐变度和总酚。

（2）不同桃品种制汁品质评价模型。

利用层次分析法对核心指标进行权重赋予，并采用"合理-满意度"和多维价值理论得到不同桃品种的品质评价模型。

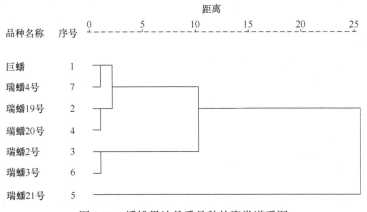

图 2.18　蟠桃果汁品质品种的聚类谱系图

ⅰ）白桃果汁品质评价数学模型：$Y_e = 0.316 \times M$（固酸比）$+0.316 \times M$（出汁率）$+0.198 \times M$（L^*值）$+0.095 \times M$（褐变度）$+0.048 \times M$（总酚）$+0.025 \times M$（抗坏血酸）；

ⅱ）黄桃果汁品质评价数学模型：$Y_f = 0.356 \times M$（固酸比）$+0.331 \times M$（出汁率）$+0.193 \times M$（b^*值）$+0.081 \times M$（褐变度）$+0.039 \times M$（总酚）；

ⅲ）油桃果汁品质评价数学模型为：$Y_g = 0.315 \times M$（固酸比）$+0.315 \times M$（出汁率）$+0.201 \times M$（L^*值）$+0.093 \times M$（褐变度）$+0.046 \times M$（抗坏血酸）$+0.030 \times M$（可滴定酸）；

ⅳ）蟠桃果汁品质评价数学模型：$Y_h = 0.377 \times M$（固酸比）$+0.377 \times M$（出汁率）$+0.195 \times M$（褐变度）$+0.093 \times M$（总酚）。

（3）不同桃品种制汁品质等级分类。

根据各品种果实的综合评价得分，经标准化转换后，采用欧式距离进行系统聚类，得到不同桃品种鲜食品质等级分类。

ⅰ）白桃制汁品质等级分类：'罐桃 14 号'、'庆丰'、'京玉'、'寒露蜜'、'八月脆'、'翠玉'、'艳红'、'晚 24 号' 和'华玉' 的果汁品质得分明显高于其他品种，为Ⅰ等；'北京 48 号'、'早玉'、'秦王'、'中华寿'、'红不软'、'晚 9 号'、'晚蜜'、'京蜜'、'京艳'、'2000-6-9 东'、'大冬桃'、'艳丰 1 号' 和'绿化 9 号' 的果汁品质较次，为Ⅱ等；'大久保' 的果汁品质最差，为Ⅲ等。

ⅱ）黄桃制汁品质等级分类：'黄金秀' 自成一类，其得分最高，为Ⅰ等；'秋露'、'弗莱德莱卡'、'金童 8 号'、'金童 6 号'、'黄桃'、'森格林'、'罐桃 5 号'、'金童'、'金童 7 号'、'金露'、'菊黄' 和'NJC19' 的果汁品质较次，为Ⅱ等；'金童 5 号' 和'黄冠王' 的果汁品质最差，为Ⅲ等。

ⅲ）油桃制汁品质等级分类：'黄油桃'、'瑞光 51 号' 和'瑞光 20 号' 的果汁品质最好，为Ⅰ等；'瑞光 27 号'、'瑞光 39 号'、'瑞光 29 号'、'瑞光 28 号' 和'瑞光 18 号' 的果汁品质较次，为Ⅱ等；'澳油' 和'意大利 5 号' 的果汁品质最差，为Ⅲ等。

ⅳ）蟠桃制汁品质等级分类：'瑞蟠 21 号' 的果汁品质最好，为Ⅰ等；'巨蟠'、'瑞蟠 4 号'、'瑞蟠 19 号' 和'瑞蟠 20 号' 的果汁品质较次，为Ⅱ等；'瑞蟠 2 号' 和'瑞蟠 3 号' 的果汁品质最差，为Ⅲ等。

2. 桃制干适宜性评价模型

（1）黄桃脆片品质评价数学模型的建立。

ⅰ）黄桃脆片品质评价体系分层模型的建立。

根据黄桃脆片产品品质指标的基本性质、评价指标之间的相关关联影响以及层次隶属关系，建立桃脆片品质评价体系的分层模型结构图（图 2.19）。该试验的层次结构分为 3 层，第 1 层目标层（O），为黄桃脆片品质综合排名；第 2 层为准则层（C），为筛选出的黄桃脆片的评价指标，记为 $C=(c_1, c_2, c_3, c_4, c_5)=$（可溶性固形物，复水比，$a^*$ 值，粗脂肪，L^* 值）；第 3 层为方案层（P），即 15 个黄桃原料品种，记为 $P=(p_1, p_2, p_3, \cdots, p_{15})=$（黄桃，弗莱德莱卡，NJC19，$\cdots$，金童 8 号）。

ⅱ）黄桃脆片品质评价判断矩阵的构造及结果。

应用层次分析法至关重要的一步就是要建立判断矩阵，判断矩阵构建的合理性会直接影响产品品质评价的最终结果。判断矩阵是对同一个层次上的不同元素的重要性进行分析比较。表 2.76 列出了元素的重要程度比较及研究者对黄桃脆片各指标重要性的定性评价。

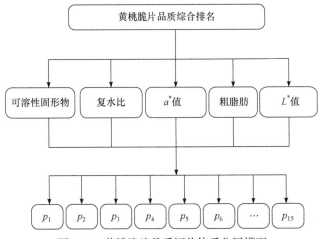

图 2.19　黄桃脆片品质评价体系分层模型

表 2.76　元素重要程度比例标度

标度	意义
1	两个元素相互比较，具有同样的重要性
3	两个元素相互比较，一个元素比另一个元素稍微重要
5	两个元素相互比较，一个元素比另一个元素明显重要
7	两个元素相互比较，一个元素比另一个元素重要得多
9	两个元素相互比较，一个元素比另一个元素绝对重要
2、4、6、8	介于上述相邻判断之间

经过上述的比较和分析，得出定量化的数值判断矩阵，如表 2.77 所示。

表 2.77　黄桃脆片品质评价判断矩阵 $O\text{-}C$

O	可溶性固形物	复水比	a^*值	粗脂肪	L^*值
可溶性固形物	1	2	1/5	7	1/9
复水比	1/2	1	1/5	3	1/5
a^*值	5	5	1	9	1
粗脂肪	1/7	1/3	1/9	1	1/9
L^*值	9	5	1	9	1

根据表 2.77 所给出的判断矩阵，按照下列步骤求解判断矩阵的最大特征根和特征向量，结果如表 2.78 所示。

计算判断矩阵的每一行元素的乘积，记作 M_i；计算 M_i 的 5 次方根，记作 W_i；

对向量 W 进行正规化处理，记作 S；计算判断矩阵的最大特征根，其中（AS）$_i$ 为 AS 的第 i 个元素。

表 2.78 黄桃脆片品质评价判断矩阵计算结果

	可溶性固形物	复水比	a^*值	粗脂肪	L^*值
ω_i	0.7917	0.5697	2.9542	0.2259	3.3227
m_j	0.1007	0.0724	0.3757	0.0287	0.4225
			$\lambda_{max}=5.3571$		

对所得到的黄桃脆片指标权重进行一致性检验，计算如下。

一致性比例计算公式为：CR= CI/RI，其中 CI =（$\lambda_{max}-n$）/（$n-1$），$n=5$；RI 参照表 2.79 进行选择。

表 2.79 随机一致性标准值 RI

N	1	2	3	4	5	6	7	8	9
CR	0	0	0.58	0.90	1.12	1.24	1.32	1.41	1.45

计算得，CR=0.0797＜0.1，由此认为判断矩阵的赋值科学合理，得到的矩阵权重能够被接受，即 m_j 可以作为黄桃脆片核心指标的权重系数。

iii）黄桃脆片品质综合排名。

依据表 2.78 所得到的评价指标权重分布，得到如下数学模型：$Y=0.1007\times$可溶性固形物$+0.0724\times$复水比$+0.3757\times a^*+0.0287\times$粗脂肪$+0.4225\times L^*$值。基于所得到的数学模型，对所得到的黄桃脆片进行综合评分，如表 2.80 所示。

表 2.80 黄桃脆片品质综合排名 1

品种	得分	排名
弗莱德莱卡	1.5268	1
森格林	0.4447	2
NJC19	0.4023	3
罐桃 5 号	0.3268	4
菊黄	0.1523	5
金童	0.1497	6
秋露	0.0381	7
金童 7 号	−0.0233	8
黄桃	−0.0942	9

续表

品种	得分	排名
黄金秀	−0.1264	10
金童 5 号	−0.1961	11
金童 8 号	−0.2678	12
金童 6 号	−0.5868	13
金露	−0.5888	14
黄冠王	−1.1591	15

根据层次分析法得出的综合评价结果（表 2.80），按照得分的分布情况，可将黄桃脆片分为优（＞0.4）、中（0～0.4）、差（＜0）三个等级，其中'弗莱德莱卡'综合表现最优，其次为'森格林'、'NJC19'，适宜作为黄桃脆片加工品种进行普及推广，而'黄冠王'综合得分最低，品质最差，不适宜脆片加工。

ⅳ）黄桃脆片品质评价数学模型验证。

桃脆片品质评价数学模型是通过测定相关品质评价的指标，将主成分分析法和聚类分析法筛选得到的核心指标运用层次分析法建立得到模型。同时，我们希望经数学分析法建立的数学模型能够在一定程度上与人体感官评价相拟合，使定性与定量、客观与主观相结合。

表 2.77 是人为构建的黄桃脆片品质评价的判断矩阵（$O\text{-}C$），经一致性检验得到 CR=0.0797＜0.1，即说明黄桃脆片品质评价判断矩阵的构建在数学层次上是合理的。但是运用层次分析法得到的黄桃脆片综合品质评价模型能否与人体感官评价结果相吻合，仍需要进一步验证。运用层次分析法提出的黄桃脆片品质评价模型计算其综合得分并标准化，结果如表 2.81 所示，依据表 2.81 对黄桃脆片进行综合排名，如表 2.82 所示。

表 2.81　黄桃脆片品质评价指标标准化数据及综合得分

品种名称	可溶性固形物（0.1007）	复水比（0.0724）	a^*值（0.3757）	粗脂肪（0.0287）	L^*值（0.4225）	综合得分
黄桃	−0.0578	−0.8713	0.0029	−0.5912	−0.0656	−0.6446
秋露	−0.0668	−0.8150	−0.1360	−0.4321	0.3537	−0.3687
NJC19	−0.8946	0.6147	0.6245	−1.0683	0.2888	−0.6811
弗莱德莱卡	−0.3174	−0.2609	2.7233	1.4855	1.3195	2.9092
黄冠王	−2.5224	0.0110	−1.1306	−0.8823	−1.1599	−1.9874
金童 7 号	0.3534	0.7375	0.5319	1.3294	−0.6872	1.2331

续表

品种名称	可溶性固形物 （0.1007）	复水比 （0.0724）	a^*值 （0.3757）	粗脂肪 （0.0287）	L^*值 （0.4225）	综合得分
森格林	1.5469	0.6391	−1.6205	−0.5762	2.0569	−0.0728
金童 6 号	0.6158	0.4708	−0.0385	1.2244	−1.5188	0.5770
金露	0.4014	0.5450	−0.4553	1.0023	−1.1293	0.3629

表 2.82　黄桃脆片品质综合排名 2

品种名称	模型综合得分	模型综合排名
弗莱德莱卡	2.9093	1
金童 7 号	1.2331	2
金童 6 号	0.5770	3
金露	0.3629	4
森格林	−0.0728	5
秋露	−0.3687	6
黄桃	−0.6446	7
NJC19	−0.6811	8
黄冠王	−1.9874	9

　　线性回归是用于确定两种（及以上）变量间相互依赖的定量关系的一种统计分析方法。本书依据线性回归原理，对黄桃脆片综合品质评价数学模型和人体感官评价结果进行了拟合验证，即以感官评价标准化处理结果（表 2.83）为横坐标（X），以层次分析数学模型结果为纵坐标（Y）进行线性曲线绘制，得到线性曲线，如图 2.20 所示。

表 2.83　黄桃脆片感官评价标准化结果

品种名称	感官评价得分	排名
弗莱德莱卡	1.6667	1
秋露	1.5984	2
黄桃	0.0640	3
金露	−0.0538	4
金童 7 号	−0.2334	5
NJC19	−0.3058	6

续表

品种名称	感官评价得分	排名
金童 6 号	−0.8099	7
森格林	−0.9359	8
黄冠王	−1.9903	9

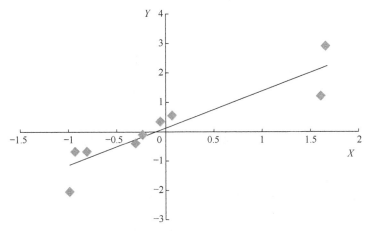

图 2.20　黄桃脆片感官评价-层次分析模型验证

依据"黄桃脆片感官评价-层次分析模型验证曲线"得到式 $Y_a=1.1251x+0.2725$（$R^2=0.9038$），可见其拟合系数接近 1，说明由层次分析法得到的黄桃脆片品质评价模型可以较合理地反映黄桃脆片品质的优劣。结合感官评价结果，可知在层次分析法得到的综合评分和感官评价综合评分中'弗莱德莱卡'的得分均最高，说明其综合品质最好，'黄冠王'的综合品质评价在两者评价中得分均最低，其综合品质最差，但'森格林'和'NJC19'综合品质评价排名在两者评价中综合排名有所差异，这体现出了人体感官的个体性差异。总体来讲，层次分析法所得到的结果与人工感官评价结果拟合效果较好，因此利用层次分析法提出的黄桃脆片的品质评价数学模型可以用于黄桃脆片的品质评价。

（2）白桃脆片品质评价数学模型的建立。

ⅰ）白桃脆片品质评价体系分层模型的建立。

根据白桃脆片产品品质指标的基本性质、评价指标之间的相关关联影响以及层次隶属关系，建立桃脆片品质评价体系的分层模型结构图（图 2.21）。该试验的层次结构分为 3 层，第一层目标层（O），为白桃脆片品质综合排名；第二层为准则层（C），为筛选出的白桃脆片的评价指标，记为 $C=(c_1, c_2, c_3, c_4, c_5)=(a^*$值，可滴定酸，可溶性固形物，$L^*$值，粗蛋白）；第三层为方案层（$P$），即 19 个白桃原料品种，记为 $P = (p_1, p_2, p_3, \cdots, p_{20}) = ($红不软，早玉，京玉，$\cdots$，艳红$)$。

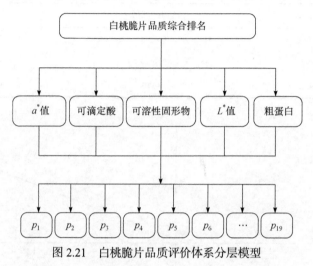

图 2.21　白桃脆片品质评价体系分层模型

ⅱ) 白桃脆片品质评价判断矩阵的构造及结果。

利用层次分析法建立白桃脆片品质评价判断矩阵（表 2.84）。

表 2.84　白桃脆片品质评价判断矩阵 O-C

O	a^*值	可滴定酸	可溶性固形物	L^*值	粗蛋白
a^*值	1	2	5	1	9
可滴定酸	1/2	1	2	1/2	5
可溶性固形物	1/5	1/2	1	1/5	7
L^*值	1	2	5	1	9
粗蛋白	1/9	1/5	1/7	1/9	1

经计算，得到矩阵的最大特征根及特征向量，如表 2.85。

表 2.85　白桃脆片品质评价判断矩阵计算结果

	a^*值	可滴定酸	可溶性固形物	L^*值	粗蛋白
w_i	2.4595	1.2011	0.6749	2.4595	0.2039
m_j	0.3514	0.1716	0.0964	0.3514	0.0291
		$\lambda_{max}=5.2008$			

计算 CI=$(\lambda_{max}-n)/(n-1)$，$n=5$，得 CI=0.0502；计算 CR=0.0448＜0.1，由此可认为判断矩阵具有满意一致性，即所得到的 m_j 可以作为白桃脆片核心指标的

权重系数。

iii）白桃脆片品质综合排名。

将白桃脆片的品质评价测定指标值经标准化后，根据所得到的数学模型"$Y=0.3514×a^*$值$+0.1716×$可滴定酸$+0.0964×$可溶性固形物$+0.3514×L^*$值$+0.0291×$粗蛋白"得到白桃脆片的综合得分，结果如表 2.86 所示。

表 2.86 白桃脆片品质综合排名 1

品种	得分	排名
大冬桃	0.6015	1
艳丰 1 号	0.3616	2
罐桃 14 号	0.3143	3
晚 9 号	0.2883	4
2000-6-9 东	0.2604	5
北京 48 号	0.2066	6
京蜜	0.1356	7
大久保	0.0713	8
早玉	0.0378	9
绿化 9 号	−0.0006	10
红不软	−0.0835	11
京艳	−0.1433	12
华玉	−0.1702	13
翠玉	−0.2639	14
京玉	−0.2729	15
艳红	−0.2769	16
晚 24 号	−0.3093	17
寒露蜜	−0.3376	18
晚蜜	−0.4192	19

根据层次分析法得出的白桃脆片品质综合评价结果，按照白桃脆片的综合得分分布情况，可将白桃脆片分为优（＞0.3）、中（0～0.3）、差（＜0）三个等级，其中'大冬桃'综合表现最优，其次为'艳丰 1 号'、'罐桃 14 号'，适宜作为白桃脆片加工品种进行普及推广，而'晚蜜'综合得分最低，品质最差，不适宜脆片加工。

iv）白桃脆片品质评价数学模型验证。

依据白桃脆片品质评价数学模型，将所测得的相关指标进行标准化处理，计算得出白桃脆片品质的综合得分，如表 2.87 所示。

表 2.87　白桃脆片品质评价指标标准化数据及综合得分

品种名称	a^*值（0.3514）	可滴定酸（0.1716）	可溶性固形物（0.0964）	L^*值（0.3514）	粗蛋白（0.0291）	综合得分
早玉	−0.1275	−0.4422	−0.0770	0.2597	−0.4388	−0.0496
京玉	−1.4971	−0.8619	0.3372	1.2278	−0.8805	0.0743
大久保	0.1527	−0.1732	0.5252	−0.2755	−0.2520	0.0113
京蜜	0.8484	−0.5451	0.6621	−0.7728	−0.2930	0.0096
罐桃 14 号	0.9851	−0.0930	0.7592	−0.9626	2.2666	0.0095
京艳	0.9835	−1.2043	0.4755	−1.2660	−0.5253	0.0093
艳丰 1 号	0.7132	2.1108	0.2049	−0.5917	−0.5936	0.0067
华玉	−1.4954	0.3932	−2.4814	1.3272	1.0141	−0.0100
大冬桃	−0.5629	0.8156	−0.4055	1.0540	−0.2976	0.0056

依据上表白桃脆片品质综合得分，对白桃脆片进行综合排名，如表 2.88 所示。

表 2.88　白桃脆片品质综合排名 2

品种名称	模型综合得分	模型综合排名
大冬桃	0.4074	1
早玉	0.2648	2
京艳	0.1311	3
罐桃 14 号	−0.0117	4
京蜜	−0.0222	5
京玉	−0.0496	6
华玉	−0.2013	7
大久保	−0.2357	8
艳丰 1 号	−0.2754	9

进行数学模型验证之前，需将白桃人体感官评价结果进行标准化，结果如表 2.89 所示。

表 2.89　白桃脆片感官评价标准化结果

品种名称	感官评价得分	排名
大冬桃	1.4323	1
早玉	1.3928	2
华玉	0.4408	3
艳丰 1 号	0.2784	4
罐桃 14 号	0.1474	5
京玉	−0.5895	6
京蜜	−0.8079	7
京艳	−0.9431	8
大久保	−1.3511	9

以感官评价标准化处理结果作为横坐标（X），以层次分析法所得数学模型结果作为纵坐标（Y）进行线性曲线的绘制，从而采用线性回归模型检验方法进行结果验证。按上述方法绘制线性曲线，如图 2.22 所示。

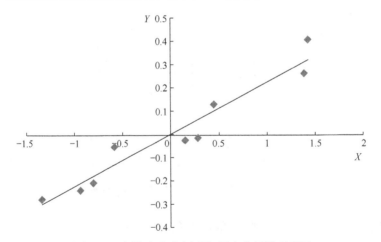

图 2.22　白桃脆片感官评价-层次分析模型验证

依据"白桃脆片感官评价-层次分析模型验证曲线"得到式 $Y_b=0.2237X+0.0008$（$R^2=0.935$），可见其拟合系数接近 1，该数学模型所得结果与人体感官评价结果非常相近。结合感官评价结果，可知在层次分析法得到的综合评分和感官评价综合评分中'大冬桃'的得分均最高，说明其综合品质最好；层次分析法综合评价中'晚蜜'在所进行感官评价的品种中综合得分最低，但在感官评价中'大久保'得分最低，二者呈现出一定的差异性，在试验中发现，脆片的色泽是白桃脆片品质评价的最为重要的因素，同时这也体现出了人体感官评价的个体之间的差异性。总体来讲，层次分析法所得到的结果与人工感官评价结果拟合效果较好，由此提出的白桃脆片的品质评价数学模型可以用于黄桃脆片的品质评价。这说明由层次分析法得到的白桃脆片品质评价模型可以较合理客观地描述白桃脆片品质的优劣。

（3）油桃脆片品质评价数学模型的建立。

ⅰ）油桃脆片品质评价体系分层模型的建立。

根据油桃脆片产品品质指标的基本性质、评价指标之间的相关关联影响以及层次隶属关系，建立桃脆片品质评价体系的分层模型结构图（图 2.23）。该试验的层次结构分为 3 层，第一层目标层（O），为油桃脆片品质综合排名；第二层为准则层（C），为筛选出的油桃脆片的评价指标，记为 $C=$（c_1, c_2, c_3, c_4, c_5）=（还原糖，产出比，L^*值，a^*值，粗蛋白）；第三层为方案层（P），即 9 个油桃原料品种，记为 $P=$（p_1, p_2, p_3, …, p_9）=（瑞光 29 号，瑞光 28 号，瑞光 18 号，…，瑞光 51 号）。

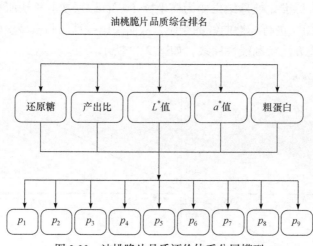

图 2.23　油桃脆片品质评价体系分层模型

利用层次分析法建立油桃脆片品质评价判断矩阵（表 2.90）。

表 2.90　油桃脆片品质评价判断矩阵 O-C

O	还原糖	产出比	L^*值	a^*值	粗蛋白
还原糖	1	3	1/2	1/2	7
产出比	1/3	1	1/2	1/2	5
L^*值	2	2	1	1	9
a^*值	2	2	1	1	9
粗蛋白	1/7	1/5	1/9	1/9	1

ii）油桃脆片品质评价判断矩阵的构造及结果。

经计算，得到矩阵的最大特征根及特征向量，如表 2.91 所示。

表 2.91　油桃脆片品质评价判断矩阵计算结果

	还原糖	产出比	L^*值	a^*值	粗蛋白
w_i	1.3933	0.8394	2.0477	2.0477	0.2039
m_j	0.2133	0.1285	0.3135	0.3135	0.0312
			λ_{max}=5.1387		

计算 CI =（$\lambda_{max}-n$）/（$n-1$），n=5，得 CI=0.0369；计算 CR=0.0310＜0.1，由此可认为判断矩阵具有满意一致性，即所得到的 m_j 可以作为油桃脆片核心指标的权重系数。

iii）油桃脆片品质综合排名。

将油桃脆片的品质评价测定指标值经标准化后，根据所得到的数学模型 "Y=0.2133×还原糖+0.1285×产出比+0.3135×L^*值+0.3135×a^*值+0.0312×粗蛋白" 得到油桃脆片的综合得分，结果如表 2.92 所示。

表 2.92　油桃脆片品质综合排名 1

品种	得分	排名
意大利 5 号	0.8103	1
瑞光 28 号	0.1940	2
黄油桃	0.0897	3
瑞光 51 号	0.0437	4
瑞光 39 号	0.0090	5
瑞光 18 号	−0.1238	6
瑞光 27 号	−0.1519	7
瑞光 29 号	−0.2919	8
瑞光 20 号	−0.5796	9

因此，根据层次分析法得出的油桃脆片品质综合评价结果，按照油桃脆片的综合得分分布情况，由于所收集到的油桃品种较少，将油桃脆片分为优（＞0.1）、中（0~0.1）、差（＜0）三个等级，其中'意大利 5 号'综合表现最优，其次为'瑞光 28 号'，适宜作为油桃脆片加工品种进行普及推广，而'瑞光 20 号'综合得分最低，品质最差，不适宜脆片加工。

ⅳ）油桃脆片品质评价数学模型验证。

依据油桃脆片品质评价数学模型，将所测得的相关指标进行标准化处理，计算得出油桃脆片品质的综合得分，如表 2.93 所示。

表 2.93 油桃脆片品质评价指标标准化数据及综合得分

品种名称	还原糖（0.2133）	产出比（0.1285）	L^*值（0.3135）	a^*值（0.3135）	粗蛋白（0.0312）	综合得分
瑞光 29 号	−0.73165	0.14584	0.48469	−0.96625	0.98839	−0.4575
瑞光 28 号	−0.7326	−0.35515	1.50601	−0.47688	−1.53572	0.1728
瑞光 20 号	−0.72664	−1.27164	−0.91619	0.26008	0.79576	−0.4993
瑞光 39 号	1.09389	1.4951	−0.73765	−0.42619	−0.14082	0.0862
意大利 5 号	1.09699	−0.01415	−0.33686	1.60924	−0.10761	0.6277

根据油桃脆片品质评价指标标准化综合得分，对参与感官评价的油桃脆片进行排名，结果如表 2.94 所示。

表 2.94 油桃脆片品质综合排名 2

品种名称	模型综合得分	模型综合排名
意大利 5 号	0.6277	1
瑞光 28 号	0.1728	2
瑞光 39 号	0.0862	3
瑞光 29 号	−0.4575	4
瑞光 20 号	−0.4993	5

油桃脆片品质评价数学模型的验证，采用线性回归模型检验法进行。在进行模型验证之前，需将油桃脆片感官评价结果进行标准化处理，处理结果如表 2.95 所示。

表 2.95 油桃脆片感官评价标准化结果

品种名称	感官评价得分	排名
瑞光 28 号	0.9407	1
瑞光 29 号	0.8029	2
意大利 5 号	0.3987	3
瑞光 39 号	−0.9796	4
瑞光 20 号	−1.1627	5

以感官评价标准化处理结果作为横坐标（X），以层次分析法的数学模型标准化处理结果作为纵坐标（Y）进行线性曲线绘制，得到线性曲线，如图 2.24 所示。

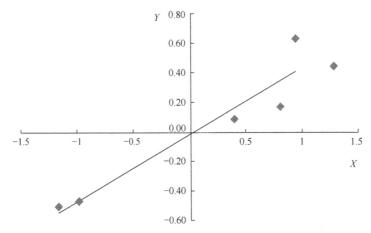

图 2.24　油桃脆片感官评价-层次分析模型验证

依据"油桃脆片感官评价-层次分析模型验证曲线"得到公式 $Y_c=0.4481X-0.014$，（$R^2=0.9034$），可见其拟合系数接近 1，该数学模型所得结果与人体感官评价结果非常相近。结合感官评价结果，可知层次分析法综合评分最高的为'意大利 5 号'，但感官评价综合评分中'瑞光 28 号'的得分最高，体现了个体感官方面的差异性；层次分析法和感官评价综合得分中'瑞光 20 号'得分均最低，这在一定程度上体现了数学评价方法和人体感官评价的一致性。总体来讲，层次分析法所得到的结果与人体感官评价结果拟合效果较好，上文中提出的油桃脆片的品质评价数学模型可以用于油桃脆片的品质评价。总体来说，由层次分析法得到的油桃脆片品质评价模型可以较合理客观地描述油桃脆片品质的优劣。

（4）蟠桃脆片品质评价数学模型的建立。

i）蟠桃脆片品质评价体系分层模型的建立。

根据蟠桃脆片产品品质指标的基本性质、评价指标之间的相关关联影响以及层次隶属关系，建立蟠桃脆片品质评价体系的分层模型结构图（图 2.25）。该试验的层次结构分为 3 层，第一层目标层（O），为蟠桃脆片品质综合排名；第二层为准则层（C），为筛选出的蟠桃脆片的评价指标，记为 $C=(c_1, c_2, c_3, c_4, c_5)=$（$L^*$值，水分含量，可滴定酸，产出比，$a^*$值）；第三层为方案层（$P$），即 6 个蟠桃原料品种，记为 $P=(p_1, p_2, p_3, \cdots, p_6)=$（瑞蟠 3 号，瑞蟠 19 号，巨蟠，$\cdots$，瑞蟠 21 号）。

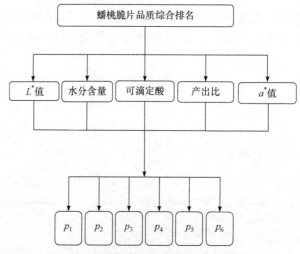

图 2.25 蟠桃脆片品质评价体系分层模型

ii）蟠桃脆片品质评价判断矩阵的构造及结果。

利用层次分析法建立蟠桃脆片品质评价判断矩阵（表 2.96）。

表 2.96 蟠桃脆片品质评价判断矩阵 *O-C*

O	L^*值	水分含量	可滴定酸	产出比	a^*值
L^*值	1	2	2	2	1
水分含量	1/2	1	1	2	1/2
可滴定酸	1/2	1	1	3	1/2
产出比	1/2	1/2	1/3	1	1/2
a^*值	1	2	2	2	1

经计算，得到矩阵的最大特征根及特征向量，如表 2.97 所示。

表 2.97 蟠桃脆片品质评价判断矩阵计算结果

	L^*值	水分含量	可滴定酸	产出比	a^*值
w_i	1.5157	0.8706	0.9441	0.5296	1.5157
m_j	0.2820	0.1619	0.1756	0.0985	0.2820
			$\lambda_{max}=5.1435$		

计算 CI =（$\lambda_{max}-n$）/（$n-1$），$n=5$，得 CI=0.0359；计算 CR=0.0320＜0.1，由此可认为判断矩阵具有满意一致性，即所得到的 m_j 可以作为白桃脆片核心指标的

权重系数。

iii）蟠桃脆片品质综合排名。

将蟠桃脆片的品质评价测定指标值经标准化后，根据所得到的数学模型"$Y=0.2820×L^*$值$+0.1619×$水分含量$+0.1756×$可滴定酸$+0.0985×$产出比$+0.2820×a^*$值"计算得蟠桃脆片的综合得分，结果如表 2.98 所示。

表 2.98　蟠桃脆片品质综合排名

品种	得分	排名
瑞蟠 19 号	0.2077	1
瑞蟠 3 号	0.1557	2
巨蟠	0.1404	3
瑞蟠 21 号	−0.0821	4
瑞蟠 4 号	−0.1876	5
瑞蟠 20 号	−0.2336	6

根据层次分析法得出蟠桃脆片品质综合评价结果，由于所收集到的蟠桃品种较少，可以明显得出蟠桃脆片的综合品质情况，其中'瑞蟠 19 号'综合表现最优，其次为'瑞蟠 3 号'，适宜作为蟠桃脆片加工品种进行普及推广，而'瑞蟠 20 号'综合得分最低，品质最差，不适宜脆片加工。

2.3.3　荔枝制汁加工适宜性评价模型

1. 荔枝原料特性相关性分析

1）感官品质相关性分析

荔枝品种感官品质相关性结果（表 2.99）表明 L^* 值与 pH 和固酸比呈负相关，与酸度呈正相关，L^* 值表示样品的明暗程度，是描述样品感官特性的重要指标；除了可溶性固形物之外，酸度和固酸比与其他指标均呈显著相关性，果实的可溶性固形物含量是果实品质的重要因素，它与鲜食及加工品质有直接关系，同时固酸比也是决定果实甜度的重要因子。

表 2.99　荔枝感官品质相关性分析

因子	L^*值	pH	电导率	可溶性固形物	酸度	固酸比
L^*值	1					
pH	−0.441**	1				

续表

因子	L*值	pH	电导率	可溶性固形物	酸度	固酸比
电导率	0.087	−0.007	1			
可溶性固形物	0.053	−0.086	−0.342**	1		
酸度	0.423**	−0.632**	0.430**	−0.095	1	
固酸比	−0.608**	0.704**	−0.292**	0.095	−0.730**	1

*表示 $P<0.05$，显著相关；**表示 $P<0.01$，极显著相关。

2）理化与营养品质相关性分析

荔枝品种理化与营养品质相关性分析结果（表 2.100）表明维生素 C 和总酚呈显著负相关，总酚和还原糖呈显著正相关。维生素 C 对果汁的色泽和口感都影响较大，因此，经综合评价将维生素 C 作为荔枝理化与营养品质的评价指标。

表 2.100　荔枝理化与营养品质相关性分析

因子	总酚	还原糖	维生素 C
总酚	1	0.301**	−0.468**
还原糖	0.301**	1	0.068
维生素 C	−0.468**	0.068	1

*表示 $P<0.05$，显著相关；**表示 $P<0.01$，极显著相关。

3）加工品质相关性分析

荔枝品种加工品质相关性分析结果（表 2.101）表明出汁率和可食率分别与果壳和果核呈显著的负相关，说明果壳和果核所占荔枝果重的比例越大，对应的出汁率和可食率则越低；出汁率和可食率呈显著的正相关，说明荔枝的出汁率越高则可食率也越高，反之也成立。果实中的 PPO 和 POD 对果汁的色泽影响较大，在果汁的热加工过程中，极易发生褐变反应，褐变不仅影响外观，而且风味和营养也因之发生变化。

表 2.101　荔枝加工品质相关性分析

因子	单果重	出汁率	可食率	果壳	果核	PPO	POD
单果重	1	0.028	−0.056	0.003	0.072	−0.084	−0.043
出汁率	0.028	1	0.755**	−0.510**	−0.518**	−0.004	−0.012
可食率	−0.056	0.755**	1	−0.579**	−0.765**	−0.052	−0.009
果壳	0.003	−0.510**	−0.579**	1	−0.078	−0.084	−0.068
果核	0.072	−0.518**	−0.765**	−0.078	1	0.128	−0.118
PPO	−0.084	−0.004	−0.052	−0.084	0.128	1	0.107
POD	−0.043	−0.012	−0.009	−0.068	−0.118	0.107	1

*表示 $P<0.05$，显著相关；**表示 $P<0.01$，极显著相关。

2. 荔枝果汁品质相关性分析

荔枝果汁品质指标相关性分析见表 2.102。

表 2.102　荔枝果汁品质指标相关性分析

	L^*值	电导率	总糖度	pH	总酸度	固酸比	总酚	还原糖	维生素 C
L^*值	1	0.010	0.105	−0.043**	0.253**	−0.354**	0.159	−0.020	0.072
电导率	0.010	1	−0.029	0.101	−0.179	0.174	0.036	0.156	0.132
总糖度	0.105	−0.029	1	−0.064	0.036	0.107	0.027	0.100	0.011
pH 值	−0.006	0.101	−0.064	1	−0.814**	0.890**	−0.133	−0.122	0.018
总酸度	0.253**	−0.179	0.036	−0.814**	1	−0.603**	0.262**	−0.002	−0.034
固酸比	−0.354**	0.174	0.107	0.890**	−0.603**	1	−0.105	−0.164	0.095
总酚	0.159	0.036	0.027	−0.133	0.262**	−0.105	1	0.264**	−0.427**
还原糖	−0.020	0.156	0.100	−0.122	−0.002	−0.164	0.264**	1	−0.017
维生素 C	0.072	0.132	0.011	0.018	−0.034	0.095	−0.427**	−0.017	1

*表示 $P<0.05$，显著相关；**表示 $P<0.01$，极显著相关。

分析得出，果汁 L^*值、固酸比、可溶性固形物和维生素 C 为荔枝果汁品质的综合评价指标。

3. 荔枝罐头品质相关性分析

由荔枝罐头品质特性指标相关性分析结果（表 2.103）表明，果肉 L^*值、汤汁 L^*值、固酸比、硬度、脆度、维生素 C 为荔枝罐头品质的综合评价指标。

表 2.103　荔枝罐头品质相关性分析

因子	维生素 C	还原糖	总酚	糖度	pH	总酸	硬度	脆度	果肉 L^*值	汤汁 L^*值	固酸比
维生素 C	1	−0.132	0.328**	−0.046	−0.036	0.097	0.055	0.378**	−0.165	−0.042	−0.126
还原糖	−0.132	1	0.058	0.499**	−0.019	0.003	−0.092	−0.156	−0.048	0.004	0.059
总酚	0.328**	0.058	1	0.249*	−0.343**	0.351**	0.144	0.283**	−0.161	−0.152	−0.300**
糖度	−0.046	0.499**	0.249*	1	−0.090	0.005	0.105	0.229*	−0.178	−0.013	0.162
pH	−0.036	−0.019	−0.343**	−0.090	1	−0.809**	0.171	−0.089	0.055	0.019	0.741**
总酸	0.097	0.003	0.351**	0.005	−0.809**	1	−0.184	−0.031	−0.170	0.014	−0.854**
硬度	0.055	−0.092	0.144	0.105	0.171	−0.184	1	0.156	−0.141	0.104	0.259*

因子	维生素C	还原糖	总酚	糖度	pH	总酸	硬度	脆度	果肉 L^*值	汤汁 L^*值	固酸比
脆度	0.378**	−0.156	0.283**	0.229*	−0.089	−0.031	0.156	1	−0.131	0.042	0.055
果肉 L^*值	−0.165	−0.048	−0.161	−0.178	0.055	−0.170	−0.141	−0.131	1	0.091	0.088
汤汁 L^*值	−0.042	0.004	−0.152	−0.013	0.019	0.014	0.104	0.042	0.091	1	0.026
固酸比	−0.126	0.059	−0.300**	0.162	0.741**	−0.854**	0.259*	0.055	0.088	0.026	1

*表示 $P<0.05$，显著相关；**表示 $P<0.01$，极显著相关。

4. 适宜加工荔枝果汁品质评价模型的建立

1）综合品质得分正态分布检验

由表 2.104 可以看出，显著度水平（Sig.）大于 0.05，因变量符合正态分布。

表 2.104　正态性检验

	Kolmogorov-Smirnova 检验			Shapiro-Wilk 检验		
	统计量	df	Sig.	统计量	df	Sig.
评分	0.051	94	0.200*	0.986	94	0.401

*表示 $P<0.05$，显著相关。

2）综合品质得分与原料品质相关性分析

将评分结果和荔枝品种原料指标做相关性分析（表 2.105），筛选相关性较大的指标作为进一步筛选模型方程的指标。

表 2.105　评分与原料指标相关性分析

指标	评分	指标	评分
L^*值	0.314**	总酚/（mg/L）	−0.286**
pH	0.102	还原糖/（g/100 g）	0.239*
电导率/（mS/cm）	−0.311**	维生素 C/（mg/L）	0.575**
糖度/%	0.448**	单果重/g	−0.125
酸度/%	−0.156	出汁率/%	0.296**
固酸比	0.184	PPO/（U/mL）	0.114

*表示 $P<0.05$，显著相关；**表示 $P<0.01$，极显著相关。

从上述结果分析得知，与评分相关性显著的原料特性指标分别为 L^*值、电导率、糖度、总酚、还原糖、维生素 C 和出汁率。

3）综合品质得分和与其相关性显著的原料品质之间回归模型的建立

运用多元线性回归分析，得出模型综述表、方差分析表和模型系数表，如表 2.106～表 2.108 所示。从表 2.106 得知，只有第 4 个模型的 R 值最大，为 0.780；从表 2.107 得出，第 4 个模型 F 分布的概率为 0.000，说明因变量和自变量的线性关系是显著的，可建立线性模型。因此，选择第 4 个模型作为评价荔枝果汁品质的理论模型方程。

表 2.106 模型综述表

模型	R	R^2	调整 R^2	标准估计的误差
1	0.575	0.330	0.323	0.29894
2	0.731	0.534	0.524	0.25065
3	0.760	0.577	0.563	0.24028
4	0.780	0.608	0.590	0.23259

表 2.107 方差分析表

模型		平方和	df	均方	F	Sig.
	回归	4.057	1	4.057	45.403	0.000
1	残差	8.222	92	0.089		
	总计	12.279	93			
	回归	6.562	2	3.281	52.225	0.000
2	残差	5.717	91	0.063		
	总计	12.279	93			
	回归	7.083	3	2.361	40.895	0.000
3	残差	5.196	90	0.058		
	总计	12.279	93			
	回归	7.464	4	1.866	34.495	0.000
4	残差	4.815	89	0.054		
	总计	12.279	93			

表 2.108 模型系数表

模型		非标准化系数		标准系数试用版	t	Sig.
		B	标准误差			
	（常量）	−3.712	0.356		−10.419	0.000
	维生素 C	0.006	0.001	0.517	7.585	0.000
4	TSS	0.099	0.016	0.427	6.364	0.000
	L^*值	0.005	0.002	0.212	3.129	0.002
	出汁率	0.010	0.004	0.179	2.655	0.009

从表 2.108 得出，适宜加工果汁荔枝品质评价的理论模型方程为

$$Y=-3.712+0.006×维生素 C+0.099×TSS +0.005×L^{*}+0.010×出汁率$$

4）模型的验证

为了考察模型的准确性及推广适用性，采用剩余的 23 个品种进行验证，将 23 个荔枝品种维生素 C、TSS、L^{*}值和出汁率 4 个指标代入上述公式进行计算，并将模型计算值与测定的值进行回归分析，二者的相关系数为 0.8124（图 2.26），因此采用该方法作为适宜加工果汁的品质评价模型是可行的。

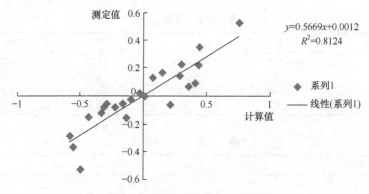

图 2.26　原始值与计算值之间拟合图

5. 适宜加工荔枝罐头品质评价模型的建立

1）综合品质得分正态分布检验

由表 2.109 可以看出，显著度水平（Sig.）大于 0.05，因变量符合正态分布。

表 2.109　正态性检验

| | Kolmogorov-Smirnova 检验 | | | Shapiro-Wilk 检验 | | |
	统计量	df	Sig.	统计量	df	Sig.
评分	0.110	60	0.068	0.976	60	0.280

2）综合品质得分与原料品质相关性分析

将评分结果和荔枝品种原料指标做相关性分析（表 2.110），筛选相关性较大的指标作为进一步筛选模型方程的指标。

表 2.110　评分与原料指标相关性分析

指标	评分	指标	评分
还原糖/（g/100 g）	−0.070	色泽 100 度	−0.067
总酚/（mg/L）	−0.094	鲜果硬度	−0.001

续表

指标	评分	指标	评分
pH	0.107	鲜果脆度	0.299*
糖度/%	0.084	PPO/（U/mL）	−0.190
酸度/%	−0.363**	维生素 C/（mg/L）	0.034
固酸比	0.092	L_{30}^*	0.196
可食率/%	0.347**	a_{30}^*	−0.264*
色泽（30℃）	−0.088	b_{30}^*	0.118

*表示 $P<0.05$，显著相关。

从上述结果分析得知，与评分相关性显著的原料特性指标分别为酸度、可食率、鲜果脆度和 30℃时的 a^*值。

3）综合品质得分和与其相关性显著的原料品质之间回归模型的建立

通过运用多元线性回归分析，得出模型综述表、方差分析表和模型系数表，如表 2.111～表 2.113 所示。由表 2.111 得知，只有第 4 个模型的 R 值最大，为 0.780；从表 2.112 得出，第 3 个模型 F 分布的概率为 0.000，说明因变量和自变量的线性关系是显著的，可建立线性模型。因此，选择第 3 个模型作为评价荔枝果汁品质的理论模型方程。

表 2.111　模型综述表

模型	R	R^2	调整 R^2	标准估计的误差
1	0.343[a]	0.118	0.099	1.90813
2	0.539[b]	0.291	0.260	1.72929
3	0.647[c]	0.418	0.379	1.58337

表 2.112　方差分析表

模型		平方和	df	均方	F	Sig.
1	回归	22.812	1	22.812	6.265	0.016
	残差	171.125	47	3.641		
	总计	193.936	48			
2	回归	56.377	2	28.188	9.426	0.000
	残差	137.560	46	2.990		
	总计	193.936	48			
3	回归	81.119	3	27.040	10.785	0.000
	残差	112.817	45	2.507		
	总计	193.936	48			

表 2.113　模型系数表

| 模型 | 非标准化系数 | | 标准系数试用版 | t | Sig. |
	B	标准误差			
3					
（常量）	−2.471	0.940		−2.628	0.012
酸度	−8.319	1.792	−0.572	−4.642	0.000
a_{30}^{*}	−0.445	0.101	−0.550	−4.409	0.000
脆度	0.080	0.025	0.378	3.142	0.003

从表 2.113 得出，适宜加工罐头荔枝品质评价的理论模型方程为

$$Y=-2.471-8.319×酸度-0.445× a_{30}^{*} +0.080×脆度$$

4）模型的验证

为了考察模型的准确性及推广适用性，选用 19 个品种进行验证，将 19 个荔枝品种总酸、a_{30}^{*} 和脆度 3 个指标代入上述公式进行计算，并将模型计算值与测定的值进行回归分析，二者的相关系数为 0.6143（图 2.27），因此采用该方法作为适宜加工罐头的品质评价模型是可行的。

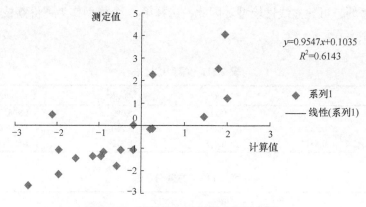

图 2.27　原始值与计算值之间拟合图

2.3.4　番茄酱加工适宜性评价模型

采用有监督主成分回归分析，建立适宜加工番茄酱的番茄品质评价模型。用于反映番茄品质的四种物理化学、一种质构、三种色泽和六种营养品质指标被 4 个新的主成分代替，PC1 侧重于反映番茄的营养品质还原糖（r=0.828）、葡萄糖（r=0.82）、总糖（r=0.823）、果糖（r=0.733）、总顺式番茄红素（r=0.687）及物化指标可滴定酸（r=0.687）；PC2 倾向于映射番茄的果糖（r=0.591）、还原糖（r=0.519）、

总糖（r=0.515）及葡萄糖（r=0.476）；在 PC3 上，番茄的总番茄红素及总顺式番茄红素表现出了较高的载重（分别为 r=0.538，r=0.490）；而番茄的 pH（r=0.909）则在 PC4 上体现出了高因子载荷量。根据每项指标在每种主成分上的因子载荷量及每个主成分对应的特征根，计算出十四种番茄品质指标在每个主成分上的线性组合系数，对十四种番茄品质指标进行权重分配，建立番茄整体品质评价模型，具体见表 2.114。

表 2.114　番茄整体品质评价模型构建参数

番茄品质指标	指标权重系数	模型系数
硬度（质构）	−0.097	−0.113
出汁率（物化）	−0.052	−0.060
可滴定酸	0.087	0.102
pH	0.121	0.141
可溶性固形物	0.197	0.229
L^*（色泽）	−0.124	−0.145
a^*	−0.119	−0.138
b^*	−0.125	−0.145
总糖（营养）	0.232	0.269
还原糖	0.212	0.247
果糖	0.213	0.248
葡萄糖	0.212	0.247
总顺式番茄红素	0.119	0.138
总番茄红素	0.123	0.143
番茄整体品质评价模型	Y（整体品质得分）= −0.113（质构硬度）−0.060（物化出汁率）+0.102（可滴定酸）+0.141（pH）+0.229（可溶性固形物）−0.145（色泽 L^*）−0.138（a^*）−0.145（b^*）+0.269（营养总糖）+0.247（还原糖）+0.248（果糖）+0.247（葡萄糖）+0.138（总顺式番茄红素）+0.143（总番茄红素）	

用于构建番茄品质评价模型的 14 个特征指标经过逐步回归分析后，质构硬度、物化出汁率、色泽 L^*、a^*、b^* 5 个指标被剔除，剩余 9 个指标被用于构建番茄品质评价模型。由表 2.114 可知，番茄的整体品质评价模型为：

Y（整体品质得分）=0.102×可滴定酸+0.141×pH+0.229×可溶性固形物+0.269×

营养总糖+0.247×还原糖+0.248×果糖+0.247×葡萄糖+0.138×总顺式番茄红素+0.143×总番茄红素

　　番茄的整体品质更侧重于营养品质指标中的总糖、果糖、葡萄糖,这三种指标分别占据了总比重的 26.9%,24.8%,24.7%,共占据了总权重的 76.4%。这表明对于中国的消费者而言,理想的番茄产品应具有较好的营养品质。

　　本书通过番茄整体品质评价模型构建了番茄品质评价体系,用于衡量番茄制品的实际品质;同时,本书还通过番茄品质预测模型,构建了番茄加工适宜性指导标准。这对于番茄加工适宜性指导标准与番茄品质评价体系的匹配分析尤为重要,匹配的结果将直接影响番茄加工适宜性指导标准的精确性和实用性。本书构建的番茄加工适宜性指导标准和番茄品质评价体系的匹配分析结果见表 2.115。

表 2.115　番茄加工适宜性指导标准和番茄品质评价体系的匹配分析

番茄品质评价体系	番茄整体品质评价模型		加工适宜性分类标准	番茄整体品质预测模型		加工适宜性标准与番茄品质评价体系匹配度		
	划分标准	样品个数		划分标准	样品个数	匹配样本数	匹配比率	总匹配度
优秀	$Y \geqslant 7.948$	16	非常适宜	$F \geqslant 4.473$	16	8/16	50%	
合格	$4.701 \leqslant Y < 7.948$	16	基本适宜	$3.424 \leqslant F < 4.473$	16	9/16	56.25%	35.42%
不合格	$Y < 4.701$	2	不适宜	$F < 3.424$	2	0/2	0%	

　　从表 2.115 可以看出,基于番茄品质预测模型构建的番茄加工适宜性指导标准与基于番茄整体品质评价模型构建的番茄品质评价体系有着良好的匹配度,番茄品质评价体系中的"优秀"等级对应于番茄加工适宜性指导标准中的"非常适宜"分类;番茄品质评价体系中的"合格"等级对应于番茄加工适宜性指导标准中的"基本适宜"分类;番茄品质评价体系中的"不合格"等级对应于番茄加工适宜性指导标准中的"不适宜"分类。这表明根据该加工适宜性指导标准,属于"非常适宜"分类的番茄原料将生产出"优秀"品质的番茄制品;属于"基本适宜"分类的番茄原料将生产出"合格"品质的番茄制品;属于"不适宜"分类的番茄原料将生产出"不合格"品质的番茄制品。适宜品种的总匹配度达到了 35.42%,表明本书构建的基于番茄品质预测模型的加工适宜性指导标准具有较好的可靠性。从两者的匹配度来看,三类品质等级与三类加工适宜性的匹配度分别是:"优秀-非常适宜"为 50%,"合格-基本适宜"为 56.25%,"不合格-不适宜"为 0%,其中,"优秀-非常适宜"及"合格-基本适宜"这两项的匹配度较高,而对于加工适宜性指导标准中"基本适宜"这一分类标准,预测模型所预测的 16 个结果中,有 9 个结果

与番茄品质评价体系中"合格"等级所衡量的结果相同（样品编号分别是 PT-10、PT-18、PT-20、PT-21、PT-24、PT-25、PT-27、PT-31、PT-35），准确度达到了 9/16（56.25%），而"合格-基本适宜"的匹配比率略低的原因是适合加工的样本较少，"基本适宜"这一分类标准的划分标准与"合格"这一等级的划分标准略有差异，导致了过多的样本数分布在"基本适宜"这一区间，从而使得"合格-基本适宜"这一分类的匹配度由原先的 8/16（50%）升高到了 9/16（56.25%）。

2.4　畜禽加工适宜性评价模型建立

2.4.1　猪肉卤制加工适宜性评价模型

1. 猪肉卤制加工适宜性评价指标分析

筛选出猪肉卤制加工适宜性评价指标，并对煮制后肉样的品质指标进行系统分析。主要对卤制后猪肉的保水性及肌纤维变化进行探究。肌纤维直径、密度和肌节长度是肌肉的微观结构，与肌肉的嫩度、保水性等原料肉品质指标有着显著的相关关系，蒸煮损失、肌节收缩率和体积收缩率是生产中重要的经济指标，与生产者经济利益息息相关。

如图 2.28（a）所示，在不同类型的肌肉中，蒸煮损失明显不同（$P<0.05$）。与 ST 相比，LD 和 SM 的蒸煮损失更高（$P<0.05$），这表明 ST 的原始样品的保水性比 LD 和 SM 更好。烹饪后，LD 显示出最低的加压失水率[$P<0.05$，图 2.28（b）]。加压失水率结果表明，烹饪改变了肌肉的保水能力，但是在不同的肌肉之间有所不同。蒸煮损失和加压失水率结果表明，SM 在保水性方面表现最差，可能不适于卤制加工。图 2.28（c）显示了受热影响的横向和纵向收缩率的变化。面积收缩率的结果与蒸煮损失结果存在相似的趋势，ST 蒸煮收缩率显著低于 LD（$P<0.05$）。纵向收缩在烹饪期间特别明显，这可能是由肌节长度的变化引起的。

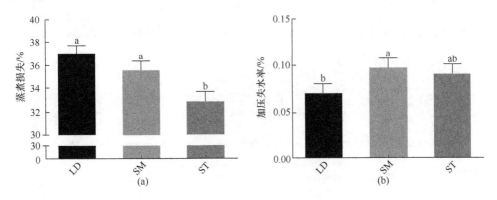

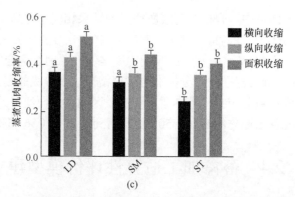

(c)

图 2.28　不同部位猪肉蒸煮损失、加压失水率、肌肉收缩率分析
（a）蒸煮损失；（b）加压失水率；（c）肌肉收缩率
LD 为猪背最长肌；SM 为半膜肌；ST 为半腱肌

　　为了明确三块肌肉的差异，数字图像如图 2.29 所示。肌肉纤维染成黄色，而肌周膜染成红色。与 CL、CM 相比，RL、RM 表现出高度规则直径的肌纤维和正常的纤维组织。在 RT 中，肌内结缔组织的数量最高，而纤维束的结构完整性受到损害。与新鲜猪肉样品相比，所有三个煮熟的样品均以松散包装的形式排列（图 2.29）。结果表明，加热对肌内结缔组织具有有害作用。如表 2.116 所示，煮制

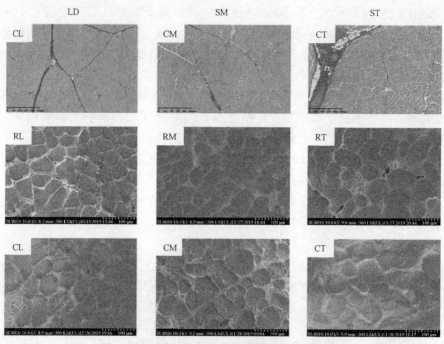

图 2.29　不同部位猪肉及其煮制后扫描电镜结果
RL 为未煮制背最长肌；RM 为未煮制半膜肌；RT 为未煮制半腱肌
CL 为煮制背最长肌；CM 为煮制半膜肌；CT 为煮制半腱肌

后三块肌肉（CL、CM、CT）均表现出明显的横向收缩，即纤维直径收缩。在三个猪肉样品中 ST 显示最高的收缩率（15.49%）。

表 2.116　三个部位蒸煮猪肉肌纤维长度和直径的结果

肌节长度和肌纤维直径/μm	LD	SM	ST
猪肉肌节长度	1.29±0.03[b]	1.37±0.09[b]	1.63±0.11[a]
蒸煮猪肉肌节长度	1.14±0.03[b]	1.23±0.06[b]	1.38±0.05[a]
猪肉肌纤维直径	70.57±1.50[b]	79.05±1.76[a]	82.52±1.67[a]
蒸煮猪肉肌纤维直径	63.17±2.55[a]	70.24±2.10[a]	70.97±3.31[a]

注：LD 为猪背最长肌；SM 为半膜肌；ST 为半腱肌。

图 2.30 显示了三块肌肉中肌纤维的超微结构。每个肌节包括 1 条 A 波段，1 个 I 区，1 条 M 线和 2 条 Z 线。这些结果表明，加热严重破坏了肌肉结构，尤其是 Z 线。ST 的肌节长度是三个样品中最长的（$P<0.05$），即使煮熟后肌节长度明显缩小。ST 在所有三个样品中显示出最高的肌节长度收缩率（14.00%）（SM：11.14%，LD：10.47%）。

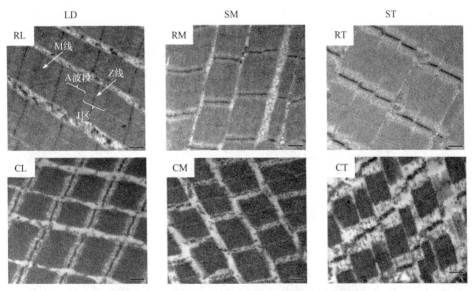

图 2.30　不同部位猪肉及其煮制后透射电镜结果
RL 为未煮制背最长肌；RM 为未煮制半膜肌；RT 为未煮制半腱肌；
CL 为煮制背最长肌；CM 为煮制半膜肌；CT 为煮制半腱肌

2. 猪肉卤制加工适宜性评价指标权重评判

对上述的卤制猪肉的指标进行层次分析，各个指标进行两两对比分析，将这些指标进行排序，得出各自相对重要的比较权，建立判断矩阵。计算最大特征根以及相对应的特征向量，进行层次单排序，得到各个指标相对卤制猪肉的重要排序。酱卤猪肉加工适宜性指标的组合权重为权数，对相对权重向量进行加权求和，进行层次总排序，得出各层次要素相对于卤制猪肉的组合权重，根据最终权重的大小进行方案排序。

3. 猪肉卤制加工适宜性模型建立及验证

根据卤制猪肉的"合理-满意度"及确定的评价指标的权重得到具体统计公式，由公式计算出不同卤制猪肉的加工品质综合评价得分，并针对其得分进行排名。根据综合评价得分进行聚类分析，筛选出适宜卤制加工的猪肉。为了验证模型的准确性和实用性，结合感官评价员对煮制后肉样进行感官评价，利用"合理-满意度"计算得到不同卤制猪肉感官评价得分，以感官评价得分为纵坐标，综合评价得分为横坐标，利用线性回归分析方法对猪肉蒸煮加工模型进行验证。

猪肉蒸煮加工适宜性模型：

$$Score = -0.14 \times Z_{CL} - 0.09 \times Z_{T_{21}} + 0.15 \times Z_{T_{22}} + 0.12 \times Z_{T_{23}} - 0.1 \times Z_{VS} + 0.14 \times Z_{SL}$$
$$+ 0.12 \times Z_{FD} + 0.09 \times Z_{PL} \left(KMO = 0.789, \ P < 0.05 \right)$$

其中，CL 为蒸煮损失（cooking loss）；T_{21} 为结合水弛豫时间；T_{22} 为不易流动水弛豫时间；T_{23} 为自由水弛豫时间；VS（Volume shrinkage）为体积收缩率；SL（Sarcomere length）为肌节长度；FD（Fiber diameter）为肌纤维横截面积；PL（Press loss）为加压失水率。

KMO 值越大说明各因素间相关性越强，KMO 大于 0.9 表明非常适合因子分析；0.8~0.9，表明比较适合；0.7~0.8，表明适合，0.6~0.7，表明因子分析效果较差，0.5 以下不适宜做因子分析。

Bartlett's 球形检验属于因素间独立性检验，若 $P < 0.05$ 说明因素间不独立，具有相关性。

2.4.2 鸡肉卤制加工适宜性评价模型

1. 鸡肉卤制加工适宜性评价指标筛选

通过原料肉与其煮制肉制品的品质指标之间的相关性以及肌节收缩率和体积收缩率对产品出品率的影响，选择脂肪含量、L^*、剪切力、蒸煮损失率、硬度、咀嚼性、肌节长度、肌节收缩率和体积收缩率作为评价指标利用因子分析法进一步筛选。由表 2.117 可知，前 5 个因子的累计贡献率达到 90.09%，能够代表原来所有指标 90.09% 的信息。L^*、蒸煮损失率、硬度和咀嚼性对第一主因子贡献率较大；肌节长度、肌节收缩率和体积收缩率对第二主因子贡献率较大；脂肪含量和肌节收缩率对第三主因子贡献率较大；剪切力对第四主因子贡献率较大；体积收缩率对第五主因子贡献率较大。综合考虑因子分析结果，筛选脂肪含量、剪切力、硬度、咀嚼性、肌节长度、体积收缩率和肌节收缩率 7 个指标作为蒸煮加工适宜性评价指标。

表 2.117　鸡肉蒸煮加工评价指标的因子分析结果

指标	因子 1	因子 2	因子 3	因子 4	因子 5
脂肪含量	−0.3658	−0.2792	0.7167	0.2590	0.2820
亮度值 L^*	0.7333	−0.3615	0.3812	0.0130	−0.2640
剪切力	−0.0551	0.3331	−0.1019	0.8450	−0.4010
蒸煮损失率	0.6716	−0.4671	0.3452	0.0680	−0.3050
硬度	0.9080	0.1197	−0.2848	0.1360	0.1520
咀嚼性	0.8748	0.1131	−0.2001	0.0030	0.2160
肌节长度	0.1549	0.9052	0.1069	−0.0760	0.0850
肌节收缩率	0.3299	0.5956	0.5507	0.1190	0.3070
体积收缩率	0.0761	−0.6484	−0.2545	0.3920	0.5060
特征根	2.8539	2.1595	1.289	0.9767	0.8290
贡献率	0.3171	0.2399	0.1432	0.1085	0.0921
累计贡献率	0.3171	0.5570	0.7003	0.8088	0.9009

2. 鸡肉卤制加工适宜性评价指标权重评判

利用层次分析将筛选出的 7 个指标赋予权重，根据筛选出的 7 个评价指标的重要程度，构建判断矩阵。由表 2.118 可知，λ_{max}=7.47，一致性比率 CR<0.1，表明此判断矩阵通过一致性检验。因此 7 个指标中，体积收缩率的权重最大，为 0.2896；肌节长度和脂肪含量权重较小，分别为 0.0416 和 0.0603。

表 2.118　鸡肉蒸煮加工适宜性评价指标权重判断矩阵及其一致性检验

	剪切力	硬度	咀嚼性	肌节长度	肌节收缩率	脂肪含量	体积收缩率
剪切力	1	2	1/4	3	1/4	3	1/4
硬度	1/2	1	1/2	3	1/3	2	1/3
咀嚼性	4	2	1	5	2	3	1/2
肌节长度	1/3	1/3	1/5	1	1/4	1/2	1/4
肌节收缩率	4	3	1/2	4	1	3	1/2
脂肪含量	1/3	1/2	1/3	2	1/3	1	1/4
体积收缩率	4	3	2	4	2	4	1
权重	0.1045	0.0920	0.2223	0.0416	0.1898	0.0603	0.2896
一致性比例 0.058 <0.1			λ=7.47				

3. 鸡肉卤制加工适宜性模型建立及验证

为了验证模型的准确性和实用性，选择 10 位感官评价员对煮制后肉样及其汤汁进行感官评价，利用"合理-满意度"计算得到每个品种鸡的感官评价得分，以感官评价得分为纵坐标，综合评价得分为横坐标，利用线性回归分析方法对肉鸡蒸煮加工模型进行验证。

图 2.31 为模型验证曲线。通过验证得到公式 $y=1.899x-0.510$（$R^2=0.887$），其拟合系数大于 0.8，说明此综合评价模型能较为准确地评价鸡肉加工适宜性，因此在蒸煮类（如酱卤、炖煮）鸡肉产品加工中，可根据此综合评价模型选择使用不同的肉鸡品种。

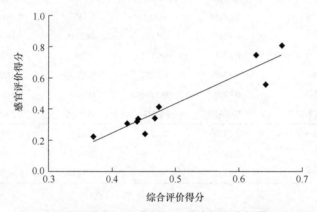

图 2.31　肉鸡蒸煮加工感官评价-综合评价分析模型验证

2.4.3　超高温瞬时杀菌乳加工适宜性评价模型

通过人工调配不同 SCC 原料乳可以获得理想 SCC 的原料乳。SCC、PL 活性、嗜冷菌数、嗜冷菌蛋白酶活性、贮藏温度等因素对超高温瞬时杀菌（UHT）乳货架期都有明显影响。液态乳加工中试设备及 UHT 乳中试产品见图 2.32。

液态乳加工中试设备　　　　　　　　　　　UHT 乳中试产品

图 2.32　液态乳加工中试设备及 UHT 乳中试产品

在三因素二次正交旋转组合设计实验结果的基础上，通过对影响 UHT 乳货架期的原料乳各项指标及保藏温度等进行多元线性逐步回归，得到 UHT 乳货架期（y）与 SCC（x_1）、嗜冷菌数（x_2）、贮藏温度（x_3）以及嗜冷菌蛋白酶添加量（x_4）四因素在编码空间的回归方程，$y=225.069167+0.324417x_1-0.026167x_2-8.776042x_3-5.722143x_4-0.000983x_1 \times x_1-0.000600x_2 \times x_1-0.001083x_2 \times x_2-0.004688x_3 \times x_1+0.009375x_3 \times x_2+0.111979x_3 \times x_3+0.004429x_4 \times x_1+0.005143x_4 \times x_2+0.054464x_4 \times x_3+0.034422x_4 \times x_4$。$F_{回}$（8.87）$>F_{0.01}$（14，15）（4.94），方程回归极显著，该方程可用于设计范围内的预测。从因子分析可知嗜冷菌蛋白酶添加量（x_4）和贮藏温度（x_3）对 UHT 乳货架期的影响极显著（$P<0.01$）；而 SCC（x_1）和嗜冷菌数（x_2）对货架期的影响差异不显著（$P>0.05$），这和理想的结果存在一定偏差，主要和试验过程难以精确控制有关。建立的 UHT 乳货架期预测模型预测精度较高，可用于预测。

当嗜冷菌达到 10^6 cfu/mL 时，乳蛋白开始水解，酪蛋白胶粒的稳定性被破坏，生产的 UHT 乳货架期一般为 30～45 d；当原料乳中嗜冷菌数达到 10^7 cfu/mL 左右时，UHT 乳的货架期一般仅为 7～10 d。

通过 UHT 中试生产线无菌灌装制备聚对苯二甲酸乙二酯（PET）瓶装 UHT 乳，将其分别置于 7℃、25℃和 37℃下保温观察，定期测定色泽、酪蛋白胶体粒径、蛋白质水解度及理化指标等变化。结果表明贮藏过程中 UHT 乳发生的主要反应为蛋白质水解、脂质氧化和美拉德反应，UHT 乳的 pH、游离钙离子含量和酪蛋白胶体粒径呈下降趋势，b^*值、蛋白水解度、脂质氧化程度呈上升趋势。120 d 保温试验结束后，除 37℃下贮藏的 UHT 乳色泽从第 90 d 开始发生明显变化外，各 UHT 乳样品并未产生明显的脂肪上浮和蛋白沉淀等现象。

2.5　水产（鱼肉）加工适宜性评价模型建立

选取磷脂组成中的磷脂酰肌醇（PI）作为鱼糜评价指标，以凝胶强度、硬度和弹性作为鱼糜品质指标，分别测定 30 种鱼鱼糜中的磷脂含量，凝胶强度、硬度和弹性。

通过鱼糜评价指标与鱼糜品质指标的相关性分析，根据结果的显著性得到鱼糜中磷脂酰肌醇与鱼糜凝胶强度具有一定的联系。建立的评价模型如下。

$$Y = 1992837.929 \times PI^6 - 5797864.735 \times PI^5 + 6855877.258 \times PI^4 - 4207477.195 \times PI^3 + 1406390.867 \times PI^2 - 240797279 \times PI + 16900.136$$

其中，PI 为每克鱼肉中磷脂酰肌醇的含量，mg；Y 为凝胶强度，g·cm。

以'罗非鱼'、'加州鲈'、'草鱼'和'鳙鱼'为对象，分别进行凝胶强度的感官评价，以及采用质构仪测定凝胶强度，与鱼糜品质评价方法结果进行比较和验证，结果见表 2.119。采用本评价方法的品质评价结果、质构仪测定结果与感官评价结果有较好的一致性，说明该模型具有很好的可行性。

表 2.119　本模型鱼糜品质评价方法与质构仪仪器测定、感官评价的比较情况

样品	本模型鱼糜品质评价结果/（g·cm）	质构仪测定结果/（g·cm）	感官评价结果	
			感官描述	分值
罗非鱼	499.71	545.80	白色，有弹性，略带鱼类特有的气味	6
加州鲈	545.87	514.04	白色，弹性好，略带鱼类特有的气味	6
草鱼	589.75	555.32	类白色，弹性好，有鱼类特有的气味	7
鳙鱼	621.61	572.62	类白色，弹性很好，有鱼类特有的气味	8

第3章 农产品加工过程品质调控

农产品加工品质调控技术是在了解原料加工适宜性的基础上，通过适当的加工工艺来最大程度提高原料的利用率，改善原料的质地、黏度、稳定性及其他特性，以此赋予制品良好的风味、口感及营养价值等。本章重点介绍了粮油制品（大米米粉）、果蔬制品（苹果汁、苹果脆片、桃汁和脆片）、畜禽制品（猪肉、鸡肉肠和乳品）和水产品鱼肉的加工过程品质调控技术，以期为农产品加工过程精准调控提供支撑。

3.1 粮油加工过程品质调控

3.1.1 大米米粉加工过程品质调控

稻米加工过程中，不同工艺流程对稻米产品品质特性具有重要的意义，不仅影响着产品的最终质量，对生产过程中的能源消耗也有着很大的影响，并影响到企业的利益。因此本节对大米特征组分重构比例进行研究，探索重构米粉的品质特性，以期为大米的加工精度提供更多的参考依据。

1. 不同配比米粉糊化特性

将'特优582'稻米中提取的蛋白质和淀粉冻干样品，分别按照蛋白质占淀粉0%，2%，4%，6%，8%的比例重构米粉，按照重构米粉质量与蒸馏水的比例为1∶2配制样品。不同配比的重构米粉RVA糊化特征曲线和糊化参数如图3.1和表3.1所示。由表3.1可知，随着蛋白质添加量的增加，重构米粉峰值黏度由（2198±96.8）cP降到（1754±111.6）cP，最终黏度从（2523±72.9）cP减少到（2112±101.1）cP，蛋白质添加量从0%增加到8%，黏度参数间的显著性差异说明蛋白质可以显著改变重构米粉的糊化性质，且影响程度与蛋白质的含量呈正相关。蛋白质的加入将引起复配体系的峰值（peak）黏度、崩解值（breakdown）黏度和回复值（setback）黏度下降，峰值黏度与淀粉颗粒吸水溶胀，直链淀粉溶出，浸出的直链淀粉与未完全糊化的淀粉颗粒跟自由水的竞争有关（Qiu et al., 2016）。因此，峰值黏度的下降，可能是蛋白质-淀粉分子通过水合作用形成蛋白质-淀粉网络而提高了对水分子的竞争力，蛋白质的加入使得淀粉颗粒不能达到最大吸水量从而阻止淀粉颗粒破裂（Zhang et al., 2018）。

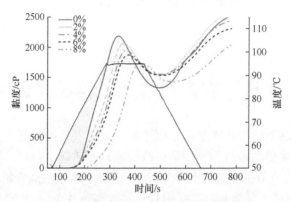

图 3.1　不同配比重构米粉的糊化特征曲线

表 3.1　不同配比重构米粉的糊化参数

配比	峰值黏度/cP	谷值黏度/cP	崩解值/cP	最终黏度/cP	回复值/cP	峰值时间/min	糊化温度/℃
0%	2198±96.8[a]	1333±68.8[a]	865±56.9[a]	2523±72.9[ab]	1191±24.6[a]	5.53±0.09[a]	72.4±0.4[a]
2%	2076±53.0[b]	1547±63.3[b]	530±47.4[b]	2565±62.8[a]	1018±32.0[b]	5.90±0.08[b]	73.4±0.7[ab]
4%	1960±72.0[c]	1558±75.7[b]	402±31.0[c]	2441±61.0[b]	883±25.1[c]	6.05±0.09[bc]	74.2±0.8[bc]
6%	1890±45.9[c]	1540±36.8[b]	349±72.2[c]	2312±43.4[c]	772±63.5[d]	6.18±0.17[c]	75.3±1.6[c]
8%	1754±111.6[d]	1425±123.9[a]	329±69.3[c]	2112±101.1[d]	688±62.8[e]	6.25±0.25[c]	75.6±1.8[c]

注：同一列中的不同字母表示差异性显著，$P<0.05$。后同。

　　随着蛋白质含量的增加，糊化温度和达到峰值黏度所需要的时间也增加，糊化温度由（72.4±0.4）℃增加到（75.6±1.8）℃。从图 3.1 中可以看出，峰的位置随时间延长而偏移，也进一步表明蛋白质一定程度上阻碍了重构米粉的糊化。蛋白质从 0% 添加到 8% 使得崩解值从（865±56.9）cP 下降到（329±69.3）cP，说明蛋白质的加入可以有效抑制重构米粉中淀粉颗粒破损，但是米粉糊在高温下的耐受稳定性降低，当添加量高于 4% 时，抑制作用没有之前显著。加入的蛋白质，一部分吸附在淀粉颗粒表面，阻止淀粉进一步吸水，一部分与溶出的可溶性淀粉颗粒结合包裹在淀粉颗粒表面进一步阻止淀粉颗粒充分糊化，同时也阻止了重构米粉回生。

　　回复值是最终（final）黏度和谷值（setback）黏度的差值，随着添加量的增加，回复值由（1191±24.6）cP 降低到（688±62.8）cP。在降温期间，淀粉分子链通过氢键重新聚集形成凝胶网状结构，说明米粉糊可以在短期快速回生。蛋白质分子可能与淀粉分子发生作用，降低了直链淀粉分子间的作用，重新排序在一定程度上抑制了重构米粉的短期老化。

2. 不同配比重构米粉的 DSC 性质

不同配比重构米粉的 DSC 糊化曲线和曲线参数如图 3.2 和表 3.2 所示，随着蛋白质添加量的增加，起始温度、峰值温度（T_p）大多有不同程度的增加，而糊化焓（ΔH）多随着蛋白质含量的增加而降低。峰值温度表示淀粉的微晶质量，蛋白质添加量的增加使得淀粉晶度下降。ΔH 是双螺旋的损失和晶体质量和数量的体现，蛋白质添加量的增加使得混合体系的糊化焓从 10.088 J/g 降到 5.827 J/g，表明混合体系中蛋白质比例增加使得重构米粉不完全糊化量增加。

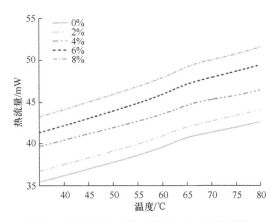

图 3.2　不同配比重构米粉的 DSC 糊化曲线

表 3.2　不同配比重构米粉的 DSC 参数

配比	起始温度/℃	峰值温度/℃	热流量/mW	面积/mJ	ΔH/(J/g)	终点温度/℃
0%	58.610	65.620	0.484	34.300	10.088	79.750
2%	59.540	65.790	0.466	29.885	8.301	73.590
4%	60.550	66.840	0.462	30.605	8.670	74.790
6%	60.020	65.930	0.379	21.836	6.422	74.790
8%	60.810	65.410	0.404	19.637	5.827	73.290

3. 不同配比重构米粉凝胶低场核磁水分变化

凝胶储藏期间水分变化如图 3.3 所示，凝胶体系经过信号采集和数据反演出三个峰，T_{21}、T_{22}、T_{23} 分别代表结合水（bound water）、固定水（immobilized water）和自由水（free water）（Ding et al.，2015）。在老化刚开始时（储藏 1 天），蛋白质比例为 0% 的米粉凝胶结合水的含量（T_{21} 值）低于其他比例；且随着储藏时间的增加，T_{21} 值先减小后上升，T_{22} 值呈下降趋势，T_{23} 值呈上升趋势，蛋白质比例高的样品组中结合水的含量比较低，说明冷藏老化过程会弱化蛋白质结合水的能力（Chen et al.，2017）。然而，蛋白质含量较多的凝胶样品水分值下降和上升幅度较小，且不添加蛋白质的体系结合水含量不是最多的，说明蛋白质的存在可以一定程度上稳定水分的迁移，在储藏老化过程中水分子倾向于向结合不紧密的方向移动，米粉凝胶体系中的水分子一定程度上被蛋白质和未糊化的淀粉颗粒束缚不能流动，体系中自由水分子的数量降低了，减少了水分迁移，使得水分含量稳定性高于蛋白质含量低的凝胶，进而抑制米粉中淀粉分子的重排回生。在储藏过程中，T_{22} 所表示的固定水易转化成自由水，蛋白质添加量为 0% 的样品在储藏期间，自由水的含量最高，老化过程中，水分迁移最明显。T_{21}、T_{22}、T_{23} 的变化规律图表明，在储藏老化期间，水分子由束缚水向自由水方向迁移且蛋白质对这种迁移有抑制作用。

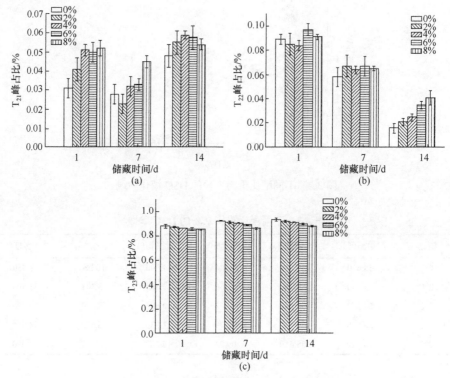

图 3.3　重构米粉凝胶储藏期间水分变化趋势

(a)T_{21}；(b)T_{22}；(c)T_{23}

凝胶核磁成像如图 3.4 所示，在刚开始储藏时，图像颜色均匀且凝胶边缘界限分明，说明水分均匀分布在凝胶表面和内部，随着储藏时间的延长，米粉老化程度逐渐加深，在糊化初期，重构米粉颗粒不均匀吸水引起部分未糊化，老化期间淀粉分子不均一重排，水分在颗粒间有部分析出，氢键连接被打破。储藏 14 d后，蛋白质含量低的样品只有少量红色或者黄色的点，且边缘开始虚化（Xin et al., 2018），蛋白质含量高的样品依然可观察到部分红色或黄色的点且边缘依然清晰，

4%的添加量时凝胶水分变化最显著,说明蛋白质确实抑制了淀粉老化和凝胶结构崩塌,限制了水分迁移的同时在老化期间维持了重构米粉凝胶的稳定性。

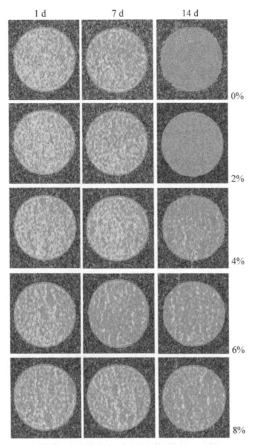

图 3.4　不同配比重构米粉的凝胶成像

4. 不同配比重构米粉 XRD

不同储藏时间凝胶冻干后磨粉测得的 XRD 结果如图 3.5 所示,纯淀粉在糊化前分别在 2θ 为 15.0°、17.0°、17.9°和 22.8°处有衍射峰,是典型的 A 型结晶峰(Zhang et al., 2014),但经过糊化和回生后,XRD 衍射图谱在 17°和 20°附近有衍射峰,是典型的 B 型结晶峰,淀粉糊晶型的变化说明在加热糊化吸水过程中,大米淀粉结晶结构被破坏。随着储藏时间的增加,样品的峰高增加,峰宽减少,说明重构米粉在储藏期间老化重结晶,蛋白质含量高的样品的衍射峰强度明显低于蛋白质含量低的凝胶样品。米粉糊在冷藏期间,淀粉分子之间通过氢键重排老化结晶,相对结晶度大小表示的是样品中结晶物的数量和质量,表示了米粉体系的回生程度。随着蛋白质比例增加,重构体系结晶度降低,且随着储藏时间增加,蛋白质比例高的组的结晶度增加幅度也低于蛋白质比例低的组（表 3.3）。蛋白质分子的加入，一方面使得水分不能充分进入淀粉颗粒内部，使得淀粉不能完全吸水糊化，未糊化的颗粒和蛋白质共同阻碍了淀粉分子的重排；另一方面，蛋白质本身的疏水相互作用，也阻碍了淀粉分子与水分子通过氢键结合，从而抑制了重构体系的老化。总的来说，蛋白质的加入抑制了重构米粉老化，限制了凝胶中结晶区域的形成，与 RVA 和质构的结果一致。

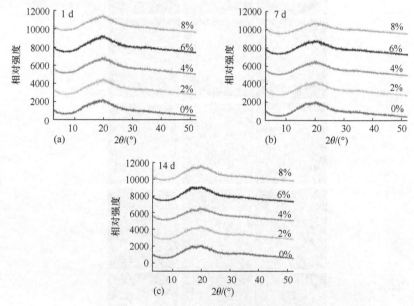

图 3.5　不同配比重构米粉凝胶 XRD 结果

(a)储藏 1 d；(b)储藏 7 d；(c)储藏 14 d

表 3.3　不同配比重构米粉的结晶度

配比	1 d	7 d	14 d
0%	5.78±1.64	13.83±3.09	24.74±3.36
2%	3.26±0.31	10.93±2.46	23.01±2.16
4%	3.02±0.12	7.08±0.51	12.01±3.28
6%	3.29±0.19	6.87±0.94	9.37±1.39
8%	2.71±0.30	3.84±0.17	8.01±2.60

蛋白质和淀粉的比例对重构米粉有显著影响，蛋白质含量多的重构米粉糊化会受到抑制，淀粉颗粒糊化不完全，峰值黏度降低，高温下的剪切耐受力降低，稳定性变差，崩解值降低，短期回生受到抑制，回复值降低。糊化期间糊化焓降低，说明体系中由于重构米粉糊化而导致的双螺旋消失的量减少。蛋白质比例高

的组自由水含量低，储藏过程中水分会倾向于向结合不紧密的方向移动，蛋白质可以均匀水分含量并适度维持凝胶形状。储藏时间增加会使结构孔径变小，X 射线衍射峰增强，蛋白质增加会使结晶度降低。回生过程中，淀粉分子间通过氢键相互作用重新形成稳定结构，蛋白质会阻碍淀粉分子间氢键的形成。当添加量为 4% 时，添加比例适中，糊化峰值黏度开始与 6% 产生不显著差异，由低场核磁成像可以看出，储藏 14 d 后，4% 添加量的凝胶持水性在此处增强，凝胶结构也相对稳定。蛋白质和淀粉的比例为 4% 时，重构米粉老化后的凝胶较为稳定，持水性较好。

3.1.2　小麦面条加工过程品质调控

中国面条用面粉消费量约占中国面粉消费总量的 35%（Liu et al.，2019）。面条因原料来源、加工方式、成品性状、储藏形式不同，可分为不同种类和品种。根据加工工艺，可以分为挂面、方便面、干面片、非油炸熟干面、生鲜面，以及其他由家庭、市场、街道社区手工或者机器现场加工的鲜面条。其中，挂面在工业化生产的面条中所占比例最大，约占 26%（刘锐等，2015b）。面条生产主要工序环节包括和面、压延、熟化、干燥等。每一道工序均对生产过程和产品质量有重要影响。

1. 原料质量

1）蛋白质特性

蛋白质含量与面条色泽、硬度、弹性、煮制品质有着密切的关系。相关研究中涉及的蛋白质含量为 7.24%～20.80%。一般而言，蛋白质含量与面条的白度、表观状态负相关，与面条的质构特性，尤其是煮熟面条的硬度、弹性正相关；最佳煮制时间随蛋白质含量的增加而延长（Morris et al.，2000；周显青等，2001；刘建军等，2001，2002；Park et al.，2003；Park and Baik，2004；Wang et al.，2004；鞠兴荣等，2005）。佐藤晓子和张耀宏（1992）发现，面条颜色有随着蛋白质含量的增加而变暗的趋向。蛋白质含量高，参与黑色素生成反应的含氮化合物多，而且蛋白质含量高，淀粉含量相对减少，面条内部面筋网络结构紧密，影响对光的反射率（Oh et al.，1985a，b）。Liu 等（2003）的研究表明，在一定程度上，增加蛋白质含量有助于提高中国干面条的品质，主要是改善弹性、黏性和适口性。Park 和 Baik（2009）的研究表明，添加谷朊粉后，面条的煮制时间变长，硬度、拉伸强度增大。蛋白质含量过高，面筋强度过强，会造成面团加工困难，表面粗糙，白度下降，干燥后的面条容易出现弯曲，使面条整齐度下降。同时，煮面时间过长，会加重面条被水侵蚀的程度，使表面结构破裂、硬度降低、面条外观品质变劣。蛋白质含量过低，面团强度过弱，在挂杆干燥、包装和运输过程中容易酥断，面条耐煮性差，易浑汤、断条，且食感较差，韧性和弹性不足。

面条品质不仅与蛋白质含量有关，更重要的是与蛋白质中各组分的构成有关。不同的蛋白质组成赋予小麦品种蛋白质不同的质量，对面条品质有着重要影响。小麦面筋蛋白（醇溶蛋白和麦谷蛋白）的含量和比例对面条的品质有重要影响。一般认为，麦谷蛋白含量增加，可以提高面条的硬度、咀嚼性、黏合性和抗拉伸能力（胡新中等，2004；杨秀改等，2005；陆启玉等，2005，2009）。胡新中等（2004）通过鲜面条拉伸试验证明，麦谷蛋白含量越高，面条拉伸长度、拉伸阻力及抗拉伸能力越好。挂面干燥过程中因为面条强度不够造成的断头就少。而 Zhang（2007）和唐建卫等（2008）对面筋蛋白与中国白盐面条品质关系的研究表明，麦谷蛋白含量与面条硬度极显著负相关，醇溶蛋白含量与面条色泽极显著负相关，醇溶蛋白与麦谷蛋白的比值与面条硬度显著正相关。Hu 等（2007）认为，不溶性麦谷蛋白含量与鲜面条制作特性及质构仪拉伸特性，如面条厚度、面带长度、鲜面条最大抗拉伸阻力、拉伸长度、拉伸能量等关系密切；不溶性麦谷蛋白含量高低是面条小麦的主要特征，可用于面条小麦育种的早代筛选。

蛋白质质量较蛋白质含量更为重要，蛋白质质量的提高有助于面条质量的改善。蛋白质质量与面条表观状态、质地（硬度、弹性、光滑度）和适口性密切相关。面筋含量和质量、沉淀指数、流变学特性是反映小麦蛋白质质量的主要指标。大量研究结果表明，湿面筋含量、面筋指数、沉淀指数、形成时间、稳定时间、拉伸面积和最大拉伸阻力等反映蛋白质质量的参数与面条的硬度、韧性、食味和总评分正相关（林作揖和雷振生，1996；Crosbie et al.，1999；张国权等，1999；李硕碧等，2001；Park et al.，2003；康志钰，2003；赵京岚等，2005）。张影全等（2012）研究认为，小麦籽粒蛋白质特性对面条感官质量要素中的表观状态、硬度、弹性和光滑性具有较大的作用。弱化度、沉淀值为影响面条感官质量要素的关键指标，其次为籽粒蛋白质含量、面筋指数、面团形成时间。蛋白质质量高的小麦粉，制面的加工性能好，湿面条的弹性强，延伸性好，断条少，蒸煮品质好，面条评分高；蛋白质质量低的小麦粉，制面的加工性能差，湿面条的弹性和延伸性弱，断条多，蒸煮品质差，面条评分低。但是小麦粉蛋白质质量过高（湿面筋含量＞35%，沉淀指数＞60 mL，稳定时间＞16 min），制成面条后弹性过强，收缩性强，煮制时间长，表观状态变差，不宜制作面条（杜巍等，2001；鞠兴荣等，2005）。

蛋白质亚基对面条品质也有一定的影响。较多研究表明，γ-醇溶蛋白 45 带与良好的通心面煮制品质密切相关，具有γ-醇溶蛋白 45 带的杜伦麦品种的面筋具有较高的硬度和黏弹性；而γ-醇溶蛋白 42 带的存在则与劣质的通心面煮制品质相关（Jeanjean et al.，1980；Payne，1984；Bushuk，1998）。张玲等（1998）认为 HMW-GS 亚基组成与面条煮熟品质无明显相关，具有 38.88kDa 和 53.25kDa 或共有这两种亚基的品种其面条煮熟品质较好。何中虎等（2006）的研究也表明，面条对 HMW-

GS 亚基要求并不严格，但要求低分子量亚基为 Glu-A3d 和 Glu-B3d。张影全等（2012）研究发现，不同位点 HMW-GS 对面条质量影响依次为 Glu-B1＞Glu-D1＞Glu-A1。Glu-B1 位点上的 7+8 亚基和 Glu-D1 位点上的 4+12 亚基为影响面条感官质量的主要亚基类型。亚基组合为 Null/7+8/2+12、1/7+8/4+12 和 1/7+8/5+10 的小麦品种制作的面条感官评分较好，为面条小麦品种选育或组合选择的推荐亚基组合。

2）淀粉特性

淀粉是小麦粉的主要成分，占干重的 75%左右。小麦淀粉品质对白盐面条的质量，尤其是煮后的感官特性，有着非常重要的影响。小麦淀粉品质主要包括淀粉含量和组成、损伤淀粉含量、糊化特性和膨胀特性等。

淀粉含量对面条烹调特性有显著影响。随着淀粉含量增加，面条煮制时的干物质吸水率、干物质损失率和蛋白质损失率增加（师俊玲等，2001a，b；王晓曦等，2010）。王宪泽等（2002，2004）认为，淀粉含量与面条总评分之间呈显著正相关。师俊玲等（2001a，2001b）的研究结果表明，淀粉含量与面条的食味评分显著正相关（$r=0.71$），与表观状态评分、光滑性评分显著负相关（$r=-0.72$，$r=-0.92$）；他们在进一步研究面条的微观结构后指出，淀粉通过缓解面筋强度、填补蛋白质网络空隙等途径，有增大面团和面片延展性、改善面片表面光滑性、增加面条白度等的作用。而宋健民等（2008）的研究结果表明，淀粉含量与面条色泽评分、光滑性评分显著负相关（$r=-0.19$，$r=-0.14$；$P<0.05$），而与其余各项评分相关性较差。陆启玉等（2009）认为，只有淀粉添加量合适时才能使面条的质量最佳，适量添加小麦淀粉可以改善面条质量；但 100 g 小麦粉中的淀粉添加量超过 5 g 时，会对面条质量造成不利影响。

直链与支链淀粉的含量及比例是影响面条质量的重要因素，是造成不同小麦品种淀粉糊化、膨胀特性和面条质量差异的物质基础。直链淀粉含量较低的小麦品种，其膨胀势和峰值黏度较高，面条表观状态、软硬度、弹性、黏性、光滑性及综合评分的表现较好（Toyokawa et al.，1989；Miura et al.，1993；Zhao and Sharp，1996；Batey et al.，1997a，b；姚大年等，1999，2000；Noda et al.，2001；王宪泽等，2002；梁荣奇等，2002a；赵俊晔和于振文，2004；Wickramasinghe et al.，2005；章绍兵和陆启玉，2005；王芳和叶宝兴，2006；王晓曦和徐荣敏，2007；宋健民等，2007，2008；孙链等，2010）。Seib（2000）认为，降低直链淀粉含量可以提高小麦粉膨胀能力，降低糊化凝胶的硬度，增强糊化淀粉粒的形变能力，从而使面条质地较软且富有弹性。张艳等（2007b）的研究结果表明，直链淀粉含量与面条黏弹性、光滑性和面条总评分呈二次曲线关系，直链淀粉含量只有在一定范围内降低，才利于面条质量的提高。Batey（1997b）研究了小麦淀粉化学结构对日本面条质量的影响，用 α-淀粉酶水解淀粉，分析其酶解产物组成，结果显示，聚合度（DP）≥5 的低聚糖的数量与面条食用品质（硬度、弹性、光滑性）呈极显著负相关（$P<0.001$），表明面条制作品质较好的小麦粉，其支链淀粉结构中分支点分布较疏松。阚世红等（2005）的研究结果也表明，分支点多且相距较疏松的支链淀粉结构与优良面条品质相关。

破损淀粉对面条质量有一定的影响，但这方面的研究较少。王晓曦等（2001）研究认为，面条面团的最佳吸水量随破损淀粉含量的增大而增加；破损淀粉含量越高，熟面条的内部和表面硬度越小（宋亚珍等，2005）。覃鹏等（2008）和张智勇等（2012）的研究结果表明，损伤淀粉与面条感官评分无显著相关性。Hatcher等（2002，2008）的研究表明，破损淀粉含量对面条的烹调特性有显著影响，随着破损淀粉含量增加，白盐面条烹调吸水率降低，而烹调损失增加（阎俊等，2001）。破损淀粉含量对黄碱面条的表观有显著影响，面粉损伤淀粉含量较低时，面条色泽亮度（L^*值）较高，单位面积斑点数较少，而斑点则更暗。面条质构研究结果表明，破损淀粉含量增加，面条的 TPA 弹性和应力松弛时间降低，动态黏弹性参数中的储能模量 G' 增加，损耗角正切 $\tan\delta$ 降低，蠕变试验的最大应力降低。宋亚珍等（2005）的研究结果表明，破损淀粉含量与熟面条压缩特性、表面韧性呈极显著正相关（$r=0.62$，$r=0.49$）。

淀粉糊化特性可以反映淀粉品质，与白盐面条质量密切相关。峰值黏度、衰减值、峰值时间、低谷黏度、最终黏度是影响面条质量的几个重要糊化性状。峰值黏度是衡量淀粉糊化特性最重要的指标，与面条质量高度相关，可以作为预测面条质量的关键指标（宋健民等，2008；张勇和何中虎，2002；刘建军等，2002，2003；郑学玲等，2010）。一般认为，高峰值黏度的小麦粉制作的面条质量较好，峰值黏度与面条各项感官评分及综合评分显著正相关（Crosbie，1991；Baik et al.，1994；Yunt et al.，1996；姚大年等，1999，2000；Noda et al.，2001；张国权等，2002；刘建军等，2002，2003；Hung et al.，2006；王芳和叶宝兴，2006；宋健民等，2007，2008；郑学玲等，2010；张智勇等，2012）。澳大利亚的小麦育种项目已把峰值黏度作为改良日本面条小麦品质的重要指标（Crosbie，1999）。Baik 和 Lee（2003）、宋亚珍等（2005）认为，峰值黏度与面条 TPA 硬度显著负相关，与黏聚性显著正相关（$P<0.05$）。淀粉糊化特性对面条的烹调特性也有较大影响。糊化特性能较好地预测面条最佳煮制时间，鲜面条的最佳煮制时间与糊化温度显著负相关（Park and Baik，2004；马冬云等，2007）。李卓瓦等（2006）的研究表明，小麦粉峰值黏度增加有助于降低烹调损失，提高面条吸水率。

膨胀势和膨胀体积反映了淀粉的膨胀能力，是研究小麦淀粉品质的一项重要指标；其反映的是淀粉悬浮液在糊化过程中的吸水特性和在一定条件下离心后的持水能力；其测定方法简便、快速、安全，样品用量少，可作为面条质量预测的有效指标。膨胀势和膨胀体积与面条感官质量高度相关。具有高膨胀势或膨胀体积的小麦粉制作的面条，具有较好的食用品质，在表观状态、软硬度、弹性、光滑性等参数上的感官评分及总评分较高（Crosbie，1991；Crosbie et al.，1992； Baik et al.，1994；Yunt et al.，1996；姚大年等，1999；梁荣奇等，2002a；Liu et al.，2003；刘建军等，2002，2003；鞠兴荣等，2005；Hung et al.，2006；王芳和叶宝兴，2006；宋健民等，2007，2008）。Guo 等（2003）和 Martin（2004）研究了小麦粉膨胀势与面条 TPA 质构参数的关系，结果表明，小麦粉膨胀势与面条硬度极显著负相关，与弹性、黏聚性极显著正相关（$P<0.01$）。一般而言，高膨胀势或膨胀体积的小麦粉制作的面条感官评分高，质地中等偏软、光滑且富有弹性，可以作为面条用小麦的一个重要选择标准。

2. 和面工艺

和面工序是面条生产的关键环节，其过程是使小麦粉与水在适当强度的搅拌下均匀混合，形成面团。在面团制作过程中，随着水分的渗入，通过机械搅拌作用和二硫键的交联作用，麦谷蛋白肽链伸展呈线状，线性麦谷蛋白分子相互缠结，醇溶蛋白填充其中。与传统的含水率 50% 左右的面团不同，机制面条面团是一种含水率仅为 30%~35% 的松散絮状物。挂面和面工艺要求絮状面团吸水均匀、适当，颗粒松散、大小一致，面筋黏弹性和延展性适宜（陆启玉，2007；沈群和谭斌，2008；刘锐等，2013a；Fu et al.，2008）。

挂面工业生产中，和面设备有立式、卧式、单轴、双轴、高速连续及真空（非连续和连续）等多种类型。双轴卧式和面机是中国挂面生产企业中最常用的和面机型，根据其搅拌杆构型，可分为棒状搅拌杆、角度桨叶状搅拌杆、曲线状搅拌桨等。刘锐等（2013b）的研究表明，棒状搅拌杆在搅拌时只能使小麦粉做圆周运动，轴向运动能力弱，和面均匀性有待提高；角度桨叶状搅拌杆可提供较好的和面效果，和面均匀，面筋形成也较为充分，面条硬度大、咀嚼性较好。曲线状搅拌桨和面机是模仿人手工和面动作，能对面团起揉搓和捏合等作用；搅拌速度控制在 20 r/min 左右，避免了对面团中面筋破坏性的剪切作用和升温，因此，其和面时间较长，约需 30 min（刘绍文，1993）。高速连续和面机让小麦粉与水按比例进入和面机，在高速旋转下使两者以雾状形式接触，在短时间内混合均匀，从和面机底端卸料，实现了连续化生产（陆启玉，2007；沈群和谭斌，2008；刘锐等，2013a；Fu et al.，2008）。真空和面是一种用于挂面工业生产中的新型和面方式，其搅拌过程在真空状态下进行。Hou 等（2010）认为，真空和面可以提高加水量，缩短和面时间。Li 等（2012a）的研究表明，真空和面可以显著改善生鲜面条的色泽（Solah et al.，2007），使其具有更加连续紧密的面筋网络，降低其烹调损失，提高煮后面条的硬度和拉伸强度（骆丽君等，2012）。刘锐等（2015a）采用三元二次回归正交旋转组合设计，探讨了真空度、加水量、和面时间等工艺参数对生鲜面条和冷藏面条感官和烹调特性的影响，确证了真空和面对面条质量的改善作用，并确定最佳真空度为 0.06 MPa。这是由于真空和面可以提高和面均匀性，促进蛋白质与水的相互作用，有利于面筋网络结构在和面及压延过程中充分形成（Li et al.，2014）。

加水量是影响和面效果的关键因素。理论上加水量要尽可能接近小麦粉本身的吸水能力。较多研究表明，机制面条面团的最适含水率为 35% 左右（雷激等，2004；张艳等，2007a；Ye et al.，2009；叶一力等，2010；李韦瑾等，2011）。Ye 等（2009）的研究表明，加水量由 33% 增加至 37%，面片色泽 L^* 值显著降低，而色泽 a^* 值增加；煮制后面条的表观状态、硬度、黏弹性、光滑性和总评分等感官评分显著增加。Park 和 Baik（2002）的研究表明，随着和面加水量的增加（31%～39%），面片色泽 a^* 值和熟面条的硬度显著降低。

和面时间对面团的形成和面条质量有重要影响。生产实践表明，大容量（单次加 325 kg 小麦粉）双轴卧式和面机的和面时间一般为 15 min 左右，最少不应低于 10 min（刘锐等，2015）。刘锐等研究了真空和面时间对面条面团结构特性和水分结合状态的影响，结果表明，和面 8 min 时，面团表现出较好的质构特性和更加致密、均匀的内部结构，此时水分与非水物质的结合也最为紧密（Liu et al.，2015；刘锐等，2015b）。和面时间不足（4 min）会导致面团结构不均匀，面筋形成不充分，尤其对弱筋小麦粉的影响最为明显。和面时间过长（12 min）会导致面筋延展过度，水分流动性增加，表层蛋白质减少或局部聚集。小麦粉蛋白质特性不同，受和面时间的影响也不相同，强筋小麦粉制作的面条面团相对耐揉混。合适的和面时间与和面机的类型、容量、和面速度、小麦品质有关（沈群和谭斌，2008）。

和面速度分为 2 种，即恒速和面和调速和面。较多国外学者在实验室制作面条时，采用高速搅拌与低速搅拌交替的方法和面，认为调速和面要优于恒速和面（Kruger et al.，1994a；Baik et al.，2003；Choy et al.，2013；Barak et al.，2014）。张艳等（2007）认为，和面前期低速搅拌时间过长，不易将大面块打碎，水与小麦粉难以充分接触，导致面团水分不均匀，面片上易出现白色条纹。和面速度的高低对和面效果也有影响。和面速度较慢，水与小麦粉接触不均匀；速度较快，搅拌杆的冲击力较大，温度升高，容易破坏已形成的面筋结构，且能耗较多。

3. 熟化工艺

小麦粉颗粒和水分作用需要一定的时间，熟化可使面团中的水分分布更均匀，面筋蛋白水合更充分，形成较好的面筋网络结构，并消除部分内部应力。传统的手工挂面制作工艺中，有 3～5 次的熟化，从而保证手工挂面的顺利制作和质量。Cuq 等（2002）研究了和面条件和熟化时间对高水分面团（含水率 45%）毛细管流变特性的影响，结果表明，当和面时间较短（≤15 min）时，熟化会使面团质地变软；而和面时间较长（≥30 min）时，熟化会使其质地变硬。师俊玲等（2001b）研究发现，小麦粉中蛋白质呈不连续状，与淀粉粒紧紧包裹在一起；絮状面团熟化 10 min 后，蛋白质逐渐从淀粉粒的表面部分脱离，彼此粘连，形成一个连续、不定向的蛋白质基质群。

面条加工过程中的熟化包括面团熟化和面片熟化。面团熟化设备上连和面机，下接复合压延机，工业生产中常用的有圆盘式熟化机、卧式输送带式熟化机和单轴式熟化机。圆盘式熟化机搅拌杆缓慢搅动的过程中，絮状面团易结块，且和面机中新落下的面团和已熟化一段时间的面团混合在一起，导致面团的熟化时间不一致（陆启玉，2007）。输送带式熟化机主要结构为一条输送带，和面机中的松散面团落在输送带上，在相对静止的条件下缓慢向复合机喂料口移动，输送带末端安装有搅拌拨杆，将结块的面团击碎后送入复合机喂料口；此类型熟化机可以较好控制熟化时间，保证物料的熟化时间一致。面片熟化设备一般配置在复合压延机和连续压延机组之间，主要有吊杆式和卧式网带式；其运行速度缓慢，面带在其上相对静止。面片熟化机一般是封闭式的，保持了一定的温度和相对湿度，减少了物料中的水分散失，但对熟化过程中的温、湿度缺乏调控。

影响熟化效果的主要因素包括时间、温度和相对湿度等。孟专和郭新文（2009）认为，在僵硬状态下对面片进行连续压延加工，轧辊的载荷因为没有缓和时间会逐渐减小，面片因连续受压，面筋组织受到破坏，使面片失去抗拉性；面团熟化时间以 5 min 为宜，面片熟化以 15～30 min 为宜。刘婧竟（2007）的研究结果表明，面片熟化时，温度控制在 30℃、相对湿度 80%～90%、时间 60 min，加工出的面条具有好的硬度、黏合性和咀嚼性。杨宏黎等（2008）研究了熟化条件对面条质构特性的影响，认为温度 35℃、相对湿度 80%～85%、时间 60 min 为面片熟化的最佳条件；其进一步研究发现（杨宏黎，2007），面片熟化过程中，醇溶蛋白提取量减少，而麦谷蛋白提取量增加，推测熟化使小分子蛋白通过—S—S—结合，使蛋白质相对分子质量变大（王灵昭和陆启玉，2005），面筋蛋白组分的变化是熟化能够改善面条质量的内在原因之一。

熟化工艺对面条色泽的影响主要是由于多酚氧化酶（PPO）的褐变作用（Kruger et al.，1994a；Baik et al.，1995；葛秀秀等，2003）。Kruger 等（1994a）的研究表明，小麦粉中 PPO 活性与生鲜面条的色泽 ΔL^* 值、Δb^* 值（0～24 h）高度相关（$r=0.81$ 和 0.75，$P<0.001$）。Bhattacharya 等（1999）研究认为，无论白盐面条或是黄碱面条，在制作后 0～2 h 的色泽变化最明显，L^* 值快速降低，b^* 值大幅度升高。熟化温度也会影响面团中 PPO 的活性，温度较高会促进褐变（葛秀秀等，2003）。Morris 等（2001）研究认为，面团熟化对黄碱面条的色泽有显著影响，但并不是特别明显，而熟化作用对于面条质地的改善是非常必要的。考虑到生产效

率、设备容积和色泽变化，面片熟化时间为 15～30 min 左右较为适宜。

4. 压延工艺

压延是通过轧辊的碾压作用，促进水分的均匀分布，使松散的面筋形成细密的网络组织，将淀粉粒包围起来。压延可以促使面团在低水分状态下形成较多的氢键，缩小蛋白质分子间的距离，形成二硫键，促进面筋网络形成。

复合压延机是将松散的面团压成两条面带，再复合压延成一条面带。Sutton 等（2003）研究了复合压延道数对面包面团流变特性的影响，结果表明，试验初期，复合道数增加，面团的断裂应力和延伸黏度快速增加，复合 10 道时断裂应力最大，复合 20 道时延伸黏度最大，继续增加复合道数，断裂应力和延伸黏度均会明显下降。压延设备主要由多组轧辊、机座、动力传动系统、防护罩等组成。工业生产中压延通常为 5～9 道；常见的有复合压延 3 道，连续压延 4～6 道。复合压延一般采用波纹双向压延机，该设备模拟手工擀面，其轧辊表面呈现规则的光滑弧状凸起和凹陷，轧面时可使面带径向、轴向同时受力，轧出的面片面筋网络结构更加致密，黏弹性提高。

影响压延效果的因素主要有压延比和压延速度。压延比是面片通过某道轧辊的厚度差与进入前厚度的比值。压延比太高，会使已形成的面筋结构受到破坏，导致面片的工艺性能变劣；压延比太低，不利于面筋网络的充分形成和细密化，而且导致压延道数太多，设备庞大（李韦瑾等，2011）。压延速度应控制在一定范围内，保证面带在压延过程中处于"不余不绷"的状态。

5. 干燥工艺

挂面干燥是指将热量施加于湿面条，并排除其中的水分，从而获得一定含水率面条产品（≤14.5%）的过程。实际生产中，挂面干燥一般采用对流热力干燥法，即利用热源加热干燥室的空气，并借助风力使热空气吹过面条表面，对湿面条进行加热，同时带走湿面条中蒸发出来的水分。挂面干燥是一个复杂的能量传递和质量传递同时进行的过程，同时也是挂面内部质构、理化特性等发生变化的过程，对挂面产量、成本、产品质量均有重要影响。同时，干燥工序是挂面生产过程中能量消耗最大的环节，约占整个挂面生产过程的 60%（Wang et al.，2017b）。在实际生产中，影响挂面干燥特性及产品质量的主要因素是烘房内干燥介质的温度、相对湿度、风速等工艺参数（王杰等，2014；魏益民等，2017；武亮等，2015，2017）。

干燥温度是影响挂面干燥最重要的因素，是挂面水分蒸发的动力，能提高挂面自身热量，促进内部水分向表面转移（Inazu and Iwasaki，1999）。适宜的干燥温度不仅能够促进面条水分蒸发、提高面条品质，而且能缩短干燥时间，降低生产成本（Fu，2008）。

经典传热传质理论表明，干燥温度越高，干燥速率越快。但干燥温度过高、干燥速率过快易导致产品出现质量问题（潘永康等，2007）。大量研究表明，面条干燥属于内部扩散控制过程，当干燥介质温度过高、干燥速率过快时，面条表面的水分迅速蒸发，面条表面和内部的水分梯度增大；同时，面条表面由于失水过多而结膜，且发生收缩，面条内部受压、外表紧绷，出现应力分布不均匀，易导致面条出现变形、酥条、裂纹等不良后果（陆启玉，2007；Inazu et al.，2002；居然和秦中庆，1996；李韦谨等，2011；施润淋和王晓东，2005；檀革宝等，2011；项勇和陈明霞，2000；张伟，1999；沈群和谭斌，2008）。为此，学者们对如何避免面条干燥时产生变形、酥条、裂纹等进行了研究。Hills 等（1997）研究认为，面条在高温干燥时，应当保持较高的相对湿度，控制表面水分蒸发速率，降低面条内部的水分梯度，有效地防止干燥过快而引起的应力龟裂。

面条的主要成分是淀粉和蛋白质，干燥温度过高会导致蛋白质和淀粉变性，影响挂面的食用品质。二十世纪七八十年代，意大利学者在研究杜伦麦生产通心粉的高温干燥工艺时发现，70℃以上的高温干燥能够促使面条中的蛋白质凝集，有利于增强面筋的网络结构；面条表面的淀粉发生糊化，产品色泽更佳，煮面不易糊汤，烹调性能得到改善；同时起到一定的杀菌作用，有利于产品卫生（施润淋和王晓东，2005）。但国内学者研究认为，当温度超过 50℃时，蛋白质发生热变性作用而凝固，面筋品质变差，面条发脆，强度降低；煮后面条的硬度随干燥温度升高而逐渐增加，影响其食用品质（沈群和谭斌，2008）。王春等（2010）的研究表明，干燥温度为 70℃时，面条的扭断力、拉伸力较强，弯曲度良好，但高温会对挂面的色泽、烹调损失产生不良影响。挂面在实际生产过程中，预干燥阶段温度通常不低于 20℃，主干燥区的温度一般为 35～50℃，完成干燥阶段温度不高于 35℃，烘房整体的温度近似正态分布。

相对湿度是挂面干燥过程中的关键工艺参数之一，它直接体现了空气的吸湿能力，决定了挂面表面水分的蒸发快慢（Inazu, et al.，2002）。在相同温度条件下，干燥介质的相对湿度越低，其吸湿能力越强，挂面表面水分的蒸发速度就越快。另外，如果干燥介质的相对湿度大于挂面表面空气的相对湿度，则挂面吸水；反之，挂面继续脱水（陆启玉，2007）。

在实际生产中，调整干燥介质的相对湿度能够控制挂面内部水分向外扩散速度，防止干燥过快，影响干燥产品品质。徐秋水在《挂面生产技术》中指出，要防止酥面，必须防止湿面条表面结膜；而要防止表面结膜，必须在干燥前期保持较高的相对湿度，使湿挂面在一定的相对湿度下缓慢地蒸发，保持外扩散与内扩散的速度基本平衡，这就是"保湿烘干"的理论依据。这与日本和意大利在这方面的认识完全一致。我国 LS/T 1206—1992《挂面生产工艺技术规程》中要求，预干燥阶段、主干燥阶段和完成干燥阶段的相对湿度应分别控制在 80%～85%、75%～80% 和 55%～65%。居然和秦中庆（1996）认为，预干燥时的空气相对湿度一般控制在 80%左右；主干燥阶段要遵循"保湿干燥"的机理，即在主干燥区保持较高的相对湿度（80%左右）；完成干燥阶段的相对湿度不得超过 70%，防止酥面产生。李华伟等（2009）的研究结果表明，预干燥阶段的相对湿度在（90±2）%时，挂面干燥效果最佳。高飞（2010）的研究表明，升温干燥阶段的适宜相对湿度为 95%，恒温干燥阶段和完成干燥阶段的适宜相对湿度分别为 75%和 60%。

风速不仅影响挂面表面水分的蒸发速度，同时还影响挂面烘房内部温湿度分布的均匀性。Asano（1981）在研究日本乌冬面干燥时发现，提高空气流速（达到 3 m/s）能够使面条表面的水蒸气层变薄，增大对流传质系数，提高干燥速率。但也有学者认为，空气流速不一定越快越好，风速过大非但不会提高干燥速率，反而会破坏烘房内部空气的温湿度均匀性，影响干燥品质，且浪费能源。Andrieu 和 Stamatopoulos（1986）在研究意大利面条干燥时发现，主干燥阶段的风速在 1～5 m/s 时对面条的干燥速率没有影响；Murase 等（1993）研究认为，初始干燥阶段的合理风速应控制在 2～3 m/s；Inazu 等（2003）研究认为，面条在预干燥阶段与主干燥阶段的最佳风速分别为 2 m/s 和 1 m/s，与前人研究结果一致。国内对挂面干燥风速的研究较少。居然和秦中庆（1996）认为，预干燥阶段的风速不宜过快，在 1.0 m/s 左右为宜；主干燥阶段应加大风速，在 1.5 m/s 左右；完成干燥阶段风速宜缓，在 0.8 m/s 左右。这与我国挂面行业标准（LS/T 1206—1992）中的要求基本一致。而高飞等（2009）的研究结果表明，风速在 4 m/s 时挂面干燥效果较好。因此，不同干燥阶段对风速的要求也不一样。一般情况下，预干燥阶段为 1.0～1.2 m/s，主干燥阶段为 1.5～1.8 m/s，完成干燥阶段为 0.8～1.0 m/s。

干燥是整个挂面生产线中耗时最多、技术性最强的工序。当前，挂面生产企业多采用中低温隧道式烘房进行挂面干燥，主干燥区段的最高温度约为 45℃，干燥时间 3.5～5 h。生产企业对烘房温度和相对湿度的控制水平比较低，且易受气候条件的影响，一般是通过人工控制热量输入和排潮风机来调节。此种干燥和控制方式是造成企业生产效率低、产品质量不稳定、能量消耗不合理的主要原因。

根据挂面的干燥特性，挂面干燥工艺通常分为 3 个阶段，即预干燥阶段、主干燥阶段和最后干燥阶段，即挂面干燥的三段论。也有学者在此基础上提出四阶段或五阶段干燥的概念或方案。各阶段挂面干燥介质的湿热状态和动力学参数对挂面质量、产量和能耗具有重要的影响，特别是干燥介质的温度和相对湿度。研究干燥介质各因素之间的相互作用，在对挂面干燥特性研究及企业挂面干燥工艺调查分析的基础上，建立挂面干燥工艺模型；在实验室条件下，对干燥工艺模型进行模拟及优化，确定最佳挂面干燥工艺参数，可为稳定和提升企业挂面产量和质量、节能降耗，以及实现挂面干燥工艺标准化提供科学依据或指导。

3.1.3　新型花生豆腐制备和品质调控

1. 原料压榨时间对花生豆腐得率和质构特性的影响

花生中油脂含量可达 50% 以上，导致豆腐制备存在成形困难、口感油腻等问题。因此需要采用低温压榨的方法，去除花生中的部分油脂，制备出花生粕，并以此为原料开展花生豆腐制备工艺优化。设置不同的压榨时间以获得不同油脂含量的花生粕，并测量花生粕中的残留油脂含量：3 min，25.57%；5 min，21.57%；15 min，17.55%；30 min，13.24%；60 min，9.07%；180 min，4.79%。如图 3.6（a）、（b）所示，豆腐的得率首先增加到 180.33 g/100 g 花生粕，然后在压榨时间为 5～30 min 时趋于稳定，最后得率随着压榨时间的增加而增加。当花生籽粒压榨时间为 5～30 min 时，得率相似，无显著性差异。当压榨时间为 5 min，含油量为 21.57% 时，花生豆腐具有较好的质构，硬度略低于市售 MgCl$_2$ 豆腐，并且样品豆腐和市售豆腐的弹性没有显著性差异。咀嚼性显著高于市售 CaSO$_4$ 豆腐，并且与市售 MgCl$_2$ 豆腐没有显著性差异。在保证得率的前提下，本着缩短生产周期的原则，结合豆腐质构，花生籽粒压榨 5 min 为最佳工艺。

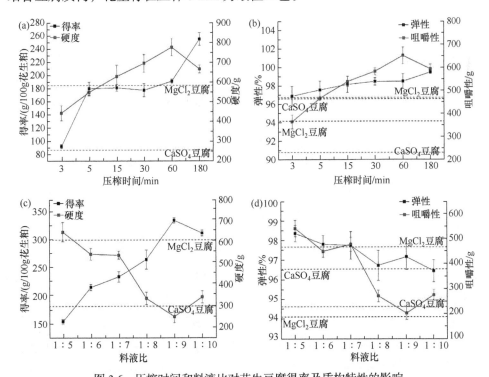

图 3.6　压榨时间和料液比对花生豆腐得率及质构特性的影响

（a）压榨时间对花生豆腐得率及硬度的影响；（b）压榨时间对花生豆腐弹性及咀嚼性的影响；（c）料液比对花生豆腐得率及硬度的影响；（d）料液比对花生豆腐弹性及咀嚼性的影响

2. 料液比对花生豆腐得率和质构特性的影响

如图 3.6（c）、（d）所示，当花生粕与水的比例（w/v，质量体积比）为 1：9 时，豆腐的得率在 339.10 g/100 g 花生粕，达到最高，当比例为 1：10 时豆腐的得率降至 315.67 g/100 g 花生粕。当比例为 1：9 和 1：10 时，豆腐的得率显著高于其他工艺条件。当料液比为 1：9 时，花生豆腐的硬度显著低于 $CaSO_4$ 豆腐，弹性高于市售豆腐，并且花生豆腐的咀嚼性低于 $CaSO_4$ 豆腐。当料液比为 1：9 时，花生豆腐具有高得率和良好的质构，并且可以节省生产成本。

3. 均质次数对花生豆腐得率和质构特性的影响

研究表明，在低压均质条件下，蛋白质内部疏水基团暴露，分子结构逐渐展开，疏水相互作用促进了凝胶网状结构的形成，可以提高蛋白质的凝胶特性（吕博等，2019）。目前工厂化生产中，常用的均质压力小于 50 MPa，均质压力过高不符合生产现状，因此本研究中使用工业生产中常用的 30 MPa 为均质压力。

如图 3.7（a）、（b）所示，当花生乳均质 0、1、2、3 次时，豆腐的得率显著增加。均质 3 次时，得率最高为 339.10 g/100 g 花生粕，随后得率随均质次数的增

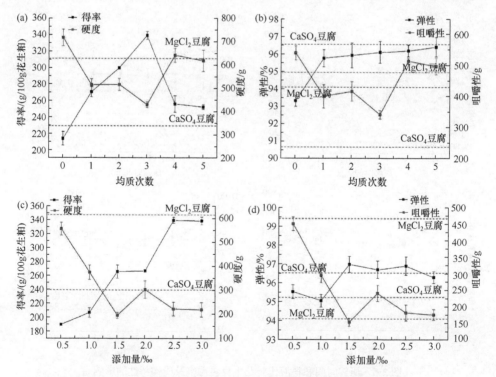

图 3.7 均质次数和添加量对花生豆腐得率及质构的影响

（a）均质次数对花生豆腐得率及硬度的影响；（b）均质次数对花生豆腐弹性及咀嚼性的影响；（c）添加量对花生豆腐得率及硬度的影响；（d）添加量对花生豆腐弹性及咀嚼性的影响

加而降低，花生豆腐的硬度和咀嚼性显著低于 $MgCl_2$ 豆腐，高于 $CaSO_4$ 豆腐。弹性高于 $MgCl_2$ 豆腐，低于 $CaSO_4$ 豆腐。均质 3 次后，豆腐的得率显著增加了 40 g/100 g 花生粕。

4. 生物处理对花生豆腐得率和质构特性的影响

如图 3.7（c）、（d）所示，豆腐的得率随着添加量的增加而增加，当添加量为 2.5‰时，最高得率为 339.10g/100g 花生粕。添加 2.5‰ 后，花生豆腐的硬度和咀嚼性显著低于市售豆腐。样品豆腐和市售豆腐之间的弹性没有显著性差异。当添加量为 3.0‰、2.5‰，豆腐的得率和质构特性无显著性差异。根据以上结果，当添加量为 2.5‰和 3‰时，可以生产出质构良好的豆腐。基于节省生产成本的原则，确立最佳工艺为 2.5‰添加量。

如图 3.8（a）、（b）所示，得率首先随处理时间的增加快速升高，然后趋于稳定。当处理时间超过 5 min 时，得率都高于 300.00 g/100 g 花生粕，并且没有显著性差异。处理时间为 10 min 时，样品豆腐的硬度和咀嚼性与 $CaSO_4$ 豆腐没有显著性差异，并且弹性显著高于市售豆腐。当处理时间为 10 min 时，豆腐得率高且表现出较好质构特性，因此选择 10 min 作为最佳处理时间。

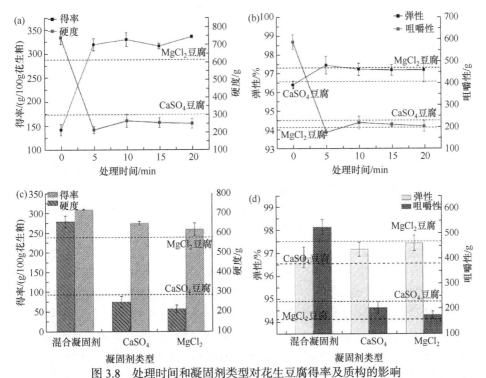

图 3.8　处理时间和凝固剂类型对花生豆腐得率及质构的影响

（a）处理时间对花生豆腐得率及硬度的影响；（b）处理时间对花生豆腐弹性及咀嚼性的影响；（c）凝固剂类型对花生豆腐得率及硬度的影响；（d）凝固剂类型对花生豆腐弹性及咀嚼性的影响

5. 凝固剂类型对花生豆腐得率和质构特性的影响

制备花生豆腐时发现不同的凝固剂类型对花生豆腐得率和质构影响显著，因此针对花生豆腐开展了凝固剂类型的优化实验。如图 3.8（c）、（d）所示，在混合凝固剂的作用下，花生豆腐显示出优异的质构特性，硬度和咀嚼性均显著高于市售豆腐，弹性显著高于市售卤水豆腐，与石膏豆腐无显著性差异，并保证了更高的得率（310.75 g/100 g 花生粕），因此在研究的混凝剂中选择混合凝固剂作为最佳工艺条件。

3.1.4 菜籽蛋白加工过程品质调控

油菜（*Brassica campestris* L.）属于十字花科植物，其角果较长，结荚多，颗粒饱满，在世界油料作物中占有重要地位，为世界四大油料作物（大豆、花生、向日葵、油菜）之一，主要分布在中国、印度、加拿大、法国、德国、日本等地。油菜籽（rapeseed）在我国已有上千年栽培历史。早先在青海、新疆等地方栽种，元、明以后，随着冬种油菜技术的解决，逐渐从西北高原移向长江流域。当前，油菜是我国主要油料作物和蜜源作物之一，栽培分为冬油菜和春油菜两种，其蛋白质含量约 25%，去油后的菜籽粕（rapeseed meal，RSM）中含有 35%～45%蛋白质，含有丰富的赖氨酸和蛋氨酸，尤其是含硫氨基酸含量高于大豆粕，必需氨基酸组成极为均衡。

1. 菜籽蛋白的组成与结构

菜籽蛋白是一种重要的油料蛋白，其营养价值高于大豆蛋白，是一种理想的蛋白来源。菜籽蛋白组成复杂，根据溶解性的不同将菜籽粕蛋白分为水溶性、盐溶性、碱溶性和醇溶性蛋白质，其中含量和研究较多的是水溶性的清蛋白和盐溶性的球蛋白。菜籽中的蛋白质，80%为储藏蛋白，其次是具有结构功能的膜蛋白，同时还有一些较小的蛋白质，如胰岛素抑制剂和脂质转移蛋白（LTP）。储藏蛋白可分为 12S 球蛋白（cruciferin）和 2S 清蛋白（napin），前者占蛋白质含量的 25%～65%，后者为 13.4%～46.1%。菜籽 2S 清蛋白含量低于 12S 球蛋白，是高碱性的蛋白质，等电点（pI）约为 11.0，分子质量 12.5～14.5 kDa，由两条多肽链组成（4.5 kDa 和 10 kDa），并依赖 2 个二硫键连接。菜籽 12S 球蛋白与大豆球蛋白具有相同的晶体结构，由六聚体组成，平均分子质量大约为 300 kDa，等电点约为 7.2，在中性 pH 和高离子强度时构象稳定。在极端 pH 和尿素溶液中完全分解为六个亚基，每个亚基是由 2 条多肽链组成（α链和β链），分子质量各为 30 kDa 和 20 kDa，并通过二硫键连接，并且在 Swiss-Prot/TrEMBL（蛋白质序列数据库）中描述了 12S 球蛋白的十个亚型。由于几个亚型的组合而产生的六聚体结构，蛋白质具有高度的复杂性和多样性。疏水性的β侧链位于蛋白质分子内部，强亲水性的α链 C 末端区域位于蛋白质分子表面。油菜籽 12S 球蛋白含有一个由 38 个氨基酸残基组成的亲水性分支，许多甘氨酸-谷酰胺重复单位位于α链的中间部分，在蛋白质的表面形成一个环，因此α链的 C 末端区域对菜籽蛋白质的 12S 球蛋白的功能特性十分重要。

LTP 是碱性蛋白质，其等电点为 9～10，是许多植物体的基本蛋白质，根据分子质量的差异可分为 LTP1（9kDa）和 LTP2（7kDa）。在菜籽蛋白中只发现 LTP1（9kDa），其包含 8 个半胱氨酸残基，全部参与 4 个二硫键桥的形成。并且 LTP1 在啤酒泡沫中大量富集，有很好的起泡性，因此菜籽蛋白可应用于化妆品或食品添加剂。

总结来说，油菜籽的蛋白质组分在结构上存在很大的差异性。12S 球蛋白具有高分子量、中性等电点的特点，但在纯化过程中可发生聚合，在缓冲溶液中比较稳定。相反，2S 清蛋白和 LTP 的分子量、蛋白质等电点相近，这对其分离纯化增加了难度。

2. 菜籽蛋白乳化特性及其调控

一般来说，蛋白质的乳化特性在于组成蛋白质的氨基酸既有疏水性氨基酸又有亲水性氨基酸，这决定了蛋白质分子同时含有亲油性和亲水性基团，是天然的表面活性剂，在油水混合液中可以扩散到油水界面形成油水乳化液。食品工业中，乳状液可给予食品良好的口感，有助于包合油溶性和水溶性的配料，许多食品如牛乳、蛋黄酱、冰激凌、汤料等都是乳状液。

菜籽蛋白对食品质量产生影响的某些加工性质称为功能特性，主要包括吸水性、湿润性、黏着性、溶解度、乳化性、凝胶性等，其功能特性的优劣取决于蛋白质本身的大小与结构、环境因素（浓度、pH、离子强度等）以及其他成分（水、糖、气味等）的存在。本章着重介绍菜籽蛋白的乳化特性，如表 3.4 所述，菜籽分离蛋白的乳化能力和乳化稳定性（ES）均高于菜籽蛋白肽。菜籽蛋白酶水解后产物的乳化稳定性降低，降低的乳化稳定性可能是由于连续相的黏度在下降。另外，在油水界面形成黏膜对于稳定性非常重要，由于小肽不易被吸附在黏膜上，所以水解度增加，乳化稳定性下降。已有研究表明，油菜籽蛋白质的乳化性比其他植物蛋白质的都高，这是由于菜籽蛋白分离物 12S 球蛋白和 2S 清蛋白中含有大量的亲水基团和疏水基团，这些特殊的结构决定了菜籽蛋白的表面活性，其易于形成稳定的乳状液。

表 3.4 产品的乳化特性

产品	乳化性/%	乳化稳定性/%
菜籽分离蛋白	52.17	48.61
菜籽蛋白肽	47.30	18.00

尽管菜籽蛋白的乳化特性高于其他植物蛋白质，但通过某些手段，菜籽蛋白的乳化性仍可以提高，且可以为扩展菜籽蛋白在食品工业体系中的应用范围提供良好的技术基础，因此大量学者致力于菜籽蛋白乳化特性的调控。据报道，采用湿热法对菜籽蛋白进行糖基化修饰改性，结果表明，在一定的质量浓度、蛋白质与葡聚糖质量比、反应温度和反应时间下，菜籽蛋白的接枝度可达 46.0，且乳化活性、乳化稳定性分别提高了 45.6% 和 24.9%（表 3.5）。采用高压均质对菜籽蛋白进行处理，发现菜籽蛋白的溶解度、乳化性、起泡性和泡沫稳定性等功能性质得到提高，且随着均质压力的升高，其乳化性增强，乳化稳定性也有显著的改善（图 3.9）。通过碱性蛋白酶对菜籽蛋白进行限制性水解，并研究不同水解度(DH)高温菜籽粕蛋白功能性质。结果表明：经碱性蛋白酶的限制性水解后，高温菜籽粕蛋白的乳化稳定性均展现出下降趋势（图 3.10），这可能与水解过程中蛋白质聚集体的结构、尺寸、理化特性的转变相关。另外，通过不同提取菜籽蛋白的方法也可一定程度上提高菜籽蛋白乳化性，如利用微波辅助技术对菜籽饼粕蛋白水解产物进行制备，得到的样品乳化性能在水解度为 10% 时，乳化指数和乳化稳定性均达到最大，且比脱脂菜籽粕的高。

表 3.5 不同菜籽蛋白样品乳化性分析

功能特性	原样菜籽蛋白	菜籽蛋白+葡聚糖混合物	糖基化菜籽蛋白
乳化活性/（m²/g）	53.1	41.8	77.3
乳化稳定性/min	24.5	23.9	30.6

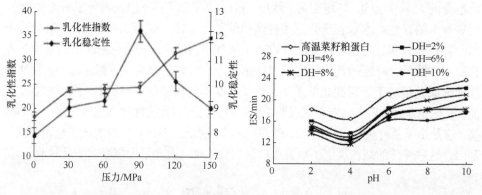

图 3.9 高压均质对菜籽蛋白乳化性能的影响 　图 3.10 不同水解度高温菜籽粕蛋白的乳化稳定性

3. 菜籽蛋白凝胶特性及其调控

蛋白质的凝胶性是指热或其他试剂使蛋白质从溶液或分散液转变为一个三维凝胶网络结构。蛋白质形成凝胶的能力用最小凝胶浓度（LGC）来测定，即倒置试管后在试管壁上不发生凝胶滑动时所需要的最小蛋白质浓度。蛋白质的凝胶作用在食品质地方面有着重要的应用，如它可以促使肉类食品形成半固态的黏弹性质地。影响蛋白质凝胶化作用的因素主要有氨基酸残基的类型、蛋白质的浓度、pH、金属离子等。

大量实验数据表明，菜籽粕蛋白质的 LGC 值高于亚麻粕蛋白质和大豆粕蛋白质，且菜籽 12S 球蛋白和 2S 清蛋白在等电点之间时（即 pH 大约为 9.0），形成的凝胶强度最大。但是经纯化过后，菜籽球蛋白在 pH 6.0 和 pH 8.0 时凝胶强度最大，同时，乙酰化作用可使分离蛋白质由原本在 pH 9 时的最高凝胶强度转变为 pH 6，当 pH＞6 时，乙酰化产物可形成半透明的凝胶，而未改性的分离蛋白也可形成透明凝胶。

袁建等采用谷氨酰胺转氨酶以单因素试验和正交试验研究改善菜籽分离蛋白的凝胶特性的方法。结果发现，pH 和反应温度对菜籽分离蛋白凝胶性的影响显著（图 3.11 和图 3.12），同时得到谷氨酰胺转氨酶改性菜籽蛋白凝胶特性的最佳工艺条件。图 3.11 和图 3.12 显示了 pH 9 和反应温度为 50℃时，菜籽蛋白的凝胶强度最大，这是因为体系 pH 和温度的改变影响酶活性和稳定性，另外 pH 影响蛋白质相互作用过程中的疏水作用与静电作用之间的平衡。

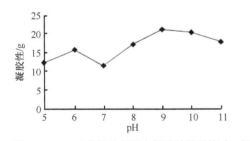 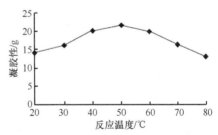

图 3.11 pH 对菜籽分离蛋白凝胶特性的影响　　图 3.12 反应温度对菜籽分离蛋白凝胶特性的影响

尽管由于菜籽蛋白的脱毒技术不能完全去掉其中的有害物质，目前市场菜籽蛋白产品较少，但是通过对上述菜籽蛋白的乳化性和凝胶性调控，可以更好地拓宽菜籽蛋白在食品领域如肉制品、植物饮料、烘焙制品等中的应用，使菜籽蛋白得到更好的利用。

3.1.5　玉米制汁加工过程品质调控

1. 不同解冻方法对速冻玉米品质的影响

速冻玉米作为主要玉米加工产品，解决了玉米市场周年供应的问题，并且最大程度保留了玉米的色、香、味和新鲜状态。但是速冻玉米的最终质量还要取决于解冻，因为在解冻过程中会引起微生物的大量繁殖，酶解和氧化作用会造成速冻玉米营养成分的损失，直接影响速冻玉米的食用品质，采取合适的解冻方法能够最大限度地保证速冻玉米的质量和安全性。

不同解冻方法的解冻时间：空气解冻方法所需时间为190.0 min，常温水浴解冻所需时间为35.0 min。空气解冻和常温水浴解冻都是依靠空气或水与玉米表面传热和玉米表面对外进行热量传递来实现，但空气的热传导率远远小于水的热传导率，因此空气解冻所需时间长。沸水浴解冻所需时间为11.0 min，这是因为在传热过程中温差变大，导致传热速率增加，解冻时间缩短。微波解冻所需时间较短，仅为1.2 min，这是由于在微波场的作用下，表面和内部同时加热，玉米中的许多极性分子组成物如水、蛋白质和糖原对微波也有很大的吸收能力，使得温度快速升高。

不同解冻方法对玉米汁液流失率的影响：冷冻样品的持水能力通过汁液流失率来反映，持水能力的大小反映冷冻样品的风味和营养物质的保存情况。从图3.13可以看出微波解冻方法的汁液流失率最小，仅为0.6%，其他方法解冻后的汁液流失率大小顺序为沸水浴解冻＜常温水浴解冻＜空气解冻。微波解冻样品细胞内冰晶体的冻结点较低，首先融化，在样品内部解冻时外部尚有外罩，汁液流失少，同时内部冰晶在细胞器原来位置上迅速溶解，使得样品组织迅速复水，恢复持水能力；空气解冻所需时间最长，因在最大冰晶融解带（−5～−1℃）停留时间长，易造成蛋白质变性、淀粉老化、脂质氧化，汁液流失严重，微生物繁殖加快。

不同解冻方法对玉米硬度的影响：从图3.14可以看出空气解冻对玉米的硬度影响最大，解冻后玉米硬度仅为$3.30×10^5$ Pa，这是由于空气解冻过程中冰晶融解、微生物繁殖和酶解等多重作用，致使大量汁液流失，结构受到严重损坏；而微波解冻对玉米硬度影响最小，解冻后玉米硬度仍能保持$5.71×10^5$ Pa。这可能是由于微波解冻时通过最大结晶带（−5～−1℃）的时间短，冰晶对玉米细胞的破坏力小，能够保持较好的组织结构。

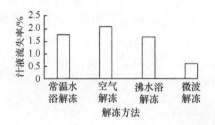

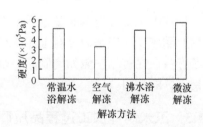

图3.13　不同解冻方法对玉米汁液流失率的影响　图3.14　不同解冻方法对玉米硬度的影响

不同解冻方法对玉米总糖含量的影响：总糖含量是衡量速冻玉米食味品质的

一个重要指标，适宜的糖含量是玉米甜糯可口的重要体现。从图 3.15 可以看出微波解冻后玉米总糖含量最高，仍能达到 49.9 g/kg，沸水浴解冻、常温水浴解冻和空气解冻后玉米的总糖含量依次下降，从 28.8 g/kg 下降到 16.1 g/kg。空气解冻法的解冻时间较长，细菌和酶的作用将玉米中部分糖分消化利用或转换成其他物质，致使总糖含量降低，另外，空气解冻汁液损失多，引起营养成分的流失；沸水浴解冻和

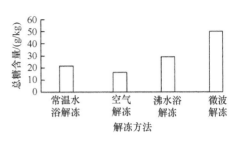

图 3.15　不同解冻方法对玉米总糖含量的影响

常温水浴解冻传导热量的速率比空气解冻快，解冻时间短，未造成大量汁液流失，因此没有引起营养成分的大量损失；而微波解冻时玉米周围环境温度在 40℃以上，热力效应和非热力效应的共同作用促进了玉米中糖原的水解和其降解产物的溶解。

不同解冻方法对玉米直链淀粉和支链淀粉含量的影响：由图 3.16 和图 3.17 可知微波解冻后玉米中的直链淀粉和支链淀粉含量都最高，其中支链淀粉含量为 278.4 g/kg，其原因是微波解冻时间短，可迅速通过蛋白质变性和淀粉老化的温度带（-5～-1℃），减少蛋白质变性和淀粉老化，并且微波解冻还具有抑制微生物生长和促使酶失活的作用，能够避免微生物和酶对营养成分的利用和降解，很好地保持玉米的营养成分和特有风味。其他几种解冻方法对玉米中直链淀粉和支链淀粉含量的影响差异不大。

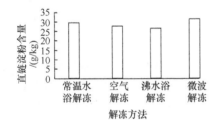

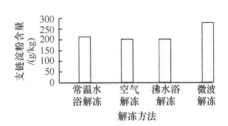

图 3.16　不同解冻方法对玉米直链淀粉含量的　图 3.17　不同解冻方法对玉米支链淀粉含量的
　　　　　　影响　　　　　　　　　　　　　　　　　　影响

由于不同的解冻方法具有自身的利弊，很难取舍，因此有人提出组合解冻。组合解冻是指解冻前后采用不同的解冻方法来进行解冻，扬长避短，针对不同的对象选择合适的解冻方法来进行组合，使解冻成本降低，食品的品质得到提高，例如空气解冻和微波解冻组合、水浴解冻和微波解冻组合等，因此组合解冻在速冻玉米解冻中的应用有待进一步研究。

2. 即食玉米货架期间品质

即食玉米主要是为弥补鲜食玉米季节性强、贮存时间短、营养成分变化快的缺陷而开发的一种产品，以保证玉米制品在鲜食玉米上市前或下市后不断货，从而实现玉米产品在消费市场上常年供应。即食玉米制品货架期是否能满足市场供应要求，常年是否能保证产品质量，已成为即食玉米生产厂家特别关注的问题。对即食玉米产品品质在一年货架期内进行监测和分析，跟踪测定即食玉米产品腐败指标和品质指标，通过评价各项指标确定该产品可食期限；并通过感观评定确定消除即食玉米回生现象最佳方法和条件。

工艺流程：适时采收→预冷→整理→浸泡→烫漂糊化→冷却→沥水→真空包装→高温高压杀菌→冷却风干→常温贮藏。

玉米在田间生长、运输、生产加工过程(去苞叶、除花丝和穗柄、装袋等工序)中都会或多或少受到微生物污染，这些微生物包括细菌(肠道杆菌、致病菌、腐败菌等)、霉菌和对人体产生危害的微生物。目前我国相关食品标准规定通过检测菌落总数和大肠菌群数以推算该食品是否受到微生物污染。每隔三个月对即食玉米产品菌落总数、大肠菌群和霉菌三个指标进行检测，检测结果如表 3.6 所示。

表 3.6　即食玉米贮藏过程中微生物指标变化

项目	0 个月	3 个月	6 个月	9 个月	12 个月
菌落总数/(cfu/g)	≤10	≤10	≤10	≤10	≤10
大肠菌群/(MPN/100g)	≤30	≤30	≤30	≤30	≤30
霉菌	未检出	未检出	未检出	未检出	未检出

从表 3.6 可看出，即食玉米产品在 12 个月常温贮藏期间菌落总数均≤10 cfu/g，大肠菌群均≤30 MPN/100g，霉菌均未检出；该三项指标符合《即食方便食品系列》(Q/MTNM 0001S—2015)企业标准，说明该产品在一年货架期间未受到微生物污染，食用安全。

即食玉米在贮藏期间，其营养成分会发生一系列变化，从而导致口感欠佳、风味丧失、影响其可食价值，因此营养指标监测能反映即食玉米货架期品质变化。每隔三个月对即食玉米水分含量、总糖含量和蛋白质含量进行跟踪测定，其结果如图 3.18、图 3.19、图 3.20 所示。从图 3.18、图 3.19 可看出，水分含量和总糖含量在前三个月变化较小，三个月后下降较快；从图 3.20 可看出，蛋白质含量六个月之前下降较快，六个月后保持不变。从总体上看，在 12 个月内三项指标变化不是很大，保存率都在 50% 以上。由此表明，即食玉米在一年内食用都是安全的。

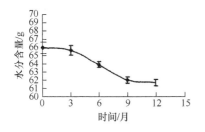

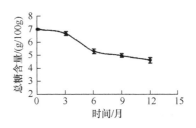

图 3.18　即食玉米贮藏过程中水分含量变化　　图 3.19　即食玉米贮藏过程中总糖含量变化

即食玉米可保持鲜食玉米原有风味，通过反季节销售解决鲜食玉米市场供应短缺问题；即食玉米在贮藏期间感官指标直接决定着其销售情况。每隔三个月对即食玉米感官指标进行跟踪品评，结果见表 3.7。从表 3.7 可看出，即食玉米在前三个月口感指标基本没有变化，到 6 个月甜度稍微变淡，这与总糖含量变化基本一致；在 9~12 个月间，色泽稍微变暗淡。但总体来讲，即食玉米在一年贮藏期间仍具有玉米本身所特有风味，口感纯正、色泽良好，保持较优感官品质。

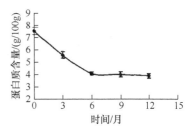

图 3.20　即食玉米贮藏过程中蛋白质含量变化

表 3.7　即食玉米贮藏过程中感官指标变化

项目	0 个月	3 个月	6 个月	9 个月	12 个月
风味	具有玉米本身所特有浓郁香味	具有玉米本身所特有浓郁香味	具有玉米本身所特有香味	具有玉米本身所特有香味	具有玉米本身所特有香味
口感	甜糯可口，皮薄渣少	甜糯可口，皮薄渣少	甜度稍微变淡，糯性较好，皮薄渣少	甜度稍微变淡，糯性较好，皮薄渣少	甜度稍微变淡，糯性较好，皮薄渣少
色泽	鲜亮	鲜亮	鲜亮	稍微变暗淡	稍微变暗淡

在常温贮藏期，即食玉米中淀粉会发生回生现象，导致口感欠佳，严重影响即食玉米食用品质。因此对即食玉米中淀粉回生现象研究和控制成为即食玉米生产厂家关注焦点，也是生产品质优良即食玉米关键点之一。即食玉米所采用原料品种一般为甜玉米或糯玉米。甜玉米胚乳多为角质，含糖量高，淀粉含量低，不易导致回生现象；糯玉米胚乳全部为角质，几乎全部是支链淀粉，黏性强，不易回生。所以即食玉米在食用前经加热就可消除其回生现象。

加热方法和加热时间对消除玉米回生现象效果均有影响。加热时间太短，不能达到去除回生现象目的；加热时间太长，又会导致口感欠佳。分别采用热水加热和微波加热两种加热方式，热水加热时间为 1 min、3 min、5 min、7 min、9 min；微波加热时间为 1 min、2 min、3 min、4 min、5 min；对玉米甜味、风味、适口性、糯性及柔嫩性等几个方面进行感观综合评价，结果如表 3.8 所示。从表 3.8 可看出，通过热水加热 3～5min 和微波加热 2～3min，其评分结果较高，玉米回生现象基本消除，保持良好玉米口感及风味。

表 3.8　即食玉米两种加热方式抑制回生现象结果比较

热水加热		微波加热	
时间/min	感观评定	时间/min	感观评定
1	2.8	1	1.8
3	3.8	2	4.2
5	4.1	3	3.9
7	3.5	4	3.6
9	3.2	5	3.3

注：口感评定总分为 5 分。

3. 双酶法制备糯玉米汁及其稳定性调控

1）双酶法制备糯玉米汁

糯玉米汁的悬浮稳定性、色泽和口感是消费者接受的决定性因素。一般来说，糯玉米汁悬浮稳定性和色泽稳定性受到很多因素的影响，包括原料的性质、加工的条件以及胶体的相互作用等。其中悬浮稳定性、色泽和黏度的变化主要是由糯玉米汁中的淀粉和蛋白质造成的。当体系加热时，淀粉糊化，黏度迅速上升，导致极难进行过滤处理。采用淀粉酶和蛋白酶进行酶解可以显著提高浊汁的稳定性。采用酶处理可以使淀粉和蛋白酶降解，不仅可以提高蛋白酶的功能性质和营养价值，而且可以促进过滤，增加稳定性。

工艺流程：速冻糯玉米粒→清洗沥干→打浆→胶体磨→糊化→酶解→灭酶→过滤→均质→灭菌→糯玉米汁。

可溶性固形物含量是决定糯玉米浆液品质的重要指标，由表 3.9 可以看出，糯玉米浆液的可溶性固形物含量与对照组相比均差异显著（$P<0.05$），单独使用 α-淀粉酶（H）进行酶解时可溶性固形物含量在 7.27%左右，添加中性蛋白酶（P）后均有显著提高，最高可达 8.83。悬浮稳定性反映糯玉米浆液通过离心去除大颗粒后浑浊稳定的程度。不同酶组合处理后的糯玉米浆液悬浮稳定性差异显著（$P<$ 0.05），其中 H+P 和 M+P 处理表现出比其他处理更好的稳定性。褐变指数主要表

明糯玉米浆液非酶褐变的程度，经酶解后的糯玉米浆液中含有较多的糖和氨基酸，在一定的加工工艺条件下可加速促进非酶褐变中 Maillard 反应和焦糖化反应的发生，从而增加褐变程度。采用高温 α-淀粉酶处理的样品，其褐变程度均较严重，P+M 和 M+P 处理得到的糯玉米浆液褐变程度相对较低。此外，随中性蛋白酶添加顺序不同，浆液蛋白质水解程度也有一定差异，其中水解度最高的是 H+P 和 M+P 组合，这可能是由于经糊化变性和淀粉酶处理后，蛋白质结构暴露出更多的可供蛋白酶作用的部位，从而提高了水解程度。此外，不同处理间糯玉米浆液浊度差异不显著。综合比较得出，采用 M+P 复合处理得到的糯玉米浆液品质较佳。

表 3.9　酶处理及组合方式对糯玉米浆液品质的影响

	可溶性固形物含量/%	悬浮稳定性/Abs	褐变指数/Abs	浊度/NTU	DH/%
对照	1.43±0.06^e	—	—	—	—
H	7.27±0.06^d	1.694±0.041^c	1.339±0.061^a	2770±6^a	—
M	7.17±0.06^d	1.454±0.016^d	0.317±0.023^e	2753±8^{abc}	—
P+H	8.53±0.06^b	1.277±0.052^e	1.026±0.047^c	2747±6^{bcd}	3.57±0.02^b
P+M	8.43±0.06^b	1.352±0.056^{de}	0.517±0.032^d	2732±7^d	3.49±0.02^b
H+P	8.83±0.06^a	2.026±0.063^a	1.161±0.059^b	2760±7^{ab}	3.83±0.04^a
M+P	8.53±0.06^b	1.890±0.068^b	0.450±0.064^{de}	2732±7^d	3.77±0.04^a
M.P	8.27±0.06^c	1.336±0.037^{de}	0.937±0.033^c	2739±7^{cd}	3.51±0.02^b

注：结果为 3 次测定的平均值，同列数值不同字母表示差异达 5%显著水平。H 表示高温 α-淀粉酶，M 表示中温 α-淀粉酶，P+H 表示按顺序先添加中性蛋白酶作用一段时间后再加入高温 α-淀粉酶，P+M、H+P 和 M+P 等以此类推；M.P 表示同时添加中温 α-淀粉酶和中性蛋白酶。

添加 8 U/g 的中温α-淀粉酶在 65℃条件下进行酶解，比较不同酶解时间对糯玉米浆液品质的影响。由图 3.21 可知，0～30 min 时，随酶解时间的延长，糯玉米浆液中的淀粉适度水解，DE 值和可溶性固形物含量均快速上升，30 min 时达到最大，分别为 33.45 %和 8.33 %。此外，黏度和浊度逐渐下降，30 min 时分别达到 3.36 mPa·s 和 3329 NTU。

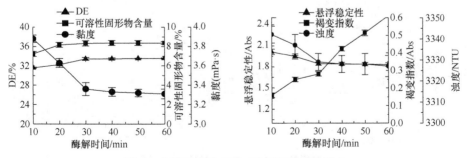

图 3.21　酶解时间对糯玉米浆液品质的影响

浆液悬浮稳定性稍有下降，褐变指数则呈持续上升趋势。30 min 以后，除褐变指数外，其余指标均趋于稳定，说明酶解 30 min 后浆液淀粉基本能水解完全。褐变指数仍呈现上升趋势，这可能是由于随反应时间的延长，酶解产物如还原糖、低聚糖等发生美拉德和焦糖化等非酶褐变。

固定中温 α-淀粉酶浓度为 8 U/g，酶解时间为 30 min，比较不同作用温度对糯玉米浆液品质影响。由图 3.22 可知，浆液 DE 值和可溶性固形物含量随酶解温度的升高呈先上升后下降的趋势，在作用温度 65℃时均达最大值。这可能是由于较低温度下酶活较低，而高温又易使酶失活。在 60℃和 65℃时，体系悬浮稳定性较高而褐变指数较低，当温度高于 65℃后，悬浮稳定性显著下降，且褐变指数显著上升。另外，黏度和浊度随作用温度的升高先降后升，并且均在 65℃时达到最小值，分别为 3.47 mPa·s 和 3324 NTU。此时，糯玉米浆液淀粉基本能水解完全。

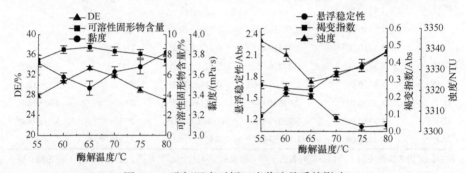

图 3.22　酶解温度对糯玉米浆液品质的影响

经 α-淀粉酶作用后，再添加一定量的中性蛋白酶，在 50℃条件下酶解 30 min，比较不同蛋白酶浓度对糯玉米浆液品质影响。由图 3.23 可知，当中性蛋白酶浓度为 20 U/g 时，浆液 DH 值从 0 增加到 1.39%，可溶性固形物含量从 1.37% 增加到 8.03%，说明中性蛋白酶能提高酶解效率及浆液品质。随中性蛋白酶浓度逐渐增加，浆液 DH 值和可溶性固形物含量也逐渐增加，并趋于稳定。其中，悬浮稳定

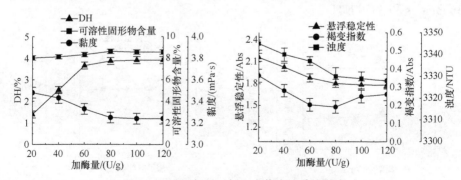

图 3.23　酶添加量对糯玉米浆液品质的影响

性、黏度和浊度随中性蛋白酶浓度的增加而降低，当中性蛋白酶浓度达到 80 U/g 后趋于稳定。这是由于随着中性蛋白酶浓度的增加，水解逐渐趋于平衡，一些蛋白质等大分子物质被分解为氨基酸等小分子颗粒。

经 α-淀粉酶作用后，固定中性蛋白酶的浓度为 80 U/g，酶解温度为 50℃，比较不同酶解时间对糯玉米浆液品质的影响。由图 3.24 可知 0～40 min 内，随酶解时间的延长，糯玉米浆液逐渐水解，DH 值和可溶性固形物含量均增加较多，这是由于反应前期随时间的延长，蛋白质被快速水解。40 min 后趋于稳定，此时 DH 值为 4.05%，可溶性固形物含量达到 8.73%。此外，浆液悬浮稳定性呈现持续上升趋势，褐变指数、黏度和浊度则随时间的延长而持续下降。当酶解时间达到 40 min 时，悬浮稳定性较高，且褐变指数有最小值 0.179。此时，黏度和浊度分别稳定在 3.3 mPa·s 和 3330 NTU。继续酶解，除褐变指数有上升趋势外，各项指标均趋于稳定，说明浆液中的蛋白质已被完全水解，其中褐变指数上升可能是由于酶解时间延长导致酶解产物之间发生非酶褐变。

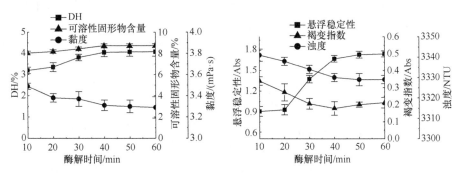

图 3.24　酶解时间对糯玉米浆液品质的影响

经 α-淀粉酶作用后，固定中性蛋白酶浓度为 80 U/g，酶解时间为 40 min，比较不同酶解温度对糯玉米浆液品质和影响。由图 3.25 可知，浆液 DH 值和可溶性固形物含量随酶解温度的升高而先升后降，50℃时达到最大值，即 4.16 % 和 8.83 %。在 45℃时，体系悬浮稳定性最高而褐变指数最低，分别为 2.093 和 0.192。当温度低于或高于 45℃后，悬浮稳定性显著下降。其中黏度和浊度随温度的升高先降后升，并且均在 45℃时达到最小值，分别为 3.31 mPa·s 和 3331 NTU。此时，蛋白质基本被水解完全。

采用中温 α-淀粉酶和中性蛋白酶复合处理糯玉米浆液，可以提高糯玉米浆液的稳定性。单因素试验表明适宜的酶解条件为：中温 α-淀粉酶浓度 8 U/g，65℃条件下酶解 30 min；中性蛋白酶浓度 80 U/g，45℃条件下酶解 40 min。

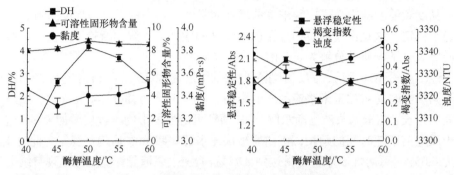

图 3.25　酶解温度对糯玉米浆液品质的影响

2）亲水胶体对糯玉米汁稳定性的影响

酶解后的糯玉米汁浑浊主要是因其含有大分子物质和悬浮颗粒，如糊精和其他悬浮颗粒等。根据 Stokes 速度沉降公式可知，颗粒的沉降速度与溶液的黏度成反比，与颗粒半径的平方成正比，与密度差成正比。因此，增加糯玉米汁浑浊稳定性可以有两种途径：一种是尽量降低颗粒的直径，如在工艺中采用胶磨、均质等方法处理；另一种是提高糯玉米汁黏度，一般通过加入适当的大分子亲水胶体来改变其黏度。

工艺流程：速冻糯玉米粒→清洗沥干→打浆→胶体磨→糊化→酶解→灭酶→过滤→亲水胶体调配→均质→灭菌→糯玉米汁。

糯玉米汁在不添加亲水胶体的情况下，经均质处理后稳定性仍较差，放置一天后底部出现泥状沉淀，上部分变稀，顶部出现脂肪圈。添加一定量的亲水胶体可以保证糯玉米汁产品均匀的外观状态。根据糯玉米汁特性，选用 CMC-Na、黄原胶、阿拉伯胶、海藻酸钠、瓜尔豆胶和槐豆胶等 6 种亲水胶体进行试验，分别按 3 种不同的剂量（0.05%，0.10%，0.15%）加入糯玉米汁中，经处理后放置一段时间观察分析，确定单一胶体对样品稳定性的影响（表 3.10）。

表 3.10　胶体对样品稳定性的影响

亲水胶体	添加量（w/v）/%	稳定系数 R	相对黏度	感官描述
对照	0.00	0.116	1.000	一天后出现脂肪圈，松散沉淀较多
CMC-Na	0.05	0.171	1.875	有脂肪圈，少量沉淀
	0.10	0.266	3.271	有脂肪圈，少量沉淀
	0.15	0.320	6.604	有脂肪圈，少量沉淀
黄原胶	0.05	0.445	1.021	有轻微脂肪圈，沉淀较多
	0.10	0.475	1.292	分层，少量沉淀
	0.15	0.497	2.750	轻微分层，其他状态良好

续表

亲水胶体	添加量（w/v）/%	稳定系数 R	相对黏度	感官描述
阿拉伯胶	0.05	0.130	1.000	有脂肪圈，沉淀较多
	0.10	0.137	1.042	少量沉淀，部分悬浮物
	0.15	0.139	1.146	少量沉淀
海藻酸钠	0.05	0.326	1.292	有脂肪圈，沉淀较多
	0.10	0.379	1.521	有脂肪圈，少量沉淀
	0.15	0.425	1.917	轻微脂肪圈，少量沉淀
瓜尔豆胶	0.05	0.247	1.479	有脂肪圈，少量沉淀
	0.10	0.321	1.979	轻微脂肪圈，少量沉淀
	0.15	0.464	3.854	轻微脂肪圈，其他状态良好
槐豆胶	0.05	0.299	2.354	有脂肪圈，少量沉淀
	0.10	0.429	3.042	轻微脂肪圈，少量沉淀
	0.15	0.501	4.063	轻微脂肪圈，其他状态良好

由表 3.10 可以看出，未添加亲水胶体的糯玉米汁的稳定系数和黏度都较低，并且比较容易出现脂肪圈；分别添加 CMC-Na 和阿拉伯胶的样品均有少量沉淀。相对而言，海藻酸钠、瓜尔豆胶和槐豆胶这三种天然多糖化合物对糯玉米汁的稳定效果较好。黄原胶对糯玉米汁的脂肪圈有改善效果，这可能是因为黄原胶具有一定的乳化作用，即黄原胶借助于糯玉米汁水相的稠化作用，降低了油相和水相的不相容性，使得油脂乳化在水中，从而改善脂肪圈的形成。同时，亲水胶体的添加量对糯玉米体系稳定性也有较大的影响。当采用 0.15 %（w/v）的添加量时，口感上较易为消费者所接受，但是无论单独添加哪种亲水胶体，得到的糯玉米汁都有不同程度的脂肪圈或沉淀问题，因此，亲水胶体按照 0.15 %（w/v）进行添加，对其采用复配的方式，以使糯玉米汁产品呈现较好的状态及口感。

由于黄原胶具有高耐热稳定性、增稠性、悬浮性和乳化性能，并且在中性和酸性介质中稳定，而瓜尔豆胶和槐豆胶均具有增稠、悬浮和改进口感的作用，选用稳定性较好的黄原胶为复配主体，分别与海藻酸钠、瓜尔豆胶以及槐豆胶按照 1∶4，2∶3，3∶2，4∶1 比例进行两两复配。以稳定系数、离心沉淀率和相对黏度为指标，考察各种配比的亲水胶体对糯玉米汁浑浊稳定性的影响。

两种亲水胶体不同配比对糯玉米汁稳定系数 R 的影响见图 3.26，随着黄原胶比例的增加，与海藻酸钠复配的体系，其稳定系数先下降后上升并趋于稳定，即当复配比例为 2∶3 时达到最低，在 2∶3～3∶2 范围内又上升。这可能是因为适宜浓度的海藻酸钠对糯玉米汁形成较好的悬浮体系。而随着黄原胶比例的下降，与瓜尔豆胶和槐豆胶复配的体系，其稳定系数均呈上升趋势。一般认为，稳定系数 $R > 0.8$ 时，体系稳定性较好。这说明这两种胶的复配比例达到一定水平时，有助于糯玉米汁形成良好的稳定体系。

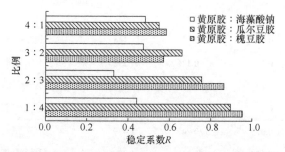

图 3.26　亲水胶体不同配比对糯玉米汁稳定系数 R 的影响

　　两种亲水胶体不同配比对糯玉米汁离心沉淀率的影响见图 3.27，随着海藻酸钠复配比例的增加，糯玉米汁的离心沉淀率呈下降趋势，说明海藻酸钠具有较好的悬浮能力。随着瓜尔豆胶和槐豆胶复配比例的增加，离心沉淀率呈先上升后下降的趋势，当黄原胶与槐豆胶比例为 1:4 时，沉淀率达到最低值，说明适当比例的复配胶能增强糯玉米汁体系的悬浮效果。

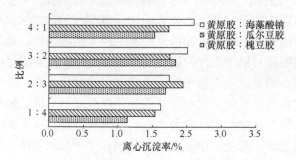

图 3.27　亲水胶体不同配比对糯玉米汁离心沉淀率的影响

　　两种亲水胶体不同配比对糯玉米汁相对黏度的影响见图 3.28。随着海藻酸钠比例的增加，复配胶体系的相对黏度逐渐下降，这可能是由于海藻酸钠更易溶于碱性溶液中，在 80℃以上黏度会降低。与瓜尔豆胶复配的体系相对黏度变化不大，这可能是因为瓜尔豆胶分子平滑，没有支链的部分与黄原胶分子的双螺旋结构以次级键形式结合成三维网状结构，使胶的亲水性不易被破坏。随着槐豆胶比例的增加，复配胶体系的相对黏度呈先上升后下降的趋势，但仍比同比例的其他亲水胶体要高。

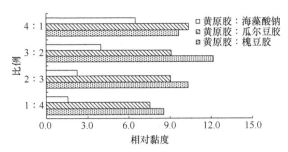

图 3.28 亲水胶体不同配比对糯玉米汁相对黏度的影响

此外，由图也可以看出，槐豆胶对体系的稳定作用强于瓜尔豆胶。当黄原胶比例一定时，与添加瓜尔豆胶的糯玉米汁体系相比，添加槐豆胶的体系，其稳定系数 R 和相对黏度较高，而离心沉淀率较低，这种差别很可能源于两种亲水胶体侧链的疏密程度：瓜尔豆胶每 2 个糖单元就连接一条侧链，侧链均匀地间隔排列，而槐豆胶每 4 个糖单元才有一条侧链，且侧链排布不均匀，在某一段可能紧密排列，在另一段又可能没有侧链。对于浑浊体系而言，在口感可以接受的前提下，糯玉米汁的黏度越大，越有利于颗粒的悬浮，浑浊体系的稳定性也越强。

由图 3.29 可知，亲水胶体添加前后对体系的 Zeta 电位影响较大，从理论上说，稳定分散体系的悬浮颗粒主要存在两种力，一种为大分子的空间排斥作用，大分子吸附于悬浮颗粒的表面，阻止颗粒的相互聚集；另一种则是带电的悬浮颗

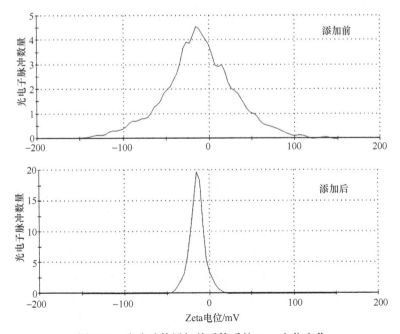

图 3.29 亲水胶体添加前后体系的 Zeta 电位变化

粒间的静电排斥作用，从而保持分散体系的稳定性。通常 Zeta 电位的绝对值大于 50 mV 的体系是非常稳定的，Zeta 电位的绝对值在 25～50 mV 之间的体系也是比较稳定的，但当 Zeta 电位的绝对值小于 25 mV 时，体系则不太稳定。通过测定黄原胶：槐豆胶=1：4 样品的 Zeta 电位可知，黄原胶与槐豆胶的协同增效作用能使糯玉米汁的 Zeta 电位绝对值增大至 30 mV 左右，因而颗粒间的静电斥力增大，从而增加了静电稳定性。由此可见，添加复配胶的糯玉米汁的悬浮稳定性不仅依靠复配胶的增稠作用，还依靠静电稳定作用。

在食品工业和酿造业，基于糯玉米的研究也逐步向多样化方向发展，王安建（2009）研究了不同糯玉米品种的出粉率、粉粒度、粉质黏度以及制成速冻汤圆的感官品质，并与糯米汤圆的品质进行比较，确定出'郑黑糯 1 号'可作为加工糯玉米汤圆专用粉品种的首选品种。范国乾（2004）开发了一种以糯玉米为主要原料，通过添加玉米粉、饴糖、精盐、味精、花椒、胡椒和辣椒等调味品制浆并包裹制得的糯玉米怪味豆，产品口感香脆，营养丰富，是一种能迎合现代人口味的创新休闲食品。王德臣（2008a，b）开发了速冻糯玉米粥和速冻糯玉米粽子，产品不含防腐剂，保健效果较好，并且工艺简单，省时，成本低。刘超（2010）研制了糯玉米保健醋的最佳工艺条件，在温度 32℃、糖度 2%和 pH 4.0～4.5 下进行酒精发酵 3～5 d；酒精发酵结束后在酒精度 6%、温度 32℃、发酵酸度 6 g/100mL 时开始进入醋酸发酵，发酵 2～4 d，最后经调配灌装杀菌，得到具有糯玉米风味、澄清透明的糯玉米醋。另外，也有玉米酸奶的报道。

3.2　果蔬加工过程品质调控

3.2.1　苹果汁和脆片加工过程品质调控

1. 苹果汁加工过程品质调控

1）杀菌处理对'寒富'苹果汁品质的影响

杀菌处理对'寒富'苹果清汁、浊汁悬浮稳定性的影响如图 3.30 所示。由图 3.30（a）可以看出三种杀菌方式对苹果清汁的悬浮稳定性无显著性影响（$P>0.05$），OD660 在 0.005～0.024 之间，可能是因为苹果清汁在杀菌前已经过酶解、过滤等步骤，基本去除了果胶、蛋白质、淀粉及纤维等影响其稳定性的物质，增加了果汁的澄清度，使果汁不易浑浊。由图 3.30（b）可以看出采用高静压（HHP）杀菌方式的苹果浊汁的浑浊稳定性最高，OD660 为 0.558。HHP 属于非热杀菌，减少了果汁中持水性物质的受热分解程度。在 HHP 处理过程中，果汁中易发生淀粉、蛋白质等高分子非共价键结构改变，但对果胶等小分子物质影响较小，因此果汁的悬浮稳定性较高。热处理会使果胶等持水性物质受热分解，降低其持水力，同时可能导致果汁中发生美拉德反应，减少果汁中的持水性物质（房子舒等，2012）。因此，超高温（UHT）瞬时杀菌和巴氏杀菌方式降低了果汁的悬浮稳定性。

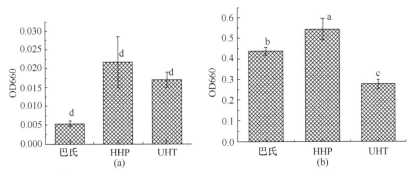

图 3.30　杀菌处理对'寒富'苹果汁悬浮稳定性的影响
（a）清汁；（b）浊汁

　　杀菌处理对'寒富'苹果清汁、浊汁色泽的影响如图 3.31 所示。由图 3.31（a）可以看出三种杀菌方式对苹果清汁的颜色影响较小，但对苹果浊汁影响较大，HHP 杀菌处理苹果浊汁的 L^* 值为 49.02，显著高于热加工浊汁 L^* 值（$P<0.05$），即亮度大于其他两种杀菌方式处理的苹果汁，说明 HHP 处理的样品在处理过程中褐变程度较低。本书中 HHP 处理后苹果汁褐变程度较低的原因可能是 HHP 处理会钝化果汁中的酶，从而抑制酶促反应导致的褐变。而传统的巴氏处理和 UHT 处理由于杀菌温度较高会发生褐变、维生素 C 降解等一系列反应，导致果汁亮度降低（冀晓龙等，2013）。b^* 值为蓝黄色度指标。苹果浊汁固有的颜色为黄色，HHP 处理样品 b^* 值为 19.98，显著高于其他两种处理（$P<0.05$），果汁颜色更黄。

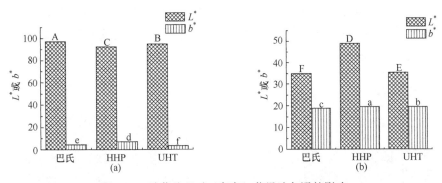

图 3.31　杀菌处理对'寒富'苹果汁色泽的影响
（a）清汁；（b）浊汁

　　苹果汁抗氧化性高低主要是由果汁中的酚类物质决定。经过不同杀菌方式处理后苹果清汁和浊汁中总酚含量和抗氧化能力如图 3.32 所示。苹果清汁经不同杀菌处理后总酚含量为 10.76～47.94 mg GAE/100 mL，苹果浊汁经不同杀菌处理后总酚含量为 16.37～26.86 mg GAE/100 mL。

　　UHT 处理的苹果清汁和浊汁总酚含量显著低于其他两种杀菌处理苹果汁（$P < 0.05$）。由图 3.32 可知，苹果清汁及浊汁抗氧化能力高低变化规律基本一致并与总酚含量高低趋势相同，为 HHP 处理最高，UHT 处理最低。可能的原因是 UHT 温度较高，可能会引起酚类物质热降解而导致总酚含量下降。HHP 处理使样品处于高压条件下，苹果汁中的多酚氧化酶、过氧化物酶、β-糖苷酶可能失活，使果汁中的酚类物质避免被破坏（Barba et al., 2012）。故 HHP 处理苹果浊汁总酚含量显著高于巴氏杀菌处理苹果汁和 UHT 处理苹果汁。

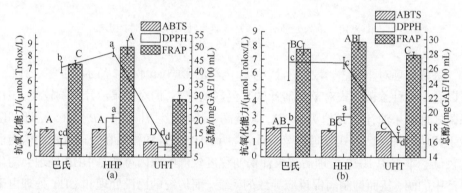

图 3.32　杀菌处理对'寒富'苹果汁总酚含量及抗氧化能力的影响

（a）清汁；（b）浊汁

　　总糖是果蔬汁检测的基本理化指标（冀晓龙，2014）。经过不同杀菌方式处理后苹果清汁、浊汁中总糖含量如图 3.33 所示，苹果清汁经不同杀菌处理后总糖含量为 60.58～115.24 mg Glu/mL，苹果浊汁经不同杀菌处理后总糖含量为 73.10～126.71 mg Glu/mL。

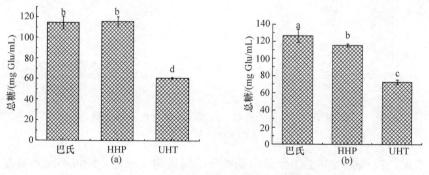

图 3.33　非热加工技术对'寒富'苹果汁总糖含量的影响

（a）清汁；（b）浊汁

　　苹果浊汁总糖的含量整体略高于苹果清汁。可能的原因是澄清的加工过程造成了果汁中总糖的损失，巴氏杀菌处理、HHP 杀菌处理的苹果清汁和 HHP 杀菌处理的苹果浊汁总糖含量无显著性差异（$P > 0.05$）。UHT 处理苹果汁总糖明显低于其他两种处理的果汁，原因可能是 UHT 处理温度较高，高温促进糖类物质水解成二氧化碳和水（胥钦等，2012）。

　　经过不同杀菌方式处理后苹果清汁和苹果浊汁中还原糖含量如图 3.34 所示，苹果清汁经不同杀菌处理后还原糖含量为 6.11%～10.87%，苹果浊汁经不同杀菌处理后还原糖含量为 7.68%～10.18%。巴氏杀菌处理的苹果浊汁含量为 10.18%，显著高于其他处理苹果汁（$P < 0.05$），巴氏杀菌处理和 HHP 处理的苹果浊汁与 HHP 处理的苹果浊汁还原糖含量无显著差异（$P > 0.05$）。不同杀菌方式对苹果清汁及清汁还原糖含量的影响趋势相同。

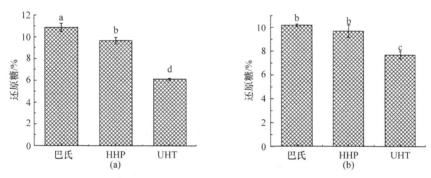

图 3.34　非热加工技术对'寒富'苹果汁还原糖含量的影响
（a）清汁；（b）浊汁

　　由图 3.34 可知，无论在苹果清汁还是苹果浊汁中 UHT 杀菌的果汁还原糖含量显著低于其他两种杀菌方式。故 UHT 处理会显著影响苹果汁还原糖含量（$P < 0.05$）。有研究指出，在高温下还原糖会部分转化为 5-羟甲基糠醛（5-HMF），5-HMF 是葡萄糖或果糖参与美拉德反应、焦糖化反应及抗坏血酸氧化分解反应的共同中间产物，同时可参与美拉德反应的后阶段生成褐色物质（周亚平等，2007）。在热杀菌过程中苹果汁的还原糖可能参与美拉德反应，部分转化为 5-HMF，同时与有机酸结合生成褐色物质（Babsky et al.，1986），造成果汁颜色变暗。此结果与色泽结果一致。故 UHT 处理苹果汁还原糖含量显著低于巴氏杀菌苹果汁和 HHP 处理苹果汁。

2）高压均质（HPH）处理对'寒富'苹果汁品质的影响

　　不同均质压力及次数对苹果汁色泽、pH 及可溶性固形物的影响如表 3.11 所示。随均质压力的增加，果汁 L^* 值减小，b^* 值增加，颜色变暗，趋于暗黄色，褐变程度增加。巴氏杀菌（PA）苹果汁 L^* 值为 72.58，显著低于 HPH 苹果汁及 CK

苹果汁（$P<0.05$）。可能的原因是，巴氏杀菌处理温度较高，高温会引发果汁中糖和蛋白质发生美拉德反应，花青素、维生素 C 和多酚类物质等小分子物质发生降解，生成褐色物质从而引起果汁褐变。而高压均质不会带来较大温度升高，所以抑制了上述反应（房子舒等，2012）。

巴氏杀菌苹果汁可溶性固形物含量为 16.9%，显著高于 CK 及 HPH 苹果汁（$P<0.05$）。在 150 MPa 下，均质 2 次的苹果汁可溶性固形物含量为 14.5%，显著高于均质 1 次苹果汁 0.2%（$P<0.05$）。110 MPa、150 MPa、190 MPa 处理苹果汁固形物含量均无显著性差异（$P>0.05$）。出现这种结果的可能原因是热烫及均质处理会使苹果细胞被破坏且均质次数越多细胞破坏越彻底，会导致糖类等可溶性固形物成分溶解到果汁中（吴奕兵，2009）。PA、CK 及 HPH 苹果汁 pH 均无显著性差异（$P>0.05$）。

表 3.11　不同均质压力及次数对苹果汁理化性质的影响

	进口温度	均质压力	均质次数	L^*	b^*	褐变度（OD420）	pH	可溶性固形物/%
HPH	50℃	30 MPa	1 次	82.86±0.30[a]	24.25±0.04[f]	0.158±0.005[cd]	4.05±0.02[ab]	14.1±0.06[d]
	50℃	70 MPa	1 次	81.13±0.20[c]	26.58±0.03[d]	0.155±0.002[d]	4.00±0.03[b]	14.1±0.06[d]
	50℃	110 MPa	1 次	80.72±0.10[d]	26.83±0.11[c]	0.170±0.009[b]	4.03±0.04[ab]	14.3±0[c]
	50℃	150 MPa	1 次	77.90±0.09[f]	27.44±0.05[b]	0.164±0.002[bc]	4.05±0.04[ab]	14.3±0[c]
	50℃	190 MPa	1 次	78.37±0.08[e]	27.49±0.08[b]	0.171±0.003[b]	4.08±0.04[a]	14.3±0[c]
	50℃	150 MPa	2 次	73.58±0.06[g]	28.24±0.05[a]	0.169±0.003[b]	4.09±0.01[a]	14.5±0.12[b]
CK				81.49±0.09[b]	25.96±0.05[e]	0.160±0.003[cd]	4.03±0.06[ab]	13.8±0.06[e]
PA				72.58±0.16[h]	28.30±0.15[a]	0.212±0.004[a]	4.02±0.03[ab]	16.9±0.06[a]

注：同一列同一指标的不同字母表示不同处理对照差异显著。

不同进口温度对苹果汁色泽、pH 及可溶性固形物的影响如表 3.12 所示。CK 苹果汁 L^* 值为 68.52±0.36，显著高于 PA 及 HPH 苹果汁（$P<0.05$），进料温度<50℃HPH 苹果汁 L^* 值显著高于 PA 苹果汁（$P<0.05$）。随进口温度的增加，HPH 苹果汁 L^* 值显著减小，果汁颜色变深。进口温度 4℃与 30℃，L^* 值无显著性差异（$P>0.05$），进口温度 50℃与 60℃，L^* 值无显著性差异（$P>0.05$）。随处理温度的升高，苹果汁可溶性固形物含量显著增加（$P<0.05$）。

表 3.12　不同进口温度对苹果汁理化性质的影响

	进口温度	均质压力	均质次数	L^*	b^*	褐变度	pH	可溶性固形物/%
HPH	4℃	150 MPa	1 次	62.83±0.55[b]	23.88±0.15[e]	0.133±0.018[b]	4.11±0.03[ab]	13.9±0.173[d]
	30℃	150 MPa	1 次	62.33±0.31[bc]	24.22±0.09[d]	0.148±0.011[b]	4.14±0.02[a]	14.3±0[c]
	40℃	150 MPa	1 次	61.98±0.15[c]	24.36±0.05[cd]	0.148±0.007[b]	4.14±0.01[a]	14.4±0.058[c]

续表

	进口温度	均质压力	均质次数	L^*	b^*	褐变度	pH	可溶性固形物/%
HPH	50℃	150 MPa	1 次	61.23±0.39^d	24.47±0.09^{bc}	0.139±0.006^b	4.13±0.02^a	14.6±0^b
	60℃	150 MPa	1 次	60.96±0.41^d	24.53±0.06^b	0.140±0.004^b	4.09±0.01^{bc}	14.3±0.058^c
	PA			61.18±0.36^d	25.77±0.14^a	0.172±0.003^a	4.06±0.03^c	16.9±0.058^a
	CK			68.52±0.36^a	23.64±0.04^f	0.131±0.007^b	4.07±0.02^{bc}	13.8±0^d

不同均质压力及次数对苹果汁粒径、Zeta 电位及悬浮稳定性的影响如表 3.13 所示。由表可知，HPH 处理可显著降低果汁中果肉颗粒平均粒径（$P<0.05$）。但 150 MPa、190 MPa HPH 苹果汁果肉颗粒平均粒径无显著性差异（$P>0.05$）。果汁中果肉颗粒平均粒径也不会随均质次数增加而减小。高压均质通过高压，会将果肉颗粒粉碎细化（吴奕兵，2009）。故经 HPH 处理苹果汁果肉颗粒较细。

表 3.13　不同均质压力及次数对苹果汁稳定性的影响

	进口温度	均质压力	均质次数	粒径/nm	Zeta 电位/mV	悬浮稳定性（OD660）
HPH	50℃	30 MPa	1 次	731.3±13.9^c	−24.7±0.3^c	0.119±0.005^c
	50℃	70 MPa	1 次	571.4±28.0^d	−24.9±0.2^c	0.136±0.020^c
	50℃	110 MPa	1 次	406.1±4.1^e	−24.0±0.6^{bc}	0.136±0.009^c
	50℃	150 MPa	1 次	383.5±2.5^{ef}	−24.0±0.6^{bc}	0.181±0.014^b
	50℃	190 MPa	1 次	352.6±18.3^f	−23.6±1.0^b	0.190±0.013^b
	50℃	150 MPa	2 次	354.4±10.1^f	−23.4±0.2^b	0.272±0.028^a
	CK			1199.0±33.5^a	−21.2±0.4^a	0.116±0.005^c
	PA			971.0±56.0^b	−20.8±0.3^a	0.148±0.052^{bc}

Zeta 电位表示颗粒表面的带电性质，可用来评估分散体系中悬浮颗粒的静电稳定性。当 Zeta 电位的绝对值较高时，颗粒间会相互排斥，从而达到分散稳定状态；而当 Zeta 电位的绝对值较低时，颗粒间没有足够的静电排斥力，不能阻止颗粒的聚集，从而无法保持稳定状态。通常 Zeta 电位绝对值小于 25 mV 的体系不太稳定，Zeta 电位绝对值在 25～50 mV 之间的体系是比较稳定的，Zeta 电位绝对值大于 50 mV 的体系非常稳定（秦蓝，2005）。由表 3.13 所示，8 种果汁样品 Zeta 电位均在−30～−20 mV 之间，但经 HPH 处理 Zeta 电位值显著增加（$P<0.05$），果汁稳定性提高，但 Zeta 电位值不随均质压力、均质次数的增加而增加。

均质压力为 150 MPa、均质次数为 2 次的 HPH 苹果汁 OD660 值为 0.272，比同样均质压力参数但均质次数为 1 次的 HPH 苹果汁高出 50.28%，且随着均质压力的增加，果汁的悬浮稳定性显著提高（$P<0.05$）。但 HPH 苹果汁与 CK 和 PA 苹果汁的悬浮稳定性无显著性差异（$P>0.05$）。

不同进口温度对苹果汁粒径、Zeta 电位及悬浮稳定性的影响如表 3.14 所示。HPH 处理与 CK 及 PA 苹果汁相比，可显著降低果汁中果肉颗粒粒径的大小（$P<0.05$）。且随进口温度的增加，果肉颗粒粒径的大小显著减小（$P<0.05$）。

Zeta 电位反映了果汁体系的稳定程度，PA、CK 及 HPH 苹果汁 Zeta 电位无显著性差异（$P>0.05$），但 HPH 苹果汁的 Zeta 电位不随进口温度的增加而减小。进口温度对苹果汁悬浮稳定性的影响不显著（$P>0.05$）。

表 3.14　不同进口温度对苹果汁理化性质的影响

	进口温度	均质压力	均质次数	粒径/nm	Zeta 电位/mV	悬浮稳定性（OD660）
HPH	4℃	150 MPa	1 次	452.7±6.0[c]	−23.6±0.2[bc]	0.169±0.002[a]
	30℃	150 MPa	1 次	418.5±4.9[cd]	−24.2±0.2[d]	0.188±0.025[a]
	40℃	150 MPa	1 次	382.6±3.1[de]	−23.5±0.2[bc]	0.219±0.019[a]
	50℃	150 MPa	1 次	383.5±2.5[de]	−24.0±0.6[cd]	0.183±0.013[a]
	60℃	150 MPa	1 次	353.3±2.3[e]	−23.1±0.4[b]	0.168±0.025[a]
	PA			971.0±56.0[b]	−20.8±0.3[a]	0.200±0.070[a]
	CK			1199.0±33.5[a]	−21.2±0.4[a]	0.157±0.053[a]

不同均质压力对苹果汁总酚含量及抗氧化能力的影响如图 3.35 所示。由图可知，PA 果汁的总酚含量、DPPH 自由基清除能力均显著高于 CK 果汁及 HPH 果汁，可能的原因为巴氏杀菌处理温度较高，导致果汁蒸发浓缩，浓度增加，故单位体积中营养功能成分增加。

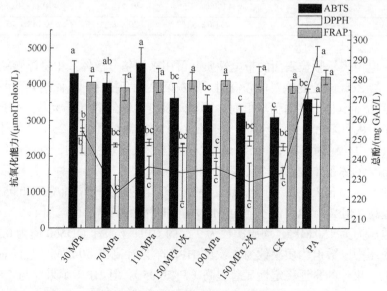

图 3.35　不同均质压力及次数对苹果汁营养功能品质的影响

均质压力为 30 MPa、70 MPa 及 110 MPa 时，果汁的 ABTS+自由基清除能力显著高于均质压力为 150 MPa、190 MPa 的苹果汁（$P<0.05$）。可能的原因是随均质压力的增加，细胞破碎程度增加，其中的多酚类物质溶出，与多酚氧化酶接触面积增加，导致单位体积果汁/抗氧化 ABTS+自由基清除能力下降。不同均质压力对果汁总酚含量、DPPH 自由基清除能力和铁离子还原/抗氧化能力（ferric ion reducing antioxidant power，PFRAP）无显著性影响（$P>0.05$）。

不同进口温度对苹果汁总酚含量及抗氧化能力的影响如图 3.36 所示。由图 3.36 可知，PA 果汁 DPPH 自由基清除能力为 3490 μmol Trolox/L，显著高于其他处理苹果汁（$P<0.05$）。进口温度为 4℃和 60℃的 HPH 果汁总酚含量显著低于其他处理苹果汁（$P<0.05$）。不同进口温度对 ABTS+自由基清除能力和铁离子还原能力无显著性影响（$P>0.05$）。

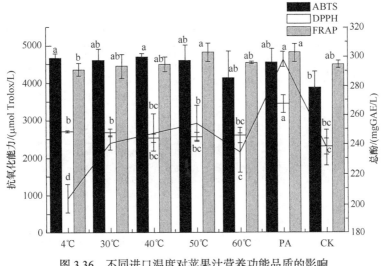

图 3.36　不同进口温度对苹果汁营养功能品质的影响

3）高压均质对贮藏期内'寒富'苹果汁品质的影响

从表 3.15 中可得出，除 60℃的均质果汁样品，其他处理果汁的样品在 4℃贮藏条件下，pH 在 0～21 d 测定时，随时间显著增加（$P<0.05$），在 21 d 达到最大值，在 21～28 d 测定时显著降低（$P<0.05$）。果汁的 pH 在 7 d、14 d 测定时，随时间显著增加（$P<0.05$），在 14 d 达到最大值，在 28 d 测定时，pH 降低至与初始点 pH 无显著性差异（$P>0.05$）。由表 3.16 可知，25℃贮藏条件下，9 种处理的苹果汁在 28 d 贮藏期内，pH 无显著变化（$P>0.05$），表明贮藏过程中苹果汁的酸度基本无变化。

表 3.15　不同均质条件苹果汁 4℃贮藏下 pH 的变化

贮藏时间/d	pH								
	对照 CK	巴氏杀菌PA	HPH（50℃，30MPa，1次）	HPH（50℃，70MPa，1次）	HPH（50℃，150MPa，1次）	HPH（50℃，190MPa，1次）	HPH（60℃，150MPa，1次）	HPH（60℃，150MPa，2次）	HPH（60℃，190MPa，1次）
0	4.53±0.04c	4.52±0.01d	4.56±0.01b	4.54±0.00c	4.54±0.01c	4.57±0.01ab	4.57±0.01c	4.58±0.01c	4.44±0.03ab
7	4.60±0.04ab	4.55±0.01c	4.56±0.03b	4.58±0b	4.58±0.01b	4.58±0.02ab	4.59±0.01b	4.56±0.01d	4.44±0.04ab
14	4.61±0.01ab	4.58±0.01b	4.60±0.01ab	4.61±0.01a	4.62±0.01a	4.62±0.01ab	4.64±0a	4.65±0.01a	4.50±0.01a
21	4.64±0.02a	4.63±0a	4.63±0.01a	4.62±0.01a	4.62±0.01a	4.66±0.07a	4.63±0.01a	4.61±0.01b	4.47±0.01ab
28	4.56±0bc	4.56±0.01c	4.57±0.01b	4.56±0bc	4.56±0.01bc	4.55±0ab	4.56±0c	4.57±0cd	4.42±0.01b

表 3.16　不同均质条件苹果汁 25℃贮藏下 pH 的变化

贮藏时间/d	pH								
	对照 CK	巴氏杀菌PA	HPH（50℃，30MPa，1次）	HPH（50℃，70MPa，1次）	HPH（50℃，150MPa，1次）	HPH（50℃，190MPa，1次）	HPH（60℃，150MPa，1次）	HPH（60℃，150MPa，2次）	HPH（60℃，190MPa，1次）
0	4.56±0.03b	4.51±0b	4.58±0.03a	4.57±0.01b	4.57±0.01b	4.58±0.03a	4.59±0.01a	4.61±0.02a	4.64±0.04a
7	4.68±0.07a	4.56±0.01a	4.62±0.01a	4.63±0a	4.61±0.01a	4.58±0.01a	4.59±0.01a	4.61±0.01a	4.63±0.01a
14	4.63±0ab	4.55±0.01a	4.61±0.01a	4.62±0.01a	4.63±0.01a	4.58±0.01a	4.60±0.01a	4.61±0.01a	4.64±0.01a
21	4.64±0.01ab	4.55±0.01a	4.62±0.03a	4.64±0.01a	4.65±0.06a	4.60±0.01a	4.61±0.03a	4.62±0a	4.64±0.01a
28	4.60±0ab	4.51±0.01b	4.61±0.01a	4.59±0.01b	4.59±0ab	4.57±0.04a	4.61±0a	4.61±0.01a	4.61±0.01a

由表 3.17 可知，4℃贮藏条件下，CK 苹果汁的可溶性固形物含量在 0～21 d，随贮藏时间的增加而增加，在 21～28 d 略有下降。其他处理苹果汁可溶性固形物含量贮藏期内变化无显著规律。

表 3.17　不同均质条件苹果汁 4℃贮藏下可溶性固形物的变化

贮藏时间/d	可溶性固形物/Brix°								
	对照 CK	巴氏杀菌PA	HPH（50℃，30MPa，1次）	HPH（50℃，70MPa，1次）	HPH（50℃，150MPa，1次）	HPH（50℃，190MPa，1次）	HPH（60℃，150MPa，1次）	HPH（60℃，150MPa，2次）	HPH（60℃，190MPa，1次）
0	12.40±0d	15.50±0.14a	13.00±0.14a	13.05±0.07a	12.80±0.14a	12.80±0b	13.00±0.14a	13.10±0b	13.35±0.07a
7	12.60±0c	15.35±0.07a	12.55±0.07b	12.65±0.07c	12.65±0.07a	12.70±0c	12.85±0.07a	13.15±0.07b	13.20±0b

续表

| 贮藏时间/d | 可溶性固形物/Brix° | | | | | | | | |
	对照 CK	巴氏杀菌 PA	HPH（50℃，30MPa，1次）	HPH（50℃，70MPa，1次）	HPH（50℃，150MPa，1次）	HPH（50℃，190MPa，1次）	HPH（60℃，150MPa，1次）	HPH（60℃，150MPa，2次）	HPH（60℃，190MPa，1次）
14	12.70±0.07^{bc}	15.35±0.07^a	12.60±0^b	12.70±0^{bc}	12.70±0^a	12.80±0^b	12.90±0^a	13.15±0.07^b	13.20±0^b
21	12.95±0.07^a	15.35±0.07^a	12.70±0^b	12.80±0^b	12.80±0^a	12.90±0^a	13.05±0.07^a	13.35±0.07^a	13.35±0.07^a
28	12.75±0.07^b	15.35±0.07^a	12.75±0.07^b	12.75±0.07^{bc}	12.85±0.07^a	12.85±0.07^{ab}	13.00±0^a	13.30±0^a	13.30±0^{ab}

由表 3.18 可知，25℃贮藏条件下，9 种处理的苹果汁在 28 d 贮藏期内，可溶性固形物含量均无显著变化（$P>0.05$）。

表 3.18　不同均质条件苹果汁 25℃贮藏下可溶性固形物的变化

| 贮藏时间/d | 可溶性固形物/Brix° | | | | | | | | |
	对照 CK	巴氏杀菌 PA	HPH（50℃，30MPa，1次）	HPH（50℃，70MPa，1次）	HPH（50℃，150MPa，1次）	HPH（50℃，190MPa，1次）	HPH（60℃，150MPa，1次）	HPH（60℃，150MPa，2次）	HPH（60℃，190MPa，1次）
0	13.65±0.07^a	18.15±0.07^b	14.10±0^b	14.10±0^b	12.45±0.07^c	14.25±0.07^a	14.05±0.07^b	14.25±0.07^a	14.20±0^b
7	13.80±0^a	18.20±0^b	14.10±0^b	14.20±0.14^{ab}	14.90±0.14^a	14.25±0.07^a	14.05±0.07^b	14.25±0.07^a	14.30±0^{ab}
14	13.75±0.07^a	18.30±0^a	14.10±0^b	14.20±0^{ab}	14.30±0^b	14.30±0^a	14.10±0^b	14.30±0^a	14.35±0.07^a
21	13.70±0.14^a	18.30±0^a	14.25±0.07^a	14.30±0^a	14.40±0^b	14.35±0.07^a	14.30±0^a	14.30±0^a	14.35±0.07^a
28	13.80±0^a	18.30±0^a	14.30±0^a	14.30±0^a	14.40±0^b	14.30±0^a	14.15±0.07^b	14.30±0^a	14.30±0^{ab}

图 3.37（a）表示了 HPH、PA 及对照组苹果汁在 4℃贮藏期间亮度的变化。由图 3.37（a）可知，PA 和 HPH 处理使果汁颜色变暗，褐变程度增加，0～28 d 内，CK 果汁 L^* 值是所有处理果汁中最高的。除 CK 及 60℃，190MPa，1 次均质果汁分别在前 7 天和 14 天内升高外，其他处理的果汁均在 0～21 d 随贮藏时间的增加，L^* 值逐渐下降，果汁颜色加深，在第四周果汁 L^* 值有所回升。

图 3.37（b）表示了 HPH、PA 及 CK 苹果汁在 25℃贮藏期间亮度的变化。由图 3.37（b）可知，随贮藏时间的增加，苹果汁 L^* 值减小，果汁褐变程度不断加深。各处理条件下 L^* 值下降趋势相似且在贮藏结束时 L^* 值仍有下降趋势。

综上，PA 及 HPH 处理显著影响在 4℃及 25℃条件下贮藏苹果汁的 L^* 值，与 CK 果汁相比，褐变程度增加。HPH 处理中，果汁 L^* 值随 HPH 处理中均质压力和均质温度的增加而增加。对比图 3.37（a）、图 3.37（b），4℃贮藏下果汁 L^* 值的下降程度远低于 25℃，低温贮藏使果汁的褐变受到了抑制。

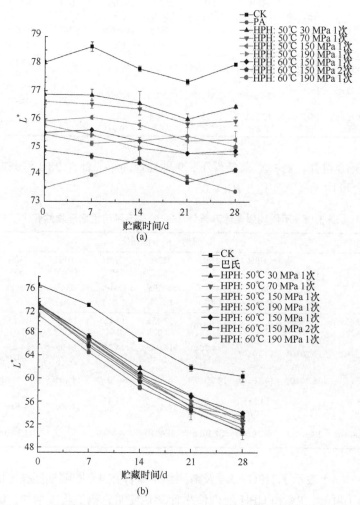

图 3.37　不同均质条件苹果汁 4℃（a）及 25℃（b）贮藏下 L^* 值的变化

图 3.38（a）表示不同均质条件苹果汁 4℃贮藏时 b^* 值的变化。经 PA 及 HPH 处理后，果汁 b^* 值显著高于（$P<0.05$）对照组果汁。随贮藏时间的延长，不同处理苹果汁的 b^* 值逐渐增加，果汁黄色增加。

图 3.38（b）表示不同均质条件苹果汁 25℃贮藏时 b^* 值的变化。由图 3.38（b）可知，0～14 d 的贮藏中，果汁 b^* 值增加速度显著高于 14～28 d，说明果汁发生褐变集中于 0～14 d。14～28 d b^* 值趋于平稳。综上，4℃贮藏下苹果汁 b^* 值变化幅度与 25℃贮藏下相比较小。可能原因是低温减缓了果汁褐变的速度。

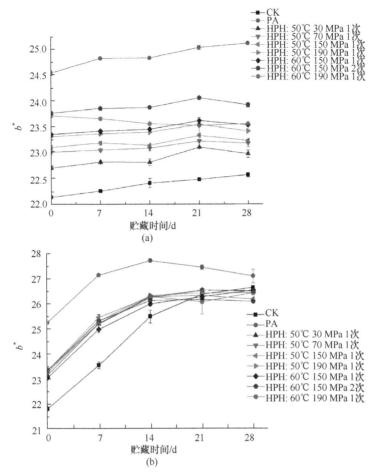

图 3.38　不同均质条件苹果汁 4℃（a）及 25℃（b）贮藏下 b^* 值的变化

　　图 3.39（a）表示不同均质条件苹果汁 4℃贮藏下褐变度 OD420 的变化情况。由图 3.39（a）可知，0～7 d，果汁的褐变度 OD420 均显著增加，7～28 d 褐变度 OD420 仍增加，但褐变速度放缓。PA 及 HPH 处理苹果汁在 0～28 d 贮藏期内褐变度显著高于 CK 果汁。

　　图 3.39（b）表示不同均质条件苹果汁 25℃贮藏下褐变度 OD420 的变化情况。由图 3.39（b）可知，与贮藏温度为 4℃的苹果汁相比，贮藏温度为 25℃的贮藏期内苹果汁褐变度增加更快，褐变程度更深。结果与 b^* 值结果一致。

　　图 3.40（a）表示不同均质条件苹果汁 4℃贮藏下果肉颗粒粒径的变化情况。由图 3.40（a）可得，经高压均质苹果汁的果肉颗粒粒径显著小于 PA 及 CK 苹果汁。0～7 d 果汁果肉颗粒粒径小幅度增加，果肉颗粒聚集，7～14 d 果汁果肉颗粒粒径减小，14～28 d 果汁果肉颗粒粒径基本无变化。

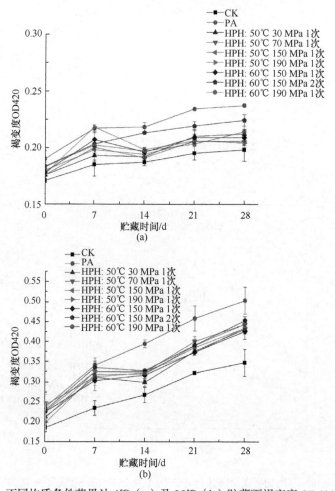

图 3.39　不同均质条件苹果汁 4℃（a）及 25℃（b）贮藏下褐变度 OD420 的变化

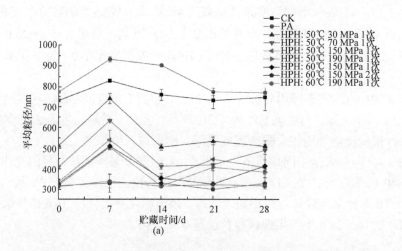

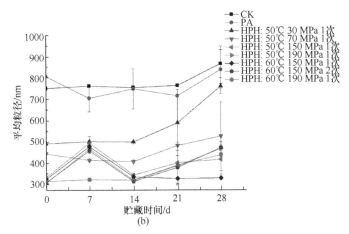

图3.40　不同均质条件苹果汁4℃（a）及25℃（b）贮藏下果肉颗粒粒径的变化

图3.40（b）表示不同均质条件苹果汁25℃贮藏下果肉颗粒粒径的变化情况。由图3.40（b）可得，贮藏0～14 d果汁的果肉颗粒粒径变化幅度较小，CK、PA和50℃，30MPa 1次的HPH果汁样品在21～28 d果肉颗粒粒径显著增加，其他处理果汁中果肉颗粒粒径增加程度较小，说明均质温度及均质次数的增加可在一定程度上减少果肉颗粒在贮藏过程中颗粒的凝聚。有研究认为，随着果蔬汁颗粒的变小，容积率增大，黏度增加，减轻了带肉果汁的分层沉降；同时，均质使带肉果汁的黏度降低，这不仅与果肉含量和颗粒状态有关，也与果汁的破坏和重组有关，同时还受到果汁中糖、酸、果胶等成分的影响（徐莉珍等，2009）。综上，低温贮藏可以降低果肉颗粒的聚集程度，增加果汁的贮藏稳定性。

图3.41（a）表示不同均质条件苹果汁4℃贮藏下总酚含量变化情况。0～28 d贮藏期内果汁总酚含量变化幅度较小。

图3.41（b）表示不同均质条件苹果汁25℃贮藏下总酚含量变化情况。14～21 d果汁总酚含量显著下降。HPH果汁中，随均质压力、均质温度的增加，果汁总酚含量增加。由于巴氏杀菌温度较高，造成果汁蒸发，果汁浓度增加，总酚含量以mg GAE/L 果汁计，故以浓度计的总酚含量增加。

综上，低温贮藏可减慢苹果汁中总酚含量的减少速度。

2. 苹果脆片加工过程品质调控

我国是世界苹果栽培面积最广和产量最高的国家，苹果园的面积和总产量为227.2 万 hm^2 和4092.3 万 t，分别占世界总面积和总产量的45.0%和48.4%。虽然我国苹果产量高，但主要用于新鲜食用，国内鲜果消费已占苹果总产量的80%以上，进一步提升鲜果消费空间已十分有限，急需加工提高原料消耗量，促进产业健康发展。虽然我国的苹果有着较大的产量优势，但加工水平较低，处于刚起步

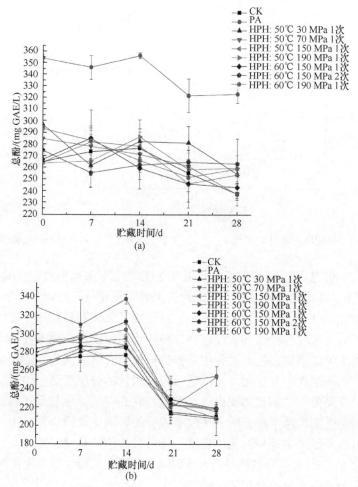

图 3.41　不同均质条件苹果汁 4℃（a）及 25℃（b）贮藏下总酚含量的变化

阶段，主要表现在加工转化率低、加工产品品种少、质量不稳定，与发达国家有较大的差距，浪费现象严重，美国、日本苹果加工率分别达到了 45% 和 25%（赵玉山，2014）。脱水苹果脆片作为一种通过干燥加工制得的休闲食品，既能较好地保留苹果原有营养成分，又具有口感酥脆、略带酸甜的感官特性，深受消费者喜爱。干燥苹果已经成为多种食品中特色配料，包括零食、甜点、早餐等其他食品（Akpinar et al.，2003）。

　　干燥是最古老经典的新鲜水果蔬菜的保鲜技术之一（Dandamrongrak et al.，2002），通过去除食物中的水分达到抑制腐败微生物生长的效果，此外，干燥还能有效抑制食物基质中发生的酶促或非酶褐变反应，减少运输质量和存储空间（Kozanoglu et al.，2012）。但是，由于苹果对不同干燥条件（温度、空气速度和相对湿度）的敏感性，干燥条件会引起氧化、颜色变化、质地收缩或失去营养功能物质损失而导致干燥苹果脆片质量下降（Vega-Galvez et al., 2012）。本书总结归纳了不同苹果脆片加工处理对苹果脆片品质包括色泽、质构等品质的调控作用，并进行了系统分析和评价。

1）苹果脆片加工过程对色泽的调控

（1）压差闪蒸干燥不同工艺参数对苹果脆片色泽的调控作用。

压差闪蒸干燥技术是一项新型干燥技术，既克服了热风干燥脱水速率慢、产品品质差的缺点，又避免了真空低温油炸干燥产品含油脂易氧化变质的问题，同时还尽量保持了物料色泽鲜艳、口感酥脆、营养丰富等优良品质，是一种苹果脆片的典型干燥方式（马立霞等，2005）。

研究表明，不同的压差闪蒸干燥工艺参数对苹果脆片色泽会产生一定的影响。本书以产自山东栖霞的'富士'苹果为实验材料，苹果去皮，去核，调节切片机切片厚度，将新鲜苹果片进行预干燥处理：放入温度设定为80℃的电热恒温鼓风箱内干燥2 h后，放置于4℃冰箱内，均湿12 h，取出，备用。另准确称取苹果片质量[（100±2）g]，做相同切片、预干燥处理。尽可能保证此部分苹果片形状大小一致。采用DL-25型色彩色差计（美国Hunterlab公司）测定脆片的色泽，输出模式设定为"L^*、a^*、b^*"，分别代表脆片样品的亮度、红绿值和黄蓝值。样品测定三次，时间间隔为10 s。由屏幕直接读取脆片对应的"L^*、a^*、b^*"的三次数值及其平均值，做好数据记录。

具体压差闪蒸干燥条件如下所述。

i）预热压差闪蒸干燥机组：开启变温压差膨化干燥设备，设定温度90℃，达到温度后维持10 min，卸压，进入抽空干燥阶段，温度设定70℃，维持1 h。

ii）压差闪蒸干燥试验组：调节膨化罐温度，达到温度后，将准备好的预干燥苹果片平铺在托网上，置于膨化罐内。将准确称重的苹果片平铺到接有质量传感器的托盘上（用于检测干燥过程中水分含量的变化），关闭罐门，开始膨化、计时。物料停滞15 min后卸压，真空度为0.1 MPa。其间，每3 min记录质量变化。进入抽空干燥阶段后，每5 min记录质量变化。抽空时间2 h。试验平行三次。

工艺参数设定如下：

闪蒸温度：70℃、80℃、90℃；切片厚度设定为5 mm，抽空温度50℃。

抽空温度：50℃、60℃、70℃；切片厚度设定为5 mm，膨化温度80℃。

切片厚度：3 mm、5 mm、7 mm；膨化温度设定为80℃，抽空温度60℃。

富士苹果经过不同工艺参数条件膨化后得到品质不一的产品，通过对色度的测定，得到不同工艺参数下对应产品的色度，如表3.19所示。

表 3.19　不同工艺参数脆片色泽 L^*、a^*、b^*值

色度	闪蒸温度/℃			抽空温度/℃			切片厚度/mm		
	70	80	90	50	60	70	3	5	7
L^*值	42.39	43.53	44.9	43.53	42.29	42.58	45.77	42.29	42.67
a^*值	9.25	9.12	9.09	9.12	9.34	10.04	8.43	9.34	9.1
b^*值	17.94	18.84	19.16	18.84	18.12	18.77	19.14	18.12	17.89

从表 3.19 中可以看出，不同工艺参数下脆片色泽有较大差异。随着闪蒸温度的升高，脆片 L^*值增大，脆片的亮度增大；a^*值代表脆片的红绿值，b^*值为黄蓝值，随着闪蒸温度的升高，a^*值越来越小，b^*值越来越大。随着闪蒸温度的升高，脆片色泽逐渐向绿色和黄色变化。在 L^*、a^*、b^*三维色彩坐标中可以找到对应的点。改变闪蒸干燥抽空温度，脆片在抽空温度为 50℃时，L^*值最大，而 70℃时最小，可能是由于抽空温度过高，导致脆片色变、发焦。a^*值随抽空温度的增加而增大，说明脆片颜色有着发红的趋势。综合可以看出，苹果脆片受抽空温度影响明显，抽空温度过高，脆片颜色出现焦黄，不利于脆片品质的保持。切片厚度为 3 mm时，脆片亮度最大，a^*值最小，b^*值最大，脆片色泽较好；而切片 7 mm 的脆片 a^*值、b^*值均较小，脆片发暗，颜色不悦。可能是由于脆片较厚，干燥过程中苹果内部糖类物质发生变化，水分扩散速率降低，影响脆片色泽。

（2）不同前处理作用对压差闪蒸干燥苹果色泽品质的影响。

苹果中含有的多酚类物质和多酚氧化酶，使切分的苹果在空气中极易褐变，因此成为苹果脆片加工的首要考虑因素。本书研究了高温热烫、NaCl 溶液浸泡、柠檬酸溶液浸泡对苹果片色泽的影响，旨在探究不同干燥预处理对苹果色泽的调控作用。

配制不同浓度的护色液，将切好并已测定 a_0^* 的苹果片分别放入各烧杯中，每杯三片，约 30 g，15 min 后取出，放入已预热至 80℃的电热恒温鼓风箱，干燥 2 h后取出，测定样品的 a_1^*，计算样品的 $\Delta a^* = a_1^* - a_0^*$。$\Delta a^*$ 小于 0，则具有护色效果，值越小，护色效果越好。盐溶液种类及浓度水平见表 3.20。

表 3.20　苹果片盐溶液浸泡护色试验设计

盐溶液	浓度/%
NaCl	0、0.5、1、1.5、2、5
柠檬酸	0、0.5、1、1.5、2、5
维生素 C	0、0.5、1、1.5、2、5
NaHSO₃	0、0.02、0.1、0.15、0.2、0.5、1

'国光'苹果清洗，去皮，切分后，在不同温度的热水中烫漂不同的时间，取出，放入 80℃烘箱中预干燥 2 h，测定苹果片的 Δa^*，结果见图 3.42。

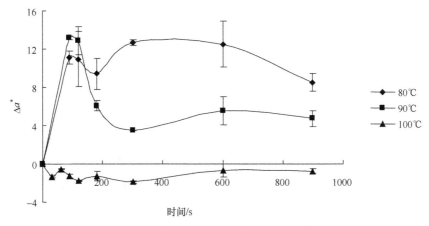

图 3.42　热烫（80℃、90℃、100℃）对苹果片色泽的影响

从图 3.42 可以看出，80℃热烫后，苹果片 Δa^*大于 0，表示热烫后苹果片色泽较鲜苹果偏红，不具护色效果。随着热烫时间的延长，Δa^*急剧升高，90 s 时达到最大，90 s 后变化较小。90℃热烫后，苹果片 Δa^*大于 0，不具护色效果。这可能是热烫不充分，苹果片内部温度未达到致使多酚氧化酶活性完全丧失的程度；也可能是苹果片热烫过程中浮出水面，暴露于空气中的苹果片表面散热较快，温度未达到设定值，同时与氧接触，发生褐变。随着热烫时间的延长，Δa^*先升高，后下降；热烫时间在 0~90 s 间，Δa^*急剧升高；90~120 s 间达到最大；120 s 后，Δa^*急剧下降；300 s 后，Δa^*变化较小。100℃热烫后，苹果片 Δa^*小于 0，表示热烫后苹果片色泽较鲜苹果偏绿，具有护色效果。随着热烫时间延长，Δa^*变化较小。100℃热烫具有较好护色效果，但即使是很短的热烫时间（30 s），也会使苹果片发生严重的软化现象。因此，热烫预处理工艺进行苹果片护色可能不利于苹果脆片的综合品质。

'国光'苹果清洗，去皮，切分后，在不同盐溶液中浸泡 15 min，取出，放入 80℃烘箱中预干燥 2 h，测定苹果片的 Δa^*，结果见图 3.43。

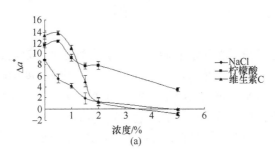

(a)

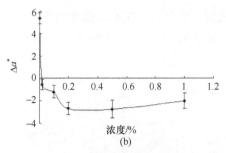

图 3.43　（a）NaCl、柠檬酸、维生素 C 对苹果片色泽的影响；（b）NaHSO₃ 溶液对
苹果片色泽的影响

　　从图 3.43（a）可以看出，NaCl、柠檬酸、维生素 C 溶液浸泡后，苹果片 Δa^* 大于 0。随着 NaCl、柠檬酸、维生素 C 溶液浓度的增加，苹果片 Δa^* 降低；NaCl 溶液浓度达到 5%，维生素 C 溶液浓度达到 3.5%，苹果片 Δa^* 均接近 0。

　　从图 3.43（b）可以看出，NaHSO₃ 溶液浸泡后（浓度＞0.02%），苹果片 Δa^* 小于 0。随着 NaHSO₃ 溶液浓度的增加，苹果片 Δa^* 降低；NaHSO₃ 浓度达到 0.1% 后，苹果片 Δa^* 变化不大。浓度为 5% 的 NaCl 溶液或浓度高于 3.5% 的维生素 C 溶液，对苹果片具有较好护色效果，NaHSO₃ 溶于水产生的 SO_2 对苹果体系中的多酚氧化酶-多酚系统的作用比较复杂，既可以与多酚氧化酶蛋白发生键连，修饰蛋白结构，降低它与单酚和二酚类的催化反应活性，又可与第一步反应生成的醌类物质发生不可逆的结合，形成无色物质（韩涛和李丽萍，1999），所以既能抑制酶促褐变，又能抑制非酶褐变。但浓度高会影响苹果片风味或提高加工成本，不能作为理想的护色液，所以，NaHSO₃ 在较低浓度时即具有较好的护色效果，以采用 0.02% 的 NaHSO₃ 浸泡 15 min 对苹果片进行护色处理为佳。

　　（3）不同聚合度糖渗透对热风-压差闪蒸联合干燥苹果脆片色泽的调控作用。

　　渗透是指将物料置于高渗溶液中，由于水分梯度和浓度差，会同时发生物料中水分渗出和溶液中溶质渗入物料两个过程（Raoult-Wack，1994）。作为在热风干燥前最常见的一种预处理方式，渗透可以减少干燥时间和提高干燥产品品质（Moreira and Sereno，2003）。果蔬渗透的研究中，常用的糖液主要包括果糖、葡萄糖、蔗糖、海藻糖等。对于消费者来说，糖的过量摄入不利于人体健康，因此选择一种合适的糖渗透液，在保持产品感官品质的同时，还具有功能性作用，具有十分重要的意义。

　　本书以'秦冠'苹果为试验材料，所使用的葡萄糖、果糖、蔗糖、麦芽糖、棉籽糖和水苏糖为食品级。苹果经去皮、去核后，切成厚度 10 mm、直径 20 mm 的圆柱状备用。分别配制 40°Brix 的单糖（葡萄糖、果糖）、二糖（蔗糖、麦芽糖）、三糖（棉籽糖）、四糖（水苏糖）溶液，将 20 g 苹果片置于装有糖液的烧杯中，料液比 1：8（质量比），温度为 25℃，分别渗透：30 min、60 min、90 min、120 min、

180 min、240 min，每隔 15 min 用玻璃棒手动搅拌一次，转速约 1 r/s。渗透结束后，将苹果片置于漏勺中，然后放入装有 1.6 L 蒸馏水的烧杯中用蒸馏水快速冲洗 1 s，重复上述步骤 3 次，并用滤纸拭干表面水分。将渗透 4 h 后苹果片进行热风干燥（干燥温度 70℃，风速 2.1 m/s）至水分比为 0.1，即含水率为 0.32～0.51 kg/kg。将预干燥后的苹果片置于自封袋中，4℃均湿 18 h，再进行热风-压差闪蒸联合干燥，具体参数设置为闪蒸温度 90℃，停滞时间 10 min，抽真空温度 70℃，抽真空时间 2 h。

色泽采用色差仪测定，依据 CIELab 表色系统测定苹果片的明度值 L^*、红绿值 a^*、黄蓝值 b^*，并计算总色差 ΔE 值，ΔE 值越小，说明与鲜样颜色越接近，色泽越好。每个处理做 8 次平行，计算公式如下

$$\Delta E = \sqrt{\Delta L^2 + \Delta a^2 + \Delta b^2} \tag{3.1}$$

其中，ΔL^* 为不同糖液渗透处理后压差闪蒸苹果脆片与鲜样 L^* 的差值；Δa^* 为不同糖液渗透后压差闪蒸苹果脆片与鲜样 a^* 的差值；Δb^* 为不同糖液渗透后压差闪蒸苹果脆片与鲜样 b^* 的差值。

不同种类糖液渗透对热风-压差闪蒸联合干燥苹果片色泽影响如表 3.21 所示，与鲜样相比，未渗透苹果脆片亮度值（L^* 值）明显下降，不同种类糖液渗透处理组的热风-压差闪蒸联合干燥苹果片的 L^* 值变化差异不显著。糖液渗透可以抑制苹果片的褐变，糖分的渗入，一方面阻止细胞壁被破坏，减少酶与底物的接触（Ferrando and Spiess，2001）；另一方面，隔绝了氧气，酶促褐变被有效地抑制。与未渗透组和鲜样对比，渗透后苹果片的 a^* 值下降，表明鲜样和未渗透组的样品颜色更偏红。未渗透组和水苏糖渗透后的苹果片 b^* 值大于鲜样，而其他组与鲜样无显著性差异。与对照组相比，渗透后苹果脆片总色差值 ΔE 明显小于对照组（$P<0.05$），表明渗糖可以较好地保持苹果片原有色泽，且试验所选糖液对色泽的保护能力无显著差异（$P>0.05$）。

表 3.21　不同渗透液对压差闪蒸苹果脆片色泽的影响

渗透液	L^*	a^*	b^*	ΔE
鲜样	71.9±1.3[c]	10.0±1.0[bc]	33.7±2.2[a]	
未渗透	64.9±1.7[a]	11.3±0.7[c]	38.6±1.6[b]	8.6±0.8[a]
果糖	70.7±2.3[bc]	9.0±0.5[ab]	33.6±1.4[a]	2.9±0.8[b]
葡萄糖	74.6±2.6[d]	7.9±1.1[a]	34.8±1.6[a]	3.9±0.9[b]
蔗糖	69.9±1.8[bc]	9.0±1.0[ab]	34.8±2.6[a]	3.8±0.8[b]
麦芽糖	72.1±2.0[cd]	8.5±0.9[a]	35.1±1.2[a]	3.0±0.7[b]
棉籽糖	71.8±3.0[c]	8.1±1.0[a]	33.8±1.2[a]	4.0±0.5[b]
水苏糖	68.2±2.8[b]	10.0±1.6[bc]	37.3±1.4[b]	4.1±0.2[b]

注：每一列中带有相同字母的数据之间差异不显著（$P>0.05$），带有不同字母的数据之间差异显著（$P<0.05$）。

2）苹果脆片加工过程对质构的调控

（1）变温压差膨化干燥不同工艺参数对苹果脆片质构的调控作用。

果蔬的质构与组织结构和物质状态等物理性质有关，是影响消费者选择的重要因素。干燥处理对果蔬物料的质构有很大影响，一般用玻璃化转变理论来解释干燥过程中物料孔隙形成、皱缩、坍塌等一系列物理变化发生的机理，认为当干燥温度低于玻璃化转变温度（glass transition temperature，T_g）时，物料坍塌较少，形成较多孔隙结构；当高于T_g时，物料会发生坍塌。研究表明，不同的苹果脆片加工工艺将在一定程度上影响苹果脆片的质构，本书以产自山东栖霞的'富士'苹果为实验材料，苹果去皮，去核，调节切片机切片厚度，将新鲜苹果片进行预干燥处理：放入温度设定为80℃的电热恒温鼓风箱内干燥2 h后，放置于4℃冰箱内，均湿12 h，取出，备用。另准确称取苹果片质量[（100±2）g]，做相同切片、预干燥处理。尽可能保证此部分苹果片形状大小一致。采用TA-XT2i物性分析仪（英国Stable Micro Systems公司）测定脆片的硬度和脆度。参数设置如下：探头型号为0.25S，测定前速度、测定后速度和测试速度分别为2.0 mm/s、2.0 mm/s、1.0 mm/s。每组样品测定10次，去掉最大值、最小值，求取平均值。仪器自动测定应力随时间的变化，给出应力变化曲线。其中，硬度值即样品断裂所需要的最大力，为曲线应力峰值；脆度值取应力峰值时横坐标值，即样品断裂所需时间。

将苹果脆片切为立方体颗粒，大小约3 mm×3 mm×3 mm，经过脱水干燥、喷金、固定等预处理，采用FEI公司生产的Quantq 200 FEG场发射环境扫描电镜对脆片样本进行测定试验，选取放大倍数为50倍，对样本进行扫描和图谱数据的采集。具体压差闪蒸干燥条件和具体工艺参数设定见"苹果脆片加工过程对色泽的调控"。

i）不同工艺参数条件下的硬度和脆度值。

通过物性测定仪，得到不同工艺参数条件下的硬度和脆度值，见表3.22。

表3.22　不同工艺参数脆片硬度、脆度值

工艺参数	闪蒸温度			抽空温度			切片厚度		
	70℃	80℃	90℃	50℃	60℃	70℃	3mm	5mm	7mm
硬度/g	1444.24	1067.76	768.77	1067.76	796.38	777.59	395.00	796.38	1514.84
脆度/s	9.30	8.59	7.35	8.59	1.68	1.61	1.49	1.68	8.00

由表3.22可以看出，工艺条件对膨化脆片的品质有较大的影响。随着膨化温度的升高，苹果脆片的硬度减小。脆度值越小，代表脆片的酥脆性越高。在闪蒸温度为90℃时，硬度为768.77 g，约相当于闪蒸温度70℃的50%，脆度为7.35 s，与闪蒸温度70℃的脆度相比，增加了30.0%。抽空温度升高，脆片的硬度减小，

脆度值减小。抽空温度 60℃、70℃ 的脆度比 50℃ 抽空温度分别减少了 80.44% 和 81.26%。随着切片厚度的增加，脆片的硬度逐渐增大，当切片厚度为 7 mm 时，脆片的硬度高达 1514.84 g，脆度为 8.00 s，失去了脆片的酥脆性。而切片厚度为 3 mm 时，硬度为 395.00 g，虽然保持了脆片的酥脆性，但是不利于脆片的包装和运输。当脆片厚度为 5 mm 时，脆片的硬度和脆度值均适中，既有脆片的酥脆性，又不至于在包装过程中受到挤压破碎。

ⅱ) 不同工艺参数条件下的显微结构。

对不同工艺参数条件下的脆片产品进行了电镜扫描，通过 50 倍放大电镜，可以看到品质较好的脆片均形成了多孔性的结构。如抽空温度为 60℃、70℃ 等的脆片，蜂窝状结构明显。

从图 3.44 中可以看出，当闪蒸温度较低时，苹果物料在膨化罐内加热停滞时，内部水分动能不足，在卸压的瞬间，细胞内的水分无法冲破原有细胞结构，在抽空干燥阶段，物料继续干燥，使已经形成的细胞结构固化。在扫描电镜下，可以看到，膨化温度 70℃ 时，脆片的细胞结构基本没有打开，脆片表面细胞呈片状，闪蒸温度上升至 80℃、90℃ 时，多孔状结构增多；提高抽空温度，可以发现，当抽空温度 60℃ 时，脆片结构与抽空温度为 50℃ 脆片相比，细胞结构更加均匀、一致，蜂窝状结构清晰，可见闪蒸温度、抽空温度对脆片多孔结构的形成至关重要。切片厚度为 3 mm、5 mm、7 mm 时，细胞结构均较为一致，呈多孔海绵状，组织

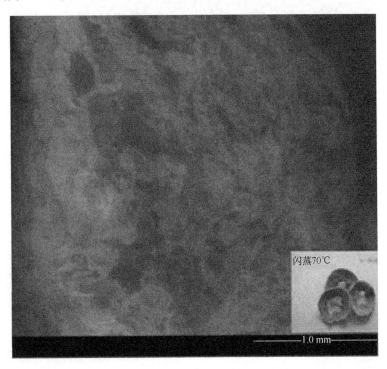

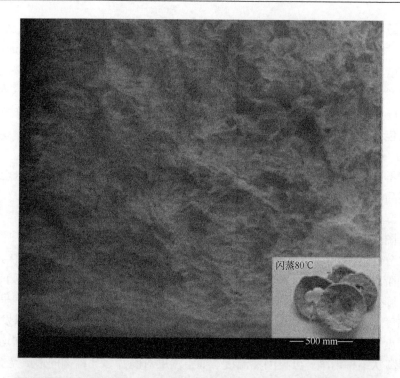

闪蒸80℃

—— 500 mm ——

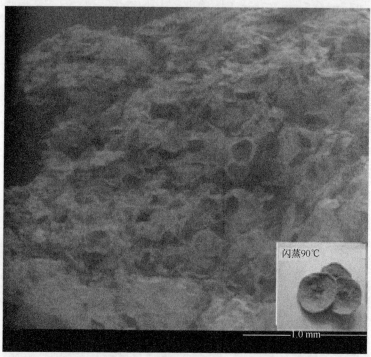

闪蒸90℃

—— 1.0 mm ——

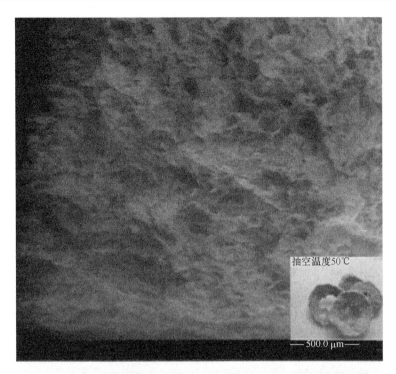

抽空温度50℃

——500.0 μm——

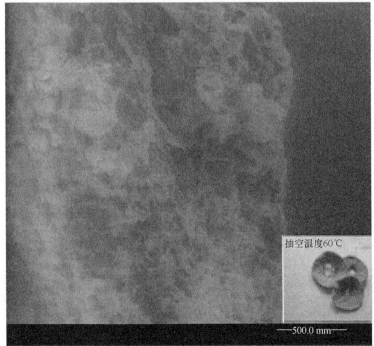

抽空温度60℃

——500.0 mm——

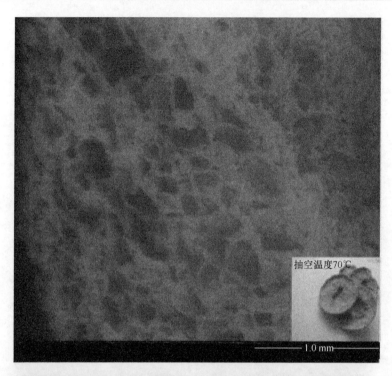

抽空温度70℃

1.0 mm

切片厚度3 mm

1.0 mm

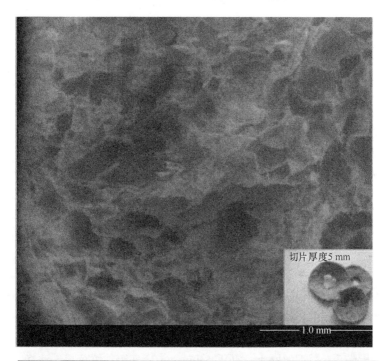

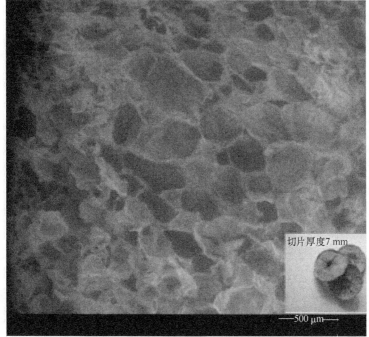

图 3.44　不同工艺参数脆片扫描电镜图

结构疏松，这就赋予了产品较好的酥脆性。但是切片厚度为 7 mm 时，脆片的硬度、脆度值较大，与微观结构观测的结构似乎并不一致。这可能是因为细胞多孔结构的形成仅与闪蒸温度和抽空温度有关，在卸压瞬间形成蜂窝状结构；而切片厚度越厚，产品本身的硬度越高，同时干燥过程中水分扩散速率越低，产品硬度、脆度越高。

（2）不同前处理作用对压差闪蒸干燥苹果脆片质构的影响。

在干燥之前对物料进行一定的前处理能够改善干燥过程、脆片的结构和口味，包括对干燥速率、果蔬营养成分和风味物质的保存。不同的前处理作用将对苹果脆片的质构品质产生一定影响，本书以'富士'苹果为试验材料，去皮，去核，调节切片机切片厚度，将苹果切成统一厚度。新鲜苹果片不同的前处理分别如下。①对照组：鲜苹果，洗净，去皮，切 5 mm 的圆柱体薄片，放入烘箱内，80℃预干燥苹果片。2 h 后，放置于 4℃冰箱内均湿 12 h 备用。②盐溶液组：称取 15.9 g 氯化钙溶解于 3 L 去离子水中，室温下将 5 mm 的苹果片浸渍于氯化钙溶液中 30 min，取出置于不锈钢丝网上，沥干 5 min。③麦芽糖浆溶液组：将 75%的原糖浆配比成30%的糖浆溶液，将 5 mm 苹果片置于溶液中 30 min，取出置于不锈钢丝网上，沥干 5 min。④牛奶组：将 5 mm 的苹果片置于准备好的 3 L 纯牛奶中，室温下浸渍30 min，取出置于不锈钢丝网上，沥干 5 min。⑤冷冻组：鲜苹果，洗净，去皮，切5 mm 的圆柱体薄片，放入–80℃深冻冰箱内 12 h，取出，室温下解冻。

将处理好的样品放入 80℃的电热恒温鼓风箱内干燥 2 h 后，放置于 4℃冰箱内，均湿 12 h，取出，备用。同时，准备大小一致的苹果片做相同处理，预干燥、均湿。调节膨化罐温度 80℃，达到温度后，将均湿后空白对照样品平铺在托网上，置于膨化罐内。将准确称重的各前处理苹果片样品平铺到接有质量传感器的托盘上（用于检测干燥过程中水分含量的变化），关闭罐门，开始膨化、计时。物料停滞 15 min 后卸压，真空度为 0.1 MPa。其间，每 3 min 记录质量变化。进入抽空干燥阶段后，每 5 min 记录质量变化。抽空温度 60℃，抽空 2 h。

ⅰ）不同前处理条件下苹果脆片的硬度和脆度值。

利用物性测定仪测定不同前处理条件下的硬度和脆度值，见表 3.23。

表 3.23　不同前处理苹果脆片硬度、脆度值

前处理	空白对照	钙溶液	牛奶	麦芽糖浆	冷冻
硬度/g	796.38	739.41	659.58	804.25	693.53
脆度/s	1.68	2.30	1.23	2.1	1.14

由表 3.23 可以看出，前处理对膨化脆片的品质有较大的影响，麦芽糖浆浸渍处理的脆片的硬度值最大，而牛奶浸渍处理的脆片具有最小硬度值；同时冷冻处

理的脆片的脆度值最小，钙溶液浸渍的脆片脆度最大。牛奶浸渍和冷冻处理的脆片的硬度和脆度值与空白对照脆片相比，并没有明显的差异。钙溶液浸渍样品具有最大脆度值可能是由于钙离子与果胶或其他细胞壁成分相互作用，形成了坚固的连接，使脆片脆度下降，脆片质地较硬。冷冻处理的样品由于细胞结构的破坏，使其脆性最强，易碎。

ⅱ）不同前处理条件下苹果脆片的显微结构。

对不同前处理条件下的脆片产品进行电镜扫描，通过 50 倍放大电镜，观察脆片形成的多孔性的结构。从图 3.45 中可以看出，不同前处理条件下，脆片形成的多孔结构明显，除钙溶液浸渍的脆片没有形成明显的多孔性结构外，其他前处理脆片均形成了蜂窝状的细胞结构，在卸压之前，较高的温度促使细胞内部水分动能增加，在卸压的瞬间，细胞内的水分冲破细胞壁，形成多孔的结构。在抽真空干燥阶段，物料细胞结构固化。而钙离子浸渍的物料由于之前钙离子与果胶等其他成分作用加强了细胞壁的作用，卸压瞬间，扫描电镜下，可以看到，脆片的细胞结构没有打开，基本没有孔状结构。由此可见，脆片多孔结构的形成不仅与膨化工艺参数相关，与原料物料的性质也有很大的联系。破坏或者加强原材料的细胞结构，对脆片多孔结构的形成有重要的影响。

（3）不同聚合度糖渗透对热风-压差闪蒸联合干燥苹果脆片质构的调控作用。

本书以'秦冠'苹果为试验材料，苹果经去皮、去核后，切成厚度 10 mm、直径 20 mm 的圆柱状备用。将苹果片置于 40°Brix 的单糖（葡萄糖、果糖）、二糖

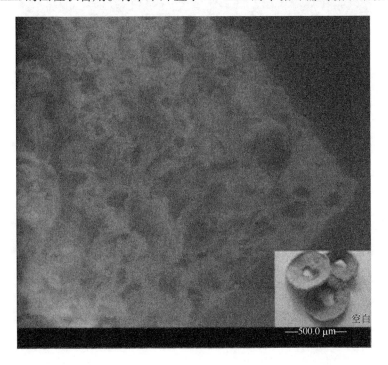

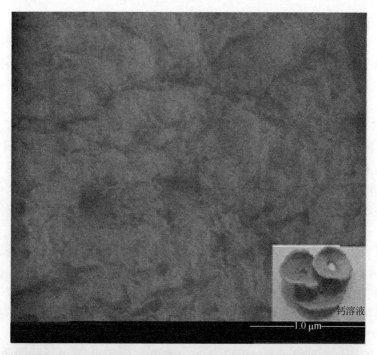

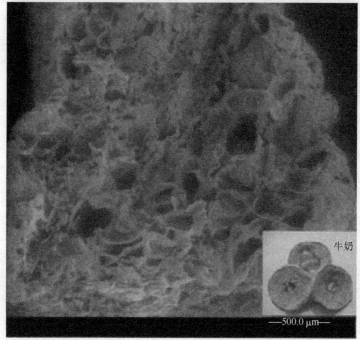

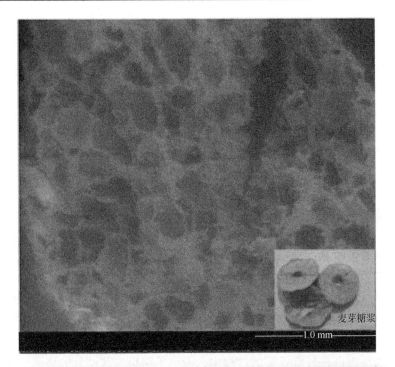

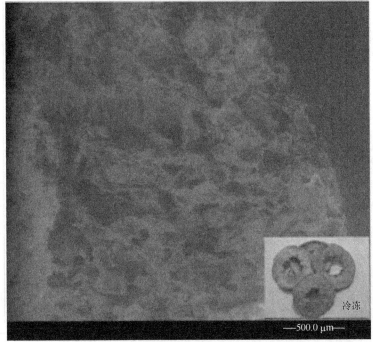

图 3.45　不同前处理苹果脆片扫描电镜图

（蔗糖、麦芽糖）、三糖（棉籽糖）、四糖（水苏糖）溶液中，分别渗透：30 min、60 min、90 min、120 min、180 min、240 min，每隔 15 min 用玻璃棒手动搅拌一次，转速约 1 r/s。渗透结束后，将苹果片用蒸馏水快速冲洗，重复上述步骤 3 次，并用滤纸拭干表面水分。将渗透 4 h 后苹果片进行热风干燥（干燥温度 70℃，风速 2.1 m/s）至水分比为 0.1，即含水率为 0.32～0.51 kg/kg。将预干燥后的苹果片置于自封袋中，4℃均湿 18 h，再进行热风-压差闪蒸联合干燥，具体参数设置为闪蒸温度 90℃，停滞时间 10 min，抽真空温度 70℃，抽真空时间 2 h。

采用质构仪进行硬脆度测定，测试条件为：前期测试速度 2.0 mm/s，检测速度 1.0 mm/s，后期检测速度 2.0 mm/s，触发力度 100 g。每个处理取 8 次平行。以最大力数值来表示样品硬度，单位 N，力越大，硬度越大；脆度用峰的个数表示，峰数越多，脆度越大。取适量样品粘贴在样品台上，进行喷金覆盖，然后置于扫描电镜观测台上，调节聚光焦距进行拍照，进行微观结构的观察。

i) 不同渗透液对热风-压差闪蒸联合干燥苹果片硬脆度、水分的影响。

不同渗透液对热风-压差闪蒸联合干燥苹果片硬脆度、水分的影响如表 3.24 所示。未渗透组和不同糖液渗透后苹果片的硬度分别为 49.5 N 和 52.4～77.0 N，渗透处理后热风-压差闪蒸联合干燥苹果脆片的硬度显著增加，原因可能是干燥过程中水分从物料内部往外部迁移的过程中，带动了物料内部糖分的移动，物料表面糖组分浓度增加，干燥加热过程使糖组分结晶化，引起表面形成坚硬的壳；另外，糖分与苹果自身组分通过羟基的氢键相互作用（Tabtiang et al., 2012），使组织结构硬度增加。对于葡萄糖和果糖渗透的物料，固形物增量较其他渗透试验组高，因此硬度也比其他渗透组的压差闪蒸苹果脆片高(Sosa et al., 2012)，分别为 77.0 N 和 70.7 N。

表 3.24　不同渗透液对压差闪蒸苹果脆片硬度和脆度的影响

渗透液	硬度/N	脆度/个	含水率/（×10^{-2} kg/kg）
未渗透	49.5±0.40[a]	18±1[ab]	6.81±0.18[c]
葡萄糖	77.0±5.9[c]	17±2[ab]	1.98±0.40[a]
果糖	70.7±7.0[bc]	14±3[a]	2.01±0.08[a]
蔗糖	52.4±2.0[a]	27±6[c]	1.63±0.03[a]
麦芽糖	63.3±1.5[b]	23±6[bc]	3.30±0.68[b]
棉籽糖	66.3±4.2[b]	26±3[c]	2.15±0.10[a]
水苏糖	65.0±2.5[b]	26±6[c]	2.93±0.12[b]

注：每一列中带有相同字母的数据之间差异不显著(P＞0.05)，带有不同字母的数据之间差异显著(P＜0.05)。

由表 3.24 可知，与未渗透组相比，渗透后的热风-压差闪蒸联合干燥苹果脆片干基含水率显著降低，这可能是影响最终苹果脆片质构的因素之一。葡萄糖和果糖渗透后的热风-压差闪蒸联合干燥苹果脆片的干基含水率显著低于未渗透组，但脆度无显著性差异，说明可溶性固形物增量也会影响苹果脆片的脆度。葡萄糖和果糖渗透后的热风-压差闪蒸联合干燥苹果片的脆度（分别为 17 个和 14 个）与未渗透组（18 个）无显著性差异，其他糖液渗透后的脆度显著增加（23～27 个）。可能的原因是相比于单糖，苹果片经二糖、三糖和四糖渗透后固形物增量小，预干燥至水分比为 0.1 时，皱缩率更大，产生更大内部应力，导致细胞壁破坏（Mandala et al.，2005），经压差闪蒸处理后，更易形成疏松多孔结构，因此脆度更大。与未渗透组相比，麦芽糖、棉籽糖、水苏糖渗透处理后的热风-压差闪蒸联合干燥苹果片虽然硬度增加，但在可接受范围内，且整体酥脆性增加。

　　ii）不同渗透液对热风-压差闪蒸联合干燥苹果片显微结构的影响。

　　不同聚合度糖液渗透处理后，热风-压差闪蒸联合干燥苹果片的微观结构如图 3.46 所示。单糖、二糖渗透后的微观结构与未渗透组有显著区别，但互相之间无明显差别，内部空腔均较少且不均匀，大部分呈现致密状态，可能渗透过程中糖大量渗入，渗透液取代孔隙中的空气；对于棉籽糖，苹果脆片内部具有不均匀的多孔结构，但同时部分出现坍塌、破裂；经水苏糖渗透后，压差闪蒸苹果脆片内部结构呈现均匀多孔状，与未经渗透处理组结构最为接近，因此相比于其他糖液，经水苏糖渗透后的苹果脆片呈现更加酥脆的口感。不同聚合度糖液渗入苹果组织结构后，其羟基基团与苹果物质的部分基团进行不同程度

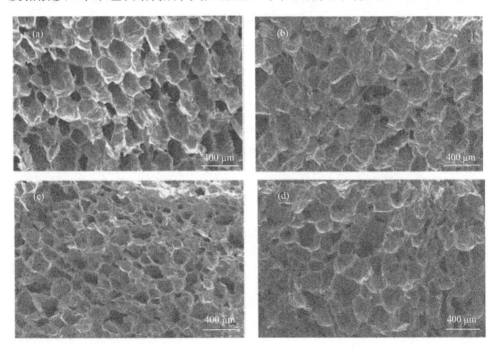

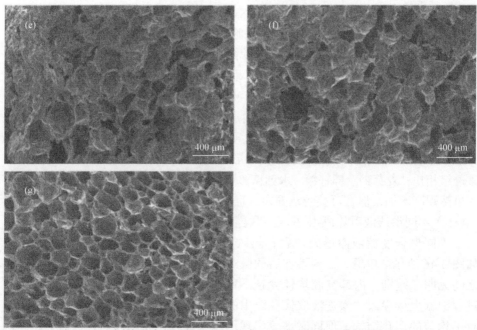

图 3.46　不同糖液渗透后热风-压差闪蒸、联合干燥苹果脆片微观结构图

（a）未渗透组；（b）果糖渗透；（c）葡萄糖渗透；（d）麦芽糖渗透；（e）蔗糖渗透；（f）棉籽糖渗透；（g）水苏糖渗透

结合（张鹏飞，2016）。因此内部应力不同，导致热风-压差闪蒸联合干燥过程中苹果片产生不同的结构变化，呈现出的膨化状态有所差异。

3.2.2　桃汁和脆片加工过程品质调控

1. 桃汁加工过程品质调控

1）热处理过程中桃汁的色差参数

（1）热处理过程中桃汁 L^*、a^*、b^* 和 ΔE 的变化。

桃汁通过不同的热处理后，其 L^*、a^*、b^* 和 ΔE 的变化见图 3.47 和表 3.25。

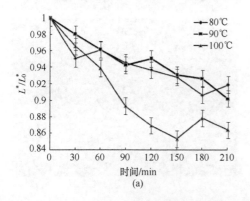

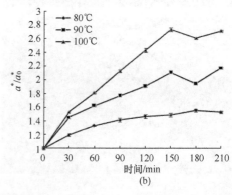

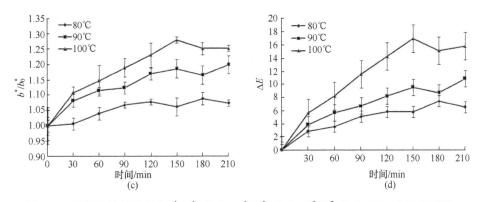

图 3.47　不同热处理过程中 L^*/L_0^*（a）、a^*/a_0^*（b）、b^*/b_0^*（c）及 ΔE（d）的变化

表 3.25　不同热处理时桃汁 L^*/L_0^*、a^*/a_0^*、b^*/b_0^* 及 ΔE 的动力学参数

指标	温度/℃	反应级数	反应常数		R^2	活化能 E_a/（kJ/mol）
L^*/L_0^*	80	联合	$k_0=0.435$	$k_1=0.009$	0.823	37.13
	90		$k_0=0.155$	$k_1=0.003$	0.926	
	100		$k_0=0.559$	$k_1=0.012$	0.919	
a^*/a_0^*	80	联合	$k_0=0.155$	$k_1=0.014$	0.993	49.58
	90		$k_0=0.113$	$k_1=0.012$	0.949	
	100		$k_0=0.152$	$k_1=0.009$	0.974	
b^*/b_0^*	80	联合	$k_0=0.324$	$k_1=0.006$	0.845	52.99
	90		$k_0=0.643$	$k_1=0.007$	0.947	
	100		$k_0=0.750$	$k_1=0.014$	0.958	
ΔE	80	联合	$k_0=0.812$	$k_1=0.011$	0.944	46.97
	90		$k_0=0.638$	$k_1=0.009$	0.967	
	100		$k_0=0.959$	$k_1=0.012$	0.956	

　　L^* 值越大，表示桃汁的颜色越亮。由图 3.47（a）可知，随着加热时间的延长，L^* 值显著性下降（$P<0.05$），随着热处理温度的升高，L^* 值呈极显著下降趋势（$P<0.01$），且在 100℃ 热处理时下降趋势表现更明显。在 90℃ 和 100℃ 热处理 180 min 后，L^* 值有先上升后下降的趋势，可能原因是非酶褐变的生成物沉淀从而使桃汁颜色变亮。a^* 值表示的是红绿，a^* 值越大，表示果汁颜色越趋于红色。图 3.47（b）表明 a^* 值随着加热时间的延长而不断增大，100℃ 下更明显，同时由方差分析可知，加热时间和加热温度对 a^* 值有极显著影响（$P<0.01$），随着加热时间的延长和温度的升高，桃汁的颜色变得越来越暗。由图 3.47（c）可知，b^* 值随着加热时间的延长和加热温度的升高，呈极显著（$P<0.01$）上升趋势，80℃ 热处理条件下，b^* 值从 45.83 上升至 49.22；90℃ 热处理条件下，b^* 值从 39.22 上升至 47.02；

100℃热处理条件下，b^* 值从 42.09 上升至 52.71，由此可知温度越高，b^* 值变化越明显，且呈现一定的规律性。ΔE 值在 2.0～4.0 时表示在特定应用中可被接受，大于 4.0 时被认为在大部分应用中不可被接受。图 3.47（d）表明，ΔE 值在 80℃加热 60 min 和 90℃加热 30 min 时均小于 4.0，其他温度和不同时间处理 ΔE 均大于 4.0，整个热处理过程中，温度越高，ΔE 值变化越大，热处理温度和时间对 ΔE 影响极显著（$P < 0.01$）。

表 3.25 表明，联合动力学模型均能较好拟合 L^*/L_0^*、a^*/a_0^*、b^*/b_0^* 和 ΔE 在不同温度下的变化动力学过程，其模型拟合系数较高，R^2 在 0.823～0.993 之间。这和 Chutintrasri 和 Noomhorm（2005）研究的菠萝汁在热处理过程中 L^*、a^*、b^* 及 ΔE 值的变化都符合一级反应动力学有差异，这可能与原料本身的体系有关，如组成成分、体系 pH 等。另外色泽参数对应的 E_a 都相对较小，表明体系的反应活性高，非酶褐变容易进行，其中 L^* 值对应的活化能最小，说明热处理过程中发生的非酶褐变对桃汁的亮度影响最大。

（2）热处理对桃汁色度值、色度角和褐变指数的影响。

由公式计算得到桃汁在不同热处理下的 Chroma 值、Hue 值和 BI 值（表 3.26）。Chroma 表示色彩饱和度和色彩强度，由表 3.26 可知 Chroma 值随着热处理时间的延长而增大。桃汁在热处理过程中逐渐转变成红褐色，表明桃汁在整个过程中的色彩饱和度越来越大。

表 3.26　不同热处理时桃汁色度值、色度角和褐变指数的变化

时间/min	80℃			90℃			100℃		
	Chroma	Hue	BI	Chroma	Hue	BI	Chroma	Hue	BI
0	46.35	81.42	171.14	39.44	83.94	107.02	42.41	83.00	131.83
30	46.87	79.85	191.98	42.87	81.88	127.14	47.31	80.34	170.00
60	48.55	79.06	200.86	44.26	81.20	138.39	49.19	79.01	192.24
90	49.94	78.68	219.04	44.70	80.50	145.75	51.29	77.59	228.94
120	50.45	78.36	227.64	46.56	80.16	154.06	53.34	76.31	261.04
150	49.76	78.05	225.36	47.35	79.29	164.63	55.73	75.25	297.33
180	51.04	77.80	248.93	46.42	79.95	160.12	54.42	75.59	265.44
210	50.36	77.84	235.33	47.90	79.06	177.64	54.57	75.04	275.68

Hue 值大于 90°时偏向绿色，小于 90°时偏向橙红色。从表 3.26 中可以看出 Hue 的初始值小于 90°，且逐渐变小，热处理温度越高，Hue 值变化越大，桃汁的颜色越来越趋向于红褐色。

在酶促褐变和非酶褐变中，BI 是一个很重要的参数，它能简单明了地反映桃汁颜色的变化。80℃热处理时，BI 由 171.14 上升至 235.33，90℃热处理时由 107.02

上升至 177.64，而 100℃时，BI 由 131.83 上升至 275.68，可见，温度越高，BI 上升的幅度越大。方差分析表明温度对 BI 有显著性影响（$P<0.05$），且温度越高，褐变反应越快，桃汁的色泽越暗。

（3）不同热处理条件下桃汁褐变度的变化。

颜色是桃汁的重要指标，常用褐变度（BD）表示桃汁颜色的褐变情况。不同热处理条件下桃汁褐变度见图 3.48。

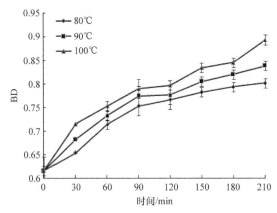

图 3.48　不同热处理条件下桃汁褐变度的变化

如图 3.48 所示，随着热处理温度的升高，桃汁褐变度有明显变化。80℃条件下加热 210 min 后，褐变度从 0.616 升至 0.801，90℃热处理 210 min 后，褐变度从 0.616 上升至 0.837，而 100℃热处理 210 min 后，褐变度从 0.616 上升至 0.892。由此可见，热处理温度越高，桃汁褐变越严重，褐变度的变化规律符合联合动力学模型，曹少谦等（2011）报道水蜜桃汁在 80℃热处理时褐变度的变化符合零级反应动力学模型，100℃热处理时褐变度的变化符合一级反应动力学模型。而本书发现，用联合动力学模型能更好地描述褐变度的变化（表 3.27），三个温度梯度处理下，相关系数都在 0.95 以上。同时，反应活化能为 12.05 kJ/mol。通常认为反应活化能在 40～400 kJ/mol 范围内，而小于 40 kJ/mol 时则认为反应速率非常大。因此，高温下桃汁的褐变反应活性高，在 80℃及其以上对桃汁进行热处理时都很容易发生非酶褐变。

表 3.27　不同热处理时桃汁 A420/（A420）$_0$ 的动力学参数

温度/℃	反应级数	反应常数	R^2
80		$k=0.001$	0.906
90	$n=0$	$k=9.722\times10^{-4}$	0.897
100		$k=8.758\times10^{-4}$	0.878

续表

温度/℃	反应级数	反应常数	R^2
80		$k=0.0014$	0.886
90	$n=1$	$k=0.0012$	0.873
100		$k=0.0011$	0.853
80		$k_0=0.008$　$k_1=0.009$	0.954
90	联合	$k_0=0.009$　$k_1=0.011$	0.987
100		$k_0=0.009$　$k_1=0.011$	0.984

2）热处理过程中桃汁维生素 C 的变化

维生素 C（VC）是桃汁的重要营养物质之一，在热处理过程中很不稳定。热处理过程中桃汁 VC 的变化见图 3.49。

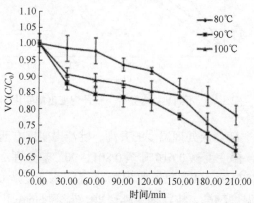

图 3.49　桃汁 VC 含量在热处理过程中的变化

由图 3.49 可知，热处理的温度和时间对 VC 有显著性影响（$P<0.01$）。在热处理前 30 min，VC 降解速率很快，在 90℃条件下降解最快，可能是由于果汁本身溶解的氧气以及与表面空气的接触使 VC 发生了有氧降解反应。在整个热处理研究过程中，零级反应动力学模型可以更好地拟合 VC 含量的变化趋势，相应的反应系数 k 分别为–0.042、–0.067、–0.069（表 3.28），说明温度越高，VC 反应速率越大，降解速率越快。同时，E_a 为 26.82 kJ/mol，说明桃汁在高温热处理条件下的反应是比较容易进行的。

表 3.28　桃汁不同热处理时 VC/VC_0 的动力学参数

温度/℃	反应级数	反应常数	R^2	活化能 E_a /（kJ/mol）
80		$k=-0.042$	0.951	
90	$n=0$	$k=-0.067$	0.905	26.82
100		$k=-0.069$	0.894	

续表

温度/℃	反应级数	反应常数	R^2	活化能 E_a / (kJ/mol)
80		$k=-0.001$	0.935	
90	$n=1$	$k=-0.002$	0.908	
100		$k=-0.002$	0.883	
80		$k_0=-0.269$　$k_1=-0.006$	0.987	
90	联合	$k_0=0.028$　$k_1=0.002$	0.889	
100		$k_0=-0.318$　$k_1=-0.005$	0.894	

3）热处理过程中桃汁总酚含量的变化

由图 3.50 可知，随着加热时间延长，80℃热处理的条件下总酚含量呈下降趋势，加热 150 min 以后，含量减少更明显；90℃热处理条件下，在 60 min 时减少至最低含量，而后呈上升趋势；在 100℃热处理条件下，在热处理 30 min 时含量急剧下降，30~150 min 呈上升趋势，而后又呈下降趋势。这与曹少谦等（2011）在水蜜桃汁热处理的非酶褐变研究中得到的总酚的含量随着加热时间在不断上升的结果不太一致。总酚含量在 90℃和 100℃的热处理条件下呈上升趋势可能是由于 Folin-酚法本身是通过氧化还原反应来检测的，在高温下，桃汁更容易产生还原性的物质而干扰总酚含量的检测，使结果偏高。

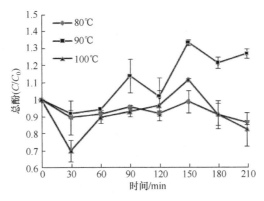

图 3.50　热处理过程中桃汁总酚的变化

4）热处理过程中桃汁 5-HMF 的变化

5-HMF 是美拉德反应、焦糖化反应和维生素 C 降解的重要中间产物，它能指示果汁的褐变程度。由图 3.51 可知，随着热处理时间延长和温度升高，5-HMF 的含量显著增加（$P<0.01$），在 100℃下，前 30 min 内 5-HMF 含量迅速增加，而80℃和 90℃条件下 5-HMF 含量增加相对较缓，说明温度越高，5-HMF 生成速度越快。用联合动力学模型表示 5-HMF 在热处理过程中的变化优于零级和一级反应动力学模型（表 3.29），这与 Garza 等（1999）的研究结果一致，而与菠萝

汁在热处理过程中 5-HMF 含量的变化符合零级反应动力学模型的结论不一致。有报道称当已糖浓度远远高于 5-HMF 时,5-HMF 可能符合一级反应动力学规律,因此 5-HMF 反应动力学级数的差异,可能是果汁间体系差异导致的。本书中 5-HMF 的反应活化能为 25.77 kJ/mol,远远低于热处理过程中梨汁中 5-HMF 的反应活化能。因此,桃汁在 80℃ 及其以上高温条件下处理时,比较容易发生非酶褐变反应。

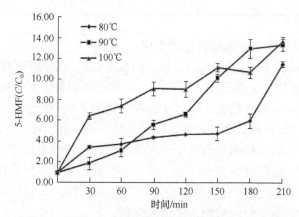

图 3.51　热处理过程中桃汁 5-HMF/5-HMF$_0$ 的变化

表 3.29　不同热处理时桃汁 5-HMF/5-HMF$_0$ 的动力学参数

温度/℃	反应级数	反应常数		R^2	活化能 E_a/(kJ/mol)
80		$k=0.045$		0.921	
90	$n=0$	$k=0.048$		0.930	25.77
100		$k=0.055$		0.857	
80		$k=0.008$		0.973	
90	$n=1$	$k=0.006$		0.828	
100		$k=0.005$		0.776	
80		$k_0=0.04$	$k_1=-0.008$	0.905	
90	联合	$k_0=0.126$	$k_1=0.008$	0.977	
100		$k_0=0.143$	$k_1=0.968$	0.968	

试验中还对 5-HMF 与褐变度之间的关系进行了模型拟合,发现两者之间符合二次项模型,关系式如下:

$$80℃:Y=154.74-483.18x+385.39x^2 \tag{3.2}$$

$$90℃:Y=-23.245-3.329x+61.53x^2 \tag{3.3}$$

$$100℃：Y=-90.97+177.79x+40.46x^2 \tag{3.4}$$

以上三个拟合模型的相关拟合系数分别为 0.940、0.979 和 0.992，可知 R^2 均在 0.9 以上，所以拟合模型是可接受的，且热处理温度越高，相关系数越接近于 1，这与 Leandro 等（2008）及 Ibarz 等（1999）的研究结果一致。因此，可以根据褐变度的变化情况预测此温度下 5-HMF 的含量。据报道，每 303 mg/L 的维生素 C 降解就会产生 217 mg/L 的 5-HMF，本书发现，各热处理温度下降解的维生素 C 产生的 5-HMF 与实际生成的 5-HMF 分别相差 11.41 mg/L、15.83 mg/L 和 15.88 mg/L。因此推断在桃汁高温热处理过程中 5-HMF 的生成是焦糖化反应和美拉德反应所致。

5）HPH 结合蒸汽热烫处理对桃浊汁色泽及相关因素的影响

（1）HPH 结合蒸汽热烫处理对桃浊汁 L^*、a^*、b^* 值及褐变率的影响。

HPH 处理结合蒸汽热烫处理对桃浊汁色泽的影响如表 3.30 所示，单一 HPH 处理后，桃浊汁的 L^* 值、a^* 值和 b^* 值均降低，当蒸汽热烫时间为 1 min 和 3 min 时，L^* 值和 b^* 值显著降低，a^* 值显著升高；当蒸汽热烫时间为 5 min 时，HPH 处理后，各处理桃浊汁之间 L^* 值和 a^* 值没有显著性差异，b^* 值显著降低。当均质压力为 0 MPa、70 MPa、110 MPa、150 MPa 和 190 MPa 时，桃浊汁经过不同时间的蒸汽热烫处理后，L^* 值和 b^* 值增加，a^* 值降低。由结果可以证明增加热烫时间可以改善桃浊汁色泽。HPH 结合热烫处理对桃浊汁褐变率的影响如图 3.52 所示，未热烫处理的桃浊汁在经过 70 MPa 和 110 MPa 均质处理后，桃浊汁褐变率没有显著性变化，经过 150 MPa 和 190 MPa 均质处理后，桃浊汁褐变率显著降低。桃浊汁经过 1 min、3 min 和 5 min 热烫处理后，再经过 HPH 处理，桃浊汁的褐变率均明显上升。

表 3.30　HPH 结合蒸汽热烫处理对桃浊汁色泽的影响（入口温度：60℃）

	压力	0 min	1 min	3 min	5 min
	0 MPa	27.13±0.23[Ab]	42.86±0.42[Ba]	45.79±0.08[Ca]	48.91±0.32[Da]
	70 MPa	19.36±0.62[Aa]	40.18±0.08[Bb]	44.36±0.05[Cd]	47.65±2.18[Da]
L^*值	110 MPa	17.32±0.06[Aa]	39.06±0.40[Bc]	45.11±0.08[Cb]	45.72±0.09[Da]
	150 MPa	18.76±0.03[Aa]	39.20±0.08[Bc]	44.53±0.09[Dd]	44.06±0.06[Ca]
	190 MPa	18.23±0.05[Aa]	38.57±0.03[Bc]	44.80±0.09[BCc]	50.55±7.13[Ca]
	0 MPa	19.46±0.14[Ca]	6.08±0.06[Ba]	4.34±0.07[Aa]	4.57±0.16[Aa]
	70 MPa	17.87±0.93[Cb]	7.88±0.11[Bb]	4.76±0.04[Ab]	4.75±0.08[Aa]
a^*值	110 MPa	16.94±0.05[Cb]	8.17±0.08[Bc]	4.85±0.07[Abc]	4.69±0.18[Aa]
	150 MPa	17.05±0.06[Db]	7.96±0.02[Cb]	4.92±.08[Bbc]	4.67±0.01[Aa]
	190 MPa	16.90±0.23[Cb]	8.58±0.04[Bd]	5.03±0.11[Ac]	5.06±0.04[Ab]

续表

	压力	0 min	1 min	3 min	5 min
	0 MPa	17.06±0.03^{Aa}	19.96±0.19^{Ba}	19.80±0.04^{Ba}	20.48±0.04^{Ca}
	70 MPa	12.69±0.34^{Ab}	19.28±0.46^{Bb}	19.18±0.10^{Bc}	19.66±0.14^{Bbc}
b^*值	110 MPa	11.42±0.04^{Ad}	19.34±0.18^{Bab}	19.60±0.23^{Bab}	19.43±.04^{Bc}
	150 MPa	12.25±0.05^{Abc}	19.35±0.06^{Cab}	19.43±0.06^{Cbc}	18.94±0.06^{Bd}
	190 MPa	12.20±0.23^{Ac}	19.38±0.01^{Bab}	19.56±0.05^{Bab}	19.69±0.13^{Bb}

注：同一列相同热烫时间的数据标注的不同小写字母表示差异显著（$P<0.05$）；同一行的数据标注的不同大写字母表示差异显著（$P<0.05$）。

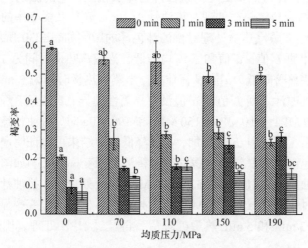

图 3.52　HPH 结合蒸汽热烫处理对桃浊汁褐变率的影响（入口温度：60℃）

（2）HPH 结合蒸汽热烫处理对桃浊汁中 PPO 活性的影响。

在果蔬加工过程中，酶的活性将直接影响加工产品的质量。酶的活性高时，能催化氧化酚类物质产生聚合反应，发生褐变，影响产品的外观。PPO 和 POD 广泛存在于果蔬中，它们是引起果蔬颜色劣变的一类重要的内源酶，不仅导致果汁的褐变，影响产品的外观，而且其催化产物会影响果汁的口感和风味。以均质压力为 0 MPa/热烫时间 0 min 的活力为 1 计算，表 3.31 为 HPH 结合热烫处理对桃浊汁 PPO 活性的影响。可以看出，未经热烫处理的桃浊汁经过 HPH 处理后，酶活性显著降低，均质压力为 190 MPa 时，酶活性最低，说明 HPH 对桃浊汁 PPO 活性有抑制作用。当均质压力为 0 MPa，不同热烫时间处理桃浊汁后，PPO 活性也有显著降低，并且热烫 5 min 处理与热烫 1 min 和 3 min 处理的 PPO 活性没有显著性差异。可以看出，HPH 结合热烫处理可以有效降低 PPO 活性，防止褐变。

表 3.31　**HPH 结合蒸汽热烫处理对桃浊汁 PPO 活性的影响**（入口温度：60℃）

处理条件	0 min	1 min	3 min	5 min
0 MPa	1[Cd]	4.28%±1.58%[Ba]	1.24%±0.63%[Aa]	2.14%±0.85%[ABa]
70 MPa	15.81%±1.93%[Bbc]	3.29%±1.30%[Aa]	2.50%±0.59%[Ab]	3.12%±1.82%[Aa]
110 MPa	16.03%±1.55%[Cc]	4.79%±1.19%[Ba]	1.04%±0.61%[Aa]	2.39%±0.37%[Aa]
150 MPa	13.60%±0.44%[Cb]	3.50%±0.56%[Ba]	0.90%±0.22%[Aa]	3.59%±1.34%[Ba]
190 MPa	8.93%±1.21%[Ca]	4.50%±0.55%[Ba]	2.62%±0.21%[Ab]	2.34%±0.43%[Aa]

注：同一列相同热烫时间的数据标注的不同小写字母表示差异显著（$P<0.05$）；同一行的数据标注的不同大写字母表示差异显著（$P<0.05$）。

（3）HPH 结合蒸汽热烫处理对桃浊汁中总酚的影响。

HPH 结合蒸汽热烫处理对桃浊汁中总酚的影响如图 3.53 所示，可以看出，桃浊汁经过单一 HPH 处理后，总酚含量没有显著性变化；桃浊汁经过单一蒸汽热烫处理后，总酚含量显著增加。田金辉等（2006）研究蒸汽热烫对黑莓果汁成分和多酚氧化酶活性的影响，结果表明黑莓榨汁前采用蒸汽热烫处理，可以明显提高果汁中花色苷和总酚的含量，并且可以使多酚氧化酶失活，蒸汽热烫 3 min，压榨得到果汁的花色苷和总酚含量达到最高值。

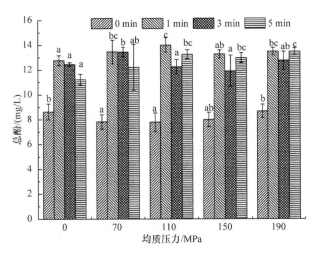

图 3.53　HPH 结合蒸汽热烫处理对桃浊汁总酚含量的影响（入口温度：60℃）

（4）HPH 结合蒸汽热烫处理对桃浊汁中羟甲基糠醛的影响。

用高效液相色谱法测定羟甲基糠醛，未检测出桃浊汁中含有羟甲基糠醛，说明桃浊汁褐变是由酶促褐变引起的。

6）HPH 结合蒸汽热烫处理对桃浊汁理化性质的影响

HPH 结合蒸汽热烫对桃浊汁 pH 的影响如表 3.32 所示，桃浊汁经过单一 HPH 处理后，pH 没有显著性差异；当经过蒸汽热烫时间为 3 min 和 5 min 处理后的桃浊汁，再经 HPH 处理，各处理桃浊汁之间 pH 没有显著性变化；当均质压力相同，随着蒸汽热烫时间的增加，桃浊汁的 pH 没有显著变化。HPH 结合蒸汽热烫对桃浊汁可溶性固形物的影响如表 3.32 所示，桃浊汁经过单一 HPH 处理后，桃浊汁中可溶性固形物含量没有显著性变化；桃浊汁在相同的均质压力下，经不同的蒸汽热烫处理后，可溶性固形物降低。

表 3.32　HPH 结合蒸汽热烫处理对桃浊汁 pH 和可溶性固形物含量（°Brix）的影响（入口温度：60℃）

	压力	0 min	1 min	3 min	5 min
	0 MPa	4.77 ± 0.05^{Aa}	4.76 ± 0.01^{Aa}	4.83 ± 0.06^{Aa}	4.85 ± 0.01^{Aa}
	70 MPa	4.76 ± 0.05^{Aa}	4.74 ± 0.00^{Ab}	4.80 ± 0.01^{ABa}	4.85 ± 0.01^{Ba}
pH	110 MPa	4.76 ± 0.05^{Aa}	4.74 ± 0.01^{Ab}	4.80 ± 0.01^{ABa}	4.84 ± 0.00^{Ba}
	150 MPa	4.76 ± 0.06^{Aa}	4.73 ± 0.00^{Ab}	4.79 ± 0.04^{Aa}	4.82 ± 0.01^{Aa}
	190 MPa	4.76 ± 0.06^{ABa}	4.73 ± 0.00^{Ab}	4.79 ± 0.02^{ABa}	4.83 ± 0.02^{Ba}
	0 MPa	11.20 ± 0.18^{Ba}	10.90 ± 0.20^{Ab}	10.98 ± 0.15^{ABa}	11.08 ± 0.15^{ABa}
	70 MPa	11.38 ± 0.10^{Ba}	10.98 ± 0.05^{Ab}	11.05 ± 0.17^{Aa}	11.10 ± 0.12^{Aa}
可溶性固形物	110 MPa	11.40 ± 0.18^{Ba}	11.05 ± 0.06^{Ab}	11.00 ± 0.23^{Aa}	11.18 ± 0.05^{Aa}
	150 MPa	11.50 ± 0.29^{Ba}	11.18 ± 0.05^{Ab}	11.05 ± 0.17^{Aa}	11.18 ± 0.05^{Aa}
	190 MPa	11.58 ± 0.32^{Ba}	11.20 ± 0.00^{Aa}	11.03 ± 0.26^{Aa}	11.18 ± 0.05^{Aa}

注：同一列相同蒸汽热烫时间的数据标注的不同小写字母表示差异显著（$P<0.05$）；同一行的数据标注的不同大写字母表示差异显著（$P<0.05$）。

7）HPH 结合蒸汽热烫处理对桃浊汁中黄酮的影响

HPH 结合蒸汽热烫处理对桃浊汁中黄酮的影响如图 3.54 所示，当桃浊汁经过单一 HPH 处理后，桃浊汁中黄酮含量显著升高。当桃浊汁经过 1 min、3 min 和 5 min 蒸汽热烫处理后，再经过 70 MPa 处理，桃浊汁中黄酮含量没有显著性变化，当均质压力分别为 0 MPa、70 MPa、110 MPa、150 MPa 和 190 MPa 时，桃浊汁经过蒸汽热烫处理后，桃浊汁中黄酮含量均显著上升，且不同蒸汽热烫时间处理的桃浊汁中的黄酮含量没有显著变化。

8）HPH 结合蒸汽热烫处理对桃浊汁维生素 C 的影响

HPH 结合蒸汽热烫处理对桃浊汁中维生素 C 的影响如表 3.33 所示，桃浊汁经过单一 HPH 处理后，维生素 C 含量没有显著性变化；Weltichanes 等（2009）的研究结果表明在 100 MPa 或 250 MPa，均质次数为 1～5 次后，维生素 C 含量没有显著性变化。当均质压力为 70 MPa、150 MPa 和 190 MPa 时，不同蒸汽热烫时间处理后桃浊汁中维生素 C 含量没有显著性变化。

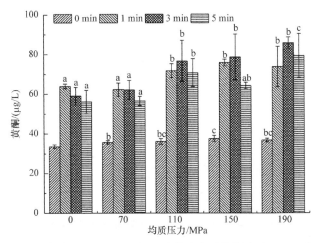

图 3.54　HPH 结合蒸汽热烫处理对桃浊汁黄酮含量的影响（入口温度：60℃）

表 3.33　HPH 结合蒸汽热烫处理对桃浊汁维生素 C 含量（μg/mL）的影响（入口温度：60℃）

处理条件	0 min	1 min	3 min	5 min
0 MPa	22.97±1.17[Aa]	22.28±1.04 [Aa]	22.63±0.60[Aa]	22.90±6.50[Aa]
70 MPa	17.64±7.48[Aa]	24.92±0.16[Aa]	21.48±0.46[Aa]	20.12±0.58[Aa]
110 MPa	14.59±3.87[Aa]	21.37±3.24 A[Ba]	21.73±2.76[ABa]	26.82±2.10[Ba]
150 MPa	13.38±6.40[Aa]	19.48±4.49[Aa]	20.07±1.18[Aa]	19.76±1.04[Aa]
190 MPa	21.89±1.75[Aa]	19.91±0.70[Aa]	23.82±3.85[Aa]	21.19±6.09[Aa]

注：同一列相同蒸汽热烫时间的数据标注的不同小写字母表示差异显著（$P<0.05$）；同一行的数据标注的不同大写字母表示差异显著（$P<0.05$）。

9）HPH 结合蒸汽热烫处理对桃浊汁中单糖的影响

HPH 结合蒸汽热烫处理对桃浊汁中山梨糖醇、葡萄糖、蔗糖和果糖的影响如表 3.34 所示。当桃浊汁经单一 HPH 处理后，山梨糖醇、葡萄糖和蔗糖没有显著性变化，果糖的含量在 70 MPa 和 110 MPa 处理后有显著升高；当桃浊汁经过 1 min 和 3 min 蒸汽热烫处理后进行 HPH 处理，山梨糖醇、葡萄糖、蔗糖和果糖均没有显著性变化。当桃浊汁经过 5 min 蒸汽热烫处理后，进行 HPH 处理，山梨糖醇、葡萄糖、蔗糖和果糖含量均升高。当 HPH 处理的均质压力相同时，桃浊汁经过不同的蒸汽热烫时间处理后，3 min、5 min 处理的桃浊汁中单糖含量大多低于 1 min 蒸汽热烫处理的单糖含量，且蒸汽热烫时间为 3 min 和 5 min 时桃浊汁中山梨糖醇、葡萄糖、蔗糖和果糖含量均没有显著变化。

表 3.34　HPH 结合蒸汽热烫处理对桃浊汁单糖含量（mg/mL）的影响（入口温度：60℃）

单糖种类	处理条件	0 min	1 min	3 min	5 min
山梨糖醇	0 MPa	4.30±0.07^{Ca}	3.99±0.43^{BCab}	3.16±0.07^{Ba}	1.98±0.16^{Aa}
	70 MPa	4.48±0.31^{Ba}	3.71±0.26^{Ba}	2.87±0.06^{Aa}	2.71±0.51^{Ab}
	110 MPa	4.35±0.01^{Ba}	4.26±0.45^{Bab}	3.26±0.04^{Aa}	3.39±0.09^{Abc}
	150 MPa	4.05±0.40^{Aa}	4.23±0.18^{Aab}	3.47±0.25^{Aa}	3.47±0.43^{Abc}
	190 MPa	4.51±0.04^{Ba}	4.51±0.21^{Bb}	3.61±0.08^{Aa}	4.07±0.57^{ABc}
葡萄糖	0 MPa	8.89±0.09^{Ba}	7.33±1.05^{Ba}	6.96±0.73^{Ba}	2.88±0.47^{Aa}
	70 MPa	9.59±0.17^{Ba}	8.53±2.82^{ABa}	5.27±2.09^{Aa}	4.74±1.05^{Aab}
	110 MPa	9.65±2.55^{Aa}	7.71±0.53^{Aa}	6.53±0.31^{Aa}	6.12±0.01^{Aab}
	150 MPa	8.92±1.99^{Aa}	7.20±0.23^{Aa}	5.48±0.20^{Aa}	6.86±2.70^{Ab}
	190 MPa	8.37±0.09^{Aa}	8.96±0.38^{Aa}	7.38±1.45^{Aa}	5.33±0.93^{Aab}
蔗糖	0 MPa	71.84±4.00^{Ca}	60.44±2.15^{Ba}	53.04±8.99^{Bab}	33.05±3.65^{Aa}
	70 MPa	70.40±6.76^{Ba}	57.88±10.50^{ABa}	47.89±7.58^{Aa}	48.70±7.09^{Ab}
	110 MPa	71.30±5.89^{BCa}	72.37±6.54^{Ca}	56.58±0.40^{Aab}	58.95±2.90^{ABb}
	150 MPa	68.90±6.95^{Ba}	71.95±2.39^{Ba}	59.47±0.12^{ABab}	54.99±6.14^{Ab}
	190 MPa	79.92±2.86^{Ba}	68.66±5.80^{Aa}	63.34±1.93^{Ab}	57.12±5.97^{Ab}
果糖	0 MPa	2.46±0.89^{ABa}	3.80±1.16^{Bb}	2.45±0.18^{ABa}	0.95±0.04^{Aa}
	70 MPa	5.77±2.14^{Bb}	1.63±0.32^{Aa}	1.67±0.27^{Aa}	1.25±0.14^{Aa}
	110 MPa	6.26±0.65^{Bb}	2.26±0.33^{Aab}	2.68±0.06^{Aa}	2.11±0.03^{Aa}
	150 MPa	3.91±0.54^{Aab}	2.35±0.26^{Aab}	1.91±0.68^{Aa}	2.32±1.63^{Aa}
	190 MPa	2.15±0.04^{Aa}	3.04±0.28^{Aab}	2.64±1.39^{Aa}	2.72±1.45^{Aa}

注：同一列相同蒸汽热烫时间的数据标注的不同小写字母表示差异显著（$P<0.05$）；同一行的数据标注的不同大写字母表示差异显著（$P<0.05$）。

10）HPH 结合蒸汽热烫处理对桃浊汁有机酸的影响

HPH 结合蒸汽热烫处理对桃浊汁有机酸含量的影响如表 3.35 所示，桃浊汁中的主要有机酸成分为草酸、奎宁酸、柠檬酸和苹果酸。桃浊汁经单一 HPH 处理后，草酸显著降低，奎宁酸显著升高，柠檬酸和苹果酸没有显著性变化。当经过 1 min 和 3 min 蒸汽热烫处理的桃浊汁再经 HPH 处理后，草酸显著降低，苹果酸显著升高；当蒸汽热烫时间为 5 min 时，草酸显著降低，奎宁酸、柠檬酸和苹果酸均显著升高。当桃浊汁经过不同热烫时间、相同均质压力处理后，草酸随着热烫时间的增加，其含量先降低后增加；奎宁酸、柠檬酸和苹果酸含量随着热烫时间的延长而逐渐降低。

表 3.35 HPH 结合蒸汽热烫处理对桃浊汁有机酸含量（mg/L）的影响（入口温度：60℃）

	压力	0 min	1 min	3 min	5 min
	0 MPa	22.78±0.15^{Ac}	83.72±0.24^{Db}	41.40±1.97^{Cb}	26.61±0.61^{Bc}
	70 MPa	17.00±0.13^{Bb}	12.47±2.61^{ABa}	7.51±1.89^{Aa}	11.22±1.77^{Aa}
草酸	110 MPa	17.12±0.37^{Cb}	10.88±0.14^{Ba}	4.89±0.94^{Aa}	12.17±0.03^{Ba}
	150 MPa	15.94±0.57^{Da}	12.67±0.40^{Ba}	7.47±0.24^{Aa}	14.54±0.24^{Cb}
	190 MPa	15.08±0.32^{Ca}	11.67±0.59^{Ba}	6.18±0.21^{Aa}	15.85±0.33^{Cb}
	0 MPa	1363.54±5.88^{Ba}	1218.87±1.49^{Ba}	1353.98±60.94^{Bb}	572.83±142.39^{Aa}
	70 MPa	1519.49±10.93^{Cb}	1441.16±0.76^{Bb}	1195.42±70.38^{ABa}	1048.05±87.93^{Ab}
奎宁酸	110 MPa	1537.58±7.06^{Db}	1398.29±4.10^{Cd}	1215.85±20.89^{Ba}	1139.28±8.69^{Abc}
	150 MPa	1517.22±29.63^{Ab}	1314.29±6.57^{Bc}	1334.85±3.10^{Bb}	1259.80±0.65^{Acd}
	190 MPa	1496.79±10.58^{Bb}	1456.48±2.71^{Bc}	1332.49±4.96^{Ab}	1369.22±32.96^{Ad}
	0 MPa	36.24±0.19^{Ba}	23.15±0.02^{Bd}	18.98±15.10^{ABa}	0.00±0.00^{Aa}
	70 MPa	35.76±0.10^{Da}	14.96±0.26^{Ca}	6.32±0.00^{Ba}	0.00±0.00^{Aa}
柠檬酸	110 MPa	37.27±1.35^{Da}	17.47±0.00^{Cb}	9.00±1.71^{Ba}	0.71±0.23^{Ab}
	150 MPa	35.83±2.16^{Ba}	20.37±0.81^{ABc}	27.56±17.13^{ABa}	8.23±0.30^{Ac}
	190 MPa	34.27±0.57^{Ca}	21.57±1.06^{Bc}	14.92±0.66^{Aa}	13.08±0.14^{Ad}
	0 MPa	2148.33±61.97^{Ca}	1617.75±1.55^{Ba}	1712.80±12.08^{Ba}	1114.55±146.59^{Aa}
	70 MPa	2215.64±2.23^{Dab}	1882.62±30.33^{Cb}	1663.94±0.00^{Ba}	1462.76±103.74^{Ab}
苹果酸	110 MPa	2249.77±14.32^{Db}	1915.74±5.98^{Cb}	1773.23±43.33^{Bb}	1609.66±0.00^{Abc}
	150 MPa	2223.69±37.14^{Cab}	1971.63±18.07^{Bc}	1920.64±3.61^{Bc}	1758.15±7.46^{Acd}
	190 MPa	2199.46±15.08^{Dab}	1995.36±10.53^{Cc}	1912.38±3.43^{Bc}	1856.93±5.71^{Ad}

注：同一列相同蒸汽热烫时间的数据标注的不同小写字母表示差异显著（$P<0.05$）；同一行的数据标注的不同大写字母表示差异显著（$P<0.05$）。

2. 桃脆片加工过程品质调控

1）桃及桃脆片加工现状

桃（*Amygdalus persica* Linn），原产于中国，是蔷薇科（Rosaceae）李属（*Prunus* L.）植物果实，迄今已有 4000 年的栽培历史。在世界的产桃大国中，加工桃占有很大的比重，而我国桃以鲜食为主（约为 80%），加工量仅占原料总产量的 13%，难以满足市场需求。鲜桃干制是一种重要的加工途径（毕金峰等，2019）。目前市面上大多桃脆片产品都是非油炸的脱水桃脆片，各零食品牌相继推出桃脆片单品和桃脆片与其他果蔬脆片混合型产品。桃脆片加工用桃主要以黄桃为主，白桃和水蜜桃次之，常采用的干燥方式有压差闪蒸干燥、热风干燥（hot air drying）、真空冷冻干燥（vacuum freeze drying）、微波干燥、红外辐射干燥等（孙芳和江水泉，2016）。

各类干燥方式在加工过程均存在优缺点，如压差闪蒸干燥技术又称变温压差膨化干燥技术，指物料在特定的压力、温度和含水量状态下，瞬间经由高压（或大气压）至低压（真空状态）的过程（易建勇等，2017；毕金峰和魏益民，2008）。由于干燥过程中原料中的还原糖参与美拉德反应及原料自身特性等原因，产品出现褐变、口感变差、膨化不均匀、内部组织空疏易碎等问题（张鹏飞，2016）。热风干燥是最传统、应用最广泛的果蔬脱水加工技术，能够有效移除果品原料中的水分，从而抑制某些化学反应和微生物生长繁殖。但是桃脆片产品在热风干燥过程中极易发生褐变，且易在产品表面形成硬壳进而影响产品的质构和微观结构。真空冷冻干燥技术是将物料在其冰点以下冷冻，在低温低压条件下利用水的升华性能，使物料低温脱水而达到干燥的新型干燥手段。真空冷冻干燥技术能够赋予最终产品饱满多孔的网络骨架，使物料组织保持较好的原有形态（王海鸥等，2018）。但是真空冷冻干燥时间长、能耗大、产品易吸湿导致质地绵软。

桃脆片在加工过程中存在的问题，如色泽及质构变化、营养物质损失等是目前产业上急需解决的。本书归纳总结了桃脆片加工处理过程中对桃脆片品质包括色泽、质构、营养功能品质主要是通过预处理的方式进行调控，并对最后结果进行了系统分析和评价。

2）不同种类糖液渗透处理对桃脆片色泽、质构及微观结构的影响

本书中实验者以平谷'久保'桃为实验对象（张鹏飞等，2017），原料去皮去核后，切成厚度 10 mm、直径 20 mm 的圆柱状，浸入浓度为 50 °Brix 的麦芽糖、蔗糖、果糖及葡萄糖溶液中，渗透温度设定为 40℃；料液比设定为 1 g : 10 mL，以防止渗透过程中出现稀释现象；渗透时间为 180 min。然后将预处理后的样品进行热风干燥之后进行压差闪蒸干燥。观察渗透脱水处理对其色泽、质构及微观结构的影响。

（1）不同种类的渗糖桃脆片色泽的变化。

原料经过糖液渗透后进行干燥处理，其对桃脆片产品色泽的影响见表 3.36，从表中可以看出，与空白对照组相比，果糖渗透组 ΔE 最大，为 44.69；而麦芽糖组和蔗糖组较小，分别为 26.17 和 25.11，各处理组之间均呈显著性差异。其中 ΔE 越小，颜色变化越小，褐变度越低。其中麦芽糖和蔗糖对压差闪蒸干燥桃脆片颜色影响较小，糖液调控效果最好。

表 3.36 不同渗糖处理对色泽变化的影响

渗透液	ΔE
空白对照组	43.96±0.01[b]
蔗糖	25.11±0.01[e]
果糖	44.69±0.18[a]
葡萄糖	35.32±0.04[c]
麦芽糖	26.17±0.01[d]

注：同一列同一指标的不同字母表示不同处理对照差异显著。

（2）不同种类的渗糖桃脆片质构的变化。

产品质构是影响产品可接受程度的重要感官品质属性之一，适宜的硬度及脆度可以提高产品口感。从表 3.37 可以看出，与空白对照组相比，经过渗透处理后桃片的硬度均增大，麦芽糖组桃片脆度增加，蔗糖组、果糖组、葡萄糖组桃片脆度降低。其中，麦芽糖组硬度最小，为 181.44 N，脆度最大，为 23 个，与其他处理组呈现显著性差异；蔗糖组硬度及脆度次之，与果糖组、葡萄糖组呈现显著性差异；葡萄糖组硬度最大，为 365.47 N，脆度较小，为 4 个，与麦芽糖组、蔗糖组呈现显著性差异，与果糖组无显著性差异。干燥产品的质构特性依赖于细胞基质及组织内可溶性固形物与水分子的交互作用。糖液（如果糖、葡萄糖、蔗糖）大量渗入桃片内部，会导致其结构组织坚实、孔隙度降低及弹性损失等。分子量或分子结构的不同导致不同的糖液与桃片内部水分子交互作用程度不同，从而对硬度及脆度影响不同。此外，在干燥过程中，桃片表面会形成致密的结晶，从而增加硬度，降低脆度。而经麦芽糖渗透，固形物增加量较小，其与桃片内部水分子交互作用较小，可能是麦芽糖组对质构特性影响小于其他处理组的原因。

表 3.37 不同渗糖处理对硬度及脆度影响

渗透液	硬度/N	脆度/mm
麦芽糖	181.44±22.13[c]	23±8.62[a]
蔗糖	230.22±18.61[b]	14.83±1.72[b]
果糖	360.57±17.89[a]	2±2.45[c]
葡萄糖	365.47±46.58[a]	4±2.76[c]
空白对照组	109.58±20.72[d]	20±6.16[ab]

注：同一列同一指标的不同字母表示不同处理对照差异显著。

（3）不同种类的渗糖桃脆片微观结构的变化。

由图 3.55 可知，经过不同渗透液处理后，变温压差膨化干燥的桃片微观结构呈现明显的差异。经果糖、葡萄糖及蔗糖渗透处理，在膨化过程中水分散失后，其内部有小部分产生空腔，大部分结构致密；经麦芽糖渗透处理，产品呈高度膨胀状态，内部呈现均匀多孔性状；相比空白对照组，经麦芽糖渗透的桃片产品孔状结构更为均匀，口感更为酥脆。

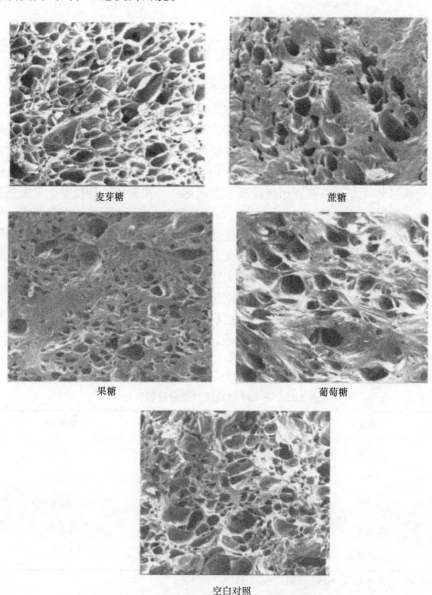

麦芽糖　　　　　　　　　　　　　　蔗糖

果糖　　　　　　　　　　　　　　葡萄糖

空白对照

图 3.55　不同处理方式下样品扫描电镜图

3）超声辅助渗透处理对热风、冻干桃脆片色泽、质构和微观结构的影响

本书中以超声辅助渗透脱水（USOD）处理对热风干燥及真空冷冻干燥黄桃片品质的影响为例（宋悦等，2020）进行研究。渗透液分别为麦芽糖醇（MAI）、低聚异麦芽糖（IMO）、麦芽糖醇和低聚异麦芽糖 1∶1 复配溶液（CSI），浓度均为 25°Brix（用阿贝折光仪校准），渗透温度为 40℃，料液比为 1∶10，并采用超纯水作为对照。黄桃经去皮去核后，切成 8 mm 厚的圆片，浸入不同渗透液中，渗透结束后，超声渗透时间设定为 90 min，渗透结束后将桃片取出，用流动的水清洗掉表面附着的糖液并用吸水纸擦去表面残留水分，试验重复 3 次。经过超声渗透处理后的样品进行真空冷冻干燥，直至水分质量分数（湿基）低于 5%，停止实验。

（1）超声辅助渗透处理热风、冻干桃脆片色泽的变化。

由表 3.38 可知，US 及 USOD 处理后的热风干燥黄桃片由于红度值和黄度值（a^*、b^*值）的降低，导致 ΔE 值显著增加（$P < 0.05$），这说明与对照组相比，经过预处理后的热风干燥黄桃片发生了褐变，颜色偏深。这可能是由于预处理导致黄桃细胞结构的破坏，从而造成多酚氧化酶的释放以及活性的提高（Miano et al.，2018），加剧热风干燥过程中的褐变反应。US 及 USOD 处理组的真空冷冻干燥黄桃片ΔE 值也显著高于对照组（$P < 0.05$），这主要是由亮度值和黄度值（L^*、b^*值）的降低导致。但与热风干燥不同，真空冷冻干燥黄桃片经预处理后ΔE 值的增加并非表明其在真空冷冻干燥过程中发生了褐变，其主要表现为亮度下降，色泽发白，黄色变浅（宋悦等，2020）。这可能是由于经过 US 及 USOD 处理后，黄桃细胞遭受破坏，孔隙变大，使其颜色变浅，其次在真空冷冻干燥过程中可能发生相关色素物质的降解，但具体降解机制及降解物质需要进一步的研究。与 US+MAI 处理组相比，US+IMO 及 US+CSL 处理组的热风干燥及真空冷冻干燥黄桃片色泽效果较好。因此，从色泽角度考虑，IMO 可以代替 MAI 进行糖液渗透。

表 3.38　不同预处理对热风干燥和真空冷冻干燥黄桃片色泽的影响

干燥方式	组别	L^*	a^*	b^*	ΔE
无	鲜样	46.63±4.06[b]	19.03±1.44[a]	41.15±1.26[a]	——
热风干燥	对照组	53.81±2.63[a]	10.31±2.26[b]	31.34±1.23[b]	15.07±2.33[d]
	US	44.52±3.14[b]	5.91±2.17[d]	23.41±3.16[c]	22.17±2.60[c]
	US+IMO	45.86±1.84[b]	5.13±1.97[d]	22.06±1.77[c]	23.63±2.09[c]
	US+MAI	47.29±1.72[b]	4.98±1.96[d]	20.33±1.68[c]	25.13±1.51[b]
	US+CSL	46.74±2.69[b]	7.55±2.91[c]	16.43±1.88[cd]	27.16±5.24[a]

续表

干燥方式	组别	L^*	a^*	b^*	ΔE
真空 冷冻 干燥	对照组	38.31±1.03[b]	20.84±2.07[a]	32.17±1.46[b]	12.37±1.10[e]
	US	29.15±2.17[cd]	16.65±1.74[b]	20.95±1.29[d]	26.82±1.30[a]
	US+IMO	32.55±1.77[c]	19.61±2.98[a]	26.62±1.10[c]	20.24±1.36[c]
	US+MAI	31.57±1.09[c]	19.69±1.83[a]	24.77±1.97[cd]	22.26±1.71[b]
	US+CSL	33.83±1.21[c]	20.49±1.20[a]	27.23±1.39[c]	18.97±1.91[d]

注: 同一列同一指标的不同字母表示不同处理对照差异显著。

（2）超声辅助渗透处理热风、冻干桃脆片质构的变化。

从表 3.39 可以看出，热风干燥桃片硬度较大，脆性较差，而真空冷冻干燥黄桃片硬度较低，脆性相对较好。US 处理组的热风干燥及真空冷冻干燥黄桃片硬度与对照组不存在显著性差异（$P>0.05$）。经过 USOD 处理后，热风干燥及真空冷冻干燥黄桃片硬度均有所增加，这主要是由于溶质（IMO 及 MAI）大量进入黄桃片内部后，与水分子发生交互作用，造成孔隙度降低、组织结构变硬。其次随着干燥的进行，黄桃片的水分质量分数逐渐降低，糖质量分数逐渐增加，直至结晶析出，最后在黄桃片表面形成致密的晶体结构，这也可能造成硬度的增加（陈立夫等，2017）。对比不同 USOD 处理组，US+IMO 处理组热风干燥及真空冷冻干燥黄桃片硬度最适中，3 个 USOD 处理组间脆性差异不显著（$P>0.05$）。经过 US 及 USOD 处理后，黄桃片的脆度均显著增加（$P<0.05$）。但经过 USOD 处理后的热风干燥黄桃片脆度略低于 US 处理组，这可能是由于增加的固形物导致热风干燥样品结构变坚固以及弹性降低，使得 US 及 USOD 处理后黄桃片脆度增加（An et al.，2013），经过 USOD 处理后的冻干黄桃片脆度大于 US 处理组，这可能是由于固形物的增加导致真空冷冻干燥样品结构变坚固以及弹性损失，脆度增加。综合以上结果，从质构角度看，IMO 可以代替 MAI 进行糖液渗透。

表 3.39　不同预处理对热风干燥及真空冷冻干燥黄桃片硬度及脆度的影响

组别	硬度/N		脆度/mm	
	热风干燥	真空冷冻干燥	热风干燥	真空冷冻干燥
对照组	49.81±5.07[c]	14.80±2.15[c]	9.02±1.89[a]	6.34±0.45[a]
US	50.02±2.93[c]	12.32±3.63[c]	6.47±1.45[c]	5.80±1.11[b]
US+IMO	65.92±1.43[b]	19.24±6.44[b]	7.00±1.32[b]	4.77±1.90[c]
US+MAI	61.72±0.49[b]	24.69±9.00[a]	6.95±1.56[bc]	4.12±1.92[c]
US+CSL	75.91±8.88[a]	17.79±5.80[b]	7.38±1.24[b]	4.20±1.61[c]

注: 同一列同一指标的不同字母表示不同处理对照差异显著。

（3）超声辅助渗透处理热风、冻干桃脆片微观结构的变化。

US 以及 USOD 处理对黄桃鲜样微观结构的影响如图 3.56 所示。经 US 处理后的桃片孔隙度明显增大，并且存在细胞破裂的现象，细胞边界处观察到明显的裂痕。USOD 处理后的黄桃鲜样微观结构与 US 处理存在差异，由于糖液的渗入和较多的水分损失，其主要表现为细胞收缩、细胞壁发生扭曲以及细胞坍塌，这主要是由于上述提到的 USOD 处理造成较多的水分损失和糖液的渗入（Allahdad et al.，2019）。如图 3.56（b～e）中箭头所示，不同 USOD 处理组的孔隙中均可以观察到糖液大分子物质，这也验证了上述的实验结果。此外，不同预处理后黄桃鲜样微观结构的变化会造成其水分状态的变化。

4）其他预处理对桃脆片色泽、质构的影响

（1）不同烫漂处理的桃脆片色泽、质构的变化。

选择九成熟的新鲜黄桃，洗净去皮，纵向切成黄桃梯形丁，下端厚度为 2 cm。分别称取 100 g 黄桃丁，沸水烫漂 1 min、2 min、3 min、4 min、5 min，冷却后放入−20℃冷冻柜中冻藏 12 h，再使用 60℃热风干燥烘至含水率达到 60%，放在 4℃冰箱中均湿 12 h，然后进行气流膨化干燥，使黄桃丁的水分含量在 5%以下，结束干燥（刘春菊等，2016）。

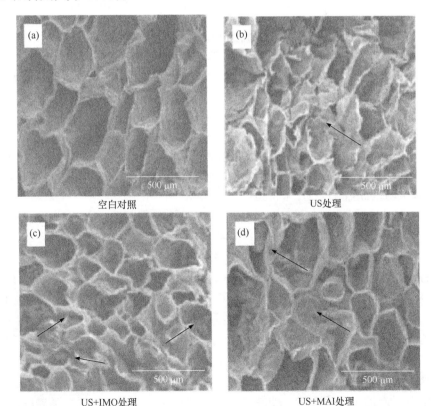

空白对照　　　　　　　　　　　　　　US 处理

US+IMO 处理　　　　　　　　　　　　US+MAI 处理

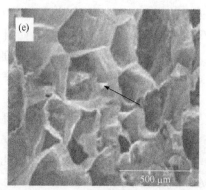

US+CSL处理

图 3.56   不同预处理对黄桃鲜样微观结构的影响

从表 3.40 中可以看出，随着烫漂时间的增加黄桃脆丁膨化度先升高后下降，烫漂 2 min 时膨化度达到了最大，L^* 值逐渐增加，a^* 值逐渐减小，b^* 值先增加后减少，硬度逐渐减小，可能是由于烫漂时间越长，抑制褐变酶活性越彻底，色泽越鲜亮。烫漂 2～3 min 时，膨化度较大，色泽鲜亮，硬度和脆度适中。烫漂 4～5 min 时，黄桃组织软烂，内部细胞遭到破坏，失去了膨化定型能力。

表 3.40   不同烫漂时间对黄桃脆丁品质影响

烫漂时间/min	膨化度	L^*	a^*	b^*	硬度/g	脆度/g
1	3.4±0.25[ad]	73.24±0.01[a]	15.31±0.07[a]	43.45±0.02[a]	12920.5±250.4[a]	3992±212.32[a]
2	4.58±0.16[b]	77.93±0.01[b]	15.12±0.05[b]	45.92±0.04[b]	10468±128.91[b]	5313.2±347.32[b]
3	3.84±0.29[a]	77.56±0.02[c]	14.69±0.05[c]	46.67±0.04[c]	8999.2±275.05[c]	4083.6±256.29[a]
4	2.38±0.15[c]	78.52±0.01[d]	14.16±0.05[d]	45.13±0.02[d]	5402.5±454.92[d]	5198.4±100.37[bc]
5	3.02±0.19[d]	78.95±0.01[e]	13.63±0.04[e]	43.24±0.04[e]	7088.5±395.46[e]	4114±225.64[a]

注：同一列同一指标的不同字母表示不同处理对照差异显著。

（2）不同冻融次数的桃脆片色泽、质构的变化。

选择九成熟的新鲜黄桃，洗净去皮，纵向切成黄桃梯形丁，下端厚度为 2 cm。分别称取 100 g 黄桃丁，沸水烫漂 2 min，冷却后放入 -20℃冷冻柜中冻藏 12 h，常温空气解冻 1 h，沥干水分，放入 -20℃冷冻柜中冻藏 12 h，如此反复冻融 1 次、2 次、3 次、4 次、5 次，再使用 60℃热风干燥烘至含水率达到 60%，放在 4℃冰箱中均湿 12 h，然后进行气流膨化干燥，黄桃丁的水分含量在 5%以下，测定干燥样品品质指标。

从表 3.41 中可以看出，随着冻融次数的增加，亮度 L^* 值先减小后增加，这可能是由于干燥加工溶质浓缩，使花色苷浓度增加，产品颜色加深，随着冻融次数的增加，黄桃细胞结构的完整性被破坏得越来越严重，部分花色苷随着汁液流失，导致亮度降低。在冻融 3 次后黄桃脆丁硬度明显下降，这是多次冻融导致的黄桃内部结构绵软，硬度降低，但黄桃脆丁出现硬边、中间塌陷现象。

表 3.41　冻融处理对黄桃脆丁品质影响

冻融次数/次	膨化度	L^*	a^*	b^*	硬度/g	脆度/g
1	3.71±0.2[a]	75.14±0.01[a]	14.5±0.02[a]	40.87±0.03[a]	8900±578.57[a]	5688.8±490.74[a]
2	3.6±0.19[a]	74.17±0.01[b]	14.61±0.04[b]	38.66±0.03[b]	8716±698.67[a]	7542.8±622.55[b]
3	3.63±0.1[a]	73.32±0.01[c]	14.75±0.06[d]	38.25±0.05[e]	8756.4±650.45[a]	6306±440.93[a]
4	3.55±0.2[a]	72.01±0.01[d]	15.35±0.0[d]	39.34±0.0[d]	7184.8±167.3b[e]	4660.67±238.04[æ]
5	2.52±0.1[b]	73.19±0.0[e]	14.94±0.0[c]	39.21±0.0[e]	7132±178.05[e]	6027.5±408.96[a]

注：同一列同一指标的不同字母表示不同处理对照差异显著。

（3）不同糖浸渍浓度的桃脆片色泽、质构的变化。

选择九成熟的新鲜黄桃，洗净去皮，纵向切成黄桃梯形丁，下端厚度为 2 cm。分别称取 100 g 黄桃丁，沸水烫漂 2 min，放入糖浓度分别为 2%、4%、6%、8%、10%的糖液中浸渍 2 h，冷却后放入−20℃冷冻柜中冻藏 12 h，再使用 60℃热风干燥烘至含水率达到 60%，放在 4℃冰箱中均湿 12 h，然后进行气流膨化干燥，黄桃丁的水分含量在 5%以下，测定干燥样品品质指标。

从表 3.42 中可以看出随着糖浓度的提高，黄桃脆丁的亮度值逐渐增加，主要原因是一定浓度的糖浸渍对黄桃组织和色素具有较好的保护作用，糖降低了黄桃的水分活度，抑制了褐变反应发生，且糖可阻止物料与氧气接触，减少干制品的变色。

表 3.42　糖浸渍浓度对黄桃脆丁品质影响

糖浓度/%	膨化度	L^*	a^*	b^*	硬度/g	脆度/g
2	3.33±0.14[a]	77.16±0.01[a]	14.77±0.04[a]	42.56±0.01[a]	4488.4±232.34[a]	3749.6±256.48[a]
4	2.76±0.13[bd]	77.76±0.01[b]	14.01±0.03[b]	40.1±0.02[bd]	5419.67±334.65[a]	4489.67±421.45[b]
6	4.53±0.12[e]	81.7±0.01[c]	12.98±0.03[c]	42.18±0.03[c]	5534±358.55[a]	4253.6±398.47[b]
8	3.47±0.12[a]	81.81±0.01[d]	12.64±0.04[d]	40.1±0.01[d]	7339.33±576.23[b]	3581.5±253.7[a]
10	2.68±0.11[d]	81.6±0.02[e]	12.86±0.04[e]	42.78±0.01[e]	9027±426.06[c]	3203.33±174.18[e]

注：同一列同一指标的不同字母表示不同处理对照差异显著。

5）预处理对桃脆片营养品质的影响

（1）超声辅助渗糖处理的热风、冻干黄桃片总酚的变化。

图 3.57 为不同预处理的热风干燥及真空冷冻干燥黄桃片的总酚含量的变

化（宋悦等，2020）。对照组热风干燥及真空冷冻干燥黄桃片总酚含量分别为 6.20 mg/g、6.90 mg/g。US 处理后热风干燥及真空冷冻干燥黄桃片总酚含量下降，分别为 5.61 mg/g、4.09 mg/g。US 处理造成总酚含量降低主要是由于 US 处理过程中发生溶质迁移和水分流失，进一步造成部分水溶性营养物质损失。经 USOD 处理的热风干燥及真空冷冻干燥黄桃片总酚含量均低于 US 处理组，这可能是由于 USOD 处理组失水量（WL）高于 US 处理组，进而使得 USOD 处理组的总酚随着水分的流失而损失较多；此外，对比 3 种 USOD 处理，US+MAI 处理组的热风干燥黄桃片总酚含量相对较高，而 US+IMO 处理组的真空冷冻干燥黄桃片总酚含量相对较高。

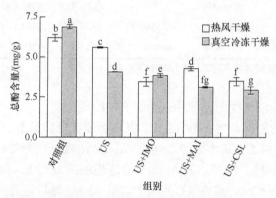

图 3.57　不同预处理对热风干燥及真空冷冻干燥黄桃片总酚含量的影响

（2）超声辅助渗糖处理的热风、冻干黄桃片抗氧化能力的变化。

从图 3.58 可以看出，经过 US 及 USOD 处理后热风干燥及真空冷冻干燥黄桃片 ABTS 自由基清除能力及 FRAP 值都显著下降（$P<0.05$），这主要是由于经过预处理后热风干燥及真空冷冻干燥黄桃片总酚有所损失。然而，与 US 处理相比，不同预处理后热风干燥黄桃片 DPPH 自由基清除能力增加，这可能是由于预处理不仅造成黄桃片总酚损失，也造成其单酚含量和种类的变化。相关研究表明，不同单酚的含量和结构对 DPPH、ABTS 自由基清除能力以及 Fe^{2+} 还原能力的贡献

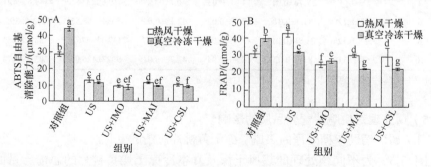

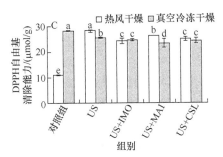

图 3.58　不同预处理对热风干燥及真空冷冻干燥黄桃片抗氧化能力的影响

率不同，从而导致经过预处理后黄桃脆片 DPPH 与 ABTS、FRAP 抗氧化能力的变化呈现差异性。

（3）超声辅助渗糖处理的热风、冻干黄桃片维生素 C 含量的变化。

从图 3.59 可以看出，对照组的热风和真空冷冻干燥黄桃片的维生素 C 含量分别为 109.01 mg/100 g 和 104.42 mg/100 g，差异不显著（$P>0.05$）。US 处理后的真空冷冻干燥黄桃片维生素 C 含量增加，然而经过 USOD 处理后，热风干燥及真空冷冻干燥黄桃片维生素 C 均有不同程度的损失，这说明 USOD 处理后黄桃片维生素 C 含量的损失可能是由于渗透处理造成黄桃鲜样较多的水分损失，进而造成了维生素 C 的流失。与对照组相比，不同预处理后的真空冷冻干燥黄桃片维生素 C 含量均高于热风干燥的黄桃片，这可能是由于预处理造成黄桃鲜样结构的破坏，促进维生素 C 在长时间的热风干燥高温过程中与氧气的接触，进而造成维生素 C 损失。US+IMO、US+MAI、US+CSL 处理的热风黄桃片维生素 C 含量不存在显著性差异（$P>0.05$），US+IMO 处理组的真空冷冻干燥黄桃片维生素 C 含量达 78.50 mg/100 g，略低于 US+MAI 和 US+CSL 处理组，这可能与 US+IMO 处理后的黄桃鲜样 WL 最高有关。

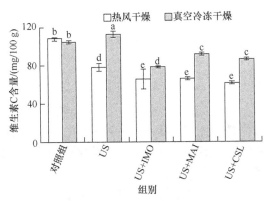

图 3.59　不同预处理对热风干燥及真空冷冻干燥黄桃片维生素 C 含量的影响

（4）超声辅助渗糖处理的热风、冻干黄桃片类胡萝卜素的变化。

由图3.60可知，未经处理组的真空冷冻干燥黄桃片总类胡萝卜素含量低于热风干燥的黄桃片，这是由于真空冷冻干燥黄桃片质地蓬松、表面积大等，易造成其在真空冷冻干燥过程中类胡萝卜素发生降解。US+IMO处理组的热风干燥黄桃片总类胡萝卜素含量达47.87 mg/100 g，显著高于对照组及US+CSL组、US+MAI处理组（$P<0.05$），这说明在热风干燥过程中，IMO对类胡萝卜素具有较好的保护作用。经过US及USOD处理真空冷冻干燥黄桃片总类胡萝卜素含量显著高于对照组（$P<0.05$），其中US处理组的总类胡萝卜素含量最高，达73.58 mg/100 g，这可能是由于US处理后黄桃鲜样微观结构遭到破坏，导致细胞壁中纤维素的溶解，进而使得细胞中的类胡萝卜素得到释放。对比不同USOD处理组的总类胡萝卜素含量，US+IMO处理组效果最佳。

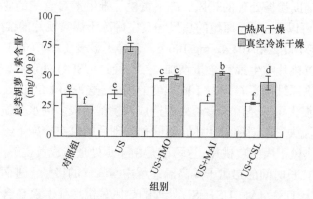

图3.60　不同预处理对热风干燥及真空冷冻干燥黄桃片总类胡萝卜素含量的影响

3.3　畜禽加工过程品质调控

3.3.1　鲜猪肉贮藏和肉肠加工过程品质调控

1. 猪肉原料的品质调控

冷鲜保藏是指肉在分割、剔骨、包装、加工、运输、销售，直到消费者使用时，一直处于0~4℃条件下保藏。冷鲜肉一般只能在具有冷藏条件的超市、市场销售。目前市场上的肉类产品主要以冷冻肉、热鲜肉和冷鲜肉为主。经屠宰后立即到市场销售的肉即为热鲜肉，但是热鲜肉因为没有经过系统的冷却排酸等处理，肉品的保质期很短，品质容易发生劣变，易出现质量安全问题，甚至导致公共卫生安全事件的发生。为了抑制或者延缓肉及肉制品的品质劣变，目前市场上主要运用低温保藏技术、气调保藏技术、真空保鲜技术、高压保鲜技术、有机膜保鲜技术和天然植物提取液保鲜技术等，这些技术主要通过隔绝氧气，控制环境中的氧含量和利用抗氧化活性物质来达到抑制肉及肉制品氧化的目的。而 4℃冷鲜保藏对肉及肉制品的组织结构破坏最小，能够有效延缓肉及肉制品的品质劣变，从而达到保持肉及肉制品原有色、香、味、形的目的。因此，4℃冷鲜保藏是目前广泛应用的一种短时间内的贮藏方式。在冷鲜保藏的过程中，肉及肉制品在常温下发生的化学变化仍在进行，但是在冰鲜保藏的环境下，这种化学反应的速度和强度都要减缓很多，并且这些化学变化进行的速度与食品的种类、组成成分种类以及冷藏的条件也息息相关。肉及肉制品在冷鲜保藏的过程中还会发生干耗现象，冷藏过程中水分的蒸发会在肉及肉制品表面形成干化层，加剧脂肪氧化和褐变等现象，这种变化往往与自身的氧化作用以及微生物作用有关。冷鲜羊肉在 4℃贮藏条件下，菌落总数随贮藏时间的延长而增加，第 7 天其菌落总数超过 10^6 cfu/g，表明样品已经腐败变质，并且其表面主要菌群包括假单胞菌属、芽孢杆菌属、不动杆菌属等。随着贮藏时间的变化，假单胞菌占总菌落的大部分，是造成冷鲜羊肉腐败变质的主要优势菌。在冷鲜保藏条件下，肉的成熟对肉质的软化与风味的增加有显著的效果，可提高肉的品质。但是如果肉过于成熟，肉质就会进入腐败阶段，此时肉的品质降低，其商业价值就会下降甚至失去。

　　冷冻保藏也被广泛应用于肉与肉制品行业。冷冻保藏主要通过降低温度来延缓酶的活性、氧化反应的强度和速率、微生物代谢和生长繁殖，达到长时间贮藏肉及肉制品的目的。肉类冷冻保藏的作用主要是延长货架期，而肉类货架期主要由颜色、质构、水分含量、风味、微生物含量以及营养价值等因素决定，冷冻保藏通过对这些因素的控制来延长肉及肉制品的货架期。虽然冷冻保藏能够长时间延长肉与肉制品的贮藏期，但同时也存在品质劣变等问题。当肌肉组织中的水被冻结成冰时，体积增加 9%～10%。冻结过程中肉品表面和深层中形成的冰晶的体积和数量是不同的，形成在表面层上的冰晶数量大，体积小，深层形成的冰晶大，数量少。冰晶会对肌肉细胞的组织结构造成机械损伤，从而在冻藏过程中导致肉与肉制品发生一系列不良的物理化学反应。冷冻保藏也会显著改变肉与肉制品的质构特性，以黄鳝片为例，冻藏保鲜对黄鳝片原有的质构特性均表现出显著影响，在−10℃和−30℃的冻藏条件下，黄鳝片的硬度、弹性、内聚性和咀嚼性均发生了劣变。但是，使用多聚磷酸钠和海藻糖等作为抗冻剂浸泡 30 min 后再行速冻，能有效减缓黄鳝片在冻藏时组织特性的不良变化。对于不同品种，同一品种的不同部位来说，冷冻保藏对它们的影响也是不一样的。以鸡肉为例，不同品种的鸡，即使经过相同冷冻处理，在同一储藏条件下，其肉品质的变化是不一样的。三黄鸡的肉品质变化要快于土鸡和蛋鸡，即三黄鸡的储藏期要短。并且根据 TVB-N 值可以得出同品种的鸡，经过相同的冷冻处理和在相同储藏条件下，胸肌肉品质的变化要大于腿肌肉品质的变化，即胸肌肉储藏期比腿肌肉的储藏期要短。也有学者通过使用不同冻结速率对牛肉进行冻结发现，速冻组牛肉解冻后滴水损失要显著低于慢冻组牛肉。然而，也有研究报道冻结速率过大并不利于保持肉样的持水性，没有必要过度追求肉品的冻结速度。

冰温保藏技术首先由日本科学家山根昭美提出，冰温是指冰点以上 0℃以下的温度区域，是机体冻结前的最低温度带，在该温度区域可使机体的生理活性降到最低程度，又能维持其正常的新陈代谢。通过精准控制冻结温度，从而在保持肉及肉制品品质的同时，延长贮藏期。冰温保鲜技术相比于冷冻保藏和冷鲜保藏具有一定的优势，如吸收了冷冻贮藏有效抑菌的优点和冷却贮藏保持食品鲜度和组织状态，并抑制食品内部的脂质氧化、非酶褐变等化学反应的优点；同时有效克服了冻藏导致的食品蛋白变性、营养成分流失、风味减退以及冷藏保质期短的缺点。冰温保鲜最开始主要应用在果蔬贮藏和加工方面，近几年在肉类产品和水产品保鲜方面也有研究报道。有学者研究了冰温条件下肉类蛋白变性、脂肪氧化、挥发性盐基氮、色差、感官、蒸煮损失等指标的变化，结果均表明冰温条件可有效地延长肉及肉制品货架期，并对其品质的改善有一定的作用。山根昭美的研究结果表明，冰温贮藏下，肉及肉制品的腐败速度下降，肉中挥发性盐基氮的含量显著降低，同时，与香味有关的氨基酸的含量增加。此外，冰温保藏与气调保藏相结合也可以达到显著延长肉及肉制品货架期的目的。为延长羊肉的保鲜时间，研究了不同的气体组分的气调包装对羊肉冰温贮藏过程中的品质的影响。结果表明，真空包装羊肉的汁液流失率显著高于 2 种气调包装，$-1℃$冰温条件下结合 75% O_2 和 25% CO_2 气调包装可以使羊肉有效保鲜 42 d，是较好的鲜羊肉保鲜方法。但冰温保鲜技术没有得到大规模的普及，其根本原因在于这种保鲜技术对环境要求高，设施设备昂贵，对很多中小企业来说是一笔不小的成本负担。如果能研发出更易制造、更方便可控的环境条件，冰温保鲜技术才会有更好的应用前景。

微冻技术是将贮藏温度控制在生物体冰点及冰点以下 1～5℃的保鲜技术，较传统冷藏技术能更有效地抑制微生物的生长、延长食品保质期、维持食品原有风味。目前，其在食品保鲜中尤其是水产品中得到广泛应用。目前运用得比较普遍的低温保鲜技术有冷藏、冻藏和冰温。冻藏过程中几乎所有的微生物都不能生长，所以贮藏时间比较长，但是食品达到冻藏温度所需时间长，内部大部分水分冻结生成大小不一的冰晶，易使蛋白质变性，破坏肉与肉制品的结构，并且在解冻后质构劣变，造成大量的汁液流失，严重影响食品原有的风味。冷藏时大多数病原菌不能生长，酶的活性也有所降低。但冷藏能耗大、成本高，保质期也较短。冰温使食品温度波动较大，食品容易劣变。使用微冻保鲜技术时，样品表面会有一层冻结层，故又称为部分冷冻和过冷却冷藏，能有效延长食品的保质期，是一般冷藏保质期的 1.4～4.0 倍，虽比冻藏保质期短，但是能更好地维持食品的品质。常用的微冻保鲜方法一般有冰盐混合微冻法、冷风微冻法、低温盐水微冻法等。

冰盐混合微冻即通过冰盐混合物的吸热效应来降低温度，当盐混入碎冰中时，会同时出现两种吸热反应：冰融化吸热和盐溶解吸热，因而短时间内可吸收大量的热，达到降温目的。此方法通常使用食盐和冰混合，混合物的温度可通过控制食盐的质量浓度来调节，盐水的质量浓度越高，冻结温度就越低。冰盐微冻法能很好地维持食品鲜度，保藏期长，但食品略有咸味，耗冰盐量大，一般适合水产品加工原料保鲜；冷风微冻即用制冷机冷却的风吹向食品，使食品表面的温度达到一定的温度后，再转入恒温舱中保存。冷风微冻法能较好地维持食品鲜度、色泽及外观。低温盐水微冻体系由盐水微冻舱、保温舱和制冷系统三部分组成。由于盐水传热系数大，因此盐水微冻冷却速度比空气快，其冷却温度为 $-5 \sim -3{}^\circ\text{C}$，食盐的质量浓度控制在 10% 左右。低温盐水微冻工艺中需考虑盐的种类、盐水浓度、浸泡时间、盐水温度，其中盐水浓度最关键。若浓度过高，便会使渔获物偏咸，同时盐溶性的肌球蛋白也会析出，影响食品风味和商业价值。低温盐水浸渍微冻也能很好地维持食品鲜度，保鲜期长，但商品色泽暗，有咸味，外观差，一般用于加工原料的保鲜。常用的微冻设备有低温冷冻机、冲击式冷冻机、机械冰柜。但这些设备操作成本较高，一般用于价格昂贵的食品。微冻技术利用低温来抑制微生物的生长，同时微冻过程中食品中的水分只有 5%~30% 发生冻结，较冷冻贮藏减少了细胞液浓度的增加和盐融效应的发生，减少了蛋白质降解，可以很好地维持食品品质，保持其鲜度。

新型冻结解冻工艺一直是食品科学领域的一大热点，涌现出了诸多新型冷冻和解冻方法，如高压辅助冻结、超声波辅助冻结、静电场辅助冻结-解冻、磁场辅助冻结解冻、微波辅助解冻和射频辅助冻结等。其中，静电场辅助冻结-解冻技术因其效率高、设备成本低、操作简单等优势备受欢迎。在静电场的作用下沿电场方向的水分子需要克服位能的束缚小，形成冰核的概率最大，其他方向水分子形成冰核受抑制。因此，在静电场辅助冻结食品过程中，电场可抑制冷冻食品内冰晶的生长。并且解冻过程中外加电场可以减少冷冻食品解冻时间，有助于解冻汁液向食品内渗透，减少汁液损失。静电场辅助冻结-解冻又主要分为高压静电场辅助冻结-解冻和低压静电场辅助冻结-解冻。有学者研究发现，高压静电场辅助冻结猪肉过程中，由于冰晶的生长被抑制，猪肉微观结构的破坏程度显著降低，解冻后猪肉品质较好；高压静电场辅助解冻可有效缩短冷冻肉的解冻时间，抑制微生物生长，解冻猪肉品质显著提升。解冻汁液损失显著降低，牛肉外观肉色鲜红且亮度较好；自然冻结组肉样肌原纤维蛋白的二级结构中无规则卷曲的相对含量较高（26.87%），变性程度更大。静电场辅助冻结样品的无规则卷曲相对含量均较自然冻结组低，静电场辅助冻结-解冻样品蛋白质的稳定性优于自然冻结-解冻的牛肉，其中距离静电场发生装置 30 cm 处的场强最有利于维持牛肉 MP 的稳定性。然而，高压静电场的输出电压较高，安全性较差，具有一定的局限性，无法应用于大规模的肉品冻结与解冻。低压静电场作为一种新型非热技术，已经引起了广泛关注，在肉品的冻结与解冻技术革新上提供了新的思路。然而，低压静电场在食品贮藏保鲜方面的应用仍属于初始阶段。有学者研究发现猪肉置于低压静电场环境下冻结解冻可有效降低解冻汁液流失并提高嫩度。还有研究考虑了低压静电场下不同隔距冻结-解冻对牛肉品质的影响，结果表明，低压静电场下牛肉的冻结-解冻效率得到显著提高（$P<0.05$），冻结过程中生长的冰晶体积小且在肌肉组织内分布均匀，对肌肉组织破坏程度轻，肉样肌纤维束的结构更加完整、致密；低压静电场辅助解冻后牛肉的持水性得到改善，营养损失降低，色泽与质构特性得到有效维持，弹性、黏聚性、咀嚼性及嫩度均显著高于自然冻结-解冻肉样。

学者提出了一种新型的低温保藏技术，它能够提供一种使生鲜肉中可被微生物繁殖利用的自由水与部分不易流动水冻结，结合水不被冻结的亚冻结保鲜方法。该方法能够使生鲜肉在贮藏期间呈中浅层冻结状态，方法简单、便于控制，同时易于实现工业化生产。亚冻结贮藏的温度带是−12～−6℃，最短−6℃贮藏期达到 84 d，而最长−12℃贮藏期为 168 d，与 4℃和冰温贮藏相比，贮藏天数至少延长了 3 倍，与−18℃冻藏相比，贮藏天数相当，无显著差异。同时贮藏期内肉样品质也得到了显著的改善，抑制了肉样中脂肪氧化速率，相同贮藏时间内改善了牛肉色泽，降低汁液流失，提高牛肉的质构品质；亚冻结贮藏过程中存在蛋白质的氧化效应，蛋白氧化会使蛋白质发生交联降解以及变性，降低贮藏后牛肉的营养品质和加工品质。亚冻结贮藏与−18℃冻藏、4℃冷藏和冰温贮藏相比，能减缓贮藏过程中蛋白质的氧化，保持肉样品质；冻结贮藏下，肉样各水合指标与−18℃冻藏肉样差异不显著，同时优于 4℃和冰温贮藏肉样，说明该牛肉冷冻贮藏方法能够延缓蛋白变性，降低肌肉收缩和冰晶生长速率，延缓水分向自由水转变的趋势，从而降低牛肉失水和流失汁液中蛋白质含量，减少营养流失，改善牛肉贮藏品质。

2. 卤制猪肉加工过程中品质调控

酱卤肉制品是中国特有的特色肉制品，历史悠久，风味独特，加工品种繁多。近年来，随着肉制品加工技术以及自动化设备的应用，酱卤肉制品的传统工艺不断改进，如用新工艺加工的酱肘子、酱猪蹄、酱牛肉、盐水鸭、卤鸡腿等产品深受消费者欢迎。

影响酱卤猪肉品质的主要加工因素为加工过程中的酱卤时间、酱卤温度以及杀菌条件等。不同的加工时间、温度等与酱卤肉的食用品质密切相关，杀菌条件等与酱卤猪肉的贮藏性能有密切的联系。

有学者研究发现，卤煮时间对出品率的影响也十分明显。在卤牛肉制作过程中，煮制时间长短会影响卤牛肉的出品率，煮制时间越长，卤牛肉出品率越低。

煮制 30 min 内，煮制时间对出品率影响较大，煮制 30 min 后，影响趋于平缓。研究还发现，煮制时间对没加磷酸盐腌制肉块出品率的影响比加磷酸盐腌制过的肉块大。卤煮时间较长也会使鸡肉蛋白发生热变性，弹性下降，产品风味、口感及营养价值降低。卤煮时间较短，鸡肉中盐分等得不到充分渗透，蛋白质水解不充分以致挥发性风味物质难以富集，严重影响产品品质。在 95℃温度下，卤煮 0 h、0.5 h、1.0 h、1.5 h、2.0 h、2.5 h、3.0 h、3.5 h、4.0 h，通过测定其出品率、水分含量与迁移、色泽、pH、质构等指标，来判断其外观和食用特性。该研究还发现卤煮时间对酱卤鸡腿品质变化有显著影响。随着卤煮时间的延长，出品率及 T_{23} 自由水含量逐渐降低；亮度逐渐降低，红度和黄度逐渐增高；pH 呈现波动下降的趋势；而硬度则呈现出先增加后下降的趋势。

卤煮温度同样是卤煮加工工艺中非常重要的一个加工条件。采用质构分析（TPA）法和低场核磁共振（LF-NMR）技术研究不同加热温度（50℃、60℃、70℃、80℃、90℃、98℃）下二次加热酱卤牛肉的质构特性和水分分布变化，为不同温度下的卤煮肉制品在食用品质上的改变提供依据。加热温度的变化对二次加热酱卤牛肉的质构特性和水分分布均会产生规律性影响。酱卤牛肉在二次加热前已为熟肉制品，肌纤维分子结构及蛋白质成分在一定程度上已经发生变化。结果显示，蒸煮加热使肉品蛋白质发生变性、肌纤维皱缩，内部不易流动水逐渐减少，外界水进入肉样中，自由水相对含量增加，导致肉样硬度、咀嚼度、黏附性增加，回复性和胶着度降低。但当加热温度超过 90℃时，酱卤牛肉的内部结构发生彻底变性，硬度、咀嚼度、黏附性开始下降，大量外界水进入，肉质变软。由此可见，熟肉制品蒸煮受热后的质构特性和水分分布变化均有规律可循。也有学者研究了卤制中心温度分别为 30℃、40℃、50℃、60℃、70℃、80℃、90℃、99℃时对藏羊肉的蒸煮损失、剪切力、蛋白溶解度和微观结构的影响，旨在较为全面地阐述卤制中心温度对藏羊肉品质的影响。

研究发现，蒸煮损失随着温度升高呈逐渐降低的趋势，而剪切力随着温度的升高逐渐增加，在 70℃时达到最大值，80℃时剪切力减小后又逐渐增大，蛋白溶解度同样随着中心温度的升高而逐渐降低，通过扫描与透射电镜观察微观结构发现随着卤制中心温度的升高，肌纤维排列更加紧密，肌节中 Z 线和 I 带在 70℃时开始发生降解，肌纤维直径和肌节长度逐渐缩小。在不同的活力煮制条件下，小火煮制时过氧化值达到峰值的时间点明显早于大火，中火条件下羰基值高于小火和大火。并且随煮制温度的升高，皮下脂肪和肌内脂肪过氧化值无明显变化规律，酸价和丙二醛含量先升高后降低，羰基值和共轭二烯值逐渐上升，游离脂肪酸在积累到一定程度时，氧化程度的增加使其含量不再上升，甚至略微下降。

微生物的生长发育和繁殖代谢跟肉与肉制品保质期的长短密切相关，杀菌充分在很大程度上可以大幅度增加肉与肉制品的贮藏品质。杀菌不充分，微生物生长繁殖过快会在短时间内破坏肉与肉制品的品质，造成色泽、风味的劣变，营养成分大规模流失，损害肉与肉制品的食用品质。

有学者以酱牛肉为研究对象，以真空包装、未经杀菌的酱牛肉为对照，采用9种不同杀菌条件处理肉样，测定杀菌后肉样水分活度、色差值、咀嚼性、弹性、出水出油量和感官指标的变化，并测定肉样中粗蛋白、粗脂肪含量及氨基酸总量的变化，分析不同杀菌条件对酱牛肉品质的影响，优选出酱牛肉适宜的杀菌条件。结果表明杀菌温度与杀菌时间均对酱牛肉品质具有显著影响，而且温度越高、杀菌时间越长，影响越大。在保证杀菌效果的前提下，15℃杀菌 30 min 的酱牛肉品质较理想，酱牛肉水分活度、L^*稍高于对照组，a^*、咀嚼性及弹性显著优于对照组。本书通过研究不同杀菌条件对酱牛肉品质的影响，优选出比较适宜的杀菌温度和时间，以保证酱牛肉的品质，满足消费者对传统美食的追求。超高压杀菌技术作为一种非热力杀菌技术，可以不受样品形状和成分的影响，快速均匀地将压力传递给样品；由于高压仅改变非共价键，不影响风味化合物和维生素等小分子，最大限度地减少产品品质的下降，采用超高压杀菌技术处理的产品保质期最长、感官特性最好，并对其品质不会产生明显的不良影响，肌浆蛋白发生适度的氧化变性，改善了其滋味、口感、颜色等感官品质，为保留酱卤肉制品的风味和营养成分，提供了一种有效的杀菌方式。微波杀菌技术是使用波长为 1 mm～1 m 的电磁波处理样品一段时间，以达到杀菌的目的，具有安全、快速、高效等优点。该技术应用于卤猪肉的生产当中，获得了良好产品品质和贮藏期，有效保持产品特性。气调包装是一种通过控制充入高阻隔性包装中的气体的比例来达到延长肉制品保质期目的的保鲜方法，常用的气体有 O_2、CO_2 和 N_2。研究了气调和真空包装对酱牛肉保鲜效果的影响，气调包装比真空包装能更好地保持酱牛肉风味，并显著延长其货架期，其保鲜效果在低温时更为显著，解决了产品短期贮藏销售过程中产品质量劣变等问题。

酱卤肉制品是中国传统肉制品的典型代表，距今已有 3000 多年历史，是中国产销量最大的肉制品，具有外形美观、色泽明亮、风味醇厚和美味可口等特点，深受消费者的喜爱。但是传统老汤卤制方法由于蒸煮损失大、营养流失严重、风味品质不稳定，不适宜工业化、标准化生产，卤汤反复使用而产生的安全隐患问题也引起广泛关注。定量卤制技术基于肉制品色泽、口感、风味等品质分析，通过物料与复合液态调味料（卤制液）的精确配比，使卤制液利用率达 100%，实现物料定量卤制，在保证传统风味的基础上，实现色泽固化、口感稳定、风味调制一体化突破。该技术克服了传统卤制工艺的众多缺陷，通过干燥、蒸煮、烘烤工艺，实现无"老汤"定量卤制，减少了蛋白质等营养成分的流失，产品营养价值高，保证了风味品质的稳定性，建立了酱卤肉产品定量卤制工程化技术体系，实现了酱卤肉制品的定性定量调控和标准化生产。有学者以酱卤鸡腿为例，用定量工艺和传统工艺进行制作,并对比了两种方法在不同层面对酱卤鸡腿品质的影响。对两种工艺酱卤鸡腿进行感官品质分析,主要从质构分析和感官分析两个方面进行。质构特性是肉类重要的性能之一,它是根据食品组织结构得出的参数。其中传统的卤制工艺加工的鸡腿肉的硬度要比定量卤制工艺加工的鸡腿肉要高,定量卤制工艺加工的鸡腿肉的黏聚性要比传统工艺加工的鸡腿肉要高,定量卤制工艺加工的鸡腿肉的咀嚼性要比传统卤制工艺加工的鸡腿肉明显高。感官分析得出,定量卤制法制作的鸡腿肉要优于传统汤卤制作出来的鸡腿肉,而且在色泽和口感上也要明显优于传统卤制工艺的鸡腿肉,但是在香气和味道上,两种工艺制作出来的鸡腿肉没有明显的差异。营养成分方面,定量卤制工艺制作出来的肉制品的蛋白质含量要比传统卤制工艺制作出来的肉制品的蛋白质含量高一些,但是不是很明显。

定量卤制产品的水分和蛋白质的含量要比传统工艺加工出来的肉制品高,口感和营养也更好。在传统的卤制过程中,原料中的脂肪会煮制到卤汤中而使肉中部分脂肪损失,但是水分的降低会使脂肪的含量增加,要比定量卤制的肉类高。在风味上,定量卤制的产品更稳定一些。定量卤制产品的食盐的含量误差小,而传统工艺产品的食盐含量误差比较大,而且不够稳定。出品率方面,定量卤制的产品要比传统卤制的产品高,这是由于在定量卤制加工中,首先把挑好的原料肉进行干燥处理,在处理的过程中,肉制品表面会形成一层硬壳来阻止原料中的水分和蛋白质流失,因而出品率更高。也有学者对不同卤制方法的白鹅腿肉进行了对比分析,两种卤制工艺的嫩化过程都取得了一定的效果。定量卤制的香辛料更加均匀有效地渗透到鹅腿肉中,因此定量卤制鹅腿肉的风味更佳。在老卤的过程中,色素在卤汤中具有一定的稀释效应,同时反复煮制可能使部分护色剂失效,导致老卤鹅肉在色泽方面稍逊于定量卤制鹅肉。老卤和定量卤制经过了酶的嫩化,因此肉质较细嫩,与白煮鹅腿肉相比剪切力更低。然而,在相同量的酶嫩化的情况下,定量卤制鹅腿肉的剪切力低于老卤鹅腿肉,且持水力也更好。定量卤制鹅肉的挥发性成分种类除醛类和酮类外,其他挥发性物质的种类也相对较多,特别是醚类、醇类和酯类挥发性物质。同时,定量卤制鹅肉中的烃类、醇类、酮类和醚类含量要高于传统老卤和白煮鹅肉,说明定量卤制鹅肉的风味更浓。感官分析表明,定量卤制鹅肉产品的感官品质较传统老卤和白煮工艺产品的高。质构分析表明,定量卤制鹅腿肉的剪切力和持水力较另外两种产品的高。与传统老汤卤制相比,定量卤制能够更好地保留香辛料中的挥发性香味成分,以及鹅肉本身的香气成分,定量卤制使鹅腿肉的整体香味更加丰富浓郁,提高了香辛料的利用率。

卤制过程中香辛料及原料肉的选择对最终产品的风味特性有很大的影响。酱卤牛肉的原料特性是指:牛肉一般呈红褐色,组织硬,富有弹性。质量好的牛肉肌肉组织之间含有白色的脂肪。有学者研究了原料肉部位对牛肉盐水火腿品质及水分分布特性的影响，分别以霖肉、黄瓜条、肩肉、臀肉 4 个部位作为原料肉加工制备牛肉盐水火腿，采用水分含量、水分活度、pH、蒸煮损失率、出品率、质构特性、感官评定、微观结构、水分迁移规律及分布情况作为考察指标。结果表明，以霖肉为原料肉的产品水分含量和 pH 均高于其他 3 组，且霖肉组的蒸煮损失率最低，出品率最高。同时，霖肉组的弹性和内聚性比其他 3 组高，硬度和咀嚼性适中，感官评定总分最高，其质构和感官特性均优于其他组；扫描电子显微镜观察发现，霖肉加工的牛肉盐水火腿肌纤维更细，结缔组织膜溶解程度更加明显；对水分分布状态进行测定发现，霖肉组的 T_{21} 最小，自由水向不易流动水转移，不易流动水含量最高、自由度最低（$P < 0.05$），水分趋于更加稳定状态，保水性最好。因此，加工牛肉盐水火腿最适宜的原料肉为霖肉。在原料肉与肉制品风味的研究中，有学者研究了影响肉制品风味形成的因素，从肉制品生产中使用的原料肉、香辛料、香精这三个方面阐述和分析了肉制品风味的形成和影响因素，较为清晰地指出原料肉、香辛料、香精对肉制品风味形成过程中的影响。研究发现，不同的原料肉会因畜禽的品种、性别、饲养条件及肉的成熟度、储藏条件等不同，对肉制品的风味产生较大影响，其风味有时相差很大。因此，在肉制品实际生产过程中，在注意原料肉使用的同时，还要注意通过加热方式、天然香辛料与香精的使用来弥补原料肉加工上的性能不足，增强产品的香气、风味。不同品质的原料肉会对肉制品风味产生影响，主要有原料肉的遗传因素、饲料、疾病以及药物的影响、肉的分割部位、肉的冷却与成熟以及贮藏环境等方面的影响。同类型的动物肉，各有其特殊风味。如猪、牛、羊、鸡、鱼、兔等肉，风味各不相同。即使是同一类型的动物，肉的风味也有差别。如犊牛肉带有一种轻微的牛乳气味。动物的生长年龄对肉的风味也有影响。如老牛肉比犊牛肉风味更浓郁等；喂养的饲料也可影响肉的风味。如长期喂养甜菜根的绵羊，其肉带有肥皂味，若长期喂养萝卜，其肉则有强烈的臭味，用甲醛处理过的饲料喂猪，则猪肉带有油样气味。若动物患有各种疾病，其肉风味也不佳。如患有肌肉肿胀、气肿疽、酮血症及苯酸中毒的动物，其肉的风味极差，往往带有特殊的臭味；动物在屠宰前，若口服或注射吸收樟脑、焦油、乙醚等药物，其肉品会带有各种非常厌恶的气味；动物身上不同部位的肉，其风味也有差别。如腰部肌肉较嫩，但缺乏风味；膈部肌肉风味浓，但韧度较大、筋腱较多。在肉制品生产过程中，不同部位的肉用于生产不同种类的肉制品。如带骨背部肌肉（大排或通排），用于制作排骨类产品；后腿部瘦肉多，脂肪及肌腱少，可加工高档方腿、灌肠、方肉及肉松等，或整只后腿加工成腌腊火腿。前腿瘦肉多，肌肉间夹有脂肪，但结缔组织膜较多，主要用于加工西式火腿或者乳化型的中低产品；腹肋肉，俗称五花肉，肌肉和脂肪互相间层，热煮时不易变形，是加工酱肉、腊肉及西式培根的主要原料；屠宰后的动物肉经冷却成熟，风味会增加。因为刚屠宰的动物肉不久便进入尸僵阶段，肉

质坚硬、干燥，不易煮烂，难以消化，没有香味，pH由7.0逐渐下降。在低温环境下，肉的pH逐渐下降为5.7~6.8之后，肉渐渐成熟，肉开始软化，逐渐游离出酸性肉汁，结缔组织软化，僵硬消失，肌肉柔软并有弹性。煮时，肉汤透明，气味芳香。用已成熟的冷却肉加工成肉制品，产品结构较好，风味最佳；肉经过贮藏，会渐渐失去风味。即使冷冻保藏，也会随贮藏时间、温度、湿度、环境条件的变化，而使肉的颜色、营养成分及外观性状发生明显变化。在低温下长期贮藏的动物肉，吃起来有哈喇味，且口感明显较差。这是因为冻肉的脂肪组织在空气中很容易被氧化，生成了一些醛酮类过氧化物，特别是生成一些含有较多不饱和脂肪酸的酯类。各种脂肪中以家畜肉的脂肪最稳定，禽类次之，鱼类最差。

香辛料的选择也是影响肉与肉制品风味的一个十分重要的因素。制品中使用香辛料的主要目的是掩盖原料肉中的腥膻气味，并赋予产品独有的香型。在传统肉制品的加工中，香辛料的组合与变化对肉制品最终风味的影响尤为重要。国内外用于肉制品加工的香辛料品种和种类很多，有去腥臭的白芷、桂皮、良姜，有突出芳香味的月桂、丁香、肉豆蔻、众香果，有赋予产品香甜味的香叶、小茴香、百里香、甘草，有具有辛辣味的大蒜、葱、姜、辣椒、胡椒等。使用过程中，还要注意原料与品种的选择，以及香辛料的使用量和产品质量。一般情况下，在香辛料使用的选择上，猪肉产品与八角、花椒、小茴香搭配使用，羊肉与孜然、白蔻、玉果搭配使用，牛肉与白芷、玉果、良姜等去腥臭的香辛料搭配使用，这样既能突出产品肉固有的香味，又赋予产品独特的风味。香精香料的使用赋予肉制品个性化，不同种类香精的搭配使用，使产品风味相得益彰。在对产品进行调香时，不同种类的香精，如猪肉香精和牛肉香精、猪肉香精和鸡肉香精的搭配使用，能结合二者的优点，创造出一种全新的风味。在使用中，突出一种香精香味，另一种香精作为辅助香精，搭配得当，是调味的关键。例如在猪肉产品中，添加一种烤牛肉的香精，则产品香型独特，别具风味；生产工艺不同，选用香精香料也就不同，高低温肉制品的热加工温度是不同的，这决定了香精的使用也必须适应相对应的温度范围。一般高温产品的热杀菌温度在120℃以上，在这样高的温度下，有些不耐高温的香精会分解或者发生变化，失去原有的香味，甚至产生不愉快的气味；同时，高温过后的产品易产生高温蒸煮的风味，产品肉香风味不突出。这样，在选择香精时，需要耐高温、肉香风味强烈的香精。当然还需要突出头香的合成香精，还有突出体香的香膏，其中香膏类香精在高温时还会继续发生美拉德反应，呈现出更多的呈味物质，从而丰富产品的风味；香精与香辛料及其他辅料的合理组合能更好地赋予肉与肉制品优质风味。随着肉制品制作工艺的不断发展，其肉制品不再局限于传统工艺上的蒸、卤、烤、炖、烧、熏，很多现代化、西方的制作工艺在肉制品加工中的应用、发展以及生产中原料的变化，仅靠单独使用香辛料或者香精是不能满足现代嗜好多样化发展的。香辛料在产品中可以遮盖原料肉的腥膻气味，却不能赋予产品独有的风味特征；而香精可以赋予产品好的风味，却不能遮住原料肉自身的不良气味。因此，香辛料和香精的搭配使用，相辅相成，能够使产品香气柔和丰富。当然，实际生产中，需以香精为主，香辛料为辅，使用中香辛料的添加量是不能过量的；否则喧宾夺主，产品的主体风味将不能突出，这样掩盖了肉腥味的同时，也掩盖了产品自身的肉香和香精的香味，食用时只是满口的香辛料味。最佳的组合效果还是在品尝时分不清产品中的每个风味，具有模糊的肉香感觉，达到产品香味圆润。

3. 卤制猪肉产品储运过程中的品质控制

作为一种传统食品，酱卤肉制品在我国消费群体稳定，有非常广阔的市场发展空间。虽然酱卤肉制品行业的发展态势良好，但由于货架期较短，不利于长时间运输及销售，因而目前其在我国肉制品加工行业中的比重仍然较低，较为高效地延长酱卤肉制品货架期也成了酱卤肉制品工业化生产中亟待解决的问题之一。酱卤肉制品在加工过程中，由于中心温度较低，只能杀死耐热性不高的微生物，对于部分耐热性较好的腐败菌并不能完全杀死。而且酱卤肉制品一般水分含量较高，具有丰富的营养物质，在运输和储存中，当遇到适宜的环境时残存的微生物大量繁殖，极易导致各种食品安全问题，也会极大损害企业经济发展。国内外学者主要从酱卤肉制品包装方式、添加防腐剂、抑菌剂以及采用不同的杀菌、抑菌剂等方面开展研究工作，提高肉制品的存储时间。

在目前市场销售中主要采用的包装方式是保鲜膜包装和托盘包装，这样的普通包装只是对酱卤肉制品起到简单的保护，但是对货架期影响较小。真空包装是采用抽真空的方式抽取包装内的氧气，来达到抑制微生物繁殖的目的，是目前酱卤肉制品包装中最常见的一种包装形式。活性包装是一种较为新型的包装方式，对酱卤肉制品的保藏主要是在包装内加入各种脱氧剂、抑菌剂和二氧化碳生成剂等成分，来减少氧气含量、抑制微生物的繁殖及蛋白质和脂肪氧化，从而达到延长产品货架期的目的。目前酱卤肉制品常用的包装方式有普通包装、真空包装、气调包装和活性包装，而其中气调包装方法在酱卤肉制品中占的比重越来越大。气调保藏法是指通过改变储藏环境气体构成形式来抑制那些能致使食品腐败变质的生理生化反应及食品中腐败菌的繁殖，来达到延长食品货架期及寿命的方法。

国内外对气调包装酱卤肉制品的研究主要集中在不同的气调包装条件对酱卤肉制品品质的影响以及储藏温度、防腐剂的添加与气调包装的协同作用。有学者研究真空包装（VP）、气调包装（MAP）和高压加工（HPP）对腌制熟肉即食制品"拉康切片"在 120 d 的冷藏期间挥发性成分及气味特征的影响。研究结果表明，气调包装要比真空包装的"拉康切片"中碳氢化合物的含量高，其保质期也明显延长。经过气调包装的"拉康切片"形成了与其他两种处理方式不同的挥发性成分。也有研究者发现在 10℃、25℃下，酱牛肉使用气调和真空两种包装其保鲜效果不同。研究结果表明，在 10℃下贮藏，与真空包装相比，气调包装能使酱牛肉货架期延长 2.78 d，在贮藏第 15 天气调包装酱牛肉的 TBARS 值、TVB-N 值分别降低了 20.7%、14.4%；在 25℃下贮藏，与真空包装相比，气调包装酱牛肉货架期可延长 1.56 d，贮藏第 15 天气调包装酱牛肉的 TBARS 值、TVB-N 值分别降低 21.3%、12.6%。气调包装比真空包装更好地维持酱牛肉特有的风味，并显著延长其货架期，气调包装保鲜效果在温度较低时效果更为明显。

对食品进行加热杀菌是食品加工与贮藏过程中用于保持食品品质、延长食品货架期的重要处理方法之一。其作用主要是杀死微生物、钝化酶；改善食品的品质和特性，提高食品中营养成分的可消化性和可利用率；破坏食品中不需要或有害的成分。而热杀菌的负面作用主要指在热杀菌中食品的营养和风味成分有一定的损失，故而对食品的品质和特性产生影响。传统的热力杀菌中低温加热不能将食品中的微生物全部杀灭，特别是耐热性强的芽孢类菌种；而高温加热又会不同程度地破坏食品中的营养成分和食品天然的固有特性，同时食品加热杀菌也消耗了大量热能。热杀菌的形式可以按照杀菌温度、杀菌程度、杀菌压力等对杀菌的方式进行分类。目前生产上常用的杀菌方式有：低温杀菌（62～75℃，保持 30 min）、中温杀菌（90～100℃，保持 15～16 s）和高温杀菌（135～150℃，保持 2～8 s）。

微波杀菌是微波能利用透射作用迅速被食品物料所吸收，作用时间短、反应速度快；由于微波杀菌可通过调节时间及功率将物料中心温度控制在一定范围之内，便可达到理想的杀菌效果，所以能较大程度地保持食品营养风味；相较于传统的热能杀菌，微波杀菌过程直接对食品进行加热，加热系统不被加热，没有热能损失，节能高效；微波加热是从物料表面以极短的时间将微波能传递到食品的冷点，使食品内外温度快速达到一致，受热均匀，提高了产品质量。在食品中营养物的保留、微生物的抑制或杀灭和某些有毒有害物消除等方面，微波加工比传统方式更安全和品质更高。

研究学者们针对影响微波杀菌效果的相关因素做了深入探究。研究发现，酱牛肉经 2450 MHz、750 W 微波杀菌处理，可在 60 s 内杀灭大多数酱牛肉中的主要腐败菌，从而大大减少产品的初始菌数。当微波加热温度低于 40℃时，对腐败菌的杀灭效果不明显；当微波加热温度达到 60℃以上时，可以杀死绝大部分腐败菌，贮存试验证明，无论微波处理的功率高低，只要终温度达到 70℃，其杀菌效果是一致的，都可以大大延长产品的货架期。研究者还针对不同杀菌方式杀菌效果研究及对产品品质的影响做了大量的研究工作，采用微波杀菌和加热杀菌两种物理方法对鱼丸中微生物杀菌进行研究，发现微波 850 W，持续 130 s 或在 98℃水浴下加热 60 min，对大肠杆菌杀菌的有效率均达到 100%，微波杀菌对鱼丸的感官质量与水分含量的影响略大于加热杀菌；刘雅娜等（2015）分别用微波杀菌、巴氏杀菌、高温杀菌对烤羊肉进行二次杀菌，发现微波杀菌除了导致烤羊肉含水量降低，硬度变大外，可以快速降低产品的初始菌落数，保证食品品质的同时延长货架期。冯璐等（2006）研究了微波杀菌和低温长时杀菌对盐焗鸡翅根品质的影响，发现微波杀菌效果要明显优于低温长时杀菌，对肉质的损伤较小，杀菌时间短，并且在贮藏过程中微生物生长缓慢，货架期较长。因此，微波杀菌技术作为新兴的杀菌技术，能够达到在保证产品品质的前提下，达到好的杀菌效果，延长产品货架期。

3.3.2　鸡肉肠加工过程品质调控

鸡肉肠是鸡肉经过斩拌、乳化后再经灌制、蒸煮而成的低温产品。这类产品口感细腻、加工工艺方便，风味种类较多，因食用方便、结构致密、口感鲜嫩、保质期长的特点广受消费者喜爱。鸡肉乳化香肠以鸡肉为主要原料，辅以淀粉、植物蛋白等填充剂，再加入调味料、香辛料、品质改良剂和保水保油剂等，经过乳化、灌装、蒸煮而制成，其加工工艺一般为原料肉→解冻→清洗→切块→绞肉→腌制→斩拌乳化→真空脱气→灌肠→蒸煮→冰水冷却。

乳化香肠的食用品质评价指标主要包括颜色、乳化特性、质地特性、持水力和多汁性、气味和滋味。对于色泽的影响因素包括原料肉的配比、肥瘦比及乳化香肠中水分、脂肪含量、发色剂及着色剂、超高压处理等；对于乳化性的影响因素包括肉的质量、肥瘦比、乳化剂比例、食盐含量、斩拌温度和时间等；对于质地的影响因素包括原料肉脂肪含量、斩拌温度、速度和时间、添加物等；对于肌肉持水性的影响因素包括肌原纤维结构、蛋白质的等电点、pH、离子强度等。

1. 鸡肉肠预处理过程中的品质调控

1）鸡肉原料预冷方式对品质的影响

鸡肉制品由于含有大量的水和有机物，适合微生物的生长。胴体预冷是生鲜禽肉在生产过程中至关重要的一步，可达到保证食品安全，延长货架期的目的。很多种预冷方式已经在商业上被应用于冷却不同形式的禽肉产品，包括浸没式冷却（水冷）、风冷、喷雾冷却、板式冷却、液氮和干冰等。不同预冷方式对禽肉风味、外观和肉质的影响存在显著差异，其中水冷和风冷是目前最常见的胴体预冷方法。水冷时因水分进入胴体，胴体质量增加，但易发生微生物的交叉污染，生鲜禽肉质量达不到要求；风冷是使用循环冷风使胴体降温，冷却速度慢，且易造成胴体质量损失，出品率低。近几年出现了先水冷后风冷的混合预冷，结合了水冷和风冷的优势。研究者比较了水冷、风冷、混合预冷三种预冷方式对于冷鲜鸡肉微生物含量和品质的影响。

操作步骤如下所述。

风冷：胴体置于 180 m^2 的冷库（2℃，相对湿度85%～90%，风速2.93 m/s）

中冷却 40 min 后，移至冷冻室（−18℃，风速 2.93 m/s）冷冻 80 min。

水冷：胴体置于装有 120 L 冰水混合物的冷却槽（0～4℃）冷却 80 min。

混合预冷：胴体在水箱中冷却 20 min 或 30 min 后，移至冷库冷却 40 min，再移至冷冻室冷冻 20 min。

比较不同预冷方式对冷鲜鸡肉微生物含量和品质的影响，发现水冷组有着最高的活菌总数（4.7 cfu/cm^2），其次为混合预冷组，风冷组的胴体活菌总数最低（4.2 cfu/cm^2）；风冷组的颜色为黄色，水冷组和混合预冷组颜色无显著差异；水冷组皮肤样品（鸡胸、鸡大腿、鸡腿、背部、颈部、鸡翅）的水分含量高于风冷组的皮肤样品，说明水冷期间鸡的质量增加是由于皮肤吸收了更多水分；风冷组的蒸煮损失要低于水冷组和混合预冷组。

2）超声波预乳化处理对品质的影响

预乳化技术即在肉制品生产过程中，使用非肉源蛋白质（如植物蛋白）替代动物蛋白包裹在脂肪球周围。油脂与非肉蛋白的预乳化技术提高了系统的脂肪结合能力，因为油脂可被稳定或固定在蛋白质基质中，这就减少了加工、贮藏和销售过程中油脂从肉制品结构中物理分离的可能性，在外界环境条件变化情况下保持稳定。预乳化技术可有效降低脂肪，提高出品率，使肉制品具有更好的脂肪酸组成，降低胆固醇含量。

乳化是两种不易混溶液体（如水和油）在表面活性剂（乳化剂）作用下，将其中一种以极微小液滴状或小球状均匀分散于另一种液体中的过程。通过超声波粉碎进行能量输入，可促进微小液滴的形成。超声波空化气泡的破裂在界面释放高能量促进乳化。超声波法制得的乳化液相对稳定，所需能量也少。超声波处理可影响预乳化液的粒径分布范围，显著降低粒径大小，增加预乳化液的黏度，延长预乳化液的储藏期。

添加超声波处理的预乳化液到鸡胸肉肌原纤维蛋白溶胶中，仍具有剪切稀释现象，并且能够形成更具黏弹性的网络结构。添加超声波预乳化液可显著改善溶胶硬度、咀嚼性等质构参数和其他质构特性。通过选择合适的超声波处理时间（超声波能量），复合凝胶保水保油性能够得到显著提高，超声波处理 6 min 时油滴颗粒小，网络结构有序，密度大。以上表明超声波处理预乳化液能有效地提高低饱和脂肪肉制品的凝胶特性。

2. 鸡肉肠加工过程中的品质调控

1）添加鸡骨蛋白对鸡肉肠品质的影响

乳化香肠制作时常添加一些功能成分，如大豆蛋白、卡拉胶、胶原蛋白水解物（明胶）等，以提高持水力，改善组织结构，提高出品率，同时赋予产品独特的风味和口感。

我国鸡骨资源丰富，鸡骨中蛋白含量约为 14.40%，而脂肪含量较低，属于典型的高营养低热能的食品。鸡骨蛋白（chicken bone protein，CBP）中胶原蛋白占35%～40%，胶原蛋白经温和以及不可逆断裂后得到的水解物具有较好的胶凝性。胶原蛋白水解物（明胶）可作为胶凝剂、增稠剂、稳定剂等用于食品工业。胶原蛋白水解物（明胶）作为胶凝剂，可应用于香肠、肉冻、口条、肉类罐头等制品中，起黏结、整形的作用。岳鉴颖（2017）将鸡骨蛋白添加于鸡肉乳化香肠中，研究了鸡骨蛋白添加比例对鸡肉肠品质的影响。

操作步骤如下所述。

鸡骨蛋白提取：鸡骨架经破碎、清洗去除血水和杂质后放入提取罐，将提取罐升温至 120℃，恒温 120 min 时进行取样，经过筛、脱脂、冻干等操作得到鸡骨蛋白冻干样。

鸡肉乳化香肠加工：鸡肉乳化香肠的处理组名称及其原辅料添加量如表 3.43 所示。鸡胸肉置于 4℃冰箱中过夜解冻，剔除可见脂肪与结缔组织，剁碎。添加食盐和调味料，于 4℃下过夜腌制。腌制完成后进行乳化斩拌（肉馅温度不高于 12℃），将肉馅灌入直径 20 mm 的胶原肠衣并分节，每根肠的长度约为 12 cm，使用聚乙烯袋真空包装，将其放入 80℃的水浴锅中煮制 30 min 至其中心温度为 72℃，将煮制好的香肠冷却至室温，进行分析测定。

表 3.43　不同鸡骨蛋白含量的鸡肉乳化香肠配方表（g）

材料	配方					
	C	CBP1	CBP2	CBP3	CBP4	CBP5
鸡胸肉	62.55	62.55	62.55	62.55	62.55	62.55
大豆油	13.85	13.85	13.85	13.85	13.85	13.85
冰水	20.21	20.21	20.21	20.21	20.21	20.21
食盐	1.31	1.31	1.31	1.31	1.31	1.31
蔗糖	0.85	0.85	0.85	0.85	0.85	0.85
味精	0.30	0.30	0.30	0.30	0.30	0.30
料酒	0.30	0.30	0.30	0.30	0.30	0.30
复合磷酸盐 2 号	0.30	0.30	0.30	0.30	0.30	0.30
白胡椒	0.16	0.16	0.16	0.16	0.16	0.16
肉豆蔻	0.08	0.08	0.08	0.08	0.08	0.08
D-异抗坏血酸钠	0.08	0.08	0.08	0.08	0.08	0.08
鸡骨蛋白	0.00	0.25	0.50	1.00	1.50	2.00
总重	100.00	100.25	100.50	101.00	101.50	102.00

注：C 表示没有添加 CBP 的鸡肉乳化香肠，CBP1～CBP5 分别表示 CBP 添加量为 0.25 g，0.50 g，1.00 g，1.50 g 和 2.00 g 的鸡肉乳化香肠。

（1）鸡骨蛋白添加量对鸡肉乳化香肠蒸煮损失的影响。

CBP1 与对照组 C 的蒸煮损失无显著差异，CBP2 的蒸煮损失略低于对照组 C，而随着 CBP 添加量的继续增加，香肠的蒸煮损失显著增加，这可能是因为少量添加 CBP 有利于鸡肉香肠内部网络结构的形成，而过量添加 CBP 会导致部分 CBP 无法与香肠中的其他成分形成稳定的网络结构，加热时过量的 CBP 凝胶熔化流出，香肠的蒸煮损失增加。

（2）鸡骨蛋白添加量对鸡肉乳化香肠总压出汁液的影响。

与对照组 C 相比，CBP 添加量为 0.25 g 时，总压出汁液显著下降。随着 CBP 含量增加（0.25～1.00 g），香肠的总压出汁液显著增加，可能是因为少量 CBP 可以作为黏合剂使香肠的保水保油性增加，但是过量添加 CBP 会导致香肠网络结构破坏而使保水保油性下降。当 CBP 添加量继续增加时，总压出汁液呈下降趋势，可能是因为蒸煮过程中汁液流失严重，香肠含汁率下降，对剩余汁液的保持能力增强。

（3）鸡骨蛋白添加量对鸡肉乳化香肠内部颜色的影响。

少量添加 CBP 时，亮度值 L^* 与对照组相比无显著变化，可能是因为少量添加 CBP（0.25 g 和 0.50 g）有利于蛋白质网络结构的形成，香肠持水力较好，L^* 较高。而过量添加 CBP（1.00 g、1.50 g 和 2.00 g）对蛋白结构造成了破坏，香肠蒸煮损失增加，含水量下降，故 L^* 下降。香肠的红度值 a^* 和黄度值 b^* 随着 CBP 添加量的增加显著增大，CBP1 与 C 无显著性差异。香肠的白度 W 随 CBP 添加量的增加先增加后降低，CBP2 的 W 最高，鸡肉乳化香肠品质最好。

（4）鸡骨蛋白添加量对鸡肉乳化香肠质构的影响。

C、CBP1 和 CBP2 的弹性与咀嚼性无显著差异，CBP1 的硬度显著高于 C 和 CBP2，而黏聚性和回复性显著低于 C 和 CBP2。CBP3、CBP4 和 CBP5 三组的硬度、弹性和咀嚼性显著低于前三组，但 CBP5 的硬度和咀嚼性显著高于 CBP4，可能与 CBP5 的蒸煮损失过大，香肠水分含量降低有关。除 CBP1，其他各组香肠的回复性随着 CBP 添加量的增加显著下降。质构结果表明少量添加 CBP 有助于提高鸡肉乳化香肠的硬度，过量添加 CBP 会导致硬度、弹性和咀嚼性下降。可能是因为少量添加 CBP 时，它在鸡肉乳化香肠中起到胶连、黏结原料颗粒的作用，而过量添加 CBP 反而会破坏香肠的网络结构，此时 CBP 添加量越高，香肠质构特性越差。

（5）鸡骨蛋白添加量对鸡肉乳化香肠微观结构的影响。

C、CBP1 和 CBP2 三组均呈规则、致密、均一的多孔结构，其中 CBP1 和 CBP2 有少量细丝状交联存在，可能与 CBP 中含有的胶原蛋白与鸡肉乳化香肠其他成分的相互作用有关；随着 CBP 添加比例升高，CBP3、CBP4 和 CBP5 三组的细丝状交联明显增多，但三组香肠结构均开始塌陷，网孔变大并出现大量空腔，可观察到分散的颗粒状聚集体，表明香肠内部结构松散，未形成一个完整的三维网状结构。微观结构结果表明少量添加 CBP 有利于三维网络结构形成，而过量添加 CBP 会破坏香肠规则的网络结构，导致香肠蒸煮损失增加，质构变差。

（6）鸡骨蛋白添加量对鸡肉乳化香肠感官评价的影响。

对于香肠外观得分，CBP1 最高，为 8.64，CBP2 次之，再次为对照组 C。色泽评分结果与外观结果相似，CBP1、CBP2 和对照组 C 得分分别为 8.29、8.14、7.57，显著高于其他各组，高亮度、低红度和高白度的香肠受到好评。除了 CBP5，添加了 CBP 的鸡肉乳化香肠的风味得分均高于对照组 C，表明 CBP 添加有助于提升鸡肉乳化香肠的风味。CBP1 质地评分最高，结合质构结果可知，感官成员更喜欢硬度、弹性、咀嚼性较大，黏聚性较低的乳化香肠。CBP1 和 CBP2 的总体可接受性得分较高，分别为 8.50 和 8.43。

综合考虑，CBP1 和 CBP2 两组鸡肉乳化香肠品质优于其他各组。

2）不同品种鸡肉对鸡肉肠品质的影响

鸡肉主要由水分、蛋白质、碳水化合物、脂肪、矿物质等构成，其中蛋白质在鸡肉中起着非常重要的作用，肌肉蛋白质加热形成的凝胶和乳化特性赋予了肉制品的独特质构、良好的多汁性和口感。我国肉鸡品种繁多，不同品种鸡肉的基本化学组成差异显著，其加工适宜性也存在显著差异。

（1）不同品种鸡肉蛋白凝胶特性分析。

将 10 个品种鸡胸肉提取肌原纤维蛋白后制作凝胶，分析凝胶特性（表 3.44）。'清远鸡'和'北京油鸡'的凝胶保水能力大，其保水性分别为 68.66% 和 64.45%，而'白羽肉鸡'凝胶保水性为 35.34%，保水性变异系数为 22.20%，说明品种之间差异较大；凝胶最重要的特性之一是质构，硬度、弹性、黏聚性以及咀嚼性影响凝胶的功能特性。10 个品种鸡肉的凝胶质构存在差异，'北京油鸡'的硬度值较大，'乌鸡'的弹性值较大，而'柴母鸡'的黏聚性和咀嚼性高于其他品种。

表 3.44　10 个品种鸡胸肉肌原纤维蛋白凝胶特性分析

	保水性/%	硬度/N	弹性	黏聚性	咀嚼性/N
清远鸡	68.66±8.79 [a]	2.02±0.06 [ab]	0.83±0.07 [ab]	0.37±0.04 [ab]	0.61±0.02 [a]
北京油鸡	64.45±2.28 [ab]	2.30±0.14 [a]	0.58±0.12 [bc]	0.44±0.14 [ab]	0.56±0.01 [ab]
柴母鸡	60.51±0.94 [b]	2.10±0.15 [ab]	0.65±0.10 [abc]	0.46±0.03 [a]	0.62±0.06 [a]
乌鸡	58.78±3.19 [b]	1.68±0.19 [c]	0.90±0.00 [a]	0.36±0.04 [ab]	0.54±0.04 [ab]
矮脚鸡	43.48±1.64 [cd]	1.99±0.11 [b]	0.71±0.01 [abc]	0.34±0.03 [ab]	0.48±0.06 [b]
三黄鸡	40.44±2.45 [de]	2.03±0.23 [ab]	0.62±0.10 [bc]	0.38±0.02 [ab]	0.47±0.04 [bc]
童子鸡	44.65±1.95 [cd]	2.28±0.06 [a]	0.52±0.25 [c]	0.42±0.11 [ab]	0.46±0.13 [bc]

续表

	保水性/%	硬度/N	弹性	黏聚性	咀嚼性/N
贵妃鸡	45.01±1.45[cd]	1.59±0.20[cd]	0.63±0.24[bc]	0.36±0.09[ab]	0.34±0.07[d]
青海麻鸡	47.22±3.77[c]	1.63±0.07[cd]	0.69±0.06[abc]	0.31±0.03[b]	0.35±0.02[cd]
白羽肉鸡	35.34±2.67[e]	1.37±0.31[d]	0.47±0.27[c]	0.41±0.14[ab]	0.25±0.13[d]

（2）不同品种鸡肉肠品质指标特性分析。

将 10 个品种鸡胸肉分别制作成肉肠，分别测定其制肠特性。由表 3.45 可知，蒸煮损失率变异范围为 4.77%～37.43%，变异系数为 44.64%，说明品种之间变异大；出品率的变异系数较小，仅为 1.86%；而保水保油性的变异范围为 46.22%～62.30%，变异系数为 10.53%；通过质构仪测定鸡肉肠的质构，除弹性的变异系数较小外，硬度、黏聚性和咀嚼性的变异系数均较大。

表 3.45　不同品种鸡肉肠品质指标特性分析

	蒸煮损失率/%	出品率/%	保水保油性	硬度/N	弹性	黏聚性	咀嚼性/N
清远鸡	19.24±1.12[e]	155.90	56.64±5.54[bc]	29.99±1.95[b]	0.86±0.01[abc]	0.57±0.05[b]	14.74±1.09[c]
北京油鸡	37.43±0.45[a]	155.22	62.30±1.11[a]	33.82±0.48[a]	0.86±0.03[abc]	0.64±0.01[a]	18.76±0.95[b]
柴母鸡	31.97±1.55[bc]	151.94	60.01±3.75[ab]	31.35±0.77[b]	0.82±0.04[bc]	0.61±0.01[ab]	15.85±1.20[c]
乌鸡	10.84±4.61[f]	153.28	53.92±3.34[c]	22.74±2.42[cd]	0.86±0.03[abc]	0.51±0.04[c]	9.99±1.32[e]
矮脚鸡	17.51±5.96[e]	148.79	49.14±2.45[d]	14.96±0.66[f]	0.86±0.03[abc]	0.46±0.03[d]	5.96±0.51[f]
三黄鸡	24.51±4.70[d]	150.73	48.84±3.70[d]	24.59±1.07[c]	0.87±0.03[ab]	0.59±0.02[b]	12.64±1.07[d]
童子鸡	27.35±2.69[cd]	152.23	58.59±4.59[ab]	21.56±1.78[d]	0.82±0.03[c]	0.61±0.01[ab]	10.85±1.36[e]
贵妃鸡	4.77±1.30[g]	150.33	46.22±3.14[d]	12.36±1.38[g]	0.82±0.05[c]	0.40±0.01[e]	4.04±0.27[g]
青海麻鸡	29.65±1.52[cd]	151.97	61.38±4.39[a]	35.61±0.78[a]	0.91±0.02[a]	0.65±0.01[a]	20.96±0.42[a]
白羽肉鸡	35.19±0.65[ab]	158.15	60.59±2.14[ab]	18.07±1.18[e]	0.87±0.04[ab]	0.66±0.03[a]	10.36±1.35[e]
最大值	37.43	158.15	62.30	35.61	0.91	0.66	20.96
最小值	4.77	148.79	46.22	12.36	0.82	0.40	4.04
平均值	23.85	152.85	55.76	24.51	0.86	0.57	12.41
变异系数	44.64	1.86	10.53	32.72	3.46	15.02	42.86

（3）不同品种鸡肉制肠加工品质评价。

计算出不同品种鸡制肠加工品质综合评价得分，由表 3.46 可知，'北京油鸡'、'柴母鸡'和'青海麻鸡'的综合得分较高，而'童子鸡'的综合得分较低。根据综合评价得分进行聚类分析知，10 个品种肉鸡被分成 4 大类（图 3.61），最适宜制肠的肉鸡品种有'北京油鸡'、'柴母鸡'和'青海麻鸡'；由于'乌鸡'呈黑色，其肠的颜色也是黑色，其外观色泽影响食欲，因此不适宜制肠的品种为'童子鸡'和'乌鸡'；其余品种为适宜和较适宜制肠。

表 3.46　不同品种鸡肉制肠加工品质评价得分

	蛋白质含量	脂肪含量	弹性	硬度	肌节长度	凝胶保水性	总分	适宜性
北京油鸡	0.54	0.50	0.14	0.25	0.43	0.87	0.55	最适宜
柴母鸡	0.62	0.45	0.25	0.25	0.54	0.76	0.55	最适宜
青海麻鸡	1.00	0.00	0.00	0.98	1.00	0.36	0.52	最适宜
清远鸡	0.25	0.19	0.41	0.20	0.88	1.00	0.49	适宜
三黄鸡	0.72	0.40	0.86	0.53	0.08	0.15	0.48	适宜
矮脚鸡	0.67	0.30	0.23	0.74	0.00	0.24	0.40	较适宜
白羽肉鸡	0.21	0.49	0.99	1.00	0.82	0.00	0.38	较适宜
贵妃鸡	0.00	1.00	0.64	0.22	0.20	0.29	0.36	较适宜
童子鸡	0.17	0.12	0.68	0.81	0.18	0.28	0.29	不适宜
乌鸡	0.56	0.21	0.23	0	0.26	0.70	0.44	不适宜

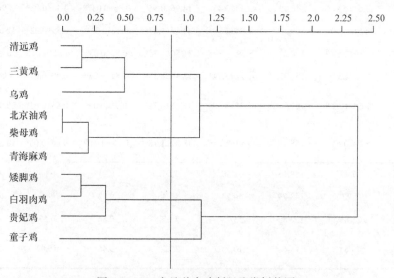

图 3.61　10 个品种肉鸡制肠聚类树状图

3. 鸡肉肠储运过程中的品质调控

鸡肉肠作为一种低温肉制品，与高温肉制品相比，更多地保留了肉制品中的营养成分，它较低的成熟温度也使得肉类中的蛋白质得以适度变性，更有利于人体的消化和吸收。但低温肉制品的货架期相对较短，不便于长期贮存和长途运输，主要原因是它较低的成熟温度、较高的 pH 和较高的水分活度，使得未被完全杀灭的微生物残存，在低温及真空包装的条件下这些耐低温和需氧量少的微生物仍能缓慢地生长繁殖。另外在运输、储藏和销售的过程中，不能完全做到在不间断的冷链系统下进行，这些原因都促使了低温肉制品的腐败和变质。

造成肉制品腐败变质最主要的原因就是微生物的大量生长和繁殖。由于屠宰厂不良的卫生条件，禽肉易被多种食源性致病菌污染，主要有产气荚膜梭菌（*Clostridium perfringens*）、沙门氏菌属（*Salmonella* spp.）、单核细胞增生李斯特菌（*Listeria monocytogenes*）等。据文献报道，冷鲜禽肉中主要腐败微生物包括假单胞菌属（*Pseudomonas*）、不动杆菌属（*Acinetobacter*）、莫拉克斯氏菌属（*Moraxella*）、热杀索丝菌（*Brochothrixc*）、气单胞菌属（*Aeromonas* spp.）、乳杆菌属（*Lactobacillus*）、肠杆菌科（*Enterobacteriaceae*）等。对于真空包装低温贮藏的低温肉制品，主要的腐败微生物有清酒乳杆菌（*Lactobacillus sakei*）、弯曲乳杆菌（*Lactobacillus curvatus*）及肠膜明串珠菌肠膜亚种（*Leuconostoc mesenteroides* subsp. *mesenteroides*）。随着贮藏时间延长，鸡肉制品中还会出现其他的腐败微生物，如热杀索丝菌、明串珠菌（*Leuconostoc*）和绿色魏斯菌（*Weissella viridescens*）等。

目前，在遵循延长产品货架期、无有害物质残留、营养价值不受损失、经济实用等原则下发明了很多新型的保鲜技术。

1）真空保鲜

真空包装是把食品装入氧气透过率低和阻隔性能好的包装袋内，排除空气，使食品与外界隔绝的包装技术。真空保鲜不仅延长了肉制品的保质期，而且还能避免肉品汁液损失以及二次污染等现象发生。同时，因其所占体积小、便于运输以及易保持产品形状等优点被广泛应用。另外，由于在高温杀菌时，食品在真空状态下的热传导能力较强，缩短了升温时间，可以避免食品在受热时产生的热气胀破真空袋。有学者监测鸡肉香肠在贮藏期间的变化，发现真空包装贮藏 50 d 时，香肠品质依然表现良好，pH 和颜色指标变化程度不大，乳酸菌数为 7 cfu/g，保藏效果理想。

2）防腐剂

防腐剂一般分为化学防腐剂和天然生物防腐剂两大类。化学防腐剂主要分为三类：第一类是酸性防腐剂，包含苯甲酸及其盐类、山梨酸及其盐类和丙酸等；第二类是酯型防腐剂，包含对羟基苯甲酸酯类、没食子酸酯、抗坏血酸棕榈酸酯等；第三类是无机盐防腐剂，包含亚硫酸盐、焦亚硫酸盐、硝酸盐和亚硝酸盐等。

目前食品行业内普遍使用的是以山梨酸钾和亚硝酸钠等为代表的化学防腐剂，因其效果稳定且价格低廉而深受市场喜爱，但近年来因化学防腐剂的滥用和超量使用给消费者的健康带来了极大的危害，如亚硝酸钠的残留等。

随着人们对"绿色食品"的追求，肉品防腐剂将向高效、天然、生物型发展。天然防腐剂包括具有抑菌能力的那他霉素、乳酸菌、细菌素、抗菌肽、溶菌酶、壳聚糖、蜂胶、天然香辛料及植物提取物（如马鞭草提取物、槟榔提取物、甜橙提取物、绿茶多酚、葡萄籽提取物、荔枝精油、迷迭香、银杏叶提取物、中草药提取物）等。据报道，发酵乳杆菌 R6、戊糖片球菌 P1 均可有效抑制产品中产气荚膜梭菌的生长，亦能抑制鸡肉肠中热杀索丝菌、乳酸菌等腐败微生物的生长，可延长低温鸡肉肠货架期，且不会显著影响产品风味。

3）辐照保鲜

食品杀菌中常用射线有三种，分别为α射线、γ射线和β射线。α射线具有较强电离作用，但是穿透力不强；γ射线的穿透力很强，食品在包装完成后用γ射线进行杀菌，可以避免食品的二次污染；与α射线相比，β射线电离作用不强。据报道，采用 60 Co-γ 射线辐照处理鸡肉肠，对鸡肉肠的感官指标无不良影响，且可延长其保藏期。

4）微波杀菌

微波杀菌技术是一种新型的食品杀菌方式，其不但可以连续生产，还可进行包装后杀菌，具有时间短、速度快、杀菌均匀、温度低、保持食品的营养成分和风味、节能高效、安全无害等优点，在食品领域的诸多行业已有应用。白青云等（2017）采用微波功率 660 W、微波时间 66 s 的条件对鸡肉肠微波杀菌，鸡肉肠中细菌菌落总数为 0.96×104 cfu/g，比未微波杀菌时下降 96.7%。

3.3.3　UHT 乳加工过程品质调控

1. 微滤除菌技术提高超高温灭菌乳品质

为了提高 UHT 乳的品质，利用孔径为 1.4 μm 的纤维管状陶瓷膜对体细胞数量高低不同的 2 组原料乳进行微滤除菌，得到 4 组牛乳，分别为：低体细胞原料乳、低体细胞微滤乳、高体细胞原料乳和高体细胞微滤乳。然后对 4 组牛乳进行UHT 灭菌处理，得到 4 种 UHT 乳，将其置于 37℃下进行贮藏试验，通过试验对比了微滤和不微滤对于 UHT 乳品质的影响。

结果表明，牛乳经微滤后制得的 UHT 乳品质得到明显改善，特别是高体细胞原料乳经微滤后制得的 UHT 乳的质量改善更加显著。低体细胞乳所制备的微滤UHT 乳较非微滤 UHT 乳的货架期增加了 21 d，高体细胞乳所制备的微滤 UHT 乳较非微滤 UHT 乳的货架期增加了 63 d。

2. 超声杀菌提高原料乳品质

原料乳经 1400 W、60℃、60 s 的超声处理后，再经巴氏杀菌处理，与常规巴氏奶比较，该超声巴氏奶的保藏期由 2～4 d 延长到 8 d。随着时间、温度及功率的增加，液态奶中枯草芽孢杆菌和大肠杆菌的残留率降低。超声处理后，枯草芽孢杆菌的杀菌率可达 96.77%，大肠杆菌的杀菌率可达 100%，达到巴氏杀菌的效果。在该超声作用条件下协同巴氏杀菌，对枯草芽孢杆菌的杀菌率可达 98.71%，而单一巴氏杀菌乳的菌落数降低率是 60.24%。

3. UHT 乳加工适宜性标准及原料乳分级标准建议

研究提出了加工 UHT 乳对原料乳的质量要求建议标准，当原料乳中体细胞数超过 $100×10^4$，细菌数超过 $50×10^4$ 时，已具有潜在危险，不适宜用来加工 UHT 乳。在调查了国内原料奶质量现状的基础上，通过统计学分析及结合实际情况，将原料乳分为特级、一级、二级和三级，通过建立原料乳分级标准，对指导和规范 UHT 乳生产具有重要意义。

3.4 水产（鱼肉）加工过程品质调控

蛋白质的凝胶是影响鱼糜制品品质的关键，其构象变化决定着凝胶特性，天然肌肉蛋白的构象由蛋白之间的化学力（二硫键、静电相互作用、疏水相互作用和氢键）以及这些分子键来维持，并且在蛋白质变性聚集过程中这些维持蛋白质构象的化学作用力发生着变化（Tornberg，2005）。目前，热致凝胶是最为普遍的凝胶形成方式，热诱导蛋白质凝胶是一个复杂的过程，通常，鱼糜在盐的存在下崩解而形成溶胶，加热温度低于 50℃时，溶胶形成半透明的凝胶，经过 70℃以上的热处理后，形成了高弹性的不透明凝胶（Cao et al.，2018）。加热可以改变蛋白质的二级结构，使α-螺旋结构部分向β-折叠和无规则卷曲转化（Yang et al.，2014；Xu et al.，2011），同时也可诱导蛋白质性质以及组成发生变化（Shao et al.，2011）。漂洗、斩拌等加工工艺对蛋白质构象以及蛋白质之间的化学作用力有一定影响，漂洗可以使蛋白质溶解度以及巯基含量显著降低（袁凯等，2017），蛋白质二级结构发生改变。目前大部分的研究主要集中在漂洗和斩拌工艺对蛋白质组成、凝胶持水性、凝胶强度和质构特性等的影响（朱琳等，2018；吴润锋等，2014），而漂洗、斩拌等工艺对蛋白质构象、维持蛋白构象的化学作用力的影响以及它们之间相互变化关系很少见研究。

1. 鱼糜加工过程中蛋白质组成变化

按其溶解性，鱼类肌肉蛋白质主要分为水溶性蛋白、盐溶性蛋白和不溶性蛋白。水溶性蛋白主要包括肌酸激酶、肌红蛋白等，有研究称水溶性蛋白的存在会干扰盐溶性蛋白形成凝胶网络结构（刘茹等，2010），而较高的盐溶性蛋白含量有助于鱼糜凝胶的形成。鱼糜加工及凝胶形成过程中蛋白质组成变化见图 3.62。

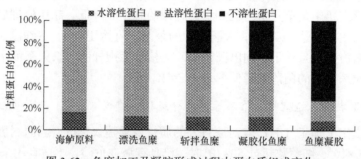

图 3.62　鱼糜加工及凝胶形成过程中蛋白质组成变化

　　经过漂洗，水溶性蛋白和不溶性蛋白均降低，而盐溶性蛋白所占比例显著下降，漂洗可以使一部分水溶性蛋白溶解而被除去，另外一些被称为变性促进因子的无机离子和脂质等一些不溶性物质的除去，从而使得水溶性蛋白和不溶性蛋白比例下降。漂洗后，水溶性蛋白比例减少了 3.72%，而盐溶性蛋白比例增加了 4.01%。斩拌鱼糜相比漂洗鱼糜，盐溶性蛋白比例从 81.50%减少到了 58.19%，减少 23.31 个百分点，不溶性蛋白比例从 5.94%增加到了 29.73%，增加了 23.79 个百分点，这主要是因为在斩拌过程中，高速斩拌使得肌纤维组织被破坏，并且由于食盐的作用，盐溶性蛋白溶出，肌球蛋白与肌动蛋白吸收水分并相互作用形成溶胶（唐淑玮等，2019）。低温凝胶化后，金鲳鱼的盐溶性蛋白比例减少了 4.96%，不溶性蛋白比例增加了 5.02%，而在进一步高温加热形成鱼糜凝胶时，盐溶性蛋白比例减少了 32.97%，不溶性蛋白比例增加了 38.53%。总之，从斩拌开始，到后期的凝胶化以及形成鱼糜凝胶时，蛋白组成变化趋势一致，均是水溶性蛋白比例有较小程度的降低，盐溶性蛋白所占比例不断下降，而不溶性蛋白的比例显著增大。这表明鱼糜凝胶的形成主要是盐溶性蛋白交联形成不溶性蛋白的过程，并且在高温加热阶段，不溶性蛋白的形成最多。

　　另外，原料蛋白组成差异显著，水溶性、盐溶性和不溶性蛋白的比例分别为 16.28%、77.49%和 6.23%；经过漂洗后，蛋白质组成变化相对较小，然而在斩拌鱼糜中，水溶性、盐溶性和不溶性蛋白的比例分别为 12.08%、58.19%和 29.73%，组成比例差异不明显。而在加热过程中，盐溶性蛋白经过交联形成了不溶性蛋白，这种不溶性的新蛋白的形成是形成富有弹性的凝胶体的主要原因。

　　肌球蛋白和肌动蛋白是形成凝胶网络结构的主要蛋白质，肌球蛋白重链（MHC）是在整个鱼糜加工过程中变化最大的蛋白，它也是肌球蛋白分子中参与凝胶形成的最重要的蛋白（Park，2013）。由图 3.63 可知，漂洗对肌球蛋白重链影响较小，电泳条带的灰度无明显变化，在加盐斩拌以后，图谱中 MHC 谱带灰度减弱，证明肌球蛋白重链通过共价键交联形成更高分子量的蛋白质，即不溶性蛋白。40℃加热，MHC 条带灰度均明显减弱，经过 90℃高温进一步加热时，无明显变化，这也说明了在鱼糜凝胶形成过程中不溶性蛋白逐渐增加的原因。而在整个鱼糜加工及凝胶形成过程中，肌动蛋白条带基本没有变化，只有在经过高温凝胶时，肌动蛋白条带明显减弱。

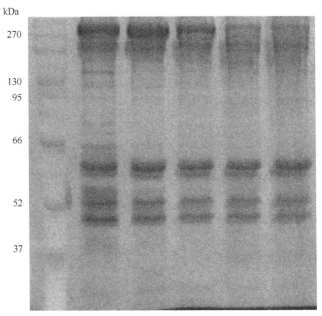

图 3.63　鱼糜加工及凝胶形成过程中 SDS-PAGE 图

在鱼糜凝胶形成过程中，蛋白质变性聚合形成空间三维网络结构，这种三维网络结构的稳定主要依靠蛋白质间的化学作用力来维持，蛋白质间的化学作用力包括离子键、氢键、疏水相互作用和二硫键。鱼糜加工及凝胶形成过程中的化学作用力变化见图 3.64。漂洗对原料的离子键无明显影响，斩拌和后期鱼糜凝胶形成过程中，离子键和氢键呈下降趋势。在斩拌过程中，盐离子与离子键相互作用，分散蛋白质，从而有利于在加热过程中蛋白质的变性聚集。离子键和氢键主要用于维持蛋白质的天然结构，而不是维持凝胶三维网络的主要作用力。氢键主要维持蛋白质二级结构中的 α-螺旋结构，与蛋白质凝胶化、黏弹性有一定的关系，氢键在蛋白质受热变性时，发生断裂，在鱼糜凝胶冷却以后会重新形成，起到稳定结合水，促使凝胶变硬的作用，斩拌对漂洗鱼糜的氢键含量无明显影响，加热是造成氢键断裂的主要原因（Sun and Arntfield，2012）。

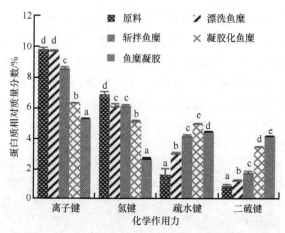

图 3.64　鱼糜加工及凝胶过程中化学作用力的变化

　　疏水相互作用和二硫键在整个过程中呈上升趋势。在凝胶形成过程中，蛋白质变性并有序聚集形成三维网状结构，并且依靠离子键、氢键、疏水相互作用和二硫键等化学作用力来达到一种平衡状态，其中疏水相互作用和二硫键发挥着主要的作用。疏水作用主要是蛋白质受热发生变性，疏水基团暴露，增强了相邻分子非极性基团的相互作用，发生聚集形成凝胶，对于未受热的蛋白质，这些基团被包埋在 α-螺旋结构中。经过漂洗，鱼糜的疏水作用增加 85.4%，这主要是因为漂洗会引起蛋白质的部分氧化，而蛋白质氧化会使蛋白质内部疏水结合被打破，疏水基团暴露，表面疏水性增加（Liu et al., 2014）；斩拌后，疏水作用增加 37.1%，40℃加热后，金鲳鱼的凝胶化鱼糜相比斩拌鱼糜疏水作用增大 19.2%，进一步 90℃加热 30 min 形成鱼糜凝胶后，金鲳鱼鱼糜凝胶的疏水作用有减小趋势，金鲳鱼鱼糜凝胶疏水作用减小可能是由于加热温度过高，造成了轻微破坏，也可能是由于蛋白质内疏水性氨基酸。

　　蛋白质聚集与二硫键的产生密切相关，形成于鱼糜加工的各个阶段。加热是热诱导凝胶形成过程中巯基氧化形成二硫键的主要原因，并且不同种鱼，二硫键形成的最适温度也不同（Brenner et al., 2009；Ko et al., 2007）。如图 3.64 所示，漂洗鱼糜相比于鱼肉原料，金鲳鱼的二硫键显著增加，这主要是由于半胱氨酸属于氧化敏感氨基酸，并且含有巯基，经过氧化易形成二硫化物，在漂洗过程中活性氧（reactive oxygen species, ROS）攻击蛋白质从而有利于形成蛋白质聚集的共价相互作用力二硫键（荣建华, 2015）。经斩拌形成斩拌鱼糜后，二硫键增加 9.1%。40℃和 90℃加热，二硫键分别增加 93.3%和 20.5%，这说明加热是二硫键形成的主要原因，在形成凝胶化鱼糜时二硫键增加幅度最大。

　　蛋白质的溶解度大小可以反映凝胶网络结构中形成的非二硫共价键的多少，非二硫共价键 ε-（γ-Glu）-Lys 的形成主要是转谷氨酰胺酶（TGase）催化肌球蛋白重链的谷氨酸（Glu）残基的γ-酰胺基与赖氨酸（Lys）残基的 ε-氨基之间发生交联作用，非二硫共价键也是鱼糜网络结构形成的主要化学作用力，赋予鱼糜较高的弹性和强度（范选娇，2017）。图 3.65 显示，在鱼糜加工及凝胶形成过程中蛋白质溶解度先降低后升高，且两种鱼的变化趋势一致，在前期加工过程中蛋白质溶解度持续降低，经过漂洗，溶解度分别降低 12.7%和 11.7%，形成斩拌鱼糜时，金鲳鱼无显著变化（$P < 0.05$），40℃加热形成凝胶化鱼糜时，溶解度 35.8%，说明在这一过程中形成了非二硫共价键。目前已有研究表明，在 4~40℃温度范围内，TGase 都能催化形成非二硫共价键，增强凝胶强度（Benjakul et al.，2003），两种海水鱼在各个阶段凝胶强度下降程度不一致，可能是由于 TGase 活性有差异。而经过高温加热形成鱼糜凝胶时，蛋白质溶解率显著增大，非二硫共价键含量低于低温凝胶化时的含量。

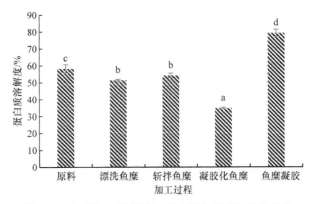

图 3.65　鱼糜加工及凝胶过程中蛋白质溶解度的变化

在蛋白凝胶形成过程中，总巯基含量的变化和二硫键的变化密切相关，巯基含量的降低意味着其被氧化生成二硫键（Ingadottir and Kristinsson，2010）。鱼糜加工及凝胶形成过程中巯基的变化见图 3.66，总体来看，巯基含量呈下降趋势，经过漂洗，巯基含量相比原料下降了 14.9%，斩拌、40℃和 90℃加热均使得巯基含量显著下降，并且 40℃加热形成凝胶化鱼糜时，巯基含量减少程度最大。结果进一步说明了鱼糜在加工及凝胶形成过程中凝胶特性的形成与巯基减少和二硫键的增多有关。

TCA-可溶性肽反映的是鱼糜凝胶中小分子肽的含量，反映蛋白质在内源性组织蛋白酶作用下的水解程度，含量与蛋白质降解程度呈正相关（Chaijan et al.，2010），鱼糜加工及凝胶形成过程中 TCA-可溶性肽含量如图 3.67 所示。经漂洗，TCA-可溶性肽含量显著降低（$P < 0.05$），这主要是由于蛋白质的降解与组织蛋白酶有关，而漂洗可以除去鱼肉组织蛋白酶，从而有效抑制蛋白质的降解，TCA-可溶性肽含量从 128.31 μmolTyr/g 下降至 56.07 μmolTyr/g，降低了 56.3%。清水

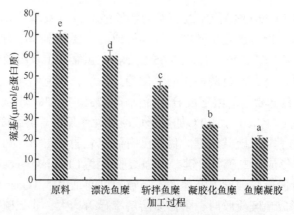

图 3.66　鱼糜加工及凝胶过程中巯基的变化

漂洗可以有效抑制蛋白质的降解，而使蛋白质水解度显著降低，这主要是由于在斩拌过程中加入食盐，有利于降低组织蛋白酶的活性（李艳青，2004），经过 40℃低温加热，TCA-可溶性肽含量显著增大（$P<0.05$），这是由于加热使得漂洗未除尽的内源蛋白酶活性增强，从而加速蛋白质的降解（Kudre et al.，2013），金鲳鱼 TCA-可溶性肽含量增大 46.1%，经过 90℃高温加热形成凝胶后，TCA-可溶性肽含量增加。

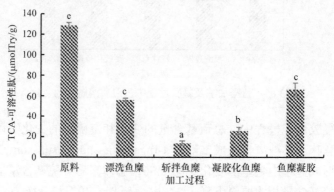

图 3.67　鱼糜加工及凝胶过程中 TCA-可溶性肽的变化

2. 鱼糜加工过程中微观结构变化

前文已经发现蛋白质在漂洗、斩拌以及加热过程中都会发生变化，且这些蛋白质特性的变化与蛋白质的聚合有一定的相关性，并且鱼糜凝胶结构的变化是蛋白质解聚、聚合的表现。因此，对鱼糜凝胶微观结构的研究，有利于进一步研究鱼糜加工及凝胶形成过程中蛋白质的聚合过程。由图 3.68 可知，漂洗对鱼糜网络结构无明显影响，而经过斩拌后，原本疏松的鱼糜网络结构开始局部出现较大的网孔结构，在低温加热后，凝胶化鱼糜开始有蛋白颗粒堆积，并且网孔结构更为

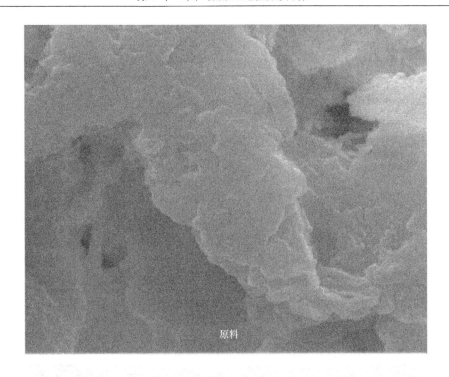

原料

漂洗

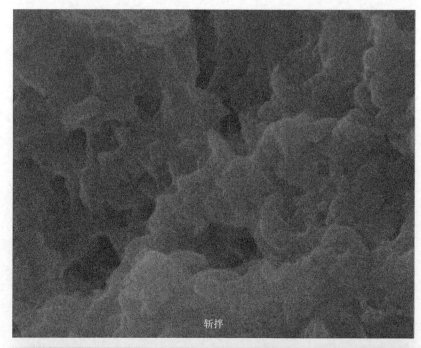

斩拌

凝胶化鱼糜

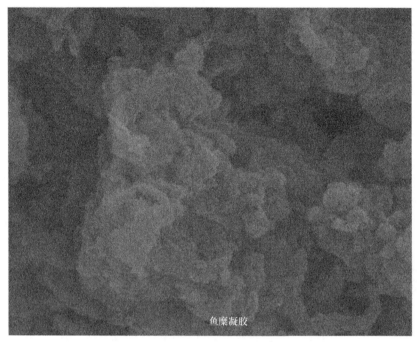

鱼糜凝胶

图 3.68　鱼糜加工及凝胶过程中微观结构的变化

明显，孔径也明显减小，但是相比于 90℃加热后形成的稳定鱼糜凝胶，低温凝胶化没有形成明显的三维网络结构。由图 3.68 知，经过 90℃加热，形成的鱼糜凝胶结构紧密，且可明显看到聚集簇的形成。结果进一步说明了凝胶的形成是天然蛋白质先发生变性解聚，然后在蛋白质间相互作用下聚合的过程。

3. 鱼糜加工过程中指标相关性分析

蛋白质构象是通过蛋白质间化学作用力维持，氢键和离子键主要维持蛋白质的天然结构，疏水性相互作用是蛋白质变性形成紧凑结构的主要驱动力，并且鱼糜凝胶形成是不溶性蛋白形成的原因。由表 3.47 知，水溶性蛋白和盐溶性蛋白、离子键、氢键、巯基均极显著相关（$P<0.01$），与水解度无明显的相关性；水溶性蛋白与疏水作用和二硫键均呈极显著相关，由于凝胶的形成伴随着疏水键、二硫键的形成，因此进一步证实了在鱼糜制作中应尽可能除去水溶性蛋白；不溶性蛋白与疏水键、二硫键均呈极显著正相关（$P<0.01$），疏水键和二硫键的相关系数为 0.816；水溶性蛋白、盐溶性蛋白、不溶性蛋白、氢键、离子键、疏水键、二硫键和巯基相关性差异不明显，而溶解度和盐溶性蛋白、氢键显著负相关（$P<0.05$），与不溶性蛋白显著正相关（$P<0.05$）；水解度与巯基显著正相关（$P<0.05$），与疏水键极显著负相关（$P<0.01$）。

表 3.47　鱼糜加工及凝胶形成过程中各理化指标相关性研究

项目	水溶性蛋白	盐溶性蛋白	不溶性蛋白	离子键	氢键	疏水作用	二硫键	巯基	溶解度	水解度
水溶性蛋白	1	0.855**	−0.878**	0.812**	0.914**	−0.779**	−0.841**	0.863**	−0.436	0.489
盐溶性蛋白		1	−0.993**	0.928**	0.946**	−0.685**	−0.920**	0.894**	−0.547*	0.252
不溶性蛋白			1	−0.924**	−0.939**	0.720**	0.920**	−0.905**	0.520*	−0.307
离子键				1	0.904**	−0.803**	−0.991**	0.969**	−0.248	0.350
氢键					1	−0.639*	−0.920**	0.866**	−0.560*	0.187
疏水作用						1	0.816**	−0.917**	−0.139	−0.830**
二硫键							1	−0.976**	0.237	−0.367
巯基								1	−0.143	0.554*
溶解度									1	0.392
水解度										1

∗表示显著相关（$P<0.05$）；∗∗表示极显著相关（$P<0.01$）。

总的来说，鱼糜加工及凝胶形成过程中，水溶性蛋白呈下降趋势，盐溶性蛋白经过漂洗后占比增大，而后显著下降，漂洗造成不溶性蛋白含量下降，随后随着蛋白质絮凝、凝胶化且形成凝胶，不溶性蛋白含量显著增加；离子键、氢键和巯基在此过程中均呈显著下降的趋势，疏水键和二硫键随加工过程的进行逐渐增加，加热是它们形成的主要原因，蛋白质溶解度在形成凝胶化鱼糜时最小，形成最多的非二硫共价键，而对于蛋白质水解度，在形成凝胶时，略有增加。在加工过程中，二硫键的构象发生着变化，特征峰落在无规则卷曲区域，而当形成鱼糜凝胶时，特征峰均出现在表征β-折叠结构的区域。

第4章　农产品加工过程风险监控技术

在农产品加工过程当中，总是会伴随着许多影响制品品质的不良反应，这些风险因素不但会大大影响制品的各种品质，更有可能进一步威胁到消费者的饮食安全。因此，良好的风险监控体系的建立同样是加工过程当中的重中之重。这些监控技术主要是基于不同原料可能会出现的特定不良反应的分子机制，从而在加工过程使用相应的技术进行定向的风险监控。

4.1　粮油加工过程风险监控技术

4.1.1　稻米加工过程中重金属镉控制技术

镉（Cd）具有强烈的毒性和致突变性，被国际癌症研究机构（IARC）列为Ⅰ类致癌物质（Tahvonen，1996）。由于易在人体内蓄积且半衰期长达数十年，镉已被美国毒物和疾病登记署列为第 6 位危及人类健康的有毒物质（Faroon et al.，2008）。

随着城市化建设和工业发展，环境中水、空气、土壤的重金属污染已经成为一个全球性问题。2014 年 4 月 17 日环境保护部和国土资源部发布的《全国土壤污染状况调查公报》显示，耕地土壤点位污染物超标率为 19.4%，其中镉超标率为 7.0%，最为突出，主要集中在湘、鄂、皖、赣等水稻主种植区。采矿、冶炼等产生的污水灌溉、工业和生活垃圾的不当处理、含镉磷肥的大量施用都是造成环境镉污染的重要原因。

稻米是我国最重要的主粮，年产量约 2 亿 t，而水稻较玉米、小麦等其他农作物具有更强的镉富集能力（Grant et al.，2008；李铭红等，2008）。2012 年中国疾病预防控制中心研究报道，我国居民的镉平均摄入量已经超过日、美等发达国家，2~6 岁儿童和 7~14 岁少年平均镉摄入量甚至已经超过联合国粮食及农业组织/世界卫生组织食品添加剂联合专家委员会（JECFA）所制定的每月耐受摄入量（PTMI），其中膳食镉的来源主要是谷类，尤其是大米，贡献率接近 50%（李筱薇，2012）。

目前国内外主要从修复镉污染水土、筛选低镉富集水稻品种两方面来解决稻米镉污染问题，但是耗资巨大且周期长（Hu et al.，2016）。2016 年国务院发布了《土壤污染防治行动计划》，简称"土十条"。其中提出："到 2020 年，全国土壤污染加重趋势得到初步遏制"，"到 2030 年，全国土壤环境质量稳中向好"，以及"到本世纪中叶，土壤环境质量全面改善，生态系统实现良性循环"。但减少污染排放和治理修复污染土壤存在成本高、周期长和部分地区不适宜等问题。培育低镉富集水稻品种还受环境等因素的影响。目前来看，这两种手段都难以解决镉污染严重地区日益积累的库存镉超标稻米问题。开发稻米加工过程中重金属镉控制技术，找到高效、安全的加工利用途径，是阻止其流向市场、保障我国现阶段居民健康和粮食安全的关键举措。

1. 稻米中重金属镉的分布规律

1）镉在稻米中的分布

镉在水稻不同组织器官的分布具有显著差异性，由高到低依次为根系＞茎秆＞籽粒＞稻叶（He et al., 2000）。镉在稻米中的分布同样具有不均匀性，以皮层和胚为主的糠层中镉含量最高，颖壳中最低。冯伟（2019）采用 Satake-TM 05 G 型碾米机对糙米进行逐层碾磨，其中碾磨精度定义为筛下粉与筛上物的质量比，糙米第一次碾磨 10% 精度为米糠，剩余为大米，第二次碾磨 5% 精度为外层胚乳，第三次碾磨 7% 精度为中层胚乳，第四次碾磨 2% 精度为内层胚乳，剩余为中心胚乳。随后对收集的糙米、米糠、大米、外层胚乳、中层胚乳、内层胚乳、中心胚乳中的镉含量和蛋白质含量进行分析，结果表明，镉在糙米（0.32 mg/kg）各层中分布是不均匀的（图 4.1），米糠中镉含量最高，达到了 0.52 mg/kg，高于大米中的镉含量（0.30 mg/kg），但由于胚乳占糙米总质量的 90%，所以糙米中 84.4% 的镉集中在精米中。随着碾磨精度的提高，大米中镉含量逐步降低，外层胚乳的镉含量为 0.49 mg/kg，而中心胚乳只有 0.29 mg/kg。糙米中蛋白质的分布与镉的分布呈现出相似的规律，如图 4.1（b）所示，米糠中蛋白质含量最高，达到了 12.5%，随着碾磨程度的提高，各层中蛋白质含量逐渐降低，外层胚乳的蛋白质含量为 10.8%，中心胚乳的蛋白质含量只有 8.3%。周丽慧等（2009）也发现所测试的三个水稻品种均是糠层蛋白质含量最高，胚乳从外到内的蛋白质浓度逐渐递减，与 Itani 等（2002）以及 Resurreccion 等（1979）的研究结果一致。由此可见，镉与蛋白质二者之间存在一定的关联性。

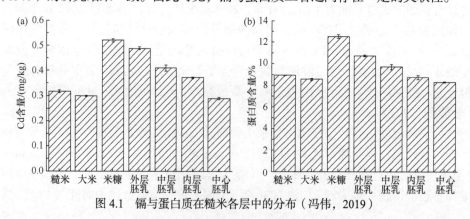

图 4.1　镉与蛋白质在糙米各层中的分布（冯伟，2019）

　　冯伟（2019）进一步采用传统碱溶酸沉法提取米蛋白和大米淀粉，对米蛋白和大米淀粉中的镉含量进行分析，结果表明，分离后的米蛋白和大米淀粉中镉含量存在显著差异（表 4.1），其中米蛋白中的镉含量（2.70 mg/kg）显著高于大米（'湘早籼 24 号'）的镉含量（0.30 mg/kg），而大米淀粉的镉含量（0.08 mg/kg）显著低于大米的镉含量。Huo 等（2016）采用'金优 463 号'（0.28 mg/kg）、'鱼赤'（0.40 mg/kg）和'湘早籼 32 号'（0.52 mg/kg）三种大米为原料（表 4.1），其米蛋白中的镉含量分别是 2.59 mg/kg、3.16 mg/kg 和 4.86 mg/kg，而大米淀粉中的镉含量则分别为 0.11 mg/kg、0.16 mg/kg 和 0.19 mg/kg。田阳等（2014）以四份镉含量在 0.133～1.383 mg/kg 的稻谷为原料，采用碱法分离淀粉和蛋白质，发现所获得的蛋白质中平均镉含量是大米的 7 倍以上，蛋白质平均仅占大米质量的 7.18%，却累积了大米中超过一半的镉，类似的结果还被 Suzuki 等（1997）、Kaneta 等（1986）报道。可见，稻米中的镉主要是与蛋白质相结合并稳定存在于大米胚乳中。

表 4.1　不同品种大米提取的米蛋白和大米淀粉的镉含量

品种	样品	蛋白质含量/%，db	镉含量/（mg/kg），db
湘早籼 24 号 （冯伟，2019）	大米	8.53±0.48	0.30±0.02
	米蛋白	82.12±0.35	2.70±0.02
	大米淀粉	0.75±0.04	0.08±0.02
金优 463 号 （Huo et al.，2016）	大米	9.29±0.24	0.28±0.02
	米蛋白	90.16±5.12	2.59±0.03
	大米淀粉	2.01±0.06	0.11±0.02
鱼赤 （Huo et al.，2016）	大米	10.03±0.35	0.40±0.03
	米蛋白	89.77±1.36	3.16±0.04
	大米淀粉	2.36±0.07	0.16±0.03
湘早籼 32 号 （Huo et al.，2016）	大米	9.60±0.12	0.52±0.04
	米蛋白	90.57±3.21	4.86±0.04
	大米淀粉	2.56±0.07	0.19±0.02

注：db 表示干基。

2）镉在不同米蛋白中的分布

　　根据蛋白质在不同性质溶液中的溶解性差异，大米蛋白可以分为清蛋白（溶于水）、球蛋白（溶于 0.5 mol/L NaCl 溶液）、醇溶蛋白（溶于 70%～80%乙醇溶液）和麦谷蛋白（溶于稀酸或稀碱），这四类蛋白质在大米蛋白中的比例约为 5：12：3：80。其中麦谷蛋白、醇溶蛋白主要是储藏蛋白，清蛋白、球蛋白主要是调节蛋白，麦谷蛋白主要是分布在胚乳中，清蛋白、球蛋白主要分布于米糠及胚乳外层，而醇溶蛋白分布基本均匀。

　　现有研究表明，镉在不同米蛋白组分中的分布存在显著差异。冯伟（2019）采用改良 Osborn 法对大米粉进行连续提取，为避免沉淀过程对镉的影响，将所获得的水提液、盐提上清液、碱提上清液分别浓缩后，进行冷冻干燥，获得粗的清蛋白、球蛋白和麦谷蛋白，醇提液用氮吹仪吹干，获得粗的醇溶蛋白，随后分析上述四种蛋白质组分的蛋白质含量和镉含量，并计算出各蛋白质组分的单位蛋白质镉含量 L^*（mg/kg）。结果表明，不同粗蛋白的 L^* 值差异较大，醇溶蛋白、清蛋白、麦谷蛋白、球蛋白的 L^* 值分别为 2.48 mg/kg、2.07 mg/kg、1.89 mg/kg、0.85 mg/kg，表明镉更易与醇溶蛋白、清蛋白相结合。陈露等（2016）在研究中也发现了类似的规律，测得镉在清蛋白、球蛋白、醇溶蛋白和麦谷蛋白中的含量分别为 0.66 mg/kg、0.31 mg/kg、0.63 mg/kg 和 0.23 mg/kg。魏帅等（2014）则得到了不同的研究结果，发现球蛋白中的镉含量最高，达到 14.33 mg/kg，醇溶蛋白中的最低，为 1.67 mg/kg，清蛋白和麦谷蛋白介于二者之间，分别为 9.97 mg/kg 和 7.15 mg/kg。虽然不同的研究者获得的研究结果具有差异性，但是不同的米蛋白组分由于其氨基酸组成、空间结构的差异，必然会导致与镉结合位点、结合方式、结合量的变化，进而造成镉在不同米蛋白组分中分布的巨大差异。

　　2. 米蛋白与镉的结合机制

1）蛋白质与金属离子结合的基础特性

　　蛋白质是由 20 多种氨基酸按不同比例和顺序组成的大分子，种类很多，性质和功能也各异。氨基酸一般都是由 C、H、O、N、S 等元素组成，在结构上的差别则取决于侧链基团 R 的差异，其中供电子能力最强、最易与金属离子形成配位结合的是巯基（—SH）所含的硫原子、咪唑基团所含的氮原子以及羧基（—COOH）中的氧原子。由蛋白质数据库（protein data bank，PDB）可知蛋白质结构中，参与金属离子配位结合频率最高的氨基酸残基是半胱氨酸（Cys）的巯基，谷氨酸（Glu）和天冬氨酸（Asp）的羧基以及组氨酸（His）的咪唑基团（Harvey，2000；Gamble and Peacock，2014）。

　　通过氧原子供电子的羧基（pK_{Ra}=4.60），在 pH=7 的中性条件下，即可以完全去质子化，形成的—COO$^-$基团可以与多种金属离子形成配位结合。所以蛋白质或酶中的羧基与金属离子形成的配位中心往往是蛋白质、酶等生物大分子的活性中心。肌钙蛋白就是通过蛋白质分子中谷氨酸、天门冬氨酸的羧基与 Ca 的配位结合，来控制肌肉收缩（Carafoli，1989）。

　　组氨酸侧链咪唑基团（pK_{Ra}=7.00）有三个氮原子，在中性条件下也具备非常强的供电子能力。胰岛素在调节血糖时，其分子中组氨酸的咪唑基团与锌离子结合起着非常关键的作用（李代禧等，2013）[图 4.2（a）]。此外通过 N 原子供电子的还有肽链主链 N 末端的伯胺基团（α-NH$_2$，pK_{Ra}=8.9）以及赖氨酸侧链末端的氨基（ε-NH$_2$，pK_{Ra}=10.79）。

半胱氨酸侧链巯基（pK_{Ra}=8.80）形成二硫键对稳定蛋白质的三级结构作用非常关键，巯基与金属离子形成配位结合，也可以起到稳定蛋白质结构的作用。锌指结构蛋白中 Zn 与 2 个半胱氨酸和 2 个组氨酸与形成配位数为 4 的配位体[图 4.2（b）]，驱动蛋白质折叠形成具有特定的手指状结构，并具有功能活性（Laity et al.，2001；Andreini et al.，2006）。

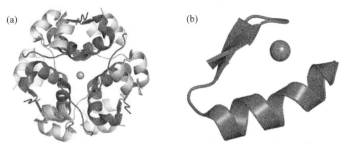

图 4.2　两种典型的蛋白质氨基酸位点与金属离子结合模型

（a）胰岛素六聚体与 Zn 的配位模型（李代禧等，2013）；（b）锌指结构蛋白与 Zn 的配位模型

（Laity et al.，2001；Andreini et al.，2006）

金属硫蛋白（metallothionein，MT）是一类广泛存在于动、植物组织和真核生物中的小分子蛋白质，富含半胱氨酸，正是因为巯基中硫原子具有良好的给电子能力，可以与多种金属形成稳定的配合物，其起着非常重要的生理学和生物学功能（Stillman，1995）。

除了 Cys、Glu、Asp、His 这四种和金属离子结合最多的氨基酸外，Asn、Gly、Thr、Ser、Tyr、Met 和 Gln 也参与金属离子配位反应，除 Gly 外，它们通常使用侧链电子供体参与配位。其他氨基酸仅通过羧基主链氧原子配位金属离子。

表 4.2 归纳了 PDB 库中不同氨基酸与部分金属离子配位结合的频率（Selth et al.，2011）。软硬酸碱理论可以用来解释配位反应中金属离子的选择偏好（黄一珂和邱晓航，2016）。在蛋白质结构中也可以按照此规律分类，半胱氨酸的巯基属于软碱，与钯、汞、镉等软酸金属离子参与配位的能力更强。谷氨酸和天冬氨酸的羧基属于硬碱，则更倾向于与钙、镁、钠等硬碱金属离子结合。组氨酸的咪唑基团属于交界碱，与各类金属离子结合会具有更好的普适性（马晓川和费浩，2016）。

表 4.2　PDB 库中不同氨基酸与金属离子配位结合的频率（Selth et al.，2011）

金属离子	配位氨基酸
Cu^{2+}	His ≫ Cys ＞ Met
Fe^{2+}	His ≫ Glu≈Cys≈Asp≈Met
Ni^{2+}	His ≫ Cys≈Glu≈Asp
Zn^{2+}	Cys ＞ His ≫ Asp≈Glu
Cd^{2+}	Cys ＞ His ≈ Glu≈Asp
Ca^{2+}	Asp ≫ Glu

续表

金属离子	配位氨基酸
Co²⁺	His > Asp≈Glu > Cys
Mn²⁺	Asp > His > Glu
Mg²⁺	Asp > Glu≈His > Asn

2）蛋白质与镉结合的分子学机制

由于动植物粗提蛋白成分复杂，难以对镉蛋白结合物的结构进行深入研究，一些研究者从蛋白质数据库中筛选出若干镉结合蛋白进行统计学分析，也有学者从中筛选单一亚基蛋白质晶体，并通过分子动力学（MD）模拟软件对各蛋白质与镉的结合过程进行模拟，发现镉与蛋白质结合的分子学基础包括以下内容。

（1）氨基酸组成。

Friedman（2014）对不同氨基酸与镉的亲和力进行加成分析，发现镉对谷氨酸、组氨酸、天冬氨酸和半胱氨酸的亲和指数分别为 27%、26%、24% 和 10%。Sudan 和 Sudandiradoss（2012）发现氨基酸侧链基团比主链基团具有更大的镉亲和力，镉对谷氨酸残基的 ε-O（OE）和 δ-C（CD）亲和力较大。同样地，天冬氨酸的 δ-O（OD）和 γ-C（CG）对镉的亲和力也很可观。氨基酸与镉的亲和指数及络合原子数与其和镉的间距有关[图 4.3（a）]。但是极性氨基酸和疏水性氨基酸的 α-C 却不然，如甲硫氨酸、甘氨酸、异亮氨酸、苏氨酸、脯氨酸、亮氨酸、丝氨酸和缬氨酸，其 α-C 借助羰基氧与镉配位结合，丝氨酸和亮氨酸除外，它们分别借助 C 和 N 与镉配位结合。当镉与蛋白质活性基团配位距离 <2.6 Å 时，蛋白质中的配位原子为 O 优先，而当配位距离 >2.6 Å 时，配位原子为 C 优先。S 原子仅在 2.2 Å<配位距离<2.6 Å 时具有一定的配位优先性[图 4.3（b）]。

（2）氨基酸二面角/二级结构（φ-ψ 角）。

氨基酸序列在折叠过程中依据 φ-ψ 角形成不同的二级结构，在拉氏图（Ramachandran plot）中呈现五个区域，代表 α-螺旋、β-折叠、左手 α-螺旋、转角及无规则卷曲（Ramach et al.，1985）。当 $-180°<\varphi<0°$，$-120°<\psi<60°$ 时，多肽序列

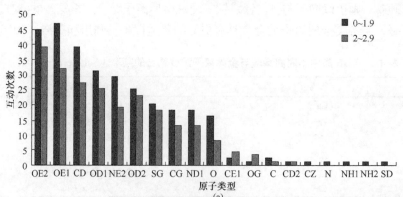

（a）

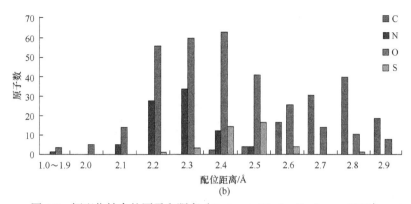

图 4.3　镉配位结合的原子和距离（Sudan and Sudandiradoss., 2012）

（a）氨基酸与镉的亲和指数；（b）原子配位距离范围 O、C、N 和 S 分别表示氧、碳、氮和硫原子；
E、D、G 和 Z 分别表示 ε、δ、γ 和 ζ 位点；NH1 和 NH2 表示氨基酸中氢原子

形成 β-折叠（Sudan and Sudandiradoss, 2012），这两种构象稳定性高、流动性差，因而结构比较保守，镉络合位点往往位于结构上的残基侧链。而当−180°＜φ＜−40°，−40°＜ψ＜0°时，多肽序列形成流动性较强的转角或无规则卷曲结构，易于暴露侧链残基，形成镉络合供体（Vijayan et al., 1999）。以 PDB 中几种不同构象的蛋白质为例[图 4.4(a)]，位于半胱氨酸 γ 位的 S 通过 CCCC 氨基酸序列与镉形成结构紧密的络合物；这种现象也在位于天冬氨酸 γ 位的 O 通过 DDDKE 氨基酸序列与镉络合出现（Gispert, 2008）。此外，α-螺旋侧链中谷氨酸残基通过 δO 与镉进行双配位结合[图 4.4(b)]。当蛋白质原子供体小于 5 时，镉的络合位点较为随机，即镉可与具有不同二级结构的络合残基进行配位结合，如 CHED 序列可通过镉与 βαββ 或 βββα 构象形成络合物；而当原子供体大于 5 时，镉对络合位点的二级结构具有专一选择性，如与 DD[DT]KE 和 E[DN][VQ][ED]E 形成位点专一性配位体（Sudan and Sudandiradoss, 2012）。

（3）三级结构及还原环境。

蛋白质三级结构空间构象的保守性对镉络合具有重要的影响。Qin 等（2016）研究发现布卢姆综合征蛋白（BLM）中的镉络合位点以巯基为主，蛋白表面活性部位较内部对镉具有较强的亲和性，在镉蛋白络合曲线中呈现两种动力学趋势，即快速结合和缓慢结合；而当表面巯基被 N-乙基马来酰亚胺（Parkin et al., 2007）修饰时，BLM 与镉的反应动力学只呈现单一络合趋势，表明镉与 BLM 的络合行为与蛋白质三级结构空间位阻作用有关。

蛋白质中多种氨基酸侧链及端基，都可以为镉提供高亲和力的结合位点，在空间构象影响下，会形成多种可能性的结合方式，而在分子热力学角度，蛋白质与镉最终会形成熵值最小的结合物。

3）米蛋白与镉结合的热力学特征

宏观上蛋白质与镉结合的作用机制可用两类模型来表征，即动力学模型和平衡模型。动力学模型主要是描述蛋白质与镉结合过程随时间变化的进程，表 4.3 是

目前文献中常见的动力学模型。

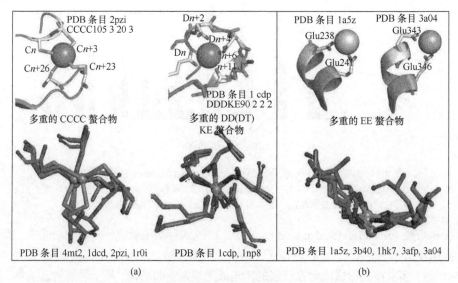

图 4.4 单一亚基蛋白与镉的络合结构（Sudan and Sudandiradoss，2012）

（a）蛋白激酶 G 提供 CCCC 络合序列及小清蛋白提供 DD[DT]KE 络合序列；（b）乳酸脱氢酶提供位于不同部位的 EE 络合序列

表 4.3　常见的吸附-解吸动力学模型（王金贵，2012）

模型名称	方程（模型）	模型名称	方程（模型）
一级动力学（Ⅰ）	$\ln(1-S/S_{max})=A+Bt$	指数方程	$1/S=A+B/[\exp(\sqrt{at}\ )t-1]$
一级动力学（Ⅱ）	$\ln(S/S_{max})=A+Bt$	指数函数方程（Ⅰ）	$S=A\cdot\exp(Bt)$
二级动力学	$1/S=A+Bt$	指数函数方程（Ⅱ）	$S=A\cdot\exp(B/t)$
零级反应方程	$S_{max}-S=A+Bt$	指数函数方程（Ⅲ）	$S=C+A\cdot\exp(Bt)$
Langmuir 动力学	$t/S=t/S_{max}+1/k$	指数函数方程（Ⅳ）	$S=C+A\cdot\exp(B/t)$
Elovich 方程	$S=A+B\ln t$	S 形曲线方程（Ⅰ）	$S=1/[A+B\cdot\exp(-t)]$
抛物线扩散方程	$S/S_{max}=A+\sqrt{t}$	S 形曲线方程（Ⅱ）	$S=C/[1+\exp(A+Bt)]$
双对数方程	$\ln(S_{max}-S)=A+B\ln t$	膜扩散方程	$-[\ln(1-\theta)]/\theta=A+Bt/\theta$

注：以上各方程中，S 为任一时刻吸附量，S_{max} 为最大吸附量，t 为时间，A、B、$\sqrt{a}$ 为模型参数，$\theta=S/S_{max}$。

　　在这些动力学方程中，一级动力学模型建立的假设是吸附速率正比于有效吸附位点数，是一种物理吸附过程；二级动力学模型建立的假设则为吸附过程是由于吸附剂与吸附质间通过共用电子或者交换电子所完成的，是一种化学吸附过程；Elovich 模型的边界条件范围则综合了一级与二级动力学模型，表面吸附反应可能同时存在物理吸附与化学吸附两种状态（Khambhaty et al.，2012）。冯伟（2019）采用上述三种模型对四种米蛋白（酶提米蛋白、球蛋白、醇溶蛋白和麦谷蛋白）与镉结合的动力学进行了拟合，通过相关系数 R^2（表 4.4）可以看出 Elovich

表 4.4　不同米蛋白与镉结合的动力学模型参数（冯伟，2019）

样品	C_0/ (mg/L)	$q_{t=120\ min}$ 测量值 (mg/g)	一级动力学模型			二级动力学模型				Elovich 模型		
			k_1/ [mg/(g·min)]	q_e/ (mg/g)	R^2	k_2/ [mg/(g·min)]	q_e/ (mg/g)	h/ [mg/(g·min)]	R^2	a	b	R^2
酶提米蛋白	100	10.09	0.301	10.008	0.962	0.043	10.307	4.578	0.998	4.383	1.499	0.637
球蛋白	100	3.75	0.254	3.587	0.974	0.078	3.870	1.173	0.999	0.885	0.714	0.951
醇蛋白	100	24.00	0.236	24.107	0.969	0.012	24.907	7.291	0.998	9.447	4.173	0.701
谷蛋白	100	9.49	0.316	9.668	0.935	0.056	9.681	5.225	0.999	6.056	0.95	0.329

模型的拟合效果不好，而二级动力学模型的 R^2 要优于一级动力学模型，故二级动力学模型更适合用于描述不同米蛋白与镉的结合过程，因此推测该结合过程应该是以化学吸附为主。

蛋白质与镉结合是一个动态平衡过程，在某一温度下，当反应达到平衡时，吸附等温模型可以表达蛋白质吸附镉的量与溶液中镉的平衡浓度所遵循的关系。等温模型除了能反映出蛋白质、镉本身的特性外，也可以说明不同镉浓度对反应过程的影响。这类模型是建立在蛋白质与镉之间反应速率特别快的基础上，能迅速达到反应平衡状态，常见的吸附-解吸等温模型见表 4.5。

表 4.5　常见的吸附-解吸等温吸附模型（王金贵，2012）

规模名称	方程（模型）	模型名称	方程（模型）
Henry	$S = K_d C$	S 型 Langmuir	$S = KCS_{max}/\,(\,1 + KC + K/C\,)$
Freundlich	$S = KC^{1/n}$	Langmuir-Freundlich	$S = KC^{1/n}S_{max}/\,(\,1 + KC^{1/n}\,)$
Langmuir	$S = KCS_{max}/\,(\,1 + KC\,)$	Redlich-Peterson	$S = KCS_{max}/\,(\,1 + KC^{1/n}\,)$
Temkin	$S = \ln\,(\,KC\,)\,RT/a$	多位点 Langmuir	$S = \sum_{i=1}^{n}[K_i CS_{max}\,/\,(1 + K_i C)]$
BET	$C/\,(\,S\,(\,C_0 - C\,)\,) = 1/\,(\,S_{max}K\,)$ $+\,(\,K-1\,)\,/\,(\,S_{max}K\,)\,\times C/C_0$	多位点 Freundlich	$S = \sum_{i=1}^{n}\left(K_i Ci^{\frac{1}{n_i}}\right)$
Toth	$S = KCS_{max}/[1 + (\,KC\,)^a]^{1/a}$	Dubinin-Radushkevich	$\ln S = -\beta[\ln^2\,(\,KC\,)\,] + \ln S_{max}$

注：以上各模型中，S，C 分别为土壤固相和液相中某种物质的浓度，K_d、n、K、a、S_{max}、K_i、n_i、β 是可调整的模型参数。

一般来说，Langmuir 模型、Freundlich 模型、Henry 模型分别适用于金属离子浓度高、中、低三个状态。Langmuir 模型中的 K_L 参数，作为与结合能有关的平衡参数，还经常用于计算反应的热力学参数。冯伟（2019）利用 Langmuir 和 Freundlich 吸附等温模型对四种米蛋白（酶提米蛋白、球蛋白、醇溶蛋白和麦谷蛋白）与镉的结合进行了拟合，在三个温度条件下，四种米蛋白的 Langmuir 模型的回归相关系数（R^2）介于 0.942～0.999 之间（表 4.6），要显著优于 Freundlich 模型（0.833～0.989），表明 Langmuir 模型更适合用于描述米蛋白与镉的结合过程。Langmuir 模型假设被吸附物质在吸附表面之间没有相互作用，是以单层吸附的形式存在于吸附剂表面；而 Freundlich 模型则对吸附物质相互之间没有限定，一般吸附过程倾向于多层吸附（Crini et al.，2006；Ozacar and Sengli，2005）。这也说明了米蛋白与镉的结合应该是在表面进行的单层吸附。

在 Freundlich 模型中 K_F 可以大致表示吸附能力的强弱，K_F 值大则表示吸附能力强，n^{-1} 值也可作为吸附剂对吸附质之间吸附作用的亲和力指标，n^{-1} 值越小，表示吸附剂对吸附质的亲和力越大（张增强等，2000）。四种蛋白质都遵循了随着温度升高 K_F 值增大、n^{-1} 值减小的规律，这也说明温度升高可以提高米蛋白质对镉的吸附能力

表 4.6　不同米蛋白与镉结合的等温吸附模型及热力学参数（冯伟，2019）

样品	温度/K	q_{max} 测量值/(mg/g)	Langmuir 模型				Freundlich 模型			热力学参数			
			q_{max}/(mg/g)	K_L/(L/mg)	K_L/(L/mol)	R^2	K_F	$1/n$	R^2	$\Delta G^\ominus$/(kJ/mol)	$\Delta H^\ominus$/(kJ/mol)	$\Delta S^\ominus$/(J/mol)	R^2
酶提米蛋白	288	9.50	15.75	0.024	2690	0.942	0.551	0.710	0.947	−18.92	41.44	208.67	0.909
	303	9.87	13.70	0.042	4673	0.975	0.883	0.612	0.927	−21.30			
	318	10.21	11.42	0.124	13888	0.999	2.157	0.396	0.920	−25.23			
球蛋白	288	3.48	4.41	0.044	4918	0.986	0.396	0.512	0.903	−20.36	25.66	159.65	0.998
	303	3.64	4.16	0.072	8121	0.995	0.686	0.390	0.877	−22.69			
	318	3.91	4.19	0.120	13515	0.996	1.102	0.296	0.833	−25.16			
醇溶蛋白	288	22.90	55.51	0.028	3208	0.975	1.625	0.810	0.989	−19.34	58.75	270.61	0.989
	303	23.78	35.21	0.083	9320	0.966	2.964	0.696	0.948	−23.04			
	318	24.15	27.78	0.290	32554	0.986	5.786	0.540	0.843	−27.49			
麦谷蛋白	288	9.10	14.88	0.024	2668	0.957	0.529	0.703	0.955	−18.90	40.32	205.20	0.985
	303	9.40	12.45	0.048	5453	0.975	0.950	0.581	0.906	−21.69			
	318	9.40	10.63	0.116	13095	0.995	1.842	0.420	0.858	−25.08			

和亲和力。

镉与蛋白质结合，必然会引起体系能量的变化，这些变化可以用热力学参数进行表征。根据吸附反应平衡随温度的变化，则可以计算出这些热力学参数。由吉布斯自由能变化 $\Delta G^{\ominus}$ 可以判断反应的自发性；熵变 $\Delta S^{\ominus}$ 反映了反应过程的混乱度；反应热 $\Delta H^{\ominus}$ 则可以反映两种物质发生化学反应所需要的热量，所需要的热量越高意味着生成的键能越高，所形成的反应物也就越稳定。

在 Langmuir 模型成功拟合的基础上，冯伟（2019）利用热力学方法确定了四种米蛋白与镉结合的热力学参数（表 4.6）。在三个不同温度条件下，四种米蛋白与镉结合的 $\Delta G^{\ominus}$ 值均为负值，且随着温度升高，$\Delta G^{\ominus}$ 值的绝对值增大，表明四种米蛋白与镉的结合都是自发的，其吸附量随着温度升高而增大（Adhikari and Singh, 2000）。四种蛋白质在不同温度下的 $\Delta G^{\ominus}$ 也均有一定差异，与 Freundlich 模型参数的 K_F 的绝对值变化规律相一致。$\Delta G^{\ominus}$ 的绝对值还可以表征反应进行趋势，其绝对值越大，表明蛋白质与镉结合反应进行的趋势越强。

此外，四种蛋白质与镉结合的 $\Delta H^{\ominus}$ 都是正值（表 4.6），说明该反应是吸热反应。不同作用力在吸附中所需要的热不同，范德华力的吸附热为 4～10 kJ/mol，疏水键力约为 5 kJ/mol，氢键力为 20～40 kJ/mol，配位基交换约为 40 kJ/mol，偶极间力为 2～29 kJ/mol，化学键力大于 60 kJ/mol（Oepen et al., 1991）。酶提米蛋白、麦谷蛋白与镉结合反应的 $\Delta H^{\ominus}$ 分别为 41.44 kJ/mol、40.32 kJ/mol，均大于配位基交换热（40 kJ/mol），醇溶蛋白与镉结合反应的 $\Delta H^{\ominus}$ 甚至达到了 58.75 kJ/mol，接近于化学键力。因此，推测镉与酶提米蛋白、麦谷蛋白、醇溶蛋白的结合是配位结合，其中与醇溶蛋白的配位结合可能是一种多齿配位的形态。

3. 米蛋白与镉结合物的解离规律

配合物是由配离子和配位体结合而成的。中心离子位于配离子的中心，一般为带正电荷的阳离子，与中心离子相结合的中性分子或阴离子称为配位体，简称配体。配位体中与中心离子直接结合的原子称为配位原子，一般是电负性较大的非金属元素的原子。

配离子与配体形成配合物反应的平衡常数称为稳定常数，越大表示越稳定。单齿配体中只有一个配位原子，多齿配体中存在两个或多个配位原子。与中心离子直接以配位键相结合的配位原子的总数称为该中心离子的配位数。一般来说，配位数越多所形成的稳定常数越大，镉的配位数最常见的是 4。而螯合物是指由中心离子和多齿配体结合而成的一类具有环状结构的配合物，所以比具有相同配位原子的非螯合物要稳定得多，如 EDTA 属六齿配体，形成的螯合物结构较稳定。

米蛋白与镉的结合是配位结合，那么依据配位化学理论，可能影响米蛋白与镉结合的因素主要包括配位竞争、配位饱和、酸效应和金属离子的水解效应（方景礼，2008；李超群等，2016）。

首先，在溶液中米蛋白与镉形成配合物的配位反应过程中，会受到副反应干扰。按照酸效应规律，随着 pH 降低，米蛋白参加配位反应的能力降低，从而使一部分镉游离在溶液中。冯伟（2019）研究发现，两种蛋白（醇溶蛋白和酶提米蛋白）的镉结合量 q 均随 pH 下降而减小（图 4.5），整体变化可以分为三个阶段，第一个阶段在中性范围（pH 6.0～7.5），醇溶蛋白和酶提米蛋白的 q 值分别从 5.75 mg/g 和 3.76 mg/g 降到 5.14 mg/g 和 3.4 mg/g，降幅较小；第二个阶段在 pH 6.0～4.5 之间，醇溶蛋白和酶提米蛋白的 q 值分别迅速下降到 0.95 mg/g 和 0.63 mg/g；第三个阶段为 pH 低于 4.5，q 值的下降速度再次变缓，在 pH 达到 3.0 时，醇溶蛋白和酶提米蛋白的 q 值分别是 0.51 mg/g 和 0.21 mg/g。pH 对米蛋白与镉结合的影响呈 S 形状曲线，这是由于蛋白质是两性电解质，在 pH 下降初期，蛋白质侧链基团也有结合部分氢离子的能力，并不会过多影响到与镉的结合；在 pH 为 5.0 左右时，无论是醇溶蛋白还是酶提米蛋白，都处于等电点（pI）范围内，表面失去了净电荷从而发生了聚集，溶解度最低，而由于镉主要是结合于蛋白表面，蛋白聚集后表面积大幅降低，减少了镉的结合位点，所以 q 值迅速下降；而在 pH 低于 4.5 后，溶液中游离镉离子的浓度达到一定值，增加了镉与蛋白接触的概率，同时蛋白结构重新趋向于松散，结合位点增加，从而导致解离速率变慢，反应趋于平衡。Huo 等（2016）研究了 10 种食品工业常用酸对于从蛋白中脱除镉的影响，所用酸包括柠檬酸、酒石酸、顺丁二酸、磷酸、苹果酸、盐酸、乳酸、草酸、丙酸、乙酸，发

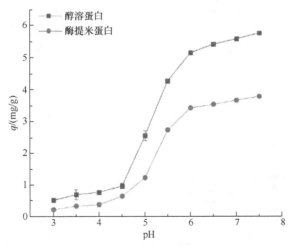

图 4.5　pH 对两种蛋白与镉结合的影响（冯伟，2019）

现柠檬酸是效果最好的，可以使蛋白中镉从 2.6 mg/kg 降到约 1 mg/kg。有机酸与脱除镉的反应过程存在两种可能效应，一种是酸效应，另一种是配位竞争效应。pH 反映了溶液中游离氢离子数量，过量氢离子可以与配体结合生成弱酸，减弱配体供电子能力。而配位平衡发生移动，则取决于两种配体与金属离子形成稳定常数的相对大小，一般向生成更稳定配离子方向移动。

其次，在米蛋白、镉与其他配离子混合时，会产生配位竞争效应，影响配合物稳定性。配离子之间进行配位竞争，主要是取决于中心离子性质的影响：①过渡元素的金属离子易产生较稳定的配合物，其中离子核电荷高、半径小，形成的配合物更稳定；②对结构相同离子半径相近的金属离子，生成配合物的稳定性与金属离子的电荷成正比、与半径成反比。冯伟（2019）研究了不同金属离子（Fe^{3+}、Ca^{2+}、Cu^{2+} 和 Zn^{2+}）对两种蛋白与镉结合的影响，发现当金属离子浓度为 0.0001 mol/L 时，Fe^{3+}、Ca^{2+} 基本上对蛋白与镉结合无影响（图 4.6），Cu^{2+} 和 Zn^{2+} 对两种蛋白与镉结合都体现出轻微抑制，Zn^{2+} 抑制作用比 Cu^{2+} 明显（$P < 0.05$）。这主要是由于米蛋白表面仍存在大量结合位点，可以结合这部分金属离子。当浓度增加到 0.001 mol/L 时，Zn^{2+} 开始明显影响两种蛋白-镉结合物的稳定性，醇溶蛋白、酶提米蛋白的 q 值分别从 5.75 mg/g、3.76 mg/g 降低到 0.68 mg/g、2.06 mg/g，当金属离子的浓度进一步增加到 0.01 mol/L 时，醇溶蛋白、酶提米蛋白的 q 值进一步减少到了 0.14 mg/g、0.39 mg/g（$P < 0.05$）。Cu^{2+} 在 0.001 mol/L 的浓度条件下也开始明显抑制蛋白与镉的结合，醇溶蛋白、酶提米蛋白的 q 值分别降低到 1.48 mg/g、2.7 mg/g，在 0.01 mol/L 时，Cu^{2+} 的抑制效果基本上与 Zn^{2+} 相同，醇溶蛋白、酶提米蛋白的 q 值分别只有 0.07 mg/g、0.38 mg/g（$P < 0.05$）。Ca^{2+} 在其浓度达到 0.01 mol/L 时，才显示出对蛋白与镉结合的抑制作用，醇溶蛋白、酶提米蛋白的 q 值分别为 1.07 mg/g、2.13 mg/g。Fe^{3+} 的作用比较特别，也是在高浓度 0.01 mol/L 条件下才有作用，醇溶蛋白、酶提米蛋白的 q 值分别为 0.61 mg/g、0.33 mg/g，这可能是由

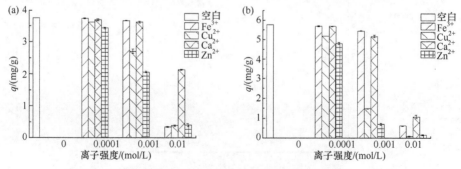

图 4.6　不同金属离子对两种蛋白与镉结合的影响（冯伟，2019）
（a）酶提米蛋白；（b）醇溶蛋白

于金属离子与配位体结合的稳定性差异除了受金属离子本身的离子电荷、离子半径和电子层结构影响外，还受到溶液酸度及金属离子水解效应的影响。

此外，在米蛋白、镉与其他配位体混合时，也会产生配位竞争效应，影响配合物稳定性。配体之间进行配位竞争，主要取决于：①配原子性质的影响，配体与镉离子形成配合物的稳定性规律，遵从 C≈S≈P>Cl>N>O>F，I⁻>Br⁻>Cl⁻>OH⁻>F⁻；②配体的碱性及电负性，一般情况下，碱性越强，形成的配合物越稳定，当电负性与碱性相冲突时，则电负性因素占主导；③螯合效应，是否形成螯合物；④空间位阻及邻位效应，如果配原子附近有大的基团，会阻碍金属离子的配位，从而降低配合物稳定性。图 4.7 显示了四种不同配位体竞争对酶提米蛋白、醇溶蛋白与镉结合的影响。由图 4.7 可知，EDTA-2Na 在 0.0001 mol/L 浓度下即可使绝大部分镉从蛋白中解析出来，醇溶蛋白中镉含量从 5.75 mg/g 降到 2.16 mg/g，酶提米蛋白中镉含量从 3.76 mg/g 降到 0.66 mg/g，并且随着 EDTA-2Na 用量的增加，影响更加显著，当添加量达到 0.01 mol/L 时，醇溶蛋白、酶提米蛋白中镉含量分别只有 0.12 mg/g、0.11 mg/g（$P<0.05$）。EDTA 可以提供 6 个配位原子，可以与镉结合并形成非常稳定的螯合环，此外蛋白的配位原子周边存在较多大的基团，会产生空间位阻进而影响到配合物的稳定性，所以以稳定性要比 EDTA-镉结合物差。对于焦磷酸钠而言，当浓度达到 0.001 mol/L 时，其对两种蛋白-镉结合物的影响比较明显，醇溶蛋白、酶提米蛋白中镉含量分别降低到 4.12 mg/g、2.4 mg/g，当添加量进一步增加到 0.01 mol/L 时，对两种蛋白产生了类似 EDTA-2Na 的影响，醇溶蛋白、酶提米蛋白中镉含量分别只有 0.09 mg/g、0.13 mg/g。柠檬酸钠随着其添加量的增加对两种蛋白也有一定程度的影响，但相对焦磷酸钠和 EDTA-2Na 要小很多，在添加量为 0.01 mol/L 时，醇溶蛋白、酶提米蛋白中镉含量仍然高达 5.32 mg/g、2.82 mg/g。可见，配位体与镉形成结合物的稳定常数的排序应该是：EDTA-2Na>焦磷酸钠>柠檬酸钠。相比空白，醋酸钠随着其浓度

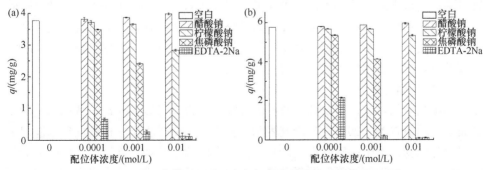

图 4.7　不同配位体对两种蛋白与镉结合的影响（冯伟，2019）

（a）酶提米蛋白；（b）醇溶蛋白

的增加，对两种蛋白与镉的结合还略有促进作用，在 0.01 mol/L 时，醇溶蛋白、酶提米蛋白结合量分别增加到了 5.94 mg/g、3.97 mg/g。醋酸-镉的稳定性与米蛋白-镉相比要低很多，可能醋酸根协同米蛋白一起与镉形成了多齿形共轭复合物，提供了更多的结合位点，产生了配合饱和效应，从而促进了镉与蛋白的结合（Aggarwal et al.，1983）。

4. 稻米加工过程中重金属镉消减技术研究进展

稻米镉污染的主要原因在于外部环境镉污染问题。如何从源头治理污水中的镉超标以及修复镉污染土壤是彻底解决稻米镉污染的本质所在。但是污水治理及土壤修复任务艰巨且持续时间较长，难以短期内见到成效。因此，在精深加工过程中进行镉消减成为解决稻米镉污染问题的重要手段。目前研究的除镉技术主要包括浸泡、物理碾磨、微生物发酵等。

1）浸泡

浸泡是加工米粉、米线、米糕、米酒等食品的重要工序，大米经过淘洗、浸泡等简单处理，能够在一定程度上降低大米中的重金属镉，例如，刘晶等（2013）发现大米在 30℃清水中浸泡 30 h 后，砷、汞、铅、镉均有不同程度的迁移，其中镉的迁移量为 33.71%，说明了不用添加任何菌种或试剂，仅在浸泡条件下，镉就会从完整形态的大米中迁移出来，但是该方法的除镉率不高。

2）物理碾磨

利用镉在稻米籽粒中分布的不均一性，在砻谷和碾米过程中将蛋白质含量相对较高的胚和皮层分离、去除，可以降低精米中残留的镉含量。魏帅等（2015）对 12 种早籼稻在砻谷和碾米过程中产品的镉含量进行了分析，发现稻谷经砻谷加工后镉含量降低，通过回归分析可知镉含量低于 0.226 mg/kg 的稻谷通过砻谷加工（出糙率为 77.7%）可获得镉含量达标（0.2 mg/kg）的糙米；适当提高碾米精度可降低大米产品中的镉含量，当碾米精度为 23.8% 时，碾米加工对镉的去除效果最佳，进一步提高碾米精度已无法显著降低产品的镉含量，而且会造成大米营养价值降低，产品得率减少；通过回归分析得出镉含量低于 0.288 mg/kg 的糙米，可通过碾米加工获得镉含量达标的大米产品。

3）微生物发酵

利用微生物发酵产酸及菌种自身的镉吸附能力，可以有效地消减稻米中的重金属镉。周显青等（2010）的研究表明，在生产米粉过程中，植物乳杆菌能以大米蛋白为底物，发生酶解并大量产酸。大米发酵液中的植物乳杆菌发酵能够分解大米蛋白质，产生能够降解镉蛋白结合位点的有机酸，进而使大米中的结合态镉被分离出来。一些学者（刘也嘉等，2016；傅亚平等，2016；傅亚平等，2015a，2015b）将镉污染大米粉碎后进行湿法发酵，获得了较好的除镉率。例如，傅亚平等（2015a）以粉碎过 40 目筛的镉超标大米（0.65 mg/kg）为原料，研究了乳酸菌发酵对大米粉中重金属镉的脱除效果，并对发酵工艺条件进行了优化，确定了发酵菌种为植物乳杆菌和戊糖片球菌（2∶1，体积比）的混合菌，发酵温度 40.8℃，发酵时间 23.4 h，接种量 3%；在此条件下，大米粉中镉的脱除率达 85.7%。随后该研究团队为进一步提高镉的脱除率，采用酸溶-发酵联用技术脱除大米中的重金属镉（傅亚平等，2015b），在发酵工艺技术参数固定的情况下，研究酸液浸泡条件对镉脱除率的影响，结果表明在所选用的 7 种酸中，乳酸溶液是适宜的大米浸泡液；各因素对大米除镉率影响的主次顺序依次为乳酸体积分数＞浸泡温度＞料液比；酸浸的最佳工艺条件为浸泡时间 12 h，浸泡温度 44.2℃，乳酸体积分数 48%，液料比 9∶1（mL∶g）；在此条件下，镉脱除率高达 98.0%。发酵法除镉率高，且能使大米粉产生良好的发酵风味，但是蛋白质损失严重，除镉后粉状原料清洗困难，采用离心清洗不适用于工业化大规模加工，加工适宜性不强。雷群英（2015）研究了发酵后大米的内部及表面结构，发现蛋白溶出后大米结构由紧致变为多孔，米淀粉颗粒棱角消失、间隙变大，大米品质受到严重损害进而无法加工食用，只能被用作饲料原料。

5. 稻米加工过程中重金属镉消减技术产业化进展

稻米中镉污染主要集中在南方籼米的产区，籼米有两个加工特性，一是非常适合加工成米线（米粉）、肠粉、河粉、发糕等各种米制品，二是碎米量大，虽然碎米形态上有缺陷，但主要成分淀粉、蛋白几乎与整米一致，是酿造发酵、淀粉蛋白制备的良好原料。利用米蛋白与镉配位结合的解离规律，江南大学陈正行团队针对籼米主要深加工利用途径，提出了基于超标镉稻米高值化利用的精准除镉技术，主要内容包括两方面：①在稻米加工成米制品专用粉过程中，通过生物发酵、酶解技术，在对米粉进行调质的同时，脱除其中镉；②在利用碎米制备食品级米蛋白、米淀粉的过程中，通过络合作用与酸效应相结合，脱除富集在米蛋白中的镉。两种精准除镉模式目前已分别在湖南、江西得到了产业化示范实施，除镉效果显著，除镉率可达 90%以上，并利用米蛋白吸附镉的特性对废水中镉离子进行固化，镉固化率可达 99%以上，不会造成环境二次污染，实现了超标镉稻米高值化利用。该技术体系进一步推广实施，可实现年处理高值化利用千万吨级别的超标镉稻谷。

4.1.2　大豆油中反式脂肪酸形成机制与控制技术

1. 大豆油反式脂肪酸含量分析

利用氢氧化钾甲醇法结合 GC 对大豆油在 240℃加热前后的脂肪酸含量进行了定量（表 4.7）。因购置的大豆油为三级精炼的大豆油，对照组中含有少量 TFA（0.089 g/100 g）。该大豆油含有多种饱和与不饱和脂肪酸，其中饱和脂肪酸含量占

14.859 g/100 g，顺式不饱和脂肪酸含量占 82.702 g/100 g，含量最高的为亚油酸，达 52.928 g/100 g。大豆油加热后，各脂肪酸含量都发生了变化。顺式脂肪酸含量和 TFA 含量变化最为明显，在经 240℃加热 6 h 和 12 h 后，顺式不饱和脂肪酸含量分别降至 74.360 g/100 g 和 69.603 g/100 g；而 TFA 含量则分别增加至 4.466 g/100 g 和 7.756 g/100 g。在增加的 TFA 成分中，反式油酸的含量增加较少，在 12 h 加热后，含量从原来的 0.023 g/100 g 仅增加至 0.051 g/100 g。而反式亚油酸和反式亚麻酸的含量增加量较多，总量分别从原来的 0.037 g/100 g 和 0.028 g/100 g 增加至 3.166 g/100 g 和 4.539 g/100 g，其中含量较高的 TFA 为两种反式亚油酸（C18:2-9 c，12 t 和 C18:2-9 t，12 c）和两种反式亚麻酸（C18:3-9 c，12 c，15 t 和 C18:3-9 t，12 c，15 c）。

表 4.7　大豆油 240℃加热前后脂肪酸含量（g/100 g）

脂肪酸	加热时间/h		
	0	6	12
C14:0	0.065 ± 0.001	0.063 ± 0.001	0.062 ± 0.001
C16:0	9.994 ± 0.166	9.996 ± 0.282	9.776 ± 0.050
C16:1	0.066 ± 0.001	0.063 ± 0.004	0.059 ± 0.003
C18:0	4.051 ± 0.067	4.025 ± 0.120	3.899 ± 0.053
C18:1-9 t	0.023 ± 0.002	0.033 ± 0.002	0.051 ± 0.003
C18:1-9 c	19.461 ± 0.384	19.257 ± 0.648	18.801 ± 0.141
C18:1-11 c	1.323 ± 0.040	1.211 ± 0.074	1.245 ± 0.012
C18:2-9 t，12 t	ND	0.070 ± 0.004	0.084 ± 0.005
C18:2-9 c，12 t	0.037 ± 0.001	0.759± 0.019	1.511 ± 0.028
C18:2-9 t，12 c	ND	0.756 ± 0.025	1.571 ± 0.035
C18:2	52.928 ± 1.018	50.389 ±1.865	47.016 ± 0.419
C20:0	0.311 ± 0.010	0.305 ± 0.009	0.293 ± 0.005
C18:3-9 t，12 t，15 c C18:3-9 t，12 c，15 t	ND	0.307 ± 0.004	0.910 ± 0.014
C18:3-9 c，12 c，15 t	0.028 ± 0.002	1.415 ± 0.040	1.784 ± 0.034
C18:3-9 c，12 t，15 c	ND	0.131 ± 0.004	0.210 ± 0.012
C20:1	0.162 ± 0.002	0.162 ± 0.002	0.162 ± 0.002
C18:3-9 t，12 c，15 c	ND	1.287 ± 0.054	1.635 ± 0.025
C18:3-9 c，12 c，15c	8.763 ± 0.180	4.488 ± 0.154	2.320 ± 0.026
C22:0	0.329 ± 0.027	0.305 ± 0.013	0.297 ± 0.005
C24:0	0.109 ± 0.007	0.112 ± 0.003	0.110 ± 0.006

续表

脂肪酸	加热时间/h		
	0	6	12
反式亚油酸	0.037 ± 0.001	1.585 ± 0.026	3.166 ± 0.037
反式亚麻酸	0.028 ± 0.002	1.853 ± 0.040	4.539 ±0.035
∑TFA	0.089	4.466	7.756
∑SFA	14.859	16.017	14.437
∑cis-UFA	82.702	74.360	69.603
∑FA 合计	97.650	95.136	91.796

注：ND 表示未检出。

　　GC-MS 的分析结果进一步确认各非共轭反式异构体种类，无论是反式亚油酸还是反式亚麻酸，单 TFA 要比双 TFA 含量高，也说明双 TFA 的形成需先形成单反式异构体，再进一步异构化形成双反式异构体，因此在一定的时间范围内单反式异构体含量明显要高。根据研究结果可以推测出亚油酸和亚麻酸热致异构化的反应模式（图 4.8 和图 4.9 ）。

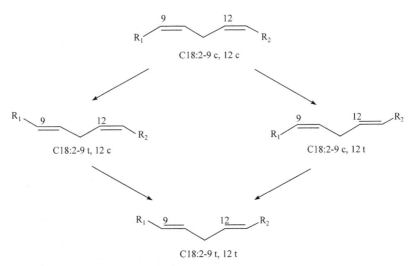

图 4.8　大豆油中亚油酸顺反异构化模式

　　Liu 等利用 GC 分析了氢化大豆油中的脂肪酸组成，与氢化大豆油中反式油酸占绝大多数不同，加热大豆油中的 TFA 以反式亚油酸和反式亚麻酸为主(表 4.8)。氢化大豆油中反式油酸占 95.348%，而反式多不饱和脂肪酸中只检出反式亚油酸，含量仅为 4.652%；加热大豆油中反式油酸比例很小，仅占 0.66%，而反式亚油酸和反式亚麻酸所占比重分别达到 40.82% 和 58.52%。不同种类的 TFA 可能对人体健康的危害程度不同，因此有必要对大豆油热致异构化的反式产物进行安全性分析。

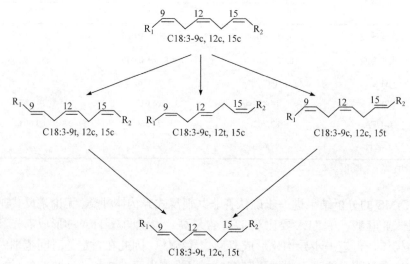

图 4.9　大豆油中亚麻酸顺反异构化模式

表 4.8　氢化大豆油和加热大豆油（240℃/12 h）中 TFA 分布比较

TFA	氢化大豆油	加热大豆油
反式油酸	95.348%	0.66%
反式亚油酸	4.652%	40.82%
反式亚麻酸	0	58.52%

2. 大豆油不饱和脂肪酸热致异构反式脂肪酸调控方法

1）温度对 TFA 的影响

大豆油经 160~240℃加热 12 h 后，TFA 的种类和含量随温度的增加逐渐增加（表 4.9）。在 160℃加热 1 h 后，TFA 种类仅增加了一种，即 C18:3-9 c，12 t，15 c（0.036g/100g），总 TFA 含量从 0.089 g/100 g 增加到 0.113 g/100 g。当加热温度增加到 180℃时，TFA 种类增加至 5 种，总含量约是对照组的三倍。当油脂的加热温度达到 210℃以上，共检出 9 种 TFA（其中反式油酸 1 种，反式亚油酸 3 种，反式亚麻酸 5 种）。在 160~240℃范围内，TFA 含量随着温度的增加而增加，趋势十分明显。

在 160~240℃范围内大豆油中 TFA 含量的变化趋势见图 4.10，对 TFA 含量与加热温度进行线性拟合，得到了指数方程 $y=2\times10^{-5}\ e^{0.0552\ x}$，拟合程度较好（$R^2$=0.9914）。即反应速率常数与温度也呈指数变化关系，进而说明产物的生成量也呈指数增长的趋势。因此，控制加热温度是降低 TFA 最有效和简单的方法。

表 4.9　大豆油经不同温度加热后的 TFA 含量（g/100 g）

TFA	加热温度/℃									
	CK	160	170	180	190	200	210	220	230	240
C18:1-9t	0.023±0.002	0.027±0.002	0.026±0.002	0.022±0.001	0.026±0.003	0.029±0.002	0.034±0.001	0.038±0.001	0.042±0.001	0.051±0.003
C18:2-9t,12t	—	—	—	—	—	0.045±0.006	0.045±0.003	0.054±0.003	0.071±0.007	0.084±0.005
C18:2-9c,12t	0.037±0.001	0.050±0.003	0.058±0.005	0.060±0.003	0.078±0.004	0.132±0.002	0.233±0.005	0.412±0.004	0.920±0.020	1.511±0.028
C18:2-9t,12c	—	—	0.023±0.002	0.032±0.002	0.046±0.002	0.107±0.003	0.212±0.007	0.394±0.007	0.934±0.018	1.571±0.035
C18:3-9t,12t,15c/9t,12c,15t	—	—	—	—	—	—	0.039±0.002	0.123±0.004	0.473±0.016	0.910±0.014
C18:3-9c,12c,15t	0.028±0.002	0.036±0.002	0.056±0.002	0.089±0.004	0.152±0.001	0.354±0.009	0.631±0.010	1.022±0.015	1.597±0.040	1.784±0.034
C18:3-9c,12t,15c	—	—	—	—	—	—	0.031±0.002	0.068±0.001	0.145±0.014	0.210±0.012
C18:3-9t,12c,15c	—	—	0.025±0.003	0.058±0.002	0.110±0.002	0.300±0.009	0.570±0.003	0.932±0.022	1.459±0.031	1.635±0.025
∑TFA	0.089	0.113	0.188	0.261	0.412	0.966	1.795	3.044	5.641	7.756

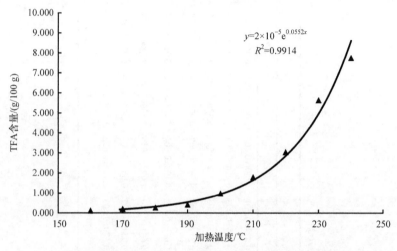

图 4.10　大豆油中 TFA 含量随加热温度的变化情况

2）氮气对 TFA 的影响

为了便于在短时间内观测油脂充氮对 TFA 含量的影响，采用 240℃对大豆油进行加热，分别记录 0～15 h 内不同加热时间内大豆油中 TFA 的含量（表 4.10），发现 12 h 后充氮组和对照组中顺式不饱和脂肪酸含量分别为 69.715 g/100 g 和 68.080 g/100 g，说明油脂充氮后，油脂中氧气含量极低，抑制了油脂氧化反应的发生，在一定程度上增强了油脂的热稳定性，特别是在 3 h 加热后，充氮组中 TFA 含量达 4.904 g/100 g，明显高于对照组中 TFA 含量（2.816 g/100 g）。这有可能是大豆油充氮后，油脂的氧化反应得以抑制，而与其发生竞争反应的油脂异构化在一定程度得到了促进，导致了 TFA 含量增多。

大豆油充氮前后顺式不饱和脂肪酸和 TFA 含量变化情况分别如图 4.11 和图 4.12 所示。大豆油经 240℃高温加热后，顺式不饱和脂肪酸含量随着加热时间的延长

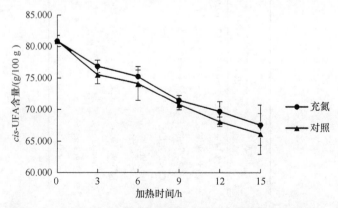

图 4.11　充氮对大豆油加热过程顺式不饱和脂肪酸含量的影响

表 4.10　大豆油充氮前后加热形成的 TFA 含量（g/100 g）

TFA	0 h	3 h 对照	3 h 充氮	6 h 对照	6 h 充氮	9 h 对照	9 h 充氮	12 h 对照	12 h 充氮	15 h 对照	15 h 充氮
C18:1-9t	0.023±0.002	0.033±0.002	0.043±0.004	0.032±0.003	0.043±0.004	0.040±0.001	0.047±0.002	0.051±0.002	0.061±0.003	0.061±0.004	0.075±0.005
C18:1-9c	19.393±0.216	18.982±0.366	19.530±0.214	19.257±0.648	19.409±0.678	18.931±0.213	19.001±0.215	18.786±0.193	19.210±0.426	18.674±0.938	18.896±0.354
C18:2-9t,12t	0.000	0.058±0.005	0.073±0.002	0.072±0.003	0.077±0.008	0.074±0.004	0.081±0.004	0.084±0.005	0.092±0.007	0.096±0.019	0.126±0.009
C18:2-9c,12t	0.037±0.001	0.422±0.010	0.787±0.017	0.759±0.019	0.960±0.021	1.066±0.010	1.238±0.014	1.509±0.030	1.634±0.032	1.826±0.104	2.092±0.016
C18:2-9t,12c	0.000	0.404±0.008	0.792±0.030	0.756±0.026	0.954±0.021	1.093±0.011	1.230±0.013	1.570±0.037	1.692±0.0033	1.901±0.109	2.194±0.014
C18:2-9c,12c	52.743±0.564	50.564±0.925	51.581±0.682	50.389±1.866	50.905±0.271	48.468±0.592	48.761±0.493	46.976±0.521	48.030±1.092	45.595±2.171	46.552±2.761
C18:3-9t,12t,15c/9,12c,15t	0.000	0.094±0.003	0.309±0.052	0.307±0.004	0.387±0.026	0.545±0.003	0.695±0.007	0.910±0.016	0.962±0.032	1.282±0.120	1.297±0.008
C18:3-9c,12c,15t	0.028±0.003	0.898±0.016	1.431±0.097	1.415±0.040	1.552±0.032	1.671±0.016	1.783±0.019	1.783±0.037	1.937±0.068	1.872±0.175	2.061±0.055
C18:3-9c,12t,15c	0.000	0.079±0.002	0.164±0.021	0.132±0.003	0.169±0.003	0.178±0.009	0.218±0.024	0.211±0.012	0.235±0.018	0.260±0.035	0.276±0.011
C18:3-9t,12c,15c	0.000	0.828±0.015	1.306±0.078	1.287±0.054	1.544±0.029	1.522±0.006	1.709±0.010	1.634±0.028	1.729±0.027	1.716±0.113	1.736±0.029
C18:3-9c,12c,15c	8.732±0.107	5.982±0.137	5.751±0.086	4.488±0.154	4.935±0.067	3.410±0.040	3.716±0.048	2.318±0.032	2.475±0.039	1.896±0.103	2.098±0.054
∑TFA	0.088	2.816	4.904	4.761	5.687	6.189	7.000	7.750	8.341	9.014	9.859
∑cis-UFA	80.868	75.527	76.862	74.135	75.249	14.634	71.478	68.080	69.715	66.164	67.546

逐渐降低，这是由于在高温条件下，顺式不饱和脂肪酸发生了氧化、聚合、裂解和异构化等反应。但充氮组中顺式不饱和脂肪酸的降低趋势略缓于对照组，对照组和充氮组中的 TFA 含量随着加热时间的延长而明显增多，其中充氮组的增加趋势更为显著。

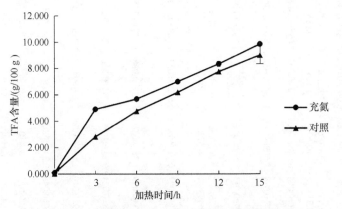

图 4.12　充氮对大豆油加热过程 TFA 含量的影响

3）抗氧化剂对 TFA 的影响

抗氧化剂是食品工业中应用最为广泛的食品添加剂之一，主要用于防止油脂及富含脂类食品的氧化、酸败等。选取 6 种常用的抗氧化剂（BHA、BHT、维生素 E、TBHQ、TP、RE）研究其对大豆油加热过程中 TFA 含量的影响。各抗氧化剂的有效含量按合成抗氧化剂的最大限量 0.02%添加，经 180℃加热 24 h。TP 和 RE 提取物对 TFA 的抑制作用极显著（$P<0.01$）（表 4.11）。与对照大豆油含 0.615 g/100 g 相比，添加了 TP 和 RE 提取物的大豆油在相同温度和时间加热后 TFA 含量分别为 0.443 g/100 g 和 0.407 g/100 g，抑制率分别达到 27.98%和 33.8%。如图 4.13 所示，添加了不同抗氧化剂后，油脂中的 TFA 含量有差异。与对照组相比，添加了 BHA、BHT 和维生素 E（VE）的大豆油中 TFA 含量之间没有显著性差异，而能明显降低大豆油中 TFA 的抗氧化剂有 3 种，分别为 TBHQ、TP 和 RE。

表 4.11　大豆油添加不同抗氧化剂加热后的 TFA 含量（g/100 g）

TFA	抗氧化剂种类						
	对照	0.02% BHA	0.02% BHT	0.02% TBHQ	0.10% TP	0.02% VE	0.04% RE
C18:1-9 t	0.025±0.001	0.029±0.004	0.028±0.003	0.023±0.003	0.023±0.002	0.025±0.003	0.014±0.001
C18:2-9c, 12t	0.096±0.004	0.096±0.006	0.094±0.006	0.086±0.007	0.078±0.003	0.093±0.010	0.068±0.007
C18:2-9t, 12c	0.066±0.004	0.065±0.003	0.069±0.006	0.060±0.005	0.057±0.004	0.063±0.005	0.047±0.004
C18:3-9 c, 12 c, 15 t	0.235±0.008	0.231±0.008	0.241±0.026	0.199±0.013	0.161±0.007	0.219±0.008	0.159±0.008

续表

TFA	抗氧化剂种类						
	对照	0.02% BHA	0.02% BHT	0.02% TBHQ	0.10% TP	0.02% VE	0.04% RE
C18:3-9 c, 12 t, 15 c	—	—	0.022±0.006	0.019±0.003	—	0.016±0.012	0.002±0.003
C18:3-9 t, 12 c, 15 c	0.193±0.022	0.198±0.001	0.201±0.030	0.167±0.014	0.123±0.006	0.197±0.008	0.117±0.006
∑TFA	0.615± 0.038[ab]	0.618± 0.023[ab]	0.654± 0.077[a]	0.554± 0.039[b]	0.443± 0.022[c]	0.613± 0.047[ab]	0.407± 0.029[c]

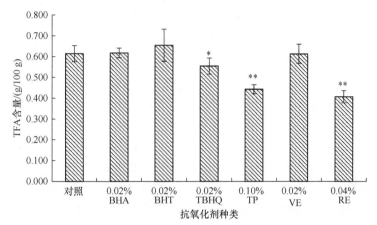

图 4.13　不同抗氧化剂对大豆油加热过程 TFA 含量的影响

注：*表示差异显著，$P<0.05$；**表示差异极显著，$P<0.01$

4.1.3　玉米贮藏过程中霉菌控制技术

　　玉米防霉技术由最初的臭氧防霉（施先刚和周景星，1992）、SO_2 和 NH_3 复合处理防霉（严以谨等，1993）、敌霉素防霉（呼玉山等，2000），到近年来的有机酸防霉技术，这些防霉技术中包含的化学药品如敌敌畏、苯甲酸等在玉米中残留量高、毒性大，甚至使储粮真菌产生抗药性，对环境造成二次污染。因此，化学资源防霉技术在玉米储藏中的应用具有较大缺陷，有必要开展植物源的新型高效防霉技术研究。植物精油的挥发性成分作为一种化学信息被释放出来，对微生物产生化学效应，起到了显著的抑菌或杀菌的作用。近年来，许多学者研究发现植物精油在体内和体外均表现出了强烈的抑菌效果（Sittichai et al.，2014），也有学者研究植物精油对储粮真菌的影响，取得了初步抑制效果（季茂聘，2005）。但是抑菌剂单独应用时，其抑菌效果可能会受到外界因素的影响而不稳定，本书拟从新的角度出发，选用由肉桂醛、柠檬醛、丁香酚和薄荷醇（3∶3∶2∶2）组成复合植物精油，并结合惰性载体硅藻土，利用其微孔吸附特性，将其与复合植物精油混合制成固体防霉剂应用到玉米储藏过程中，硅藻土将复合植物精油吸附到孔隙内，可起到缓慢释放的作用，从而达到长期有效抑菌的目的（刘小青等，2006；朱健等，2012；郑水林等，2014）。

1. 储藏温湿度对霉菌菌落总数变化的影响

随储藏温度、相对湿度的变化，玉米在储藏期间的霉菌菌落总数基本上呈先上升后下降的趋势，中间略有波动，温度、相对湿度与霉菌菌落总数的变化趋势基本一致。在储藏前期的 1～4 月末，储藏温度为 10.9～18.0℃（相对湿度为 57.1%～68.3%）时，玉米样品污染较轻，菌落总数有所上升，但是总体带菌量较少，由储藏初始的 460.1 cfu/g 缓慢增加到 494.7 cfu/g，证明此条件并不适宜霉菌生长（图 4.14、图 4.15）。从储藏的 5 月末开始至 8 月末，随着储藏温度、相对湿度条件的升高，即温度为 22.1～32.6℃（相对湿度为 62.2%～70.2%）时，玉米霉菌数量开始急剧增加，相对于初始玉米样品霉菌含量增幅分别为 378.97 cfu/g、490.0 cfu/g、738.5 cfu/g、989.2 cfu/g，且 8 月达到最大值，升至 1449.3 cfu/g，说明在储藏中期高温高湿的环境条件适宜大多数霉菌的生长，总菌落数表现为逐渐升高的趋势。在储藏后期，随着储藏温度下降、相对湿度升高，霉菌菌落总数大幅度减少，在储藏的 12 月末降至 88.8 cfu/g，说明储藏温度、相对湿度是影响玉米样品霉菌菌落总数变化的两个重要因素，且高温高湿条件下霉菌易爆发增长。因此，玉米储藏期间要控制储藏环境的温度和相对湿度，确保玉米的品质与安全。

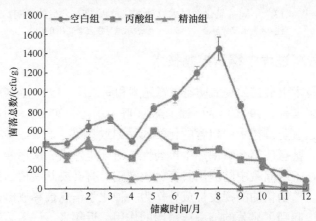

图 4.14　贮藏期玉米样品霉菌菌落数变化

2. 复合植物精油防霉剂对玉米霉菌的防控效果

分析不同储藏期中经不同防霉剂处理后玉米样品的真菌菌群类型和总带菌量的变化规律。不同储藏期玉米样品中所含霉菌菌落总数（cfu/g）反映的是样品中的总带菌量的变化，菌落数高说明玉米样品中污染的真菌较严重。

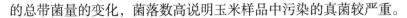
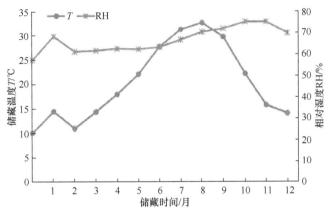

图 4.15　玉米贮藏环境温湿度条件变化

　　总体来看，在为期一年的储藏时间内，相比于空白组，经过防霉剂处理的玉米样品霉菌菌落总数明显减少，在整个储藏过程中菌落总数均低于 600 cfu/g，真菌丰度和优势度受到明显抑制，证明复合植物精油直接接触玉米样品有抑制霉菌生长的作用。在储藏的 1～3 月末玉米样品上侵染真菌种类较多，但优势度小，比较常见的真菌是串珠镰刀菌、禾谷镰刀菌、青霉、灰绿曲霉以及少量的红曲霉、白曲霉、黑曲霉、黄曲霉等真菌，其中串珠镰刀菌、禾谷镰刀菌等为田间型真菌，黑曲霉、黄曲霉等为储藏型真菌，随着储藏时间的延长，田间型真菌带菌量逐渐减小，取而代之的是黄曲霉、青霉等储藏型真菌（表 4.12）。在储藏的 6～9 月末玉米样品中黄曲霉所占百分比逐渐增加，镰刀菌菌落数迅速锐减，优势菌以黄曲霉、青霉为主，在储藏的 10～12 月末，青霉和灰绿曲霉成为优势菌。出现此现象的原因可能是在常规储藏条件下，作为田间型真菌的镰刀菌不适应储藏环境而逐渐凋亡，储藏的 6～9 月末储藏温度、相对湿度的增加给黄曲霉菌的生长创造了适宜的环境条件，使黄曲霉菌快速繁殖起来成为优势菌，由于灰绿曲霉不耐高温、高湿环境，生长减弱。储藏 11～12 月期间，储藏温湿度急剧下降，黄曲霉生长减弱，而灰绿曲霉能够耐受储藏环境的变化迅速生长，成为优势菌。

　　复合植物精油处理后的玉米样品霉菌菌落总数在整个储藏期始终低于 10^3 cfu/g，在储藏的 1 月至 2 月末霉菌菌落总数由初始的 460.1 cfu/g 迅速增加到 510.0 cfu/g，达到整个储藏期的最大值，说明复合植物精油的抑菌效果在储藏前期并没有明显体现出来。但从储藏的 3 月末开始至 9 月末复合植物精油抑制霉菌生长的效果开始明显，在储藏的 8 月末对霉菌生长达到最大抑制值，与空白组相比，复合植物精油处理后玉米样品霉菌菌落总数减少了 89.0%，降至 160.0 cfu/g，其中对黄曲霉、青霉、灰绿曲霉的抑制率分别达到了 99.4%、75.9%、92.7%，在储藏

表 4.12 贮藏期玉米样品霉菌菌落变化

处理	真菌种类	不同储藏期菌落数/(cfu/g)												
		0月	1月	2月	3月	4月	5月	6月	7月	8月	9月	10月	11月	12月
空白组	总菌落数	460.1±12	471.2±45	646.1±57	719.5±41	494.7±15	839.07±43	950.1±58	1198.6±65	1449.3±121	864.7±38	227.6±20	168.8±1.9	88.8±15
	镰刀菌	54.0±10	84.0±17	127.0±21	142.0±15	50.0±8	19.72±11	61.7±7	75.4±10	70.0±0	43.2±5	15.6±3	0.0±0	0.0±0
	黄曲霉菌	27.0±5	30.0±12	24.0±4	2.2±1	15.5±3	29.05±10	159.8±15	329.7±16	573.3±27	307.0±18	30.3±8	15.0±8	21.0±4
	青霉菌	245.00±17	120.0±10	251.0±9	293.1±19	268.2±14	294.08±10	255.0±5	300.9±13	398.3±21	243.0±42	109.6±13	69.5±14	25.4±6
	灰绿曲霉	111.0±13	123.1±21	231.1±15	252.5±25	149.1±17	305.21±27	245.2±14	200.2±9	260.0±13	216.5±13	65.0±7	63.5±5	19.0±3
	其他	23.1±1	114.2±15	13.0±2	29.7±3	11.9±5	191.01±17	228.4±14	292.5±12	147.6±17	54.9±12	7.0±0	20.8±3	23.4±5
丙酸组	总菌落数	460.1±12	334.6±21	441.4±32	415.8±20	316.0±24	601.94±20	440.0±11	389.2±32	410.0±35	300.6±10	293.2±15	40.7±10	24.9±5
	镰刀菌	54.0±7	10.0±1	16.0±5	8.0±3	0.00±0	22.96±2	16.9±5	10.3±3	0.0±0	0.0±0	0.0±0	0.0±0	0.0±0
	黄曲霉菌	27.0±2	5.0±0.8	2.0±0	1.2±0.7	1.9±0.2	20.0±0	18.2±1.2	28.4±3	100.0±12	3.3±1.2	0.0±0	0.0±0	0.0±0
	青霉菌	245.0±15	150.0±10	171.0±3	197.4±7	102.8±12	252.28±15	283.3±20	254.5±12	186.7±18	103.6±9	76.6±7	9.3±3	4.7±1.1
	灰绿曲霉	111.0±1.2	169.2±6	235.0±10	155.0±13	208.0±12	297.82±10	90.0±7	79.5±2	10.0±3	163.0±14	195.0±21	30.0±2	18.0±1.5
	其他	23.1±2.1	10.4±1	17.5±3	54.2±4	3.3±0.81	8.88±0.39	31.6±2	16.4±1	113.3±11	30.6±5	21.6±0	1.3±14	2.2±0.5
精油组	总菌落数	460.1±12	301.5±16	510.0±24	141.2±28	95.8±17	121.53±12	131.7±10	100.2±21	160.0±33	13.1±5	32.2±8	8.0±12	5.7±3
	镰刀菌	54.0±8	35.0±3	12.0±2	15.6±1.5	0.0±0	0.65±0	3.3±0.8	0.0±0	0.0±0	0.0±0	0.0±0	0.0±0	0.0±0
	黄曲霉菌	27.0±1.7	4.0±0.9	5.0±0.5	0.0±0	0.0±0	10.37±1.9	15.0±0	13.1±3.5	3.5±0	0.0±0	0.0±0	0.0±0	0.0±0
	青霉菌	245.0±17	70.0±2	189.0±12	64.0±8	49.5±5	75.29±8	50.0±6	84.3±10	95.8±14	7.0±1.2	4.4±0.8	1.7±0	3.3±0.5
	灰绿曲霉	111.0±5	168.0±4	263.0±9	55.0±7	40.0±5	30.00±9	41.0±2	2.3±0	19.1±0	3.1±0.7	20.0±4	5.0±0.8	1.3±0
	其他	23.1±3	24.6±1.6	41.0±1.4	6.6±0.5	6.4±0	5.22±1	22.3±2.1	0.4±0	41.5±5.9	3.0±0.9	7.8±1	13 ±0.5	1.0±0

的 10 月到 12 月末，受储藏环境的影响菌落总数有所减弱。原因可能是复合植物精油挥发、扩散并渗透到玉米样品的表面及内部需要一定的时间，所以储藏前期复合植物精油的抑菌效果不明显；经过大约 3 个月的挥发扩散，复合植物精油与玉米样品的各个部位充分地接触，表现出了良好的抑菌效果；但在储藏的 10 月末，可能是由于复合植物精油被消耗了一大部分，粮仓实际空间中有效浓度降低，导致储藏后期复合植物精油的抑菌效果在逐渐减弱。在储藏的 1 月至 5 月末丙酸防霉剂的抑菌效果不是很明显，从储藏的 6 月末开始其抑菌效果增幅较大，并在 8 月末达到最强，对霉菌生长的抑制率为 71.7%，其中对黄曲霉、青霉、灰绿曲霉的抑制率分别为 82.5%、53.1%、96.2%；在储藏的 9 月至 12 月末丙酸防霉剂较空白组霉菌菌落总数波动不大，说明丙酸防霉剂在玉米的长期储藏过程中抑菌效果不佳，这与栾建美等（2013）的研究结果一致，并且刘平来（1996）研究发现 10μL/g 浓度的丙酸也不能抑制全部储粮霉菌的生长，提出要寻找能抑制储粮霉菌的丙酸替代物。综上分析得知，与丙酸相比，复合精油防霉剂对玉米储藏过程中霉菌的抑制效果更强，并且精油防霉剂的用量仅为丙酸的 1/10，表明复合植物精油可高效抑制玉米样品中霉菌生长。

澳大利亚著名真菌学家研究了储藏期粮食真菌污染情况，发现诱发粮食霉变的主要真菌是灰绿曲霉和白曲霉；刘焱（2015）的研究结果表明玉米在储藏初期田间型真菌，如镰刀菌、白曲霉、链格孢霉等逐渐消失，随着储藏时间的推移，黄曲霉、青霉、黑曲霉等储藏型真菌成为玉米中的优势感染菌。与上述研究结果类似，本书发现储藏初期玉米中优势感染菌以镰刀菌、青霉、灰绿曲霉为主，随着储藏时间的延长、温湿度逐渐升高，田间型真菌逐渐减少，取而代之的是黄曲霉、青霉等储藏型真菌，而储藏末期温湿度再度降低，已不适宜霉菌生长，导致玉米霉菌污染明显减少。复合植物精油处理后玉米霉菌数量呈现不同程度的降低，尤其以黄曲霉、镰刀菌等产毒真菌降幅最大。许多研究学者报道植物精油对黄曲霉、镰刀菌及青霉具有明显的拮抗活性。相关研究发现肉桂油可有效抑制大米中黄曲霉的生长和黄曲霉毒素 B1 的积累。袁媛等（2013）通过平板熏蒸法实验发现在培养 20 d 内肉桂油对黄曲霉生长可达到完全抑制的效果，柠檬醛对禾谷镰刀菌生长能达到完全抑制的效果。Pilar Santamarina 等（2015）将浓度为 200μg/mL 的肉桂油加入 PDA 培养基中研究其对镰刀菌的抗菌活性，发现其对镰刀菌生长的抑制率达到了 95%。有学者采用体外抑菌实验证实，番荔枝科挥发油对青霉属的生长抑制效果最强，在添加浓度为 8.20 mg/mL 时，抑菌圈范围是 7.17～39.17 mm。由此可见，复合植物精油可有效抑制玉米中黄曲霉、镰刀菌等常见产毒真菌的生长。

3. 复合植物精油防霉剂对玉米真菌毒素产生的防控效果

在常规储藏环境条件下，对玉米中的黄曲霉毒素 B1（AFB1）、ZEN、FB$_1$、DON、T-2 和 OTA 6 种毒素进行测定。从表 4.13 中可以看出玉米储藏中污染水平较高的真菌毒素是 AFB1、ZEN、DON，而 FB$_1$、T-2、OTA 在储藏过程中几乎未检测出，这与储藏玉米样品上的真菌菌群结构特征有直接的关系，防霉剂处理后这几种毒素含量均明显降低。初始玉米样品中 AFB1、ZEN、DON 3 种真菌毒素含量分别为 3.01 μg/kg、12.00 μg/kg、100.27 μg/kg，随着储藏时间的延长，3 种真菌毒素逐渐得到积累，中间有波动，储藏后期略有下降。空白组中在储藏的 1 月至 5 月末 AFB1、ZEN 和 DON 3 种真菌毒素污染水平较低，各毒素含量远低于我国玉米中规定的限量标准值，从储藏的 6 月末开始除 ZEN 外其他 5 种真菌毒素量开始急剧上升，表明玉米受真菌毒素污染的风险逐渐增大，这与该储藏期玉米样品霉菌带菌量生长规律基本吻合；之后随着储藏时间的推移，在储藏的 8 月末 AFB1、DON 2 种真菌毒素含量均达到最大积累量，分别为 21.14 μg/kg、640.17 μg/kg，分别是初始毒素含量的 7.02 倍、6.38 倍，ZEN 的产生在储藏的 3 月末达到最大毒素积累量，为 14.65 μg/kg。DON 和 ZEN 主要由镰刀菌产生，AFB1 由黄曲霉产生，而黄曲霉也是该储藏期玉米中优势霉菌类型，由此可见本书玉米受真菌毒素污染情况与受霉菌污染情况高度一致。储藏后期各真菌毒素含量有所降低，究其原因可以从两个方面来解释，一是部分真菌毒素与玉米中蛋白、淀粉、脂肪等成分结合形成新的化合物；二是玉米中的其他真菌、细菌具有抑制某些真菌毒素产生的作用，有研究发现，青霉菌、木霉菌、毛霉菌均能使寄生曲霉中黄曲霉毒素的产生受到抑制，李耘（2013）研究黑曲霉与黄曲霉混合培养时发现黑曲霉可显著抑制黄曲霉毒素的积累。

不同防霉剂处理后玉米样品真菌毒素含量均明显低于空白组。在储藏的 12 月末，复合植物精油处理后玉米样品的 AFB1、DON 含量相对于空白组分别降低了 100%、88.97%；丙酸防霉剂处理后这 2 种真菌毒素分别降低了 94.2%、90.77%。这说明与空白组和丙酸组相比，复合植物精油可显著抑制 AFB1 和 DON 2 种真菌毒素的积累，且对黄曲霉毒素的抑制效果最为显著。黄曲霉毒素是玉米样品中污染水平最高、阳性检出率最大、毒性最强的真菌毒素，我国国标中规定玉米样品中黄曲霉毒素的限量标准为 20 μg/kg（GB 2761—2017）。复合植物精油在抑制真菌毒素产生的同时，具有降解 AFB1 和 DON 等真菌毒素能力。黄福辉等（1980）研究柠檬醛对储粮中黄曲霉毒素的影响时，将柠檬醛直接加入到 AFB1 标准品中，发现柠檬醛能够降解 AFB1。由此推断，复合植物精油对确保国家玉米的安全储藏具有重大应用价值。

表 4.13　储藏期玉米样品真菌毒素含量变化

真菌毒素种类	处理	不同储藏期毒素含量/(μg/kg)												
		0 月	1 月	2 月	3 月	4 月	5 月	6 月	7 月	8 月	9 月	10 月	11 月	12 月
AFB1	空白组	3.01±0.1	9.71±0.2	16.55±1.2	14.13±1.8	3.31±2.7	3.90±2.5	10.01±0.05	17.25±0.95	21.14±3.5	13.74±2.4	11.55±0.7	15.42±1	13.14±1.0
	丙酸组	3.01±0.05	6.81±0.5	6.82±0.9	2.67±0.5	1.67±0.2	1.02±0.1	3.34±0.4	2.59±0.6	1.47±0.3	0.74±0.3	1.33±0.3	0.21±0.0	0.62±0.05
	精油组	3.01±0.05	5.43±0.4	3.46±0.8	1.47±0.6	0.52±0.05	0.49±0.1	0.42±0.2	2.34±0.4	1.98±0.8	0.51±0.05	0.10±0	0.12±0.01	0.00±0
ZEN	空白组	12.00±2.1	12.71±1.5	13.79±0.5	14.65±0.31	14.25±1.9	4.89±2.1	10.44±0.4	11.31±1.3	7.40±0.5	12.48±1.4	5.37±0.9	6.77±0.5	13.79±1.5
	丙酸组	12.00±2.1	11.80±1.4	12.49±1.0	8.01±0.54	14.12±0.5	11.03±3.5	5.12±1.0	7.86±0.5	4.09±0.2	3.87±1.8	3.77±1.0	2.25±0.2	1.42±0.1
	精油组	12.00±2.1	11.79±2.0	8.36±0.8	4.56±0.7	2.08±1.5	4.73±0.5	3.43±0.4	4.16±0.1	2.71±0	1.51±0.2	1.13±0.3	1.02±0.05	0.79±0.05
DON	空白组	100.27±2	157.97±5	270.06±2.8	313.01±15	330.32±16	184.83±12	412.53±12	527±15	640.17±10	635.45±31	539.44±18	281.74±15	383.03±12
	丙酸组	100.27±2	159.91±3.5	268.66±5.9	191.08±10	230.24±10	111.92±5	204.28±2	156.82±20	77.03±5	60.45±10	34.70±5	102.44±2	72.26±5
	精油组	100.27±2	133.37±1.2	171.11±3	114.59±15	227.23±1	176.21±7	149.82±10	191.54±12	217.35±21	142.21±19	31.52±2	143.25±7	86.34±9
FB1	空白组	140.52±5	70.52±5	82.15±10	32.10±0.5	102.58±2.3	16.48±1.0	ND	ND	ND	ND	ND	ND	ND
	丙酸组	140.52±5	68.66±2	49.00±11	24.58±0	31.54±0.5	10.21±3.1	ND	ND	ND	ND	ND	ND	ND
	精油组	140.52±5	51.35±9	34.12±29	22.34±0.1	15.64±1.0	5.28±1.6	ND	ND	ND	ND	ND	ND	ND
OTA	空白组	1.28±0.7	1.52±1.0	ND	ND	ND	ND	ND	ND	ND	ND	ND	ND	ND
	丙酸组	1.28±0.7	1.02±0.5	ND	ND	ND	ND	ND	ND	ND	ND	ND	ND	ND
	精油组	1.28±0.7	1.53±1.0	ND	ND	ND	ND	ND	ND	ND	ND	ND	ND	ND
T-2	空白组	0.52±0.12	0.50±0	ND	ND	ND	ND	ND	ND	ND	ND	ND	ND	ND
	丙酸组	0.52±0.12	0.50±0	ND	ND	ND	ND	ND	ND	ND	ND	ND	ND	ND
	精油组	0.52±0.12	0.51±0	ND	ND	ND	ND	ND	ND	ND	ND	ND	ND	ND

注：ND 表示未检出。

4.2 果蔬加工过程风险监控技术

4.2.1 贮藏加工过程中水果及制品农药残留监测

1. 样品前处理技术

水果种类丰富，样品基质复杂，农药使用种类多，农药残留监测通常需先进行样品前处理，主要包括提取、净化、浓缩等步骤。传统的样品前处理方法如液液萃取、索氏提取等，由于具有操作步骤烦琐、使用溶剂量大、费时费力等缺点，已经不适用于现代残留分析方便、快速、安全、无污染的最新理念，近年来在水果及制品中农药残留监测方面的应用逐渐减少。随着科学技术的迅速发展，新的样品前处理方法不断涌现，目前，贮藏加工过程里水果及制品中农药残留监测广泛使用的样品前处理技术主要包括固相萃取技术、固相微萃取技术、加速溶剂萃取技术、凝胶渗透色谱法、QuEChERS 技术、超临界流体萃取技术等。

1）固相萃取技术

固相萃取（solid phase extraction，SPE）技术是 20 世纪 70 年代发展起来的一种样品前处理技术，其原理是在固相（吸附剂）和液相（溶剂）之间分配，利用固相吸附剂吸附样品中的目标化合物，分离样品的基体和干扰化合物，再利用洗脱剂洗脱，达到分离和富集目标化合物的目的，或者利用固体吸附剂吸附液体样品中的杂质使目标化合物通过，最终达到分离净化的目的。固相萃取操作过程一般分为 4 个步骤，即预处理、上样、淋洗、洗脱，具有操作简单、溶剂使用量小、回收率高等特点。

常用的固相萃取柱包括硅胶基质的固相萃取柱、高分子基质的固相萃取柱、吸附型固相萃取柱和混合型固相萃取柱，其中硅胶基质固相萃取柱的填料主要有 C_{18}、C_8、CN、NH_2、SAX、SCX、Silica 等，均采用高品质、高纯度硅胶，使用独特的表面工艺处理后硅胶表面活性大为降低，最大限度地降低了极性化合物的不可吸附性和拖尾现象，保障了样品的回收率和重现性；高分子基质固相萃取柱是以聚苯乙烯/二乙烯苯为基质的固相萃取填料，具有高纯度、高比表面的特点，比硅胶基质具有更强的吸附性；吸附型固相萃取柱填料主要有硅酸镁、石墨化炭黑、氧化铝等，主要通过表面的吸附作用达到吸附提纯的目的；混合型固相萃取柱主要有 Cleanert C_8/SCX、PestiCarb/NH_2 等。

作为一种有效的样品富集和净化方法，固相萃取是目前水果及制品中农药残留检测最常用的前处理技术。Otero 等（2003）用二氯甲烷和丙酮混合溶剂提取白葡萄中多菌灵等 14 种杀菌剂，采用硅胶为净化柱，异辛烷活化后，二氯甲烷和丙酮混合溶液洗脱，样品回收率均大于 85%，RSD 在 1.5%～16.0% 之间。Liu 等（2006）

和 Ravelo-Pérez 等（2008）分别研究了苹果、葡萄、菠萝果汁中有机磷和氨基甲酸酯类多种农药残留的 SPE 前处理技术，在准确度、回收率和重现性等方面取得了满意的效果。吴剑虹等（2015）采用 HiCapt CT 固相萃取柱对果汁中的多菌灵和噻菌灵进行富集净化，建立了高效液相色谱-紫外检测的分析方法，方法回收率为 81.74%～94.22%，相对标准偏差（RSD）小于 8.7%，可用于果汁中多菌灵和噻菌灵的检测。

2）固相微萃取技术

固相微萃取（solid phase microextraction，SPME）技术是 20 世纪 80 年代出现的一种无溶剂，集采样、萃取、浓缩和进样于一体的新型样品前处理技术，其原理与固相萃取近似，是以熔融石英光导纤维或其他材料为基体支持物，采取"相似相溶"的特点，在其表面涂渍不同性质的高分子固定相薄层，通过直接或顶空方式，对待测物进行提取、富集、进样和解析。待平衡吸附后，使用气相色谱或液相色谱分离并测定待测组分。

SPME 的萃取方式主要有直接固相微萃取法和顶空固相微萃取法，其中直接固相微萃取法是指将石英纤维直接插入样品中，对目标分析物进行萃取，顶空固相微萃取法是将石英纤维停放在样品上方进行顶空萃取，不与样品基体接触，避免了基体干扰。不同固定相对农药的萃取吸附能力不同，农药残留检测中常用的固定相有聚二甲基硅氧烷（PDMS）、聚丙烯酸酯（PA）、聚乙二醇/二乙烯苯（CW/DVB），这些固定相适用萃取的农药种类如表 4.14 所示。

表 4.14　常用固定相及适用农药种类

固定相类型	极性	适用农药
PDMS	非极性	有机氯、有机磷、有机氮农药
PA	极性	有机氮农药、除草剂、杀虫剂
CW/DVB	极性	三唑类、三嗪类除草剂

SPME 可用于分析各种水果及其制品中有机氯、有机磷、氨基甲酸酯类、三唑类等农药的残留检测。如孔祥虹（2009）利用 SPME-气相色谱（GC）测定了浓缩苹果汁中有机磷农药残留，通过对不同固定相比较发现，PA 能较好地萃取样品中的 8 种有机磷农药，而 PMDS 仅对三硫磷和溴硫磷的萃取效果较好。钱宗耀等（2014）采用顶空固相微萃取-气相色谱-质谱法检测了水果中百菌清、腐霉利等 15 种农药，并优化了固定相、萃取方式、萃取温度、萃取时间等参数，结果显示最佳萃取条件为：100μm PDMS 固定相，萃取温度为（70±1）℃，萃取时间为 30 min，30%氯化钠，方法回收率在 71.0%～96.0%之间，RSD 在 0.5%～9.8%之间。Correia 等（2001）采用 SPME-GC 技术检测了葡萄酒中 8 种杀菌剂、1 种杀虫剂和 2 种杀

螨剂的残留量，所有化合物的线性范围均在 5～100 μg/L 之间，RSD 均低于 20%。

3）加速溶剂萃取技术

加速溶剂萃取（accelerated solvent extraction，ASE）技术是一种新型样品制备方法，其基本原理是在升高温度和压力下用有机溶剂萃取固态或半固态样品的自动化方法，萃取温度和压力的提升，可以增加物质溶解度和溶质扩散效率，从而提高萃取效率。该方法具有反应时间短、溶剂使用量少、萃取效率高、选择性好、安全性好等优点，但是由于该萃取方法是依靠升温和加压来完成萃取的，因此，不稳定或易分解的化合物不适于用 ASE 方法来萃取。1996 年美国 Dionex 公司推出了商品化装置加速溶剂萃取仪（ASE200 等），使 ASE 技术被人们所熟知。随着加速溶剂萃取仪的改进和发展，ASE 在水果及其制品中农药残留方面的应用也逐渐增多。Adou 等（2001）建立了梨、哈密瓜中 8 类 28 种农药的 ASE-SPE/GC 和多残留提取和检测方法，ASE 条件为 1500 psi（1psi=6.89476×10³Pa）、110℃，静态萃取 2 次循环，硅藻土作样品的分散剂，结果显示 28 种农药的回收率均大于 70%，RSD 小于 10%。陈平等（2016）建立了以丙酮为提取剂，经 ASE 萃取水果中 7 种有机磷农药的气相色谱-质谱检测方法，方法回收率为 80%～118%，相对标准偏差均小于 5.0%。欧阳运富等（2012）建立了 ASE-在线凝胶渗透色谱-气相色谱-质谱联用测定水果中 22 种有机磷类、氨基甲酸酯类、拟除虫菊酯类农药残留的检测方法，样品经二氯甲烷-丙酮（1∶1，体积比）加速溶剂提取，方法回收率为 70.5%～107.5%，RSD 为 2.1%～8.7%。

4）凝胶渗透色谱法

凝胶渗透色谱法（gel permeation chromatography，GPC）又称为尺寸排阻色谱，是基于体积排阻原理，用具有分子筛性质的固定相来分离分子量不同的物质，即当含有多种分子的样品溶液缓慢流经多孔凝胶固定相纯化柱时，试样中的各组分按照分子大小顺序洗脱，首先大分子量的脂肪、色素、生物碱和蛋白质等被淋洗出来，随后农药和其他小分子被陆续淋洗出来。载体是 GPC 具有分离作用的关键，其结构直接影响仪器性能及分离效果。因此，要求载体具有良好的化学惰性、热稳定性、一定的机械强度、不易变形、流动阻力小、不吸附待测物质、分离范围广等性质。同时为了扩大分离范围和分离容量，一般选择几种不同孔径的载体混合装柱，或串联装有不同载体的色谱柱，其中载体的粒度越小、越均匀、填充得越紧密越好。另外，良好的溶剂有利于提高待测物质的溶解度，通常需要溶剂的熔点在室温以下，而沸点应高于实验温度，黏度要小，以减小流动阻力，同时需要具备毒性低、易于纯化、化学性质稳定及不腐蚀色谱设备等特点。

GPC 技术作为一种样品前处理手段，具有自动化程度高、净化效率和回收率较好等特点，被广泛应用于油料、动物源食品和粮谷等含脂样品中有机磷、有机氯、氨基甲酸酯及拟除虫菊酯类等多种农药的测定，而近年来，该技术也逐渐被应用于水果中农药残留的分析。王明泰等（2007）采用 GPC 和 SPE 对柑橘等水果样品进行净化，最后用气相色谱-质谱法对敌敌畏等 77 种有机磷和氨基甲酸酯类农药进行了残留分析，方法回收率为 53.6%～124.8%，RSD 为 4.01%～24.90%。雒丽丽等（2009）建立了苹果、橙汁等多种水果和饮料中氟嘧菌酯和嘧螨酯的超高效液相色谱测定方法，样品采用乙酸乙酯-环己烷（1∶1，体积比）超声波萃取，GPC 净化，方法回收率为 82.6%～101.1%，RSD 为 5.4%～15.3%。

5）QuEChERS 技术

QuEChERS 技术是由美国农业部 Anastassiades 教授等于 2003 年开发的，其原理与 SPE 相似，都是利用吸附剂填料与基质中的杂质相互作用，吸附杂质从而达到除杂净化的目的。QuEChERS 方法的步骤可以简单归纳为：①样品粉碎；②单一溶剂乙腈提取分离；③加入 $MgSO_4$ 等盐类除水；④加入 N-丙基乙二胺（PSA）等吸附剂除杂；⑤上清液进行检测。在 QuEChERS 方法中，乙腈是最适合萃取宽范围极性农药的溶剂，无水 $MgSO_4$ 吸水的同时也产热，使萃取液的温度更适合农药的萃取，离心促使提取液与浑浊的样品分层，再次加入无水 $MgSO_4$ 吸取多余的水分，吸附剂能够清除许多基质成分，如脂肪酸、色素和糖类等，而对农药无吸附作用。与传统的 SPE 等前处理方法相比，QuEChERS 方法有以下优势：①分析速度快，能在 30 min 内完成 6 个样品的处理；②溶剂使用量少，污染小，价格低廉且不使用含氯化物溶剂；③操作简便，技术要求低，无须专业培训；④样品制备过程中使用很少的玻璃器皿，装置简单。

QuEChERS 方法中净化剂的选择应根据待检农药的性质和样品基质的特性而定。净化处理过程中常用的净化剂有 PSA、十八烷基硅胶键合相（C_{18}）、石墨化炭黑（GCB）、多壁碳纳米管、弗罗里硅土、氨基粉、三氧化二铝等净化剂。PSA 化学结构中因含有两个氨基，具有较强的离子交换能力，能够跟基质中的脂肪酸、糖类、甾醇等分子中的羟基形成共价键氢键而除去这类杂质，还能除去部分极性色素如花青素类色素，但它的除色素能力要弱于 GCB。十八烷基硅胶键合相是在硅胶末端键和十八烷基，由于十八烷基非极性较强，因此它很容易吸附非极性物质如维生素、脂肪、甾醇、挥发油等。C_{18} 对大部分农药没有吸附，但对部分非极性较强、碳链较多的农药也会造成吸附，降低它们的萃取效果。炭黑和石墨化炭黑都能吸附色素等杂质，虽然二者除色素能力差不多，但炭黑在吸附色素的同时也会对平面结构的农药造成不可逆的吸附，无法用试剂将其洗脱下来，降低农药的提取效率，因此现在多用石墨化炭黑作为除色素的净化剂。但一些含有苯环结构的农药不适合用石墨化炭黑作净化剂，因其与石墨化炭黑结构类似，如噻菌灵、六氯苯、百菌清等。多壁碳纳米管是一类具有管状结构的纳米材料，它的比表面积很大，可达到 3000 m^2/g，净化效果显著，物理和化学性质稳定，且能重复利用，但由于多壁碳纳米管非极性很强，很难溶于水，不利于分析含水量多的样品，多壁碳纳米管在除色素方面具有很好的效果，优于弗罗里硅土。

QuEChERS 技术是目前应用最普遍的水果及其制品中农药残留前处理技术。黄宝勇等（2006）较早引进 QuEChERS-色谱-质谱联用检测农药多残留技术，应用气相色谱-质谱测定了水果中 45 种农药残留。Shi 等（2012）采用改良的 QuEChERS 方法提取和净化水果样品，建立了 5 种植物生长调节剂的液相色谱-串联质谱方法。Furlani 等（2011）建立了甘蔗汁中乙草胺、阿特拉津等 7 种农药的 QuEChERS-GC 分析方法，方法回收率为 62.9%~107.5%，RSD 均小于 18%。

6）超临界流体萃取技术

超临界流体萃取（supercritical fluid extraction，SFE）技术是根据物质的相似相溶原理，利用处于临界温度和临界压力的非凝缩性的高密度流体来有选择性地溶解混合物中的可溶性组分，并可改变条件后将其析出的一种分离技术。超临界流体萃取技术主要有两类萃取过程：恒温降压过程和恒压升温过程；恒温降压过程是把超临界流体经过降低压力后与溶质分离，恒压升温过程是超临界流体经过加热使得溶质与溶剂分离，这两种方法中溶剂都可以反复循环使用，因此十分经济合理。区别于传统的萃取工艺，SFE 技术效率高，工艺简便，经济节约，安全性高，有效防止提取时对人体的危害以及对环境造成的污染。

影响 SFE 效率的因素主要是萃取剂的选择，用作萃取剂的超临界流体应具备一定的条件，如化学性质相对稳定，不与目标物发生反应且不腐蚀设备；临界温度方便调节，不宜太高也不宜太低，应该低于被萃取溶质的分解温度；临界压力不宜太高，避免造成太大的动力消耗；对被萃取物的选择性高，从而可以得到纯度较高的产品；货源应当充足；价格经济合理等。许多物质都可以作为超临界流体萃取剂，如二氧化碳（CO_2）、甲醇、乙烯、丙烷、乙烷、苯等，其中 CO_2 凭借其无毒、易分离、操作条件简单的优势在超临界流体萃取技术中应用十分广泛。此外，改性剂、萃取压力和萃取温度也是影响超临界流体萃取效率的主要因素。选择良好的溶剂不仅有利于提高待测物的溶解度，而且有利于提高分离的选择性，常用的改性剂有 NH_3、NO_2 和 $CClF_3$ 等。温度对萃取效果的影响较为复杂，由于温度的变化将影响流体密度和待测物的蒸气压，在临界点附近低压范围区，升温虽使待测物蒸气压略微升高，但由于流体密度急剧下降，萃取剂溶剂化能力减弱。相反，在高压范围区，升高温度使待测组分蒸气压迅速增加，改善了萃取效率。通过调压途径可提高萃取效率，并可根据待测组分在流体中的溶解度大小，使其先后在不同的压力范围内被萃取，因为萃取压力为密度的重要参数之一，当流体处于超临界状态且温度一定的条件下，密度的变化将引起溶质溶解度的同步变化从而改变萃取的效果。

SFE 是水果及其制品农药残留分析中极具发展前景的新技术。采用该技术提取水果样品中的农药残留，通常无须进一步净化，可直接进行气相色谱-质谱或液相色谱-质谱的测定。需要注意的是，水果样品大多含水量较高，而样品基质中的水会影响超临界流体的萃取效率，因此，对于含水量高的样品，须在超临界流体萃取前进行干燥处理。王建华等（1999）选用硅藻土作为样品的分散剂和吸水剂，将草莓、金橘等水果与硅藻土混合，经超临界 CO_2 萃取后用气相色谱直接测定样品中有机磷农药的残留量。Stefani 等（1997）根据不同的 SFE 操作条件，通过掺入适量农药强化苹果基质，可同时检测出 92 种农药残留，并得到较好的回收率和重现性。

2. 仪器分析技术

贮藏加工过程中水果及其制品中农药的化学结构和性质复杂多样，随着科技的发展，检测技术也越来越先进，既要环保经济，又要精确快速。目前，水果及其制品中农药残留的分析技术主要有气相色谱技术、液相色谱技术、气相色谱-质谱联用技术、液相色谱-质谱联用技术、超临界流体色谱技术等。

1）气相色谱技术

气相色谱（gas chromatography，GC）技术是采用气体为流动相（载气）流经装有填充剂的色谱柱进行分离测定的色谱方法。流动相通常为氮气、氢气、氩气或氦气等。色谱柱的规格和性能决定其分离效能，按粗细不同可分为填充柱和毛细管柱，其中毛细管柱由于柱效高、检测限低和容易实现多组分同时分离的优点被广泛应用于水果及其制品中农药残留的分析中。气相色谱法用于农药的检测具有如下特点：①适用于挥发性好且热稳定的化合物的检测。对于沸点 500℃ 以下，分子量小于 400 且热稳定性良好的农药，大都可用该法进行检测。②选择性好，分离效率高。③分析速度快。④灵敏度高，检测限低。⑤不适于热不稳定化合物的检测。

GC 的检测器种类很多，不同检测器对不同的农药响应特性不同，检测器的选择直接关系到实验的准确性。贮藏加工过程中水果及其制品中农药残留检测常用的气相色谱检测器有电子捕获检测器（electron capture detector，ECD）、氮磷检测器（nitrogen and phosphorus detector，NPD）、火焰光度检测器（flame photometric detector，FPD）和氢火焰离子化检测器（flame ionization detector，FID）。ECD 是常用的气相检测器之一，对电负性化合物的选择性强，灵敏度高，常用于检测有机氯、有机磷和拟除虫菊酯类农药；NPD 是电离型检测器之一，对氮磷化合物灵敏度高，专一性好，专用于痕量氮、磷化合物的检测。FPD 是利用富氢火焰使含硫、磷杂原子的有机物分解，形成激发态分子，当它们回到基态时，发射出一定波长的光，主要用于含硫、磷化合物，特别是硫化物的痕量检测。FID 是一种典型的质量检测器，对有机化合物有很高的敏感性，但对无机气体、水、二硫化碳、四氯化碳和其他含少量或不含氢的化合物甚至无响应，具有结构简单，性能优良，性能稳定可靠，灵敏度高等特点，主要用于测定有机磷农药。

GC 技术在水果及其制品中农药单残留分析和农药残留分类分析中有很强的优势，但在农药多残留检测中，由于气相色谱法不能直接给出定性结果，必须用已知物或已知数据与相应的色谱峰进行对比，当目标分析物有干扰时，有可能因干扰物保留时间相近而做出错误的判断，因此在农药多残留检测中，GC 逐渐被气相色谱-质谱联用技术所取代。

2）气相色谱-质谱联用技术

气相色谱-质谱联用（gas chromatography-mass spectrometry，GC-MS）技术是将气相色谱的高效分离性能和质谱的准确定性相结合，成为一个整体使用的扩大技术。对于气相色谱来说，质谱检测器是最具权威的通用检测器，比 ECD、FPD、NPD 等通用型检测器，在定性分析方面具有无可比拟的优势。GC-MS 可以提供用于鉴定未知化合物的质谱图，可以对复杂基质中目标化合物进行定量分析，还可以利用化学电离质谱，获得分子量的信息。

GC-MS 可以获得样品中待测组分在图谱上的保留时间，和在此保留时间内残留农药裂解的特征离子碎片，通过化合物的标准质谱谱库可对分析目标物进行检索和比对，从而对未知化合物进行鉴别或提高分析方法的定性准确度，克服了由于未纯化的杂质峰与农药保留时间重叠导致的杂质峰作为农药错误识别的缺点，具有较高灵敏度。但由于一般水果及其制品背景干扰较大，样品预处理周期较长，回收率较难保证，质谱解析实现较为困难。然而，气相色谱串联质谱（GC-MS/MS）可以先将混合物分离为单一组分，再用二级质谱检测器进行定量分析，这样可以在一定程度上降低基质干扰，克服离子抑制，优化质谱检测信号，为复杂样品中痕量农药的定性和定量分析提供了新的途径。目前，以 GC-MS/MS 为主的农药多残留方法将逐渐替代 GC 方法。

3）高效液相色谱技术

高效液相色谱（high performance liquid chromatography，HPLC）技术是 20 世纪 70 年代迅速发展起来的一种高效、新颖、快速的分析分离技术，其原理是以液体为流动相，采用高压输液系统，将具有不同极性的单一溶剂或不同比例的混合溶剂、缓冲液等流动相泵入装有固定相的色谱柱，通过注射阀注入待测样品并带入流动阶段，在色谱柱内各成分被分离后，依次进入检测器进行检测，从而实现样品的分析。HPLC 适合于分析沸点高、分子量大和热稳定性差的化合物，是水果及其制品中农药残留检测最常用的技术手段之一，较好地弥补了气相色谱法的不足之处，大大拓宽了农药残留的分析范围。

HPLC 在进行农药残留分析时一般用 C_{18} 和 C_8 作填料的色谱柱，以甲醇、乙腈及其混合液等水溶性溶剂作流动相。HPLC 连接的检测器一般为紫外吸收检测器、荧光检测器和二极管阵列检测器等，其中紫外吸收检测器是最常用的一种检测器，它对温度和流量的变化不太敏感，而对许多样品具有高的灵敏度，适合于结构中含有发色基团的农药，如有机磷等农药；荧光检测器的原理是样品被紫外光激发后发射出比激发光波长更大的荧光，它的检测灵敏度更高，适合于能产生荧光的农药残留检测；二极管阵列检测器包含了多种光源，能实现不同波长的多个紫外吸收的同时测定，不需要重复试验来确定最合适的波长，是一种非常方便的检测器。

4）液相色谱-质谱联用技术

液相色谱-质谱联用（liquid chromatography-mass spectrometry，LC-MS）技术是将液相色谱与质谱串联成为一个整机使用的检测技术，实现了液相色谱高分离性能和质谱化合物结构准确鉴定性能的完美结合，用来分析低浓度、难挥发、热不稳定、分子量较大和强极性、难以用气相色谱分析的化合物，是气相色谱-质谱联用方法最好的补充，是目前水果及其制品中农药多残留检测最常用的检测手段，可实现上百个农药的同时检测。

液相色谱和质谱是 LC-MS 主要组成部分，质谱系统主要由离子源、接口、质量分析器、真空泵和检测器五部分组成。根据不同的质量分析器，质谱可分为四极杆质谱、磁质谱、离子阱质谱、傅里叶变换质谱和飞行时间质谱等。目前水果及其制品中农药残留检测广泛使用的有四极杆串联质谱、飞行时间质谱和离子阱质谱，其中四极杆串联质谱适合农药残留的靶向检测，定性能力和灵敏度较单四极杆质谱高，仍然是我国研发农药多残留同步检测技术的最重要的技术手段，而飞行时间质谱和离子阱质谱适合于农药残留的非靶向筛查。

3. 贮藏加工过程中水果及制品中农药残留的变化规律

目前，有关农药残留的监测工作多集中于初级农产品，如市场监管、进出口认证和绿色食品审查以及食品安全风险评估等。然而，由于大多数水果在食用前都会经历一些贮藏或加工过程，如冷藏、清洗、去皮、榨汁、澄清、过滤、干燥、发酵、灭菌、包装等，研究显示其中的许多过程对水果及制品中农药残留水平都有不同程度的影响，因此，明确水果及其制品在贮藏加工过程中的农药残留变化，对准确进行农药残留膳食风险评估具有重要意义。

1）苹果及其制品

苹果含有丰富的矿物质和维生素，营养成分可溶性好，易被人体吸收，是世界上著名的水果。我国是苹果生产大国，产量占世界苹果总产量的 65%。苹果贮藏试验研究表明，苹果在室温条件下贮藏对灭幼脲的吸收高于低温贮藏，果皮灭幼脲残留水平随着储存时间的延长而下降，而果肉残留水平随着贮藏时间先上升后下降且果皮的残留水平高于果肉（代艳娜，2016）。仇微等（2013）研究发现在苹果贮藏期，苯醚甲环唑在苹果全果的残留浓度与贮藏温度和贮藏时间呈负相关，其降解速率与贮藏温度呈正相关。

不同清洗和加工方式对苹果农药残留的去除效果研究表明，去皮后苹果中二嗪磷的残留仅为全果的30%，有机氯农药硫丹的去除率则接近100%（Selik et al.，1995）。王平等（2016）的研究表明清水浸泡后再冲洗对苹果中吡虫啉残留的去除率为53.46%～84.23%，加工因子为0.1577～0.4654；清水浸泡后再冲洗、去皮对苹果中吡虫啉残留去除率为91.20%～97.64%，加工因子为0.0236～0.0880；清水浸泡后再冲洗、去皮、榨汁对苹果中吡虫啉残留的去除率为93.26%～97.85%，加工因子为0.0215～0.0674。陈思等（2016）比较了清水冲洗、清水浸泡后再冲洗、食用盐溶液浸泡后再冲洗、食用醋溶液浸泡后再冲洗、食用碱溶液浸泡后再冲洗和果蔬清洗剂溶液浸泡后再冲洗等6种不同清洗方式对苹果中噻菌灵残留的去除效果，发现食用醋溶液浸泡后再冲洗对苹果中噻菌灵残留的去除效果最好，去除率为19.88%～88.88%，加工因子为0.1112～0.8012；食用醋溶液浸泡后再冲洗、去皮对苹果中噻菌灵残留去除率为91.61%～98.77%，加工因子为0.0123～0.0839；食用醋溶液浸泡后再冲洗、去皮、榨汁对苹果中噻菌灵残留的去除率为95.31%～99.19%，加工因子为0.0081～0.0469。

另外，研究表明次氯酸盐、臭氧和过氧乙酸等氧化剂去除水果及制品中的农药残留效果也较好。Ong等（1996）用次氯酸和臭氧水处理苹果表面及苹果酱中的谷硫磷、盐酸抗螨脒和克菌丹，结果表明，50 mg/L次氯酸处理对这3种农药的降解率在76%～96%之间，0.25 mg/L臭氧的处理降解率在29%～42%之间，臭氧浓度低于0.25 mg/L的降解效果不如次氯酸。Hwang等（2001）用臭氧和其他氧化剂来降解苹果上的代森锰锌，1 mg/L的臭氧水作用30 min后，仅有16%的代森锰锌残留；3 mg/L的臭氧水作用30 min后，仅有3%的代森锰锌残留。杨学昌等（1997）用臭氧处理苹果1 h，密封放置2 h后，百菌清、氧化乐果、敌百虫、氰戊菊酯等残留均降到了国际允许标准。李锦运等（2010）用0.05%的氧化乐果喷施苹果15 d后，用5.0 mg/L臭氧水和3.0%双氧水清洗喷药苹果，研究显示臭氧水和双氧水对氧化乐果有较好的降解效果，降解率分别为27.7%和34.6%。

榨汁、过滤和澄清是果汁生产中常用的加工工序，生产中，一般采用全果进行榨汁，榨汁后的农药在果皮、果肉和果汁中的分布也不同，但经过过滤和澄清处理之后，果汁中的农药残留可以降到很低的水平，可能是由于果肉、粗纤维以及其他颗粒物吸附了大量的农药残留，而压榨、过滤、澄清能有效去除这些成分。Rasmusssen等（2003）研究发现苹果经过榨汁、澄清和过滤后，果汁中的毒死蜱、氰戊菊酯和谷硫磷的含量分别比初始浓度减少了100%、97.8%和97.6%。Han等（2014）在苹果酒加工过程中，经过清洗、去皮、榨汁、过滤、酶解、过滤、灭菌和发酵过程，哒螨灵的残留量可以降低99.55%。Quan等（2020）对苹果片、苹果汁、苹果酒和苹果醋加工过程中丁氟螨酯对映体的残留和立体选择性行为进行研究，发现典型的加工方式（洗涤、去皮、护色、热烫、膨化干燥、酶解、发酵等过程）可以不同程度地影响丁氟螨酯的降解速率，所有处理方式的加工因子均小于 1。

2）桃及其制品

Pugliese 等（2004）在清洗油桃的研究中，将乙醇、甘油和月桂基硫酸钠分别用作清洗剂，对毒死蜱、马拉硫磷、杀扑磷、甲基对硫磷、异菌脲、腈菌唑、氯苯嘧啶醇和抗蚜威等农药残留的总去除率达到了 50%。李鹏坤等（2004）研究了食用碱 300 倍液、洗洁精 300 倍液、洗洁精加食用碱（1∶1）300 倍液水溶液和自来水浸泡处理对桃中甲基对硫磷、毒死蜱的去除率，食用碱 300 倍液水溶液对农残的去除率比其他处理效果明显，可达 34%～57%。另外，很多农产品生产过程都需要进行灭菌处理，从而控制其中的有害微生物。灭菌可通过热处理或非热处理达到杀菌的目的。加热杀菌如巴氏杀菌、超高温瞬时灭菌（UHT）、蒸汽杀菌和微波杀菌等，使得热稳定性较差的农药容易发生降解，故能显著降低其在农产品中的残留水平，但是加热杀菌过程会造成一定的水分散失，这可能会使一些热稳定性农药残留升高。灭菌是常用的加热处理，该过程对于热不稳定的农残会导致其降解，如桃经 90℃处理 25 min，可去除未去皮的桃中 66.7%的甲基毒死蜱残留量，但是腐霉利的残留增加了 2.1 倍（Balinova et al.，2006）。Payá 等（2007）研究发现桃子经过切割、去皮、清水清洗、柠檬酸溶液清洗等过程后，制作成的桃子罐头中苯氧威、吡丙醚降低到检出限以下。Lentza-Rizos（1995）报道指出田间处理后的桃子中异菌脲残留水平为 1.23 mg/kg，经清洗后残留量降为 0.61 mg/kg；冷藏 20 d 对其残留水平没有影响；采用 2% NaOH 95℃清洗处理 50 s 后，农残去除率达到 82.5%～95%；桃子罐头储藏 8 个月，异菌脲残留水平低于 0.01～0.1 mg/kg。Cámara 等（2020）对桃子罐头加工过程中吡虫啉、嘧菌环胺等 7 种农药的残留行为进行了研究，发现清洗、切割、灭菌、热包装等加工过程可显著降低桃子中的农药残留，达到 55%以上，加工因子<0.6。Taylor 等（2002）的研究表明，新鲜桃子经加工过程后，农药残留水平通常会降低到检出限以下。

3）葡萄及其制品

葡萄常温下贮藏很容易失水或因微生物滋生而腐烂变质，需要在低温条件下保鲜，贮藏温度对农药残留的影响很大，农药在冷藏期间的消解不如在常温条件下显著。Athanasopoulos 等（2003）研究葡萄上三唑类杀菌剂腈菌唑和三唑酮在冷藏条件下（0℃）和常温条件下的消解动态，腈菌唑在常温下的半衰期为 10.5 d，而在冷藏条件下的半衰期为 92.4 d，三唑酮在常温下的半衰期为 16.5 d，在冷藏条件下的半衰期为 216 d。

发酵对农药残留的影响主要与农药的稳定性和加工程序有关，有关发酵对农药残留的影响多集中在葡萄酒、啤酒的酿造过程中。Kawar 等（1979）在将含有

25 mg/kg 对硫磷的葡萄加工成葡萄酒过程中发现，葡萄酒中含有 8.8 mg/kg 对硫磷、0.04 mg/kg 对氧磷、0.21 mg/kg 对氨基对硫磷和 3.0 mg/kg 对硝基苯酚；含有 25 mg/kg 氯胺磷和 25 mg/kg 杀扑磷的葡萄发酵成葡萄酒，结果表明，发酵 56 d 后葡萄酒中含有 10%氯胺磷，46%杀扑磷。Miller 等（1985）的研究表明在发酵后 15 d，葡萄酒中的甲基毒死蜱、甲基对硫磷和喹硫磷残留水平降低了 80%以上，杀扑磷降低了一半，倍硫磷几乎没有降低。葡萄经过深度发酵之后，酒中的氯苯嘧啶醇和毒死蜱含量与发酵前相比，分别降低了 72%和 100%（Navarro et al.，2000）。Cabras 和 Angioni（2000）曾综述了葡萄酿酒过程对农药残留的影响，葡萄发酵汁液的 pH 一般在 2.7～3.8 之间，在此条件下多种农药均发生降解，且葡萄酿酒还涉及澄清和陈酿过程，也可去除部分农残，因此，在成品酒中仅能检出极少数的几种农药或代谢物。Jimenez 等（2007）对制酒过程葡萄酒原料和成品酒内四种杀螨剂（甲霜灵、林丹、杀灭菊酯、溴氰菊酯）的代谢降解进行了研究分析，结果显示经过制酒发酵后，拟除虫菊酯类农药杀灭菊酯和溴氰菊酯残留量大大下降，而甲霜灵则很难降解，林丹则有部分发生了脱氯反应。

通过干燥或者脱水获得干制食品是人们保存食物最传统的加工方式，干制相对于其他加工方式操作较简单。常用的干制方法有光照干制、烘箱干制、微波干制、冷冻干制。Cabras 等（1998）研究发现，晒干的葡萄干中苯氧喹啉残留明显比热炉烘干的低，其原因除了温度的差异外，还可能是由于晒干过程中紫外线的照射有利于农药的降解，且相对开放的晾晒系统有利于农药残留的挥发；烘干后葡萄中的异菌脲和腐霉利残留，显著低于晒干后的残留水平，而伏杀硫磷晒干后的农药残留量是原来的 3 倍。Keikotlhaile 等（2010）在研究葡萄干的农药残留时，发现不同的干燥方式（太阳晒干和热风干燥）对农药残留的影响不同，经太阳干燥的葡萄中苯菌灵、甲霜灵和伏杀硫磷残留量不变，而异菌脲是鲜葡萄的 1.6 倍，乙烯菌核利和乐果分别降低 33.3%和 20%，而在烘干葡萄中的伏杀硫磷残留是鲜葡萄的 2.7 倍，苯菌灵、甲霜灵和腐霉利残留量不变，乙烯菌核利和乐果降低。

4.2.2　贮藏加工过程中蔬菜农药残留监测

1. 样品前处理技术

目前，蔬菜中农药残留样品前处理技术正向省时、省力、经济、健康、少污染、系统化和规范化的方向发展，以适应环境友好、健康安全和高效经济的农残分析的新要求。然而蔬菜样品基质复杂，农药含量极低，农药间的性质差异大，使得建立多残留农药经济、高效的同步提取方法更加困难。与水果中农药残留前处理方法相似，蔬菜中多残留农药常用的提取方法有：固-液萃取法、固相萃取法、凝胶渗透色谱法、QuEChERS 方法、加速溶剂萃取法、超临界流体萃取法等。

固-液萃取法的溶剂消耗量大，样品处理时间长，回收率和精密度不理想，目前已很少使用。固相萃取法是目前蔬菜中广泛应用的净化方法，现行有效标准中蔬菜使用的均是固相萃取法，常用的填料有活性炭、氨基和弗罗里硅土。《蔬菜和水果中有机磷、有机氯、拟除虫菊酯和氨基甲酸酯类农药多残留的测定》（NY/T 761—2008）中有机氯和拟除虫菊酯类农药使用弗罗里硅土柱，氨基甲酸酯类农药使用氨基柱。《食品安全国家标准 水果和蔬菜中 500 种农药及相关化学品残留量的测定 气相色谱-质谱法》（GB 23200.8—2016）中 500 种农药分别使用 C_{18} 柱和活性炭氨基串联柱净化。Obana 等（2003）建立了蔬菜样品中噻虫嗪等 5 种农药残留的固相萃取方法，以甲醇为萃取溶剂，活性炭为净化吸附剂，测定回收率为 70%～95%，RSD 小于 19%。

凝胶渗透色谱技术作为一种样品前处理手段，大大减少了基质干扰，降低了检出限，显著提高了农药残留分析的效率。近年来，该技术也被广泛应用于蔬菜中农药残留分析的样品净化手段。Gonzalez 等（2005）采用 GPC 方法对生菜、甜菜等蔬菜进行了净化，采用 Bio-Beads SX-3 凝胶作为柱填料，最后用 GC 对蔬菜中有机氯农药进行了检测。李伟等（2006）建立了蔬菜中百菌清的 GPC-GC 残留检测方法，比较了弗罗里硅土、活性炭和 GPC 三种方法对蔬菜样品色素的去除效果，发现 GPC 净化效果最好。

QuEChERS 方法是蔬菜中农药残留检测快速、安全、简单的样品前处理技术。《蔬菜、水果中 51 种农药多残留的测定 气相色谱-质谱法》（NY/T 1380—2007）中的前处理技术是 QuEChERS 方法，采用 PSA 和 C_{18} 净化。目前该方法在实验室已经广泛应用。张爱芝等（2016）采用 QuEChERS 前处理方法，建立了蔬菜中 250 种农药的多残留检测方法，用 PSA，GCB，C_{18} 混合净化剂净化，方法回收率为 60%～120%，RSD 为 3.5%～19.5%。Nguyen 等（2008）进一步简化了 QuEChERS 方法，建立了卷心菜和胡萝卜中 107 种农药的检测方法，由于样品中糖类、色素等干扰物较少，所以简化了净化步骤，在样品中直接加入乙腈溶液提取，再加入无水硫酸镁和醋酸铵，振荡离心后，无须二次离心，取上层清液直接上机检测。林涛等（2015）采用 QuEChERS 方法，建立了蔬菜中常见的 41 种植物生长调节剂和隐性、禁用性、限用性农药（多菌灵、灭幼脲、腈菌唑等）的测定方法。

加速溶剂萃取法在蔬菜中农药残留方面应用也较多，主要用于固体和半固体样品的萃取，不适合液态样品的萃取。刘忠（2010）建立了 ASE-GC 法同时测定蔬菜中 20 种有机磷农药残留量的方法，方法回收率均在 90%以上。蓝锦昌等（2010）采用 ASE-GC-MS/MS 技术建立了香菇、黑木耳、银耳和金针菇等食用菌中 25 种常用农药多残留同时检测方法，方法回收率为 70%～108%。

超临界流体萃取技术样品前处理简单、萃取时间短、提取效率高、提取结果准确度高、重现性好。对于含水量大的样品，在样品制备过程中加入适量的干燥剂就足够了。对于极性较大的物质，在萃取过程中添加一定量的改性剂或将流体比例加以改变。从样品制备到完成，每个样品通常需要大约 40 min，大大缩短了萃取时间，这是传统溶剂萃取、索氏萃取和超声波萃取方法无法比拟的。目前，超临界流体萃取技术已成为蔬菜中农药残留研究的热点，李新社（2003）采用超临界 CO_2 流体萃取叶菜类、茄果类等蔬菜中敌敌畏、敌百虫等 6 种常用农药。杨立荣等（2005）进行了小白菜中残留高效氯氰菊酯及氟氯氰菊酯的超临界流体萃取方法研究。

2. 仪器分析技术

贮藏加工过程中蔬菜农药残留检测方法大多以仪器分析方法为主，主要有气相色谱法、气相色谱-质谱联用法、高效液相色谱法、液相色谱-质谱联用法等。

气相色谱法具有高选择性、高分离效能、高灵敏度、快速等优点，因而是蔬菜中农药残留检测最常用的方法之一，只要符合易气化、气化后又不发生分解等现象的农药均可采用气相色谱法检测。目前，我国很多蔬菜中农药残留标准方法均采用了气相色谱法，如《粮食、水果和蔬菜中有机磷农药测定的气相色谱法》（GB/T 14553—2003）、《蔬菜中溴氰菊酯残留量的测定 气相色谱法》（NY/T 1603—2008）等。

与气相色谱法相比，高效液相色谱适用于高沸点、大分子、强极性和热稳定性差的农药分析，拓宽了蔬菜中农药残留的分析范围。采用液相色谱技术测定蔬菜中农药残留是我国农药残留检测方法标准体系的重要组成部分，如《食品安全国家标准 蔬菜中非草隆等 15 种取代脲类除草剂残留量的测定 液相色谱法》（GB 23200.18—2016）、《蔬菜水果中多菌灵等 4 种苯并咪唑类农药残留量的测定 高效液相色谱法》（NY/T 1680—2009）、《蔬菜中灭蝇胺残留量的测定 高效液相色谱法》（NY/T 1725—2009）。

目前质谱仪的稳定性和灵敏性都得到了大幅度提高，其既能定性分析又能定量分析，已成为分析化学不可缺少的工具。质谱技术能有效地与各种色谱法在线联用，在农药及其代谢物、降解物和多农药残留的分析检测等方面具有突出的优点。在我国，普遍采用色谱质谱联用技术作为蔬菜中农药残留量的标准分析方法，如《食品安全国家标准 水果和蔬菜中 500 种农药及相关化学品残留量的测定 气相色谱-质谱法》（GB 23200.8—2016）、《蔬菜、水果中 51 种农药多残留的测定 气相色谱-质谱法》（NY/T 1380—2007）、《蔬菜中 334 种农药多残留的测定 气相色谱质谱法和液相色谱质谱法》（NY/T 1379—2007）、《蔬菜及水果中多菌灵等 16 种农药残留测定 液相色谱-质谱-质谱联用法》（NY/T 1453—2007）、《水果、蔬菜中啶虫脒残留量的测定 液相色谱-串联质谱法》（GB/T 23584—2009）等。

3. 贮藏加工过程中蔬菜农药残留的变化规律

1）番茄

Cengiz 等（2007）研究冷藏和常温条件下番茄上克菌丹和腐霉利的消解率，发现在 4℃冷藏 7 d 和 14 d 后腐霉利分别减少了 19% 和 38%，而在常温条件下贮藏 14 d 后腐霉利减少了 62%。与大多数果蔬相同，番茄通过清洗、去皮、榨汁、制酱等过程也可以达到较好的农药去除效果，如 Abou-Arab（1999）对番茄添加六氯苯、林丹、滴滴涕、乐果、丙溴磷、甲基嘧啶磷各 1.0 mg/kg，比较了三种加工方式对番茄中农药残留的去除效率，结果显示清洗和去皮、制酱都能有效消除乐果、丙溴磷和甲基嘧啶磷残留，消解率在 72%～81.6% 以上，而冷藏只能降解10% 左右，但是六氯苯、林丹、滴滴涕在 100℃ 30 min 条件下降解率为 30.7%～45.4%，可见烹调过程能够显著消除番茄中乐果、丙溴磷和甲基嘧啶磷的残留量，但是对六氯苯、林丹、滴滴涕这类持久性污染物只能消除 40% 左右。Kong 等（2012）在研究洗涤对番茄上苯醚甲环唑的影响试验中发现清洗对苯醚甲环唑的去除率为16%，清洗和去皮的去除率为 99%。Kwon 等（2015）向田间生长的番茄喷洒百菌清和甲基硫菌灵，去皮后残留率分别仅为 3.7% 和 6.2%。Cengiz 等（2006 b）研究了番茄去皮对克菌丹和腐霉利的去除效果，也发现只有少量农药能进入番茄组织内而无法通过去皮除去。Abou-Arab（1999）检测番茄中农药残留发现，除果肉中有少量六氯苯、林丹外，大部分农药均集中在果皮上，去皮可除去 81%～89% 的农残。Han 等（2013）的研究表明番茄酱在加工过程中，毒死蜱的残留下降了89.52%，也有报道指出在番茄酱加工过程中，经过清洗、水煮和去皮环节后，毒死蜱在番茄中的残留量分别降低了 44%、91% 和 64%（Rani et al.，2013）。加热杀菌会使得热稳定性较差的农药容易发生降解，但也可能产生毒性更强的代谢产物，例如，Kontou 等（2004）的研究表明番茄酱经过 121℃蒸汽杀菌 15 min 后，代森锰锌的残留量显著降低，但是有 32% 的代森锰锌代谢为毒性更强的乙撑硫脲。榨汁过程中不同的加工方式对农药残留的影响效果也不一致，Romeh 等（2009）研究了不同的榨汁方式对番茄中丙溴磷、吡虫啉和戊菌唑三种农药的去除效果，在冷破碎时丙溴磷、吡虫啉和戊菌唑三种农药的降解率分别为 72%～88%、60%～100% 和 53%～59%，而在热破碎时农药残留去除率会升高，分别为 82%～100%、100% 和 69%～75%。

2）马铃薯

Soliman（2001）研究了自来水、不同浓度的氯化钠溶液和不同浓度的醋酸水溶液等不同的洗涤溶剂对马铃薯中有机氯（林丹、滴滴涕及其代谢物、六六六等）和有机磷（马拉硫磷、对硫磷、甲基对硫磷等）农药的影响，结果表明经过不同溶剂清洗后，农药残留浓度均有所减少，醋酸溶液对两类农药的去除效果最好，而自来水洗涤的效果最差，自来水清洗后马铃薯中有机氯和有机磷农药去除率相似，而 10%醋酸水溶液对有机磷的去除效果要好于对有机氯的去除效果。Zohair（2001）研究马铃薯上甲基嘧啶磷、马拉硫磷、丙溴磷分别在自来水、酸性溶液（小萝卜提取液、醋酸、抗坏血酸、双氧水、柠檬酸）、中性溶液、碱性溶液中的清洗效果，结果显示用 5%和 10%小萝卜提取液能完全去除这 3 种农药，用 5%和 10%的醋酸和柠檬酸也能达到完全去除效果，但用自来水清洗，这 3 种农药的去除率分别为 12.9%、11.6%、13.5%。同样，去皮也可有效去除马铃薯中的农药残留，例如，Lentza-Rizos 和 Balokas（2001）研究发现马铃薯经去皮后氯苯胺灵的残留不足 10%。Soliman（2001）用六氯苯、林丹、pp-DDT、乐果、马拉硫磷、甲基嘧啶磷处理马铃薯后，发现去皮可减少农残的 75%、73%、71%、71%、71%、71%，而炒制过程可以去除农药的 35.2%～53.4%。有学者研究了烤箱烘烤和微波加热的加工手段对土豆中的丙溴磷的残留的变化，发现初始浓度为 11.48 ppm，经加工后残留降低为 0.22 ppm 和 0.19 ppm，他们认为这个过程主要是物理化学过程，包括挥发、蒸馏和热降解。对于能被烹饪的果蔬，如果含有的农药易挥发或受热易分解，农药的去除效率较高，但对于那些难挥发、热稳定的农药这种加工方法去除效率就不会高。例如，Randhawa 等（2007）研究了菠菜、花椰菜和土豆中的硫丹通过加工处理后的残留量变化，结果表明洗脱、去皮、蒸煮的处理分别能去除其中 12%～30%、60%～67%和 13%～35%的农残量。

3）黄瓜

Liang 等（2012）研究发现黄瓜分别贮藏在 25℃和 4℃条件下，贮藏时间相同时，25℃条件下，农药降解更快，同时研究了自来水和不同清洗剂溶液对黄瓜中有机磷农药（敌百虫、乐果、敌敌畏、杀螟硫磷和毒死蜱）的去除效果，结果表明自来水和清洗剂溶液均能降低这 5 种有机磷农药在黄瓜上的残留，清洗剂的去除效果优于自来水，其中 5% Na_2CO_3 溶液对黄瓜中敌百虫和乐果的去除率最明显，其残留分别降低 97.6%和 78.3%，而 5% $NaHCO_3$ 溶液对黄瓜中敌敌畏、杀螟硫磷和毒死蜱的去除效果最明显，分别降低 98.8%、66.7%和 85.2%。官斌等（2006）研究发现，清水洗涤黄瓜 5 min、10 min 和 15 min 对甲胺磷的降解率分别为 64.9%、51.0%和 43.6%，乐果的降解率分别为 67.7%、61.3%和 59.1%，可见经过一定时间处理后，再延长清洗时间对农残的去除并没有促进作用。Kin 等（2010）研究了黄瓜和草莓中有机磷和有机氯农药通过清洗的去除率，发现去除率与农药的水溶性有关，水溶性低的有机氯农药更容易通过洗涤方式被去除。采用田间施药后进行采样，测定不同的清洗方式对黄瓜中戊唑醇残留的影响，结果表明，黄瓜中残留农药的去除率随时间延长而增加，各清洗剂清洗 15 min 后的去除率均明显高于 5 min 和 10 min 的去除率（刘娜等，2018）。Cengiz 等（2006 a）研究发现黄瓜中的二嗪磷残留经过去皮后可减少 67.3%。盐渍加工对农药残留也有明显的影响，例如，原永兰等（2005）研究盐渍加工对黄瓜中氯氰菊酯和辛硫磷残留量的影响，结果发现，黄瓜经盐渍后这两种农药的残留量均升高，原因可能在于腌渍加盐后压重，菜体内水分溢出，干物质浓度增加，导致药残浓度相对升高。李文明等（2013）研究毒死蜱及其代谢产物在黄瓜腌制过程中的残留水平变化，发现腌制前后毒死蜱残留水平无明显变化，其代谢产物 3, 5, 6-三氯-2-吡啶酚的加工因子为 1.63。

4）菠菜

Bonnechère 等（2012）研究清洗对菠菜中啶酰菌胺、异菌脲、代森锰锌、霜霉威、溴氰菊酯的去除作用，在用自来水清洗 2～3 min 后，前 4 种农药的去除率分别为 28.9%、43.0%、12.4%、11.4%，但是对溴氰菊酯去除效果不明显。改变清洗液的 pH 可以影响农药残留的去除效果，Lin 等（2006）通过研究清洗对菠菜等 4 种蔬菜中甲胺磷和乐果的去除效果，发现强酸性电解水溶液对这 2 种农药的去除率高达 99%，而强碱性电解水溶液的去除率分别仅为 33.8% 和 31.6%。同时，在清洗液中加入次氯酸盐、臭氧和过氧乙酸等物质也能增强对农药残留的去除效果，Hao 等（2011）研究发现，强酸或强碱电解氧化水处理对菠菜中甲胺磷、氧化乐果和敌敌畏 3 种有机磷农药的去除效果要明显好于自来水和添加洗涤剂的处理效果；同时发现，使用强酸或强碱电解氧化水对菠菜中的维生素含量不会产生影响，不会造成营养流失。不同的干燥方式对农残的影响也不尽不同，袁玉伟等（2008）研究了冷冻干燥和热风烘干 2 种方式对菠菜中有机磷农药和拟除虫菊酯类农药残留的影响，结果发现随着农药蒸气压的升高，农药在烘干过程中的损失也逐渐增加，氯氰菊酯的蒸气压为 1.9×10^{-4} MPa（20℃），烘干对其影响较小；而马拉硫磷蒸气压为 5.33 MPa（30℃），热稳定性较差，低浓度烘干过程中马拉硫磷的损失率达到 60% 以上；冷冻干燥中农药残留的损失主要是受农药溶解度的影响，溶解度大的农药其损失较小，乐果的溶解度为 25 g/L（21℃），溶解度大，在冷冻干燥过程中最后才被析出，因而损失较小；毒死蜱的溶解度为 2 mg/L（25℃），在试验中损失率达到 30%。其他加工方式如水煮、速冻等加工过程对农药残留的影响随农药的种类而异，残存在农产品中的农药经过加工后可能发生挥发分解从而浓度降低，但也可能因水分含量的降低使浓度升高甚至产生毒性更强的代谢产物，例如，Randhawa 等（2007）研究发现，在沸水中煮 10～20 min，菠菜中毒死蜱的残留下降 12%～48%，而三氯吡啶酚的残留水平普遍升高，在菠菜中升高 1.9 倍，这主要取决于农药的水溶性和蒸气压。

4.3　水产品加工过程风险监控技术

4.3.1　河鲀毒素

河鲀毒素（tetrodotoxin，TTX）是普遍存在于鲀形目（Tetraodontiformes）四

齿鲀科（Tetraodontidae）物种体内的一种非蛋白质（氨基全氢喹啉化合物）、小分子量（$C_{11}H_{17}O_8N_3$，319.3）的神经毒素，最早于 1909 年由日本学者 Yoshizumi Tahara 从河鲀肝脏中提取发现。随着研究的深入，在 TTX 的分布、起源、生态作用、致毒机理、中毒症状、结构类似物、药用、分离纯化、检测、制备等方面的研究资料已非常丰富。总体来讲，TTX 在生物中分布广泛，除河鲀鱼外，包括织纹螺、蟹、海星、虾虎鱼等海生生物，蝾螈、蛙、蛇等陆栖动物，甲藻、红藻等藻类的体内也被发现含有 TTX 或其类似物，一些细菌如弧菌（Vibrio sp.）、假单胞菌（Pseudomons sp.）、沙雷氏菌（Serratia sp.）、希瓦氏菌（Shewanella sp.）等则被发现能产生这类毒素。关于毒素的来源目前科学界还未有一致定论，但倾向于认为海洋生物通过摄食携带毒素的生物或体内共生细菌从而积累富集 TTX 及其类似物，即外生；而陆栖动物体内的毒素则很有可能是自身可合成，即源于内生。考虑到生物生活习性、摄食习惯及生存环境千差万别，不同物种或不同区域含毒生物的毒素起源应当有更详细的阐述。

TTX 为剧毒神经毒素，毒性极强，1 mg 约为 4500 小鼠单位（MU），对哺乳类静脉注射半致死剂量 LD_{50} 为 2～10 μg/kg，皮下注射 LD_{50} 为 10～14 μg/kg，小鼠口服 LD_{50} 约 334 μg/kg，对人类的最低急性中毒剂量约为 0.2 mg，摄食致死剂量为 0.6～2 mg/50 kg 体重；中毒潜伏期短，依摄入量的不同通常摄入后 10～120 min 内出现口周麻木、肢端感觉异常、麻痹、呼吸困难等中毒症状，致死率高，目前无特效药。由于其理化性质稳定，尤其热稳定性高，普通烹饪手段如在 100℃ 加热难以破坏，常常引发吃食河鲀中毒。其毒性与石房蛤毒素（STX）类似，源于其分子结构上带正电荷的胍基与细胞膜上离子通道外侧带电荷的氨基酸残基环间形成静电结合，阻断钠离子或钙离子的跨膜运输，阻止了细胞膜的去极化和动作电位的启动。分子结构中的羟基可通过氢键作用使与跨膜蛋白的结合更加稳固，从而加剧毒性，尤其 C6 和 C11 位上的羟基，对毒性影响较大，因此，尽管目前已在自然界中发现多达 30 种 TTX 结构类似物，除极少见的 11-oxoTTX 毒性较高外（约为 TTX 毒性的 4～5 倍），其他类似物的毒性均较低，甚至无毒。

1. 河鲀毒素的检测方法

鉴于 TTX 毒性强，出现在河鲀、织纹螺等常见水产品中，且致死率高，目前却无特效药，因此对此类产品毒素水平监测监管应该受到重视。在 TTX 检测技术方面，沈晓书（2006）则分别综述了 TTX 免疫检测和液质联用（LC-MS）检测技术的研究状况。近些年一些新技术如 SPR 传感器、免疫层析检测技术，逐渐被研究应用于检测 TTX，使得 TTX 检测手段更加丰富，但囊括这些新技术的综述报道比较少见。TTX 检测技术归纳为生物检测、免疫检测、传感器检测和理化检测 4 类，下文将从技术原理、研究概况方面进行介绍。

1）TTX 生物检测

根据实验在体内和体外进行的区别，生物检测法可分为活体动物法和离体组织法两类。活体动物法其原理是通过给活体动物注射一定量的毒液，记录动物死亡时间，毒素的浓度与动物死亡时间相关。活体动物法优点是结果直观、不需要特殊设备，但比较费时费力，受试动物个体差异引起的误差大、重复性差，没有特异性，结果易受样品基质的影响，近年来使用活体动物实验在道义上也受到越来越大的道德争议。离体组织法不使用活体动物，其利用河鲀毒素对 Na^+ 通道的特异阻塞作用来检测。但其与活体动物法一样，缺乏特异性，不能甄别 TTX 与 STX 以及它们的衍生物。

2）TTX 免疫检测

免疫检测是以"抗原-抗体"的特异性免疫反应为基础的检测技术，原理是通过在抗体或抗原上标记或偶联酶、光学活性物质或放射性同位素等来实现信号转化与放大。在 TTX 检测中，使用的标记物主要有活性酶，纳米显色颗粒如胶体金颗粒、免疫磁珠，还有稀土元素铕等一些荧光标记物质，相应的检测方法有酶联免疫吸附测定（enzyme-linked immunosorbent assay，ELISA）、免疫层析（immunochromatography assay，ICA）试纸条和时间分辨荧光免疫分析（time resolved fluoroimmunoassay，TRFIA）等。

3）传感器检测

目前 TTX 检测传感器主要有 3 类，分别以生物组织、微生物和表面等离子体共振（surface plasmon resonance，SPR）芯片为感应元件。生物组织传感器是根据 TTX 能够与组织细胞膜上钠离子通道的特异结合而导致离子通道阻塞作用的原理研制出来的。Byeungsoo 等用牛蛙（*Rana catesbeiana*）膀胱膜和钠离子电极制作生物传感器检测 TTX 和 STX，单个样品检测时间仅需 5 min，并可连续测定，检测范围为 86~600 fg，最低检测量 86 fg（1.7 pg/mL）。但该传感器对所有钠离子通道阻塞剂均有响应，特异性不高。

4）TTX 理化检测技术

理化检测是 TTX 及其类似物传统的检测手段，依据 TTX 或其相关联的化合物的理化性质，如 TTX 最大紫外吸收波长在 197 nm 附近，在强碱降解定量生成 2-氨基-甲羟基-8-羟基喹啉（C9 碱）和草酸钠分别具有荧光信号和紫外可见吸收现象，可被荧光及紫外光谱检测依据。常用的理化检测方法包括荧光、紫外等光谱法，气相质谱法，高效液相色谱及其联用技术等。这些方法检测灵敏度较高，尤其是质谱联用检测，但存在其样品前处理复杂，仪器昂贵，分析过程复杂，检测费用较高等缺点。

（1）光谱检测法。

TTX 在高温下碱解生成的荧光化合物——C9 碱是其荧光检测法的基础，Nunez 等（1976）首次将 TTX 碱解后在激发波长 370 nm 和发射波长 495 nm 下测定荧光，应用于测定结合在猪皮层细胞和红细胞膜上的 TTX，线性检出范围为 0.34～10 μg/mL。之后安元健等（1982）引入流动注射实现了荧光法的连续测定。沈晓书（2006）改进了碱解方法，碱解时加入异丙醇，使用微波辅助碱解将时间缩短至 3 min，同时使荧光强度极大提高，水解产物最大激发和发射波长分别为 380 nm、496 nm，该法检测线性范围 0.032～3.2 μg/mL，检测灵敏度提高了约 10 倍。

TTX 紫外分光光度法检测对象是另一碱解产物——草酸钠，草酸钠在 230 nm 处有最大吸收，检出范围 20～100 μg/mL；也有在 274 nm 下测定 C9 碱的紫外吸收的报道。除此之外，近年 Wen-Chi 等（2009）报道了利用表面增强拉曼散射光谱检测 TTX 的方法，该方法将 TTX 沉积于纳米银阵列表面，通过表面等离子体子共振产生的电磁场效应和化学效应增强表面拉曼散射光，可检测浓度低至 0.9 nm/mL 的 TTX。

（2）高效液相荧光法。

高效液相荧光法（high performance liquid chromatography-fluorescence detection，HPLC-FLD）检测 TTX 分为柱前衍生和柱后衍生两种类型。柱前衍生见于 Onoue 等（1983）的研究，其将 TTX 与邻苯二醛反应，然后再注入高效液相荧光检测，此方法可同时测定 TTX 及其类似物和 PSP 毒素，但较少使用。柱后衍生检测是 TTX 或其类似物经过色谱柱与杂质分开后，进入衍生装置被碱解为荧光物质 C9 碱，再被荧光检测器检出（图 4.16）。Kawatsu 等（1999）用亲和层析纯化尿液样品，纯化效果非常好，检测限达到 2 ng/mL，但亲和层析柱重复使用效果不好，样品加标回收率约在 50%～60%。刘海新（2006）采用柱后衍生高效液相色谱法检测水产品中的河鲀毒素含量，样品由 0.1%乙酸提取，经过 C_{18} 固相萃取柱净化，样品最低检测浓度为 0.1 μg/mL，该方法处理样品回收率 80.9%～91.2%。我国《食品安全国家标准　水产品中河豚毒素的测定》（GB 5009.206—2016）的第三法正是采用柱后衍生 HPLC-FLD 法对水产品中河鲀毒素进行检测的。此法可同时检测 6-epiTTX、11-norTTX-6（R）-ol 等河鲀毒素结构类似物，但不同类似物的灵敏度相差较大，如相同含量的 6-epiTTX 和 11-norTTX-6（R）-ol 荧光响应值分别为 TTX 的 20 倍和 10 倍，而 5-deoxyTTX 和 11-deoxyTTX 仅为 TTX 的 5%和 1%。

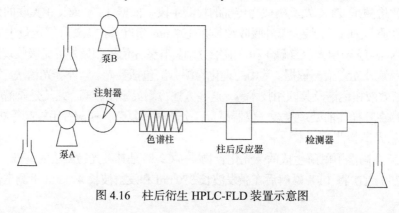

图 4.16　柱后衍生 HPLC-FLD 装置示意图

（3）高效液相紫外法。

高效液相紫外法（high performance liquid chromatography-fluorescence detection ultra violet，HPLC-UV）不需经过衍生而直接测定 TTX 本身，被广泛应用于水产品、发酵液、患者尿液和血清等样品的检测，对于水产品检测最低浓度为 20 ng/mL，尿液、血浆等为 10 ng/mL。但由于 TTX 紫外吸收在 197 nm 附近，杂质干扰情况较突出，因而此法对于样品的纯化要求非常高，样品前处理过程较为烦琐，样品液要经过如乙醚除脂-C$_{18}$净化、反相柱-弱阳离子（C$_{18}$-WCX）固相萃取组合，或反相-强阳离子（C$_{18}$-SCX）固相萃取组合等多步净化才能消除杂质的干扰（表 4.15）。

表 4.15　HPLC-UV 检测 TTX 的研究概况

样品	纯化步骤	色谱柱	流动相	检测限	回收率	文献
河鲀肝脏	乙醚除脂-C$_{18}$	ZORBAX C$_{18}$	水-醋酸-四氢呋喃（1000∶1.5∶5）	0.2 μg/mL	87.7%～101.7%	崔建洲等，2006
水产品	C$_{18}$-WCX	GraceSmart RP-18	50 mmol/L 磷酸二氢铵-10 mmol/L 庚烷磺酸钠	20 ng/mL	75%～90.3%	岑剑伟等，2010
尿液；血浆	C$_{18}$-WCX	C$_{18}$	—	10 ng/mL	90.3%±4.0%；87.1%±2.9%	Yu 等，2010
酒曲	C$_{18}$-SCX	Dionex Ionpac CS12 A	超纯水+100 mmol/L 硫酸	1 μg/mL	90%～103%	舒静等，2011
河鲀肉	SCX 填料	Restek C$_{18}$	5 mmol/L 庚烷磺酸钠+0.1 mmol/L PBS（pH7.0）	0.2 μg/mL	77.9%～108%	戴月等，2012

（4）液质联用法。

液质联用(LC-MS 或 LC-MS/MS)是一种可同时检测 TTX 及其类似物(TTXs)的高灵敏的检测技术。TTX 属于亲水性极强的极性小分子，在普通的反相色谱柱上几乎无保留，早期液质联用法检测 TTX 一般使用反相柱分离，需要借助离子对试剂，常用七氟丁酸铵、三氟乙酸等。Shoji（2001）使用 LC-ESI-MS，以七氟丁酸铵离子对试剂、长碳链（C$_{30}$）反相柱分离，从河鲀卵巢中分离出 8 种 TTX 及其类似物，检测限为 8.96μg/L。但是离子对试剂的使用会抑制 TTX 的离子化效率并增加背景信号，影响了与质谱的兼容性。使用亲水色谱柱（HILIC）、正相色谱柱分离 TTX 则不需要离子对试剂，能更好地与质谱兼容。不同类型正相色谱柱对于分离检测有较大影响，金玉娥（2012）比较了 Shiseido 公司生产的阳离子反相混合型填料的色谱柱和沃特世科技公司亲水作用 HILIC 色谱柱的分离检测效果，发现前者受流动相中盐浓度影响，使灵敏度等方面有显著的缺陷，而后者峰形尖锐对称，明显优于其他色谱柱。陈晓等（2013）也评价了多种键合相色谱柱的分离效果，认为二醇基硅烷键合柱正相色谱柱色谱峰拖尾，不对称，且峰展宽大；硅胶色谱柱对 TTX 的保留太强，且峰不对称；氨基硅烷键合柱的色谱峰形对称，比较适合于 TTX 的分离检测。

（5）气质联用法。

气质联用（GC-MS）检测 TTX 需将其碱解转化为 C_9 碱，再用三甲基硅烷（TMS）衍生化，通过检测 C_9 碱-TMS 的含量间接检测 TTX，其检测灵敏度可低至 0.1 ng/mL，但其样品处理步骤烦琐，往往回收率偏低。Kurono（2001）将血清经 Sep-Pak PS-2 小柱净化后碱解，再由 HLB 小柱萃取 C_9 碱，回收率仅为 35.3%～50.8%；吴平谷等（2009）将河鲀肉、肝提取液经正己烷脱脂后碱解，然后用 C_{18}、SLH 固相萃取柱净化，回收率可达到 51.2%～87.0%；柳洁等（2013）将血浆样品用 OasisMCX 固相柱净化，碱解时加入甲醇、DMF 辅助，生成的 C_9 碱经 Oasis HLB 固相萃取柱净化，其回收率提高到了 82.2%～94.7%。除选用效率高的萃取柱外，通过在样品加入内标物的方式也可以消除回收率低的影响。

2. 河鲀毒素的安全隐患分析

全球河鲀鱼约 200 余种，日本为 8 属 24 种。我国为 70 多种，以鲀科东方鲀属为代表，除了东方鲀、豹纹东方鲀、密点东方鲀、紫色东方鲀等科鱼中存在河鲀毒素外，还发现蝾螺、虾虎鱼、翻车鱼、豪猪鱼、喇叭螺中也存在河鲀毒素，蓝环章鱼毒液的主要成分仍为河鲀毒素。

河鲀分布的范围北至鸭绿江口，南到南沙群岛诸海域，但受地理和适应温度的制约，各河鲀鱼种的分布都有一定的局限性。黄鳍东方鲀的分布范围很广，黄海、渤海、东海、南海均有分布，而有的河鲀鱼品种分布范围非常狭窄，如铅点东方鲀、月腹刺鲀仅在海南沿海采集到，淡鳍腹刺鲀、头纹宽吻鲀只在福建沿海采集到，紫色东方鲀仅在浙江沿海采集到，而墨绿东方鲀据报道仅分布在渤海与黄海北部。在东方鲀属中，只有铅点东方鲀与横纹东方鲀分布在南海海域，其余东方鲀属鱼种均分布在东海及黄渤海域。腹刺鲀属鱼种几乎全部分布在南海，说明各海域分布的优势河鲀鱼的种属也不相同。我国河鲀鱼资源极其丰富，据估计，每年的可捕量在 10 万 t 以上。国内养殖河鲀鱼的面积已达 5 万亩，而且有不断发展的趋势。

由于地域不同，河鲀鱼的毒性也不同。除虫纹东方鲀外，一般长江以南的河鲀鱼各部位的毒力要高于长江以北的。辽宁沿海虫纹东方鲀的性腺平均毒素含量显著高于浙江沿海的，黄鳍东方鲀的性腺以长江以北为高。而假睛东方鲀、双斑东方鲀、菊黄东方鲀和暗纹东方鲀的部位毒力均为长江以南海域的显著大于长江以北的。河鲀鱼的毒性有明显的季节性差异，除虫纹东方鲀的肝脏和性腺毒性夏季最高，横纹东方鲀的部位毒性春季最低，夏季和秋季较高的情况外，一般冬季河鲀鱼的毒性要显著大于其他季节，春季和夏季的毒性要明显大于秋季的毒性。

河鲀毒素在含量上以卵巢、肝、肠最高，肾脏、血液、眼、鳃及皮肤中只有少量，肉和精巢基本没有，由于鱼体在不新鲜状态下，血液中的毒素可浸润于肉组织间，卵巢随着发育成熟，毒素在不断增加，也与生殖周期有关。鲀科和刺鲀科所属的鱼中并不都有毒。值得注意的是，有时人工养殖的（池塘）河鲀鱼无毒（某些属类），原因尚不清楚。该养殖河鲀（暗纹东方鲀）如改为海水，即使较小的幼鱼也有剧毒，并且雌性大于雄性。

3. 我国河鲀鱼的含毒风险评价

由于河鲀毒素无抗原性，目前未开发出抗血清，所以中毒后果十分严重。据报道，毒素不侵犯心脏，呼吸停止后心脏仍维持长时间跳动。若 8 h 未死亡者，一般可恢复，但预后常留下关节痛等症状。以下对我国常见河鲀鱼的含毒情况进行初步评价。

1）红鳍东方鲀

红鳍东方鲀属于弱毒品种，性腺和皮有弱毒，毒力最大值为 33.7 Mu 吨和 20.8 Mu 吨，肝脏无毒，毒力平均值明显低于 Yuuichi Fuchid 的调查结果，肌肉无毒的结果与其他调查一致。由于受检测手段的限制，养殖的红鳍东方鲀曾经被认为是无毒的，但近来的研究发现其带有少量河鲀毒素。

2）黄鳍东方鲀

肝脏、性腺和皮的毒力属于弱毒，毒力的最大值分别是 45.5 Mu/g, 96.1 Mu/g 和 14.7 Mu/g，其肌肉无毒，可作为可食鱼种。黄鳍东方鲀的毒性有地域性和季节性差异。Hyun-Dae 报道黄鳍东方鲀的各组织部位带毒率分别为：肝脏 100%、内脏 92%、皮 75%、肌肉 17%、卵巢 87%、精巢 78%。而山东大学的调查结果远低于前者，带毒率分别为肝脏 9.64%、性腺 19.44%、皮 2.41% 和肌肉 0%，原因可能是地域和季节不同。

3）假睛东方鲀

调查发现我国沿海产的假睛东方鲀肝脏有强毒，最大值为 255.6 Mu/g，性腺和皮的毒力属于弱毒，肌肉的毒力最大值为 37.8 Mu/g，假睛东方鲀具有地域性毒性差异，性腺的毒力低于日本报道的毒性值（S），但是肌肉的最大值和带毒率却高于以前的报道，可能是采集地点和地域因素造成的。养殖假睛东方鲀的毒性与养殖红鳍东方鲀相似，但有一例肌肉带毒（10.2 Mu/g），可能是由于检测方法造成误差。结合文献，可选择长江以北的假睛东方鲀作为可食鱼种。

4）墨绿东方鲀

该鱼的毒性以前未见报道，肝脏的毒力最大值为 185.2 Mu/g，性腺、皮和肌肉均无毒，墨绿东方鲀的毒性具有季节差异，可作为可食鱼种。

5）双斑东方鲀

双斑东方鲀的毒性以前未见报道，它的毒性特点与一般东方鲀属鱼种的毒性相似，肝脏为强毒，性腺为弱毒，皮和肌肉毒力的最大值分别是 48.7 Mu/g 和 11.2 Mu/g，双斑东方鲀的毒性具有地域差别，江苏等地产的肌肉属于无毒，可作为可食鱼种。

6）暗纹东方鲀

肝脏和性腺为强毒，皮为弱毒，肌肉无毒。暗纹东方鲀为我国的土著种，毒性具有季节和地域性差异，由于肌肉属于无毒，可作为可食鱼种。

7）紫色东方鲀

分布较狭窄，调查的一例紫色东方鲀肝脏、性腺、皮均为弱毒，肌肉无毒。有报道紫色东方鲀的肝脏、性腺为剧毒，皮有弱毒，而肌肉属于无毒。

8）横纹东方鲀

台湾产横纹东方鲀的肝脏和性腺具有剧毒，而山东大学调查的结果中肝脏和性腺的毒性却低于台湾的结果，肝脏毒力的最大值为 106.6 Mu/g，皮与肌肉属于弱毒，与文献报道一致，其毒性具有明显的地域性差异。

9）铅点东方鲀

铅点东方鲀肌肉和皮带有弱毒或强毒，而且各部位毒力明显高于其他品种东方鲀，它们毒性均有地域和季节的差异，这需要在食品卫生方面引起充分的重视。

10）虫纹东方鲀

和铅点东方鲀一样，虫纹东方鲀也是日本禁止从中国进口的河鲀鱼品种，对其毒性已做过大量的研究，其性腺有剧毒，皮和肌肉有强毒，毒性具有明显的地域性差异和季节性差异，长江以南的虫纹东方鲀毒性低于长江以北海域的，在夏季肝脏和性腺的毒性要明显高于其他季节，需要引起食品卫生方面的高度重视。

11）菊黄东方鲀

菊黄东方鲀肝脏和皮有强毒，性腺为剧毒，肌肉有弱毒，并且毒性具有明显的地域性和季节性差异。

12）月腹刺鲀

据研究，月腹刺鲀是腹刺鲀属鱼类中毒性最强的品种，各组织间的毒力有地域差别，日本海和东海捕获的鱼完全无毒，而台湾和北部湾捕获的却带强毒，尤其突出的是其肌肉和精集带毒。有的月腹刺鲀，其肝脏和性腺为弱毒，肌肉无毒，可能是地域原因造成的，需进一步研究。

13）棕斑腹刺鲀、淡鳍腹刺鲀、暗鳍腹刺鲀

棕斑腹刺鲀、淡鳍腹刺鲀、暗鳍腹刺鲀均为全鱼无毒品种，结果与国外调查

一致，可以作为可食鱼种。

14）头纹宽吻鲀

头纹宽吻鲀肝脏和卵巢有剧毒，精巢和皮有弱毒，而且皮的带毒比例高达51/52，而本次调查的结果是皮、肌肉无毒，肝脏和卵巢有强毒，头纹宽吻鲀皮的毒性差异的原因有可能是地域或季节造成的，还需进一步调查。

河鲀鱼的肝脏和性腺一般具有强毒或剧毒，不能食用，在开发河鲀鱼的食用方面，应加以严格的控制和管理，严禁食用河鲀鱼的肝脏、性腺及其他内脏。长期以来，我国虽有禁止鲜食河鲀鱼的规定，实际的状况却是屡禁难止，我国海域每年都有较大的河鲀捕捞量，除按照外贸合同出口外，大量的河鲀鱼捕捞上岸后被非法贩卖，流入市场，每年因误食或加工不当有毒河鲀而引起的食物中毒甚至死亡已成为严重的食品卫生问题。

4. 河鲀鱼含毒状况影响因素

1）河鲀鱼的毒性起源

在我国，长江以南的天然河鲀鱼的毒性要高于长江以北的，这可能和长江南北的环境因素有关。对于河鲀鱼的毒性起源，目前有证据表明河鲀鱼的毒性是海洋微生物起源，通过食物链由低等生物富集到高等生物，这种生物学的食物链作用造成了河鲀鱼带毒，也部分解释了河鲀鱼带毒具有明显的个体差异和种属差异的现象。

2）河鲀鱼的带毒情况具有明显的季节性差异

我国海域辽阔，各地区之间的环境因素差别很大，环境特点的不同和纬度相关，而且在不同的季节，各海域环境要素和生态特点也各有不同，使我国河鲀鱼的带毒特点非常复杂。河鲀鱼毒性的季节性差异一方面和环境因素有关，另一方面也和河鲀鱼的产卵等生物因素有关，这可能是河鲀鱼的自我保护的一种方法。

3）河鲀鱼毒性的个体差异

据文献报道，河鲀鱼的毒性在个体间差异显著，在进行河鲀鱼的安全利用时，需要注意河鲀鱼毒性的这一特点，必须对河鲀鱼进行严格的检验以保证河鲀鱼安全无毒。

4）河鲀鱼毒性有组织相关性和与生物学特征关系显著的特点

由于河鲀鱼的毒性部位主要是肝脏和性腺，肝脏具有强大的代谢转化功能，性腺的质量是性腺成熟的一种标志，故河鲀鱼的毒性与肝脏质量和性腺质量呈正相关，而与体长和总质量呈负相关关系。

据研究，有的河鲀鱼组织部位间的毒力具有相关性，说明河鲀鱼的各部位之间毒性存在一定的依存关系。河鲀毒素在鱼体内可能有转移和转化的过程，需要进一步研究。

4.3.2 生物胺

1. 鱼类制品贮藏加工过程中生物胺的形成及危害

胺是由氨基酸的脱羧或醛和酮的氨基化和转氨作用形成低分子量有机碱，可根据分子结构分为三大类，第一类是脂肪族，如腐胺、尸胺、精胺、亚精胺等；第二类是芳香族，如酪胺、苯乙胺等；第三类是杂环族，如组胺、色胺等。对生物胺的研究早在 19 世纪 80 年代就已经开始，Vidal-Carrou 等（1990）对意大利香肠中的生物胺进行了研究，发现从自身检测出的微生物种群与生物胺的生成有关。由于不断出现生物胺食物中毒的现象，尤其是水产品以及水产品相关产品的生物胺中毒，逐渐引起人们对生物胺的研究重视。

鲐鲹鱼类含有较多的红色肉，皮下肌肉的血管系统比较发达，血红蛋白含量高，有青皮红肉的特点，体内含有大量可作为组氨酸脱羧基酶反应底物的游离组氨酸。鱼类产品中的特定腐败菌种可以将氧化三甲胺（TMAO）转化为三甲胺氮（TMA-N），从氨基酸中产生氨、生物胺、有机酸和硫化合物。其中能够将 TMAO 转化为 TMA 的微生物包括气单胞菌属、肠杆菌科、发光细菌属、腐败希瓦氏菌属和弧菌属等。组胺产生菌能够污染海水鱼，普遍存在于海水鱼的体表，也生活在活鱼的鳃和内脏中，并且在鱼体存活时对鱼体并不产生危害，鱼体一旦死亡，随着防御系统被破坏，组胺产生菌在适宜温度下迅速繁殖并产生大量组胺。常见新鲜水产品中生物胺含量见表 4.16。摄取了含有高浓度（一般 80～400 ppm）组胺的鱼肉及其制品，就会发生以下中毒症状：面部、胸部或全身潮红、头痛、头晕、胸闷、呼吸急促，可伴有恶心、呕吐、腹泻、腹痛及口唇水肿，或口、舌、四肢麻木、个别严重者会出现吞咽和呼吸困难、视力模糊、瞳孔散大等现象。卫生学数据显示，当有机体摄入组胺超过 100 mg（或每千克体质量 1.5 mg）时，即可引起过敏性食物中毒。口服 8～40 mg 组胺将引起轻微中毒症状，超过 40 mg 产生中等中毒症状，如果超过 100 mg 将产生严重中毒症状。美国食品药品监督管理局（FDA）通过对爆发组胺中毒的大量数据的研究，确定组胺的危害作用水平为 500 mg/kg（食品）。欧盟规定鲭科鱼类中组胺含量不得超过 100 mg/kg，其他食品中组胺不得超过 100 mg/kg，酪胺不得超过 100～800 mg/kg。我国食品安全国家标准 GB/T 2733—2015 中规定金枪鱼等高组胺鱼类中组胺的限量标准为 400 mg/kg，其他海水鱼类为 200 mg/kg，而水产行业标准 SC/T 3117—2006 中规定生食金枪鱼产品中组胺的限量标准为 90 mg/kg。近年来，由于组胺含量超标而引起的组胺中毒事件很多。据统计，在 1996 年英国全年的组胺中毒事件中，真空包装的金枪鱼组胺中毒占据了一半，同年在北美也发生多起由金枪鱼引起的组胺中毒事件。2008 年 3 月和 2013 年 8 月，广东深圳、中山等地，相继发生食用鲐鱼后，引起集体组胺中毒的事件，造成鲐鱼产地销量锐减，经济严重受损，渔民苦不堪言。

表 4.16　常见新鲜水产品中生物胺含量（mg/kg）

样品		色胺（TRP）	2-苯乙胺 2-PHE	腐胺 PUT	尸胺 CAD	组胺 HIS	酪胺 TYR	亚精胺 SPD	精胺 SPM	总含量
鲈鱼	范围	ND~1.98	ND~1.98	0.65~3.61	0.65~3.01	ND~0.89	ND~1.52	ND~0.98	5.15~9.65	6.49~19.36
	平均值	0.56	0.88	2.25	1.58	0.34	0.53	0.30	6.58	13.03
	SD	0.70	0.76	0.94	0.85	0.38	0.61	0.32	1.65	5.05
带鱼	范围	ND~1.62	ND~0.69	11.21~19.58	4.13~13.25	ND~1.45	ND~1.69	0.95~2.95	1.23~7.05	21.11~46.24
	平均值	0.53	0.34	15.04	9.87	0.63	0.71	1.79	4.39	33.31
	SD	0.62	0.29	3.16	2.59	0.59	0.67	0.74	2.13	9.91
白鲳鱼	范围	ND~0.51	ND~0.74	2.35~8.31	3.26~7.64	ND~1.56	ND~1.02	0.21~1.65	1.02~2.16	8.57~23.01
	平均值	0.21	0.32	6.15	5.95	0.59	0.46	0.98	1.42	16.08
	SD	0.19	0.30	1.77	1.25	0.65	0.42	0.50	0.58	4.84
沙丁鱼	范围	ND~1.42	ND	ND~3.29	ND~5.46	ND~2.38	ND	ND	ND~1.19	1.94~20.94
	平均值	0.33	0.00	1.75	1.82	1.46	0.00	0.00	0.40	17.75
	SD	0.81	0.00	1.66	3.15	1.12	0.00	0.00	0.69	14.35
黄鱼	范围	1.73~2.15	ND	8.49~9.26	19.41~25.34	ND~1.54	ND~4.10	ND~1.51	ND	36.48~51.96
	平均值	1.49	0.00	8.94	22.15	0.61	1.69	1.20	0.00	45.57
	SD	1.40	0.00	0.40	2.99	0.82	2.14	0.95	0.00	8.09
金昌鱼	范围	ND~0.64	ND~0.46	0.48~1.84	0.67~1.41	ND~0.42	ND~0.31	1.98~2.98	5.46~6.56	9.71~13.81
	平均值	0.30	0.18	1.21	1.04	0.10	0.13	2.46	6.01	11.43
	SD	0.25	0.17	0.49	0.24	0.14	0.12	0.33	0.40	1.73

续表

样品		色胺（TRP）	2-苯乙胺 2-PHE	腐胺 PUT	尸胺 CAD	组胺 HIS	酪胺 TYR	亚精胺 SPD	精胺 SPM	总含量
马头鱼	范围	ND~0.46	ND~0.42	17.48~24.66	6.09~7.45	ND~0.21	ND~0.46	ND	ND~0.87	23.71~32.41
	平均值	0.15	0.14	21.25	6.63	0.08	0.08	0.00	0.49	28.83
	SD	0.15	0.14	2.68	0.50	0.08	0.16	0.00	0.36	3.35
龙头鱼	范围	1.78~2.89	ND	24.48~38.41	38.05~43.25	ND~1.48	10.31~13.04	ND~0.24	2.94~3.42	86.37~96.80
	平均值	2.28	0.00	33.12	40.05	0.59	11.80	0.11	3.18	91.12
	SD	0.34	0.00	5.03	1.61	0.55	0.89	0.09	0.20	4.80
金线鱼	范围	ND~0.46	0.81~1.58	20.13~28.46	32.16~36.24	ND~0.49	20.94~23.54	ND~0.31	0.57~1.28	78.98~91.09
	平均值	0.14	1.13	24.59	35.07	0.10	22.30	0.15	0.91	84.39
	SD	0.19	0.21	3.19	1.27	0.16	0.85	0.12	0.25	4.10
蓝圆鲹	范围	ND~0.61	ND~0.31	41.05~45.16	51.49~56.28	16.45~21.85	27.69~31.33	2.09~3.27	1.59~2.08	148.31~156.17
	平均值	0.23	0.11	42.47	54.32	19.99	29.59	2.84	1.88	151.42
	SD	0.21	0.12	1.23	1.65	1.82	1.23	0.39	0.16	2.31
马鲛鱼	范围	ND	ND~0.24	0.97~1.95	4.15~6.59	10.24~11.09	ND~0.34	ND~0.31	0.21~0.59	16.63~20.07
	平均值	0.00	0.12	1.29	4.99	10.63	0.12	0.16	0.48	17.80
	SD	0.00	0.10	0.37	0.87	0.28	0.12	0.13	0.12	1.22
鲔鱼	范围	ND~0.21	ND~0.24	0.19~0.69	1.19~1.88	9.25~12.37	ND~0.35	ND~1.21	1.28~2.36	13.19~16.53
	平均值	0.08	0.09	0.69	1.59	10.22	0.15	0.23	1.81	
	SD	0.09	0.09	0.19	0.26	0.99	0.13	0.38	0.28	1.06
秋刀鱼	范围	2.31~4.78	ND~0.24	3.09~3.92	42.71~58.54	7.32~9.56	20.13~23.02	ND~0.49	0.19~0.69	82.77~96.01
	平均值	4.26	0.10	3.65	52.02	9.13	21.27	0.18	0.55	91.16
	SD	0.79	0.09	0.31	4.43	0.69	0.85	0.18	0.15	3.73

2. 贮藏温度对鲜鱼产品生物胺形成的影响

中国水产科学研究院南海水产研究所于 2016～2020 年，针对马鲛鱼、蓝圆鲹、金线鱼、鲭鱼四种鲜鱼产品的生物胺形成规律开展了相关的基础研究。研究结果表明，四种鲜鱼产品随着贮藏温度的升高，生物胺含量增加迅速，组胺超出 FDA 规定的水产品中安全限量的时间缩短，温度波动贮藏加速了 4 种鱼品中生物胺含量的增加，具体研究结果如下。

1）–18℃下鲜鱼产品中生物胺含量的变化

将马鲛鱼、蓝圆鲹、金线鱼、鲭鱼四种鲜鱼产品用无菌袋包装，分别置于–18℃冰箱贮藏 9 个月，定期测定其生物胺的含量变化，每月测定一次。测定结果如图 4.17 所示。

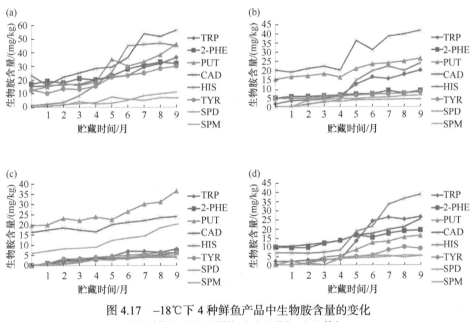

图 4.17 –18℃下 4 种鲜鱼产品中生物胺含量的变化

（a）马鲛鱼；（b）蓝圆鲹；（c）金线鱼；（d）鲭鱼；

TRP、2-PHE、PUT、CAD、HIS、TYR、SPD、SPM 分别代表色胺、2-苯乙胺、腐胺、尸胺、组胺、酪胺、亚精胺、精胺

由图 4.17（a）可见，对于马鲛鱼来说，8 种生物胺在贮藏期内的含量变化各有不同。其中，尸胺和组胺增长最为明显，尸胺的含量变化范围为 23.26～56.67 mg/kg；组胺在冷冻贮藏的前 3 个月含量较少，低于 10 mg/kg，贮藏第 4 个月开始，增长较快，冷冻贮藏 9 个月时，组胺含量为 45.26 mg/kg；腐胺的含量在前四个月内基本保持稳定，在第 5 个月时有较高的增长（35.21 mg/kg），之后出现一定的下降，到第 9 个月时含量为 46.24 mg/kg；色胺、2-苯乙胺及酪胺在 9 个月的贮藏期内增长较为平缓，分别为 15.41～36.59 mg/kg、17.01～32.14 mg/kg 和 12.85～

30.12 mg/kg；精胺和亚精胺在贮藏过程中含量比较稳定，基本维持在5～7 mg/kg左右，在整个贮藏期内没有太大变化；亚精胺的含量范围在1.03～11.12 mg/kg，在贮藏后期含量有一定的增加。

由图4.17（b）可见，蓝圆鲹样品与马鲛鱼类似，8种生物胺在贮藏期内的含量变化也各有不同。其中，尸胺增长最为明显并且在贮藏期内出现波动增长，这说明在冷冻贮藏期间尸胺产生菌的活动受到不同程度的影响。尸胺的含量变化范围为20.15～42.15 mg/kg。组胺在冷冻贮藏的前2个月并未检出，在第三个月检测出组胺，但含量较少，低于10 mg/kg，在贮藏的第4个月开始，增长较快，在冷冻贮藏9个月时，组胺含量为24.15 mg/kg，低于马鲛鱼中组胺含量。腐胺的含量在前四个月内基本保持稳定，在第5个月之后有一定的增长，含量基本维持在15～25 mg/kg。色胺的增长与组胺类似，在前4个月贮藏期内含量较为稳定（低于5 mg/kg），从第四个月之后出现较快的增长，在第9个月时含量为20.13 mg/kg。精胺、亚精胺、2-苯乙胺及酪胺在9个月的贮藏期内含量基本维持稳定，没有太大变化。

由4.17（c）可见，在金线鱼样品中，每种生物胺在贮藏期内的含量变化也各有不同。其中，腐胺的含量最高并且增长最为明显，含量变化范围是19.64～36.54 mg/kg。尸胺的含量基本保持稳定，在整个贮藏期内没有太大的变化，含量维持在15～20 mg/kg。值得注意的是，在金线鱼样品中，精胺含量相对较高，并且在贮藏4个月后出现一定程度的增长，在第9个月时含量为20.31 mg/kg。组胺在冷冻贮藏的前2个月并未检出，在第三个月检测出组胺，但含量较少，低于10 mg/kg，在贮藏的第4个月开始，增长较快，在冷冻贮藏9个月时，组胺含量保持稳定，低于5 mg/kg。色胺、亚精胺、2-苯乙胺及酪胺在9个月的贮藏期内含量基本维持稳定，没有太大变化。

由图4.17（d）可见，在鲭鱼样品中，不同种生物胺随贮藏时间的变化各有不同。其中，组胺含量在贮藏前期没有明显变化，第四个月后，开始增长，第9个月时含量为39.00 mg/kg。色胺在贮藏4～6个月内含量增长较快，从3.01 mg/kg增长至24.25 mg/kg，之后含量基本保持稳定。与其他三种鲜鱼产品比较，鲭鱼中尸胺和腐胺的含量相对较低，并且增长较为平缓。其他生物胺在贮藏期内基本保持稳定，没有太大变化。

2）4℃下鲜鱼产品中生物胺含量的变化

将马鲛鱼、蓝圆鲹、金线鱼、鲭鱼四种鲜鱼产品用无菌袋包装，分别置于4℃冰箱贮藏7 d，定期测定其生物胺的含量变化，每24 h测定一次。所得的测定结果如图4.18所示。

由图4.18（a）可见，对于马鲛鱼样品，8种生物胺在贮藏期内的含量变化各有不同。其中，尸胺增长最为明显，尸胺的含量变化范围为23.26～169.58 mg/kg。在贮藏的第一个 24 h 内增长速度最快。酪胺在贮藏前期有一定范围的增长，第 1 天之后含量保持稳定。组胺在贮藏的前 3 天含量较少，低于 10 mg/kg，在贮藏的第 4 天开始，增长较快，在冷藏第 6 天时，组胺含量为 62.35 mg/kg，已经超出 FDA 规定的组胺安全水平（50 mg/kg）。腐胺的含量在贮藏初期比较低（12.53 mg/kg），但是随着贮藏期的延长逐步增加，在第 7 天时，含量为 89.16 mg/kg。亚精胺、精胺检出低于 5 mg/kg，其他生物胺，包括 2-苯乙胺、色胺、精胺以及亚精胺的含量基本保持稳定，在贮藏期内没有太大的变化。

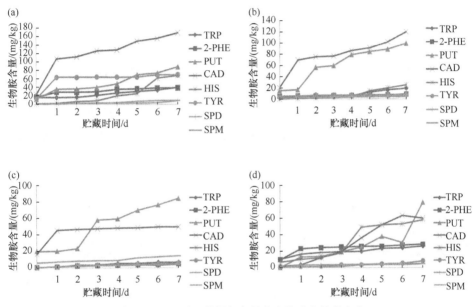

图 4.18　4℃下 4 种鲜鱼产品中生物胺含量的变化
（a）马鲛鱼；（b）蓝圆鲹；（c）金线鱼；（d）鲭鱼；
TRP, 2-PHE, PUT, CAD, HIS, TYR, SPD, SPM 分别代表色胺、2-苯乙胺、腐胺、尸胺、组胺、酪胺、亚精胺、精胺

　　由图 4.18（b）可见，对于蓝圆鲹样品，与马鲛鱼类似，8 种生物胺在贮藏期内的含量变化也各有不同。其中，尸胺和腐胺增长最为明显：尸胺的含量变化范围为 20.15～120.45 mg/kg，腐胺的变化范围为 15.10～99.84 mg/kg。组胺的含量增长并不明显，在第 7 天时含量为 25.62 mg/kg，低于马鲛鱼中组胺含量。其中可能的原因为蓝圆鲹和马鲛鱼中组胺生成菌为不同菌种，菌种活动的最适温度不同。色胺在贮藏前期含量较少，低于 5 mg/kg，随着贮藏期的延长有一定的增长，在冷藏实验结束时含量为 19.45 mg/kg。精胺、亚精胺、2-苯乙胺及酪胺在 7 天的贮藏期内含量基本维持稳定，没有太大变化。

　　由图 4.18（c）可见，在金线鱼样品中，每种生物胺在贮藏期内的含量变化也各有不同。其中，腐胺和尸胺的含量最高并且增长最为明显：在贮藏前期，尸胺

的增长高于腐胺，在贮藏第 3 天时，尸胺的含量为 47.29 mg/kg，并且保持稳定，腐胺出现快速增长且含量超过尸胺，在冷藏结束时含量为 84.15 mg/kg。在贮藏期内，有少量生物胺检出，低于 5 mg/kg。其他生物胺含量较低，在贮藏期内含量变化范围不大，基本保持稳定。

由图 4.18（d）可见，在鲭鱼样品中，不同种生物胺随贮藏时间的变化各有不同。其中，腐胺在贮藏初期没有检出，但是在贮藏期内一直处于增长状态，在贮藏后期出现波动增长，第 6 天的含量有所降低，为 30.58 mg/kg，到第 7 天时含量迅速增长到 79.48 mg/kg。组胺和尸胺在贮藏期内含量增长明显，其中尸胺的含量由 10.31 mg/kg 增长至 60.12 mg/kg。组胺含量由 6.54 mg/kg 增长至 58.19 mg/kg，超出 FDA 规定的水产品中组胺的安全限量。色胺及 2-苯乙胺在贮藏期内增长平缓，在贮藏后期含量保持稳定。精胺和亚精胺在贮藏期内基本保持稳定，没有太大变化。

3）常温下鲜鱼产品中生物胺含量的变化

将马鲛鱼、蓝圆鲹、金线鱼、鲭鱼四种鲜鱼产品用无菌袋包装，分别置于常温下贮藏 7 天，定期测定其生物胺的含量变化，每 24 h 测定一次。所得的测定结果如图 4.19 所示。

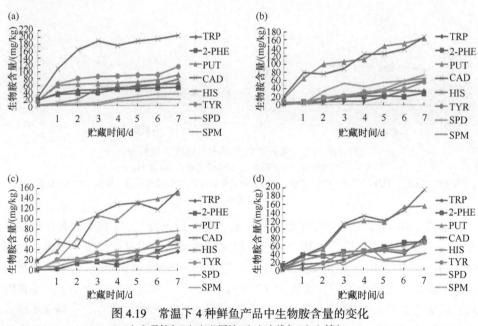

图 4.19　常温下 4 种鲜鱼产品中生物胺含量的变化

（a）马鲛鱼；（b）蓝圆鲹；（c）金线鱼；（d）鲭鱼；
TRP，2-PHE，PUT，CAD，HIS，TYR，SPD，SPM 分别代表色胺、2-苯乙胺、腐胺、尸胺、组胺、酪胺、亚精胺、精胺

由图 4.19（a）可见，对于马鲛鱼样品，8 种生物胺在贮藏期内的含量变化各有不同，与−18℃，4℃贮藏相比较，生物胺的增长加速。其中，尸胺增长最为明

显，尸胺的含量变化范围为 23.26～205.64 mg/kg。组胺在常温贮藏第 3 天时含量
为 50.16 mg/kg，超出 FDA 规定的水产品中组胺的安全限量。常温下，马鲛鱼样
品中酪胺含量增加明显，变化范围为 12.85～114.28 mg/kg。腐胺的含量变化范围
为 12.53～91.02 mg/kg。其他生物胺的含量都有不同程度的增加。

由图 4.19（b）可见，对于蓝圆鲹样品，与-18℃、4℃贮藏相比较，8 种生物
胺在贮藏期内的含量增长加速。其中，尸胺与腐胺增长最为明显并且在贮藏期内
出现波动增长，这说明在冷冻贮藏期间生物胺产生菌的活动受到不同程度的影响。
尸胺的含量变化范围为 20.15～167.84 mg/kg；腐胺的含量变化范围为 15.10～
165.45 mg/kg。组胺在放置 1 天后被检出，但含量较少，低于 10 mg/kg，在贮藏的
第 2 天开始，增长较快，在常温贮藏 7 天时，组胺含量为 59.54 mg/kg，低于马鲛
鱼中组胺含量，但已超出 FDA 对水产品中组胺的安全限量标准。蓝圆鲹样品中的
精胺含量在常温下增长较快，变化范围为未检出至 65.41 mg/kg。其他生物胺在贮
藏期内含量基本维持稳定，没有太大变化。

由图 4.19（c）可见，在金线鱼样品中，常温下每种生物胺在贮藏期内的含量
变化各有不同，且较-18℃、4℃贮藏增长范围扩大。其中，腐胺和尸胺的含量最
高并且增长最为明显；与蓝圆鲹样品相似，在贮藏期内两种生物胺出现波动增长，
其中腐胺含量变化范围是 19.64～151.08 mg/kg；尸胺含量变化范围是 16.32～
156.24 mg/kg。值得注意的是，在金线鱼样品中，亚精胺含量相对较高，并且在贮
藏期间出现一定程度的增长，在第 7 天时含量为 77.48 mg/kg。组胺在贮藏期间被
检出且有一定增长，在第 7 天时含量为 50.17 mg/kg。其他生物胺均有不同程度的
增加，但范围相对较小。

由图 4.19（d）可见，在鲭鱼样品中，不同种生物胺随贮藏时间的变化各有不
同。其中，组胺含量在贮藏期间有明显变化，第 5 天时含量为 52.01 mg/kg，超出
FDA 对水产品中组胺的安全限量标准。腐胺和尸胺增长明显，变化范围分别为未
检出～156.27 mg/kg，10.31～196.70 mg/kg。精胺在贮藏初期并未检出，但在第 3
天后增长明显且出现波动增长，在第 7 天时含量为 39.57 mg/kg。其他生物胺均有
不同程度的增长，相对于-18℃、4℃贮藏含量变化范围增大。

4）贮藏过程温度波动对产品生物胺的影响

将马鲛鱼、蓝圆鲹、金线鱼、鲭鱼四种鲜鱼产品用无菌袋包装，置于 4℃冰箱
及常温下交替贮藏 7 天，每 24 h 交替一次。定期测定其生物胺的含量变化，每 24 h
测定一次。所得的测定结果如图 4.20 所示。

由图 4.20（a）可见，对于马鲛鱼样品，8 种生物胺在贮藏期内的含量变化各
有不同，与-18℃、4℃及常温贮藏相比较，生物胺的增长加速，可见温度波动极
易加速鱼品的腐败。其中，尸胺增长最为明显，在贮藏前期一直快速增加，尸胺
的含量变化范围为 23.26～269.78 mg/kg。组胺在常温贮藏第 2 天时含量为

54.16 mg/kg，超出 FDA 规定的水产品中组胺的安全限量。

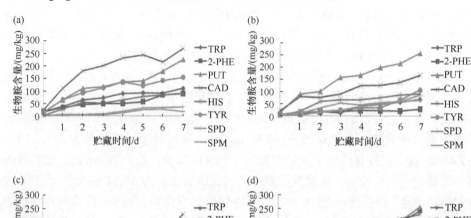

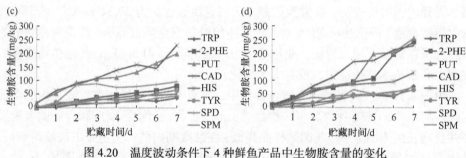

图 4.20　温度波动条件下 4 种鲜鱼产品中生物胺含量的变化
（a）马鲛鱼；（b）蓝圆鲹；（c）金线鱼；（d）鲭鱼；
TRP, 2-PHE, PUT, CAD, HIS, TYR, SPD, SPM 分别代表色胺、2-苯乙胺、腐胺、尸胺、组胺、酪胺、
亚精胺、精胺

　　由图 4.20（b）可见，对于蓝圆鲹样品，与−18℃，4℃及常温贮藏相比较，8
种生物胺在温度波动贮藏期内的含量增长加速。其中，腐胺增长最为明显，含量
变化范围为 15.10～259.57 mg/kg。尸胺的含量变化范围为 20.15～167.84 mg/kg，
与常温时贮藏变化基本一致，但高于−18℃，4℃贮藏。组胺在放置 1 天后被检出，
含量为 19.58 mg/kg，在贮藏的第 2 天开始，增长到 59.48 mg/kg，已超出 FDA 对
水产品中组胺的安全限量标准，在贮藏 7 天时，组胺含量为 90.16 mg/kg。蓝圆鲹
样品中的酪胺含量在贮藏后期增长较快，变化范围为 4.59～107.21 mg/kg。其他生
物胺在贮藏期内含量有不同程度的增加。

　　由图 4.20（c）可见，在金线鱼样品中，每种生物胺在贮藏期内的含量变化各
有不同，且较−18℃，4℃及常温贮藏变化范围增大。其中，腐胺和尸胺的含量最
高并且增长最为明显：尸胺在贮藏期内出现波动增长，腐胺在贮藏期内一直处于
快速增长状态，其中尸胺含量变化范围是 16.32～231.49 mg/kg；腐胺含量变化范
围是 19.64～200.31 mg/kg。值得注意的是，在金线鱼样品中，2-苯乙胺及酪胺在
温度波动贮藏期间增长较为明显。在第 7 天时，含量分别为 79.84 mg/kg，
66.02 mg/kg。组胺在贮藏期间被检出且有一定增长，在第 7 天时含量为
51.27 mg/kg。其他生物胺均有不同程度的增加，但范围相对较小。

由图 4.20（d）可见，在鲭鱼样品中，不同种生物胺随贮藏时间的变化各有不同。其中，组胺含量在贮藏期间有明显变化，第 2 天时含量为 52.01 mg/kg，超出 FDA 对水产品中组胺的安全限量标准，在第 7 天时含量为 129.81 mg/kg，可以推断鲭鱼中组胺生成菌对冷藏及常温都有很强的适应性。腐胺、尸胺及 2-苯乙胺含量增长明显，变化范围分别为未检出～256.17 mg/kg，10.31～230.14 mg/kg，9.88～243.15 mg/kg。精胺及亚精胺在贮藏初期并未检出，但在第 2 天后增长明显且出现波动增长，在第 7 天时含量分别为 63.98 mg/kg，76.45 mg/kg。其他生物胺均有不同程度的增长，相对于−18℃，4℃贮藏含量变化范围增大。

参 考 文 献

安元健, 中村宗知, 大岛泰克, 等. 1982.Construction of a continuous tetrodotoxin analyzer. 日本水产学会志, 8 (10):1481-1483.

白青云, 赵立, 叶华, 等. 2017. 鸡肉肠微波杀菌工艺的条件优化. 肉类工业, 12: 29-33, 38.

毕金峰, 吕健, 刘璇, 等. 2019. 国内外桃加工科技与产业现状及展望. 食品科学技术学报, 37(5): 7-15.

毕金峰, 魏益民. 2008. 果蔬变温压差膨化干燥技术研究进展. 农业工程学报, 24(6): 308-312.

曹栋, 裘爱泳, 王兴国. 2004a. 磷脂结构、性质、功能及研究现状(1). 粮食与油脂, (5): 3-6.

曹栋, 裘爱泳, 王兴国. 2004b. 磷脂结构、性质、功能及研究现状(2). 粮食与油脂, (6): 13-16.

曹少谦, 陈伟, 袁勇军, 等. 2011. 水蜜桃汁热处理过程中的非酶褐变. 食品科技, 36(5): 91-94.

岑剑伟, 李来好, 杨贤庆, 等.2010. 水产品中河鲀毒素的高效液相紫外测定法. 中国水产科学,(5):1036-1044.

陈昌文, 曹珂, 王力荣, 等. 2011. 中国桃主要品种资源及其野生近缘种的分子身份证构建. 中国农业科学, 44(10): 2081-2093.

陈飞. 2012. 加工工艺去除小麦中脱氧雪腐镰刀菌烯醇(DON)的研究. 北京: 中国农业科学院.

陈剑兵, 陆胜民, 郑美瑜, 等.2011. 高压均质对菜籽蛋白功能性质和酶解效果的影响. 中国粮油学报, (11): 79-82.

陈立夫, 裴斐, 张里明, 等. 2017. 超声辅助渗透处理对冷冻干燥双孢蘑菇冻干效率和品质的影响. 食品科学, 38(23): 8-13.

陈丽花, 戴艳春, 段燕芬, 等. 2010. 梗阻性肾衰竭行经皮穿刺造瘘术的配合与护理. 医学信息(上旬刊), (1): 261-262.

陈露, 陈季旺, 蔡俊等. 2016. 大米镉结合蛋白的分离纯化及纯度鉴定. 37(13): 60-64.

陈平, 陆卫明. 2016. 加速溶剂萃取/凝胶渗透色谱/气相色谱-质谱法测定水果中的农药残留. 中国卫生检验杂志, 26(23): 3361-3363.

陈思, 赵明, 任莉, 等. 2016. 去除苹果上残留农药噻菌灵的清洗方法研究. 西南农业学报, 29(7): 1628-1632.

陈晓, 文红梅, 李伟, 等 2013. 亲水液相色谱-三重四极杆质谱检测河豚鱼肝中的河豚毒素. 中国实验方剂学杂志, 19(8): 149-152.

陈艳. 2004. 鱼肉肌原纤维凝胶的 modori 产生机理研究. 杭州: 浙江工业大学.

陈耀兵, 覃大吉. 2004. 甜玉米鲜食、加工两用品种的筛选. 湖北农业科学, (6): 22-25.

陈智毅, 李余良, 徐玉娟, 等. 2006. 5 个甜玉米品种 (组合)加工性状的初步研究. 广东农业科学, (11): 43-44.

成兰英, 王梅. 2010. 油菜籽蛋白质的结构、生物活性和理化特性. 生命的化学, (6): 972-976.

程国栋. 2015. 玉米发酵面团品质特性研究. 长春: 吉林农业大学.

程莉君, 石雪萍, 姚惠源. 2016. 大豆加工利用研究进展. 大豆科学, 26(5): 775-780.

崔建洲, 申雪艳, 宫庆礼, 等.2006.高效液相色谱-紫外/荧光检测方法测定河豚毒素. 色谱,(3):317.

代艳娜. 2016. 苹果、柑橘和梨中灭幼脲残留量测定及其在贮藏期间变化研究. 现代农业科技, (8): 114-116.

戴月, 陶宁萍, 刘源, 等. 2012.基质固相分散高效液相色谱法检测河豚毒素. 光谱实验室,(3):1601-1604.

董凯娜. 2012. 小麦品种淀粉特性与面条质量关系的研究. 郑州: 河南工业大学.

董文明, 袁唯, 杨振生. 2004. 真空软包装甜玉米穗保鲜加工技术研究. 玉米科学, 12(4):99-101.

杜巍, 魏益民, 张国权. 2001. 小麦品质与面条品质关系的研究. 西北农林科技大学学报, 29 (3): 24-27.

杜寅. 2012. 花生蛋白主要组分的制备及凝胶特性研究. 北京: 中国农业科学院.

杜寅, 王强, 刘红芝, 等. 2013. 不同品种花生蛋白主要组分及其亚基相对含量分析. 34 (9): 42-46.

段道富, 赵平化, 郭国锦. 2008. 甜玉米汁饮料生产工艺及主要关键技术. 杭州农业科技, 2008 (1): 38.

段久芳. 2016. 天然高分子材料. 武汉: 华中科技大学出版社: 204.

范国乾. 2004. 糯玉米怪味豆及其生产方法: CN03135269.

范选娇. 2017. 结冷胶对白鲢鱼糜凝胶特性及形成机理的影响. 合肥: 合肥工业大学.

范阳平, 江胜龙, 黄冰冰, 等. 2011. 玉米馒头优化工艺的研究. 安徽农业科学, (29): 18241-18243.

方景礼. 2008. 电镀配合物——理论与应用. 表面技术, 2008, (1): 85.

方丝云. 2017. 陕西关中小麦品质性状及蒸煮面食品加工适应性研究. 咸阳: 西北农林科技大学.

房子舒, 易俊杰, 张雅杰, 等. 2012. 超高压和高温瞬时杀菌对蓝莓汁品质影响的比较. 食品与发酵工业, 38(12): 7-10.

封薇. 2010. 小麦中镰刀菌毒素污染和脱氧雪腐镰刀菌烯醇(DON)积累分析. 雅安: 四川农业大学.

冯璐, 芮汉明. 2006. 不同杀菌方式对盐焗鸡翅根品质的影响. 食品与发酵工业, (11): 111-115.

冯伟. 2019. 米蛋白与镉结合的分子机制及解离规律研究. 无锡: 江南大学.

浮吟梅, 石晓, 王凤霞. 2007. 玉米馒头工艺研究. 粮油食品科技, (2): 15-17.

付苗苗, 王晓曦. 2006. 小麦蛋白质及其各组分与面制品品质的关系. 粮食与饲料工业, (8): 56.

傅亚平, 廖卢艳, 刘阳, 等. 2015a. 乳酸菌发酵技术脱除大米粉中镉的工艺优化. 农业工程学报, 31(6): 319-326.

傅亚平, 刘阳, 吴卫国, 等. 2015b. 酸溶联用发酵技术脱除大米粉中镉的工艺优化. 中国酿造, 34(10): 62-67.

傅亚平, 吴卫国, 王巨涛. 2016. 乳酸菌发酵脱除大米粉中重金属镉的机理. 食品与发酵工业, 42(3): 104-108.

高飞. 2010. 挂面高温干燥系统工艺参数控制及挂面品质研究. 郑州: 河南工业大学.

高飞, 陈洁, 王春, 等. 2009. 干燥风速对挂面品质的影响. 河南工业大学学报(自然科学版), 30(6): 17-20.

葛秀秀, 何中虎, 杨金, 等. 2003. 我国冬小麦品种多酚氧化酶活性的遗传变异及其与品质性状的相关分析. 作物学报, 29(4): 481-485.

谷镇, 杨焱. 2013. 食用菌呈香呈味物质研究进展. 食品工业科技, 34(5): 363-367.

官斌, 刘娟, 袁东星. 2006. 不同洗涤方法对黄瓜中有机磷农药的去除效果. 环境与健康杂志, 23(1): 52-54.

郭成宇, 周红芳. 2011. 糯玉米米浆制备的新工艺研究. 现代食品科技, 27(5): 534-539.

郭玲玲, 曾洁. 2009. 发酵改性玉米面粉的粉质曲线测定. 农业科技与装备, (5): 66-68.

郭庆法, 王庆成, 汪黎明. 2004. 中国玉米栽培学. 上海: 上海科学技术出版社: 8-13.

郭文韬. 2004. 略论中国栽培大豆的起源. 南京农业大学学报, 4(1): 60-69.

韩涛, 李丽萍. 1999. 果蔬多酚氧化酶的抑制及褐变的防治因素. 北京农学院学报, 14(4): 88-93.

韩天富, 周新安, 关荣霞. 等 2021. 大豆种业的昨天、今天和明天. http://www.zys.moa.gov.cn/mhsh/202105/t20210513_6367666.htm (2021-10-16).

韩笑. 2019. 贮藏过程中阿根廷鱿鱼生物胺的变化规律及控制. 锦州: 渤海大学.

何中虎, 晏月明, 庄巧生, 等. 2006. 中国小麦品种品质评价体系建立与分子改良技术研究. 中国农业科学, 39(6): 1091-1101.

贺婷. 2018. 三种天然抑菌剂对低温肉制品中单增李斯特菌的抑菌效果研究. 成都: 成都大学.

洪涛, 王鹏昊, 郄红梅. 2018. 我国玉米主食产业发展现状及趋势研究. 中国粮食经济, (12): 66-69.

呼玉山, 张法楷, 王开敏, 等. 2000. 敌霉素-7 防霉保鲜剂对高水分玉米的防霉保鲜效果. 粮食与饲料工业, (9): 14-15.

胡芬, 李小定, 熊善柏, 等. 2011. 5 种淡水鱼肉的质构特性及与营养成分的相关性分析. 食品科学, (11): 77-81.

胡瑞波, 田纪春. 2006. 小麦主要品质性状与面粉色泽的关系. 麦类作物学报, (3): 96-101.

胡新中, 魏益民, 张国权, 等. 2004. 小麦籽粒蛋白质组分及其与面条品质的关系. 中国农业科学, 37(5): 739-743.

华为. 2005. 小麦多酚氧化酶活性分析及面片色泽关系的研究. 合肥: 安徽农业大学.

黄宝勇, 潘灿平, 张微, 等. 2006. 应用分析保护剂补偿基质效应与气相色谱-质谱快速检测果蔬中农药多残留. 分析测试学报, 25(3): 11-16.

黄福辉, 项发根, 周为民. 1980. 关于山苍子有效成份在储粮中的应用. 粮食贮藏, (2): 19-22.

黄明伟. 2015. 大豆品种及其组分对石膏豆腐品质的影响及原料大豆分级标准的建立. 长春: 吉林农业大学.

黄明伟, 刘俊梅, 王玉华, 等. 2015. 大豆蛋白组分与豆腐品质特性的研究. 食品工业科技, 36(13): 94-98.

黄一珂, 邱晓航. 2016. 软硬酸碱理论的发展和应用. 大学化学, 31(11): 45-50.

季茂聘. 2005. 浅谈粮食中黄曲霉素 B1 的去毒方法. 粮油仓储科技通讯, (2): 50.

冀晓龙. 2014. 杀菌方式对鲜枣汁品质及抗氧化活性的影响研究. 咸阳: 西北农林科技大学.

冀晓龙, 王猛, 李环宇, 等. 2013. 不同杀菌方式对梨枣汁杀菌效果及理化性质的影响. 食品与发酵工业, 39(4): 91-95.

贾聪, 芦鑫, 高锦鸿, 等. 2019. 基于代谢组学分析不同颜色花生红衣的组成差异. 食品科学, 40(19): 46-51.

贾丹. 2016. 青鱼肌肉蛋白质及其凝胶特性的研究. 武汉: 华中农业大学.

贾珊珊, 2016. 变温模式下乳酸菌对鸡肉制品的生物保护作用研究. 合肥: 合肥工业大学.

贾庄德, 徐关印. 2004. 甜糯玉米真空软包装罐头加工技术. 邯郸农业高等专科学校学报, 21(2): 36-37.

江玲, 张懋, 孙金才. 2009. 脱水莴苣片的护色工艺研究. 干燥技术与设备, 7(6): 266-270.

江山, 胡刚, 王清. 1900. 甜玉米品质分析及加工. 中国食物与营养, (l): 26-27.

姜全. 2000. 我国桃生产发展现状与趋势. 北京农业科学, (4): 35-38.

姜绍通, 潘牧, 郑志, 等. 2009. 菜籽粕贮藏蛋白制备及功能性质研究. 食品科学, 30(8): 29-32.

姜艳. 2015. 小麦品种(系)主要品质性状及面条和馒头品质研究. 合肥: 安徽农业大学.

金英燕, 卢华兵, 胡贤女, 等. 2013. 甜玉米汁饮料营养成分分析. 农业科技通讯, (6): 105-106.

金玉娥, 汪国利, 马佳鸣, 等. 2012. 高效液相色谱-串联质谱法同时测定水产品中 7 种微囊藻毒素. 环境与职业医学, 29(6): 343-346.

景智波, 田建军, 杨明阳, 等. 2018. 食品中与生物胺形成相关的微生物菌群及其控制技术研究进展. 食品科学, 39(15): 262-268.

居然, 秦中庆. 1996. 简论挂面三段干燥法. 食品科技, (5): 26-27.

鞠兴荣, 袁建, 汪海峰, 等. 2005. 小麦主要质量指标与面条品质关系的研究. 粮食与饲料工业, (12): 10-12.

阚世红, 王宪泽, 于振文. 2005. 淀粉化学结构、面粉黏度性状与面条品质关系的研究. 作物学报, 31(11): 1506-1510.

康志钰. 2003. 手工拉面评分指标与面筋数量和质量的关系. 麦类作物学报, 23(2): 3-6.

孔祥虹. 2009. 固相微萃取-气相色谱法测定浓缩苹果汁中的 8 种有机磷农药残留. 食品科学, (2): 196-200.

蓝锦昌, 徐敦明, 周昱, 等. 2010. 加速溶剂萃取(ASE)-气相色谱/串联质谱(GC-MS/MS)法测定食用菌中 25 种农药残留. 应用科技, 37(5): 56-63.

雷激, 张艳, 王德森, 等. 2004. 中国干白面条品质评价方法研究. 中国农业科学, 37(12): 2000-2005.

雷群英. 2015. 大米中镉的微生物脱除及其应用品质研究. 无锡: 江南大学.

黎芳, 滕文韬, 刘野, 等. 2020. 3 种功能性蛋白对淀粉-面筋重组面团流变学特性及馒头品质的影响. 中国食品学报, 20(3): 103-111.

李超群, 田宗乎, 曹健, 等. 2016. 游离酸测定过程中金属离子水解干扰和配位剂掩蔽的探讨. 冶金分析, 36(5): 69-75.

李春红, 孙树侠. 2001. 辅料对增加玉米面团黏弹性的影响. 食品工业科技, 4(22): 18-20.

李代禧, 刘宝林, 郭柏松, 等. 2013. 胰岛素聚合反应过程的分子模拟研究. 生物医学工程学杂志, (5): 936-941.

李和平, 魏建春, 张一鸣, 等. 2009. 低糖高纤维玉米软质面包的研制. 农产品加工(学刊), (4): 46-48.

李华伟, 陈洁, 王春, 等. 2009. 预干燥阶段对挂面品质影响的研究. 粮油加工, (5): 84-86.

李辉尚. 2005. 不同大豆品种的北豆腐加工适应性研究. 北京: 中国农业大学.

李惠生, 董树亭, 高荣岐, 等. 2007. 两种保鲜技术对鲜食玉米品质的影响. 山东农业科学, (4): 104-106.

李健雄, 吴彩宣, 梁名位, 等. 2006. 鸡肉肠辐照保鲜应用试验研究. 广东农业科学, 11: 79-80.

李锦运, 郭玉蓉, 王婷婷, 等. 2010. 嘎拉苹果中氧化乐果残留及其降解研究. 中国农业工程学会会议论文集: 202.

李菊芳. 2010. 微波辅助菜籽饼粕蛋白水解产物的高效制备及其功能特性研究. 北京: 中国农业科学院.

李娟, 许雪儿, 尹仁文, 等. 2017. 黑小米与黄小米 Mixolab 流变学特性差异研究及其产品应用. 食品与发酵工业, 43(12): 61-65.

李林海. 2004. 黄淮夏大豆和南方夏大豆遗传多样性的分析比较研究. 咸阳: 西北农林科技大学.

李禄慧, 徐妙云, 张兰, 等. 2011. 不同作物中维生素 E 含量的测定和比较. 中国农学通报, 27(26): 124-128.

李曼. 2014. 生鲜面制品的品质劣变机制及调控研究. 无锡: 江南大学.

李梦琴, 张剑, 冯志强, 等. 2007. 面条品质评价指标及评价方法的研究. 麦类作物学报, (4): 625-629.

李铭红, 李侠, 宋瑞生. 2008. 受污农田中农作物对重金属镉的富集特征研究. 中国生态农业学报, 16(3): 675-679.

李鹏坤, 李巧枝, 刘芳, 等. 2004. 桃中残留有机磷农药去除方法研究. 农药科学与管理, (6): 16-20.

李莎莎. 2020. 冷藏条件对鸡肉品质影响及豌豆蛋白对其凝胶特性改善. 新乡: 河南科技学院.

李硕碧, 单明珠, 王怡, 等. 2001. 鲜湿面条专用小麦品种品质的评价. 作物学报, 27(3): 334-338.

李韦谨, 张波, 魏益民, 等. 2011. 机制面条制作工艺研究综述. 中国粮油学报, 26(6): 86-90.

李伟, 许华, 常宇文. 2006. 凝胶渗透色谱净化-气相色谱法测定蔬菜中百菌清残留. 现代仪器, 12(6): 69-70, 68.

李文明, 韩永涛, 董丰收, 等. 2013. 毒死蜱及其代谢物 3,5,6-三氯-2-吡啶酚在黄瓜腌制过程中的残留水平变化. 农药学学报, 15(2): 223-227.

李文钊, 史宗义, 杜依登, 等. 2014. 亲水胶体对小麦玉米混合粉及馒头品质的影响. 现代食品科技, 30(10): 63-67.

李晓娜, 亓鑫, 赵卉, 等. 2019. 植物乳杆菌改性玉米粉制作玉米面条的工艺及品质分析. 食品与发酵工业, 45(5): 185-189.

李筱薇. 2012. 中国总膳食研究应用于膳食元素暴露评估. 北京: 中国疾病预防控制中心.

李新华, 王立群, 徐亚平. 2002. 玉米面粉面团品质改良技术研究. 沈阳农业大学学报, (5): 370-373.

李新社. 2003. 超临界流体萃取蔬菜中的残留农药. 食品科学, (6): 124-125.

李炎强. 2008. 利用电子鼻技术对国内外不同类别卷烟的判别分析研究. 中国烟草总公司郑州烟草研究院.

李艳青. 2004. 鲢鱼组织蛋白酶活性及提高鱼糜凝胶特性方法的研究. 哈尔滨: 东北农业大学.

李艳茹, 吉士东, 郑大浩. 2003. 糯玉米的营养价值和发展前景. 延边大学农学学报, 25(2): 145-148.

李毅念, 卢大新, 丁为民, 等. 2006. 萌动小麦重力分选效果的试验. 农业机械学报, 37(7): 78-82.

李雨露, 宋立, 刘丽萍, 等. 2012. 玉米面馒头品质影响因素研究. 农业机械, (21): 67-70.

李裕. 1997. 中国小麦起源与远古中外文化交流. 中国文化研究, (3): 51-58.

李耘, 孙秀兰, 许彦阳, 等. 2013. 农产品中真菌毒素风险削除技术应用及发展趋势. 农产品质量与安全, (3): 49-53.

李志博, 尚勋武, 魏亦农. 2004. 面粉理化品质性状与兰州拉面品质关系的研究. 麦类作物学报, (4): 71-74.

李志军, 吴永宁, 薛长湖. 2004. 生物胺与食品安全. 食品与发酵工业, 30(10): 84-91.

李卓瓦, 陈洁, 王春. 2006. 面粉黏度特性与面条品质的关系研究. 粮油加工, (7): 71-73.

梁杰, 隋书华, 魏国华. 1998. 重力分选机网面上物料运动特性的理论分析. 农机化研究, (2): 25-27.

梁荣奇, 张义荣, 刘广田, 等. 2002a. 小麦淀粉品质改良的综合标记辅助选择体系的建立. 中国农业科学, 35(3): 245-249.

梁荣奇, 张义荣, 尤明山, 等. 2002b. 小麦谷蛋白聚合体的 MS-SDS-PAGE 及其与面包烘烤品质的关系. 作物学报, 28(5): 609-614.

林必师, 周济铭, 党占平. 2014. 高油玉米品质研究进展. 山西农业科学, 42(10): 1144-1147.

林晶, 杨显峰. 2008. 高淀粉玉米及其发展前景. 农业科技通讯, (2): 24-25.

林美娟. 2012. 双酶法制备糯玉米汁及其稳定性研究. 南京: 南京师范大学.

林涛, 邵金良, 刘兴勇, 等. 2015. QuEChERS-超高效液相色谱-串联质谱法测定蔬菜中 41 种农药残留. 色谱, (3): 235-241.

林作揖, 雷振生. 1996. 中国挂面对小麦粉品质的要求. 作物学报, 22(2): 152-155.

刘超. 2010. 糯玉米保健醋饮料的研制. 试验报告与理论研究, 13(5): 22-24.

刘春菊, 王海鸥, 刘春泉, 等. 2016. 循环脉冲提高气流膨化干燥黄桃效率. 江苏农业学报, 32(3): 680-685.

刘春菊, 吴海虹, 朱丹宇, 等. 2011. 即食玉米货架期间品质研究. 粮食与油脂, (10): 12-14.

刘春菊, 薛飞, 许巍 等. 2011. 不同解冻方法对速冻玉米品质的影响. 江苏农业学报, 27(4): 915-917.

刘敦华, 李清, 谷文英, 等. 2006. 沙蒿籽胶对玉米混合粉流变特性和面条品质的影响. 粮食与饲料工业, (7): 19-22.

刘海新, 张农, 董黎明. 2006. 柱后衍生高效液相色谱法测定水产品中河豚毒素含量. 水产学报, (6): 812-817.

刘纪麟. 2000. 玉米育种学. 2 版. 北京: 中国农业出版社: 221-253.

刘建军, 何中虎. 2001. 小麦面条加工品质研究进展. 麦类作物学报, 21(2): 81-84.

刘建军, 何中虎, 杨金, 等. 2003. 小麦品种淀粉特性变异及其与面条品质关系的研究. 中国农业科学, 36(1): 7-12.

刘建军, 何中虎, 赵振东, 等. 2002. 小麦品质性状与干白面条品质参数关系的研究. 作物学报, 28(6): 738-742.

刘津, 蒲民, 李芳, 等. 2009. 一种主要食品致敏原成分——麸质的标识管理. 粮食与饲料工业, (8): 44-46.

刘晶, 任佳丽, 林亲录, 等. 2013. 大米浸泡过程中重金属迁移规律研究. 食品与机械, (5): 66-67.

刘婧竟. 2007. 面片熟化工艺对面条品质的影响. 消费导刊, (5): 207-208.

刘俊飞, 汤晓智, 扈战强, 等. 2015. 外源添加面筋蛋白对小麦面团热机械学和动态流变学特性的影响研究. 现代食品科技, 31(2): 133-137.

刘娜, 潘兴鲁, 程功, 等. 2018. 不同清洗和储藏方式下戊唑醇在黄瓜中的残留变化. 植物保护, 44(2): 204-208.

刘平来. 1996. 丙酸对热带条件下储藏稻谷高粱花生中储藏真菌产生的影响. 粮油仓储科技通讯, (6): 42.

刘茹, 钱曼, 雷跃磊, 等. 2010. 漂洗方式对鲢鱼鱼糜凝胶劣化性能的影响. 食品科学, 33: 89-93.

刘锐, 卢洋洋, 邢亚楠, 等. 2013a. 双轴卧式和面机的和面效果及其对面条质量的影响. 农业工程学报, 29(21): 264-270.

刘锐, 任晓龙, 邢亚楠, 等. 2015a. 真空和面工艺对面条质量的影响及参数优化. 中国粮油学报, 30(9): 1-7.

刘锐, 魏益民, 张波. 2013b. 基于统计过程控制(SPC)的挂面加工过程质量控制. 食品科学, 34(8): 43-47.

刘锐, 魏益民, 张影全. 2015b. 中国挂面产业与市场研究. 北京: 中国轻工业出版社.

刘锐, 武亮, 张影全, 等. 2015c. 基于低场核磁和差示量热扫描的面条面团水分状态研究. 农业工程学报, 31(9): 288-294.

刘锐, 张影全, 武亮, 等. 2016. 挂面生产工艺及设备研发进展. 食品与机械, 32(5): 204-208.

刘绍文. 1993. 卧式曲线状搅拌桨和面机的分析与设计. 粮食与油脂, (3): 8-11.

刘世献, 刘弘, 江山. 2000. 真空软包装甜玉米穗加工工艺. 食品工业科技, 21(2): 59-60.

刘书航, 陈洁, 韩锐. 2019. 预糊化玉米粉对挂面品质的影响研究. 河南工业大学学报(自然科学版), 40(3): 26-32.

刘文冰. 2005. 浅析我国油菜生产的现状与发展. 中国种业, (1): 17.

刘小青, 曹阳, 李燕羽. 2006. 硅藻土杀虫剂的研究和应用进展. 粮油仓储科技通讯, (1): 32-35, 42.

刘晓峰. 2011. 玉米面条淀粉特性研究. 郑州: 河南工业大学.

刘晓涛. 2009a. 甜玉米的营养价值及其加工现状的研究. 农产品加工业, (3): 47-48.

刘晓涛. 2009b. 玉米的营养成分及其保健作用. 中国食物与营养, (3): 60-61.

刘雅娜, 巴吐尔·阿不力克木, 鞠延, 等. 2015. 不同二次杀菌处理对烤羊肉品质的影响. 食品工业科技, 36(6): 90-93.

刘亚军. 1993. 玉米的营养价值与人体的健康. 粮食与饲料工业, (5): 25-26.

刘岩, 赵冠里, 苏新国. 2013. 花生球蛋白和伴球蛋白的功能特性及构象研究. 现代食品科技, 29(9): 2095-2101.

刘淼. 2015. 储粮中主要真菌生长和毒素形成与产生 CO_2 的关系. 郑州: 河南工业大学.

刘瑶. 2019. LH 公司玉米淀粉成本及影响因素研究. 保定: 河北农业大学.

刘也嘉, 林亲录, 肖冬梅, 等. 2016. 大米乳酸菌发酵降镉工艺优化. 农业工程学报, 32(7), 276-282.

刘玉花, 宋江峰, 李大婧, 等. 2010. 即食玉米加工用品种筛选的主成分分析法. 食品科学, 31(9): 71-73.

刘玉兰, 刘瑞花, 钟雪玲, 等. 2012. 不同制油工艺所得花生油品质指标差异的研究. 中国油脂, 37(9): 6-10.

刘忠. 2010. 加速溶剂萃取-气相色谱法测定蔬菜中有机磷农药残留. 海峡预防医学杂志, 16(4): 52-53.

柳洁, 丁文婕, 何碧英, 等. 2013. 血浆中河豚毒素的衍生气相色谱质谱分析. 中国卫生检验杂志, 23(14): 2880-2882.

卢晓黎, 陈德长. 2015. 玉米营养与加工技术. 北京: 化学工业出版社.

卢彦宇. 2016. 高温处理对商业鱼糜凝胶及其复合凝胶性质的影响. 厦门: 集美大学.

鲁战会. 2002. 生物发酵米粉的淀粉改性及凝胶机理研究. 北京: 中国农业大学.

陆启玉. 2007. 挂面生产工艺与设备. 北京: 化学工业出版社.

陆启玉, 郭祀远, 李炜. 2009. 麦谷蛋白对鲜湿面条性质的影响. 河南工业大学学报: 自然科学版, 30(5): 1-3.

陆启玉, 尉新颖. 2009. 小麦淀粉对面条品质的影响. 食品科技, 34(9): 153-156.

陆启玉, 章绍兵. 2005. 蛋白质及其组分对面条品质的影响研究. 中国粮油学报, 20(3): 13-16.

栾建美, 朱云, 艾鹏. 2013. 玉米有机酸防霉保湿技术的研究进展. 粮食与食品工业, 20(4): 100-103.

罗其琪, 顾丰颖, 曹晶晶, 等. 2018. 鼠李糖乳杆菌发酵对玉米粉、玉米面团团理化特性及发糕品质的影响. 食品科学, 39(18): 1-7.

罗清尧, 熊本海, 庞之洪. 2002. 不同品质玉米的营养特性及其在饲料中的应用. 中国饲料, (17): 11-13.

罗庆云, 赵小枫. 1995. 方便面常用增筋剂探讨. 粮食与饲料工业, (8): 31-34.

骆丽君. 2015. 冷冻熟面加工工艺对其品质影响的机理研究. 无锡: 江南大学.

骆丽君, 李曼, 朱红卫, 等. 2012. 真空和面对生鲜面品质特性的影响研究. 食品工业科技, 33(3): 129-131.

雒丽丽, 薄海波, 毕阳, 等. 2009. 超高效液相色谱法测定水果和饮料中残留的氟嘧菌酯和嘧螨酯. 色谱, 27(2): 201-205.

吕博, 李明达, 张毅方, 等. 2019. 低压均质处理对大豆分离蛋白凝胶特性的影响. 食品工业, (2): 5.

吕健, 毕金峰, 赵晓燕, 等.2012. 国内外桃加工技术研究进展. 食品与机械, 28(1): 268-271, 274.

吕景良, 邵荣春, 吴百灵, 等.1988. 东北地区大豆品种资源氨基酸组成的分析研究. 大豆科学, 7(3): 193-201.

马冬云, 郭天财, 王晨阳, 等.2007. 鲜湿面条的煮面时间及其与面粉糊化特性的关系. 中国粮油学报, 22(5): 27-31.

马继光.2001. 国外重力式清选机的发展方向. 世界农业, 7: 32-33.

马立霞, 毕金峰, 魏益民.2005. 苹果低温高压膨化技术研究进展. 食品工业, 26(6): 44-46.

马先红, 李峰, 宋荣琦.2019. 玉米的品质特性及综合利用研究进展. 粮食与油脂, 32(1): 7-9.

马晓川, 费浩.2016. 金属配位在多肽与蛋白质研究中的应用. 28(2): 184-192.

孟专, 郭新文.2009. 挂面熟化工艺优化研究. 发明与创新(综合版), (2): 42-43.

倪芳妍.2006. 微量 SRC 及其在小麦品种品质分类中的应用研究. 咸阳: 西北农林科技大学.

欧阳运富, 唐宏兵, 吴英, 等. 2012. 加速溶剂萃取-在线凝胶渗透色谱-气相色谱-质谱联用法快速测定蔬菜和水果中多农药残留. 色谱, 30(7): 654-659.

潘清方, 周国燕.2011. 真空冷冻干燥芒果片的工艺研究. 安徽农业科学, 39(19): 11925-11927.

潘永康, 王喜忠, 刘相东.2007. 现代干燥技术. 2 版. 北京: 化学工业出版社.

潘治利, 田萍萍, 黄忠民, 等. 2017. 不同品种小麦粉的粉质特性对速冻熟制面条品质的影响. 农业工程学报, 33(3): 307-314.

綦菁华, 蔡同一, 倪元颖, 等.2003. 酶解对苹果汁混浊的影响. 食品科学, 24(9): 69-72.

钱宗耀, 华震宇, 周晓龙, 等.2014. 顶空固相微萃取-气相色谱-质谱法测定蔬菜及水果中 15 种农药残留量. 理化检验(化学分册), 50(8): 949-953.

秦蓝.2005. 蔬菜汁——南瓜混汁和胡萝卜混汁的研究. 无锡: 江南大学.

覃鹏, 马传喜, 吴荣林, 等.2008. 糯小麦粉添加比例对中国干白面条品质的影响. 中国粮油学报, 23 (3): 17-23.

邱红梅.2014. 高纬度地区大豆蛋白含量及氨基酸组分表型鉴定与聚类分析. 植物遗传资源学报, 15(6): 1202-1208.

仇微, 王亚南, 胡清玉, 等.2013. 浸种处理后苯醚甲环唑在贮藏苹果中的残留动态. 农药, 52(8): 590-592.

荣建华.2015. 冷冻和热加工对脆肉鲩肌肉特性的影响及其机制. 武汉: 华中农业大学.

沈军, 牛再兴.2010. 比重分级去石机的调试方法. 现代面粉工业, (1): 25-27.

沈群, 谭斌.2008. 挂面生产配方与工艺. 北京: 化学工业出版社.

沈晓书, 顾明松, 谢剑炜.2006. 河豚毒素分析检测方法研究进展. 军事医学科学院院刊, (3): 295-298.

沈雪芳, 王义发.1998. 蔬菜玉米的营养价值及产品加工. 上海农业科技, (2): 48-49.

师俊玲, 魏益民, 欧阳韶晖, 等.2001a. 蛋白质和淀粉含量对面条品质的影响研究. 郑州工程学院学报, 22(1): 32-34.

师俊玲, 魏益民, 张国权, 等.2001b. 蛋白质与淀粉含对挂面和方便面品质及微观结构的影响. 西北农林科技大学学报(自然科学版), 29(1): 44-50.

施润淋, 王晓东.2005. 高温烘干——挂面干燥新技术. 面粉通讯, (2): 33-38.

施先刚, 周景星.1992. 高水分玉米应用臭氧防霉综合治理试验研究. 郑州粮食学院学报, (2): 11-20.

石碧, 狄莹.2000. 植物多酚. 北京: 科学出版社.

石德权, 郭庆法, 汪黎明, 等.2001. 我国玉米品质现状、问题及发展优质食用玉米对策. 玉米科学, (2): 3-7.

舒静, 李柏林, 欧杰.2011.离子色谱法定量检测酒曲发酵液中的河豚毒素. 色谱, (2):187-190.

宋健民, 戴双, 李豪圣, 等.2007. Wx 蛋白缺失对淀粉理化特性和面条品质的影响. 中国农业科学, 40(12): 2888-2894.

宋健民, 刘爱峰, 李豪圣, 等.2008. 小麦籽粒淀粉理化特性与面条品质关系研究. 中国农业科学, 41(1): 272-279.

宋江峰, 李大婧, 刘春泉, 等.2010. 甜糯玉米软罐头主要挥发性物质主成分分析和聚类分析. 中国农业科学, 43(10): 2122-2131.

宋江峰, 李大婧, 刘玉花, 等.2010. 甜糯玉米加工品质对玉米汁的适宜性评价. 江苏农业科学, (4): 266-268.

宋莲军, 周宇锋, 乔明武, 等.2016. 大豆组分对豆腐感官及质构的影响. 河南农业大学学报, 47(1): 98-103.

宋同明.1996. 发展我国特型玉米产业的意义、潜力与前景. 玉米科学, 4(4): 6-11.

宋亚珍, 闫金婷, 胡新中.2005. 面粉糊化特性与鲜湿及煮后面条质构特性关系. 中国粮油学报, 20 (6): 12-14.

宋悦, 金鑫, 毕金峰, 等.2020. 超声辅助渗透处理对热风干燥及真空冷冻干燥黄桃片品质的影响. 食品科学, 41(15): 177-185.

苏德福, 熊文飞, 唐胜春. 2010. 复合品质改良剂对提高玉米粉面团品质的应用研究. 农产品加工(学刊), (11): 52-54.

孙彩玲, 田纪春, 张永祥. 2007. 质构仪分析法在面条品质评价中的应用. 实验技术与管理, (12): 40-43.

孙东. 2015. 银耳多糖提取工艺优化及其性质的研究. 天津: 天津科技大学.

孙芳, 江水泉. 2016. 我国果蔬干燥加工技术现状及发展前景. 粮食与食品工业, 23(4): 11-15.

孙建喜. 2014. 小麦籽粒多酚氧化酶活性和黄色素含量性状的基因检测. 郑州: 河南农业大学.

孙链, 孙辉, 姜薇莉, 等. 2010. 糯小麦粉配粉对小麦加工品质的影响(Ⅱ)对面条品质影响的研究. 中国粮油学报, 5(2): 18-22.

孙祖莉, 郭明恩, 刘玉田, 等. 2005. 酶法液化烟糯 5 号玉米制备仿乳玉米汁工艺研究. 食品科技, 31(8): 58-60.

檀革宝, 杨艳虹, 刘淑君, 等. 2011. 挂面酥条的控制技术研究. 粮食与食品工业, (4): 19-21.

唐建卫, 刘建军, 张平平, 等. 2008. 贮藏蛋白组分对小麦面团流变学特性和食品加工品质的影响. 中国农业科学, 41(10): 2937-2946.

唐淑玮, 高瑞昌, 曾名湧, 等. 2019. 鲟鱼鱼糜凝胶形成过程中的物理化学变化. 食品科学, 40(7): 90-95.

田金辉, 许时婴, 王璋. 2006. 热烫处理对黑莓果汁营养成分和多酚氧化酶活力的影响. 食品与发酵工业, 32(4): 133-137.

田岚. 1988. 栽培技术对大豆种子氨基酸影响的研究. 东北农业大学学报, 19(2): 150-155.

田阳, 魏帅, 魏益民, 等. 2014. 稻谷加工产物的镉含量及累积量分析. 中国食品学报, 14(5): 186-191.

童铃, 金毅, 徐坤华, 等. 2014. 3 种鲣鱼背部肌肉的营养成分分析及评价. 南方水产科学, 10(5): 51-59.

万鹏, 刘亮, 潘思轶, 等. 2010. 热处理对荔枝果汁品质的影响. 食品科学, 31(7): 22-27.

王安建. 2009. 不同糯玉米品种制备汤圆粉的筛选. 农产品加工, (7): 28-29.

王春, 高飞, 陈洁, 等. 2010. 温度对挂面干燥工艺品质的影响. 粮食与饲料工业, (6): 33-35.

王春青. 2015. 不同品种鸡肉加工适宜性研究. 北京: 中国农业科学院.

王德臣. 2008a. 一种速冻糯玉米渣的制作方法及用其制作的粥和制粥方法: CN200710144594.

王德臣. 2008b. 一种用速冻糯玉米渣制作的粽子及其制作粽子的方法: CN200710144607.

王芳, 叶宝兴. 2006. 小麦 Wx 蛋白及主要淀粉性状与面条品质的关系. 麦类作物学报, 26(3): 92-95.

王海鸥, 扶庆权, 陈守江, 等. 2018. 不同组合冷冻干燥方法对水蜜桃脆片品质的影响. 食品与发酵工业, 44(7): 173-178.

王汉中. 2005. 中国油料产业发展的现状、问题与对策. 中国油料作物学报, 27(4): 100-105.

王建华, 王国源. 1999. 超临界流体萃取-气相色谱法测定水果和蔬菜中有机磷农药残留量. 分析试验室, 18(6): 55-58.

王键, 何余堂, 尹天罡, 等. 2020. 有机酸改性对玉米醇溶蛋白膜机械性能的影响. 中国食品学报, 20(4): 18-24.

王江. 2007. 玉米种子冬季安全贮藏技术. 中国种业, (1): 55-56.

王杰, 张影全, 刘锐, 等. 2014. 挂面干燥工艺研究及其关键参数分析. 中国粮油学报, 29(10): 88-93.

王金贵. 2012. 我国典型农田土壤中重金属镉的吸附—解吸特征研究. 咸阳: 西北农林科技大学.

王力荣, 朱更瑞, 方伟超. 2004. 关于修订桃种质资源(Prunus persica)描述体系的建议. 果树学报, (6): 582-585.

王丽, 宋志峰, 纪锋, 等. 2006. 高效液相色谱法测定大豆中的维生素 E 含量及其与粗脂肪含量的线性回归分析. 大豆科学, 25(2): 113-117.

王琳琛. 2013. 不同品种羊肉制肠适宜性研究. 北京: 中国农业科学院.

王灵昭, 陆启玉. 2005. 面筋蛋白组分在制面过程中的变化及与面条质地差异的关系. 河南工业大学学报(自然科学版), 26(1): 11-14.

王蒙蒙, 吕芬, 杨卓君, 等. 2009. 复合增筋剂对玉米面团质构特性的影响及参数优化研究. 食品科学, 30(24): 232-237.

王明泰, 牟峻, 吴剑, 等. 2007. 蔬菜及水果中 77 种有机磷和氨基甲酸酯农药残留量检测技术研究. 食品科学, (3): 247-253.

王沛. 2016. 冷冻面团中小麦面筋蛋白品质劣变机理及改良研究. 无锡: 江南大学.

王平, 孟志远, 陈小军, 等. 2016. 不同清洗和加工方式对苹果中残留吡虫啉的去除效果. 食品科学, 37(2): 58-62.

王强. 2013. 花生加工品质学. 北京: 中国农业出版社.

王强. 2014. 花生深加工技术. 北京: 科学出版社.

王强. 2018. 粮油加工适宜性评价及风险监控. 北京: 科学出版社.

王瑞红, 郭兴凤. 2016. 菜籽蛋白的功能特性及其在食品中的应用. 食品工业, (2): 265-268.

王叔全. 2000. 谷朊粉应用概述. 粮油食品科技, (2): 5-7.

王素雅, 刘胜, 鞠兴荣, 等. 2010. 碱性蛋白酶限制性水解对高温菜籽粕蛋白功能性质的影响. 食品科学, (13): 51-54.

王伟. 2010. 我国谷类食品中多组分真菌毒素污染水平和人群膳食暴露评估研究. 济南: 山东大学.

王文高, 陈正行, 姚惠源. 2002. 大米蛋白及其水解物功能性质与疏水性关系的研究. 粮食与饲料工业, (7): 49-50.

王宪泽, 阚世红, 于振文. 2004. 部分山东小麦品种面粉黏度性状及其与面条品质相关性的研究. 中国粮油学报, 19(6): 8-10.

王宪泽, 李菡, 于振文. 2002. 小麦籽粒品质性状影响面条品质的通径分析. 作物学报, 28(2): 240-244.

王晓曦, 曹维让, 李丰荣. 2003. SRC法测定面粉品质与其他方法比较研究初探. 粮食与饲料工业, (9): 6-8.

王晓曦, 雷宏, 曲艺, 等. 2010. 面粉中的淀粉组分对面条蒸煮品质的影响. 河南工业大学学报(自然科学版), 31(2): 24-27.

王晓曦, 王忠诚, 曹维让, 等. 2001. 小麦破损淀粉含量与面团流变学特性及降落数值的关系. 郑州工程学院学报, 22 (3): 53-57.

王晓曦, 徐荣敏. 2007. 小麦胚乳中直链淀粉含量分布及其对面条品质的影响. 中国粮油学报, 22(4): 33-37.

王岩. 2009. 花生壳玉米馒头的研制. 食品科技, 34(12): 190-192.

王玉凤. 2014. 鲢鱼鱼糜加工关键工艺的研究. 青岛: 中国海洋大学.

王志芳, 郭忠宝, 罗永巨, 等. 2018. 淡水石斑鱼与 3 种罗非鱼肌肉营养成分的分析比较. 南方农业学报, (1): 164-171.

卫生部. GB 2761—2011 食品安全国家标准 食品中真菌毒素限量. 北京: 中国标准出版社.

魏帅, 田阳, 郭波莉, 等. 2015. 稻谷加工工艺对产品镉含量的影响. 15(3): 146-150.

魏帅, 魏益民, 郭波莉, 等, 2014. 镉元素在稻米籽粒不同蛋白组分中的分布. 2014中国环境科学学会学术年会论文集.

魏益民. 2015. 中华面条之起源. 麦类作物学报, 35(7): 881-887.

魏益民, 王杰, 张影全, 等. 2017. 挂面的干燥特性及其与干燥条件的关系. 中国食品学报, 17(1): 62-68.

温书太. 2003. 一种糯玉米饮料及其制造方法: CN03119543.

吴剑虹, 王珏. 2015. 固相萃取-高效液相色谱法测定饮料中多菌灵和噻菌灵. 分析科学学报, 31(5): 737-740.

吴凌涛, 林晨, 王李平, 等. 2017. 十种淡水鱼脂肪酸组成及其营养价值分析. 食品工业, 38(8): 269-271.

吴平谷, 赵永信, 沈向红, 等. 2009. 河豚鱼中河豚毒素的气相色谱谱法测定. 中国卫生检验杂志, 19(3): 549-551.

吴润锋, 赵利, 袁美兰, 等. 2014. 漂洗前后四大家鱼鱼糜品质的变化. 食品科学, 35(9): 132-136.

吴守一, 方如明. 1988. 种子在重力式精选机台面上的运动规律. 农业机械学报, 19(1): 23-30.

吴奕兵. 2009. 超高压均质对胡萝卜汁理化性质及酶和微生物的影响. 南京: 南京农业大学.

伍娟. 2016. 小麦粉SRC及糯小麦粉配粉与挂面品质关系的研究. 镇江: 江苏大学.

武亮, 刘锐, 张波, 等. 2015. 干燥条件对挂面干燥脱水过程的影响. 现代食品科技, 31 (9): 191-197, 295.

武亮, 张影全, 王振华, 等. 2017. 挂面干燥工艺过程研究进展及展望. 中国粮油学报, 32(7): 133-140.

席鹏彬, 马永喜, 李德发, 等. 2004. 中国菜籽饼粕化学组成特点及其影响因素的研究. 中国畜牧杂志, 40(10): 12-15.

夏春丽, 李华, 李树国. 2008. 几种常见淡水鱼的脂类分析. 食品工业科技, (11): 255-257.

项勇, 陈明霞. 2000. 低温烘房挂面生产工艺及质量控制. 食品工业科技, 21(4): 52-53.

肖玉, 成升魁, 谢高地, 等. 2017. 我国主要粮食品种供给与消费平衡分析. 自然资源学报, 32(6): 927-936.

谢同平. 2012. 稻谷储藏品质电子鼻快速判定技术研究. 南京: 南京财经大学.

胥钦, 曹玉姣, 潘思轶, 等. 2012. 两种加工工艺各单元操作对柑橘汁品质影响的比较研究. 食品科学, (4): 96-99.

徐飞, 刘丽, 石爱民, 等. 2016. 亚基水平上花生蛋白组成、结构和功能性质研究进展. 食品科学, 37(7): 264-269.

徐婧婷, 谢来超, 陈辰, 等. 2018. 我国东北大豆品种与豆腐加工特性分析. 食品科学, 39(17): 32-39.

徐莉珍, 李远志, 楠极. 2009. 高压均质对菠萝果肉果汁流变性及其显微结构影响的研究. 食品工业科技, (5): 142-144.

徐荣敏. 2006. 小麦胚乳结构中各部位淀粉的理化特性及其与面条品质的关系. 郑州: 河南工业大学.

徐志祥, 董海洲. 2002. 小麦加工品质与面包焙烤品质关系的研究. 西部粮油科技, 27(4): 16-18.

徐忠, 张海华. 2008. 生物修饰玉米粉的特性研究. 哈尔滨商业大学学报(自然科学版), 24(6): 698-700.

许文文, 曹雪敏, 廖小军. 2011. 热烫方式对草莓内源酶与主要品质影响的研究. 中国食物与营养, 17(8): 25-32.

许星鸿, 刘翔. 2013. 8 种经济鱼类肌肉营养组成比较研究. 食品科学, 34(21): 75-82.

薛敬桃, 袁恩来, 杨鹏, 等. 2010. 用 K-means 聚类分析进行储层分类. 内蒙古石油化工, 36(20): 34-35.

严以谨, 周景星, 高伯棠, 等. 1993. 高水分玉米防霉保鲜技术研究——Ⅱ. SO₂ 与 NH₃ 复合处理控制高水分玉米霉变. 郑州粮食学院学报, (4): 8-12.

严以谨, 周景星, 王金水, 等. 1993. 高水分玉米防霉保鲜技术研究——Ⅰ. 高水分玉米防霉方法研究. 郑州粮食学院学报, (3): 10-14.

严忠军, 卞科, 司建中. 2005. 谷朊粉应用概述. 中国粮油学报, (5): 20-24.

阎俊, 张勇, 何中虎. 2001. 小麦品种糊化特性研究. 中国农业科学, 34(1): 9-13.

杨国燕, 陈栋梁, 刘莉, 等. 2007. 菜籽分离蛋白及菜籽蛋白肽的功能特性研究. 食品科学, (1): 76-78.

杨宏黎, 陆启玉, 韩旭, 等. 2007. 面筋蛋白组分在面团熟化过程中的变化. 粮油加工, (10): 101-103.

杨宏黎, 陆启玉, 韩旭, 等. 2008. 熟化对面条产品质量影响的研究. 食品科技, (2): 118-121.

杨金. 2002. 我国优质冬小麦品种面包和干面条品质研究. 乌鲁木齐: 新疆农业大学.

杨立荣, 陈安良, 冯俊涛, 等. 2005. 小白菜中残留高效氯氰菊酯及氟氯氰菊酯的超临界流体萃取条件的研究. 农业环境科学学报, 24(3): 616-619.

杨若明, 李玉田. 1997. 玉米鲜食的功效和鲜食玉米的研究开发. 北京农业科学, (5): 40-42.

杨小倩, 郅慧, 张辉, 等. 2019. 玉米不同部位化学成分, 药理作用, 利用现状研究进展. 吉林中医药, 39(6): 143-146.

杨秀改, 陆启玉, 尹寿伟. 2005. 面筋蛋白与面条品质关系研究. 粮食与油脂, (5): 26-28.

杨学昌, 王真, 高宣壠, 戴秀. 1997. 蔬菜水果农药残留处理的新方法. 清华大学学报(自然科学版), 37(9): 13-15.

杨勇, 李宏菊, 瞿爱华. 2010. 面团改良剂对玉米面条蒸煮品质的影响. 农产品加工(学刊), (9): 55-58.

姚大年, 李保云, 梁荣奇, 等. 2000. 小麦品种面粉黏度性状及其在面条品质评价中的作用. 中国农业大学学报, 5(3): 25-29.

姚大年, 李保云, 朱金宝, 等. 1999. 小麦品种主要淀粉性状及面条品质预测指标的研究. 中国农业科学, 32(6): 84-88.

姚振纯. 1997. 大豆蛋白质的氨基酸组分与改良. 黑龙江农业科学, (1): 38-39.

叶一力, 何中虎, 张艳. 2010. 不同加水量对中国白面条品质性状的影响. 中国农业科学, 43(4): 795-804.

易建勇, 毕金峰, 彭健, 等. 2017. 农产品可控瞬时压差加工技术研究进展. 现代食品科技, 33(5): 311-318.

尤瑜敏. 2001. 冻结食品的解冻技术. 食品科学, 22(8): 87-90.

于小磊, 郭雪松, 岳昊博. 2011. 复合改良剂对玉米馒头品质的影响. 粮食与饲料工业, (11): 35-37.

俞明亮, 马瑞娟, 沈志军, 等. 2010. 中国桃种质资源研究进展. 江苏农业学报, 26(6): 1418-1423.

袁春新, 唐明霞, 王彪. 2009. 解冻方法对冷藏部分玻璃态西兰花品质的影响. 江苏农业学报, 25(3): 660-664.

袁建, 鞠兴荣, 何荣, 等. 2010. 谷氨酰胺转氨酶改性菜籽蛋白凝胶特性的研究. 食品科学, 31(18): 10-13.

袁建敏, 王茂飞, 卞晓毅, 等. 2016. 玉米的化学成分含量及影响因素研究进展. 中国畜牧杂志, (11): 69-72.

袁娟丽, 蒋旭, 胡帅, 等. 2015. 乳糜泻研究进展. 食品安全质量检测学报, 6(11): 4510-4515.

袁凯, 张龙, 谷东陈, 等. 2017. 基于漂洗工艺探究白鲢鱼糜加工过程中蛋白质氧化规律. 食品与发酵工业, 43(12): 30-36.

袁玉伟, 王静, 林桓, 等. 2008. 冷冻干燥和热风烘干对菠菜中农药残留的影响. 食品与发酵工业, 34(4): 99-103.

袁媛, 邢福国, 刘阳. 2013. 植物精油抑制真菌生长及毒素积累的研究. 核农学报, 27(8): 1168-1172.

原永兰, 窦坦德, 苏保乐, 等. 2005. 盐渍加工方式对蔬菜农药残留量的影响. 山东农业科学, (4): 48-49.

岳凤玲. 2017. 面粉特性及组成对冷冻熟面品质影响的研究. 无锡: 江南大学.

岳鉴颖. 2017. 鸡骨蛋白凝胶特性研究及应用. 北京: 中国农业科学院.

曾洁, 李光磊, 高海燕, 等. 2010. 玉米粉-膨化玉米粉混合粉面团流变性质的研究. 食品工业科技, 31(9): 101-103.

曾孟潜, 刘雅楠, 杨涛兰, 等. 1999. 甜玉米、笋玉米的起源、遗传与利用. 遗传, (3): 214-220.

曾顺德, 尹旭敏, 赵国华, 等. 2001. 糯玉米饮料 HACCP 体系的建立与应用. 南方农业, 5(2): 41-44.

张爱芝, 王全林, 曹丽丽, 等. 2016. QuEChERS-超高效液相色谱-串联质谱法测定蔬菜中 250 种农药残留. 色谱, 34(2): 158-164.

张保民. 2005. 甜玉米产业的发展潜力及发展对策. 农产品加工, (10): 18-20.

张彪. 2018. 中国苹果产业近 7 年产量、加工和贸易状况分析. 中国果树, (4): 106-108.

张桂英, 张国权, 罗勤贵, 等. 2010. 陕西关中小麦品质性状的因子及聚类分析. 麦类作物学报, 30(3): 548-554.

张国权, 魏益民, 郭波莉, 等. 2002. 小麦面粉黏度特性与面条品质关系的研究. 西北农林科技大学学报(自然科学版), 30: 15-19.

张国权, 魏益民, 欧阳韶晖, 等. 1999. 面粉质量与面条品质关系的研究. 西部粮油科技, 24(4): 39-41.

张衡, 张胜茂, 王雪辉, 等. 2013. 东南太平洋秋冬季智利竹筴鱼摄食习性的初步分析. 海洋渔业, 35(2): 161-167.

张红梅, 李海朝, 文自翔, 等. 2015. 大豆籽粒维生素 E 含量的 QTL 分析. 作物学报, 41(2): 187-196.

张建忠, 鹏一心. 1998. 酪蛋白和酪蛋白制品的开发. 中国乳品工业, 26(6): 31-32.

张雷, 李国德, 史宝中, 等. 2014. 两种面粉糊质曲线描述与比较分析. 粮食加工, (6): 17-19.

张玲, 王宪泽, 岳永生. 1998. 用 TOM 评价中国面条品质的新方法及研究小麦品质对它的影响. 中国粮油学报, 13(1): 49-53.

张鹏飞. 2016. 桃片渗透脱水及联合干燥技术研究. 北京: 中国农业科学院.

张鹏飞, 吕健, 毕金峰, 等. 2017. 渗透脱水对变温压差膨化干燥桃片品质的影响. 中国食品学报, 17(1): 69-76.

张守文. 2001. 面粉品质改良剂的开发、创新、应用是一个永恒的课题. 食品科技, (2): 38-39.

张伟. 1999. 挂面烘干工艺的研究与应用. 西部粮油科技, 24(1): 12-14.

张旭, 刘晓萍, 郝学景, 等. 2011. 提高玉米育种效率的途径. 安徽农业科学, 39(1): 90-92.

张艳, 阎俊, Yoshida H, 等. 2007a. 中国面条的标准化实验室制作与评价方法研究. 麦类作物学报, 27(1): 158-165.

张艳, 阎俊, 陈新民, 等. 2007b. 糯小麦配粉对普通小麦品质性状和鲜切面条品质的影响. 麦类作物学报, 27(5): 803-808.

张燕鹏, 祝贤彬, 齐玉堂, 等. 2017. 菜籽蛋白糖基化修饰及其功能性质的研究. 食品工业, 38(1): 156-160.

张引平, 曹景珍, 高林霞. 2010. 玉米加工利用现状与发展趋势. 农业技术与装备, (16): 9-10.

张影全, 魏益民, 张波, 等. 2013. 小麦高分子量谷蛋白亚基(HMW-GS)对面条感官质量的影响. 中国农业科学, 46(1): 121-129.

张影全, 张波, 魏益民, 等. 2012. 面条色泽与小麦品种品质性状的关系. 麦类作物学报, 32(2): 344-348.

张勇, 何中虎. 2002. 我国春播小麦淀粉糊化特性研究. 中国农业科学, 35(5): 471-475.

张月红, 刘英华, 王觐, 等. 2010. 中长链脂肪酸食用油降低超重高甘油三酯患者血脂和低密度脂蛋白胆固醇水平的研究. 中国食品学报, 10(2): 20-27.

张在一, 毛学峰, 杨军. 2019. 站在变革十字路口的玉米: 主粮还是饲料粮之论. 中国农村经济, (6): 38-53.

张增强, 张一平, 全林安, 等. 2000. 镉在土壤中吸持等温线及模拟研究. 西北农业大学学报, 28(5): 88-94.

张智勇, 王春, 孙辉, 等. 2012. 小麦粉理化特性与面条评分相关性的研究. 中国粮油学报, 27 (9): 10-15.

张钟, 刘正, 李凤霞. 2008. 用响应面法优化黑糯玉米发酵乳饮料发酵工艺参数. 中国粮油学报, 23(1): 161-165.

张钟宇. 2011. 不同改良剂对速冻玉米饺子粉品质特性的影响研究. 大庆: 黑龙江八一农垦大学.

张子飚, 张着着. 2004. 玉米特强粉生产加工技术. 北京: 金盾出版社.

章绍兵, 陆启玉. 2005. 直链淀粉含量对面粉糊化特性及面条品质的影响. 河南工业大学学报(自然科学版), 26(6): 9-12.

赵京岚, 李斯深, 范玉顶, 等. 2005. 小麦品种蛋白质性状与中国干面条品质关系的研究. 西北植物学报, 25(1): 144-149.

赵静, 丁奇, 孙颖, 等. 2015. 猪骨汤中的游离氨基酸及其呈味特征分析. 食品研究与开发, 36(18): 1-6.

赵俊晔, 于振文. 2004. 小麦籽粒淀粉品质与蛋白品质关系的初步研究. 中国粮油学报, 19(4): 17-20.

赵清宇. 2012. 小麦蛋白特性对面条品质的影响. 郑州: 河南工业大学.

赵延伟, 吕振磊, 王坤, 等. 2011. 面条的质构与感官评价的相关性研究. 食品与机械, 27(4): 25-28, 39.

赵玉山. 2014. 我国苹果产业发展趋势、存在问题及对策. 河北果树, (4): 1-2.

郑畅, 杨湄, 周琦, 等. 2014. 高油酸花生油与普通油酸花生油的脂肪酸、微量成分含量和氧化稳定性. 中国油脂,

39(11): 40-43.

郑水林, 孙志明, 胡志波, 等. 2014. 中国硅藻土资源及加工利用现状与发展趋势. 地学前缘, 21(5): 274-280.

郑学玲, 尚加英, 张杰. 2010. 面粉糊化特性与面条品质关系的研究. 河南工业大学学报(自然科学版), 31(6): 1-5.

中国农业机械化科学研究院. 2007. 农业机械设计手册. 秦皇岛: 中国农业科学技术出版社.

中国食品科技网. 2010. 玉米酸奶的加工. http://www. tech-food. com/kndata/1027/0055983. htm(2010-6-29).

周红芳, 郭成宇, 刘思琪, 等. 2011. 糯玉米米浆最佳均质工艺参数的研究. 粮食与食品工业, 18(1): 37-41.

周丽慧, 刘巧泉, 顾铭洪. 2009. 不同粒型稻米碾磨特性及蛋白质分布的比较. 作物学报, 35(2): 317-323.

周清元. 2013. 甘蓝型油菜新种质资源创建及其株型性状遗传分析. 重庆: 西南大学.

周瑞宝. 2008. 植物蛋白功能原理与工艺. 北京: 化学工业出版社.

周颋. 2018. 大豆的营养价值. 中老年保健, 3: 50.

周显青, 曹健. 2001. 法国小麦在中国馒头和面条中的应用初探. 中国粮油学报, 16 (1): 46-50.

周显青, 李亚军, 张玉荣. 2010. 不同微生物发酵对大米理化特性及米粉食味品质的影响. 河南工业大学学报: 自然科学版, 31(1): 4-8.

周亚平, 王成荣, 于士梅, 等. 2007. 苹果浓缩汁美拉德反应有关影响因素的研究. 食品科学, 28(4): 39-43.

周妍, 孔晓玲, 陈焱焱, 等. 2008. 基于主成分分析的面条品质评价. 中国粮油学报, 23(6): 46-50.

周宇锋. 2014. 大豆蛋白亚基与豆腐的质构特性的相关性. 中国粮油学报, 29(4): 22-25.

周宇锋, 宋莲军, 乔明武, 等. 2014. 大豆蛋白亚基与豆腐的质构特性的相关性. 中国粮油学报, 29(4): 22-25, 31.

朱健, 王韬远, 王平, 等. 2012. 硅藻土基多孔吸附填料的制备及其对 Pb^{2+} 的吸附. 中国环境科学, 32(12): 2205-2212.

朱琳, 金达丽, 李星, 等. 2018. 不同溶液漂洗处理对淡水鱼糜品质的影响. 食品科技, 43(1): 129-133.

朱希刚. 2003. 我国油菜籽生产面临的问题和若干发展对策. 农业技术经济, (1): 1-5.

朱先约, 宗永立, 李炎强, 等. 2008. 利用电子鼻区分不同国家的烤烟. 烟草科技, (3): 27-30.

朱玉萍, 张芯蕊, 张建利, 等. 2018. 小麦粉特性对 Biangbiang 面品质的影响. 中国粮油学报, 33(9): 19-25.

邹舟, 王琦, 于刚, 等. 2014. 鲢鱼各部位磷脂组分及脂肪酸组成分析. 食品科学, 35(24): 105-109.

左迎峰, 顾继友, 张彦华, 等. 2012. 酸解温度和时间对玉米淀粉性能的影响. 西南林业大学学报, 32(5): 107-110.

佐藤晓子, 张耀宏. 1992. 小麦蛋白质含量稳定化技术的开发. 国外农学-麦类作物, (2): 6-7.

Abou-Arab A A K. 1999. Behavior of pesticides in tomatoes during commercial and home preparation. Food Chemistry, 65(4): 509-514.

Adhikari T, Singh M V. 2000. Cadmium sorption characteristics of major soils of India in relation to soil properties. Journal of the Indian Society of Soil Science, 4: 757-762.

Adou K, Bontoyan W R, Sweeney P J. 2001. Multiresidue method for the analysis of pesticide residues in fruits and vegetables by accelerated solvent extraction and capillary gas chromatography. Journal of Agricultural and Food Chemistry, 49(9): 4153-4160.

Aggarwal A R, Pandeya K B, Singh R P. 1983. Polarographic studies on ternary complexes of copper(II) involving amino acids. Bioelectrochemistry & Bioenergetics, 11(2): 129-133.

Ajila C M, Aalami M, Leelavathi K, et al. 2010. Mango peel powder: A potential source of antioxidant and dietary fiber in macaroni preparation. Innovative Food Science & Emerging Technologies, 11(1): 219-224.

Akpinar E K, Bicer Y, Yildiz C. 2003. Thin layer drying of red pepper. Journal of Food Engineering, 59(1): 99-104.

Allahdad Z, Nasiri M, Varidi M, et al. 2019. Effect of sonication on osmotic dehydration and subsequent air-drying of pomegranate arils. Journal of Food Engineering, 244: 202-211.

An K J, Hui L, Zhao D D, et al. 2013. Effect of osmotic dehydration with pulsed vacuum on hot-air drying kinetics and quality attributes of cherry tomatoes. Drying Technology, 31(6): 698-706.

Anderson T J, Lamsal B P. 2011. Review: Zein extraction from corn, corn products, and coproducts and modifications for various applications: A review. Cereal Chemistry Journal, 88(2): 159-173.

Andreini C, Banci L, Bertini I, et al. 2006. Counting the zinc-proteins encoded in the human genome. Journal of Proteome Research, 5(1): 196-201.

Andrieu J, Stamatopoulos A. 1986. Durum wheat pasta drying kinetics. LWT-Food Science and Technology, 19(6): 448-

456.

Ardö Y. 2006. Flavour formation by amino acid catabolism. Biotechnology Advances, 24(2): 238-242.

Asano R. 1981. Drying equipment of noodles. Food Science: 56-59.

Athanasopoulos P E, Pappas C J, Kyriakidis N V. 2003. Decomposition of myclobutanil and triadimefon in grapes on the vines and during refrigerated storage. Food Chemistry, 82(3): 367-371.

Awad W A, Ghareeb K, Bohm J, et al. 2008. The impact of the fusarium toxin deoxynivalenol (DON) on poultry. International Journal of Poultry Science, 7(9): 827-842.

Babsky N E, Toribio J L, Lozano J E. 1986. Influence of storage on the composition of clarified apple juice concentrate. Journal of Food Science, 51(3): 564-567.

Baik B K, Czuchajowska Z, Pomeranz Y. 1994. Role and contribution of starch and protein content and quality to texture profile analysis of oriental noodles. Cereal Chemistry, 71(4): 315-320.

Baik B K, Czuchajowska Z, Pomeranz Y. 1995. Discoloration of dough for oriental noodles. Cereal Chemistry, 72: 198-205.

Baik B K, Lee M R. 2003. Effects of starch amylose content of wheat on textural properties of white salted noodles. Cereal Chemistry, 80(3): 304-309.

Baik B K, Park C S, Paszczynska B, et al. 2003. Characteristics of noodles and bread prepared from double-null partial waxy wheat. Cereal Chemistry, 80(5): 627-633.

Balinova A M, Mladenova R I, Shtereva D D. 2006. Effects of processing on pesticide residues in peaches intended for baby food. Food Additives & Contaminants, 23(9): 895-901.

Barak S, Mudgil D, Khatkar B S. 2014. Effect of compositional variation of gluten proteins and rheological characteristics of wheat flour on the textural quality of white salted noodles. International Journal of Food Properties, 17(4): 731-740.

Barba F, Jäger H, Meneses N. et al. 2012. Evaluation of quality changes of blueberry juice during refrigerated storage after high-pressure and pulsed electric fields processing. Innovative Food Science and Emerging Technologies, 14: 18-24.

Bárcenas M E, Rosell C M. 2006. Different approaches for improving the quality and extending the shelf life of the partially baked bread: Low temperatures and HPMC addition. Journal of Food Engineering, 72(1): 92-99.

Barrera A M, RamíRez J A, González-Cabriales J J, et al. 2002.Effect of pectins on the gelling properties of surimi from silver carp. Food Hydrocolloids, 16(5):441-447.

Barrera H, Lyle R E. 1962. Piperidine derivatives with a sulfur-containing function in the 4- position1[J]. Journal of Organic Chemistry, 27(2): 641-643.

Batey I L, Curtin B M, Moore S A. 1997a. Optimization of rapid-visco analyser test conditions for predicting Asian noodle quality. Cereal Chemistry, 74(4): 497-501.

Batey I L, Gras P W, Curtin B M. 1997b. Contribution of the chemical structure of wheat starch to Japanese noodle quality. Journal of the Science of Food and Agriculture, 74: 503-508.

Benjakul S, Visessanguan W, Chantarasuwan C. 2003. Effect of medium temperature setting on gelling characteristic of surimi from some tropical fish. Food Chemistry, 82(4): 567-574.

Bérot S , Compoint J P, Larré C, et al. 2005. Large scale purification of rapeseed proteins (Brassica napus L.). Journal of Chromatography B, Analytical Technologies in the Biomedical and Life Sciences, 818(1): 35-42.

Berta M, Koelewijn I, Öhgren C, et al. 2019. Effect of zein protein and hydroxypropyl methylcellulose on the texture of model gluten-free bread. Journal of Texture Studies, 50(4): 341-349.

Bhardwaj H L, Bhagsari A S, Joshi J M, et al. 1999. Yield and quality of soymilk and tofu made from soybean genotypes grown at four locations. Crop Science, 39(2): 401-405.

Bhattacharya M, Luo Q, Corke H. 1999. Time-dependent changes in dough color in hexaploid wheat landraces differing in polyphenol oxidase activity. Journal of Agricultural and Food Chemistry, 47(9): 3579-3585.

Bhattacharya S, Narasimha H V, Bhattacharya S. 2006. Rheology of corn dough with gum arabic: Stress relaxation and two-cycle compression testing and their relationship with sensory attributes. Journal of Food Engineering, 74(1): 89-95.

Biji K B, Ravishankr C N, Venkateswarlu R, et al. 2016. Biogenic amines in seafood: A review. Journal of Food Science and Technology, 53(5): 2210-2218.

Binder E M, Tan L M, Chin L J, et al. 2007. Worldwide occurrence of mycotoxins in commodities, feeds and feed ingredients. Animal Feed Science and Technology, 137: 265-282.

Bonnechère A, Hanot V, Jolie R, et al. 2012. Effect of household and industrial processing on levels of five pesticide residues and two degradation products in spinach. Food Control, 25(1): 397-406.

Bracacescu C, Pirna I, Sorica C, et al. 2012. Experimental researches on influence of functional parameters of gravity separator on quality indicators of separation process with application on cleaning of wheat seeds. Engineering for Rural Development, 5: 24-25.

Břččacescu C, Popescu S, ȚENU I, et al. 2011. Experimental researches on the influence of functional parameters of gravity separator on the quality indicators of separation process with application on cleaning of wheat designed to milling. Agronomy Series of Scientific Research/Lucrari Stiintifice Seria Agronomie, 54(2): 206.

Brenner T, Johannsson R, Nicolai T. 2009. Characterization of fish myosin aggregates using static and dynamic light scattering. Food Hydrocolloids, 23(2): 296-305.

Broadley K J. 2010. The vascular effects of trace amines and amphetamines. Pharmacology & Therapeutics, 125(3): 363-375.

Burton-Freeman B, Talbot J, Park E, et al. 2012. Protective activity of processed tomato products on postprandial oxidation and inflammation: A clinical trial in healthy weight men and women. Molecular Nutrition & Food Research, 56(4): 622-631.

Bushuk W. 1998. Wheat breeding for end-product use. Euphytica, 100(1-3): 137-145.

Cabras P, Angioni A. 2000. Pesticide residues in grapes, wine, and their processing products. Journal of Agricultural and Food Chemistry, 48(4): 967-973.

Cabras P, Angioni A, Garau V L, et al. 1998. Pesticide residues in raisin processing. Journal of Agricultural & Food Chemistry, 46(6): 2309-2311.

Cai T, Chang K C. 1999. Processing effect on soybean storage proteins and their relationship with tofu quality. Journal of Agricultural and Food Chemistry, 47(2): 720-727.

Cámara M A, Cermeño S, Martínez G, et al. 2020. Removal residues of pesticides in apricot, peach and orange processed and dietary exposure assessment. Food Chemistry, 325: 126936.

Cameron R G, Baker R A, Grohmann K. 1997. Citrus tissue extracts affect juice cloud stability. Journal of Food Science, 1997, 62(2): 242-245.

Cao H, Fan D, Jiao X. et al. 2018. Effects of microwave combined with conduction heating on surimi quality and morphology. Journal of Food Engineering, 228: 1-11.

Carafoli E. 1988. The plasma membrane calcium as a regulator of the cellular calcium signal. Journal of Inorganic Biochemistry, 36(3): 181.

Castellano J M, Gómez M, López J M. et al. 2011. Effect of starch addition on physical quality and thermogravimetric behaviour of pellets from different biomass raw materials. ETA-Florence Renewable Energies, 1.

Çelik S, Kunç Ş, Aşan T. 1995. Degradation of some pesticides in the field and effect of processing. Analyst, 120(6): 1739-1743.

Cengiz M F, Certel M, Goecmen H. 2005. Residue contents of DDVP (Dichlorvos) and diazinon applied on cucumbers grown in greenhouses and their reduction by duration of a pre-harvest interval and post-harvest culinary applications. Food Chemistry, 98(1): 127-135.

Cengiz M F, Certel M, Karaka B, et al. 2005. Residue contents of captan and procymidone applied on tomatoes grown in greenhouses and their reduction by duration of a pre-harvest interval and post-harvest culinary applications. Food Chemistry, 100(4): 1611-1619.

Chaijan M, Panpipat W, Benjakul S. 2009. Physicochemical properties and gel-forming ability of surimi from three species of mackerel caught in Southern Thailand. Food Chemistry, 121(1): 85-92.

Chen X, Wu J H, Li L, et al. 2017. The cryoprotective effects of antifreeze peptides from pigskin collagen on texture properties and water mobility of frozen dough subjected to freeze-thaw cycles. European Food Research and Technology,

243(7): 1149-1156.

Cho S, Kang C, Ko H S, et al. 2018. Influence of protein characteristics and the proportion of gluten on end-use quality in Korean wheat cultivars. Journal of Integrative Agriculture, 17(8): 1706-1719.

Choy A L, Morrison P D, Hughes J G, et al. 2013. Quality and antioxidant properties of instant noodles enhanced with common buckwheat flour. Journal of Cereal Science, 57(3): 281-287.

Chutintrasri B, Noomhorm A. 2005. Color degradation kinetics of pineapple puree during thermal processing. LWT-Food Science and Technology, 40(2): 300-306.

Committee on Contaminants in Food. 2013. Proposed draft maximum levels for deoxynivalenol in cereals and cereal-based products and associated sampling plans. Seventh Session, Moscow.

Correia M, Delerue-Matos C, Alves A. 2001. Development of a SPME-GC-ECD methodology for selected pesticides in must and wine samples. Fresenius' Journal of Analytical Chemistry, 369(7/8): 647-651.

Crini G, Peindy H N, Gimbert F, et al. 2006. Removal of C. I. Basic Green 4 (Malachite Green) from aqueous solutions by adsorption using cyclodextrin-based adsorbent: Kinetic and equilibrium studies. Separation and Purification Technology, 53(1): 97-110.

Crosbie G B. 1991. The relationship between starch swelling properties, paste viscosity and boiled noodle quality in wheat flours. Journal of Cereal Science, 13(2): 145-150.

Crosbie G B, Lambe W J, Tsutsui H, et al. 1992. Further evaluation of the flour swelling volume test for identifying wheats potentially suitable for Japanese noodles. Journal of Cereal Science, 15: 271-280.

Crosbie G B, Ross A S, Moro T, et al. 1999. Starch and protein quality requirements of Japanese alkaline noodles (Ramen). Cereal Chemistry, 76(3): 328-334.

Cuccolini S, Aldini A, Visai L, et al, 2013. Environmentally friendly lycopene purification from tomato peel waste: Enzymatic assisted aqueous extraction. Journal of Agricultural and Food Chemistry, 61(8): 1646-1651.

Cuq B, Yildiz E, Kokini J. 2002. Influence of mixing conditions and rest time on capillary flow behavior of wheat flour dough. Cereal Chemistry, 79(1): 129-137.

Dalgalarrondo M, Robin J M, Azanza J L. 1986. Subunit composition of the globulin fraction of rapeseed (Brassica napus L.). Plant Science, 43(2): 115-124.

Dandamrongrak R, Young G, Mason R. 2002. Evaluation of various pre-treatments for the dehydration of banana and selection of suitable drying models. Journal of Food Engineering, 55: 139-146.

Dänicke S, Goyarts T, Döll S, et al. 2005. Effects of the Fusarium toxin deoxynivalenol on tissue protein synthesis in pigs. Toxicology Letters, 165(3): 297-305.

Demaison L, Moreau D, 2002. Dietary n-3 polyunsaturated fatty acids and coronary heart disease-related mortality: A possible mechanism of action. Cellular and Molecular Life Sciences, 59(3): 463-477.

Desjardins A E. 2006. Fusarium Mycotoxins: Chemistry, Genetics and Biology. St Paul: APS Press, The American Phytopathological Society.

Ding X, Zhang H, Wang L, et al. 2015. Effect of barley antifreeze protein on thermal properties and water state of dough during freezing and freeze-thaw cycles. Food Hydrocolloids, 47: 32-40.

Domenek S, Morel M, Redl A, et al. 2003. Rheological investigation of swollen gluten polymer networks: Effects of process parameters on cross-link density. Macromolecular Symposia, 200(1): 137-146.

Douliez J P, Michon T, Elmorjani K, et al. 2000. Structure, biological and technological functions of lipid transfer proteins and indolines, the major lipid binding proteins from cereal kernels. Journal of Cerealence, 32(1): 1-20.

Dutta R, Kashwan K R, Bhuyan M, et al. 2003. Electronic nose based tea quality standardization. Neural Networks, 16(5-6): 847-853.

Duyvejonck A E, Lagrain B, Dornez E, et al. 2012. Suitability of solvent retention capacity tests to assess the cookie and bread making quality of European wheat flours. LWT-Food Science and Technology, 47(1): 56-63.

Edema M O. 2011. A modified sourdough procedure for non-wheat bread from maize meal. Food and Bioprocess Technology, 4(7): 1264-1272.

Evans H M, Bishop K S. 1922. On the existence of a hitherto unrecognized dietary factor essential for reproduction. Science, 56(1458): 650-651.

Falus A, Gilicze A. 2014. Tumor formation and antitumor immunity; the overlooked significance of histamine. Journal of Leukocyte Biology, 96(2): 225-231.

Faroon O, Ashizawa A, Wright S, et al. 2008. Toxicological profile for cadmium: Agency for toxic substances and disease registry (ATSDR). Atlanta .

Ferrando M, Spiess W E L. 2001. Cellular response of plant tissue during the osmotic treatment with sucrose, maltose, and trehalose solutions. Journal of Food Engineering, 49(2): 115-127.

Fontes E P, Moreira M A, Davies C S, et al. 1984. Urea-elicited changes in relative electrophoretic mobility of certain glycinin and β-conglycinin subunits. Plant Physiology, 76(3): 840-842.

Frame B R, Paque T, Wang K. Maize (*Zea mays* L.). Methods in Molecular Biology, 2006, 343: 185-199.

Friedman R. 2014. Structural and computational insights into the versatility of cadmium binding to proteins. Dalton Transactions, 43(7): 2878-2887.

Fu B X. 2007. Asian noodles: History, classification, raw materials, and processing. Food Research International, 41(9): 888-902.

Furlani R P Z, Marcilio K M, Leme F M, et al. 2011. Analysis of pesticide residues in sugarcane juice using QuEChERS sample preparation and gas chromatography with electron capture detection. Food Chemistry, 126(3): 1283-1287.

Gaines C S. 2000. Collaborative study of methods for solvent retention capacity profiles (AACC method 56-11). Cereal Foods World, 45(7): 303-306.

Gamble A J, Peacock A F. 2014. De novo design of peptide scaffolds as novel preorganized ligands for metal-ion coordination. Methods in Molecular Biology, 1216: 211-231.

Garciapalazon A, Suthanthangjai W, Kajda P, et al. 2004. The effects of high hydrostatic pressure on β-glucosidase, peroxidase and polyphenoloxidase in red raspberry (*Rubus idaeus*) and strawberry (*Fragaria×ananassa*). Food Chemistry, 88(1): 7-10.

Garza S, Ibarz A, Giner J. 1999. Non-enzymatic browning in peach puree during heating. Food Research International, 32(5): 335-343.

George A A, de Lumen B O. 1991. A novel methionine-rich protein in soybean seed: Identification, amino acid composition, and N-terminal sequence. Journal of Agricultural and Food Chemistry, 1991, 39(1): 224-227.

Gómez A, Ferrero C, Calvelo A, et al. 2011. Effect of mixing time on structural and rheological properties of wheat flour dough for breadmaking. International Journal of Food Properties, 14(3): 583-598.

Gonzalez M, Miglioranza K S B, Moreno J E A d et al. 2005. Evaluation of conventionally and organically produced vegetables for high lipophilic organochlorine pesticide (OCP) residues. Food and Chemical Toxicology, 43(2): 261-269.

Grant C A, Clarke J M, Duguid S, et al. 2008. Selection and breeding of plant cultivars to minimize cadmium accumulation. Science of the Total Environment, 390(2-3): 301-310.

Gispert J R. 2008.Coordination Chemistry. Weinheim: Wiley-VCH.

Guo G, Jackson D S, Graybosch R A, et al. 2003. Asian salted noodle quality: impact of amylose content adjustments using waxy wheat flour. Cereal Chemistry, 80(4): 437-445.

Guo G, Shelton D R, Jackson D S, et al. 2004. Comparison study of laboratory and pilot plant methods for Asian salted noodle processing. Journal of Food Science, 69(4): 159-163.

Han Y, Dong F, Xu J, et al. 2014. Residue change of pyridaben in apple samples during apple cider processing. Food Control, 37: 240-244.

Han Y, Li W, Dong F, et al. 2013. The behavior of chlorpyrifos and its metabolite 3, 5, 6-trichloro-2-pyridinol in tomatoes during home canning. Food Control, 31(2): 560-565.

Hao J, Wuyundalai, Liu H, et al. 2011. Reduction of pesticide residues on fresh vegetables with electrolyzed water treatment. Journal of Food Science, 76(4): C520-C524.

Harvey D. 2000. Modern Analytical Chemistry. New York: McGraw-Hill: 87-94.

Hatcher D W, Anderson M J, Desjardins R G, et al. 2002. Effects of flour particle size and starch damage on processing and quality of white salted noodles. Cereal Chemistry, 79(1): 64-71.

Hatcher D W, Edwards N M, Dexter J E. 2008. Effects of particle Size and starch damage of flour and alkaline reagent on yellow alkaline noodle characteristics. Cereal Chemistry, 85(2): 425-432.

Hazel C M, Patel S. 2004. Influence of processing on trichothecene levels. Toxicology Letters, 153(1): 51-59.

He M C, Wong J, Yang J R. 2002. The patterns of Cd-binding proteins in rice and wheat seed and their stability. Journal of Environmental Science & Health Part A Toxic/hazardous Substances & Environmental Engineering, 37(4): 541-551.

He M C, Yang J R, Cha Y. 2000. Distribution, removal and chemical forms of heavy metals in polluted rice seed. Toxicological & Environmental Chemistry, 76(3-4): 137-145.

Hernández Orte P, Lapeña A C, Peña-Gaallego A, et al. 2008. Biogenic amine determination in wine fermented in oak barrels: Factors affecting formation. Food Research International, 41(7): 697-706.

Hills B P, Godward J, Wright K M. 1997. Fast radial NMR microimaging studies of pasta drying. Journal of Food Engineering, 33(3-4): 321-335.

Hou G G, Otsubo S, Okusu H, et al. 2010. Noodle processing technology//Hou G G. Asian Noodles: Science, Technology, and Processing. Hoboken: John Wiley & Sons, Inc.: 99-140.

Hou H J, Chang K C. 2004. Storage conditions affect soybean color, chemical composition and tofu qualities. Journal of Food Processing and Preservation, 28(6): 473-488.

Hu X Z, Wei Y M, Wang C, et al. 2006. Quantitative assessment of protein fractions of Chinese wheat flours and their contribution to white salted noodle quality. Food Research International, 40(1): 1-6.

Hu Y, Cheng H, Tao S. 2016. The challenges and solutions for cadmium-contaminated rice in China: A critical review. Environment International, 92-93: 515-532.

Hu Z, Xie H, Ji F, et al. 2007. Design of 5XZ-5 gravity separator. Journal of Northwest A & F University- Natural Science Edition, 35(7): 193-196, 201.

Hung P V, Maeda T, Morita N. 2006. Waxy and high-amylose wheat starches and flours—characteristics, functionality and application. Trends in Food Science & Technology, 17: 448-456.

Huo Y, Du H, Xue B, et al. 2016. Cadmium removal from rice by separating and washing protein isolate. Journal of Food Science, 81(6): T1576-T1584.

Hussein H S, Brasel J M. 2001. Toxicity, metabolism, and impact of mycotoxins on humans and animals. Toxicology, 167(2): 101-134.

Hwang E S, Cash J N, Zabik M J. 2001. Postharvest treatments for the reduction of mancozeb in fresh apples. Journal of Agricultural and Food Chemistry, 49(6): 3127-3132.

IARC. 1993. Some Naturally Occurring Substances: Food Items and Constituents, Heterocyclic Aromatic Amines and Mycotoxins. Vol 56. Lyon.

Ibarz A, Pagan J, Garza S. 1999. Kinetic models for color changes in pear puree during heating at relatively high temperatures. Journal of Food Engineering, 39(4): 415-422.

Inazu T, Iwasaki K I. 1999. Effective moisture diffusivity of fresh Japanese noodle (udon) as a function of temperature. Bioscience, Biotechnology, and Biochemistry, 63(4): 638-641.

Inazu T, Iwasaki K, Furuta T. 2002. Effect of temperature and relative humidity on drying Kinetics of fresh Japanese noodle (udon). LWT-Food Science and Technology, 35(8): 649-655.

Inazu T, Iwasaki K I, Furuta T. 2003. Effect of air velocity on fresh Japanese noodle(Udon) drying. LWT-Food Science and Technology, 36(2): 277-280.

Ingadottir B, Kristinsson H G. 2010. Gelation of protein isolates extracted from tilapia light muscle by pH shift processing. Food Chemistry, 118(3): 789-798.

Itani T, Tamaki M, Arai E, et al. 2002. Distribution of amylose, nitrogen, and minerals in rice kernels with various characters. Journal of Agricultural and Food Chemistry, 50(19): 5326-5332.

Jackson L S, Bullerman L B. 1999. Effect of processing on *Fusarium mycotoxins*. Advances in Experimental Medicine and

Biology, 459: 243-261.

Jeanjean M F, Damidaux R , Feillet P. 1980. Effect of heat treatment on protein solubility and viscoelastic properties of wheat gluten. Cereal Chemistry, 57(5): 325-331.

Jégou S, Douliez J P, Mollé D, et al. 2000. Purification and structural characterization of LTP1 polypeptides from beer. Journal of Agricultural and Food Chemistry, 48(10): 5023-5029.

Jimenez J J, Bernal J L, Nozal M J D, et al. 2006. Persistence and degradation of metalaxyl, lindane, fenvalerate and deltamethrin during the wine making process. Food Chemistry, 104(1): 216-223.

Joanribasgispert. 2008. Coordination Chemistry. Oxford: Pergamon.

Jouany J P. 2007. Methods for preventing, decontaminating and minimizing the toxicity of mycotoxins in feeds. Animal Feed Science and Technology, 137: 342-362.

Kalogeropoulos N, Chiou A, Pyriochou V, et al. 2012. Bioactive phytochemicals in industrial tomatoes and their processing byproducts. LWT - Food Science and Technology, 49(2): 213-216.

Kaneta M, Hikichi H, Endo S, et al. 1986. Chemical form of cadmium (and other heavy metals) in rice and wheat plants. Environmental Health Perspectives, 65: 33-37.

Katyal M, Virdi A S, Kaur A, et al. 2016. Diversity in quality traits amongst Indian wheat varieties I: Flour and protein characteristics. Food Chemistry, 194: 337-344.

Kawar N S, Iwata Y, Düsch M E, et al. 1979. Behavior of dialifor, dimethoate, and methidathion in artificially fortified grape juice processed into wine. Journal of Environmental Science and Health, Part B, 14(5): 505-513.

Kawatsu K, Shibata T, Hamano Y. 1999. Application of immunoaffinity chromatography for detection of tetrodotoxin from urine samples of poisoned patients. Toxicon, 37(2): 325-333.

Keikotlhaile B M, Spanoghe P, Steurbaut W. 2010. Effects of food processing on pesticide residues in fruits and vegetables: A meta-analysis approach. Food and Chemical Toxicology, 48(1): 1-6.

Khambhaty Y, Mody K, Basha S J E E. 2012. Efficient removal of Brilliant Blue G (BBG) from aqueous solutions by marine Aspergillus wentii: Kinetics, equilibrium and process design. Ecological Engineering 41(4): 74-83.

Khattab R Y, Arntfield S D. 2009. Functional properties of raw and processed canola meal. LWT - Food Science and Technology, 42(6): 1119-1124.

Khuzwayo T A, Taylor J R N, Taylor J. 2020. Influence of dough sheeting, flour pre-gelatinization and zein inclusion on maize bread dough functionality. LWT, 121: 108993.

Kim Y, Wicker L. 2010. Soybean cultivars impact quality and function of soymilk and tofu. Journal of the Science of Food and Agriculture, 85(15): 2514-2518.

Kin C M, Huat R G. 2010. Headspace solid-phase microextraction for the evaluation of pesticide residue contents in cucumber and strawberry after washing treatment. Food Chemistry, 123(3): 760-764.

King B L, Taylor J, Taylor J R N. 2016. Formation of a viscoelastic dough from isolated total zein (α-, β- and γ-zein) using a glacial acetic acid treatment. Journal of Cereal Science, 71: 250-257.

Kinsella J E, Domodaran S, German J B. 1976. Functional propertiesof proteins in foods: A survey. Food Science Nutrition, 1976(7): 269-280.

Ko W C, Yo C C, Hsu K C. 2007. Changes in conformation and sulfhydryl groups of tilapia actomyosin by thermal treatment. LWT-Food Science and Technology, 40(8): 1316-1320.

Koga S, Böcker U, Moldestad A, et al. 2016. Influence of temperature during grain filling on gluten viscoelastic properties and gluten protein composition. Journal of the Science of Food and Agriculture, 96(1): 122-130.

Kong Z, Dong F, Xu J, et al. 2012. Determination of difenoconazole residue in tomato during home canning by UPLC-MS/MS. Food Control, 23(2): 542-546.

Kontou S, Tsipi D, Tzia C. 2004. Stability of the dithiocarbamate pesticide maneb in tomato homogenates during cold storage and thermal processing. Food Additives & Contaminants, 21(11): 1083-1089.

Kozanoglu B, Flores A, Guerrero-Beltrán J A, et al. 2012. Drying of pepper seed particles in a superheated steam fluidized bed operating at reduced pressure. Drying Technology, 30(8): 884-890.

Krause J P, Schwenke K D. 2001. Behaviour of a protein isolate from rapeseed (*Brassica napus*) and its main protein components—globulin and albumin—at air/solution and solid interfaces, and in emulsions. Colloids and Surfaces B: Biointerfaces, 21(1): 29-36.

Kravtchenko T, Merlat L. 2000. Soluble and natural acacia fibre for foods. LVT-Lebensmittel-Verfahrens-und-Verpackungste-chnik, 45: 115-118.

Kruger J E, Anderson M H, Dexter J E. 1994a. Effect of flour refinement on raw Cantonese noodle color and texture. Cereal Chemistry, 71(2): 177-182.

Kruger J E, Hatcher D W, Depauw R. 1994b. A whole seed assay for polyphenol oxidase in Canadian Prairie Spring wheats and its usefulness as a measure of noodle darkening. Cereal Chemistry, 71(4): 324-326.

Kudre T, Benjakul S, Kishimura H. 2013. Effects of protein isolates from black bean and mungbean on proteolysis and gel properties of surimi from sardine (*Sardinella albella*). LWT-Food Science and Technology, 50(2): 511-518.

Kwon H, Kim T K, Hong S M. et al. 2015. Effect of household processing on pesticide residues in field-sprayed tomatoes. Food Science and Biotechnology, 24(1): 1-6.

Lai H M, Padua G W, Wei L S. 1997. Properties and microstructure of zein sheets plasticized with palmitic and stearic acids. Cereal Chemistry, 74(1): 83-90.

Laity J H, Lee B M, Wright P E. 2001. Zinc finger proteins: New insights into structural and functional diversity. Current Opinion in Structural Biology, 11(1): 39-46.

Lamberts L, Bie E D, Vandeputte G E, et al. 2007. Effect of milling on colour and nutritional properties of rice. Food Chemistry, 99(4): 1496-1503.

Lawton J W. 1992. Viscoelasticity of zein-starch doughs. Cereal Chemistry, 69(4): 351-355.

Leandro F D, Fabiano M A, Magalhase A N, et al. 2008. Non-enzymatic browning in clarified cashew apple juice during themal treatment: Kinetics and process control. Food Chemistry, 106(1): 172-179.

Lentza-Rizos C. 1995. Residues of iprodione in fresh and canned peaches after pre- and postharvest treatment. Journal of Agricultural and Food Chemistry, 43(5): 1357-1360.

Lentza-Rizos C, Balokas A. 2001. Residue levels of chlorpropham in individual tubers and composite samples of postharvest-treated potatoes. Journal of Agricultural and Food Chemistry, 49(2): 710-714.

Lenucci M S, Durante M, Anna M. et al. 2013. Possible use of the carbohydrates present in tomato pomace and in byproducts of the supercritical carbon dioxide lycopene extraction process as biomass for bioethanol production. Journal of Agricultural and Food Chemistry, 61(15): 3683-3692.

Li M, Luo L J, Zhu K X, et al. 2012a. Effect of vacuum mixing on the quality characteristics of fresh noodles. Journal of Food Engineering, 110(4): 525-531.

Li M, Zhu K X, Peng J, et al. 2014. Delineating the protein changes in Asian noodles induced by vacuum mixing. Food Chemistry, 143: 9-16.

Li Y, Li J, Xia Q, et al. 2012b. Understanding the dissolution of α-zein in aqueous ethanol and acetic acid solutions. Journal of Physical Chemistry B, 116(39): 12057-12064.

Liang Y, Wang W, Shen Y, et al. 2012. Effects of home preparation on organophosphorus pesticide residues in raw cucumber. Food Chemistry, 133(3): 636-640.

Lin C S, Tsai P J, Wu C, et al. 2006. Evaluation of electrolysed water as an agent for reducing methamidophos and dimethoate concentrations in vegetables. International Journal of Food Science & Technology, 41(9): 1099-1104.

Lin W C, Jen H C, Chen C L, et al. 2009. SERS study of tetrodotoxin (TTX) by using silver nanoparticle arrays. Plasmonics, 4(2): 187-192.

Liu C H, Hao G, Su M, et al. 2017. Potential of multispectral imaging combined with chemometric methods for rapid detection of sucrose adulteration in tomato paste. Journal of Food Engineering, 215: 78-83.

Liu J J, He Z H, Zhao Z D, et al. 2003. Wheat quality traits and quality parameters of cooked dry white Chinese noodles. Euphytica, 131(2): 147-154.

Liu K S. 1997. Chemistry and nutritional value of soybean components. Soybeans Chemistry Technology & Utilization, 25-

113.

Liu M, Yuki H, Song Y, et al. 2006. Determination of carbamate and organophosphorus pesticides in fruits and vegetables using liquid chromatography-mass spectrometry with dispersive solid phase extraction. Chinese Journal of Analytical Chemistry, 34(7): 941-945.

Liu Q, Chen Q, Kong B H, et al. 2014. The influence of superchilling and cryoprotectants on protein oxidation and structural changes in the myofibrillar proteins of common carp (*Cyprinus carpio*) surimi. LWT-Food Science and Technology, 57(2): 603-611.

Liu R, Solah V A, Wei Y, et al. 2019. Sensory evaluation of Chinese white salted noodles and steamed bread made with Australian and Chinese wheat flour. Cereal Chemistry, 96(1): 66-75.

Liu R, Xing Y, Zhang Y, et al. 2015. Effect of mixing time on the structural characteristics of noodle dough under vacuum. Food Chemistry, 188: 328-336.

Liu Y, Walker F, Hoeglinger B, et al. 2005. Solvolysis procedures for the determination of bound residues of the mycotoxin deoxynivalenol in fusarium species infected grain of two winter wheat cultivars preinfected with barley yellow dwarf virus. Journal of Agricultural and Food Chemistry, 53(17): 6864-6869.

Lu H, Yang X, Ye M, et al . 2005. Millet noodles in Late Neolithic China. Nature, 437: 967-968.

Lukow O M, Zhang H, Czarnecki E. 1990. Milling, rheological and end-use quality of Chinese and Canadian Spring wheat cultivars. Cereal Chemistry, 67(2): 170-176.

Lunn J, Theobald H E. 2010. The health effects of dietary unsaturated fatty acids. Nutrition Bulletin, 32(1): 82-84.

Ma L, Li B, Han F, et al. 2015. Evaluation of the chemical quality traits of soybean seeds, as related to sensory attributes of soymilk. Food Chemistry, 173: 694-701.

Mandala I G, Anagnostaras E F, Oikonomou C K. 2005. Influence of osmotic dehydration conditions on apple air-drying kinetics and their quality characteristics. Journal of Food Engineering, 69(3): 307-316.

Martin J M, Talbert L E, Habernicht D K, et al. 2004. Reduced amylose effects on bread and white salted noodle quality. Cereal Chemistry, 81(2): 188-193.

Martins R C, Silva C L M . 2004. Green beans (*Phaseolus vulgaris* L.) quality loss upon thawing. Journal of Food Engineering, (65): 37-48.

Mejia C D, Mauer L J, Hamaker B R. 2007. Similarities and differences in secondary structure of viscoelastic polymers of maize α-zein and wheat gluten proteins. Journal of Cereal Science, 45(3): 353-359.

Meng S, Chang S, Gillen A M, et al. 2016. Protein and quality analyses of accessions from the USDA soybean germplasm collection for tofu production. Food Chemistry, 213: 31-39.

Miano A C, Rojas M L, Augusto P E D. 2018. Structural changes caused by ultrasound pretreatment: direct and indirect demon-stration in potato cylinders. Ultrasonics Sonochemistry, 52(2): 176-183.

Miller F K, Kiigemagi U, Thomson P A, et al. 1985. Methiocarb residues in grapes and wine and their fate during vinification. Journal of Agricultural & Food Chemistry, 33(3): 538-545.

Miura H, Tanii S. 1993. Endosperm starch properties in several wheat cultivars preferred for Japanese noodles. Euphytica, 72(3): 171-175.

Moiraghi M, Vanzetti L, Bainotti C, et al. 2011. Relationship between soft wheat flour physicochemical composition and cookie-making performance. Cereal Chemistry, 88(2): 130-136.

Monsalve R I, Rodriguez R. 1990. Purification and characterization of proteins from the 2S fraction from seeds of the Brassicaceae family. Journal of Experimental Botany, 41(1): 89-94.

Moore M M , Schober T J , Dockery P, et al. 2004. Textural comparisons of gluten-free and wheat-based doughs, batters, and breads. Cereal Chemistry, 81(5): 567-575.

Moreira R, Sereno A M. 2003. Evaluation of mass transfer coefficients and volumetric shrinkage during osmotic dehydration of apple using sucrose solutions in static and non-static conditions. Journal of Food Engineering, 57(1): 25-31.

Morris C F, Jeffers H C, Engle D A. 2000. Effect of processing, formula and measurement variables on alkaline noodle color—Toward an optimized laboratory system. Cereal Chemistry, 77(1): 77-85.

Moure A , Sineiro J , Dominguez H , et al. 2006. Functionality of oilseed protein products: A review. Food Research International, 39(9): 945-963.

Mujoo R, Trinh D T , Ng P K W. 2003. Characterization of storage proteins in different soybean varieties and their relationship to tofu yield and texture. Food Chemistry, 82(2): 265-273.

Murase M, Totani S, Kojima M, et al. 1993.Studies on the improvement of noodle processing. Part 5. Process control of drying process. Annual Report of the Food Research Institute, Aichi Prefectural Government (in Japanese), 34: 56-67.

Navarro S, Oliva J, Barba A, et al. 2000. Evolution of chlorpyrifos, fenarimol, metalaxyl, penconazole, and vinclozolin in red wines elaborated by carbonic maceration of monastrell grapes. Journal of Agricultural and Food Chemistry, 48(8): 3537-3541.

Ndossi D G, Frizzell C, Tremoen N H, et al. 2012. An *in vitro* investigation of endocrine disrupting effects of trichothecenes deoxynivalenol (DON), T-2 and HT-2 toxins. Toxicology Letters, 214(3): 268-284.

Neo Y P, Ray S, Jin J, et al. 2013. Encapsulation of food grade antioxidant in natural biopolymer by electrospinning technique: A physicochemical study based on zein-gallic acid system. Food Chemistry, 136(2): 1013-1021.

Nguyen T D, Yu J E, Lee D M, et al. 2008. A multiresidue method for the determination of 107 pesticides in cabbage and radish using QuEChERS sample preparation method and gas chromatography mass spectrometry. Food Chemistry, 110(1): 207-213.

Nielsen N C, Floener L, Evans R P, et al. 1986. The structure and expression of glycinin genes from soybean. Journal of the American Oil Chemists Society, 63(4): 458.

Nik A M, Tosh S M, Woodrow L, et al. 2009. Effect of soy protein subunit composition and processing conditions on stability and particle size distribution of soymilk. LWT-Food Science and Technology, 42(7): 1245-1252.

Noda T, Tohnooka T, Taya S, et al. 2001. Relationship between physicochemical properties of starches and white salted noodle quality in Japanese wheat flours. Cereal Chemistry, 78(4): 395-399.

Nonthanum P, Lee Y, Padua G W. 2012. Effect of γ-zein on the rheological behavior of concentrated zein solutions. Journal of Agricultural and Food Chemistry, 60(7): 1742-1747.

Nunez M, Fischer S, Jaimovich E. 1976.A fluorimetric method to determine tetrodotoxin. Analytical Biochemistry,72 (1):320-325.

Obana H, Okihashi M, Akutsu K, et al. 2003. Determination of neonicotinoid pesticide residues in vegetables and fruits with solid phase extraction and liquid chromatography mass spectrometry. Journal of Agricultural and Food Chemistry, 51(9): 2501-2505.

Oepen B V, Kördel W, Klein W J C. 1991. Sorption of nonpolar and polar compounds to soils: Processes, measurements and experience with the applicability of the modified OECD-Guideline 106, 22(3- 4): 285-304.

Oguntoyinbo S I, Taylor J R N, Taylor J. 2018. Comparative functional properties of kafirin and zein viscoelastic masses formed by simple coacervation at different acetic acid and protein concentrations. Journal of Cereal Science, 83: 16-24.

Oh N H, Seib P A, Deyoe C M. 1985a. Noodles Ⅳ. Influence of flour protein, extraction rate, particle size and starch damage on the quality characteristics of dry noodles. Cereal Chemistry, 62(6): 441-446.

Oh N H, Seib P A, Ward A B, et al. 1985b. Noodles Ⅵ. Functional properties of wheat flour components in oriental dry noodles. Cereal Chemistry, 30(2): 176-178.

Olsen O A , Potter R H , Kalla R. 1992. Histo-differentiation and molecular biology of developing cereal endosperm. Seed Science Research, 2(3): 117-131.

Ong K C, Cash J N, Zabik M J, et al. 1996. Chlorine and ozone washes for pesticide removal from apples and processed apple sauce. Food Chemistry, 55(2): 153-160.

Onoue Y, Noguchi T, Nagashima Y. et al. 1983. Separation of tetrodotoxin and paralytic shellfish poisons by high-performance liquid chromatography with a fluorometric detection using *o*-phthalaldehyde. Journal of Chromatography, 257(2): 373-379.

Otero R R, Grande B C, Gándara J S. 2003. Multiresidue method for fourteen fungicides in white grapes by liquid-liquid and solid-phase extraction followed by liquid chromatography-diode array detection. Journal of Chromatography A,

992(1): 121-131.

Ozacar M, Sengil I A. 2005. Adsorption of metal complex dyes from aqueous solutions by pine sawdust. Bioresource Technology, 96(7): 791-795.

Panthee D R, Pantalone V R, Saxton A M. 2006. Modifier QTL for fatty acid composition in soybean oil. Euphytica, 152(1): 67-73.

Pareyt B, Talhaoui F, Kerkhofs G, et al. 2008. The role of sugar and fat in sugar-snap cookies: Structural and textural properties. Journal of Food Engineering, 90(3): 400-408.

Park C S, Baik B K. 2002. Flour characteristics related to optimum water absorption of noodle dough for making white salted noodles. Cereal Chemistry, 79(6): 867-873.

Park C S, Baik B K. 2004. Cooking time of white salted noodles and its relationship with protein and amylose contents of wheat. Cereal Chemistry, 81(2): 165-171.

Park C S, Hong B H, Baik B K. 2003. Protein quality of wheat desirable for making fresh white salted noodles and its influences on processing and texture of noodles. Cereal Chemistry, 80(3): 297-303.

Park J W. 2013. Surimi and Surimi Seafood. Baton Rouge: CRC.

Park S J, Baik B K. 2009. Quantitative and qualitative role of added gluten on white salted noodles. Cereal Chemistry, 86(6): 646-652.

Parkin K, Fennema O R, Damodaran S. 2007. Fennema's Food Chemistry. CRC Press/Taylor & Francis: 65-89.

Payá P, Oliva J, Cámra M A, et al. 2007. Dissipation of fenoxycarb and pyriproxyfen in fresh and canned peach. Journal of Environmental Science and Health, Part B, 42(7): 767-773.

Payne P L. 1984. The association between γ-gliadin 45 and gluten strength in durum wheat varieties: A direct causal effect or the result of genetic linkage. Journal of Cereal Science, 2(2): 73-81.

Periago M J, Garcia-Alonso J, Jacob K, et al. 2009. Bioactive compounds, folates and antioxidant properties of tomatoes (*Lycopersicum esculentum*) during vine ripening. International Journal of Food Sciences and Nutrition, 60(8): 15.

Pestka J J. 2007. Deoxynivalenol: Toxicity, mechanisms and animal health risks. Animal Feed Science and Technology, 137: 283-298.

Pestka J J. 2010. Deoxynivalenol: Mechanisms of action, human exposure, and toxicological relevance. Archives of Toxicology, 84(9): 663-679.

Petitot M, Barron C, Morel M H, et al. 2010. Impact of legume flour addition on pasta structure: Consequences on its *in vitro* starch digestibility. Food Biophysics, 5(4): 284-299.

Pilar Santamarina M, Roselló J, Francisca S, et al. 2015. Commercial *Origanum compactum* Benth. and *Cinnamomum zeylanicum* Blume essential oils against natural mycoflora in Valencia rice. Natural Product Research, 29(23): 2215-2218.

Pinelo M, Zeuner B, Meye A S. 2010. Juice clarification by protease and pectinase treatments indicates new roles of pectin and protein in cherry juice turbidity. Food and Bioproducts Processing, 88(2-3): 259-265.

Plancken I V D, Loey A V, Hendrickx M E. 2005. Combined effect of high pressure and temperature on selected properties of egg white proteins. Innovative Food ence & Emerging Technologies, 6(1): 11-20.

Poysa V, Woodrow L. 2005. Stability of soybean seed composition and its effect on soymilk and tofu yield and quality. Food Research International, 25: 337-345.

Pugliese P, Moltó J C, Damiani P, et al. 2004. Gas chromatographic evaluation of pesticide residue contents in nectarines after non-toxic washing treatments. Journal of Chromatography A, 1050(2): 185-191.

Qin W, Bazeille N, Henry E, et al. 2016. Mechanistic insight into cadmium-induced inactivation of the Bloom protein. Scientific Reports, 6(1): 655-666.

Qiu S, Yadav M P, Liu Y, et al. 2016. Effects of corn fiber gum with different molecular weights on the gelatinization behaviors of corn and wheat starch. Food Hydrocolloids, 53: 180-186.

Quan R, Li M, Liu Y, et al. 2020. Residues and enantioselective behavior of cyflumetofen from apple production. Food Chemistry, 321: 126687.

Randhawa M A, Anjum F M, Ahmed A, et al. 2007. Field incurred chlorpyrifos and 3, 5, 6-trichloro-2-pyridinol residues in fresh and processed vegetables. Food Chemistry, 103(3): 1016-1023.

Rani M, Saini S, Kumari B. 2013. Persistence and effect of processing on chlorpyriphos residues in tomato (*Lycopersicon esculantum* Mill.). Ecotoxicol Environ Safety, 95: 247-252.

Raoult-Wack A L. 1994. Recent advances in the osmotic dehydration of foods. Trends in Food Science & Technology, 5(8): 255-260.

Rasmusssen R R, Poulsen M E, Hansen H C B. 2003. Distribution of multiple pesticide residues in apple segments after home processing. Food Additives & Contaminants, 20(11): 1044-1063.

Rattanathanalerk M, Chiewchan N, Srichumpoung W. 2005. Effect of thermal processing on the quality loss of pineapple juice. Journal of Food Engineering, 66(2): 259-265.

Ravelo-Pérez L M, Hernández-Borges J, Rodríguez-Delgado M Á. 2008. Multi-walled carbon nanotubes as efficient solid-phase extraction materials of organophosphorus pesticides from apple, grape, orange and pineapple fruit juices. Journal of Chromatography A, 1211(1-2): 33-42.

Resurreccion A P, Juliano B O, Tanaka Y. 1979. Nutrient content and distribution in milling fractions of rice grain. Journal of the Science of Food and Agriculture, 30(5): 475-481.

Roiga M G, Bellob J F, Rivera Z S. 1999. Studies on the occurrence of non-enzymatic browning during storage of citrus juice. Food Research International, 32(9): 609-619.

Romeh A A, Mekky T M, Ramadan R A, et al. 2009. Dissipation of profenofos, imidacloprid and penconazole in tomato fruits and products. Bulletin of Environmental Contamination and Toxicology, 83(6): 812-817.

Romeih E, Walker G. 2017. Recent advances on microbial transglutaminase and dairy application. Trends in Food Science & Technology, 62: 133-140.

Rosell C M, Foegeding A. 2007. Interaction of hydroxypropylmethylcellulose with gluten proteins: Small deformation properties during thermal treatment. Food Hydrocolloids, 21(7): 1092-1100.

Sabino M A, Pauchard L, Allain C, et al. 2006. Imbibition, desiccation and mechanical deformations of zein pills in relation to their porosity. European Physical Journal Matter, 20(1): 29-36.

Samelis J, Kakouri A, Eementzis J. 2000. Selective effect of the Product type and the packaging condition on the species of lacticacid bacteria dominating the spoilage microbial association of cooked meats at 4℃. Food Microbiology, 3(17): 329-340.

Santos M H S. 1996. Biogenic amines: Their importance in foods. International Journal of Food Microbiology, 29(2): 213-231.

Schober T J, Bean S R, Boyle D L, et al. 2008. Improved viscoelastic zein-starch doughs for leavened gluten-free breads: Their rheology and microstructure. Journal of Cereal Science, 48(3): 755-767.

Schwenke K D, Dahme A, Wolter T. 1998. Heat-induced gelation of rapeseed proteins: Effect of protein interaction and acetylation. Journal of the American Oil Chemists' Society, 75(1): 83-87.

Schwenke S K D , Raab B , Linow K J , et al. 1981. Isolation of the 12 S globulin from rapeseed (*Brassica napus* L.) and characterization as a "neutral" protein on seed proteins. Part 13. Food / Nahrung, 25(3): 271-280.

Scramin J A, de Britto D, Forato L A, et al. 2011. Characterisation of zein-oleic acid films and applications in fruit coating. International Journal of Food Science & Technology, 46(10): 2145-2152.

Seib P A. 2000. Reduced-amylose wheats and Asian noodles. Cereal Foods World, 45(11): 504-512.

Selth L A, Close P, Svejstrup J Q. 2011. Methods in Molecular Biology (Clifton, N. J.). Method in molecular biology(Clifton, N. J.), 753(22): 93-115.

Shalaby A R. 1996. Significance of biogenic amines to food safety and human health. Food Research International, 29(7): 675-690.

Shao J H, Zou Y F, Xu X L, et al. 2011. Evaluation of structural changes in raw and heated meat batters prepared with different lipids using Raman spectroscopy. Food Research International, 44(9): 2955-2961.

Sharma S, Kaur M, Goyal R, et al. 2014. Physical characteristics and nutritional composition of some new soybean (*Glycine max* (L.) Merrill) genotypes. Journal of Food Science and Technology, 51(3): 551-557.

Sharoni Y, Linnewiel-Hermoni K, Khanin M, et al. 2012. Carotenoids and apocarotenoids in cellular signaling related to cancer: A review. Molecular Nutrition & Food Research, 56(2): 259-269.

Shewry P R, Beaudoin F, Jenkins J, et al. 2002. Plant protein families and their relationships to food allergy. Biochemical Society Transactions, 30(Pt 6): 906-910.

Shi X M, Jin F, Huang Y T, et al. 2012. Simultaneous determination of five plant growth regulators in fruits by modified quick, easy, cheap, effective, rugged, and safe (QuEChERS) extraction and liquid chromatography-tandem mass spectrometry. Journal of Agricultural and Food Chemistry, 60(1): 60-65.

Shin E C, Hwang C E, Lee B W, et al. 2012. Chemometric approach to fatty acid profiles in soybean cultivars by principal component analysis (PCA). Preventive Nutrition and Food Science, 17(3): 184-191.

Shoji Y, Yotsu-Yamashita M, Miyazawa T, et al. 2001. Electrospray ionization mass spectrometry of tetrodotoxin and its analogs: Liquid chromatography/mass spectrometry, tandem mass spectrometry, and liquid chromatography/tandem mass spectrometry. Analytical Biochemistry, 290(1): 10-17.

Shunsuke K, Hideki H, Osamu S, et al. 2001. Sensitive analysis of tetrodotoxin in human plasma by solid-phase extractions and gas chromatography/mass spectrometry. Analytical Letters, 34(14): 2439-2446.

Singh S, Singh N. 2013. Relationship of polymeric proteins and empirical dough rheology with dynamic rheology of dough and gluten from different wheat varieties. Food Hydrocolloids, 33(2): 342-348.

Sinha J P, Modi B S, Nagar R P, et al. 2001. Wheat seed processing and quality improvement. Seed Research, 29(2): 171-178.

Sitakaln C, Meullenet J F C. 2001. Prediction of cooked rice texture using an extrusion test in combination with partial least squares regression and artificial neural networks. Cereal Chemistry, 78(4): 391-394.

Sittichai C, Dusanee T, Chanita S, et al. 2014. Effects of 4 essential oils on growth of afaltoxin producing fungi. New Biotechnology, 31: S153-S153.

Sly A C, Taylor J, Taylor J R N. 2014. Improvement of zein dough characteristics using dilute organic acids. Journal of Cereal Science, 60(1): 157-163.

Solah V A, Crosbie G B, Huang S, et al. 2007. Measurement of color, gloss, and translucency of white salted noodles: Effects of water addition and vacuum mixing. Cereal Chemistry, 84 (2): 145-151.

Soleas G J, Goldberg D M. 2000. Potential role of clarifying agents in the removal of pesticide residues during wine production and their effects upon wine quality. Journal of Wine Research, 11(1): 19-34.

Soliman K M. 2001. Changes in concentration of pesticide residues in potatoes during washing and home preparation. Food & Chemical Toxicology, 39(8): 887-891.

Sosa N, Salvatori D M, Schebor C. 2012. Physico-chemical and mechanical properties of apple disks subjected to osmotic dehydration and different drying methods. Food and Bioprocess Technology, 5(5): 1790-1802.

Stanojevic S P, Barac M B, Pesic M B, et al. 2011. Assessment of soy genotype and processing method on quality of soybean tofu. Journal of Agricultural and Food Chemistry, 59(13): 7368-7376.

Stefani R, Buzzi M, Grazzi R. 1997. Supercritical fluid extraction of pesticide residues in fortified apple matrices. Journal of Chromatography A, 782(1): 123-132.

Stillman M J. 1995. Metallothioneins. Coordination Chemistry Reviews, 144(10): 461-511.

Sudan R J J, Sudandiradoss C. 2012. Pattern prediction and coordination geometry analysis from cadmium-binding proteins: A computational approach. Acta Crystallographica, 68(10): 1346-1358.

Sugita-Konsihi Y, Tanaka T, Tabata S, et al. 2006. Validation of an HPLC analytical method coupled to a multifunctional clean-up column for the determination of deoxynivalenol. Mycopathologia, 161(4): 239-243.

Sun X D, Arntfield S D. 2012. Molecular forces involved in heat-induced pea protein gelation: Effects of various reagents on the rheological properties of salt-extracted pea protein gels. Food Hydrocolloids, 28(2): 325-332.

Sutton K H, Larsen N G, Morgenstern M P, et al. 2003. Differing effects of mechanical dough development and sheeting development methods on aggregated glutenin proteins. Cereal Chemistry, 80(6): 707-711.

Suzuki K T, Sasakura C, Ohmichi M. 1997. Binding of endogenous and exogenous cadmium to glutelin in rice grains as studied by HPLC/ICP-MS with use of a stable isotope. Journal of Trace Elements in Medicine and Biology, 11(2): 71-76.

Tabtiang S, Prachayawarakon S, Soponronnarit S. 2012. Effects of osmotic treatment and superheated steam puffing temperature on drying characteristics and texture properties of banana slices. Drying Technology, 30(1): 20-28.

Tahvonen R. 1996. Contents of lead and cadmium in foods and diets. Food Reviews International, 12(1): 1-70.

Taylor J R N, Taylor J, Campanella O H, et al. 2016. Functionality of the storage proteins in gluten-free cereals and pseudocereals in dough systems. Journal of Cereal Science, 67: 22-34.

Taylor J, Anyango J O, Muhiwa P J, et al. 2018. Comparison of formation of visco-elastic masses and their properties between zeins and kafirins. Food Chemistry, 245: 178-188.

Taylor K C, Bush P B. 2002. Influence of postharvest handling on the concentration of pesticide residues in peach peel. Hortence A Publication of the American Society for Horticultural ence, 37(3): 554-558.

Tezuka M, Taira H, Igarashi Y, et al. 2000. Properties of tofus and soy milks prepared from soybeans having different subunits of glycinin. Journal of Agricultural and Food Chemistry, 48(4): 1111-1117.

Tezuka M, Yagasaki K, Ono T. 2004. Changes in characters of soybean glycinin groups Ⅰ, Ⅱa, and Ⅱb caused by heating. Journal of Agricultural and Food Chemistry, 52(6): 1693-1699.

Thanh V H, Shibasaki K. 1976. Major proteins of soybean seeds. A straightforward fractionation and their characterization. Journal of Agricultural and Food Chemistry, 24(6): 1117-1121.

Thewissen B G, Celus I, Brijs K, et al. 2011. Foaming properties of wheat gliadin. Journal of Agricultural & Food Chemistry, 59(4): 1370-1375.

Tkachuk R, Dexter J, Tipples K. 1990. Wheat fractionation on a specific gravity table. Journal of Cereal Science, 11(3): 213-223.

Tornberg E. 2005. Effects of heat on meat proteins—Implications on structure and quality of meat products. Meat Science, 70(3): 493-508.

Toshihide N, Hiromichi K. 1988. Taste of free amino acids and peptides. Food Reviews International, 4(2): 175-194.

Toyokawa H, Rubenthaler G L, Powers J R, et al. 1989. Japanese noodle qualities Ⅱ. Starch components. Cereal Chemistry, 66(5): 387-391.

Trontel A, Slavica A, Aantek B, et al. 2012. Monitoring of simultaneous semi-solid state saccharification and fermentation of starch from raw materials to lactic acid. International Conference, 14th Ružička Days "today Science - Tomorrow Industry": 246-254.

Tsai W T, Lai C W, Hsien K J. 2003. Effect of particle size of activated clay on the adsorption of paraquat from aqueous solution. Journal of Colloid and Interface Science, 263(1): 29-34.

Urbonaite V, de Jongh H H J, van der Linden E, et al. 2015. Water holding of soy protein gels is set by coarseness, modulated by calcium binding, rather than gel stiffness. Food Hydrocolloids, 46: 103-111.

Vega-Galvez A, Ah-Hen K, Chacana M, et al. 2012. Effect of temperature and air velocity on drying kinetics, antioxidant capacity, total phenolic content, colour, texture and microstructure of apple (var. *Granny Smith*) slices. Food Chemistey, 132(1): 51-59.

Verónica G V, Inmaculada N G, Javier G A, et al. 2013. Antioxidant bioactive compounds in selected industrial processing and fresh consumption tomato cultivars. Food and Bioprocess Technology, 6(2): 391-402.

Vidal-Carrou M C, Izquierdo-Pulido M L, Martin-Morro M C, et al. 1990. Histamine and tyramine in meat products: Relationship with meat spoilage. Food Chemistry, 37(4): 239-249.

Vijayan M, Yathindra N, Kolaskar A S. 1999. Perspectives in Structural Biology: A Volurme in Honour of GN Ramachandran. Hyderabad: Universities Press.

Wang C, Kovacs M I P, Fowler D B, et al. 2004. Effects of protein content and composition on white noodle making quality: Color. Cereal Chemistry, 81(6): 777-784.

Wang F, Meng J, Sun L, et al. 2020. Study on the tofu quality evaluation method and the establishment of a model for suitable soybean varieties for Chinese traditional tofu processing. LWT-Food Science and Technology 117: 108441.

Wang H, Qin X J, Li X, et al. 2020. Effect of chilling methods on the surface color and water retention of yellow-feathered chickens. Poultry Science, 99(4): 2246-2255.

Wang L, Liu H Z, Liu L, et al. 2014. Protein contents in different peanut varieties and their relationship to gel property. International Journal of Food Properties, 17(7): 1560-1576.

Wang L, Liu H, Liu L, et al. 2017a. Prediction of peanut protein solubility based on the evaluation model established by supervised principal component regression. Food Chemistry, 218: 553-560.

Wang Q. 2016. Peanuts: Processing Technology and Product Development. Beijing: Science Press.

Wang Q. 2018. Peanut Processing Characteristics and Quality Evaluation. Singapore: Springer.

Wang Z H, Zhang Y Q, Zhang B, et al. 2017b. Analysis on energy consumption of drying process for dried Chinese noodles. Applied Thermal Engineering, 110: 941-948.

Wani A A, Singh P, Shah M A, et al. 2012. Rice starch diversity: Effects on structural, morphological, thermal, and physicochemical properties–a review. Comprehensive Reviews in Food Science and Food Safety, 11(5): 417-436.

Wei Y, Zhang Y, Liu R, et al. 2017. Origin and evolution of chinese noodles. Cereal Foods World, 62(2): 44-51.

Weltichanes J, Ochoavelasco C E, Guerrerobeltrán J Á. 2009. High-pressure homogenization of orange juice to inactivate pectinmethylesterase. Innovative Food Science & Emerging Technologies, 10(4): 457-462.

Wen-Chi L, Hsiao-Chin J, Chang-Long C, et al.2009. Lasers & Electro Optics & The Pacific Rim Conference on Lasers and Electro-Optics. 2009 CLEO/PACIFIC RIM '09 Conference on Year.

Wickramasinghe H A M, Miura H, Yamauchi H, et al. 2005. Comparison of the starch properties of Japanese wheat varieties with those of popular commercial wheat classes from the USA, Canada and Australia. Food Chemistry, 93: 9-15.

Wu S, Sokhansanj S, Fang R, et al. 1999. Influence of physical properties and operating conditions on particle segregation on gravity table. Applied Engineering in Agriculture, 18(3): 51-62.

Xiao Z S, Park S H, Chung K, et al. 2006. Solvent retention capacity values in relation to hard winter wheat and flour properties and straightdoughbreadmaking quality. Cereal Chemistry, 83: 465-471.

Xin C, Nie L, Chen H, et al. 2018. Effect of degree of substitution of carboxymethyl cellulose sodium on the state of water, rheological and baking performance of frozen bread dough. Food Hydrocolloids, 80: 8-14.

Xu G, Liang C, Huang P, et al. 2016. Optimization of rice lipid production from ultrasound-assisted extraction by response surface methodology. Journal of Cereal Science, 70: 23-28.

Xu N Z, Chen H Q, Lu R F. 1987. Testing and research on the main parameters of gravity seed separators. Transactions of the Chinese Society of Agricultural Machinery, 18(3): 51-62.

Xu X L, Han M Y, Fei Y, et al. 2011. Raman spectroscopic study of heat-induced gelation of pork myofibrillar proteins and its relationship with textural characteristic. Meat Science, 87(3): 159-164.

Yalcin S, Basman A. 2008. Quality characteristics of corn noodles containing gelatinized starch, transglutaminase and gum. Journal of Food Quality, 31(4): 465-479.

Yang N, Luan J, Ashton J, et al. 2014. Effect of calcium chloride on the structure and *in vitro* hydrolysis of heat induced whey protein and wheat starch composite gels. Food Hydrocolloids, 42: 260-268.

Ye Y L, Zhang Y, He Z H, et al. 2009. Effects of flour extraction rate, added water, and salt on color and texture of Chinese white noodles. Cereal Chemistry, 86(4): 477-485.

Yoshie-Stark Y, Wada Y, Wäsche A. 2007. Chemical composition, functional properties, and bioactivies of rapeseed protein isolates. Food Chemistry, 107(1): 32-39.

Yu C H, Yu C F, Tam S, et al. 2010.Rapid screening of tetrodotoxin in urine and plasma of patients with puffer fish poisoning by HPLC with creatinine correction. Food Additives and Contaminants,27 (1):89-96.

Yunt S H, Quail K, Moss R. 1996. Physicochemical properties of Australian wheat flour for white salted noodles. Journal of Cereal Science, 23: 1881-1891.

Zakhia N, Dufour D, Chuzel G, et al. 1996. Review of sour cassava starch production in rural Colombian areas. Tropical Science, 36(4): 247-255.

Zhang B, Bai B, Pan Y, et al. 2018. Effects of pectin with different molecular weight on gelatinization behavior, textural properties, retrogradation and *in vitro* digestibility of corn starch. Food Chemistry, 264: 58-63.

Zhang B, Luo Y, Wang Q. 2011. Effect of acid and base treatments on structural, rheological, and antioxidant properties of α-zein. Food Chemistry, 124(1): 210-220.

Zhang P, He Z, Zhang Y, et al. 2007. Pan bread and Chinese white salted noodle qualities of Chinese winter wheat cultivars and their relationship with gluten protein fractions. Cereal Chemistry, 84(4): 370-378.

Zhang Y, Liu W, Liu C, et al. 2014. Retrogradation behaviour of high-amylose rice starch prepared by improved extrusion cooking technology. Food Chemistry, 158: 255-261.

Zhao X C, Sharp P J. 1996. An improved 1-D SDS-PAGE method for the identification of three bread wheat 'waxy' proteins. Journal of Cereal Science, 23: 191-193.

Zohair A. 2001. Behaviour of some organophosphorus and organochlorine pesticides in potatoes during soaking in different solutions. Food and Chemical Toxicology, 39(7): 751-755.

Zou K, Teng J, Huang L, et al. 2013. Effect of osmotic pretreatment on quality of mango chips by explosion puffing drying. LWT-Food Science and Technology, 51(1): 253-259.

Zou Y, Guo J, Yin S W, et al. 2015. Pickering emulsion gels prepared by hydrogen-bonded zein/tannic acid complex colloidal particles. Journal of Agricultural and Food Chemistry, 63(33): 7405-7414.